Zakres podstawowy i rozszerzony

1

Marcin Kurczab
Elżbieta Kurczab
Elżbieta Świda

AF859865

# Matematyka

**Podręcznik** do liceów i techników
**klasa 1.**

Oficyna Edukacyjna * Krzysztof Pazdro

Podręcznik dopuszczony do użytku szkolnego przez ministra właściwego do spraw oświaty i wychowania i wpisany do wykazu podręczników przeznaczonych do kształcenia ogólnego do nauczania matematyki, na podstawie opinii rzeczoznawców: dr. Macieja Bryńskiego, prof. dr. hab. Tadeusza Stanisza, dr Ewy Ogłozy.
Zakres kształcenia: podstawowy i rozszerzony
Etap edukacyjny: IV
Typ szkoły: szkoły ponadgimnazjalne
Rok dopuszczenia: 2012

**Numer dopuszczenia/Numer ewidencyjny w wykazie: 563/1/2012**

Projekt okładki
Stefan Drewiczewski, FPstudio

Rysunki i łamanie
Eryk Krawczyński

Redaktor
Jan Baranowski



Druk i oprawa
DRUK-SERWIS Sp. z o.o.
ul. Tysiąclecia 8b, 06-400 Ciechanów

**Wydanie IV, Warszawa 2015 r.**

Oficyna Edukacyjna * Krzysztof Pazdro Sp. z o.o.
ul. Kościańska 4, 01–695 Warszawa
www.pazdro.com.pl
e-mail: pazdro@pazdro.com.pl

**ISBN 978-83-7594-089-3**

Podręcznik jest adresowany do uczniów klas pierwszych liceów i techników, uczących się matematyki w zakresie podstawowym lub rozszerzonym. Tematy, które mogą nie być realizowane w zakresie podstawowym, zostały oznaczone w spisie treści symbolem R. Nauczyciel może również pominąć, zgodnie z realizowanym przez siebie programem, pewne zagadnienia omówione w innych tematach. Jednak zachęcamy uczniów do zapoznania się ze wszystkimi tematami. Może to im ułatwić uczenie się matematyki.
Nowe zagadnienia są precyzyjnie wyjaśnione, tematy zawierają dużą liczbę dobrze dobranych przykładów o wzrastającym stopniu trudności. Praca z naszym podręcznikiem umożliwia również powtórzenie najważniejszych zagadnień z zakresu gimnazjum. Każdy temat kończy się zestawem zadań, zatytułowanym *Sprawdź, czy rozumiesz.* W przypadku trudności z rozwiązaniem tych zadań warto powtórnie przeczytać i przeanalizować dany temat. Odpowiedzi do większości zadań znajdują się na końcu podręcznika. Tam również umieściliśmy skorowidz ważniejszych terminów.

Autorzy

# Spis treści

# 1. Wprowadzenie do matematyki. Pojęcia podstawowe

## Zdanie. Zaprzeczenie zdania

Umiejętność precyzyjnego wypowiadania się, przekonującego argumentowania, uzasadniania jest bardzo ważna w życiu każdego człowieka. Te umiejętności są szczególnie istotne i przydatne w trakcie uczenia się matematyki. Metodami wnioskowania zajmuje się logika matematyczna. W tym rozdziale poznasz podstawowe terminy i prawa logiczne, które ułatwią Ci uczenie się matematyki, jej rozumienie, przeprowadzanie wnioskowań i rozwiązywanie zadań.

Krzysiek, uczeń klasy pierwszej liceum ogólnokształcącego, na inauguracji roku szkolnego wysłuchał przemówienia pani dyrektor. Zwrócił uwagę na następujące trzy zdania:

- „Absolwenci naszej szkoły, jeśli są dobrzy z matematyki, to studiują na najlepszych uczelniach"
- „Absolwenci naszej szkoły, jeśli są dobrzy z informatyki, to są też dobrzy z matematyki"
- „Absolwenci naszej szkoły, jeśli studiują na najlepszych uczelniach, to mają później ciekawą pracę".

Krzysiek zastanawiał się, jak na podstawie tych słów odpowiedzieć sobie na następujące pytania:

– „Jeśli ukończę tę szkołę i będę dobry z informatyki, to czy będę miał ciekawą pracę?"
– „Starszy kolega, Zbyszek, jest absolwentem tego liceum i nie był dobry z matematyki. Czy wobec tego Zbyszek nie studiował na jednej z najlepszych uczelni?"
– „Inny absolwent tego liceum, Michał, już pracuje, ale nie ma ciekawej pracy. Czy to znaczy, że Michał w liceum nie był dobry z matematyki?"

Spróbuj znaleźć odpowiedzi na pytania, które nurtowały Krzyśka.

W dalszej części tego tematu wyjaśnimy, co to jest zdanie w sensie logicznym.

***Definicja 1.***
**Zdaniem** (w logice) nazywamy wypowiedź oznajmującą, o której możemy powiedzieć, że jest prawdziwa albo fałszywa.

Zauważ, że zdanie w logice jest określone inaczej niż na lekcjach języka polskiego. Prawdę i fałsz nazywamy wartościami logicznymi. Prawdę oznaczamy 1, a fałsz 0. Zdania oznaczamy zwykle małymi literami: $p, q, r, s, t, \ldots$ Jeśli zdanie $p$ jest prawdziwe, to piszemy $w(p) = 1$, jeśli fałszywe, to $w(p) = 0$. Przyjmujemy zasadę, że pisząc o zdaniu, będziemy mieli na myśli wyłącznie zdanie w sensie logicznym.

## Przykład 1.

Zdaniami są następujące wypowiedzi:

a) $2+3=5$

b) $7<0$

c) W każdym trójkącie suma miar kątów wewnętrznych jest równa $180°$.

d) Polska leży w Europie.

Oczywiście zdanie b) jest fałszywe, a pozostałe zdania są prawdziwe.

## Przykład 2.

Zdaniami nie są następujące wypowiedzi:

a) Czy to prawda, że $2^7$ jest większe niż $7^2$?

b) Odrób wreszcie pracę domową z matematyki!

c) $x-10=12$

d) $x \leqslant 9$

## Definicja 2.

**Zaprzeczeniem zdania** $p$ nazywamy zdanie „nieprawda, że $p$" i oznaczamy $\neg \boldsymbol{p}$; zaprzeczeniem zdania prawdziwego jest zdanie fałszywe; zaprzeczeniem zdania fałszywego jest zdanie prawdziwe.

## Przykład 3.

$p$: „Liczba 120 jest podzielna przez 24".

$\neg p$: „Nieprawda, że liczba 120 jest podzielna przez 24".

Zdanie $\neg p$ można zapisać też w postaci „Liczba 120 nie jest podzielna przez 24".

## Przykład 4.

Zdania i ich zaprzeczenia:

| | | | |
|---|---|---|---|
| a) $p\colon 2+4=5$ | $\neg p\colon \neg(2+4=5)$ | co znaczy | $\neg p\colon 2+4 \neq 5$ |
| b) $q\colon 8 \geqslant 8$ | $\neg q\colon \neg(8 \geqslant 8)$ | co znaczy | $\neg q\colon 8<8$ |
| c) $r\colon 9<10$ | $\neg r\colon \neg(9<10)$ | co znaczy | $\neg r\colon 9 \geqslant 10$ |
| d) $s\colon \sqrt{2} \notin \boldsymbol{N}$ | $\neg s\colon \neg\left(\sqrt{2} \notin \boldsymbol{N}\right)$ | co znaczy | $\neg s\colon \sqrt{2} \in \boldsymbol{N}$ |

## Sprawdź, czy rozumiesz

1. Wśród poniższych wypowiedzi wskaż zdania i oceń ich wartość logiczną.

a) $2<\sqrt{3}$

b) Czy $\sqrt{2}>1$?

c) 1 jest liczbą naturalną.

d) $x^2-9=0$

e) Najdłuższą rzeką w Polsce jest Odra.

f) $(-100)^3 \neq -100^3$

g) Rozwiąż dobrze to zadanie!

h) Liczba 18 jest podzielna przez 3.

2. Podaj zaprzeczenia zdań i oceń wartość logiczną zaprzeczeń:

a) $7-2=6$

b) $3^2 \neq -3^2$

c) $\sqrt{3} \geqslant 3$

d) $\frac{1}{2}+\frac{1}{3}<1$

e) $2 \cdot 5^2=(2 \cdot 5)^2$

f) $0 \cdot 100 \leqslant 0$

# Koniunkcja zdań. Alternatywa zdań

W poprzednim temacie dowiedzieliśmy się, co jest zdaniem w sensie logicznym. Zdania możemy łączyć różnymi spójnikami i w ten sposób otrzymywać **zdania złożone**. Zdania wchodzące w skład zdania złożonego nazywamy **zdaniami prostymi**. Przykładem zdania złożonego jest koniunkcja zdań.

> ***Definicja 1.***
> **Koniunkcją zdań** $p$ oraz $q$ nazywamy zdanie „$p$ i $q$" i oznaczamy „$\boldsymbol{p \wedge q}$";
> koniunkcja dwóch zdań jest prawdziwa tylko wtedy, gdy oba tworzące ją zdania są prawdziwe.

Mówiąc inaczej: koniunkcja dwóch zdań jest fałszywa tylko wtedy, gdy co najmniej jedno zdanie ją tworzące jest fałszywe.

i $\longrightarrow$ $\wedge$

## *Przykład 1.*

a) Zdanie „Poznań jest stolicą Wielkopolski i Poznań leży nad Wartą" jest koniunkcją zdań prostych:
   $p$: „Poznań jest stolicą Wielkopolski" oraz
   $q$: „Poznań leży nad Wartą".
   Ponieważ oba zdania proste są prawdziwe, więc koniunkcja tych zdań też jest prawdziwa.

b) Zdanie „$5 > 3 \wedge 5 = 3$" jest koniunkcją zdań prostych:
   $p$: „$5 > 3$" oraz
   $q$: „$5 = 3$"
   Zdanie $p$ jest prawdziwe, a zdanie $q$ jest fałszywe, zatem koniunkcja tych zdań jest <u>fałszywa</u>.

> ***Definicja 2.***
> **Alternatywą zdań** $p$ oraz $q$ nazywamy zdanie „$p$ lub $q$" i oznaczamy „$\boldsymbol{p \vee q}$";
> alternatywa dwóch zdań jest prawdziwa wtedy, gdy co najmniej jedno ze zdań ją tworzących jest prawdziwe.

Inaczej mówiąc: alternatywa dwóch zdań jest fałszywa tylko wtedy, gdy oba tworzące ją zdania są fałszywe.

lub $\longrightarrow$ $\vee$

## *Przykład 2.*

a) Zdanie „Kraków był stolicą Polski lub Warszawa jest stolicą Polski" jest alternatywą zdań prostych:
   $p$: „Kraków był stolicą Polski" oraz

$q$: „Warszawa jest stolicą Polski".
Ponieważ oba zdania proste są prawdziwe, więc alternatywa tych zdań też jest prawdziwa.

b) Zdanie „$5 \geqslant 3$" można zapisać w postaci alternatywy dwóch zdań:
„$5 > 3 \vee 5 = 3$"
Zdanie $p$: „$5 > 3$" jest zdaniem prawdziwym, zdanie $q$: „$5 = 3$" jest zdaniem fałszywym, ale alternatywa tych zdań jest prawdziwa, więc prawdziwe jest zdanie „$5 \geqslant 3$".

**UWAGA:** W języku potocznym wyrazu „alternatywa" używa się niekiedy w innym znaczeniu niż w logice matematycznej. Otóż, jeśli ktoś powie „Kupię tort lub kupię lody", to odbiorcy tej informacji mogą oczekiwać, że osoba wybierająca się do cukierni albo kupi tort (i nie kupi lodów), albo kupi lody (i nie kupi tortu). Jeśli ta osoba przyniosłaby z cukierni i tort, i lody, to mogłoby to wywołać duże zdziwienie – przecież nie mówiła, że kupi tort i kupi lody.

## Przykład 3.

Wiadomo, że prawdziwe jest zdanie: „Nie poszedłem do kina lub byłem w teatrze". Jaką wartość logiczną ma zdanie: „Poszedłem do kina i nie byłem w teatrze"?

Alternatywa zdań: „Nie poszedłem do kina", „Byłem w teatrze" jest prawdziwa, zatem co najmniej jedno z tych zdań jest prawdziwe. Zatem wśród zaprzeczeń tych zdań („Poszedłem do kina", „Nie byłem w teatrze") co najmniej jedno jest fałszywe. Stąd koniunkcja „Poszedłem do kina i nie byłem w teatrze" jest zdaniem fałszywym.

## Sprawdź, czy rozumiesz

1. Wśród poniższych zdań złożonych rozpoznaj alternatywy i koniunkcje. Oceń wartość logiczną tych zdań.
   a) $NWD(8, 6) = 24$ lub $NWW(8, 6) = 2$
   b) $\sqrt{10^2 - 8^2} = 2 \wedge 10 - 8 = 2$
   c) $3^2 + 4^2 = 5^2 \vee 3 + 4 = 5$
   d) $\pi - 3{,}14 > 0 \wedge \sqrt{2} - 1{,}41 \leqslant 0$
   e) $\frac{1}{2} \cdot \frac{3}{4} = \frac{3}{8} \vee \frac{1}{2} + \frac{1}{3} \neq \frac{2}{5}$
   f) $7 \geqslant 7 \wedge \sqrt{2} \notin \mathbf{N}$
2. Podaj przykład takich dwóch zdań $p$ oraz $q$, dla których zdanie $p \vee q$ jest prawdziwe, a zdanie $p \wedge q$ jest fałszywe.
3. Czy istnieją zdania $p$ oraz $q$, dla których zdanie $p \wedge q$ byłoby prawdziwe, a zdanie $p \vee q$ byłoby fałszywe? Odpowiedź uzasadnij.
4. Wiadomo, że prawdziwe jest zdanie $p \wedge q$. Oceń wartość logiczną zdania $p \vee (\neg q)$.
5. Wiadomo, że prawdziwe są zdania $p \vee q$ oraz $p \vee (\neg q)$. Oceń wartość logiczną zdania $(\neg p) \wedge q$.

# Implikacja. Równoważność zdań. Definicja. Twierdzenie

Bardzo ważną rolę w matematyce spełniają zdania złożone mające postać implikacji.

**Definicja 1.**
**Implikacją** o poprzedniku $p$ i następniku $q$ nazywamy zdanie „jeśli $p$, to $q$" i oznaczamy „$p \Rightarrow q$"; implikację uznajemy za prawdziwą wtedy, gdy poprzednik i następnik są prawdziwe oraz wtedy, gdy poprzednik jest fałszywy (wówczas następnik może być prawdziwy lub fałszywy).

Inaczej mówiąc: implikacja jest fałszywa tylko wtedy, gdy z prawdy wynika fałsz.

## Przykład 1.

a) Jeśli temperatura spadnie poniżej 0°C, to woda zacznie zamarzać.
poprzednik implikacji — następnik implikacji

b) Jeśli $(-1)^2 = 1^2$, to $(-1) = 1$

c) Jeśli $2 > 4$, to $2 \cdot 3 > 4 \cdot 3$

Posługując się ostatnią definicją, możemy stwierdzić, że zdania (a) i (c) są prawdziwe, a zdanie (b) jest fałszywe.

Pewne zaskoczenie może powodować ten fragment ostatniej definicji, który mówi, że jeśli poprzednik implikacji jest fałszywy, to implikacja jest prawdziwa. Spróbujmy odnieść to do sytuacji z życia. Przeanalizujmy następujące zdanie:

„Jeśli posprzątasz swój pokój, to pójdziesz z przyjaciółmi do kina".

Załóżmy, że to zdanie powiedziała do Ciebie Twoja mama. Kiedy mama spełni obietnicę? Na pewno wtedy, gdy posprzątasz swój pokój i mama pozwoli Ci pójść do kina. Mama na pewno nie spełni obietnicy, jeśli posprzątasz pokój, a pomimo to nie pozwoli Ci pójść do kina. A co się stanie, jeśli nie posprzątasz swojego pokoju? Zauważ, że o takiej sytuacji mama się nie wypowiedziała! Zatem każde jej postępowanie powinniśmy uznać za logicznie uzasadnione: zarówno wtedy, gdy pozwoli Ci pójść do kina (co na pewno Ci się spodoba), jak i wtedy, gdy nie pozwoli Ci pójść do kina (to pewnie mniej Ci będzie odpowiadać).

## Przykład 2.

Prawdziwe są zdania: „Jeśli pojadę do Hiszpanii, to nauczę się języka hiszpańskiego" oraz „Pojadę do Hiszpanii lub nauczę się języka hiszpańskiego". Czy prawdziwe są zdania:
$p$: „Pojadę do Hiszpanii" $q$: „Nauczę się hiszpańskiego"?

Z tego, że $w(p \vee q)=1$ wynika, że zachodzi jedna z trzech możliwości:
1) $w(p)=1$ i $w(q)=1$ albo 2) $w(p)=0$ i $w(q)=1$, albo 3) $w(p)=1$ i $w(q)=0$. Ostatni przypadek jest wykluczony przez warunek $w(p \Rightarrow q) = 1$. Ostatecznie więc otrzymujemy, że zdanie $q$: „Nauczę się języka hiszpańskiego" jest prawdziwe. Natomiast nie jesteśmy w stanie rozstrzygnąć prawdziwości zdania $p$: „Pojadę do Hiszpanii".

Kolejnym ważnym rodzajem zdania złożonego jest równoważność zdań.

### Definicja 2.

**Równoważnością zdań** $p$ oraz $q$ nazywamy zdanie „$p$ wtedy i tylko wtedy, gdy $q$" i oznaczamy „$\boldsymbol{p \Leftrightarrow q}$"; równoważność dwóch zdań uznajemy za prawdziwą tylko wtedy, gdy tworzące ją zdania mają tę samą wartość logiczną, tzn. oba są prawdziwe lub oba są fałszywe.

Inaczej mówiąc: równoważność jest fałszywa tylko wtedy, gdy tworzące ją zdania mają różne wartości logiczne, tzn. jedno jest fałszywe, a drugie prawdziwe.

### Przykład 3.

a) Zdanie „Liczba 12 jest podzielna przez 6 wtedy i tylko wtedy, gdy liczba 12 jest podzielna przez 2 i przez 3" jest równoważnością zdań:
   $p$: „Liczba 12 jest podzielna przez 6" oraz
   $q$: „Liczba 12 jest podzielna przez 2 i przez 3".
   Oba zdania $p$ oraz $q$ są prawdziwe, zatem równoważność $p \Leftrightarrow q$ jest prawdziwa.

b) Zdanie „Liczba 347 jest podzielna przez 3 wtedy i tylko wtedy, gdy suma $3+4+7$ jest podzielna przez 3" jest równoważnością zdań:
   $p$: „Liczba 347 jest podzielna przez 3" oraz
   $q$: „Suma $3+4+7$ jest podzielna przez 3".
   Oba zdania $p$ oraz $q$ są fałszywe, zatem równoważność $p \Leftrightarrow q$ jest prawdziwa.

Ważną rolę w matematyce odgrywają **definicje**, czyli zdania określające znaczenie nowo wprowadzanego terminu.

Już w szkole podstawowej i w gimnazjum, ucząc się matematyki, poznałeś wiele różnych definicji, np. definicję pierwiastka kwadratowego i definicję podnoszenia do kwadratu (podnoszenia do drugiej potęgi). Przypomnijmy te definicje i przeanalizujmy ich budowę.

„**Podnieść liczbę *a* do kwadratu** (symbol: $a^2$) to pomnożyć liczbę $a$ przez nią samą".

W tej definicji terminem znanym wcześniej, użytym do określenia kwadratu liczby, jest „mnożenie".

Symbolicznie definicję tę można zapisać tak:

$$a^2 \underset{\text{z def.}}{=} a \cdot a$$

Symbol „ $\underset{\text{z def.}}{=}$ ” czytamy „równa się z definicji”.

Jeśli wiemy, czym jest podnoszenie liczby do kwadratu, to możemy zdefiniować pierwiastek kwadratowy.

„**Pierwiastkiem kwadratowym z nieujemnej liczby *a*** (symbol: $\sqrt{a}$) nazywamy taką nieujemną liczbę $b$, która podniesiona do kwadratu będzie równa liczbie $a$”.

Z kolei w tej definicji terminami znanymi wcześniej, użytymi do określenia pierwiastka kwadratowego, są „podnoszenie do kwadratu” i „liczba nieujemna”.

Definicję pierwiastka kwadratowego można symbolicznie zapisać tak:

Jeśli $a \geqslant 0$ i $b \geqslant 0$, to $\left(\sqrt{a} = b \underset{\text{z def.}}{\Leftrightarrow} b^2 = a\right)$.

Symbol „ $\underset{\text{z def.}}{\Leftrightarrow}$ ” czytamy: „równoważne z definicji”.

Podsumowując, można stwierdzić, że w definicji wyróżniamy:
- termin definiowany
- łącznik („nazywamy”, „jest to”, „to znaczy”, „wtedy, gdy” itp.)
- wyrażenie określające termin definiowany, w którym występują terminy wcześniej znane.

W gimnazjum, oprócz definicji, poznałeś też twierdzenia.

**Twierdzenia** są to zdania wyrażające własności pojęć, np.: figur geometrycznych, działań matematycznych, funkcji. Zdania te mogą być prawdziwe lub fałszywe. Prawdziwość twierdzenia stwierdza się, przeprowadzając, zgodnie z regułami logiki, pewne rozumowanie, nazywane jego dowodem. Natomiast fałszywość twierdzenia stwierdza się przez wskazanie kontrprzykładu. Na przykład rozważmy zdanie: *Jeśli liczba naturalna jest podzielna przez 2 i przez 6, to liczba ta jest podzielna przez 12.* Kontrprzykładem pokazującym fałszywość tego stwierdzenia może być liczba 18: jest ona liczbą naturalną, podzielną przez 2 i przez 6 , a nie jest podzielna przez 12.

Twierdzenie ma postać implikacji. Wyróżniamy w nim założenie (poprzednik implikacji) i tezę (następnik implikacji).

Rozpatrzmy następujące twierdzenie:

(*) Jeśli **czworokąt *ABCD* jest równoległobokiem**,
**założenie**

to **punkt, w którym przecinają się przekątne czworokąta *ABCD*, dzieli je na połowy**.
**teza**

**Twierdzeniem odwrotnym** do danego twierdzenia jest implikacja, w której zamieniono miejscami założenie z tezą.

Twierdzenie odwrotne do prezentowanego powyżej jest więc następujące:

Jeśli **punkt, w którym przecinają się przekątne czworokąta *ABCD*, dzieli je na połowy**, to **czworokąt *ABCD* jest równoległobokiem**.

W tym wypadku twierdzenie odwrotne do danego twierdzenia jest zdaniem prawdziwym. Twierdzenie i twierdzenie odwrotne można zapisać w jednym zdaniu, które ma postać równoważności:

„Czworokąt *ABCD* jest równoległobokiem wtedy i tylko wtedy, gdy punkt, w którym przecinają się przekątne czworokąta *ABCD*, dzieli je na połowy".

Powinieneś pamiętać, że twierdzenie odwrotne do danego twierdzenia nie zawsze jest zdaniem prawdziwym.

## Przykład 4.

Twierdzenie:
Jeśli liczba naturalna jest podzielna przez 14, to liczba ta jest podzielna przez 7.

Twierdzenie odwrotne do danego:
Jeśli liczba naturalna jest podzielna przez 7, to liczba ta jest podzielna przez 14.

W tym przykładzie twierdzenie jest oczywiście zdaniem prawdziwym, natomiast twierdzenie odwrotne jest zdaniem fałszywym (podaj odpowiedni kontrprzykład).

**UWAGA:** Czasami formułuje się twierdzenia w taki sposób, że nie mają one (wyraźnej) postaci implikacji, np. twierdzenie (*) z poprzedniej strony można sformułować tak:

„W równoległoboku *ABCD* punkt przecięcia przekątnych dzieli te przekątne na połowy".

Taki sposób formułowania twierdzenia powoduje, że jego wypowiedź jest krótsza, zgrabniejsza, natomiast nieco trudniejsze może być wskazanie założenia i tezy tak wypowiedzianego twierdzenia.

## Sprawdź, czy rozumiesz

1. Dane są zdania $p$ i $q$. Sformułuj zdania $p \Rightarrow q$, $q \Rightarrow p$, $p \Leftrightarrow q$ i oceń ich wartość logiczną.
   a) $p$: $(-2)^2 = 4$ $\quad q$: $\sqrt{4} = -2$
   b) $p$: $9 \geqslant 11$ $\quad q$: $9 \cdot 0{,}25 \geqslant 11 \cdot 0{,}25$
2. Sformułuj twierdzenie odwrotne do danego i oceń jego wartość logiczną:
   a) Jeśli czworokąt jest kwadratem, to ten czworokąt jest prostokątem.
   b) Jeśli liczba naturalna jest podzielna przez 15, to liczba ta jest podzielna przez 3 i 5.
   c) Jeśli liczba naturalna jest podzielna przez 8, to liczba ta jest podzielna przez 2 i 4.
   d) Jeśli wielokąt ma dwie przekątne, to wielokąt ten jest czworokątem.

# Prawa logiczne. Prawa De Morgana

Aby móc przeprowadzać poprawne wnioskowania (nawet w ograniczonym zakresie), należy poznać podstawowe prawa logiczne, zwane też prawami rachunku zdań. W tym temacie poznasz kilka takich praw.

**Definicja 1.**
**Prawem logicznym** (prawem rachunku zdań) nazywamy taki schemat zdania złożonego, dla którego zdanie utworzone według tego schematu jest zawsze prawdziwe, niezależnie od wartości logicznych zdań w nim występujących.

Prawem logicznym jest na przykład schemat

$$p \vee (\neg p)$$

Prawo to (zwane „prawem wyłączonego środka") mówi, że ponieważ zdanie lub jego zaprzeczenie jest prawdziwe, więc alternatywa takich zdań jest zawsze prawdziwa.

Innym przykładem prawa logicznego jest schemat

$$\neg(\neg p) \Leftrightarrow p$$

zwany „prawem podwójnego przeczenia". Prawo to mówi, że zdanie podwójnie zaprzeczone ma taką samą wartość logiczną jak zdanie bez zaprzeczenia. Na przykład zdanie:

*Nieprawda, że kot nie ma wąsów* znaczy: *Kot ma wąsy.*

Omówimy teraz prawa De Morgana, czyli prawa dotyczące zaprzeczania alternatywy i koniunkcji dwóch zdań.

Załóżmy, że wypowiedziałeś zdanie:

*Popracuję przy komputerze lub pójdę do kina.*

Interesuje nas, co dokładnie znaczy zaprzeczenie powyższej alternatywy:

*Nieprawda, że (popracuję przy komputerze lub pójdę do kina).*

Zastanówmy się, kiedy nie dotrzymałbyś danego słowa. Wiesz, że dotrzymasz słowa, jeśli popracujesz przy komputerze i nie pójdziesz do kina, albo nie popracujesz przy komputerze i pójdziesz do kina, albo popracujesz przy komputerze i pójdziesz do kina, ponieważ alternatywa jest prawdziwa, jeśli zachodzi co najmniej jeden z warunków. Nie dotrzymasz słowa wtedy, gdy żaden z warunków nie zostanie spełniony. Tak więc zdanie:

*Nieprawda, że (popracuję przy komputerze lub pójdę do kina)*

jest równoważne zdaniu:

*Nieprawda, że (popracuję przy komputerze) i nieprawda, że (pójdę do kina)*

co możemy wyrazić prościej:

*Nie popracuję przy komputerze i nie pójdę do kina.*

Symbolicznie prawo zaprzeczenia alternatywy zapisujemy tak:

$\neg(p \vee q) \Leftrightarrow [(\neg p) \wedge (\neg q)]$ (I prawo De Morgana)

Prawo to wypowiadamy następująco: zaprzeczeniem alternatywy dwóch zdań jest koniunkcja zaprzeczeń tych zdań.

Omówimy prawo dotyczące zaprzeczania koniunkcji zdań.
Załóżmy, że wypowiedziałeś zdanie:

*Pouczę się matematyki i pogram w piłkę.*

Zastanówmy się, co znaczy zaprzeczenie powyższego zdania:

*Nieprawda, że (pouczę się matematyki i pogram w piłkę).*

Dotrzymasz danego słowa, jeśli pouczysz się matematyki i pograsz w piłkę, czyli spełnisz oba warunki. Nie dotrzymasz słowa wtedy, gdy nie spełnisz co najmniej jednego warunku (nie pouczysz się matematyki i pograsz w piłkę, albo pouczysz się matematyki i nie pograsz w piłkę, albo nie pouczysz się matematyki i nie pograsz w piłkę). Tak więc zdanie:

*Nieprawda, że (pouczę się matematyki i pogram w piłkę)*

jest równoważne zdaniu:

*Nieprawda, że (pouczę się matematyki) lub nieprawda, że (pogram w piłkę)*

co możemy wyrazić prościej:

*Nie pouczę się matematyki lub nie pogram w piłkę.*

Symbolicznie prawo zaprzeczenia koniunkcji zapisujemy tak:

$\neg(p \wedge q) \Leftrightarrow [(\neg p) \vee (\neg q)]$ (II prawo De Morgana)

Prawo to wypowiadamy następująco: zaprzeczeniem koniunkcji dwóch zdań jest alternatywa zaprzeczeń tych zdań.

Kolejne prawa również dotyczą koniunkcji i alternatywy. Pierwsze cztery prawa intuicyjnie są oczywiste.

| | |
|---|---|
| $(p \vee q) \Leftrightarrow (q \vee p)$ | (przemienność alternatywy) |
| $[(p \vee q) \vee r] \Leftrightarrow [p \vee (q \vee r)]$ | (łączność alternatywy) |
| $(p \wedge q) \Leftrightarrow (q \wedge p)$ | (przemienność koniunkcji) |
| $[(p \wedge q) \wedge r] \Leftrightarrow [p \wedge (q \wedge r)]$ | (łączność koniunkcji) |
| $[p \wedge (q \vee r)] \Leftrightarrow [(p \wedge q) \vee (p \wedge r)]$ | (rozdzielność koniunkcji względem alternatywy) |
| $[p \vee (q \wedge r)] \Leftrightarrow [(p \vee q) \wedge (p \vee r)]$ | (rozdzielność alternatywy względem koniunkcji) |

## Przykład 1.

Dokonano napadu na bank. Trzech świadków widziało samochód, którym odjechali przestępcy. Prowadzący dochodzenie komisarz Hański przeczytał ich zeznania.

Pierwszy świadek powiedział:

„Przestępcy odjechali czarnym BMW".

Drugi świadek zeznał:

„Przestępcy odjechali granatowym Audi".

Trzeci świadek stwierdził:

„Przestępcy odjechali Mercedesem, który na pewno nie był czarny".

Z doświadczenia Hańskiego wynikało, że tylko połowa zeznań każdego świadka jest prawdziwa. Po przyjęciu takiego założenia i powtórnym przeanalizowaniu zeznań świadków komisarz Hański ustalił kolor i markę samochodu przestępców. Jakie to były ustalenia?

I sposób

Zauważmy, że gdyby przestępcy odjechali samochodem czarnym, to – po analizie zeznań pierwszego i drugiego świadka – okazałoby się, że to było Audi. Ale wtedy trzeci świadek – wbrew założeniu – podałby dwie informacje fałszywe. Tak więc przestępcy odjechali samochodem granatowym. Teraz łatwo już stwierdzić, że było to BMW.

II sposób

Przyjmijmy oznaczenia zdań:

$p$ – przestępcy uciekli samochodem czarnym

$q$ – przestępcy uciekli samochodem marki BMW

$r$ – przestępcy uciekli samochodem granatowym

$s$ – przestępcy uciekli samochodem marki Audi

$t$ – przestępcy uciekli samochodem marki Mercedes

Wówczas prawdziwe są (przy założeniu, jakie przyjął komisarz) trzy zdania złożone: $p \vee q$, $r \vee s$, $t \vee \neg p$.

Zatem prawdziwa jest też koniunkcja tych zdań:

$$(p \vee q) \wedge (r \vee s) \wedge (t \vee \neg p)$$

Po zastosowaniu prawa rozdzielności koniunkcji względem alternatywy otrzymamy alternatywę ośmiu zdań (sprawdź!), wśród których siedem jest fałszywych. Zatem zdanie ósme $(q \wedge r \wedge \neg p)$ jest zdaniem prawdziwym, gdyż cała wypowiedź jest zdaniem prawdziwym. Tak więc przestępcy odjechali granatowym BMW.

Przedstawimy teraz prawa związane z implikacją i równoważnością.

Pierwsze to prawo przechodniości implikacji:

$$[(p \Rightarrow q) \wedge (q \Rightarrow r)] \Rightarrow (p \Rightarrow r)$$

Rozważmy dwa zdania: „Jeśli rozwiążę dużo zadań z matematyki, to będę dobrze przygotowany do pracy klasowej" oraz „Jeśli będę dobrze przygotowany z matematyki do pracy klasowej, to otrzymam piątkę z pracy klasowej". Z koniunkcji tych zdań – na mocy prawa przechodniości implikacji – wynika zdanie: „Jeśli rozwiążę dużo zadań z matematyki, to otrzymam piątkę z pracy klasowej".

Kolejne prawo logiczne to prawo zaprzeczenia implikacji:

$$\neg(p \Rightarrow q) \Leftrightarrow (p \wedge \neg q)$$

Tak więc zaprzeczeniem zdania: „Jeśli rozwiążę dużo zadań z matematyki, to będę dobrze przygotowany do pracy klasowej" jest zdanie: „Rozwiążę dużo zadań z matematyki i nie będę dobrze przygotowany do pracy klasowej".
Możemy powiedzieć, że zaprzeczeniem implikacji jest koniunkcja poprzednika i negacja następnika implikacji.

Jeśli implikację $p \Rightarrow q$ nazwiemy **implikacją prostą**, to implikację:

$q \Rightarrow p$ nazwiemy **implikacją odwrotną**
$\neg p \Rightarrow \neg q$ nazwiemy **implikacją przeciwną**
$\neg q \Rightarrow \neg p$ nazwiemy **implikacją przeciwstawną**.

Mamy następujące prawa:

$(p \Rightarrow q) \Leftrightarrow (\neg q \Rightarrow \neg p)$ (równoważność implikacji prostej i przeciwstawnej)

Na mocy tego prawa zdanie: „Jeśli rozwiązałem dużo zadań z matematyki, to byłem dobrze przygotowany do pracy klasowej" jest równoważne zdaniu: „Jeśli nie byłem dobrze przygotowany do pracy klasowej, to nie rozwiązałem dużo zadań z matematyki".

$(q \Rightarrow p) \Leftrightarrow (\neg p \Rightarrow \neg q)$ (równoważność implikacji odwrotnej i przeciwnej)

**UWAGA**: Implikacja prosta $(p \Rightarrow q)$ i odwrotna $(q \Rightarrow p)$ nie są równoważne.

## Sprawdź, czy rozumiesz

1. Mając dane zdanie $p$, sformułuj zdanie $\neg(\neg p)$.
   a) $p$: Owady mają po sześć nóg.
   b) $p$: Dwa dodać trzy równa się pięć.
   c) $p$: Wieloryb nie jest rybą.
   d) $p$: Pierwiastek kwadratowy jest liczbą nieujemną.

2. Zastosuj prawa De Morgana i podaj zaprzeczenia zdań:
   a) Posadzimy tutaj drzewa lub krzewy.
   b) Świeci słońce i nie pada deszcz.
   c) Ola ma kota i psa.
   d) Marek nie lubi tortu lub lodów.
   e) $7 \neq 5 \wedge \sqrt{1} = 1$
   f) $4 > 3 \vee 4 \leqslant 1$
   g) $2 - 6 = -1 \cdot (6 - 2) \wedge 0 : 10 < 0$
   h) $8 \cdot (-1) \neq (-8) \cdot 1 \vee (\sqrt{3})^2 \neq \sqrt{9}$

3. Dana jest implikacja prosta. Sformułuj implikację jej równoważną.
   a) Jeśli liczba jest całkowita, to kwadrat tej liczby jest liczbą naturalną.
   b) Jeśli czworokąt nie jest równoległobokiem, to nie jest rombem.
   c) Jeśli trójkąt ma co najmniej dwa kąty równe, to jest trójkątem równoramiennym.
   d) Jeśli liczba naturalna nie jest podzielna przez 5, to liczba ta nie jest podzielna przez 10.

# Zbiór. Działania na zbiorach

Słowo „zbiór" ma w języku potocznym wiele odpowiedników, np.: „kolekcja", „zestaw", „grupa", „komplet". Intuicyjnie rozumiemy zbiór właśnie jako kolekcję przedmiotów (elementów) w pewien sposób wyróżnionych: zbiór samochodów na osiedlowym parkingu, zbiór znaczków pewnego kolekcjonera, zbiór obrazów w muzeum sztuki itp.
W matematyce termin „zbiór" należy do tak zwanych pojęć pierwotnych, czyli takich, których się nie definiuje.
Zbiory oznaczać będziemy dużymi literami: $A, B, C, D, ...$, natomiast elementy zbiorów – małymi literami: $a, b, c, d, ...$ My zajmować się będziemy **zbiorami liczbowymi**, to znaczy takimi, których elementami są liczby. Omówimy sposoby opisywania zbiorów.

Zbiór możemy opisać przez podanie warunku, który spełniają jego elementy:

$A$ – zbiór ocen, które uczeń liceum może otrzymać z matematyki.

Jeśli zbiór ma niewiele elementów, to możemy wypisać wszystkie jego elementy:

$A = \{1, 2, 3, 4, 5, 6\}$

Elementy wypisujemy między nawiasami klamrowymi $\{\ \}$, oddzielając je przecinkami. Każdy element wypisujemy tylko jeden raz.
Przy większej liczbie elementów zbioru wypisywanie ich nie jest wygodne. Rozważmy $B$ – zbiór wszystkich numerów (z dziennika) uczniów 24-osobowej klasy Ia.

$B = \{1, 2, 3, 4, 5, 6, 7, 8, 9, 10, 11, 12, 13, 14, 15, 16, 17, 18, 19, 20, 21, 22, 23, 24\}$

Zauważ, że w zbiorze $B$ istnieje reguła wypisywania kolejnych elementów („liczby zaczynają się od 1, każda kolejna liczba jest o jeden większa od poprzedniej, ostatnią liczbą jest 24"). W takim wypadku można zastosować zapis skrócony:

$B = \{1, 2, 3, ..., 23, 24\}$

Polega on na tym, że wypisujemy kilka początkowych elementów (co najmniej trzy), wskazujących regułę, po czym następują trzy kropki „ ... ", oznaczające „i tak dalej". Na końcu wypisujemy ostatnią liczbę (lub kilka ostatnich liczb).
Kolejnym sposobem opisania zbioru jest zastosowanie zapisu:

$A = \{x$: $x$ jest oceną, którą uczeń liceum może otrzymać z matematyki$\}$.

Zapis ten czytamy: „zbiór $A$ jest zbiorem takich elementów $x$, że $x$ jest oceną, którą uczeń liceum może otrzymać z matematyki".

Przypomnijmy: jeśli chcemy zaznaczyć, że liczby 1 i 2 są elementami zbioru $A$ (liczby 1 i 2 należą do zbioru $A$), to stosujemy zapis:

$1 \in A$, $2 \in A$ (co krócej będziemy też zapisywać tak: $1, 2 \in A$).

Jeśli natomiast chcemy zaznaczyć, że liczba 7 nie jest elementem zbioru $A$ (liczba 7 nie należy do zbioru $A$), to zapisujemy to tak:

$7 \notin A$

Zbiór, którego liczbę elementów można ustalić jako konkretną liczbę naturalną, nazywamy **zbiorem skończonym**; w przeciwnym wypadku o zbiorze powiemy, że jest **zbiorem nieskończonym**. Szczególnym przypadkiem zbioru skończonego jest **zbiór pusty**, czyli taki, do którego nie należy żaden element. Zbiór pusty oznaczamy symbolem $\varnothing$.

Między zbiorami mogą zachodzić różne zależności. Omówimy dwa przykłady takich zależności: kiedy dwa zbiory są równe i kiedy jeden zbiór jest podzbiorem drugiego.

### Definicja 1.

**Zbiory** $A$ i $B$ są **równe** (co oznaczamy $\boldsymbol{A = B}$) wtedy, gdy każdy element należący do zbioru $A$ należy do zbioru $B$ i każdy element należący do zbioru $B$ należy do zbioru $A$.

Mówiąc potocznie: zbiory $A$ i $B$ są równe wtedy, gdy należą do nich te same elementy.
Jeśli zbiory $A$ i $B$ nie są równe, to zapisujemy to tak: $\boldsymbol{A \neq B}$.

### Przykład 1.

Oznaczmy:

$A$ – zbiór cyfr potrzebnych do zapisania liczby 1137

$B$ – zbiór cyfr potrzebnych do zapisania liczby 33 371

Ponieważ $A = \{1, 3, 7\}$ i $B = \{3, 7, 1\}$, więc $A = B$. (Jak pamiętasz, każdy element wypisujemy tylko jeden raz, kolejność wypisywanych elementów jest dowolna).

### Definicja 2.

Zbiór $A$ jest **podzbiorem** zbioru $B$ (co oznaczamy $\boldsymbol{A \subset B}$) wtedy, gdy każdy element zbioru $A$ jest elementem zbioru $B$.
Zbiór $A$ jest **podzbiorem właściwym** zbioru $B$ wtedy, gdy $A \subset B$ i $A \neq B$.

Jeśli zbiór $A$ jest podzbiorem zbioru $B$, to mówimy też, że zbiór $A$ **zawiera się** w zbiorze $B$.

### Przykład 2.

Oznaczmy:

$A$ – zbiór kwadratów

$B$ – zbiór rombów

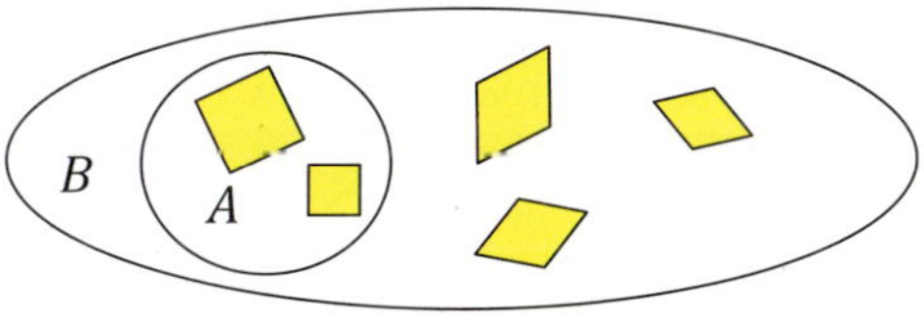


Wówczas zbiór $A$ jest podzbiorem właściwym zbioru $B$, ponieważ każdy kwadrat jest rombem, ale istnieją romby, które nie są kwadratami (zobacz rys. powyżej).

Zwróć uwagę na różnicę między „należeniem do zbioru" a „zawieraniem się zbiorów". Należenie do zbioru jest zależnością między elementem a zbiorem.

**Element $\in$ ZBIÓR**

Natomiast zawieranie się zbiorów jest zależnością między zbiorem a zbiorem.

**ZBIÓR $\subset$ ZBIÓR**

Jeśli $P = \{2, 3, 4, 5, 6\}$, to piszemy:

$2 \in P \qquad \{2\} \subset P$

$3 \in P \qquad \{2, 3\} \subset P$

Pamiętaj też, że podzbiorem (niewłaściwym) każdego zbioru $A$ jest ten sam zbiór $A$ ($A \subset A$) i podzbiorem każdego zbioru $A$ jest zbiór pusty ($\varnothing \subset A$).

Na zbiorach można wykonywać działania. Omówimy niektóre z nich: wyznaczanie sumy, różnicy, iloczynu zbiorów oraz znajdowanie dopełnienia zbioru.

### Definicja 3.

**Sumą zbiorów** $A$ oraz $B$ (oznaczenie $\boldsymbol{A \cup B}$) nazywamy zbiór tych elementów, które należą do zbioru $A$ lub do zbioru $B$.

Zapis symboliczny: $x \in A \cup B \underset{\text{z def.}}{\Leftrightarrow} (x \in A \vee x \in B)$

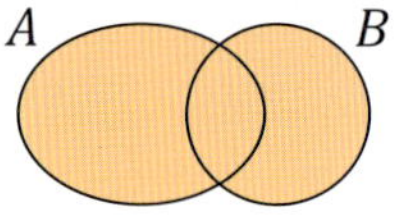


$A \cup B$

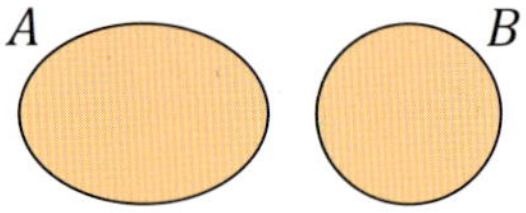


$A \cup B$

Element należy do sumy zbiorów, jeśli należy co najmniej do jednego z tych zbiorów.

**s∪ma zbiorów ⟶ ∪**

## Przykład 3.

a) Niech $A = \{1, 2, 3, 6\}$, $B = \{1, 2, 4\}$, wtedy $A \cup B = \{1, 2, 3, 4, 6\}$.
b) Niech $A = \{2, 4, 6\}$, $B = \{3, 5\}$, wtedy $A \cup B = \{2, 3, 4, 5, 6\}$.

### Definicja 4.

**Różnicą zbiorów** $A$ oraz $B$ (oznaczenie $\boldsymbol{A - B}$ albo $\boldsymbol{A \setminus B}$) nazywamy zbiór tych elementów, które należą do zbioru $A$ i nie należą do zbioru $B$.

Zapis symboliczny: $x \in A - B \underset{\text{z def.}}{\Leftrightarrow} (x \in A \wedge x \notin B)$

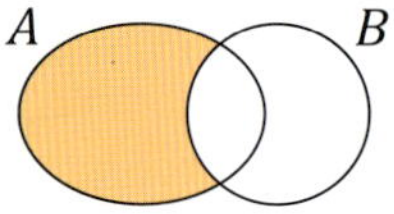


$A - B$

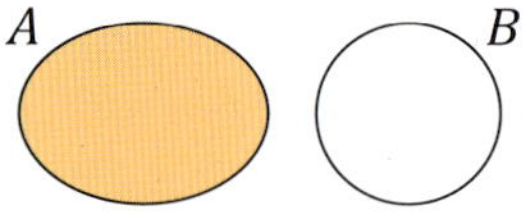


$A - B = A$

## Przykład 4.

a) Niech $A = \{1, 2, 3, 6\}$, $B = \{1, 2, 4\}$, wtedy $A - B = \{3, 6\}$.
b) Niech $A = \{2, 4, 6\}$, $B = \{3, 5\}$, wtedy $A - B = A$.

### Definicja 5.

**Częścią wspólną** (iloczynem) **zbiorów** $A$ oraz $B$ (oznaczenie $\boldsymbol{A \cap B}$) nazywamy zbiór tych elementów, które należą jednocześnie do zbioru $A$ i do zbioru $B$.

Zapis symboliczny: $x \in A \cap B \underset{\text{z def.}}{\Leftrightarrow} (x \in A \wedge x \in B)$

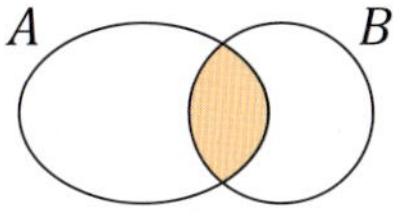


$A \cap B$

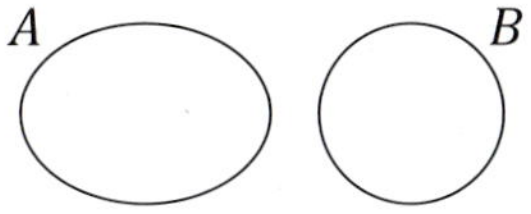


$A \cap B = \emptyset$

Iloczyn zbiorów ⟶ $\cap$

Zbiory $A$ i $B$ nazywamy **zbiorami rozłącznymi** wtedy, gdy $A \cap B = \emptyset$.

## *Przykład 5.*

a) Niech $A = \{1, 2, 3, 6\}$, $B = \{1, 2, 4\}$, wtedy $A \cap B = \{1, 2\}$.
b) Niech $A = \{2, 4, 6\}$, $B = \{3, 5\}$, wtedy $A \cap B = \emptyset$. Te zbiory są rozłączne.

Zbiory, które zwykle rozpatrujemy, są podzbiorami pewnego zbioru, nazywanego przestrzenią (np. zbiory liczbowe rozpatrujemy jako podzbiory zbioru liczb rzeczywistych).

## *Definicja 6.*

Niech $A$ będzie dowolnym zbiorem w przestrzeni $U$, $A \subset U$.
**Dopełnieniem zbioru** $A$ w przestrzeni $U$ (oznaczenie $\boldsymbol{A'}$, czytaj: „$A$ prim") nazywamy zbiór tych elementów przestrzeni $U$, które nie należą do zbioru $A$.

Zapis symboliczny: $x \in A' \underset{\text{z def.}}{\Leftrightarrow} (x \in U \wedge x \notin A)$

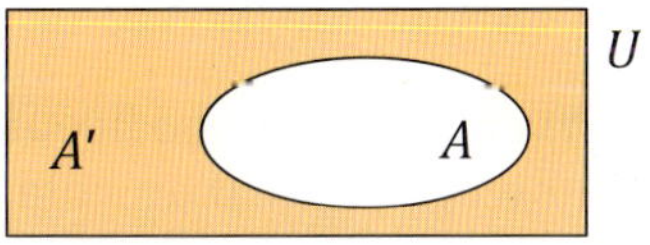


Element należy do dopełnienia zbioru $A$ wtedy, gdy należy do różnicy $U - A$.
Łatwo zauważyć, że zbiór i jego dopełnienie są rozłączne ($A \cap A' = \emptyset$) oraz że ich suma jest całą przestrzenią ($A \cup A' = U$).

## *Przykład 6.*

a) Niech $U$ oznacza zbiór uczniów klasy Ia, $A$ – zbiór dziewcząt w tej klasie. Zatem $A'$ jest to zbiór chłopców w klasie Ia.
b) Niech $U = \{1, 2, 3, 4, 5, 6\}$, $A = \{2, 3, 4, 5, 6\}$, zatem $A' = \{1\}$.

## *Przykład 7.*

Niech $A$ i $B$ będą podzbiorami przestrzeni $U$, która ma 40 elementów. Ponadto zbiór $A$ ma 13 elementów, zbiór $B$ – 12 elementów, a zbiór $(A \cup B)'$ ma 19 elementów. Ile elementów ma zbiór $A \cap B$?

Zauważmy najpierw, że zbiór $A \cup B$ ma 21 elementów ($21 = 40 - 19$). Ponadto $13 + 12 = 25$ (suma liczby elementów zbioru $A$ i liczby elementów zbioru $B$). Liczba

25 jest o 4 większa od liczby elementów zbioru $A \cup B$. To znaczy, że 4 elementy są wspólne dla zbiorów $A$ i $B$.

Zbiór $A \cap B$ ma 4 elementy.

## Przykład 8.

Na parkingu mającym 11 miejsc stoi 6 samochodów zielonych i 7 fordów. Jaka może być najmniejsza, a jaka największa liczba fordów zielonych na tym parkingu?

Liczba zielonych fordów będzie najmniejsza wtedy, gdy możliwie największa będzie liczba samochodów zielonych, które nie są fordami. Taką sytuację przedstawia schematyczny rysunek poniżej, gdzie F oznacza samochód marki ford, zielony kwadrat oznacza samochód zielony, a szary kwadrat – samochód, który nie jest zielony.

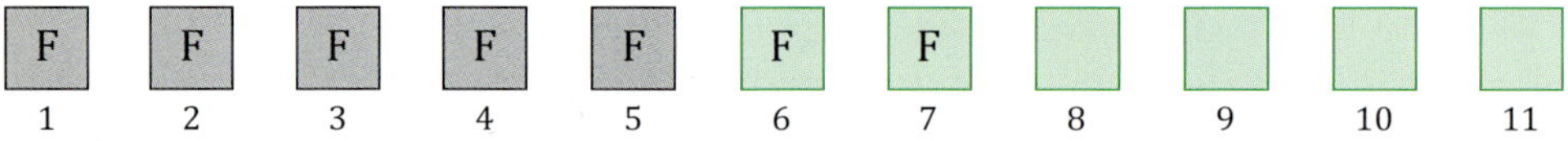


Na parkingu są co najmniej dwa zielone fordy.

Liczba samochodów zielonych jest mniejsza od liczby fordów, więc może się zdarzyć, że każdy zielony samochód jest fordem:

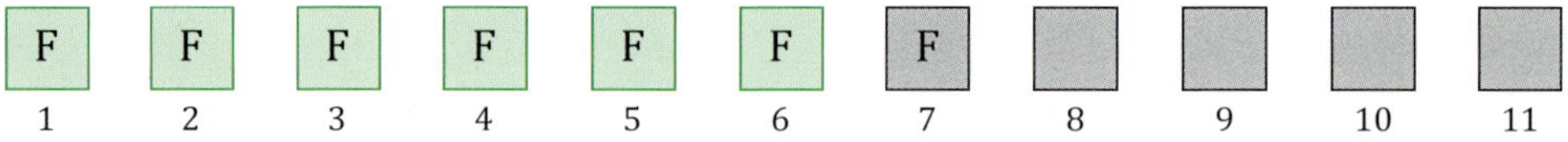


Na parkingu jest co najwyżej 6 zielonych fordów.

## Przykład 9.

Wśród 47 uczniów klas pierwszych ($P$) pewnego liceum 22 uczniów należy do koła sportowego ($S$), 33 do koła filmowego ($F$) i 20 do koła literackiego ($L$). Wśród tych uczniów 17 należy do koła sportowego i filmowego, 13 do koła filmowego i literackiego, 6 do koła sportowego i literackiego. Tylko jeden uczeń należy do wszystkich trzech kół.

a) Ilu uczniów nie należy do żadnego koła?
b) Ilu uczniów należy tylko do dwóch kół: koła sportowego i koła literackiego?
c) Ilu uczniów nie należy ani do koła sportowego, ani do koła literackiego?

W przypadku tego zadania wygodnie jest zaznaczyć na diagramie liczby uczniów poszczególnych grup, zaczynając od ostatniej informacji. Liczby te będziemy zapisywać w nawiasach.

- Jeden uczeń należy do wszystkich trzech kół
- Tylko do koła sportowego i literackiego należy 5 uczniów
  $5 = 6 - 1$
- Tylko do koła filmowego i literackiego należy 12 uczniów
  $12 = 13 - 1$
- Tylko do koła sportowego i filmowego należy 16 uczniów
  $16 = 17 - 1$

- Tylko do koła literackiego należy 2 uczniów

  $2 = 20 - (1 + 5 + 12)$
- Tylko do koła filmowego należy 4 uczniów

  $4 = 33 - (1 + 12 + 16)$
- Tylko do koła sportowego nie należy żaden uczeń

  $0 = 22 - (1 + 5 + 16)$

Na koniec ustalimy, ilu uczniów klas pierwszych nie należy do żadnego z wymienionych kół:

$$47 - (1 + 5 + 12 + 16 + 2 + 4) = 47 - 40 = 7$$

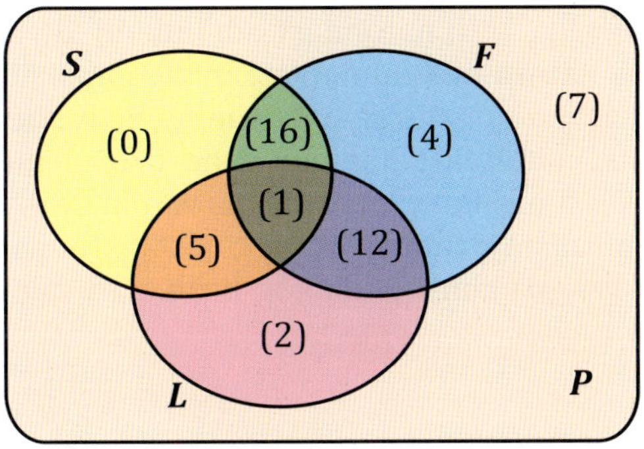


**Ad a)** Do żadnego koła nie należy 7 uczniów.
**Ad b)** Tylko do koła sportowego i filmowego należy 16 uczniów
**Ad c)** Jedenastu uczniów $(11 = 7 + 4)$ nie należy do koła sportowego ani do koła literackiego.

## Sprawdź, czy rozumiesz

1. Dane są zbiory $A$ i $B$ zawarte w przestrzeni $U$. Wyznacz zbiory $A \cup B, A \cap B, A - B, B - A, A', B'$.
   a) $U = \{0, 1, 2, 3, 4, 5, 6, 7, 10, 15, 20\}, A = \{0, 1, 2, 3, 4, 5, 6\}, B = \{0, 5, 10, 15, 20\}$
   b) $U = \{1, 2, 3, 4, 5, 9, 16, 25\}, A = \{1, 4, 9, 16, 25\}, B = \{1, 9, 25\}$
2. Podaj przykład dwóch niepustych zbiorów $A$ i $B$, dla których $B \subset A \cap B$.
3. Do zbioru $A$ należy 5 elementów, do zbioru $B$ – 6 elementów, a do zbioru $A \cup B$ należy 9 elementów. Ile elementów znajduje się w zbiorze:
   a) $A \cap B$ b) $A - B$?
4. W klasie Ic 80% wszystkich uczniów uczy się języka niemieckiego i 50% wszystkich uczniów uczy się języka francuskiego. Jaki najmniejszy procent uczniów klasy Ic może uczyć się obu języków?

# Zbiory liczbowe. Oś liczbowa

Wszystkie liczby, które poznałeś w trakcie nauki szkolnej, to liczby rzeczywiste. W zbiorze liczb rzeczywistych $\boldsymbol{R}$ możemy wyróżnić pewne podzbiory. Kolejno poznawałeś liczby, które reprezentowały te podzbiory. Niektóre z nich zaznaczałeś na osi liczbowej.
Najwcześniej poznałeś liczby naturalne. Zbiór wszystkich liczb naturalnych oznaczamy literą $\boldsymbol{N}$.

$$\boldsymbol{N} = \{0, 1, 2, 3, 4, 5, 6, 7, 8, ...\}$$

Jeśli dodamy lub pomnożymy dowolne dwie liczby naturalne, to w wyniku otrzymamy zawsze liczbę naturalną. Jeśli natomiast odejmiemy dwie liczby naturalne lub podzielimy dwie liczby naturalne (pamiętasz, że nie można dzielić przez zero!), to wynik nie zawsze będzie liczbą naturalną. Powiemy, że w zbiorze $\boldsymbol{N}$ wykonalne jest dodawanie i mnożenie, natomiast odejmowanie i dzielenie nie jest wykonalne w tym zbiorze. Zbiór $\boldsymbol{N}$ jest nieskończony, nie ma w nim liczby największej (dlatego po znaku „..." nie napisaliśmy żadnej liczby); jest natomiast liczba najmniejsza (zero). W zbiorze $\boldsymbol{N}$ wyróżniamy podzbiór liczb naturalnych dodatnich, który oznaczamy $\boldsymbol{N}_+$.

$$\boldsymbol{N}_+ = \{1, 2, 3, 4, 5, 6, ...\}$$

Oczywiście prawdziwa jest równość

$$\boldsymbol{N} = \boldsymbol{N}_+ \cup \{0\}$$

Następnie poznałeś liczby całkowite. Zbiór liczb całkowitych oznaczamy literą $\boldsymbol{C}$ (lub $\boldsymbol{Z}$).

$$\boldsymbol{C} = \{..., -5, -4, -3, -2, -1, 0, 1, 2, 3, 4, 5, 6, ...\}$$

Suma, iloczyn i różnica dowolnych liczb całkowitych jest liczbą całkowitą. Natomiast iloraz dwóch liczb całkowitych może nie być liczbą całkowitą. Tak więc w zbiorze $\boldsymbol{C}$ wykonalne jest dodawanie, odejmowanie i mnożenie, a nie jest wykonalne dzielenie. Zbiór $\boldsymbol{C}$ jest zbiorem nieskończonym, nie ma w nim liczby najmniejszej ani największej (dlatego między klamrami na początku i na końcu są trzy kropki). W zbiorze $\boldsymbol{C}$ wyróżniamy podzbiór liczb całkowitych ujemnych $\boldsymbol{C}_-$ i podzbiór liczb całkowitych dodatnich $\boldsymbol{C}_+$.

$$\boldsymbol{C}_- = \{..., -6, -5, -4, -3, -2, -1\}$$
$$\boldsymbol{C}_+ = \{1, 2, 3, 4, 5, 6, 7, 8, 9, ...\}$$

Oczywiście prawdziwa jest równość

$$\boldsymbol{C} = \boldsymbol{C}_- \cup \{0\} \cup \boldsymbol{C}_+$$

Kolejnymi poznanymi liczbami były liczby wymierne. Zbiór liczb wymiernych oznaczamy literą $\boldsymbol{W}$ (lub $\boldsymbol{Q}$).

$$\boldsymbol{W} = \left\{x\colon x = \frac{p}{q} \wedge p, q \in \boldsymbol{C} \wedge q \neq 0\right\}$$

Zbiór $\boldsymbol{W}$ to zbiór takich liczb, które można przedstawić w postaci ułamka $\frac{p}{q}$, gdzie $p$ oraz $q$ są liczbami całkowitymi i $q$ jest różne od zera. W zbiorze $\boldsymbol{W}$ wykonalne jest dodawanie, odejmowanie, mnożenie i dzielenie (przez liczby różne od zera). Przypomnijmy: jeśli dany jest ułamek $\frac{p}{q}$, to $p$ nazywamy **licznikiem ułamka**, a $q$ – **mianownikiem ułamka**. Oto przykłady liczb wymiernych:

5, ponieważ $5 = \frac{5}{1}$ $\qquad$ $23\frac{1}{3}$, ponieważ $23\frac{1}{3} = \frac{70}{3}$

0, ponieważ $0 = \frac{0}{7}$ $\qquad$ $-752{,}94$, ponieważ $-752{,}94 = \frac{75294}{-100}$

Rozważmy liczby wymierne zapisane w postaci ułamków: $\frac{13}{-4}, \frac{5}{9}, \frac{27}{40}, \frac{-1}{7}$. Jeśli licznik ułamka podzielimy przez jego mianownik, to otrzymamy **rozwinięcie dziesiętne** ułamka:

$$\frac{13}{-4} = -3{,}25$$

$$\frac{5}{9} = 0{,}55555555555555555555555555555555... = 0{,}(5)$$

$$\frac{27}{40} = 0{,}675$$

$$\frac{-1}{7} = -0{,}142857142857142857142857142857 14... = -0{,}(142857)$$

W przypadku pierwszym i trzecim otrzymaliśmy rozwinięcie dziesiętne skończone, a w drugim i czwartym – rozwinięcie dziesiętne nieskończone, okresowe. **Okres** rozwinięcia dziesiętnego jest to najmniejsza, powtarzająca się po przecinku grupa cyfr. W przypadku ułamka $\frac{5}{9}$ okres składa się tylko z cyfry 5, natomiast okres ułamka $\frac{-1}{7}$ ma sześć cyfr: 142857.

Zapamiętaj: rozwinięcie dziesiętne każdej liczby wymiernej jest skończone lub nieskończone okresowe.

Stwierdzenie, czy rozwinięcie dziesiętne ułamka jest skończone czy nieskończone okresowe, metodą dzielenia licznika przez mianownik tego ułamka, może okazać się żmudne i wymagać trochę cierpliwości, np.:

$$\frac{5}{29} = 0{,}(1724137931034482758620689655) \qquad \frac{371}{65536} = 0{,}0056610107421875$$

Okres rozwinięcia dziesiętnego nieskończonego pierwszego ułamka ma aż 28 cyfr, a rozwinięcie dziesiętne drugiego ułamka jest skończone, ale po przecinku ma 16 cyfr.

Spróbuj wymyślić sposób pozwalający stwierdzić, czy ułamek ma rozwinięcie dziesiętne skończone, czy nieskończone okresowe – bez wykonywania dzielenia.

## Przykład 1.

Wyznaczymy ułamek zwykły o rozwinięciu dziesiętnym 0,125125125...

$$0{,}125125125... = x \quad / \cdot 1000$$

$$125{,}125125125... = 1000x$$

$$125 + \underbrace{0{,}125125125...}_{x} = 1000x$$

$$125 + x = 1000x$$
$$125 = 999x \quad / : 999$$
$$x = \frac{125}{999}$$

Szukany ułamek zwykły to $\frac{125}{999}$.

Kolejny zbiór, który teraz omówimy, to zbiór liczb niewymiernych. Zbiór ten oznaczamy ***NW***.

$$\boldsymbol{NW} = \{x: x \in \boldsymbol{R} - \boldsymbol{W}\}$$

Zbiór ***NW*** jest zbiorem tych wszystkich liczb rzeczywistych, które nie są wymierne. Liczby niewymiernej nie można przedstawić w postaci ułamka, którego licznik i mianownik jest liczbą całkowitą. Zbiór liczb niewymiernych jest nieskończony. (Choć trudno to sobie wyobrazić, jest on nawet liczniejszy niż zbiór liczb wymiernych.)

Znasz już przykłady liczb niewymiernych:

$\pi$ (czytaj: pi) – stała matematyczna, wyrażająca stosunek długości okręgu do długości jego średnicy;

$\sqrt{2}$ – liczba wyrażająca np. stosunek długości przekątnej kwadratu do długości jego boku;

$\frac{\sqrt{3}}{2}$ – liczba wyrażająca np. stosunek wysokości trójkąta równobocznego do długości jego boku.

Rozwinięcia dziesiętne liczb niewymiernych są nieskończone i nieokresowe, np.:

$\pi = 3{,}14159265358979323846264338327 9...$

$\sqrt{2} = 1{,}4142135623730950488016887242 09...$

$\frac{\sqrt{3}}{2} = 0{,}8660254037844386467637231707 52...$

$-\sqrt[3]{11} = -2{,}2239800905693155211653633767 22...$

6,113133133313333133333133333313333333 1... (między jedynkami są coraz dłuższe ciągi trójek)

Sumą zbioru liczb wymiernych i zbioru liczb niewymiernych jest zbiór liczb rzeczywistych ***R***. Możemy więc powiedzieć, że dopełnieniem zbioru liczb wymiernych (w przestrzeni ***R***) jest zbiór liczb niewymiernych.

Zależności między omówionymi zbiorami przedstawia poniższy diagram:

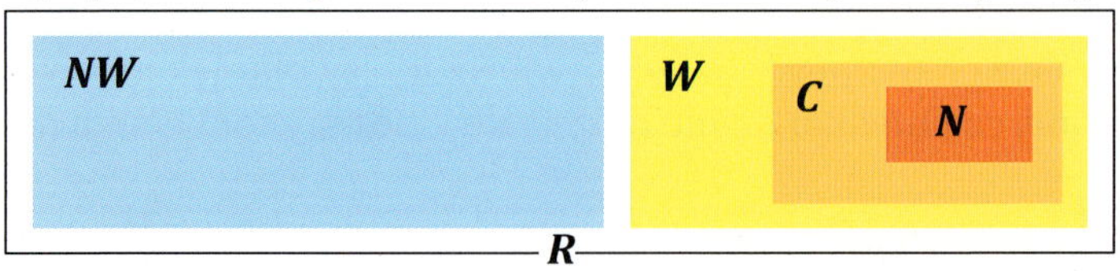


$\boldsymbol{N} \subset \boldsymbol{C} \subset \boldsymbol{W}$ $\quad$ $\boldsymbol{W} \cap \boldsymbol{NW} = \varnothing$ $\quad$ $\boldsymbol{W} \cup \boldsymbol{NW} = \boldsymbol{R}$

Geometryczną interpretacją zbioru liczb rzeczywistych jest oś liczbowa.

**Oś liczbowa** jest to prosta, na której zaznaczono strzałką zwrot dodatni, punkt zerowy i punkt jednostkowy. Zwrot dodatni wskazuje kierunek, w którym rosną liczby.

Każdej liczbie rzeczywistej odpowiada na osi liczbowej tylko jeden punkt i każdemu punktowi na osi odpowiada tylko jedna liczba rzeczywista.

Strukturę zbioru liczb rzeczywistych dobrze oddaje struktura prostej (osi liczbowej), np.:
- między dwiema różnymi liczbami rzeczywistymi istnieje nieskończenie wiele liczb rzeczywistych – między dwoma różnymi punktami prostej znajduje się nieskończenie wiele punktów;
- nie ma najmniejszej liczby rzeczywistej ani największej liczby rzeczywistej – prosta nie ma początku ani końca;
- dla dowolnych różnych liczb rzeczywistych $a$, $b$ albo $a < b$, albo $b < a$ – dowolne dwa różne punkty $A$, $B$, leżące na prostej, są uporządkowane na jeden z dwóch sposobów: $A\ B$ albo $B\ A$.

Ostatnia wymieniona cecha liczb rzeczywistych mówi nam, że dowolne liczby rzeczywiste $a$, $b$ można porównywać, to znaczy określać, która z nich jest większa, która mniejsza, albo stwierdzać, że liczby są równe:

$a < b$ albo $a = b$, albo $a > b$.

## Przykład 2.

Porównamy trzy liczby: 0,(1); 0,(10); 0,(101).

Dane liczby możemy zapisać tak:

$0,(1) = 0,1\underline{1}111111111111111...$

$0,(10) = 0,1\underline{0}1\underline{\underline{0}}101010101010...$

$0,(101) = 0,1\underline{0}1\underline{\underline{1}}01101101101...$

Porównujemy kolejne miejsca po przecinku tych liczb. Dzięki temu zauważamy, że największą z podanych liczb jest liczba 0,(1):

$0,(1) > 0,(10) \wedge 0,(1) > 0,(101)$

Liczby 0,(10) i 0,(101) mają taką samą cyfrę: jedności, części dziesiętnych, części setnych i części tysięcznych. Dopiero czwarta cyfra po przecinku liczby 0,(101) jest większa od czwartej cyfry po przecinku liczby 0,(10). Możemy zatem stwierdzić, że

$0,(101) > 0,(10)$

Zauważ, że skoro $0,(1) > 0,(101)$ oraz $0,(101) > 0,(10)$, to $0,(1) > 0,(10)$.

Dane trzy liczby możemy ustawić w porządku rosnącym.

$0,(10) < 0,(101) < 0,(1)$

Ten rodzaj zapisu pozwala porównać dwie dowolne spośród trzech danych liczb.

### Sprawdź, czy rozumiesz

1. Odpowiedz na pytania:
   a) Czy istnieje liczba rzeczywista, która jest jednocześnie wymierna i niewymierna?
   b) Czy istnieje liczba naturalna, która nie jest dodatnia?
2. Zapisz liczbę w postaci ułamka zwykłego:
   a) 0,11111... b) 0,555555... c) 0,232323... d) 0,303303303...

# Rozwiązywanie prostych równań

W temacie dotyczącym zdań logicznych podaliśmy m.in. taki przykład wyrażenia, które nie jest zdaniem:

$x - 10 = 12$

Rzeczywiście, nie można ocenić, czy to wyrażenie jest prawdziwe, czy fałszywe. Jeśli jednak w miejsce $x$ wstawimy liczbę 22, to otrzymamy zdanie prawdziwe:

$22 - 10 = 12$

Jeśli natomiast w miejsce $x$ wstawimy jakąkolwiek inną liczbę rzeczywistą, na przykład 5, to również otrzymamy zdanie, ale będzie ono fałszywe:

$5 - 10 = 12$

Wyrażenie $x - 10 = 12$ jest równaniem z niewiadomą $x$. Każde równanie jest przykładem formy zdaniowej.

### *Definicja 1.*

**Formą zdaniową** zmiennej $x$ nazywamy wyrażenie, w którym występuje zmienna $x$ i które staje się zdaniem logicznym po zastąpieniu $x$ nazwą pewnego elementu.

Formy zdaniowe jednej zmiennej oznaczamy $p(x)$, $q(y)$, $r(z)$.

Zbiór wszystkich elementów, które zamieniają daną formę zdaniową w zdanie logiczne (prawdziwe lub fałszywe), nazywa się **dziedziną formy zdaniowej** i oznacza się literą $D$.

Zbiór elementów należących do dziedziny formy zdaniowej, dla których otrzymujemy zdanie prawdziwe, nazywa się **zbiorem elementów spełniających formę zdaniową**.

### *Przykład 1.*

Podamy dziedzinę i zbiór elementów spełniających formę zdaniową:

a) $p(x)$: $\sqrt{x} = 2$ b) $q(y)$: $y \in \{1, 2, 3\}$ c) $r(z)$: $z \neq 3$

**Ad a)** Pierwiastek kwadratowy istnieje tylko dla liczb nieujemnych, więc $D = \boldsymbol{R}_+ \cup \{0\}$. Jeśli w miejsce $x$ wstawimy liczbę 4, to otrzymamy zdanie prawdziwe:

$\sqrt{4} = 2$

Jeśli natomiast w miejsce $x$ wstawimy dowolną inną liczbę należącą do dziedziny tej formy zdaniowej, na przykład 1, to otrzymamy zdanie fałszywe:

$\sqrt{1} = 2$

Zbiór elementów spełniających formę zdaniową $p(x)$ to $\{4\}$.

**Ad b)** Dziedziną formy zdaniowej $q(y)$ jest zbiór liczb rzeczywistych, $D = \boldsymbol{R}$. Jeśli w miejsce $y$ wstawimy jedną z liczb 1, 2, 3, to otrzymamy zdanie prawdziwe. Jeśli natomiast w miejsce $y$ wstawimy dowolną inną liczbę rzeczywistą (np. 5), to otrzymamy zdanie fałszywe:

$2 \in \{1, 2, 3\}$ (zdanie prawdziwe) $\quad$ $5 \in \{1, 2, 3\}$ (zdanie fałszywe)

Zbiór elementów spełniających formę zdaniową $q(y)$ jest równy $\{1, 2, 3\}$.

**Ad c)** Dziedziną formy zdaniowej $r(z)$ jest zbiór liczb rzeczywistych, $D = \boldsymbol{R}$. Jeśli w miejsce $x$ wstawimy liczbę 3, to otrzymamy zdanie fałszywe. Każda inna liczba rzeczywista wstawiona do formy zdaniowej $r(z)$ zamienia tę formę w zdanie prawdziwe.
Zbiór elementów spełniających formę zdaniową $r(z)$ to: $\boldsymbol{R} - \{3\}$.

**Równaniem z niewiadomą *x*** nazywamy formę zdaniową zmiennej $x$, w której występuje znak „=”, np.

$$x^2 = 9 \qquad \sqrt{x} = 2 \qquad \frac{x+2}{x-1} = 3$$

**Dziedziną równania** z niewiadomą $x$ nazywamy dziedzinę odpowiedniej formy zdaniowej zmiennej $x$.

**Liczba spełnia równanie** z niewiadomą $x$, jeśli po podstawieniu tej liczby do równania w miejsce niewiadomej $x$ otrzymamy zdanie prawdziwe.

***Definicja 2.***
**Rozwiązaniem równania z jedną niewiadomą** $x$ nazywamy każdą liczbę rzeczywistą, która spełnia to równanie.

***Definicja 3.***
**Rozwiązać równanie** z jedną niewiadomą to wyznaczyć zbiór wszystkich liczb spełniających dane równanie lub wykazać, że nie istnieją liczby spełniające to równanie.

**UWAGA:** Zamiast pisać: „Zbiorem rozwiązań równania jest {7}” zwykle pisze się „Rozwiązaniem równania jest liczba 7”. Używając takiego sformułowania, będziemy zakładać, że liczba 7 jest jedynym rozwiązaniem danego równania.

Powróćmy do równania omawianego na początku tematu:

$$x - 10 = 12$$

Dziedziną tego równania jest zbiór liczb rzeczywistych, a jedynym rozwiązaniem tego równania jest liczba 22.

## Przykład 2.

Rozwiążemy równanie: $\frac{10}{x-1}=2.$

Najpierw wyznaczamy dziedzinę równania. Liczba $x$ znajduje się w mianowniku ułamka. Wiesz z poprzednich lat nauki, że mianownik nie może być równy zeru. Zatem w miejsce $x$ możemy wstawić dowolną liczbę rzeczywistą różną od 1 (by otrzymać zdanie prawdziwe lub fałszywe), więc:

$$D=\boldsymbol{R}-\{1\}$$

Wyznaczmy zbiór rozwiązań tego równania. Wiemy, że 10 : 5 = 2. Łatwo jest więc zauważyć, że jedyną liczbą spełniającą równanie jest liczba 6:

$\frac{10}{6-1}=2$ (zdanie prawdziwe), ponadto $6\in D$.

Rozwiązaniem równania jest liczba 6.

## Przykład 3.

Rozwiążemy równanie $x^2=16$.

Ustalamy dziedzinę równania: każdą liczbę rzeczywistą można podnieść do potęgi drugiej, więc dowolną liczbę można wstawić w miejsce $x$, żeby otrzymać zdanie logiczne, zatem

$$D=\boldsymbol{R}$$

Istnieją tylko dwie liczby rzeczywiste: 4 i –4, dla których dana forma zdaniowa zamieni się w zdanie prawdziwe:

$4^2=16$ i $(-4)^2=16$.

Rozwiązaniami równania są liczby: –4 i 4.

## Przykład 4.

Rozwiążemy równanie $x\cdot(x+2)=0$.

Dziedziną równania jest zbiór liczb rzeczywistych, ponieważ do każdej liczby rzeczywistej można dodać liczbę 2 i dowolną liczbę rzeczywistą można pomnożyć przez inną liczbę rzeczywistą. Zapisujemy:

$$D=\boldsymbol{R}$$

Z własności działań na liczbach wynika, że iloczyn dwóch liczb jest równy zeru tylko wtedy, gdy co najmniej jedna z tych liczb jest równa zeru. Zatem równanie $x\cdot(x+2)=0$ ma taki sam zbiór elementów, które je spełniają, jak alternatywa:

$$x=0 \vee (x+2)=0$$

Alternatywa składa się z dwóch równań

$x=0$ $\quad\quad$ $x+2=0$

Równanie $x=0$ spełnia tylko liczba 0; wówczas alternatywa jest zdaniem prawdziwym:

$$\underbrace{0=0}_{\text{zdanie prawdziwe}} \vee \underbrace{0+2=0}_{\text{zdanie fałszywe}}$$

Równanie $x + 2 = 0$ spełnia tylko liczba $-2$; wówczas alternatywa również jest zdaniem prawdziwym:

$$\underbrace{-2 = 0}_{\text{zdanie fałszywe}} \quad \vee \quad \underbrace{-2 + 2 = 0}_{\text{zdanie prawdziwe}}$$

Rozwiązaniami równania $x \cdot (x + 2) = 0$ są tylko dwie liczby: 0 oraz $-2$.

### Definicja 3.

**Równaniem sprzecznym** nazywamy równanie, którego nie spełnia żadna liczba należąca do dziedziny równania.

## Przykład 5.

Równanie $x^2 = -1$ jest równaniem sprzecznym.
Dziedziną tego równania jest zbiór liczb rzeczywistych. Wiemy jednak, że po wstawieniu dowolnej liczby rzeczywistej w miejsce $x$ otrzymamy zdanie fałszywe, ponieważ kwadrat liczby nigdy nie jest ujemny! Zbiór rozwiązań jest zbiorem pustym.

### Definicja 4.

**Równaniem tożsamościowym** nazywamy równanie, które jest spełnione przez każdą liczbę należącą do dziedziny tego równania.

## Przykład 6.

Równanie $x^2 = x(x - 1) + x$ jest równaniem tożsamościowym.
Dziedziną tego równania jest zbiór $\boldsymbol{R}$. Niech $a$ oznacza dowolną liczbę rzeczywistą. Wówczas po wstawieniu liczby $a$ do lewej strony równania otrzymamy wartość $a^2$.
Obliczmy wartość prawej strony równania dla liczby $a$:

$$a(a - 1) + a = a^2 - a + a = a^2$$

Okazuje się, że równość $a^2 = a(a - 1) + a$ jest zdaniem prawdziwym!
Równanie jest spełnione przez każdą liczbę rzeczywistą.

## Sprawdź, czy rozumiesz

1. Wyznacz dziedzinę równania $\sqrt{x^2} = x$. Sprawdź, czy liczby $-1$, 0, 3 spełniają to równanie.
2. Wyznacz dziedzinę każdego równania, a następnie rozwiąż to równanie:
   a) $-3 \cdot x = 12$  b) $\frac{x}{2} = 5$  c) $\frac{-6}{2x} = -1$  d) $\frac{7}{x+1} = 7$
3. Rozwiąż równania:
   a) $x^2 = 6$  b) $x^2 + 1 = 0$
   c) $(3 - x) \cdot x = 0$  d) $(x + 9) \cdot (x - 1) = 0$
4. Podaj przykład a) równania sprzecznego  b) równania tożsamościowego.

# Przedziały

Przypomnijmy: w zbiorze liczb rzeczywistych możemy porównywać liczby.

1) Jeśli $a$ jest mniejsze od $b$, będziemy zapisywać $a < b$.
2) Jeśli $a$ jest liczbą większą od liczby $b$, to piszemy $a > b$.

Mówimy, że nierówności 1) oraz 2) są **nierównościami ostrymi** i mają przeciwne zwroty.

3) Jeśli $a$ jest mniejsze od $b$ lub $a$ jest równe $b$, to powiemy, że $a$ jest nie większe od $b$, i zapiszemy $a \leqslant b$.
4) Jeśli $a$ jest większe od $b$ lub $a$ jest równe $b$, to powiemy, że $a$ jest nie mniejsze od $b$, i zapiszemy $a \geqslant b$.

Mówimy, że nierówności 3) i 4) są **nierównościami nieostrymi** i mają zwroty przeciwne.

Czasami będziemy też mówili o **nierówności podwójnej**:

$$a < b < c$$

Zapis taki oznacza koniunkcję dwóch nierówności:

$$a < b \text{ i } b < c, \quad \text{czyli} \quad a < b \wedge b < c.$$

Analogicznie można określić nierówności podwójne:

$$a \leqslant b \leqslant c, \quad a \leqslant b < c \quad \text{oraz} \quad a < b \leqslant c.$$

Przedziały to takie podzbiory zbioru liczb rzeczywistych, które na osi liczbowej zaznaczane są jako odcinki lub półproste. Omówimy je teraz dokładniej.

**Definicja 1.**
**Przedziałem otwartym** o końcach $a$, $b$ ($a < b$) nazywamy zbiór wszystkich liczb rzeczywistych, które są większe od $a$ i jednocześnie mniejsze od $b$.

Zapis symboliczny:

$$(\boldsymbol{a}, \boldsymbol{b}) \underset{\text{z def.}}{=} \{x \colon x \in \boldsymbol{R} \wedge a < x < b\}$$

Na osi liczbowej przedział otwarty zaznaczamy następująco:

Końce $a$, $b$ przedziału są oznaczone kółkami niezamalowanymi dla zaznaczenia, że nie należą one do przedziału $(a, b)$. Przedział $(a, b)$ można też zaznaczać na osi tak:

W przedziale otwartym nie ma liczby największej ani najmniejszej.

## Definicja 2.

**Przedziałem domkniętym** o końcach $a$, $b$, ($a < b$) nazywamy zbiór wszystkich liczb rzeczywistych, które są nie mniejsze od $a$ (czyli większe od $a$ lub równe $a$) i jednocześnie nie większe od $b$ (czyli mniejsze od $b$ lub równe $b$).

Zapis symboliczny:

$$\langle a, b\rangle \underset{\text{z def.}}{=} \{x\colon x \in \mathbf{R} \wedge a \leqslant x \leqslant b\}$$

Na osi liczbowej przedział domknięty zaznaczamy tak:

W tym wypadku końce $a$, $b$ oznaczone są kółkami zamalowanymi, by zaznaczyć, że należą one do przedziału. W przedziale $\langle a, b\rangle$ najmniejszą liczbą jest $a$, natomiast największą liczbą jest $b$. Wyróżniamy jeszcze:

**$\langle a, b)$ – przedział lewostronnie domknięty** (nazywany też prawostronnie otwartym).

W przedziale tym najmniejszą liczbą jest $a$, nie ma za to liczby największej.

**$(a, b\rangle$ – przedział lewostronnie otwarty** (nazywany też prawostronnie domkniętym).

Z kolei w tym przedziale nie ma najmniejszej liczby, natomiast największą liczbą jest $b$.

Omówione cztery rodzaje przedziałów należą do grupy przedziałów ograniczonych.

Na przedziałach można wykonywać działania, ponieważ są one zbiorami.

## Przykład 1.

Dane są przedziały: $A = (-3, 2)$ i $B = \langle 1, 4\rangle$. Wyznaczymy zbiory: $A \cup B$, $A \cap B$, $A - B$ i $B - A$.

Zaznaczmy na jednej osi zbiory $A$ i $B$.

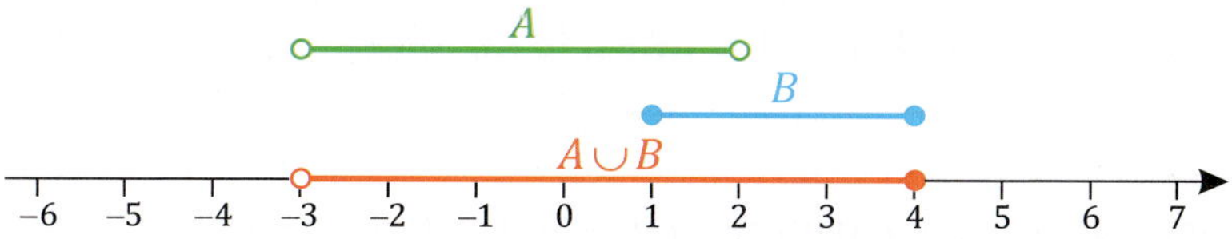


$A \cup B = (-3, 4\rangle$ jest to ta część osi liczbowej, która znajduje się co najmniej pod jednym „daszkiem".

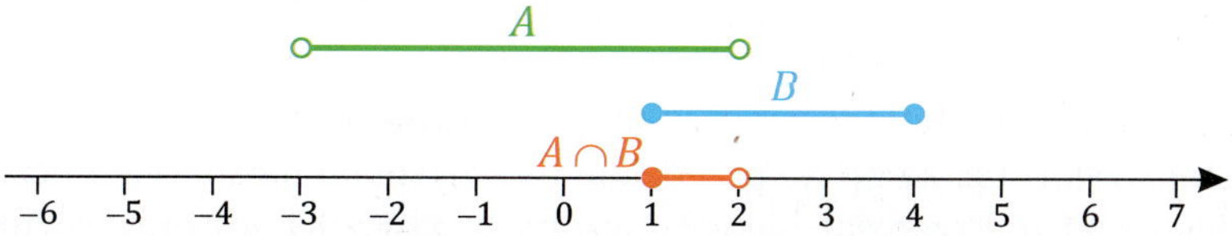


$A \cap B = \langle 1, 2)$ jest to ta część osi liczbowej, która znajduje się pod dwoma „daszkami". Zauważ, że $2 \notin A \cap B$, ponieważ $2 \notin A$.

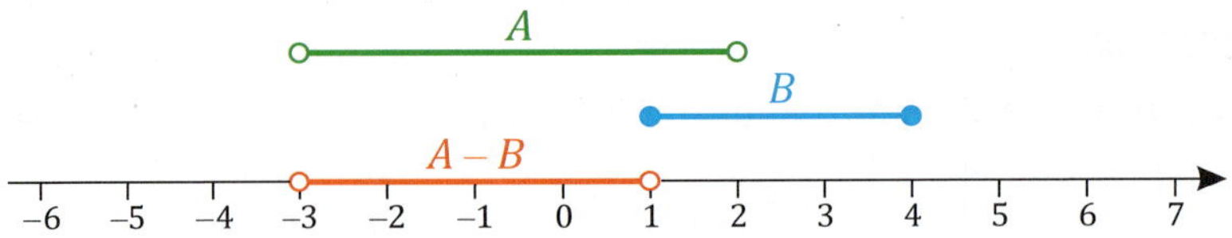


$A - B = (-3, 1)$ jest to ta część osi liczbowej, która znajduje się pod „daszkiem" zielonym i nie znajduje się pod „daszkiem" niebieskim. Zauważ, że $1 \notin A - B$, ponieważ $1 \in B$.

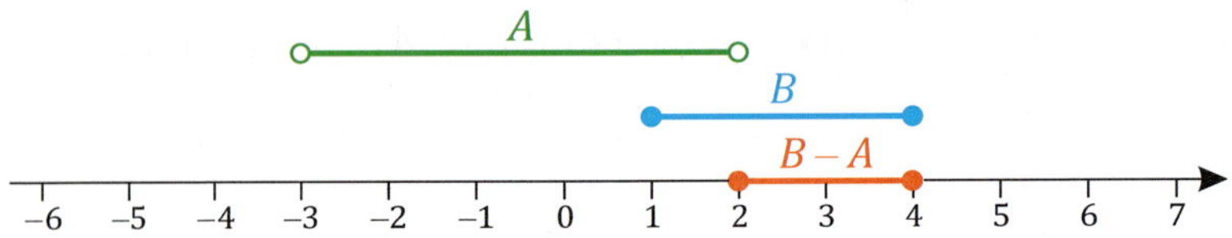


$B - A = \langle 2, 4\rangle$ jest to ta część osi liczbowej, która znajduje się pod „daszkiem" niebieskim i nie znajduje się pod „daszkiem" zielonym. Zauważ, że $2 \in B - A$, ponieważ $2 \in B$ i $2 \notin A$.

Drugą grupę przedziałów stanowią przedziały nieograniczone.

***Definicja 3.***
**Przedziałem lewostronnie otwartym nieograniczonym** nazywamy zbiór wszystkich liczb rzeczywistych większych od $a$.

Zapis symboliczny:

$$(\boldsymbol{a}, +\boldsymbol{\infty}) \underset{\text{z def.}}{=} \{x \colon x \in \boldsymbol{R} \wedge x > a\}$$

Przedział ten zaznaczamy na osi liczbowej tak:

Podobnie definiuje się następujące przedziały nieograniczone:
**$\langle a, +\infty)$ – przedział lewostronnie domknięty nieograniczony**

**$(-\infty, a)$ – przedział prawostronnie otwarty nieograniczony**

**$(-\infty, a\rangle$ – przedział prawostronnie domknięty nieograniczony**

**UWAGA:** Symbol $+\infty$ (plus nieskończoność) nie oznacza żadnej liczby rzeczywistej. Wskazuje, że np. w przedziale $(a, +\infty)$ znajdują się tylko liczby rzeczywiste większe od $a$. Odpowiednio symbol $-\infty$ (minus nieskończoność) nie oznacza żadnej liczby rzeczywistej. Wskazuje, że np. w przedziale $(-\infty, a)$ znajdują się tylko liczby rzeczywiste mniejsze od $a$. Przedział nieograniczony $(-\infty, +\infty)$ będziemy rozumieli jako zbiór wszystkich liczb rzeczywistych $\boldsymbol{R}$.

## Przykład 2.

Dane są przedziały: $A = \langle -1, 3)$ i $B = (-4, +\infty)$. Wyznaczymy zbiory: $A \cap \boldsymbol{N}$, $B - A$ i $A'$.

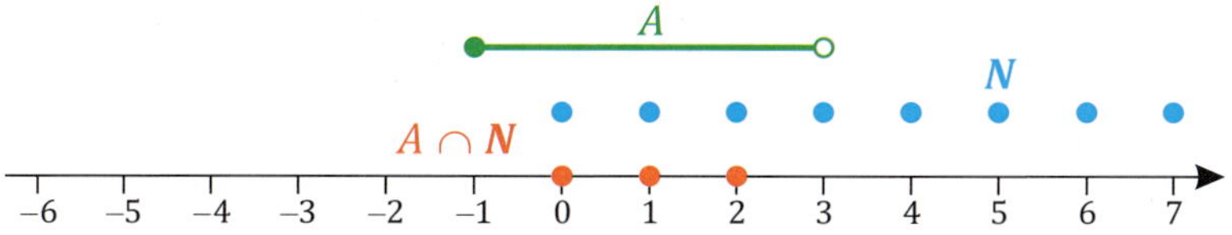


Do przedziału $A$ należą tylko trzy liczby naturalne: $A \cap \boldsymbol{N} = \{0, 1, 2\}$.

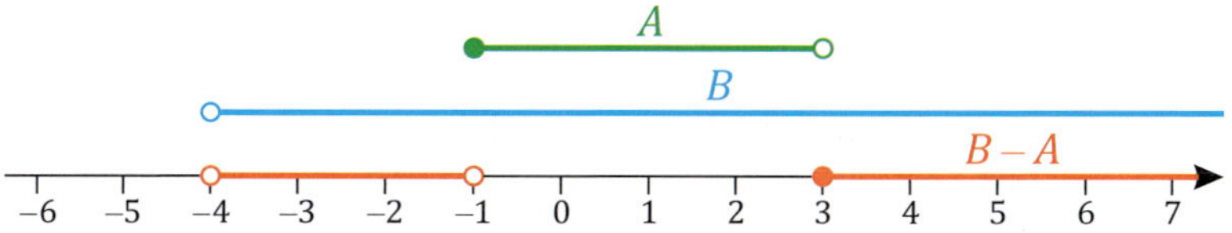


Zbiór $B - A$ jest sumą przedziałów: $B - A = (-4, -1) \cup \langle 3, +\infty)$.

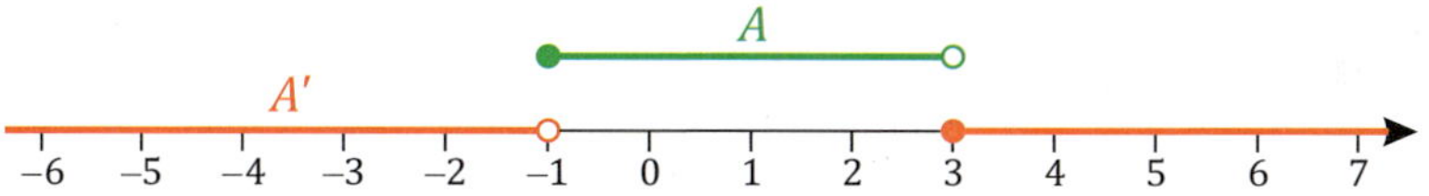


Dopełnieniem zbioru $A$ jest suma dwóch przedziałów nieograniczonych:
$A' = (-\infty, -1) \cup \langle 3, +\infty)$.

### Sprawdź, czy rozumiesz

1. Zaznacz na osi liczbowej i zapisz za pomocą przedziału zbiory $A, B, C, D, E, F$, jeśli:
   a) $A = \{x{:}\ x \in \boldsymbol{R} \wedge -1 \leqslant x \leqslant 4\}$
   b) $B = \{x{:}\ x \in \boldsymbol{R} \wedge 0 < x < 3\}$
   c) $C = \{x{:}\ x \in \boldsymbol{R} \wedge x > 2\}$
   d) $D = \{x{:}\ x \in \boldsymbol{R} \wedge -5 < x \leqslant 1\}$
   e) $E = \{x{:}\ x \in \boldsymbol{R} \wedge 7 \leqslant x < 20\}$
   f) $F = \{x{:}\ x \in \boldsymbol{R} \wedge x \leqslant 6\}$
2. Dany jest przedział $P$, $P = \langle -2, 5)$. Podaj przykład dwóch różnych przedziałów $A$ i $B$:
   a) ograniczonych, dla których $A \cup B = P$
   b) nieograniczonych, dla których $A \cap B = P$
   c) nieograniczonego $A$ i ograniczonego $B$, dla których $B - A = P$
   d) nieograniczonych, dla których $A - B = P$.
3. Dany jest zbiór $A$ w przestrzeni $\boldsymbol{R}$. Zapisz za pomocą sumy przedziałów dopełnienie zbioru $A$, jeśli:
   a) $A = \{-4, 5\}$
   b) $A = (-2, 7)$
   c) $A = \langle -8, -3\rangle$
4. Zapisz różnicę zbiorów jako sumę przedziałów:
   a) $(-3, 0) - \{-1\}$
   b) $(-\infty, 2\rangle - \boldsymbol{N}$
   c) $\langle 1, 7\rangle - (2, 4)$
   d) $\langle -4, 1\rangle - \{-2, 1, 2\}$
   e) $\boldsymbol{R} - \{-1, 0, 1\}$
   f) $\langle -2, 2\rangle - \left\langle -\sqrt{2}, \sqrt{2}\right\rangle$
5. Wypisz wszystkie liczby naturalne należące do przedziału $\langle -2, 10)$.

# Rozwiązywanie prostych nierówności

**Nierównością z niewiadomą *x*** nazywamy formę zdaniową zmiennej $x$, w której występuje jeden ze znaków: $>$, $<$, $\geqslant$, $\leqslant$, np.

$$x > \sqrt{3} \qquad \frac{x}{2} < x^2 \qquad \frac{3}{x+5} \geqslant 0 \qquad \sqrt{x} \leqslant 6$$

**Dziedziną nierówności z niewiadomą *x*** nazywamy dziedzinę odpowiedniej formy zdaniowej zmiennej $x$.

**Liczba spełnia nierówność** z niewiadomą $x$, jeśli po podstawieniu tej liczby do nierówności w miejsce $x$ otrzymamy zdanie prawdziwe.

***Definicja 1.***
**Rozwiązaniem nierówności z jedną niewiadomą** $x$ nazywamy każdą liczbę rzeczywistą, która spełnia tę nierówność.

***Definicja 2.***
**Rozwiązać nierówność** z jedną niewiadomą $x$ to wyznaczyć zbiór wszystkich liczb spełniających daną nierówność lub wykazać, że nie istnieją liczby spełniające tę nierówność.

## *Przykład 1.*

Dziedziną nierówności $x < 5$ jest zbiór $\boldsymbol{R}$. Liczba 4 spełnia tę nierówność:

$4 < 5$ (zdanie prawdziwe)

więc 4 jest rozwiązaniem nierówności $x < 5$. Liczba 5 nie spełnia tej nierówności:

$5 < 5$ (zdanie fałszywe)

stąd 5 nie jest rozwiązaniem nierówności $x < 5$.
Liczba 4 nie jest jedynym rozwiązaniem nierówności $x < 5$. Nierówność ta jest spełniona przez każdą liczbę mniejszą od 5,

np. 4,999999; 0, –8, –1001.

Zaznaczymy zbiór rozwiązań na osi liczbowej:

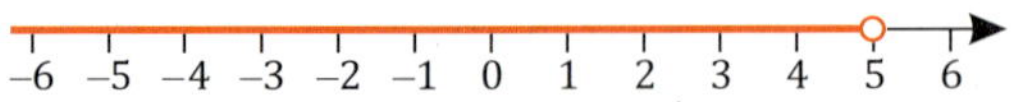


Zbiór rozwiązań nierówności jest przedziałem prawostronnie otwartym nieograniczonym $(-\infty, 5)$. Powiemy, że każda liczba należąca do przedziału $(-\infty, 5)$ jest rozwiązaniem nierówności $x < 5$, i zapiszemy

$x \in (-\infty, 5)$

## Przykład 2.

Wyznaczymy zbiór rozwiązań nierówności $x \geqslant -2$.

Dziedziną nierówności jest zbiór ***R***.
Zaznaczamy na osi liczbowej zbiór wszystkich liczb, które są nie mniejsze niż $-2$:

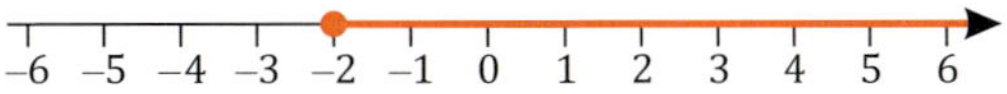


Zauważ, że nierówność $-2 \geqslant -2$ jest prawdziwa. Podaj inne przykłady liczb spełniających daną nierówność.
Zbiorem rozwiązań nierówności jest przedział $\langle -2, +\infty)$.

## Przykład 3.

Wyznaczymy zbiór rozwiązań alternatywy dwóch nierówności:

$x > 5 \lor x < 1.$

Dziedziną alternatywy nierówności jest zbiór ***R***.

| | |
|---|---|
| pierwsza nierówność<br>$x > 5$ | zbiór rozwiązań pierwszej nierówności<br>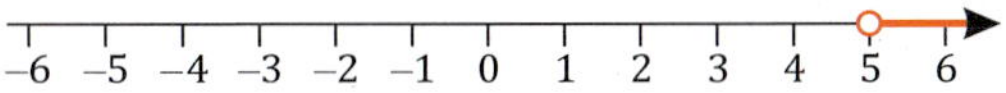 <br>$(5, +\infty)$ |
| druga nierówność<br>$x < 1$ | zbiór rozwiązań drugiej nierówności<br> <br>$(-\infty, 1)$ |
| alternatywa nierówności<br>$x > 5 \lor x < 1$ | zbiór rozwiązań alternatywy nierówności<br> <br>$(-\infty, 1) \cup (5, +\infty)$ |

Zbiorem rozwiązań alternatywy $x > 5 \lor x < 1$ jest suma przedziałów $(-\infty, 1) \cup (5, +\infty)$.

## Przykład 4.

Rozwiążemy nierówność $\frac{3}{x} \geqslant 1$.

Łatwo stwierdzić, że dziedziną danej nierówności jest zbiór liczb rzeczywistych bez zera,

$D = (-\infty, 0) \cup (0, +\infty)$

Zastanowimy się teraz, jakie liczby spełniają daną nierówność.
Ułamek ma być liczbą większą od 1 lub równą 1. Zatem mianownik tego ułamka spełnia dwa warunki:

(1) jest liczbą dodatnią oraz

(2) jest liczbą nie większą niż 3 (uzasadnij dlaczego).

Zbiór liczb spełniających nierówność $\frac{3}{x} \geqslant 1$ jest taki sam, jak zbiór liczb spełniających koniunkcję

$x > 0 \wedge x \leqslant 3$

| | |
|---|---|
| pierwsza nierówność<br>$x > 0$ | zbiór rozwiązań pierwszej nierówności<br>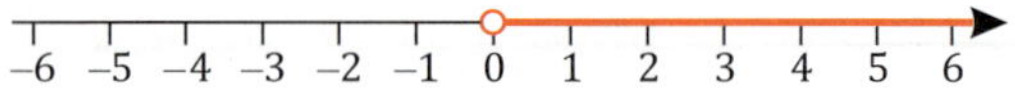<br>$(0, +\infty)$ |
| druga nierówność<br>$x \leqslant 3$ | zbiór rozwiązań drugiej nierówności<br>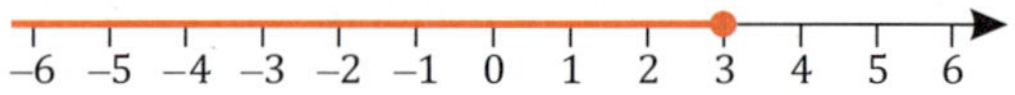<br>$(-\infty, 3\rangle$ |
| koniunkcja nierówności<br>$x > 0 \wedge x \leqslant 3$ | zbiór rozwiązań koniunkcji nierówności<br>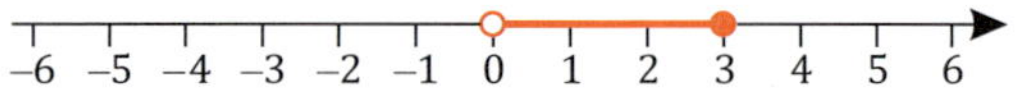<br>$(0, 3\rangle$ |

Zbiorem rozwiązań nierówności $\frac{3}{x} \geqslant 1$ jest przedział $(0, 3\rangle$.

**Definicja 3.**
**Nierównością tożsamościową** nazywamy nierówność, która jest spełniona przez każdą liczbę należącą do dziedziny tej nierówności.

## Przykład 5.

a) Dziedziną nierówności $\sqrt{x} \geqslant 0$ jest przedział $\langle 0, +\infty)$, ponieważ dla liczb ujemnych pierwiastek kwadratowy nie jest określony.

$D = \langle 0, +\infty)$

Jeśli w miejsce $x$ do nierówności $\sqrt{x} \geqslant 0$ wstawimy dowolną liczbę należącą do dziedziny nierówności, to zawsze otrzymamy zdanie prawdziwe. W przypadku liczby 0 mamy:

$\sqrt{0} \geqslant 0$ (jest to zdanie prawdziwe, bo $\sqrt{0} = 0$).

Ponadto pierwiastek kwadratowy z dowolnej liczby dodatniej jest liczbą dodatnią. Nierówność jest zatem tożsamościowa, a jej zbiorem rozwiązań jest przedział $\langle 0, +\infty)$.

b) Dziedziną nierówności $x^2 \geqslant -3$ jest zbiór liczb rzeczywistych.

$D = \boldsymbol{R}$

Wiadomo, że dla dowolnej liczby rzeczywistej $a$ prawdziwa jest nierówność $a^2 \geqslant 0$. Zatem prawdziwa jest też nierówność

$a^2 \geqslant 0 \geqslant -3$

To znaczy, że nierówność $x^2 \geqslant -3$ jest tożsamościowa. Zbiorem rozwiązań tej nierówności jest zbiór $\boldsymbol{R}$.

## Definicja 4.

**Nierównością sprzeczną** nazywamy nierówność, której nie spełnia żadna liczba należąca do dziedziny tej nierówności.

## Przykład 6.

Dziedziną nierówności $x^2 + 5 < 0$ jest zbiór liczb rzeczywistych, $D = \mathbf{R}$.
Ale nie istnieje liczba rzeczywista, która by spełniała tę nierówność. Wartość lewej strony nierówności dla dowolnej liczby rzeczywistej nigdy nie jest ujemna (wyjaśnij dlaczego). Nierówność $x^2 + 5 < 0$ jest sprzeczna.
Zbiór rozwiązań nierówności jest zbiorem pustym.

## Przykład 7.

Wyznaczymy zbiór rozwiązań nierówności $x^2 \leqslant 0$.

Dziedziną nierówności jest zbiór liczb rzeczywistych, $D = \mathbf{R}$.
Nierówność $x^2 \leqslant 0$ ma taki sam zbiór rozwiązań jak alternatywa

$$x^2 < 0 \vee x = 0$$

Nierówność $x^2 < 0$ jest sprzeczna. Natomiast równanie $x = 0$ jest spełnione tylko przez jedną liczbę 0. Alternatywa dwóch zdań jest prawdziwa, gdy co najmniej jedno zdanie jest prawdziwe:

$$\underbrace{0^2 < 0}_{\text{zdanie fałszywe}} \vee \underbrace{0 = 0}_{\text{zdanie prawdziwe}} \text{ (alternatywa prawdziwa)}$$

Ostatecznie tylko liczba 0 spełnia nierówność $x^2 \leqslant 0$.
Zbiór rozwiązań tej nierówności jest jednoelementowy: $\{0\}$.

### Sprawdź, czy rozumiesz

1. Zaznacz na osi liczbowej i zapisz w postaci przedziału zbiór rozwiązań nierówności:
   a) $x \geqslant -1,5$ b) $x < 9$ c) $x \leqslant -3$
2. Zaznacz na osi liczbowej i zapisz zbiór rozwiązań:
   a) alternatywy nierówności $x \leqslant -7 \vee x < -4$
   b) koniunkcji nierówności $x > 5 \wedge x > 8$
   c) nierówności podwójnej $2 \leqslant x \leqslant 3,5$
3. Wyznacz dziedzinę i zbiór rozwiązań nierówności:
   a) $\sqrt{x^2} > 0$ b) $x^2 + 7 \geqslant 0$ c) $\frac{1}{x^2} < 0$

   Która spośród danych nierówności jest sprzeczna, a która jest tożsamościowa?
4. Dziedziną nierówności jest zbiór $D = \mathbf{R} - \{0\}$. Wyznacz zbiór rozwiązań tej nierówności:
   a) $\frac{1}{x} < 0$ b) $\frac{3}{x} > 3$ c) $-1 < \frac{2}{x} < 0$

# Zdanie z kwantyfikatorem

Ważną rolę w formułowaniu definicji i twierdzeń matematycznych odgrywają dwa rodzaje zwrotów: „dla każdego" oraz „istnieje".

Rozpatrzmy dwa zdania prawdziwe:

(1) **Dla każdej** liczby rzeczywistej $x$ prawdziwa jest nierówność $x^2 \geqslant 0$.

(2) **Każdy** kwadrat jest prostokątem.

Zaimek „każdy" oznacza, że wszystkie elementy ze wskazanego zbioru mają daną własność:

- Wszystkie liczby rzeczywiste spełniają nierówność $x^2 \geqslant 0$.
- Wszystkie kwadraty są prostokątami.

Przyjmujemy, że sformułowanie „dla każdego" oznacza to samo, co sformułowanie „dla dowolnego". Jeśli bowiem dowolny element danego zbioru ma pewną własność, to znaczy, że każdy element tego zbioru ma tę własność.

Wyrażenie „dla każdego" nazywamy **kwantyfikatorem ogólnym** lub kwantyfikatorem dużym i zapisujemy $\bigwedge$ (lub $\forall$). Używając kwantyfikatora ogólnego, możemy zdanie (1) zapisać symbolicznie:

$$\bigwedge_{x \in \boldsymbol{R}} \left(x^2 \geqslant 0\right) \quad (\text{lub } \forall x \in \boldsymbol{R}: x^2 \geqslant 0).$$

Przeanalizujmy kolejne zdania prawdziwe:

(3) **Istnieje** liczba pierwsza, która jest liczbą parzystą.

(4) **Istnieje** liczba naturalna $x$, która jest liczbą większą od 1000.

Czasownik „istnieje" oznacza, że we wskazanym zbiorze jest co najmniej jeden element mający daną własność:

- W zbiorze liczb pierwszych jest jedna liczba parzysta (liczba 2).
- W zbiorze liczb naturalnych istnieje nieskończenie wiele liczb większych od 1000.

Przyjmujemy, że sformułowanie „istnieje" oznacza to samo, co sformułowanie „dla pewnego". Jeśli bowiem pewien element ma daną własność, to znaczy, że istnieje element, który ma tę własność.

Wyrażenie „istnieje" nazywamy **kwantyfikatorem szczegółowym** lub kwantyfikatorem małym i zapisujemy $\bigvee$ (lub $\exists$). Używając kwantyfikatora szczegółowego, możemy zdanie (4) zapisać symbolicznie:

$$\bigvee_{x \in \boldsymbol{N}} (x > 1000) \quad (\text{lub } \exists x \in \boldsymbol{N}: x > 1000).$$

Forma zdaniowa jednej zmiennej, poprzedzona kwantyfikatorem, staje się zdaniem. Tak na przykład wyrażenie $x + 5 = 0$ jest formą zdaniową zmiennej $x$, natomiast wyrażenie $\bigvee_{x \in \boldsymbol{C}} (x+5=0)$ jest zdaniem prawdziwym, a wyrażenie $\bigwedge_{x \in \boldsymbol{C}} (x+5=0)$ jest zdaniem fałszywym.

Nauczymy się teraz zaprzeczać zdania z kwantyfikatorem ogólnym i zdania z kwantyfikatorem szczegółowym.

| Zdanie $\bigwedge_x p(x)$ | Zaprzeczenie zdania $\neg\bigwedge_x p(x)$ | Co znaczy zaprzeczenie zdania |
|---|---|---|
| *Każdy kot jest czarny.* | *Nieprawda, że każdy kot jest czarny.* | *Istnieje kot, który nie jest czarny.* |
| *Każda liczba całkowita jest dodatnia.* | *Nieprawda, że każda liczba całkowita jest dodatnia.* | *Istnieje liczba całkowita, która nie jest dodatnia* (jest ujemna lub równa zeru). |

Ogólnie możemy powiedzieć, że zaprzeczeniem zdania „dla każdego $x$ zachodzi $p(x)$" jest zdanie „istnieje $x$, dla którego zachodzi $\neg p(x)$" (I prawo De Morgana dla kwantyfikatorów).

Zapis symboliczny: $\neg\bigwedge_x p(x) \Leftrightarrow \bigvee_x \neg p(x)$

| Zdanie $\bigvee_x p(x)$ | Zaprzeczenie zdania $\neg\bigvee_x p(x)$ | Co znaczy zaprzeczenie zdania |
|---|---|---|
| *Istnieje kot, który jest zielony.* | *Nieprawda, że istnieje kot, który jest zielony.* | *Każdy kot nie jest zielony* (żaden kot nie jest zielony). |
| *Istnieje liczba naturalna, która nie jest wymierna.* | *Nieprawda, że istnieje liczba naturalna, która nie jest wymierna.* | *Każda liczba naturalna jest wymierna.* |

Ogólnie możemy powiedzieć, że zaprzeczeniem zdania „istnieje $x$, dla którego zachodzi $p(x)$" jest zdanie „dla każdego $x$ zachodzi $\neg p(x)$" (II prawo De Morgana dla kwantyfikatorów).

Zapis symboliczny: $\neg\bigvee_x p(x) \Leftrightarrow \bigwedge_x \neg p(x)$

## Sprawdź, czy rozumiesz

1. Oceń, czy poniższe zdania są prawdziwe, i zapisz je symbolicznie:
   a) Każda liczba naturalna $n$ jest nieujemna.
   b) Istnieje liczba całkowita $c$, która nie jest liczbą naturalną.
   c) Dla dowolnej liczby całkowitej $x$, liczba przeciwna do niej jest ujemna.
   d) Dla pewnej liczby naturalnej $y$ jej odwrotność jest tą samą liczbą $y$.
   e) Dla pewnej liczby rzeczywistej $x$ zachodzi równość $\sqrt{x} = 0$.
   f) Pierwiastek kwadratowy z dowolnej liczby naturalnej $x$ jest liczbą niewymierną.
2. Podaj zaprzeczenie zdania i oceń wartość logiczną zaprzeczenia:
   a) $\bigwedge_{x \in NW} (x^2 \in \boldsymbol{W})$ b) $\bigvee_{x \in \boldsymbol{R}} (x^2 + 1 = 0)$ c) $\bigvee_{x \in \boldsymbol{W}} (2x \notin \boldsymbol{N})$
   d) $\bigwedge_{x \in \boldsymbol{N}} (x - 1 \geqslant 0)$ e) $\bigvee_{x \in \boldsymbol{C}} (x + 7 > 0)$ f) $\bigwedge_{x \in \boldsymbol{R}} (x^2 - 4 < 0)$

# 2. Działania w zbiorach liczbowych

## Zbiór liczb naturalnych

Przypomnijmy, zbiór liczb naturalnych to zbiór $\mathbf{N} = \{0, 1, 2, 3, ...\}$.

Jeżeli w wyniku dzielenia liczby naturalnej $n$ przez liczbę naturalną $m$ różną od zera otrzymamy liczbę naturalną, wówczas mówimy, że liczba $n$ jest podzielna przez $m$.

***Definicja 1.***
**Liczba naturalna** $n$ **jest podzielna przez liczbę naturalną** $m$ różną od zera wtedy, gdy istnieje taka liczba naturalna $k$, że $n = m \cdot k$. Liczbę $m$ nazywamy **dzielnikiem** liczby $n$, zaś o liczbie $n$ mówimy wówczas, że jest **wielokrotnością** liczby $m$. Fakt, że $m$ jest dzielnikiem liczby $n$, oznaczamy: $m|n$.

Zapis symboliczny: $(n \in \mathbf{N} \wedge m \in \mathbf{N} \wedge m \neq 0) \Rightarrow \left( m|n \underset{\text{z def.}}{\Leftrightarrow} \bigvee_{k \in \mathbf{N}} n = m \cdot k \right)$

Wśród liczb naturalnych wyróżniamy liczby pierwsze i liczby złożone.

***Definicja 2.***
**Liczbą pierwszą** nazywamy każdą liczbę naturalną $n$ większą od 1, której jedynymi dzielnikami są 1 oraz $n$.
**Liczbą złożoną** nazywamy każdą liczbę naturalną $n$ większą od 1, która nie jest liczbą pierwszą.

Zauważ, że liczby 0 oraz 1 nie są liczbami ani pierwszymi, ani złożonymi.

Najmniejszą liczbą pierwszą jest liczba 2. Liczbami pierwszymi są też:

3, 5, 7, 11, 13, 17, 19, 23, 29, 31, 37, ...

Liczby złożone to:

4, 6, 8, 9, 10, 12, 14, 15, 16, 18, 20, 21, 22, 24, 25, ...

Poniższy rysunek ilustruje tę sytuację:

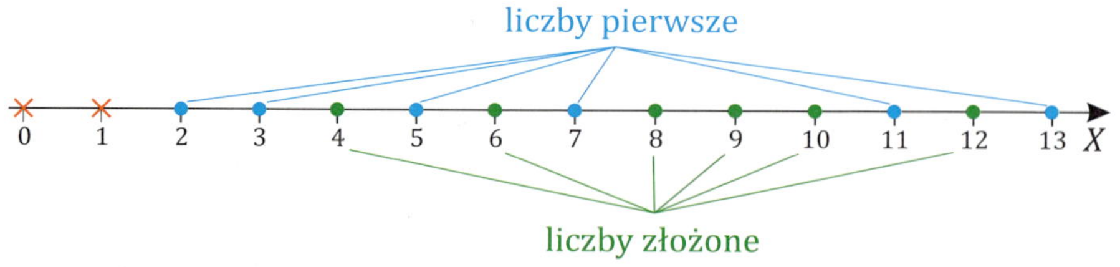


### *Przykład 1.*

Wyznaczymy wszystkie liczby pierwsze, które można zapisać w postaci $p^2 + 13$, gdzie $p$ również jest liczbą pierwszą.

Warunkiem koniecznym, by liczba $p^2 + 13$ była liczbą pierwszą, jest to, by liczba $p$ była parzysta. Gdyby bowiem $p$ była nieparzysta, to również liczba $p^2$ byłaby nieparzysta, a wówczas liczba $p^2 + 13$ byłaby liczbą parzystą większą od 13, czyli byłaby liczbą złożoną.
Jedyną liczbą parzystą i pierwszą jest 2. Sprawdzamy więc:

$$2^2 + 13 = 4 + 13 = 17$$

Jedyną liczbą pierwszą spełniającą warunki zadania jest 17.

Liczbę złożoną można rozłożyć na czynniki pierwsze, tzn. przedstawić ją w postaci iloczynu liczb pierwszych. Przedstawienie to nazywamy **rozkładem liczby na czynniki pierwsze**. Okazuje się, że jest tylko jeden sposób rozkładu danej liczby na czynniki pierwsze. Jeśli rozkłady tej samej liczby naturalnej na czynniki pierwsze różnią się tylko kolejnością występowania liczb pierwszych, to utożsamiamy je.

## *Przykład 2.*

Rozłóżmy na czynniki pierwsze liczbę 210.

| | |
|---|---|
| 210 | 2 |
| 105 | 3 |
| 35 | 5 |
| 7 | 7 |
| 1 | |

Możemy to zrobić, stosując zapis zaprezentowany obok. Po prawej stronie pionowej kreski wypisujemy dzielnik liczby 210, będący liczbą pierwszą, np. 2, następnie dzielimy 210 przez 2 i wynik (105) zapisujemy pod liczbą 210. Pod 2 zapisujemy dzielnik liczby 105, będący liczbą pierwszą, np. 3, dzielimy 105 przez 3 i wynik (35) zapisujemy pod liczbą 105. Postępujemy dalej podobnie, aż do otrzymania w wyniku dzielenia liczby 1. Iloczyn liczb pierwszych, będących po prawej stronie kreski, da nam rozkład liczby 210 na czynniki pierwsze:

$$210 = 2 \cdot 3 \cdot 5 \cdot 7$$

## *Przykład 3.*

Dzielnikami naturalnymi liczby 24 są: 1, 2, 3, 4, 6, 8, 12, 24.

Zauważ, że wśród dzielników 24 są liczby 1 i 24.

Bardzo przydatna w rachunkach jest znajomość cech podzielności liczb naturalnych.

***Twierdzenie 1.*** (cechy podzielności liczb naturalnych)
Dowolna liczba naturalna jest:
- podzielna przez 2 $\Leftrightarrow$ cyfrą jedności tej liczby jest 0, 2, 4, 6 lub 8;
- podzielna przez 3 $\Leftrightarrow$ suma cyfr tej liczby jest podzielna przez 3;
- podzielna przez 4 $\Leftrightarrow$ dwie ostatnie cyfry tej liczby są zerami lub przedstawiają liczbę podzielną przez 4;
- podzielna przez 5 $\Leftrightarrow$ cyfrą jedności tej liczby jest 0 lub 5;
- podzielna przez 6 $\Leftrightarrow$ jest podzielna jednocześnie przez 2 i przez 3;
- podzielna przez 8 $\Leftrightarrow$ trzy ostatnie cyfry tej liczby są zerami lub przedstawiają liczbę podzielną przez 8;
- podzielna przez 9 $\Leftrightarrow$ suma cyfr tej liczby jest podzielna przez 9.

Najczęściej cechy podzielności określa się dla takich liczb jak w twierdzeniu 1. Czy to znaczy, że nie ma cech podzielności np. przez 7 lub 11? Otóż nie. Takie cechy podzielności istnieją. Są one jednak nieco bardziej skomplikowane i przydatne w przypadku dużych liczb, na przykład:

> Liczba naturalna jest podzielna przez 7 $\Leftrightarrow$ przez 7 jest podzielna liczba, która powstanie, jeżeli w zapisie dziesiętnym liczby danej zastąpi się potęgi dziesiątki takimi samymi potęgami trójki.
>
> Liczba naturalna jest podzielna przez 11 $\Leftrightarrow$ przez 11 jest podzielna różnica między sumą cyfr danej liczby stojących na miejscach parzystych a sumą cyfr danej liczby stojących na miejscach nieparzystych.

## Przykład 4.

Sprawdzimy – stosując cechę podzielności – czy liczba 65 928 863 jest podzielna przez 7.

Mamy:

$$65\,928\,863 = 6 \cdot 10^7 + 5 \cdot 10^6 + 9 \cdot 10^5 + 2 \cdot 10^4 + 8 \cdot 10^3 + 8 \cdot 10^2 + 6 \cdot 10^1 + 3$$

Rozpatrujemy liczbę:

$$6 \cdot 3^7 + 5 \cdot 3^6 + 9 \cdot 3^5 + 2 \cdot 3^4 + 8 \cdot 3^3 + 8 \cdot 3^2 + 6 \cdot 3^1 + 3, \text{ czyli } 19425.$$

Sprawdzamy teraz, czy 19 425 jest podzielna przez 7. Mamy:

$$1 \cdot 10^4 + 9 \cdot 10^3 + 4 \cdot 10^2 + 2 \cdot 10^1 + 5$$

Rozpatrujemy liczbę:

$$1 \cdot 3^4 + 9 \cdot 3^3 + 4 \cdot 3^2 + 2 \cdot 3^1 + 5, \text{ czyli } 371.$$

Mamy: $3 \cdot 10^2 + 7 \cdot 10^1 + 1$

Rozpatrujemy liczbę: $3 \cdot 3^2 + 7 \cdot 3^1 + 1$, czyli 49.

Liczba 49 jest podzielna przez 7, zatem podzielne przez 7 są też liczby 371, 19 425 i również 65 928 863.

Wykaż – stosując cechę podzielności – że liczba 65 928 863 jest podzielna przez 11.

Ważną umiejętnością jest znajdowanie największego wspólnego dzielnika oraz najmniejszej wspólnej wielokrotności liczb naturalnych. Umiejętność ta ułatwia m.in. działania na ułamkach zwykłych.

### Definicja 3.

1) Niech dane będą liczby naturalne $a$, $b$, z których co najmniej jedna jest różna od zera.
   **Największym wspólnym dzielnikiem** liczb $a$, $b$ nazywamy największą liczbę naturalną, która jest dzielnikiem każdej z liczb $a$ i $b$; oznaczamy ją $NWD(a, b)$.
2) Niech dane będą liczby naturalne $a$, $b$, obie różne od zera.
   **Najmniejszą wspólną wielokrotnością** liczb $a$ i $b$ nazywamy najmniejszą liczbę naturalną różną od 0, która jest podzielna przez $a$ i przez $b$; oznaczamy ją $NWW(a, b)$.

## Przykład 5.

Znajdziemy $NWD(28, 96)$ i $NWW(28, 96)$.

Wyznaczamy rozkład liczb 28 i 96 na czynniki pierwsze i znajdujemy wspólne czynniki dla obu rozkładów:

$28 = \underline{2} \cdot \underline{2} \cdot 7 \qquad 96 = \underline{2} \cdot \underline{2} \cdot 2 \cdot 2 \cdot 2 \cdot 3$

Iloczyn wspólnych czynników pierwszych obu liczb jest ich największym wspólnym dzielnikiem.

$NWD(28, 96) = 2 \cdot 2 = 4$

Aby wyznaczyć najmniejszą wspólną wielokrotność, mnożymy wszystkie czynniki pierwsze z rozkładu jednej z liczb (np. 28) i te czynniki pierwsze z rozkładu drugiej liczby (96), które nie występują w rozkładzie pierwszej lub występują mniejszą liczbę razy.

$NWW(28, 96) = 2 \cdot 2 \cdot 7 \cdot 2 \cdot 2 \cdot 2 \cdot 3 = 672$

## Definicja 4.

Liczby naturalne $a$, $b$, z których co najmniej jedna jest różna od zera, nazywamy **liczbami względnie pierwszymi** wtedy, gdy $NWD(a, b) = 1$.

## Przykład 6.

Liczby 6 i 25 są względnie pierwsze, ponieważ $NWD(6, 25) = 1$, ale ani 6, ani 25 nie jest liczbą pierwszą.

## Twierdzenie 2.

Dla dowolnych liczb naturalnych $a$, $b$ większych od zera prawdziwa jest równość

$NWD(a, b) \cdot NWW(a, b) = a \cdot b$

## Przykład 7.

Największy wspólny dzielnik dwóch liczb jest równy 28, a najmniejsza wspólna wielokrotność tych liczb wynosi 336. Wyznaczymy te liczby.

Oznaczmy szukane liczby przez $a$, $b$ i załóżmy dodatkowo, że $a < b$. Z założenia, że $NWD(a, b) = 28$, otrzymujemy

$a = 28 \cdot m$

$b = 28 \cdot n, \qquad$ gdzie $m \in \mathbf{N}_+$, $n \in \mathbf{N}_+$ i $NWD(m, n) = 1$.

(Zauważ, że gdyby liczby $m$, $n$ nie były względnie pierwsze, to miałyby wspólny dzielnik $d$, większy od 1. Ale wtedy liczby $a$, $b$ byłyby podzielne przez $28 \cdot d$, wbrew założeniu.)

Z założenia $a < b$ wynika, że $m < n$.

Korzystamy teraz z twierdzenia 2.

$a \cdot b = NWD(a, b) \cdot NWW(a, b)$

$28m \cdot 28n = 28 \cdot 336 \quad /: 28^2$

$m \cdot n = 12$

Otrzymujemy:

$m = 1$ i $n = 12$, wtedy $a = 28$ i $b = 336$,

$m = 2$ i $n = 6$, wtedy $NWD(2, 6) = 2$, czyli liczby2 i 6 nie są względnie pierwsze,

$m = 3$ i $n = 4$, wtedy $a = 84$ i $b = 112$.

Warunki zadania spełniają liczby: 28 i 336 oraz liczby: 84 i 112.

W zbiorze liczb naturalnych można wykonywać dzielenie z resztą.

## Przykład 8.

Zegar pokazuje godzinę $10^{00}$. Jaką godzinę będzie pokazywał za 246 godzin?
Zauważ, że w 246 godzinach mieści się 10 pełnych dób, bo $10 \cdot 24 = 240$. Zatem po upływie 240 godzin zegar znowu wskaże godzinę $10^{00}$. Po upływie kolejnych 6 godzin na zegarze pojawi się godzina $16^{00}$.

W przykładzie tym wykonaliśmy dzielenie z resztą:

$$246 = 10 \cdot 24 + 6$$

W wyniku dzielenia liczby 246 przez 24 otrzymaliśmy iloraz 10 i resztę 6.

**Definicja 5.**
Niech $n$ i $m$ będą liczbami naturalnymi oraz $m \neq 0$. W wyniku dzielenia liczby $n$ przez liczbę $m$ otrzymujemy **resztę** $r$ wtedy, gdy istnieje taka liczba naturalna $k$, dla której $n = m \cdot k + r$, gdzie $k, r \in \boldsymbol{N}$ oraz $r < m$.

## Przykład 9.

Podamy liczbę w postaci ogólnej, która w wyniku dzielenia przez 4 daje resztę 3.

Niech $p$ będzie szukaną liczbą. Wówczas w wyniku dzielenia liczby $p$ przez 4 otrzymujemy iloraz $n$ ($n \in \boldsymbol{N}$) oraz resztę 3, czyli

$$p : 4 = n \text{ r. } 3, \quad \text{skąd} \quad p = 4 \cdot n + 3.$$

Podaj liczbę w postaci ogólnej, która w wyniku dzielenia przez 6 daje resztę 4.

Umiejętność dzielenia z resztą można wykorzystać do wyznaczenia największego wspólnego dzielnika dwóch liczb naturalnych. Załóżmy, że mamy dane dwie liczby naturalne $a$, $b$, przy czym $a > b$. Dzielimy $a$ przez $b$ i otrzymujemy iloraz $k$ i resztę $r$, zatem

$$a = k \cdot b + r, \quad k \in \boldsymbol{N}, r \in \boldsymbol{N}, r < b$$

Jeśli $r = 0$, to $NWD(a, b) = b$; jeśli $r > 0$, to wykonujemy dzielenie liczby $b$ przez liczbę $r$. Otrzymujemy:

$$b = k_1 \cdot r + r_1, \quad k_1 \in \boldsymbol{N}, r_1 \in \boldsymbol{N}, r_1 < r$$

Powtarzamy procedurę dla liczb $r$ i $r_1$ i kontynuujemy ją, aż kolejna reszta z dzielenia będzie równa zero. Wówczas największym wspólnym dzielnikiem liczb $a$, $b$ jest ostatnia reszta różna od zera. Opisana powyżej procedura wyznaczenia $NWD(a, b)$ nosi nazwę algorytmu Euklidesa.

## Przykład 10.

Wyznaczymy $NWD(221, 247)$.

Stosujemy algorytm Euklidesa:

$$247 = 1 \cdot \underline{221} + \underline{26}$$
$$221 = 8 \cdot \underline{26} + \boxed{13}$$
$$26 = 2 \cdot 13 + 0$$

Ostatnia różna od zera reszta jest równa 13, więc $NWD(221, 247) = 13$.

## Przykład 11.

Planeta N obiega Słońce w ciągu 60 563 dni, a planeta J obiega Słońce w ciągu 4331 dni (1 dzień = 24 godziny). Co ile dni planety N i J zajmują takie samo położenie względem Słońca?

Aby odpowiedzieć na pytanie, wystarczy wyznaczyć najkrótszy czas (mierzony w dniach), w którym każda planeta wykona całkowitą liczbę okrążeń Słońca. Szukamy $NWW(60\,563, 4331)$. Wykorzystamy twierdzenie 2. Otrzymujemy

$$NWW(60\,563, 4331) = \frac{60\,563 \cdot 4331}{NWD(60\,563, 4331)}$$

Do obliczenia $NWD(60\,653, 4331)$ wykorzystamy algorytm Euklidesa:

$$60\,563 = 13 \cdot \underline{4331} + \underline{4260}$$
$$4331 = 1 \cdot \underline{4260} + \boxed{71}$$
$$4260 = 60 \cdot 71 + 0$$

Zatem $NWD(60\,563, 4331) = 71$, więc

$$NWW(60\,563, 4331) = \frac{60\,563 \cdot \overset{61}{\cancel{4331}}}{\cancel{71}_1} = 3\,694\,343$$

Planety N i J zajmują takie samo położenie względem Słońca co 3 694 343 dni.

### Sprawdź, czy rozumiesz

1. Dane są liczby: −214 722, 547 035, 8 124 564. Która z tych liczb jest podzielna przez: a) 2, b) 3, c) 4, d) 5, e) 6, f) 15?
2. Oblicz $NWD(594, 612)$ oraz $NWW(210, 390)$.
3. Iloczyn dwóch liczb jest równy 2028, a ich najmniejsza wspólna wielokrotność wynosi 156. Oblicz największy wspólny dzielnik tych liczb.
4. W pewnym mieście postanowiono organizować co trzy lata turniej koszykówki, a co pięć lat – turniej siatkówki. Wiadomo, że turniej siatkówki odbył się w 2007 roku, a turniej koszykówki – w 2008 roku. W jakich kolejnych latach przed końcem 2050 roku oba turnieje odbędą się w tym samym roku?
5. Wyznacz resztę z dzielenia liczby 1436 przez liczbę 34.
6. Jakie liczby naturalne określa zapis: $5n + 3$, gdzie $n \in \boldsymbol{N}$? Podaj cztery najmniejsze liczby o tej własności.

# Zbiór liczb całkowitych

Przypomnijmy: zbiór liczb całkowitych to zbiór $\boldsymbol{C}$, gdzie
$\boldsymbol{C} = \{..., -4, -3, -2, -1, 0, 1, 2, 3, 4, 5, ...\}$.

**Definicja 1.**
**Liczba całkowita** $a$ **jest podzielna przez liczbę całkowitą** $b$ różną od zera ($b$ jest dzielnikiem liczby $a$) wtedy, gdy istnieje liczba całkowita $k$, dla której $a = k \cdot b$.
Fakt, że $b$ jest dzielnikiem liczby $a$, oznaczamy: $b|a$.

Zapis symboliczny: $(a \in \boldsymbol{C} \wedge b \in \boldsymbol{C} \wedge b \neq 0) \Rightarrow \left( b|a \underset{\text{z def.}}{\Leftrightarrow} \bigvee_{k \in \boldsymbol{C}} a = k \cdot b \right)$

## Przykład 1.

a) Liczba 12 jest podzielna przez liczbę $(-4)$, bo istnieje liczba całkowita $-3$, dla której
$12 = (-3) \cdot (-4)$.

b) Liczba $-540$ jest podzielna przez liczbę 12, bo istnieje liczba całkowita $-45$, dla której
$-540 = 12 \cdot (-45)$.

Wśród liczb całkowitych rozróżniamy liczby parzyste i nieparzyste.

**Definicja 2.**
Liczbę całkowitą nazywamy **liczbą parzystą** wtedy, gdy jest podzielna przez 2; w przeciwnym wypadku mówimy, że jest **liczbą nieparzystą**.

Liczby parzyste: $-8, -6, -4, -2, 0, 2, 4, 6, 8, 10, ...$
Liczby nieparzyste: $-7, -5, -3, -1, 1, 3, 5, 7, 9, 11, ...$

Liczba całkowita parzysta $p$ jest podzielna przez 2, zatem istnieje taka liczba $k$, $k \in \boldsymbol{C}$, dla której $p = 2k$. Liczbę całkowitą parzystą zapisujemy jako $2k$, gdzie $k \in \boldsymbol{C}$.
Podobnie liczbę całkowitą:
- podzielną przez 5 zapisujemy jako $5k$, gdzie $k \in \boldsymbol{C}$
- podzielną przez 2 i przez 3 (czyli podzielną przez 6) jako $6k$, gdzie $k \in \boldsymbol{C}$
- podzielną przez 4 i przez 6 (czyli podzielną przez 12) jako $12k$, gdzie $k \in \boldsymbol{C}$.

## Przykład 2.

a) Wśród kolejnych trzech liczb całkowitych: jedna liczba jest podzielna przez 3 i co najmniej jedna jest parzysta (może się zdarzyć, że dwie liczby są parzyste). Wniosek: Iloczyn trzech kolejnych liczb całkowitych jest podzielny przez $3 \cdot 2$, czyli przez 6.

b) Wśród czterech kolejnych liczb całkowitych: co najmniej jedna jest podzielna przez 3, dwie liczby są parzyste, wśród nich jedna jest podzielna przez 4. Wniosek: Iloczyn czterech kolejnych liczb całkowitych jest podzielny przez $3 \cdot 2 \cdot 4$, czyli przez 24.

W zbiorze liczb całkowitych można wykonywać dzielenie z resztą.

### *Definicja 3.*

Liczba całkowita $a$ przy dzieleniu przez liczbę całkowitą $b$ różną od zera daje **resztę** $r$, $r \in \boldsymbol{N}$, wtedy, gdy istnieje taka liczba całkowita $k$, dla której $a = k \cdot b + r$, gdzie $0 \leqslant r < |b|$. Symbol $|b|$ oznacza większą z dwóch liczb: $b, -b$.

**UWAGA:** Reszta z dzielenia liczb całkowitych jest zerem lub jest liczbą dodatnią.

## *Przykład 3.*

$13 : 5 = 2$ r. 3, bo $2 \cdot 5 + 3 = 13$ i $0 \leqslant 3 < 5$

$-13 : 5 = -3$ r. 2, bo $(-3) \cdot 5 + 2 = -13$ i $0 \leqslant 2 < 5$

$13 : (-5) = -2$ r. 3, bo $(-2) \cdot (-5) + 3 = 13$ i $0 \leqslant 3 < 5$

$-13 : (-5) = 3$ r. 2, bo $3 \cdot (-5) + 2 = -13$ i $0 \leqslant 2 < 5$.

## *Przykład 4.*

Załóżmy, że dzisiaj jest poniedziałek. Jaki dzień tygodnia:
a) będzie za 100 dni
b) był 100 dni temu?

**Ad a)** Poniedziałek będzie za 7 dni, za 14 dni, za 21 dni itd. Podzielmy więc 100 przez 7. Mamy

$100 : 7 = 14$ r. 2

Reszta jest równa 2, a to znaczy, że za 100 dni będzie taki dzień tygodnia jak za 2 dni, czyli środa.

**Ad b)** W tym przypadku wykonajmy dzielenie $(-100)$ przez 7. Otrzymujemy:

$-100 : 7 = (-15)$ r. 5

Reszta jest równa 5, a z tego wynika, że 100 dni temu był taki dzień tygodnia, jaki będzie za 5 dni, czyli sobota.

Dowolną liczbę całkowitą parzystą można zapisać w postaci $2k$, gdzie $k \in \boldsymbol{C}$. Kolejne liczby całkowite różnią się o 1. Przed liczbą parzystą $2k$ oraz po liczbie parzystej $2k$ występuje liczba nieparzysta, zatem liczbę nieparzystą możemy symbolicznie zapisać w postaci $2k - 1$ lub $2k + 1$, gdzie $k \in \boldsymbol{C}$. Zauważ, że liczby $2k - 1$ oraz $2k + 1$ są kolejnymi liczbami nieparzystymi.

## *Przykład 5.*

Sprawdzimy, że suma dwóch kolejnych całkowitych liczb nieparzystych jest podzielna przez 4.

Oznaczmy kolejne całkowite liczby nieparzyste przez $2k - 1$ (liczba mniejsza) oraz $2k + 1$ (liczba większa), gdzie $k \in \mathbf{C}$. Wówczas

$(2k + 1) + (2k - 1) = 4k$

Otrzymaliśmy, że suma dwóch kolejnych całkowitych liczb nieparzystych ma postać $4k$, gdzie $k \in \mathbf{C}$, zatem jest podzielna przez 4.

## Przykład 6.

Obliczymy resztę z dzielenia przez 4 liczby mającej postać $4n - 1$, gdzie $n \in \mathbf{C}$.

Oczywiście ta reszta nie jest równa $-1$, ponieważ zgodnie z definicją 3. reszta z dzielenia wyraża się liczbą naturalną. Przekształćmy wyrażenie $4n - 1$.

$4n - 1 = 4[(n - 1) + 1] - 1 = 4(n - 1) + 4 - 1 = 4(n - 1) + 3$

Wyrażenie $(n - 1)$ oznacza liczbę całkowitą $(n \in \mathbf{C})$, zatem $4(n - 1)$ oznacza liczbę całkowitą podzielną przez 4, więc $4(n - 1) + 3$ oznacza liczbę całkowitą, która przy dzieleniu przez 4 daje resztę 3.
Reszta z dzielenia przez 4 liczby mającej postać $4n - 1$, gdzie $n \in \mathbf{C}$, jest równa 3.

## Przykład 7.

Wyznaczymy reszty z dzielenia liczb całkowitych nieparzystych przez 6.

Każda liczba całkowita ma jedną z następujących postaci:

$6k$, $6k + 1$, $6k + 2$, $6k + 3$, $6k + 4$, $6k + 5$, gdzie $k \in \mathbf{C}$.

Liczby:

$6k$, $6k + 2$, $6k + 4$, gdzie $k \in \mathbf{C}$,

to liczby parzyste.
Liczby nieparzyste to:

$6k + 1$, $6k + 3$, $6k + 5$, gdzie $k \in \mathbf{C}$.

Zatem po podzieleniu liczby całkowitej nieparzystej przez 6 możemy otrzymać resztę 1 lub 3, lub 5.

## Przykład 8.

Reszta z dzielenia pewnej liczby całkowitej przez 2 jest równa 1 oraz reszta z dzielenia tej liczby przez 3 też jest równa 1. Jaka jest reszta z dzielenia tej liczby całkowitej przez 6?

Oznaczmy przez $n$ liczbę całkowitą, której dotyczy zadanie. Z warunków zadania wynika, że liczba $n - 1$ jest podzielna przez 2 i przez 3.

$n - 1 = 2k \quad k \in \mathbf{C}$

$n - 1 = 3l \quad l \in \mathbf{C}$

Zatem liczba $n - 1$ jest podzielna przez 6, czyli

$n - 1 = 6m \quad m \in \mathbf{C}$

Stąd

$n = 6m + 1$

Reszta z dzielenia liczby $n$ przez 6 jest równa 1.

## Przykład 9.

Reszta z dzielenia pewnej liczby całkowitej przez 2 jest równa 1, a reszta z dzielenia tej liczby przez 3 jest równa 2. Jaka jest reszta z dzielenia tej liczby całkowitej przez 6?

Rozpatrywana w zadaniu liczba całkowita jest nieparzysta (reszta z dzielenia tej liczby przez 2 jest równa 1). Wiemy już (przykład 7.), że reszta z dzielenia liczby nieparzystej przez 6 może być równa 1 lub 3, lub 5. Rozpatrujemy zatem liczby:

$6k + 1, 6k + 3, 6k + 5$, gdzie $k \in \boldsymbol{C}$.

Zbadajmy, jaka jest reszta z dzielenia każdej z wymienionych liczb przez 3. Mamy:

$6k + 1 = 3(2k) + 1 = 3m + 1$, gdzie $k, m \in \boldsymbol{C}$ i $m = 2k$.

Reszta z dzielenia liczby $6k + 1$, $k \in \boldsymbol{C}$, przez 3 jest równa 1.

$6k + 3 = 3(2k + 1) = 3m$, gdzie $k, m \in \boldsymbol{C}$ i $m = 2k + 1$.

Liczba $6k + 3$, $k \in \boldsymbol{C}$, jest podzielna przez 3 (czyli reszta z dzielenia jest równa 0).

$6k + 5 = 3(2k + 1) + 2 = 3m + 2$, gdzie $k, m \in \boldsymbol{C}$ i $m = 2k + 1$.

Reszta z dzielenia liczby $6k + 5$, $k \in \boldsymbol{C}$, przez 3 jest równa 2.

Jeśli reszta z dzielenia liczby całkowitej przez 2 jest równa 1, a reszta z dzielenia tej liczby przez 3 jest równa 2, to reszta z dzielenia tej liczby przez 6 jest równa 5.

## Przykład 10.

Reszta z dzielenia liczby całkowitej przez 6 jest równa 5. Jaka może być reszta z dzielenia tej liczby przez 4?

Liczbę, której reszta z dzielenia przez 6 jest równa 5, możemy zapisać w postaci

$6k + 5$, gdzie $k \in \boldsymbol{C}$.

Zauważmy, że

$6k + 5 = 4(k + 1) + (2k + 1)$

Liczba $4(k + 1)$ jest podzielna przez 4, więc reszta z dzielenia liczby $6k + 5$ przez 4 jest taka sama jak reszta z dzielenia liczby $2k + 1$ przez 4. Liczba $2k + 1$, $k \in \boldsymbol{C}$, jest liczbą nieparzystą (dowolną), więc reszta z dzielenia tej liczby przez 4 może być równa 1 lub 3 (uzasadnij to dokładnie).

### Sprawdź, czy rozumiesz

1. Wyznacz największą liczbę całkowitą ujemną, która jest podzielna przez 2, 3, 4 i 5. Czy liczba ta jest podzielna przez 8?
2. Używając symboli matematycznych, zapisz zbiór:
   $A$ – wszystkich liczb całkowitych, podzielnych przez 9;
   $B$ – wszystkich liczb parzystych, podzielnych przez 5;
   $X$ – zbiór wszystkich liczb całkowitych, które są podzielne przez 3 i przez 11;
   $D$ – zbiór wszystkich liczb całkowitych podzielnych przez 3 i niepodzielnych przez 2.
3. Dana jest liczba $a$, gdzie $a = (k - 1)k(k + 1)$, gdzie $k \in \boldsymbol{C}$. Wykaż, że:
   a) jeśli $k$ jest liczbą parzystą, to liczba $a$ jest podzielna przez 6;
   b) jeśli $k$ jest liczbą nieparzystą, to liczba $a$ jest podzielna przez 24.

# Zbiór liczb wymiernych i zbiór liczb niewymiernych

W zbiorze liczb wymiernych wykonalne jest dodawanie, odejmowanie, mnożenie i dzielenie (z wyjątkiem dzielenia przez zero).

## Przykład 1.

Wyznaczymy następujące sumy:

a) $\frac{1}{1\cdot 2}+\frac{1}{2\cdot 3}+\frac{1}{3\cdot 4}$ b) $\frac{1}{1\cdot 2}+\frac{1}{2\cdot 3}+\frac{1}{3\cdot 4}+\ldots+\frac{1}{98\cdot 99}+\frac{1}{99\cdot 100}$

**Ad a)** Możemy występujące w sumie ułamki sprowadzić do wspólnego mianownika, a następnie skrócić otrzymany ułamek:

$$\frac{1}{1\cdot 2}+\frac{1}{2\cdot 3}+\frac{1}{3\cdot 4}=\frac{1}{2}+\frac{1}{6}+\frac{1}{12}=\frac{6+2+1}{12}=\frac{9}{12}=\frac{3}{4}$$

**Ad b)** W tym przypadku sprowadzanie wszystkich ułamków do wspólnego mianownika byłoby zajęciem bardzo żmudnym, bowiem suma składa się z 99 ułamków. Spróbujmy postąpić inaczej. Zauważmy, że:

$$\frac{1}{1\cdot 2}=1-\frac{1}{2} \qquad \frac{1}{2\cdot 3}=\frac{1}{2}-\frac{1}{3} \qquad \frac{1}{3\cdot 4}=\frac{1}{3}-\frac{1}{4} \qquad \ldots \qquad \frac{1}{99\cdot 100}=\frac{1}{99}-\frac{1}{100}$$

Zatem

$$\frac{1}{1\cdot 2}+\frac{1}{2\cdot 3}+\frac{1}{3\cdot 4}+\ldots+\frac{1}{98\cdot 99}+\frac{1}{99\cdot 100}=$$

$$=1-\frac{1}{2}+\frac{1}{2}-\frac{1}{3}+\frac{1}{3}-\frac{1}{4}+\ldots+\frac{1}{98}-\frac{1}{99}+\frac{1}{99}-\frac{1}{100}=$$

$$=1-\frac{1}{100}=\frac{100-1}{100}=\frac{99}{100}$$

## Przykład 2.

Rozważmy liczby wymierne mające postać $\frac{2m+9}{m}$, gdzie $m \in \boldsymbol{C}-\{0\}$. Wyznaczymy takie wartości $m$, dla których rozważane liczby wymierne są liczbami całkowitymi.

Mamy:

$$\frac{2m+9}{m}=\frac{2m}{m}+\frac{9}{m}=2+\frac{9}{m}$$

Ponieważ 2 jest liczbą całkowitą, więc suma $2+\frac{9}{m}$ będzie liczbą całkowitą tylko wtedy, gdy $\frac{9}{m}$ będzie liczbą całkowitą, a to znaczy, że $m$ będzie dzielnikiem liczby 9.

$$m|9 \Leftrightarrow (m=1 \vee m=-1 \vee m=3 \vee m=-3 \vee m=9 \vee m=-9)$$

Wykonując działania na liczbach niewymiernych (np. dodając dwie liczby, odejmując, mnożąc lub dzieląc), możemy otrzymać wynik, który jest liczbą niewymierną, ale także wynik, który jest liczbą wymierną.

## Przykład 3.

Wiemy, że $a = \sqrt{2} - 1$, $b = \sqrt{2} + 1$, $c = -\sqrt{2}$. Wyznaczymy: $a + c$, $a \cdot b$, $a \cdot c$, $a - b$.

$a + c = \sqrt{2} - 1 + \left(-\sqrt{2}\right) = \sqrt{2} - 1 - \sqrt{2} = -1$ (liczba wymierna)

$a \cdot b = \left(\sqrt{2} - 1\right) \cdot \left(\sqrt{2} + 1\right) = \left(\sqrt{2}\right)^2 - 1 = 2 - 1 = 1$ (liczba wymierna)

$a \cdot c = \left(\sqrt{2} - 1\right) \cdot \left(-\sqrt{2}\right) = -2 + \sqrt{2}$ (liczba niewymierna)

$a - b = \left(\sqrt{2} - 1\right) - \left(\sqrt{2} + 1\right) = \sqrt{2} - 1 - \sqrt{2} - 1 = -2$ (liczba wymierna).

Podaj przykład dwóch liczb niewymiernych, których iloraz jest liczbą wymierną, oraz innych dwóch liczb niewymiernych, których iloraz jest liczbą niewymierną.

Dla każdej liczby rzeczywistej możemy obliczyć jej część całkowitą (zwaną też cechą) oraz część ułamkową (nazywaną też mantysą).

### Definicja 1.

1) **Częścią całkowitą liczby** $x$ nazywamy największą liczbę całkowitą, która jest nie większa od $x$, i oznaczamy symbolem $[x]$.
2) **Częścią ułamkową liczby** $x$ nazywamy różnicę między liczbą $x$ a jej częścią całkowitą, czyli liczbę $x - [x]$.

## Przykład 4.

$[2{,}3] = 2$ $\quad \left[\sqrt{3}\right] = 1$ $\quad \left[5\frac{1}{7}\right] = 5$ $\quad [7] = 7$ $\quad [-6{,}1] = -7$ $\quad [-20] = -20$

Część całkowita liczby całkowitej jest tą samą liczbą.

## Przykład 5.

Część ułamkowa liczby 2,15 jest równa 0,15, bo $2{,}15 - [2{,}15] = 2{,}15 - 2 = 0{,}15$.
Część ułamkowa liczby 7 jest równa 0, bo $7 - [7] = 7 - 7 = 0$.
Część ułamkowa liczby $-2{,}6$ jest równa 0,4, bo $-2{,}6 - [-2{,}6] = -2{,}6 - (-3) = -2{,}6 + 3 = 0{,}4$.

Część ułamkowa dowolnej liczby należy do przedziału $\langle 0, 1)$. Jeśli liczba jest całkowita, to jej część ułamkowa jest równa zeru.

### Sprawdź, czy rozumiesz

1. Ze zbioru liczb $\left\{-\sqrt{81}; -2\sqrt{8}; -3{,}14; -1; 0; \frac{\sqrt{3}}{2}; 2{,}(13); \pi^2; 12; \frac{1467}{23}\right\}$ wybierz liczby wymierne.
2. Oblicz: $\frac{1}{4 \cdot 6} + \frac{1}{6 \cdot 8} + \frac{1}{8 \cdot 10} + \ldots + \frac{1}{98 \cdot 100} + \frac{1}{100 \cdot 102}$.
3. Podaj część całkowitą i część ułamkową każdej z liczb: $15{,}7; 32; -8; -54{,}79; -\sqrt{7}$.

# Prawa działań w zbiorze liczb rzeczywistych

W zbiorze liczb rzeczywistych ***R*** wykonalne są wszystkie cztery działania arytmetyczne: dodawanie, odejmowanie, mnożenie oraz dzielenie przez liczbę różną od zera.
Poniżej przypominamy prawa działań w zbiorze liczb rzeczywistych.

- **Własności dodawania**

Dodawanie jest działaniem łącznym, tzn.
dla dowolnych liczb rzeczywistych $a, b, c$ $(a+b)+c=a+(b+c)$
Na przykład: $(123+145)+55=123+(145+55)=123+200=323$

Dodawanie jest działaniem przemiennym, tzn.
dla dowolnych liczb rzeczywistych $a, b$ $a+b=b+a$
Na przykład: $134,4+345=345+134,4=479,4$

Najczęściej korzystamy z tych praw łącznie, aby ułatwić sobie obliczenia.
Na przykład:

$235,78+146,5+14,22 = 146,5+235,78+14,22 = 146,5+(235,78+14,22) =$

(pierwsza równość: prawo przemienności dodawania; druga równość: prawo łączności dodawania)

$= 146,5+250=396,5$

Elementem neutralnym dodawania jest liczba 0, tzn.
dla dowolnej liczby rzeczywistej $a$ $a+0=0+a=a$

Dla każdej liczby $a$ istnieje do niej liczba przeciwna $-a$, przy czym $a+(-a)=0$.

| dana liczba | liczba przeciwna do danej liczby |
|---|---|
| 23,45 | –23,45 |
| $-\sqrt{2}$ | $\sqrt{2}$ |
| $\frac{3}{7}$ | $-\frac{3}{7}$ |
| –12 | 12 |

- **Własności mnożenia**

Mnożenie jest działaniem łącznym, tzn.
dla dowolnych liczb rzeczywistych $a, b, c$ $(a\cdot b)\cdot c=a\cdot(b\cdot c)$
Na przykład: $\left(\frac{2}{5}\cdot\frac{3}{7}\right)\cdot 14=\frac{2}{5}\cdot\left(\frac{3}{7}\cdot 14\right)=\frac{2}{5}\cdot 6=\frac{12}{5}=2\frac{2}{5}$

Mnożenie jest działaniem przemiennym, tzn.
dla dowolnych liczb rzeczywistych $a, b$ $a\cdot b=b\cdot a$
Na przykład: $12\cdot 5=5\cdot 12=60$
Najczęściej korzystamy z tych praw łącznie, aby ułatwić sobie obliczenia.

Na przykład: $0{,}75 \cdot \frac{2}{7} \cdot 8 = \frac{2}{7} \cdot 0{,}75 \cdot 8 = \frac{2}{7} \cdot (0{,}75 \cdot 8) = \frac{2}{7} \cdot 6 = \frac{12}{7} = 1\frac{5}{7}$

↑ prawo przemienności mnożenia ↑ prawo łączności mnożenia

Elementem neutralnym mnożenia jest liczba 1, tzn.
dla dowolnej liczby rzeczywistej $a$ $\quad a \cdot 1 = 1 \cdot a = a$

Dla dowolnej liczby $a$, $a \neq 0$, istnieje odwrotność tej liczby $\frac{1}{a}$, przy czym $a \cdot \frac{1}{a} = 1$.

| dana liczba | odwrotność danej liczby |
|---|---|
| 4 | $\frac{1}{4}$ |
| $-\frac{2}{3}$ | –1,5 |
| 0,75 | $1\frac{1}{3}$ |
| $-\sqrt{2}$ | $-\frac{\sqrt{2}}{2}$ |

- **Prawo rozdzielności mnożenia względem dodawania**

Mnożenie jest rozdzielne względem dodawania, tzn.
dla dowolnych liczb rzeczywistych $a, b, c$ $\quad a \cdot (b + c) = a \cdot b + a \cdot c$

Prawo to warto stosować „w dwie strony”.
Na przykład:
a) $15 \cdot 402 = 15 \cdot (400 + 2) = 15 \cdot 400 + 15 \cdot 2 = 6000 + 30 = 6030$
b) $0{,}4 \cdot 123{,}5 + 0{,}6 \cdot 123{,}5 = (0{,}4 + 0{,}6) \cdot 123{,}5 = 1 \cdot 123{,}5 = 123{,}5$

Zauważ, że odejmowanie nie jest ani przemienne, ani łączne.

## Przykład 1.

a) $12 - 5$ nie jest równe $5 - 12$. W pierwszym przypadku otrzymujemy liczbę 7, a w drugim przypadku liczbę $(-7)$.
b) $(10 - 4) - 6$ nie jest równe $10 - (4 - 6)$. W pierwszym przypadku otrzymujemy 0, a w drugim przypadku liczbę 12.

Prawdziwe jest natomiast prawo rozdzielności mnożenia względem odejmowania:
dla dowolnych liczb rzeczywistych $a, b, c$ $\quad a \cdot (b - c) = a \cdot b - a \cdot c$
(wyjaśnij dlaczego).

Dzielenie również nie jest ani przemienne, ani łączne. Sprawdź to na własnych przykładach.
Przypomnijmy umowę dotyczącą kolejności wykonywania działań.

- Najpierw wykonujemy działania w nawiasach, które nie zawierają innych nawiasów.
- Jeśli nawiasy nie występują i mamy do wykonania kilka działań, to najpierw wykonujemy potęgowania i pierwiastkowania, potem mnożenia i dzielenia w takiej kolejności, w jakiej są zapisane, a na końcu – dodawania i odejmowania (również w kolejności ich występowania).

## Przykład 2.

a) $4 \cdot 5^2 + 16 : 8 - \left(3 + \sqrt{25}\right)^2 = 4 \cdot 25 + 2 - 8^2 = 100 + 2 - 8^2 = 102 - 64 = 38$

b) $-6^2 + 3\sqrt{(-7)^2} = -36 + 3\sqrt{49} = -36 + 3 \cdot 7 = -36 + 21 = -15$

Przydatne w rozwiązywaniu problemów matematycznych są proporcje.

## Definicja 1.

**Proporcją** nazywamy równość $\frac{a}{b} = \frac{c}{d}$, gdzie $b \neq 0$ i $d \neq 0$.

Liczby $a$ i $d$ nazywamy **wyrazami skrajnymi** tej proporcji, zaś liczby $b$ i $c$ – **wyrazami środkowymi**.

wyrazy skrajne

$$a : b = c : d$$

wyrazy środkowe

## Przykład 3.

Stosunek liczb 12 i 6 jest równy stosunkowi liczb 8 i 4, czyli $\frac{12}{6} = \frac{8}{4}$. Zauważ, że mnożąc przez siebie wyrazy skrajne proporcji oraz wyrazy środkowe, otrzymujemy równe liczby, bowiem

$12 \cdot 4 = 6 \cdot 8$

Jest to bardzo ważna własność proporcji.

## Twierdzenie 1.

W proporcji iloczyn wyrazów skrajnych jest równy iloczynowi wyrazów środkowych, czyli równość:

$\frac{a}{b} = \frac{c}{d}$ jest równoważna równości $a \cdot d = b \cdot c$, gdzie $b \neq 0$ i $d \neq 0$.

Proporcje stosujemy często do rozwiązywania zadań z chemii, fizyki i matematyki. Korzystamy z nich wówczas, gdy znamy trzy liczby występujące w proporcji, a poszukujemy czwartej z nich.

## Przykład 4.

Wyznaczmy niewiadomą $x$, jeśli $\frac{7}{3} = \frac{x}{5}$.

Korzystamy z własności proporcji:

$3 \cdot x = 7 \cdot 5$

$3 \cdot x = 35$, czyli

$x = \frac{35}{3}$

Niewiadoma jest liczbą $11\frac{2}{3}$.

## Sprawdź, czy rozumiesz

1. Wykonując poniższe działania na liczbach rzeczywistych, zastosuj poznane prawa działań:
   a) $12{,}7 + 3{,}21 + 27{,}39$
   b) $14{,}28 + 1\frac{3}{7} + 15{,}72 + \frac{4}{7}$
   c) $-1\frac{3}{7} \cdot 2\frac{3}{4} \cdot \frac{7}{10} \cdot 4$
   d) $\frac{15}{7} \cdot 15{,}1 - 2\frac{1}{7} \cdot 1{,}1$
   e) $32{,}4 \cdot 110$
   f) $125 \cdot 98$

2. Podaj liczbę przeciwną oraz odwrotność danej liczby:
   a) $-2\frac{3}{8}$ b) $4{,}1$ c) $\sqrt{3}$ d) $-0{,}2\sqrt{5}$

3. Oblicz wartość wyrażenia:
   a) $\dfrac{16{,}8 : (-0{,}7)}{3\frac{1}{3} - 4\frac{11}{12} \cdot 0{,}8}$ b) $5\frac{1}{2} - 3 \cdot \left[1\frac{1}{4} - \left(-2\frac{2}{3}\right)\right] : [(-0{,}5) : 0{,}25]$

4. Oblicz niewiadomą $x$:
   a) $\frac{x}{8} = \frac{2{,}5}{4}$ b) $\frac{6}{x} = \frac{2}{0{,}7}$ c) $\frac{14{,}8}{9} = \frac{x}{3{,}6}$ d) $\frac{0{,}3}{3{,}2} = \frac{4{,}5}{x}$

5. Wyłącz wspólny czynnik poza nawias:
   a) $2 \cdot 3 + 3\sqrt{2}$ b) $4\sqrt{3} - 10$ c) $7 + 7\pi$
   d) $-0{,}5\sqrt{5} + 0{,}5$ e) $19 \cdot \frac{1}{2} + \frac{\pi}{2}$ f) $\frac{\sqrt{3}}{6} - \frac{5}{12}$
   g) $10 + 5\sqrt{2}$ h) $(6 - 3\pi)^2$ i) $(2\sqrt{7} + 14)^2$

# Rozwiązywanie równań – metoda równań równoważnych

Wiesz już, co to są równania i nierówności z niewiadomą $x$. Każde równanie (każda nierówność) ma dziedzinę, będącą podzbiorem zbioru liczb rzeczywistych $\boldsymbol{R}$. Zbiór wszystkich liczb należących do dziedziny, które spełniają równanie (nierówność), jest zbiorem rozwiązań tego równania (tej nierówności). W tym temacie pokażemy, jak znaleźć rozwiązania niektórych równań w przypadku, gdy nie są one od razu „widoczne".

Często stosowaną metodą rozwiązywania równań jest metoda polegająca na równoważnym przekształcaniu równań. Zastępujemy dane równanie prostszym równaniem, ale w taki sposób, aby dziedzina i zbiór rozwiązań równania przed przekształceniem i po przekształceniu były takie same.

***Definicja 1.***
**Dwa równania** określone w tej samej dziedzinie **są równoważne** wtedy, gdy mają takie same zbiory rozwiązań w tej dziedzinie.

W gimnazjum poznałeś twierdzenia, które stosujemy podczas równoważnego przekształcania równań. Powołamy się na nie, rozwiązując równanie

$2(x-5)-4x+3=8+3x$

Należy pamiętać, że rozwiązanie równania należy do dziedziny równania. W naszym przypadku dziedziną równania jest zbiór liczb rzeczywistych, $D=\boldsymbol{R}$.

***Twierdzenie 1.***
Jeśli po jednej stronie lub po obu stronach równania wykonamy występujące tam działania albo przeprowadzimy redukcję wyrazów podobnych, to otrzymamy równanie równoważne danemu.

Po pomnożeniu wyrażenia $(x-5)$ przez 2 otrzymamy $2x-10$:

$2x-10-4x+3=8+3x$

Redukujemy wyrazy podobne po lewej stronie równania ($2x$ oraz $-4x$) i otrzymujemy równanie, równoważne danemu:

$-2x-7=8+3x$

***Twierdzenie 2.***
Jeśli do obu stron równania dodamy (lub od obu stron odejmiemy) tę samą liczbę lub to samo wyrażenie, które nie zmienia dziedziny równania, to otrzymamy równanie równoważne danemu.

Zgodnie z twierdzeniem 2. możemy do obu stron równania dodać liczbę 7 oraz od obu stron równania odjąć wyrażenie $3x$:

$-2x - 7 = 8 + 3x \quad / + 7 - 3x$

$-2x - 7 + \underline{7 - 3x} = 8 + 3x + \underline{7 - 3x}$, po zredukowaniu wyrazów podobnych otrzymujemy

$-5x = 15$

W ten sposób otrzymaliśmy równanie równoważne danemu. Ale teraz jest ono znacznie prostsze: wyrażenie z niewiadomą $x$ znajduje się tylko po jednej stronie równania, a po drugiej mamy tylko liczbę rzeczywistą.

**Twierdzenie 3.**

Jeśli obie strony równania pomnożymy (lub podzielimy) przez tę samą liczbę różną od zera lub przez to samo wyrażenie, które nie zmienia dziedziny równania i którego wartość nie jest równa zeru, to otrzymamy równanie równoważne danemu.

Korzystamy zatem z twierdzenia 3. i dzielimy obie strony naszego równania przez liczbę $-5$:

$-5x = 15 \quad / : (-5)$

$x = -3$

Otrzymaliśmy, że jedyną liczbą spełniającą kolejne równania, a więc również dane równanie, jest liczba $-3$.

Sprawdźmy, czy liczba $-3$ rzeczywiście spełnia równanie $2(x - 5) - 4x + 3 = 8 + 3x$:

$L = 2(-3 - 5) - 4 \cdot (-3) + 3 = -16 + 12 + 3 = -1$

$P = 8 + (-3) \cdot 3 = 8 - 9 = -1$

Lewa strona równania ma taką samą wartość jak prawa, więc po wstawieniu w miejsce $x$ liczby $-3$ otrzymamy zdanie prawdziwe $(-1 = -1)$.

Rozwiązaniem równania $2(x - 5) - 4x + 3 = 8 + 3x$ jest liczba $(-3)$.

**UWAGA:** Sprawdzenie wykonaliśmy po to, abyś przekonał się, że rozwiązanie równania $x = -3$ jest również rozwiązaniem równania $2(x - 5) - 4x + 3 = 8 + 3x$. Sprawdzenie też robimy czasem po to, żeby upewnić się, że rozwiązując równanie, nie popełniliśmy błędu rachunkowego. Ale tak naprawdę metoda równań równoważnych nie wymaga od nas sprawdzenia, czy otrzymane liczby są rozwiązaniami danego równania.

## Przykład 1.

Rozwiążemy równanie $\dfrac{2x}{x + 3} = 5$.

Określamy dziedzinę równania:

$D = \boldsymbol{R} - \{-3\}$

(oczywiście wynika ona z warunku: $x + 3 \neq 0$)

Żeby rozwiązać równanie, korzystamy z twierdzenia 3. i mnożymy obie strony równania przez wyrażenie $(x + 3)$.

$\frac{2x}{x+3} = 4 \quad / \cdot (x+3)$

$\frac{2x}{x+3} \cdot (x+3) = 4(x+3)$ (Stosujemy twierdzenie 1.)

$2x = 4x + 12 \quad / - 4x$ (Stosujemy twierdzenie 2.)

$-2x = 12 \quad / : (-2)$ (Stosujemy znowu twierdzenie 3.)

$x = -6$

Liczba $-6$ należy do dziedziny równania.
Jedynym rozwiązaniem równania jest liczba $-6$.

## *Przykład 2.*

Rozwiążemy równanie $(2 - x) \cdot 5 = -(5x - 10)$.

Określamy dziedzinę równania: $D = \boldsymbol{R}$.

$(2 - x) \cdot 5 = -1 \cdot (5x - 10)$ (Stosujemy twierdzenie 1.)

$10 - 5x = -5x + 10 \quad / - 10 + 5x$ (Stosujemy twierdzenie 2.)

$10 - 10 - 5x + 5x = -5x - 10 + 10 + 5x$

$0 = 0$

Po obu stronach równania znajduje się ta sama liczba (zero). Po redukcji wyrazów okazało się, że otrzymaliśmy zdanie prawdziwe, niezależnie od tego, jaką liczbę podstawilibyśmy w miejsce $x$. Oznacza to, że rozwiązaniem naszego równania jest każda liczba należąca do dziedziny, czyli każda liczba rzeczywista. Równanie nasze jest równaniem tożsamościowym.

Zbiór rozwiązań równania $(2 - x) \cdot 5 = -(5x - 10)$ jest równy $\boldsymbol{R}$.

## *Przykład 3.*

Rozwiążemy równanie $x(x - 6) + 3x^2 = 2\left(2x^2 - 3x + 1\right)$.

Określamy dziedzinę równania: $D = \boldsymbol{R}$.

$x(x - 6) + 3x^2 = 2\left(2x^2 - 3x + 1\right)$ (Stosujemy twierdzenie 1.)

$x^2 - 6x + 3x^2 = 4x^2 - 6x + 2$

$4x^2 - 6x = 4x^2 - 6x + 2 \quad / - 4x^2 + 6x$ (Stosujemy twierdzenie 2.)

$0 = 2$

W wyniku przekształceń równoważnych otrzymaliśmy równość, która jest zdaniem fałszywym, niezależnie od tego, jaką liczbę rzeczywistą wstawilibyśmy do równania w miejsce $x$. Zatem rozpatrywane równanie jest równaniem sprzecznym.

Równanie $x(x - 6) + 3x^2 = 2\left(2x^2 - 3x + 1\right)$ nie ma rozwiązań.

## Przykład 4.

Rozwiążemy równanie $\frac{1,5x+3}{2x+4}=7$.

Aby wyznaczyć dziedzinę równania, uwzględniamy warunek:

$2x+4\neq 0$, skąd

$x\neq -2$

Zatem

$D=\boldsymbol{R}-\{-2\}$

Przystępujemy do rozwiązania równania:

$\frac{1,5x+3}{2x+4}=7 \quad / \cdot (2x+4)$

$1,5x+3=14x+28$

$-12,5x=25 \quad / : (-12,5)$

$x=-2$

Liczba $-2$ nie należy do dziedziny równania!

Równanie $\frac{1,5x+3}{2x+4}=7$ nie ma rozwiązań.

### Sprawdź, czy rozumiesz

1. Sprawdź, czy liczby podane obok są rozwiązaniami równania:
   a) $x^2=1 \quad -1, 0, 1$
   b) $3x+2=-1(x-4) \quad -10, \frac{1}{2}, 2$
   c) $(x+7)(x-100)=0 \quad -7, 7, 100$
   d) $\left(x^2-3\right)(x-5)=0 \quad -\sqrt{3}, \sqrt{3}, 5$
2. Sprawdź, czy podane równania są równoważne:
   a) $x^2=4$ oraz $x=2$
   b) $2(x+7)=x$ oraz $-x+6=20$
   c) $3x^2=3x$ oraz $2x=0$
   d) $x\cdot(x+8)=0$ oraz $2-x=10$
3. Rozwiąż równania:
   a) $4x+2(x-1)=10$
   b) $\frac{4-x}{2}-1=0$
   c) $\frac{2}{x+3}+6=4$
   d) $\frac{3x+5}{3}=\frac{2x+1}{2}$
   e) $\frac{5-x}{x-1}=\frac{2}{3}$
   f) $\frac{3}{x+1}=\frac{3x-2}{x^2}$
4. Podaj przykład równania z niewiadomą $x$, którego zbiorem rozwiązań jest zbiór
   a) $\{-7\}$
   b) $\{3, 8\}$
   c) $\boldsymbol{R}$
   d) $\{0, -2, -5\}$
5. Wyznacz liczbę $a$, dla której rozwiązaniem równania z niewiadomą $x$ jest podana obok równania liczba:
   a) $3x+a=(x+1)5x \quad -2$
   b) $\left(2x-a^2\right)(x-3)=2 \quad 5$

# Rozwiązywanie nierówności – metoda nierówności równoważnych

Nierówności z jedną niewiadomą będziemy często rozwiązywać podobnie jak równania, zastępując je nierównościami równoważnymi.

**Definicja 1.**
**Dwie nierówności** z jedną niewiadomą $x$ określone w tej samej dziedzinie **są równoważne** wtedy, gdy mają takie same zbiory rozwiązań w tej dziedzinie.

**Twierdzenie 1.**
Jeśli po jednej stronie lub po obu stronach nierówności wykonamy występujące tam działania albo przeprowadzimy redukcję wyrazów podobnych, to otrzymamy nierówność równoważną danej.

Zanim rozwiążemy przykładową nierówność, to zastanowimy się najpierw, jakie działania można wykonać po różnych stronach nierówności.

## Przykład 1.

Dwaj bracia Adam i Bartek zbierają znaczki. Wiadomo, że liczba znaczków Adama wynosi $a$, natomiast liczba znaczków Bartka jest równa $b$, oraz Adam ma mniej znaczków niż Bartek, czyli $a < b$.

– Jeśli każdy z chłopców dostałby teraz od ojca taką samą liczbę znaczków ($c$), to w dalszym ciągu Adam miałby mniej znaczków niż Bartek:

jeśli $\boldsymbol{a < b}$, to $\boldsymbol{a + c < b + c}$

– Jeśli każdy z tych chłopców oddałby taką samą liczbę znaczków ($c$) swojej młodszej siostrze, to również wtedy Adam miałby mniej znaczków niż Bartek:

jeśli $\boldsymbol{a < b}$, to $\boldsymbol{a - c < b - c}$

Prawdziwe jest następujące twierdzenie.

**Twierdzenie 2.**
Jeśli do obu stron nierówności dodamy (lub od obu stron nierówności odejmiemy) tę samą liczbę lub to samo wyrażenie, które nie zmienia dziedziny nierówności, to otrzymamy nierówność równoważną danej.

## Przykład 2.

Rozwiążemy nierówność $2(5-2x) \geqslant 7-5x$.

Określamy dziedzinę nierówności: $D = \boldsymbol{R}$.
Korzystamy z twierdzenia 1. (po lewej stronie nierówności), a następnie z twierdzenia 2. (do obu stron nierówności dodajemy wyrażenie $5x$):

$$2(5-2x) \geqslant 7-5x$$
$$10-4x \geqslant 7-5x \quad / + 5x$$
$$10+x \geqslant 7$$

Teraz od obu stron nierówności odejmiemy 10:

$$x \geqslant 7-10$$
$$x \geqslant -3$$

Zbiorem rozwiązań nierówności jest przedział $\langle -3, +\infty)$.

## Przykład 3.

Ania i Beata poszły do sklepu kupić owoce: Ania chciała kupić gruszki w cenie $\boldsymbol{a}$ zł za kilogram, natomiast Beata zamierzała kupić jabłka w cenie $\boldsymbol{b}$ zł za kilogram, przy czym $\boldsymbol{a} > \boldsymbol{b}$.

- Jeśli dziewczęta kupiły tę samą liczbę $\boldsymbol{c}$ ($\boldsymbol{c} > 0$) kilogramów owoców, to Ania zapłaciła więcej za gruszki niż Beata za jabłka:

  jeśli $\boldsymbol{a} > \boldsymbol{b}$ i $\boldsymbol{c} > \boldsymbol{0}$, to $\boldsymbol{a} \cdot \boldsymbol{c} > \boldsymbol{b} \cdot \boldsymbol{c}$

- Jeśli w jednym kilogramie jabłek jest tyle samo owoców $\boldsymbol{c}$ ($\boldsymbol{c} > 0$) co w jednym kilogramie gruszek, to Ania za jedną gruszkę zapłaciła więcej niż Beata za jedno jabłko:

  jeśli $\boldsymbol{a} > \boldsymbol{b}$ i $\boldsymbol{c} > \boldsymbol{0}$, to $\boldsymbol{a} : \boldsymbol{c} > \boldsymbol{b} : \boldsymbol{c}$

Jednak, jeśli $c$ jest liczbą ujemną, to mnożąc nierówność przez $c$, powinniśmy zmienić zwrot nierówności na przeciwny, na przykład:

$6 > 5$, ale $-6 < -5$ oraz $6 \cdot (-3) < 5 \cdot (-3)$

$-7 \leqslant 8$, ale $7 \geqslant -8$ oraz $(-5) \cdot (-7) \geqslant (-5) \cdot 8$

Można udowodnić, że

1) jeśli $\boldsymbol{a} > \boldsymbol{b}$ i $\boldsymbol{c} > \boldsymbol{0}$, to $\boldsymbol{a} \cdot \boldsymbol{c} > \boldsymbol{b} \cdot \boldsymbol{c}$ oraz $\boldsymbol{a} : \boldsymbol{c} > \boldsymbol{b} : \boldsymbol{c}$
2) jeśli $\boldsymbol{a} > \boldsymbol{b}$ i $\underline{\boldsymbol{c} < \boldsymbol{0}}$, to $\boldsymbol{a} \cdot \boldsymbol{c} < \boldsymbol{b} \cdot \boldsymbol{c}$ oraz $\boldsymbol{a} : \boldsymbol{c} < \boldsymbol{b} : \boldsymbol{c}$

Analogiczne własności mają nierówności ze zwrotem przeciwnym oraz nierówności nieostre.

**Twierdzenie 3.**

a) Jeżeli obie strony nierówności pomnożymy (lub podzielimy) przez tę samą liczbę dodatnią lub przez to samo wyrażenie, które nie zmienia dziedziny nierówności i które przyjmuje tylko wartości dodatnie dla liczb z dziedziny, to otrzymamy nierówność równoważną danej.

b) Jeżeli obie strony nierówności pomnożymy (lub podzielimy) przez tę samą liczbę ujemną lub przez to samo wyrażenie, które nie zmienia dziedziny nierówności i które przyjmuje tylko wartości ujemne dla liczb z dziedziny, oraz <u>zmienimy zwrot nierówności na przeciwny</u>, to otrzymamy nierówność równoważną danej.

## Przykład 4.

Rozwiążemy nierówność $3(x-2) \leqslant 6x-6$.

Dziedziną nierówności jest zbiór $\boldsymbol{R}$. Przekształcamy nierówność równoważnie, stosując poznane twierdzenia. Możemy je stosować w różnej kolejności.

| I sposób | | | II sposób | | |
|---|---|---|---|---|---|
| $3(x-2) \leqslant 6x-6$ | $/ :3$ | (twierdzenie 3a) | $3(x-2) \leqslant 6x-6$ | | (twierdzenie 1.) |
| $x-2 \leqslant 2x-2$ | $/ +2$ | (twierdzenie 2.) | $3x-6 \leqslant 6x-6$ | $/ +6$ | (twierdzenie 2.) |
| $x \leqslant 2x$ | $/ -2x$ | (twierdzenie 2.) | $3x \leqslant 6x$ | $/ -3x$ | (twierdzenie 2.) |
| $-x \leqslant 0$ | $/ :(-1)$ | (twierdzenie 3b) | $0 \leqslant 3x$ | $/ :3$ | (twierdzenie 3a) |
| $x \geqslant 0$ | | | $0 \leqslant x$ | | |

Zaznaczamy zbiór rozwiązań na osi liczbowej:

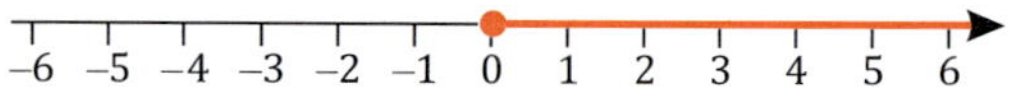


Zbiorem rozwiązań nierówności jest przedział $\langle 0, +\infty)$.

## Przykład 5.

Rozwiążmy nierówność $x < x + 3$.

Dziedziną nierówności jest zbiór $\boldsymbol{R}$.
Przekształcamy nierówność równoważnie, stosując poznane twierdzenia:

$x < x + 3 \quad / -x \qquad$ (twierdzenie 2.)

$0 < 3$

Otrzymaliśmy zdanie prawdziwe. Oznacza to, że każda liczba z dziedziny nierówności spełnia tę nierówność. Jest to nierówność tożsamościowa.
Zbiorem rozwiązań nierówności jest zbiór $\boldsymbol{R}$.

## Przykład 6.

Rozwiążemy nierówność $2x^2 - 6x - 5 \geqslant 2x(x+1) - 8x + 1$.

Określamy dziedzinę nierówności: $D = \boldsymbol{R}$.

$$2x^2 - 6x - 5 \geqslant 2x(x+1) - 8x + 1$$
$$2x^2 - 6x - 5 \geqslant 2x^2 + 2x - 8x + 1 \qquad / - 2x^2$$
$$-6x - 5 \geqslant -6x + 1 \qquad / + 6x$$
$$-5 \geqslant 1$$

Zdanie „$-5 \geqslant 1$" jest zdaniem fałszywym.
Nierówność jest sprzeczna, zbiór rozwiązań nierówności jest zbiorem pustym.

## Przykład 7.

Rozwiążemy nierówność podwójną: $-x + 1 < 3(x-1) \leqslant -2x + 12$.

Określamy dziedzinę nierówności podwójnej: $D = \boldsymbol{R}$.
Podwójna nierówność jest równoważna koniunkcji nierówności:

$$-x + 1 < 3(x-1) \ \wedge \ 3(x-1) \leqslant -2x + 12$$

Rozwiązujemy pierwszą nierówność:

$$-x + 1 < 3(x-1)$$
$$-x + 1 < 3x - 3$$
$$-4x < -4 \quad / : (-4)$$
$$x > 1$$

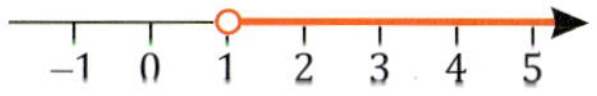


Rozwiązujemy drugą nierówność:

$$3(x-1) \leqslant -2x + 12$$
$$3x - 3 \leqslant -2x + 12$$
$$5x \leqslant 15 \quad / : 5$$
$$x \leqslant 3$$

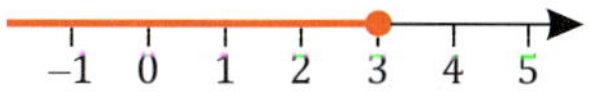


Zbiorem rozwiązań koniunkcji nierówności jest część wspólna przedziałów: $(1, +\infty)$ i $(-\infty, 3\rangle$.

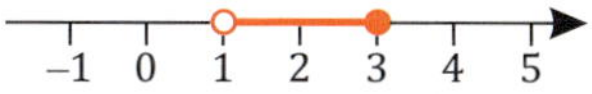


Zbiorem rozwiązań nierówności podwójnej jest przedział $(1, 3\rangle$.

### Sprawdź, czy rozumiesz

1. Sprawdź, czy liczby podane obok są rozwiązaniami nierówności:
   a) $2x - 1 > 3 + 4x \quad -5, 0, 1$ b) $(x+2)(x-3) \geqslant 1 \quad -4, -1, 2$
2. Sprawdź, czy podane nierówności są równoważne
   a) $2x - 6(x+1) < 2$ oraz $x + 2 > 0$ b) $x^2 \cdot x \geqslant 0$ oraz $x \geqslant 0$
3. Rozwiąż nierówności:
   a) $1 - \frac{x+2}{3} > 4x$ b) $\frac{5x-1}{2} \leqslant \frac{6-x}{5}$
4. Rozwiąż nierówność podwójną: $x + 3 \leqslant 2x + 7 < 17$.

# Procenty

Sprawne posługiwanie się procentami jest ważną umiejętnością w życiu człowieka.

Przypomnijmy:

1 procent (1%) pewnej wielkości to 0,01 tej wielkości. Zatem:
1% liczby 128 to $0{,}01 \cdot 128 = 1{,}28$
260% liczby 250 to $2{,}6 \cdot 250 = 650$
$33\frac{1}{3}\%$ liczby 321 to $\frac{1}{3} \cdot 321 = 107$.

Ogólnie

$p\%$ liczby $a$ to $\frac{p}{100} \cdot a$

## *Przykład 1.*

W Polsce występuje ponad 600 gatunków kręgowców, w tym: 360 gat. ptaków, 116 gat. ryb, 98 gat. ssaków, 18 gat. płazów, 9 gat. gadów (dane wg *Ilustrowanego atlasu Polski*).
a) Jaki procent wszystkich gatunków kręgowców stanowią ssaki?
b) O ile procent więcej jest w Polsce gatunków płazów niż gadów?
c) O ile procent mniej jest w Polsce gatunków gadów niż płazów?
d) Jakim procentem liczby gatunków ptaków jest liczba gatunków gadów?

**Ad a)** Obliczmy najpierw, ile jest w Polsce wszystkich gatunków kręgowców:

$360 + 116 + 98 + 18 + 9 = 601$ (gatunków)

Następnie dzielimy liczbę gatunków ssaków przez liczbę wszystkich gatunków kręgowców. Otrzymany ułamek wyrażamy w procentach (mnożymy ułamek przez 100 i dopisujemy symbol %):

$\frac{98}{601} \approx 0{,}163$, czyli 16,3%

Liczba gatunków ssaków stanowi ok. 16,3% liczby gatunków kręgowców.

**Ad b)** Obliczamy, o ile gatunków więcej jest w Polsce płazów niż gadów. Otrzymany wynik dzielimy przez liczbę gatunków gadów; wynik wyrażamy w procentach:

$\frac{18-9}{9} = 1$, czyli 100%

W Polsce jest o 100% więcej gatunków płazów niż gadów. (Inaczej mówiąc: w Polsce jest dwa razy więcej gatunków płazów niż gadów.)

**Ad c)** Obliczamy, o ile gatunków mniej jest w Polsce gadów niż płazów. Otrzymany wynik dzielimy przez liczbę gatunków płazów; wynik wyrażamy w procentach:

$\frac{18-9}{18} = 0{,}5$, czyli 50%

W Polsce jest o 50% mniej gatunków gadów niż płazów. (Inaczej mówiąc: w Polsce liczba gatunków gadów jest o połowę mniejsza niż liczba gatunków płazów.)

**Ad d)** Dzielimy liczbę gatunków gadów przez liczbę gatunków ptaków; wynik wyrażamy w procentach:

$$\frac{9}{360} = 0{,}025, \text{ czyli } 2{,}5\%$$

W Polsce liczba gatunków gadów stanowi 2,5% liczby gatunków ptaków.

## *Przykład 2.*

Cenę pewnego towaru podwyższono o 20%, a następnie nową cenę obniżono o 20%. Jakim procentem ceny początkowej była cena końcowa?

Niech $x$ oznacza pierwotną cenę towaru.
Po podwyżce cena towaru wynosiła:

$$x + 0{,}2x = 1{,}2x$$

(100% początkowej ceny + 20% początkowej ceny = 120% początkowej ceny)
Po obniżce cena towaru wynosiła:

$$1{,}2x - 0{,}2 \cdot (1{,}2x) = 0{,}8 \cdot (1{,}2x)$$

(100% ceny po podwyżce – 20% ceny po podwyżce = 80% ceny po podwyżce)

$$0{,}8 \cdot (1{,}2x) = 0{,}96x$$

Cena końcowa towaru stanowiła 96% ceny początkowej.

## *Przykład 3.*

Młody kierowca chciał ubezpieczyć swój pierwszy samochód. Agent ubezpieczeniowy naliczył dwie zwyżki i jedną zniżkę od podstawowej stawki ubezpieczenia OC: 25% zwyżki za młody wiek kierowcy, 15% zwyżki za wiek samochodu powyżej 10 lat i 10% zniżki za jednorazową opłatę składki. O ile procent wzrosła stawka ubezpieczenia OC w stosunki do stawki podstawowej?

Niech $x$ oznacza stawkę podstawową ubezpieczenia OC. Stawka rzeczywista (po dwóch zwyżkach i jednej zniżce) wyniosła:

$$0{,}9 \cdot 1{,}15 \cdot 1{,}25x = 1{,}29375x$$

Stawka rzeczywista ubezpieczenia OC była wyższa od stawki podstawowej o ok. 29,4%.

Zauważ, że na końcowy wynik nie ma wpływu kolejność, w jakiej naliczane są zwyżki i zniżki podstawowej stawki ubezpieczeniowej.

## *Przykład 4.*

Cena towaru z 23-procentowym VAT-em wynosi 713,40 zł. Jaka byłaby cena tego towaru, gdyby VAT wyniósł 7%, zamiast 23%?

Niech $x$ oznacza cenę towaru bez VAT-u. Wówczas cena towaru wraz z 23-procentowym VAT-em wynosi $1{,}23x$. Cena ta jest równa 713,40 zł. Otrzymujemy więc równanie:

$$1{,}23x = 713{,}4 \quad / : 1{,}23$$

$$x = 580 \text{ (zł)}$$

Cena towaru bez VAT-u wynosi 580 zł. Wraz z 7-procentowym VAT-em cena tego towaru byłaby równa:

$$1{,}07 \cdot 580 = 620{,}6 \text{ (zł)}$$

Cena towaru z 7-procentowym VAT-em wyniosłaby 620,60 zł.

## Przykład 5.

Pan Kowalski postanowił wpłacić do banku swoje oszczędności na rok. Bank A oferuje przy rocznej lokacie oprocentowanie 9% w stosunku rocznym z kapitalizacją co miesiąc. Bank B po roku dopisuje do stanu konta 9% odsetek. Który bank powinien wybrać pan Kowalski, by korzystniej ulokować swój kapitał?

Rozważmy propozycję banku A:
Oprocentowanie roczne wynosi 9% z kapitalizacją miesięczną, zatem po każdym miesiącu dolicza się do stanu konta $\frac{1}{12} \cdot 9\%$, czyli 0,75% odsetek. Załóżmy, że pan Kowalski chce wpłacić do banku kwotę $x$ zł.

Po 1. miesiącu stan jego konta wyniesie $1{,}0075x$
Po 2. miesiącu stan jego konta wyniesie $1{,}0075 \cdot (1{,}0075x) = 1{,}0075^2x$
Po 3. miesiącu stan jego konta wyniesie $1{,}0075 \cdot \left(1{,}0075^2x\right) = 1{,}0075^3x$
(...)
Po 12. miesiącu stan jego konta wyniesie $1{,}0075^{12}x \approx 1{,}0938x$

Rozważmy propozycję banku B:
Bank B dopisuje do stanu konta 9% odsetek, zatem po roku oszczędzania na koncie pana Kowalskiego znalazłaby się kwota $1{,}09x$.

Okazuje się, że bank A proponuje korzystniejsze warunki oszczędzania. Przy wpłacie kwoty 10 000 zł na rok w banku A odsetki wyniosą 938 zł, natomiast w banku B – 900 zł.

## Przykład 6.

W połowie 2007 r. przeprowadzono sondaż dotyczący zaciągania kredytów bankowych przez Polaków. Okazało się, że 50,4% Polaków ma zaciągnięty kredyt bankowy, z czego:

- 15,9% to kredyty do 1 tys. zł
- 55,4% to kredyty od 1 tys. do 10 tys. zł
- 20,6% to kredyty od 10 tys. do 50 tys. zł
- 8,1% to kredyty powyżej 50 tys. zł

Przeanalizujemy powyższe informacje i odpowiemy na następujące pytania:

a) Jakiej wysokości kredyty cieszą się największym powodzeniem i jaki procent wszystkich Polaków stanowią ci, którzy mają taki kredyt?
b) Jaki procent wszystkich Polaków stanowią ci, którzy mają kredyt przekraczający 10 000 zł?

**Ad a)** Największym powodzeniem cieszą się kredyty od 1 tys. do 10 000 zł. Taki kredyt zaciągnęło 55,4% tych rodaków, którzy biorą kredyty bankowe. Ponieważ

50,4% Polaków to kredytobiorcy, zatem wszystkich Polaków, którzy wzięli taki kredyt, jest 0,554 · 50,4%, czyli 27,9%.

**Ad b)** Osób, które zaciągnęły kredyt przekraczający 10 000 zł, jest 28,7% spośród tych, którzy biorą kredyty bankowe. Tak więc wszystkich Polaków, którzy wzięli takie kredyty bankowe, jest 0,287 · 50,4%, czyli 14,5%.

## *Przykład 7.*

W pewnym banku można uzyskać kredyt w wysokości 12 000 zł na zakup kina domowego. Kredyt należy spłacić w rocznych ratach po 4000 zł, przy czym do każdej raty bank dopisuje 25% tej kwoty, która zostaje do spłacenia przed wpłatą raty. Obliczymy wysokości kolejnych rat kredytu. Ile złotych musimy zwrócić bankowi, pożyczając kwotę 12 000 zł?

1. rata: $4000 + 0{,}25 \cdot 12\,000 = 4000 + 3000 = 7000$ (zł)
2. rata: $4000 + 0{,}25 \cdot 8000 = 4000 + 2000 = 6000$ (zł)
3. rata: $4000 + 0{,}25 \cdot 4000 = 4000 + 1000 = 5000$ (zł)

Suma rat kredytu wynosi 18 000 zł. Pożyczając 12 000 zł na zakup kina domowego, musimy oddać bankowi kwotę o 50% większą od pożyczonej.

## *Przykład 8.*

W 2005 r. przeprowadzono sondaż na reprezentatywnej próbie Polaków w wieku 15 i więcej lat, dotyczący picia kawy. Poniżej przedstawiamy niektóre wyniki tego sondażu.

**Czy pije Pan(i) kawę?**

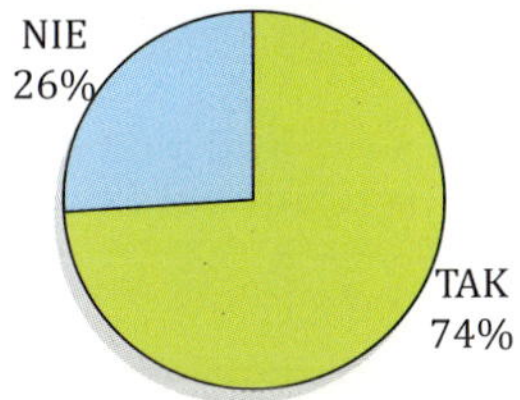


**Jaką kawę pije Pan(i) od czasu do czasu?**

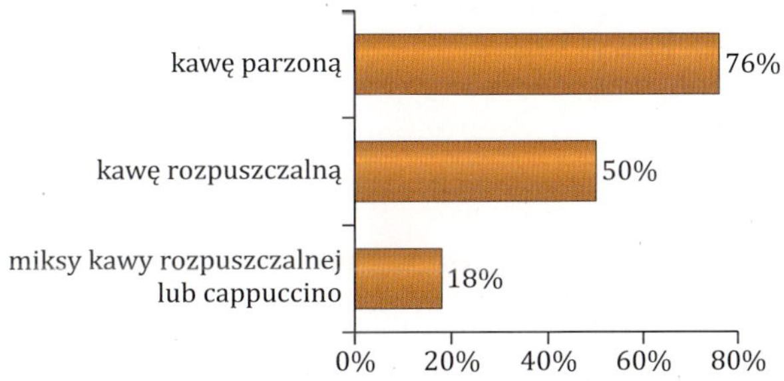


| | piję kawę parzoną... | piję kawę rozpuszczalną... |
|---|---|---|
| ...co najmniej raz dziennie | 82% | 62% |
| ...kilka razy w tygodniu | 10% | 18% |
| ...jeden raz w tygodniu | 5% | 10% |

a) Ilu Polaków pije kawę, jeśli wiemy, że Polaków w wieku 15 i więcej lat jest 32,1 mln?
b) Jaki procent wszystkich Polaków (w wieku 15 i więcej lat) pije kawę parzoną?
c) Jaki procent wszystkich Polaków (w wieku 15 i więcej lat) pije kawę parzoną co najmniej raz dziennie?

d) Jaki – co najmniej – procent Polaków (w wieku 15 i więcej lat) pije zarówno kawę parzoną, jak i rozpuszczalną?
e) Jaki procent wszystkich Polaków (w wieku 15 i więcej lat) pije kawę rozpuszczalną kilka razy w tygodniu lub częściej?

**Ad a)** Kawę pije 74% Polaków spośród 32,1 mln, zatem

$$74\% \cdot 32{,}1 = 0{,}74 \cdot 32{,}1 = 23{,}754 \text{ (mln)}$$

Można szacować, że ok. 23 mln 750 tys. Polaków pije kawę.

**Ad b)** Kawę pije 74% Polaków, wśród których kawę parzoną pije 76%. Stąd

$$0{,}76 \cdot 74\% = 56{,}24\%$$

Około 56% Polaków (w wieku 15 i więcej lat) pije kawę parzoną.

**Ad c)** Kawę pije 74% Polaków, wśród których kawę parzoną pije 76%. Wśród osób pijących kawę parzoną 82% osób pije kawę co najmniej raz dziennie. Tak więc

$$0{,}82 \cdot 0{,}76 \cdot 74\% \approx 46{,}12\%$$

Około 46% Polaków (w wieku 15 i więcej lat) pije kawę parzoną co najmniej raz dziennie.

**Ad d)** Kawę pije 74% Polaków. Minimalny procent osób, które zadeklarowały, że piją dwa rodzaje kawy: parzoną i rozpuszczalną jest równy 76% + 50% – 100%, czyli 26%. Zatem

$$0{,}26 \cdot 74\% = 19{,}24\%$$

Co najmniej 19% Polaków (w wieku 15 i więcej lat) pije kawę parzoną i rozpuszczalną.

**Ad e)** Picie kawy rozpuszczalnej kilka razy w tygodniu lub częściej zadeklarowało 62% + 18%, czyli 80% osób pijących kawę rozpuszczalną. Z kolei picie kawy rozpuszczalnej zadeklarowało 50% osób spośród 74% deklarujących picie jakiejkolwiek kawy. Zatem

$$0{,}8 \cdot 0{,}5 \cdot 74\% = 29{,}6\%$$

Około 30% Polaków (w wieku 15 i więcej lat) pije kawę rozpuszczalną kilka razy w tygodniu lub częściej.

## *Przykład 9.*

Właściciel zakładu produkcyjnego zadecydował o przejściu z ośmiogodzinnego dnia pracy na siedmiogodzinny.
a) O ile procent zmniejszy się wartość dziennej produkcji, jeśli pracownicy nie zwiększą wydajności pracy?
b) O ile należałoby zwiększyć wydajność pracy, aby wartość dziennej produkcji nie uległa zmianie?

Niech $a$ oznacza wartość dziennej produkcji w zakładzie w ciągu ośmiogodzinnego dnia pracy.

**Ad a)** Wówczas:

$\frac{a}{8}$ – wartość dziennej produkcji w ciągu 1 godziny (tzw. wydajność pracy)

$\frac{7a}{8}$ – wartość dziennej produkcji po przejściu na siedmiogodzinny dzień pracy (bez zmiany wydajności)

$a - \frac{7a}{8} = \frac{a}{8}$ – o tyle zmniejszy się wartość dziennej produkcji po przejściu na siedmiogodzinny dzień pracy (bez zmiany wydajności)

$$\frac{\frac{a}{8}}{a} \cdot 100\% = \frac{1}{8} \cdot 100\% = 12{,}5\%$$

O 12,5% procent zmniejszy się wartość dziennej produkcji, jeśli pracownicy nie zwiększą wydajności pracy.

**Ad b)** Oznaczmy dodatkowo przez $x$ nową, zwiększoną wydajność, mającą gwarantować, że produkcja zakładu w ciągu siedmiogodzinnego dnia pracy nie zmniejszy się. Wówczas:

$a = 7x$

(wartość produkcji = liczba godzin · wydajność)

$x = \frac{a}{7}$

Otrzymaliśmy, że wydajność pracy powinna się zwiększyć z $\frac{a}{8}$ do $\frac{a}{7}$, czyli o

$$\frac{\frac{a}{7} - \frac{a}{8}}{\frac{a}{8}} \cdot 100\% = \frac{a\left(\frac{1}{7} - \frac{1}{8}\right)}{\frac{a}{8}} \cdot 100\% = \frac{\frac{1}{7 \cdot 8}}{\frac{1}{8}} \cdot 100\% = \frac{1}{7} \cdot 100\% = 14\frac{2}{7}\%$$

Aby wartość dziennej produkcji nie uległa zmianie, należy podnieść wydajność pracy o $14\frac{2}{7}\%$.

## Sprawdź, czy rozumiesz

1. W cenie 1 litra benzyny koszt wyprodukowania paliwa stanowi ok. 40%, podatki (akcyza, VAT, opłata paliwowa) stanowią ok. 54%. Resztę stanowi marża sprzedawcy. Przy założeniu, że litr benzyny kosztuje 6,50 zł, oblicz koszt wyprodukowania litra benzyny, kwotę podatków oraz wysokość marży sprzedawcy w cenie 1 litra.
2. Cenę pewnego towaru podwyższono o 20%, a następnie nową cenę jeszcze raz podwyższono o 20%. Jakim procentem ceny początkowej była cena końcowa?
3. Pan Kowalski chciał ubezpieczyć mieszkanie. Agent ubezpieczeniowy uwzględnił trzy zniżki od składki podstawowej:
   - 5% za kontynuację ubezpieczenia
   - 10% za zamontowanie drzwi przeciwwłamaniowych
   - 10% za ubezpieczenie w tej samej firmie ubezpieczeniowej samochodu.

   Agent naliczył też jedną zwyżkę w wysokości 15%, gdyż mieszkanie pana Kowalskiego znajdowało się na parterze. Jaką część składki podstawowej zapłacił pan Kowalski za ubezpieczenie swojego mieszkania?
4. Na obóz harcerski wyjechało 50 Czechów i o 60% więcej Polaków.
   a) Ilu Polaków było na tym obozie?
   b) Jaki procent wszystkich uczestników stanowili Polacy?
   c) O ile procent mniej było na obozie Czechów niż Polaków?

# Punkty procentowe

Na początku przeanalizujmy dwa zagadnienia:

1. Długopis kosztował 5 zł. Cenę długopisu podwyższono do 6 zł. W jaki sposób można wyrazić zmianę ceny długopisu?
2. Oprocentowanie kredytu mieszkaniowego było równe 5%. Bank podwyższył oprocentowanie do 6%. W jaki sposób można wyrazić zmianę oprocentowania kredytu?

**Ad 1**

Zmianę ceny można wyrazić na dwa sposoby:

a) nominalnie, czyli jako różnicę cen po podwyżce i przed podwyżką:

$$6 - 5 = 1 \text{ (zł)}$$

Cena długopisu wzrosła o 1 zł.

b) procentowo, czyli wyrażając kwotę podwyżki jako procent ceny pierwotnej:

$$\frac{6-5}{5} \cdot 100\% = 20\%$$

Cena długopisu wzrosła o 20%.

**Ad 2**

Zmianę oprocentowania można wyrazić w podobny sposób również na dwa sposoby:

a) nominalnie, czyli jako różnicę oprocentowania po podwyżce i przed podwyżką:

6% – 5% = **1 punkt procentowy** (1 p.p.)

Oprocentowanie kredytu wzrosło o 1 punkt procentowy.

b) procentowo, czyli wyrażając wzrost oprocentowania jako procent oprocentowania pierwotnego:

$$\frac{6-5}{5} \cdot 100\% = 20\%$$

Oprocentowanie kredytu wzrosło o 20%.

Punktami procentowymi posługujemy się, chcąc przedstawić zmianę wielkości wyrażonej w procentach, np. zmianę oprocentowania lokat i kredytów, wzrost (spadek) stopy bezrobocia lub stopy inflacji, zmianę poparcia dla partii politycznych i polityków.

## *Przykład 1.*

Poparcie dla partii „P" w sierpniowym sondażu wyniosło 20% (tzn. 20% ankietowanych wyraziło chęć głosowania na tę partię, gdyby wybory parlamentarne odbyły się w najbliższym czasie). Jakie byłoby poparcie dla tej partii, gdyby w sondażu wrześniowym popularność jej wzrosła o:

a) 15% b) 15 p.p.?

**Ad a)** Wzrost poparcia o 15% oznaczałby wzrost o 0,15. Zatem

$$1{,}15 \cdot 20\% = 23\%$$

Poparcie dla partii „P" byłoby równe 23%.

**Ad b)** Wzrost poparcia o 15 p.p. oznaczałby nominalny wzrost poparcia z 20% do 35%, bo

$$20 + 15 = 35$$

Poparcie dla partii „P" byłoby równe 35%.

Niewielkie zmiany bankowych stóp procentowych wyraża się też w punktach bazowych.

$$\textbf{1 punkt bazowy} = \frac{1}{100} \text{ punktu procentowego}$$

## *Przykład 2.*

Bank obniżył oprocentowanie lokaty z 4% do 3,25%. Powiemy wówczas, że oprocentowanie lokaty obniżono o 75 punktów bazowych $\left(\text{czyli o } \frac{3}{4} \text{ punktu procentowego}\right)$.

### *Sprawdź, czy rozumiesz*

1. Stopa bezrobocia w pewnym kraju na początku 2011 r. wynosiła 15,1%, a na początku następnego roku obniżyła się do 9,2%.
   a) O ile punktów procentowych obniżyło się bezrobocie?
   b) O ile procent obniżyło się bezrobocie?
2. Preferencje wyborcze, dotyczące dwóch partii, przedstawia poniższy wykres.

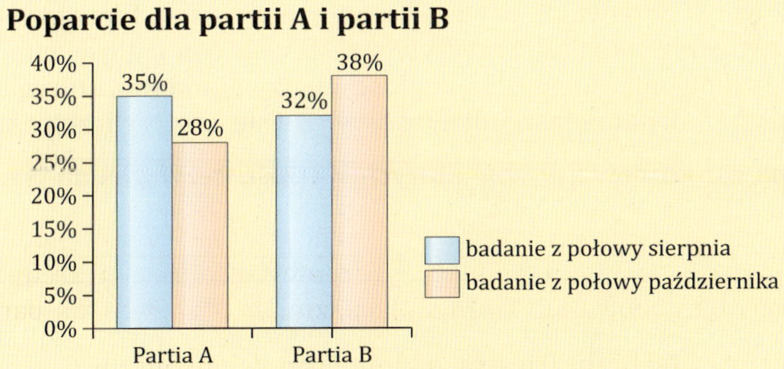


   Wyraź w procentach i w punktach procentowych zmianę poparcia dla wskazanych partii.
3. Bankowa stopa lombardowa (ustalana przez Radę Polityki Pieniężnej) została podwyższona z poziomu 6% do poziomu 6,25%.
   a) Przedstaw zmianę stopy lombardowej w punktach bazowych i w punktach procentowych.
   b) Przedstaw zmianę stopy lombardowej w procentach.

# Wartość bezwzględna. Proste równania i nierówności z wartością bezwzględną

Zdefiniujemy jeden z najważniejszych terminów dotyczących liczb rzeczywistych, czyli wartość bezwzględną liczby rzeczywistej.

**Definicja 1.**
**Wartością bezwzględną** liczby rzeczywistej $a$ (oznaczenie $|a|$) nazywamy:
- liczbę $a$, jeśli $a$ jest liczbą nieujemną
- liczbę przeciwną do $a$, jeśli $a$ jest liczbą ujemną.

Zapis symboliczny:

$$|a| = \begin{cases} a, & \text{jeśli } a \geqslant 0 \\ -a, & \text{jeśli } a < 0 \end{cases}$$

## Przykład 1.

$|5|=5$ $|0|=0$ $|-3|=3$ $|\sqrt{2}-1|=\sqrt{2}-1$ $(\sqrt{2}-1>0)$ $|2-\sqrt{6}|=-2+\sqrt{6}$
$(2-\sqrt{6}<0$; liczbą przeciwną do liczby $2-\sqrt{6}$ jest liczba $-(2-\sqrt{6})=-2+\sqrt{6})$

Na pewno zauważyłeś, że wartość bezwzględna danej liczby i liczby do niej przeciwnej są równe:
$|-6|=|6|=6$ $|\sqrt{2}|=|-\sqrt{2}|$ itd., czyli ogólnie
$|a|=|-a|$ dla dowolnej liczby rzeczywistej $a$.

Wiesz, że każda liczba rzeczywista ma swoje miejsce na osi liczbowej i odwrotnie – każdy punkt na osi odpowiada pewnej liczbie rzeczywistej. Dlatego też punkty osi liczbowej traktujemy jako liczby rzeczywiste. Mówiąc o odległości między liczbami na osi $OX$, będziemy mieć na myśli odległość między punktami, których współrzędnymi są te liczby. Jak pamiętasz, odległość wyraża się zawsze liczbą nieujemną.

Umieśćmy na osi liczbowej liczby, których wartość bezwzględna jest taka sama, np. 6 i $-6$.

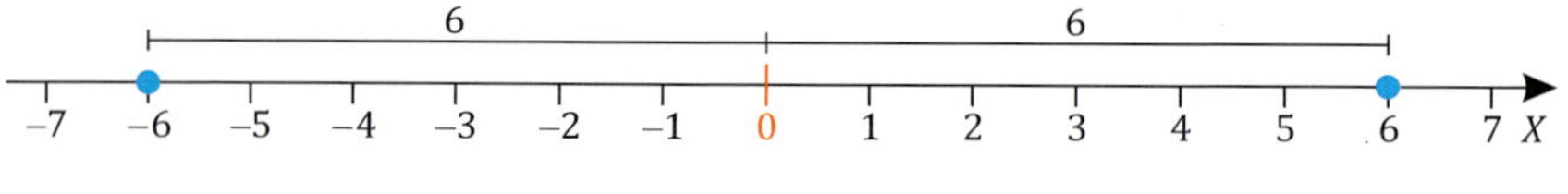


Odległość liczby $-6$ od liczby 0 jest taka sama, jak odległość liczby 6 od liczby 0, i wynosi 6.

Liczba $a$ i liczba do niej przeciwna $(-a)$ położone są na osi $OX$ symetrycznie względem liczby 0, zatem znajdują się w takiej samej odległości od zera.

**Twierdzenie 1.**
Wartość bezwzględna liczby rzeczywistej $a$ jest równa odległości punktu o współrzędnej $a$ od punktu zerowego na osi $OX$.

Zastosujmy powyższe twierdzenie do rozwiązania kilku prostych równań i nierówności z wartością bezwzględną, których dziedziną jest zbiór wszystkich liczb rzeczywistych $\boldsymbol{R}$.

## Przykład 2.

Rozwiążmy równania:

a) $|x| = 2$ b) $|x| = 0$ c) $|x| = -1$

**Ad a)** Rozwiązać równanie $|x| = 2$ to znaleźć na osi liczbowej takie liczby rzeczywiste, których odległość od liczby 0 wynosi dwa. Są dwie takie liczby: 2 oraz $-2$.

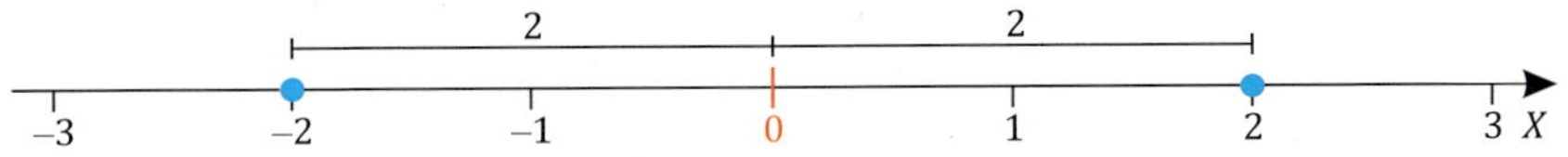


Zatem:

$|x| = 2 \Leftrightarrow (x = -2 \vee x = 2)$

**Ad b)** Rozwiązać równanie $|x| = 0$ to znaleźć na osi liczbowej takie liczby rzeczywiste, których odległość od liczby 0 wynosi zero. Jest tylko jedna taka liczba – liczba 0.
Zatem:

$|x| = 0 \Leftrightarrow x = 0$

**Ad c)** Równanie $|x| = -1$ jest równaniem sprzecznym, bowiem odległość nie może być liczbą ujemną.
Zatem:

Nie istnieje liczba spełniająca równanie $|x| = -1$.

## Przykład 3.

Rozwiążmy nierówności:

a) $|x| < 4$ b) $|x| \geqslant 1$ c) $|x| > 0$

**Ad a)** Rozwiązać nierówność $|x| < 4$ to znaleźć na osi liczbowej wszystkie te liczby rzeczywiste, których odległość od liczby 0 jest mniejsza niż cztery.

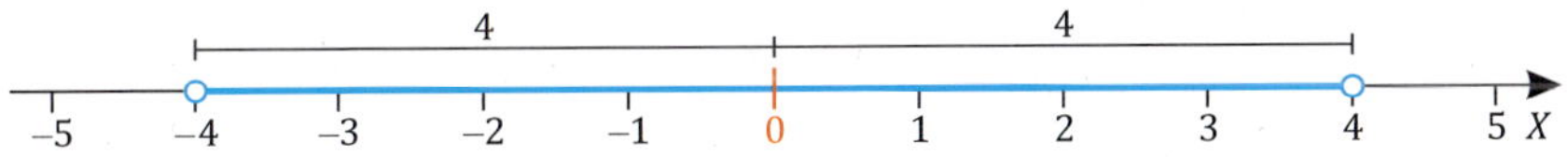


Liczby te należą do przedziału $(-4, 4)$
Zatem:

$|x| < 4 \Leftrightarrow x \in (-4, 4)$

**Ad b)** Rozwiązać nierówność $|x| \geqslant 1$ to znaleźć na osi liczbowej wszystkie takie liczby, których odległość od liczby 0 jest nie mniejsza niż jeden (czyli jest większa od jedynki lub jest równa jeden).

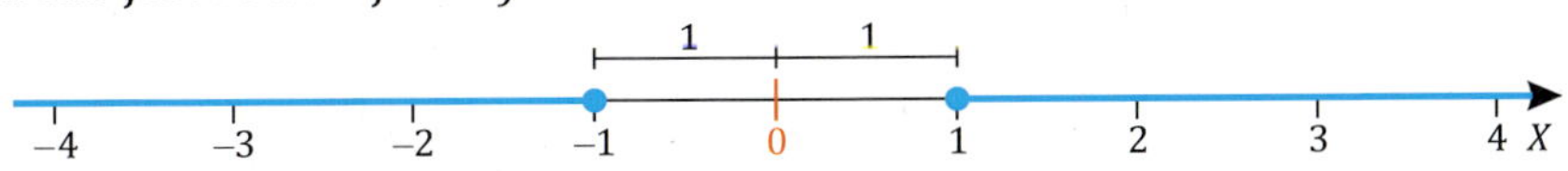


Liczby te należą do zbioru $(-\infty, -1\rangle \cup \langle 1, +\infty)$
Zatem:

$|x| \geqslant 1 \Leftrightarrow x \in (-\infty, -1\rangle \cup \langle 1, +\infty)$

**Ad c)** Rozwiązać nierówność $|x| > 0$ to znaleźć na osi liczbowej wszystkie takie liczby, których odległość od liczby 0 jest większa od zera. Ten warunek spełniają wszystkie liczby rzeczywiste, oprócz liczby 0.

Zatem

$$|x| > 0 \Leftrightarrow x \in \boldsymbol{R} - \{0\}$$

Omówimy teraz, jak za pomocą wartości bezwzględnej wyznaczyć odległość na osi liczbowej między dwiema dowolnymi liczbami.

Na osi liczbowej zaznaczmy liczby 5 oraz –2. Ustalmy, jaka jest między nimi odległość.

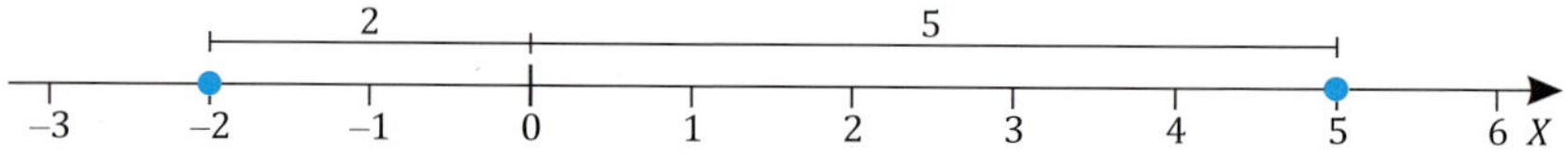


Odległość między tymi liczbami jest równa 7. Łatwo zauważyć też, że

$$\left|5-(-2)\right| = 7 \quad \text{i} \quad |-2-5| = 7$$

Prawdziwe jest następujące twierdzenie:

> ***Twierdzenie 2.***
> Odległość na osi liczbowej między dwoma dowolnymi punktami o współrzędnych $a$ i $b$ jest równa $|a-b|$.

Zauważ, że

$$|a-b| = |b-a|$$

Tak jest, ponieważ liczby $(a-b)$ oraz $(b-a)$ są przeciwne.

## *Przykład 4.*

Rozwiążmy równanie i nierówności, których dziedziną jest zbiór $\boldsymbol{R}$:

a) $|x-2| = 4$  b) $|x+4| \leqslant 2$  c) $|1-x| > 5$

**Ad a)**

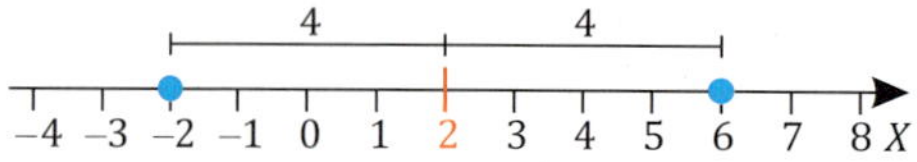


$$|x-2| = 4 \Leftrightarrow (x=-2 \vee x=6)$$

Wyrażenie $|x-2|$ oznacza odległość liczby $x$ od liczby 2. Rozwiązać równanie $|x-2| = 4$ to znaleźć na osi $OX$ wszystkie takie liczby $x$, których odległość od liczby 2 wynosi cztery.

Na osi $OX$ zaznaczamy liczbę 2. Następnie znajdujemy „po obu stronach" liczby 2 liczby odległe od niej o cztery jednostki: są to –2 oraz 6.

**Ad b)**

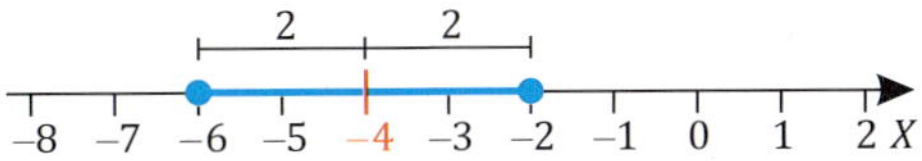


$|x+4| \leqslant 2 \Leftrightarrow x \in \langle -6, -2 \rangle$

Wyrażenie $|x+4|$ możemy zapisać w postaci $|x-(-4)|$, co oznacza odległość liczby $x$ od liczby $(-4)$.
Rozwiązać nierówność $|x+4| \leqslant 2$ to znaleźć na osi $OX$ wszystkie takie liczby $x$, których odległość od liczby $(-4)$ jest równa dwa lub jest mniejsza od dwóch.
Zbiorem rozwiązań nierówności jest przedział liczbowy $\langle -6, -2 \rangle$.

**Ad c)**

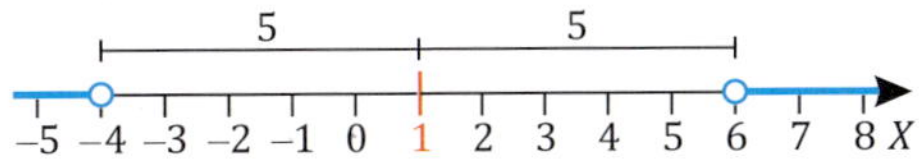


$|1-x| > 5 \Leftrightarrow x \in (-\infty, -4) \cup (6, +\infty)$

Nierówność $|1-x| > 5$ można zapisać w postaci $|x-1| > 5$. Szukamy liczb $x$, których odległość od liczby 1 jest większa od pięciu.
Zbiorem rozwiązań nierówności jest zbiór $(-\infty, -4) \cup (6, +\infty)$.

## Przykład 5.

Napiszmy równanie z wartością bezwzględną typu $|x-a| = b$, którego zbiorem rozwiązań jest zbiór:

a) $\{-4, 4\}$ b) $\{-2, 8\}$

**Ad a)** Liczby $-4$ oraz 4 położone są symetrycznie względem liczby 0 na osi $OX$, więc ich odległość od zera jest taka sama i wynosi cztery. Odległość liczby $x$ od liczby zero zapisujemy symbolicznie $|x|$. Zatem szukane równanie to

$|x| - 4$

**Ad b)** Liczby $-2$ oraz 8 nie leżą symetrycznie po obu stronach liczby 0. Zatem należy wyznaczyć liczbę, której odległość od liczby $-2$ oraz od liczby 8 jest taka sama. Liczby tej szukamy w połowie odcinka wyznaczonego przez punkty o współrzędnych $-2$ oraz 8.

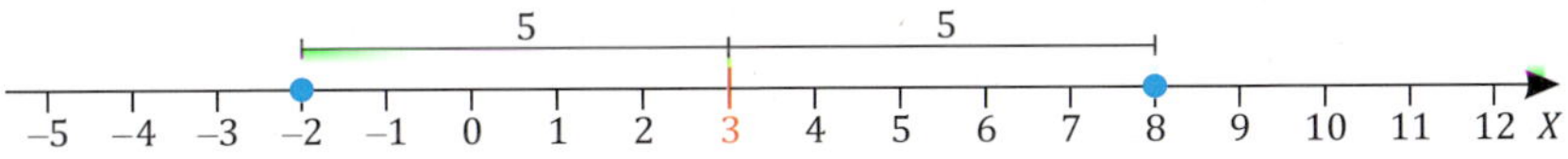


Jest to liczba 3. Odległość liczb $-2$ oraz 8 od liczby 3 jest taka sama i wynosi pięć. Odległość liczby $x$ od liczby 3 zapisujemy za pomocą symbolu $|x-3|$. Zatem równanie ma postać

$|x-3| = 5$

## Przykład 6.

Napiszmy nierówności z wartością bezwzględną typu: $|x-a| > b$, $|x-a| < b$, jeśli znamy ich zbiory rozwiązań:

a) $(-3, 3)$ b) $(-\infty, -6) \cup (-2, \infty)$

**Ad a)**

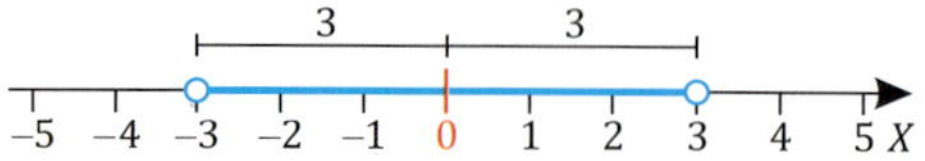


Na osi $OX$ zaznaczamy przedział liczbowy $(-3, 3)$ i wyznaczamy punkt, względem którego ten zbiór jest symetryczny. Jest to punkt zerowy o współrzędnej 0. W przedziale $(-3, 3)$ są liczby, których odległość od 0 jest mniejsza od trzech, zatem

$$|x| < 3$$

**Ad b)**

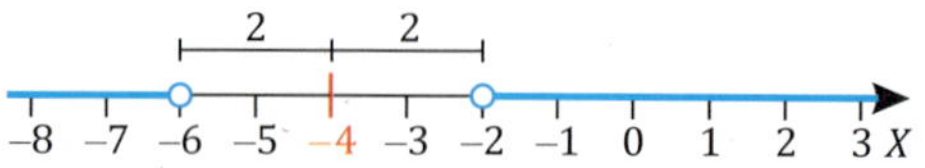


Na osi $OX$ zaznaczamy zbiór $(-\infty, -6) \cup (-2, +\infty)$ i wyznaczamy punkt, względem którego ten zbiór jest symetryczny. Tym punktem jest środek odcinka o końcach $(-6)$ oraz $(-2)$, a więc punkt o współrzędnej $(-4)$. Zatem w zbiorze $(-\infty, -6) \cup (-2, +\infty)$ znajdują się liczby, których odległość od liczby $(-4)$ jest większa niż dwa.

Stąd $|x - (-4)| > 2$, czyli

$$|x + 4| > 2$$

Prawdziwe jest następujące twierdzenie.

**Twierdzenie 3.**

Jeśli $w$ jest dowolnym wyrażeniem, $a$ – dowolną liczbą rzeczywistą dodatnią, to:

a) $|w| = a \Leftrightarrow (w = a \vee w = -a)$

b) $|w| < a \Leftrightarrow (w > -a \wedge w < a) \Leftrightarrow -a < w < a \Leftrightarrow w \in (-a, a)$

c) $|w| \leqslant a \Leftrightarrow (w \geqslant -a \wedge w \leqslant a) \Leftrightarrow -a \leq w \leq a \Leftrightarrow w \in \langle -a, a \rangle$

d) $|w| > a \Leftrightarrow (w < -a \vee w > a) \Leftrightarrow w \in (-\infty, -a) \cup (a, +\infty)$

e) $|w| \geqslant a \Leftrightarrow (w \leqslant -a \vee w \geqslant a) \Leftrightarrow w \in (-\infty, -a \rangle \cup \langle a, +\infty)$

## Przykład 7.

Rozwiążemy równania:

a) $|2x - 5| = 3$

b) $|-3x - 2| = 4$

**Ad a)** Korzystamy z twierdzenia 3a i otrzymujemy:

$|2x - 5| = 3 \Leftrightarrow (2x - 5 = 3 \vee 2x - 5 = -3) \Leftrightarrow (2x = 8 \vee 2x = 2) \Leftrightarrow$
$\Leftrightarrow (x = 4 \vee x = 1)$, zatem

$|2x - 5| = 3 \Leftrightarrow (x = 4 \vee x = 1)$

**Ad b)** Postępujemy podobnie:

$|-3x - 2| = 4 \Leftrightarrow (-3x - 2 = 4 \vee -3x - 2 = -4) \Leftrightarrow (-3x = 6 \vee -3x = -2) \Leftrightarrow$
$\Leftrightarrow \left(x = -2 \vee x = \frac{2}{3}\right)$, czyli

$|-3x - 2| = 4 \Leftrightarrow \left(x = -2 \vee x = \frac{2}{3}\right)$

## Przykład 8.

Rozwiążemy nierówności:

a) $|-x+1| \leqslant 6$ b) $|4x+3| > 7$

**Ad a)** Korzystamy z twierdzenia 3c. Mamy:

$|-x+1| \leqslant 6 \Leftrightarrow (-x+1 \geqslant -6 \wedge -x+1 \leqslant 6) \Leftrightarrow (-x \geqslant -7 \wedge -x \leqslant 5) \Leftrightarrow$

$\Leftrightarrow (x \leqslant 7 \wedge x \geqslant -5) \Leftrightarrow x \in \langle -5, 7\rangle$, zatem

$|-x+1| \leqslant 6 \Leftrightarrow x \in \langle -5, 7\rangle$

Rozwiązanie tej nierówności można zapisać też tak:

$|-x+1| \leqslant 6 \Leftrightarrow (-6 \leqslant -x+1 \leqslant 6) \Leftrightarrow (-7 \leqslant -x \leqslant 5) \Leftrightarrow$

$\Leftrightarrow (7 \geqslant x \geqslant -5) \Leftrightarrow x \in \langle -5, 7\rangle$, czyli

$|-x+1| \leqslant 6 \Leftrightarrow x \in \langle -5, 7\rangle$

**Ad b)** Korzystamy z twierdzenia 3d. Otrzymujemy:

$|4x+3| > 7 \Leftrightarrow (4x+3 < -7 \vee 4x+3 > 7) \Leftrightarrow (4x < -10 \vee 4x > 4) \Leftrightarrow$

$\Leftrightarrow (x < -2{,}5 \vee x > 1) \Leftrightarrow x \in (-\infty, -2{,}5) \cup (1, +\infty)$, więc

$|4x+3| > 7 \Leftrightarrow x \in (-\infty, -2{,}5) \cup (1, +\infty)$

### Sprawdź, czy rozumiesz

1. Zapisz bez użycia symbolu wartości bezwzględnej:
   a) $\left|-1\frac{1}{3}\right|$ b) $|3{,}4|$ c) $|-\sqrt{5}|$
   d) $|1-\sqrt{10}|$ e) $|\pi-1|$ f) $|\sqrt{2}-\sqrt{3}|$
2. Oblicz odległość między liczbami:
   a) 2 i $(-12)$ b) $-5$ i 24 c) $-4{,}3$ i 2,8
   d) $-1+\sqrt{2}$ i $\sqrt{2}$ e) 4 i 1,6 f) $-7$ i $-12$
3. Rozwiąż równania:
   a) $|x| = 1$ b) $|x+7{,}3| = 0$ c) $|x-6| = -4$
   d) $|x+3| = 7$ e) $|5-x| = 1$ f) $|8+x| = 2$
4. Zaznacz na osi liczbowej i zapisz za pomocą przedziałów zbiory *A*, *B*, *C*, *D*, wiedząc, że:
   *A* oznacza zbiór liczb rzeczywistych, których odległość od 0 jest nie większa od dwóch;
   *B* oznacza zbiór liczb rzeczywistych, których odległość od 1 jest mniejsza od trzech;
   *C* oznacza zbiór liczb rzeczywistych, których odległość od $(-4)$ jest większa od pięciu;
   *D* oznacza zbiór liczb rzeczywistych, których odległość od $(-2)$ jest nie mniejsza niż jeden.
5. Rozwiąż nierówności:
   a) $|x| < 6$ b) $|x| \geqslant -2$ c) $|x-4| \leqslant 0$
   d) $|x-5| > 3$ e) $|3+x| \leqslant 4$ f) $|1{,}5-x| \geqslant 5{,}5$

# Własności wartości bezwzględnej

Własności wartości bezwzględnej prezentuje poniższe twierdzenie.

**Twierdzenie 1.**
Dla dowolnych liczb rzeczywistych $x, y$:

a) $|x| \geqslant 0$ i $|x| = 0 \Leftrightarrow x = 0$
b) $|x| = |-x|$
c) $|x \cdot y| = |x| \cdot |y|$
d) $\left|\frac{x}{y}\right| = \frac{|x|}{|y|}$, jeśli $y \neq 0$
e) $|x + y| \leqslant |x| + |y|$
f) $\left||x| - |y|\right| \leqslant |x + y|$
g) $\sqrt{x^2} = |x|$
h) $x^2 = y^2 \Leftrightarrow |x| = |y|$

## Przykład 1.

Rozwiążemy nierówność $\sqrt{(2x-3)^2} < 1$.

Korzystamy najpierw z twierdzenia 1g. Otrzymujemy:

$|2x-3| < 1$

Teraz skorzystamy z twierdzenia 3b ze str. 78:

$$|2x-3| < 1 \Leftrightarrow (2x-3 > -1 \wedge 2x-3 < 1) \Leftrightarrow (2x > 2 \wedge 2x < 4) \Leftrightarrow$$
$$\Leftrightarrow (x > 1 \wedge x < 2) \Leftrightarrow x \in (1, 2)$$

$|2x-3| < 1 \Leftrightarrow x \in (1, 2)$

Zauważ, że nierówność $\sqrt{(2x-3)^2} < 1$ nie jest równoważna nierówności $2x-3 < 1$. Zbiorem rozwiązań pierwszej nierówności jest przedział $(1, 2)$, zbiorem rozwiązań drugiej nierówności – przedział $(-\infty, 2)$.

## Przykład 2.

Rozwiążemy równanie $(4x-3)^2 = 5$.

Korzystamy z twierdzenia 1h, a następnie z twierdzenia 3a ze str. 78:

$(4x-3)^2 = \left(\sqrt{5}\right)^2$, więc

$|4x-3| = \sqrt{5}$, bo $\left|\sqrt{5}\right| = \sqrt{5}$

$4x-3 = \sqrt{5} \vee 4x-3 = -\sqrt{5}$

$x = \frac{\sqrt{5}+3}{4} \vee x = \frac{-\sqrt{5}+3}{4}$

Równanie ma dwa rozwiązania: $\frac{\sqrt{5}+3}{4}$ i $\frac{-\sqrt{5}+3}{4}$.

## *Przykład 3.*

Rozwiążemy równanie $|x-1|+|x^2-4x+3|=0$.

Z twierdzenia 1a wynika, że rozwiązaniem tego równania może być tylko taka liczba, dla której wyrażenie $x-1$ jest równe zeru i jednocześnie wyrażenie $x^2-4x+3$ jest równe zeru. (W każdym innym przypadku wyrażenie $|x-1|+|x^2-4x+3|$ będzie przyjmować wartości dodatnie.) Mamy więc:

$x-1=0$

$x=1$

Wyrażenie $x-1$ przyjmuje wartość zero tylko dla liczby 1. Wystarczy teraz sprawdzić, jaką wartość przyjmuje wyrażenie $x^2-4x+3$ dla liczby 1. Otrzymujemy:

$1^2-4\cdot 1+3=1-4+3=0$

Jedynym rozwiązaniem równania jest liczba 1.

## *Przykład 4.*

Pokażemy – posługując się twierdzeniem 1. – że równania:

a) $|x+2|+|x+7|=4$

b) $|x+2|-|x+7|=-6$

nie mają rozwiązań.

**Ad a)** Oszacujemy, jakie wartości może przyjmować lewa strona równania. Wykorzystamy własności b) i e) twierdzenia1.:

$$|x+2|+|x+7|\underset{b)}{=}|x+2|+|-x-7|\underset{e)}{\geqslant}|x+2+(-x-7)|=|-5|=5, \text{ zatem}$$

$$|x+2|+|x+7|\geqslant 5$$

Dla dowolnej liczby $x$ wyrażenie

$|x+2|+|x+7|$ jest równe co najmniej 5,

więc równanie $|x+2|+|x+7|=4$ jest sprzeczne.

**Ad b)** W przypadku tego równania również oszacujmy, jakie wartości może przyjmować lewa strona równania. Tym razem wykorzystamy własności b) i f) twierdzenia 1.:

$$\big||x+2|-|x+7|\big|\underset{b)}{=}\big||x+2|-|-x-7|\big|\underset{f)}{\leqslant}\big|x+2+(-x-7)\big|=|-5|=5, \text{ zatem}$$

$$\big||x+2|-|x+7|\big|\leqslant 5, \text{ czyli}$$

$$-5\leqslant|x+2|-|x+7|\leqslant 5$$

Dla dowolnej liczby $x$ wyrażenie

$|x+2|-|x+7|$ przyjmuje wartości z przedziału $\langle -5, 5\rangle$,

więc równanie $|x+2|-|x+7|=-6$ jest sprzeczne.

## Przykład 5.

Zbadamy istnienie i liczbę rozwiązań równania $|x + 3| + |x - 1| = a$, w zależności od parametru $a$.

Lewą stronę rozważanego równania będziemy interpretować jako sumę odległości punktu $x$ (na osi liczbowej) od punktów $-3$ i $1$. Naszkicujmy więc oś liczbową i zaznaczmy na niej punkty $-3$ i $1$. Odległość między tymi punktami jest równa 4. Dzielą one oś liczbową na trzy rozłączne przedziały: $(-\infty, -3)$, $\langle -3, 1\rangle$, $(1, +\infty)$. Rozważmy więc trzy przypadki.

1) Niech $x \in (-\infty, -3)$, oznaczmy $|x + 3| = d$, $d > 0$, wówczas $|x - 1| = d + 4$,

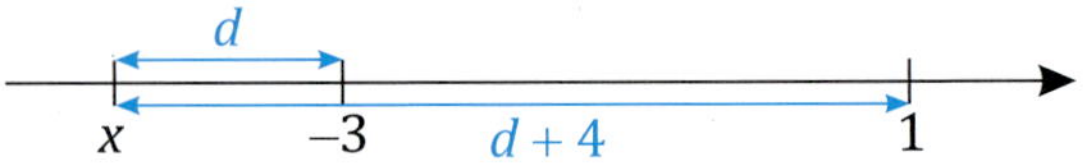


zatem $|x + 3| + |x - 1| = d + d + 4 = 4 + 2d > 4$.
Jeśli liczba $x$ należy do przedziału $(-\infty, -3)$, to wyrażenie $|x + 3| + |x - 1|$ przyjmuje wartości większe od 4.

2) Niech $x \in \langle -3, 1\rangle$, oznaczmy $|x + 3| = d$, $d \in \langle 0, 4\rangle$, wówczas $|x - 1| = 4 - d$,

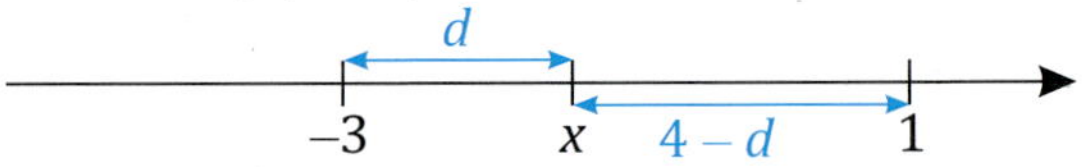


zatem $|x + 3| + |x - 1| = d + 4 - d = 4$.
Dla dowolnej liczby $x$ należącej do przedziału $\langle -3, 1\rangle$, wyrażenie $|x + 3| + |x - 1|$ przyjmuje wartość 4.

3) Niech $x \in (1, +\infty)$, oznaczmy $|x - 1| = d$, $d > 0$, wówczas $|x + 3| = 4 + d$,

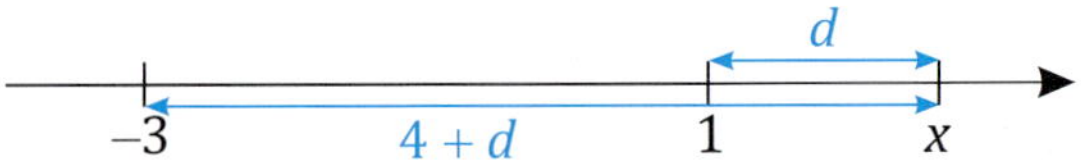


zatem $|x + 3| + |x - 1| = 4 + d + d = 4 + 2d > 4$.
Jeśli liczba $x$ należy do przedziału $(1, +\infty)$, to wyrażenie $|x + 3| + |x - 1|$ przyjmuje wartości większe od 4.

Podsumujmy nasze rozważania:
- jeśli $a \in (-\infty, 4)$, to równanie $|x + 3| + |x - 1| = a$ nie ma rozwiązań;
- jeśli $a = 4$, to rozwiązaniem równania $|x + 3| + |x - 1| = a$ jest każda liczba z przedziału $\langle -3, 1\rangle$;
- jeśli $a \in (4, +\infty)$, to równanie $|x + 3| + |x - 1| = a$ ma dwa rozwiązania $x_1$, $x_2$:
  $x_1 = -3 - \frac{a-4}{2}$ $\left(\text{czyli } x_1 = \frac{-a-2}{2}\right)$, $x_2 = 1 + \frac{a-4}{2}$ $\left(\text{czyli } x_2 = \frac{a-2}{2}\right)$;

  wyprowadź te wzory.

## Przykład 6.

Zbadamy istnienie i liczbę rozwiązań równania $|x+3|-|x-1|=a$, w zależności od parametru $a$.

Podobnie jak w przykładzie 5. rozpatrujemy trzy przypadki.

1) Niech $x \in (-\infty, -3\rangle$, oznaczmy $|x+3|=d$, $d \geqslant 0$, wówczas $|x-1|=4+d$,

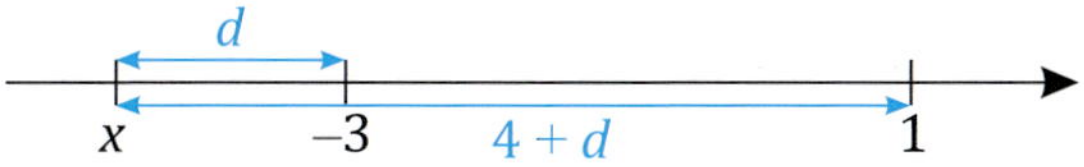


zatem $|x+3|-|x-1|=d-(4+d)=-4$.
Dla każdej liczby $x$ należącej do przedziału $(-\infty, -3\rangle$, wyrażenie $|x+3|-|x-1|$ przyjmuje wartość $-4$.

2) Niech $x \in (-3, 1)$, oznaczmy $|x+3|=d$, $d \in (0, 4)$, wówczas $|x-1|=4-d$,

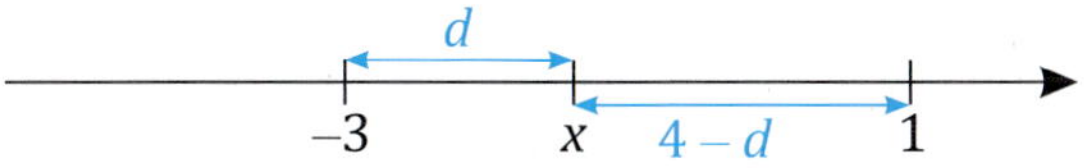


zatem $|x+3|-|x-1|=d-(4-d)=2d-4$, $\quad -4 < 2d-4 < 4$.
Jeśli liczba $x$ należy do przedziału $\langle -3, 1\rangle$, to wyrażenie $|x+3|-|x-1|$ przyjmuje wartości z przedziału $(-4, 4)$.

3) Niech $x \in \langle 1, +\infty)$, oznaczmy $|x-1|=d$, $d \geqslant 0$, wówczas $|x+3|=4+d$,

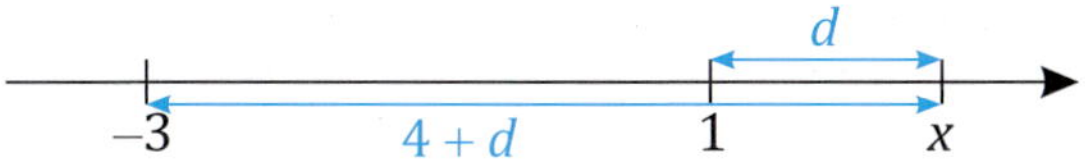


zatem $|x+3|-|x-1|=4+d-d=4$.
Dla każdej liczby $x$ należącej do przedziału $(1, +\infty)$, wyrażenie $|x+3|-|x-1|$ przyjmuje wartość 4.

Podsumujmy:
- jeśli $a \in (-\infty, -4) \cup (4, +\infty)$, to równanie $|x+3|-|x-1|=a$ nie ma rozwiązań;
- jeśli $a=-4$, to rozwiązaniem równania $|x+3|-|x-1|=a$ jest każda liczba należąca do przedziału $(-\infty, -3\rangle$;
- jeśli $a \in (-4, 4)$, to równanie $|x+3|-|x-1|=a$ ma jedno rozwiązanie $x_0$, gdzie $x_0=-3+\frac{a+4}{2}$ $\left(\text{czyli } x_0=\frac{a-2}{2}\right)$, wyprowadź ten wzór;
- jeśli $a=4$, to rozwiązaniem równania $|x+3|-|x-1|=a$ jest każda liczba należąca do przedziału $\langle 1, +\infty)$.

### Sprawdź, czy rozumiesz

1. Zbadaj liczbę rozwiązań danego równania w zależności od wartości parametru $m$.
   a) $|x-4|+|2+x|=m$
   b) $|5-x|-|x-2|=m$

# Przybliżenia, błąd bezwzględny i błąd względny, szacowanie

Przybliżanie to znajdowanie liczby, która jest „bliska" innej liczbie. Jest ono zawsze obarczone pewnym błędem.
Poznamy teraz pojęcie błędu bezwzględnego oraz błędu względnego.

## *Przykład 1.*

Podczas teleturnieju zapytano uczestników o szacunkową długość rzeki Warty. Odpowiedzi uczestników A, B, C oraz rzeczywistą długość Warty podaje poniższa tabela.

| A | B | C | rzeczywista długość rzeki Warty |
|---|---|---|---|
| 810 km | 805 km | 812 km | 808,2 km |

Uczestnicy A i C oszacowali długość Warty z nadmiarem, zaś uczestnik B podał jej przybliżoną długość z niedomiarem. Wszyscy popełnili błąd przybliżenia.

***Definicja 1.***
**Błędem bezwzględnym przybliżenia** nazywamy wartość bezwzględną różnicy między wartością rzeczywistą $\boldsymbol{r}$ (dokładną) a wartością przybliżoną $\boldsymbol{p}$ (szacunkową), czyli liczbę $|\boldsymbol{r}-\boldsymbol{p}|$.

Obliczymy, jaki błąd bezwzględny przybliżenia popełnili nasi uczestnicy:

Uczestnik A popełnił błąd przybliżenia równy
$|808{,}2-810|=1{,}8$ (km)
Uczestnik B popełnił błąd przybliżenia równy
$|808{,}2-805|=3{,}2$ (km)
Uczestnik C popełnił błąd przybliżenia równy
$|808{,}2-812|=3{,}8$ (km)

Zatem najmniejszy błąd bezwzględny popełnił uczestnik A.

## *Przykład 2.*

Rodzice Wojtka zmierzyli długość boków prostokątnej działki: ojciec zmierzył długość działki, zaś mama – jej szerokość. Poniższa tabela przedstawia wyniki pomiarów działki wykonanych przez rodziców Wojtka oraz jej rzeczywiste wymiary.

| | wymiary według pomiarów | wymiary rzeczywiste |
|---|---|---|
| długość działki | 53,7 m | 54,8 m |
| szerokość działki | 30,1 m | 29,0 m |

Które z rodziców dokonało dokładniejszego pomiaru?

Obliczymy błąd bezwzględny przybliżenia pomiaru, wykonanego przez każde z rodziców:
błąd pomiaru taty:
$|54{,}8 - 53{,}7| = 1{,}1$ (m)
błąd pomiaru mamy:
$|29 - 30{,}1| = 1{,}1$ (m)
Okazuje się, że w obu przypadkach błąd bezwzględny jest taki sam.

Czy stąd wynika, że oba pomiary są tak samo dokładne? Otóż nie! Aby dowiedzieć się, które z rodziców wykonało swoją pracę dokładniej, należy obliczyć jeszcze jedną wielkość, tzw. błąd procentowy.

**Definicja 2.**

**Błędem względnym przybliżenia** nazywamy liczbę równą $\frac{|r-p|}{|r|}$, gdzie $|r-p|$ jest błędem bezwzględnym przybliżenia, zaś $|r|$ jest wartością bezwzględną wielkości rzeczywistej.

**Błąd procentowy** to błąd względny, wyrażony w procentach, czyli $\frac{|r-p|}{|r|} \cdot 100\%$.

Zauważ, że błąd procentowy informuje nas, jakim procentem wartości rzeczywistej jest błąd bezwzględny.

Wróćmy do zadania. Obliczymy błędy procentowe pomiarów wykonanych przez rodziców Wojtka.

Dla taty:

| | |
|---|---|
| błąd bezwzględny | 1,1 (m) |
| błąd względny | $\frac{|1{,}1|}{|54{,}8|} = 0{,}0200729... \approx 0{,}02$ |
| błąd procentowy | $0{,}02 \cdot 100\% = 2\%$ |

Dla mamy:

| | |
|---|---|
| błąd bezwzględny | 1,1 (m) |
| błąd względny | $\frac{|1{,}1|}{|29|} = 0{,}037931... \approx 0{,}04$ |
| błąd procentowy | $0{,}04 \cdot 100\% = 4\%$ |

Okazuje się, że mniejszy błąd w pomiarach popełnił ojciec.

Istotną rolę w obliczeniach odgrywają przybliżenia dziesiętne liczb rzeczywistych.

**Przybliżenie dziesiętne** jest to przybliżenie danej liczby przez ułamek dziesiętny, mający ustaloną (skończoną) liczbę cyfr po przecinku.

Na przykład ułamek $\frac{9}{13} = 0{,}692307692307\ldots$ możemy przybliżać następująco:

| przybliżenie z dokładnością do: | przybliżenie z niedomiarem | bezwzględny błąd przybliżenia z niedomiarem | przybliżenie z nadmiarem | bezwzględny błąd przybliżenia z nadmiarem |
|---|---|---|---|---|
| jedności | 0 | 0,6923... | $\underline{1}$ | 0,3076... |
| jednej dziesiątej | 0,6 | 0,0923... | $\underline{0{,}7}$ | 0,0076... |
| jednej setnej | $\underline{0{,}69}$ | 0,0023... | 0,70 | 0,0076... |
| jednej tysięcznej | $\underline{0{,}692}$ | 0,0003... | 0,693 | 0,0006... |

W tabeli zostały podkreślone przybliżenia – z ustaloną liczbą cyfr po przecinku – dla których bezwzględny błąd przybliżenia jest mniejszy.

Aby błąd powstały w trakcie przybliżania był możliwie najmniejszy, stosuje się następujące reguły (tzw. reguły zaokrąglania):

- Jeżeli pierwszą z odrzuconych cyfr jest 0, 1, 2, 3 lub 4, to ostatnią z zachowanych cyfr pozostawiamy bez zmiany (przybliżenie z niedomiarem).
- Jeżeli pierwszą z odrzuconych cyfr jest 5, 6, 7, 8 lub 9, to ostatnią z zachowanych cyfr zwiększamy o 1; gdyby tą ostatnią cyfrą była 9, to zastępujemy ją zerem i zwiększamy o 1 drugą cyfrę od końca (przybliżenie z nadmiarem).

Powyższe zasady mają praktyczne zastosowania. Przydają się nie tylko na zakupach, ale także w szkole na sprawdzianach, podczas których wykonujesz różne obliczenia. Każdy bowiem może pomylić się w obliczeniach, ale też może poprawić błędny wynik. Trzeba mieć jednak świadomość, że popełniło się błąd. Taką świadomość daje nam umiejętność szacowania.

## Przykład 3.

Oszacujmy, a potem obliczmy dokładną wartość wyrażenia $0{,}5 \cdot 126{,}94 - 542 : 40$. Obliczmy też błąd procentowy naszego przybliżenia.

$0{,}5 \cdot 126{,}94$ jest to w przybliżeniu połowa liczby 127, czyli około 63,5.
542 : 40 to mniej niż 14; przyjmijmy więc, że otrzymamy około 13,5.
Możemy zatem spodziewać się, że wartość wyrażenia

$$0{,}5 \cdot 126{,}94 - 542 : 40$$

będzie wynosiła w przybliżeniu 50.

Przeprowadźmy teraz dokładne obliczenia:

$$0{,}5 \cdot 126{,}94 - 542 : 40 = 63{,}47 - 13{,}55 = 49{,}92$$

Okazuje się, że wartość wyrażenia jest „bliska" liczby 50.

Obliczmy błąd procentowy, jaki popełniliśmy, szacując wartość wyrażenia.

$$\frac{|49{,}92 - 50|}{|49{,}92|} \cdot 100\% \approx 0{,}2\%$$

Dokonując szacowania wyniku, popełniliśmy niewielki błąd.

Umiejętność szacowania przydaje się też w działaniach na liczbach niewymiernych.

## Przykład 4.

Porównajmy (bez użycia kalkulatora) dwie liczby $\frac{\sqrt{7}-2}{8}$ i 0,13.

Oszacujmy wartość liczby $\frac{\sqrt{7}-2}{8}$.

Zauważmy, że spełniona jest podwójna nierówność:

$$2 < \sqrt{7} < 3 \quad \left(\text{bo } 2=\sqrt{4},\ 3=\sqrt{9}\right)$$

Korzystając z własności nierówności, mamy:

$$2 < \sqrt{7} < 3 \qquad / -2$$
$$2-2 < \sqrt{7}-2 < 3-2$$
$$0 < \sqrt{7}-2 < 1 \qquad / :8$$
$$0 < \frac{\sqrt{7}-2}{8} < 0{,}125$$

Zatem $\frac{\sqrt{7}-2}{8} < 0{,}13$.

## Sprawdź, czy rozumiesz

1. Wyświetl na kalkulatorze liczbę $\sqrt{117}$, a następnie podaj jej przybliżenie do czterech, trzech oraz dwóch miejsc po przecinku.

2. Korzystając z rozwinięć dziesiętnych danych liczb niewymiernych, podaj przybliżenie dziesiętne poniższych liczb z dokładnością do dwóch miejsc po przecinku:

   a) $5\sqrt{2}+1$ b) $2-\sqrt{3}$ c) $3\sqrt{5}+7$

   d) $10\sqrt{13}-0{,}1\sqrt{17}$ e) $\frac{\sqrt{13}+\sqrt{2}}{2}$ f) $\frac{\sqrt{17}-\sqrt{3}}{10}$

   $\sqrt{2} = 1{,}414213...$
   $\sqrt{3} = 1{,}732050...$
   $\sqrt{5} = 2{,}236068...$
   $\sqrt{13} = 3{,}605551...$
   $\sqrt{17} = 4{,}123105...$

3. Dwóch przedsiębiorców A i B prognozowało obroty swojej firmy na rok 2007. Poniższa tabela podaje prognozy oraz rzeczywiste obroty firm.

| | prognoza na 2007 r. | stan faktyczny |
|---|---|---|
| przedsiębiorca A | 275 tys. zł | 277,9 tys. zł |
| przedsiębiorca B | 438 tys. zł | 442,1 tys. zł |

   a) Oblicz błąd bezwzględny przybliżenia (prognozy) dla obu przedsiębiorców.
   b) Oblicz błąd procentowy i oceń, który z przedsiębiorców popełnił mniejszy błąd, prognozując obroty swojej firmy.

4. Sprawdź (nie używając kalkulatora), czy liczba $\frac{2\sqrt{3}+5}{7}$ należy do przedziału $\left(1, 1\frac{1}{2}\right)$.

# 3. Wyrażenia algebraiczne

## Potęga o wykładniku naturalnym

Bakteria – pałeczka okrężnicy – rozmnaża się przez podział co 20 minut (w sprzyjających warunkach). Załóżmy, że w środowisku sprzyjającym rozwojowi tej bakterii znalazła się jedna bakteria. Ile – co najwyżej – bakterii będzie w tym środowisku po 5 godzinach?

Policzmy:

| | |
|---|---|
| – po 20 minutach | $2$ |
| – po 40 minutach | $2 \cdot 2 = 4$ |
| – po 1 godzinie | $2 \cdot 2 \cdot 2 = 8$ |
| – po 2 godzinach | $2 \cdot 2 \cdot 2 \cdot 2 \cdot 2 \cdot 2 = 64$ |
| – po 3 godzinach | $2 \cdot 2 \cdot 2 \cdot 2 \cdot 2 \cdot 2 \cdot 2 \cdot 2 \cdot 2 = 512$ |
| – po 4 godzinach | $2 \cdot 2 \cdot 2 \cdot 2 \cdot 2 \cdot 2 \cdot 2 \cdot 2 \cdot 2 \cdot 2 \cdot 2 \cdot 2 = 4096$ |
| – po 5 godzinach | $2 \cdot 2 \cdot 2 \cdot 2 \cdot 2 \cdot 2 \cdot 2 \cdot 2 \cdot 2 \cdot 2 \cdot 2 \cdot 2 \cdot 2 \cdot 2 \cdot 2 = 32\,768$ |

Wygodne zapisywanie iloczynów złożonych z takich samych czynników umożliwiają potęgi o wykładniku naturalnym.

### *Definicja 1.*

1) **Potęgą o wykładniku naturalnym *n***, $n > 0$ i podstawie $a$, gdzie $a$ jest dowolną liczbą rzeczywistą, nazywamy liczbę

$$a^1 \underset{\text{z def.}}{=} a$$

$$a^n \underset{\text{z def.}}{=} \underbrace{a \cdot a \cdot \ldots \cdot a}_{n \text{ czynników}}, \text{ jeśli } n > 1$$

2) **Potęgę o wykładniku 0** (zero) określamy następująco:

$$a^0 \underset{\text{z def.}}{=} 1$$

gdzie $a$ jest liczbą rzeczywistą różną od zera ($a \neq 0$).

**UWAGA:** Wyrażenie $0^0$ nie ma określonej wartości liczbowej.

Korzystając bezpośrednio z definicji, możemy obliczyć:

$(-3)^2 = (-3) \cdot (-3) = 9$ $\quad$ $\left(\frac{1}{4}\right)^3 = \frac{1}{4} \cdot \frac{1}{4} \cdot \frac{1}{4} = \frac{1}{64}$ $\quad$ $4{,}3^1 = 4{,}3$

$0^5 = 0 \cdot 0 \cdot 0 \cdot 0 \cdot 0 = 0$ $\quad$ $5^0 = 1$ $\quad$ $(-47)^0 = 1$

Drugą potęgę liczby $a$ nazywamy **kwadratem liczby** $a$, natomiast trzecią potęgę liczby $a$ nazywamy **sześcianem liczby** $a$.

Ostatnią definicję możemy też stosować do wykonywania działań na potęgach. Wykonajmy na przykład dzielenie potęg o tych samych podstawach:

$$5^6 : 5^4 = \frac{5^6}{5^4} = \frac{5 \cdot 5 \cdot \cancel{5}^{1} \cdot \cancel{5}^{1} \cdot \cancel{5}^{1} \cdot \cancel{5}^{1}}{\cancel{5}_{1} \cdot \cancel{5}_{1} \cdot \cancel{5}_{1} \cdot \cancel{5}_{1}} = 5^2 = 25$$

Pomnóżmy teraz dwie potęgi o takich samych wykładnikach. Dodatkowo skorzystamy z prawa przemienności mnożenia i prawa łączności mnożenia:

$$5^3 \cdot 2^3 = 5 \cdot 5 \cdot 5 \cdot 2 \cdot 2 \cdot 2 = (5 \cdot 2) \cdot (5 \cdot 2) \cdot (5 \cdot 2) = (5 \cdot 2)^3 = 10^3 = 1000$$

Można udowodnić twierdzenie ułatwiające działania na potęgach.

***Twierdzenie 1.*** (własności potęgowania)

Jeśli $m$ i $n$ są liczbami naturalnymi, $a$ i $b$ są liczbami rzeczywistymi różnymi od zera, to:

1) $a^m \cdot a^n = a^{m+n}$
2) $a^m : a^n = a^{m-n}$, jeśli $m \geqslant n$
3) $(a^n)^m = a^{n \cdot m}$
4) $a^n \cdot b^n = (a \cdot b)^n$
5) $\frac{a^n}{b^n} = \left(\frac{a}{b}\right)^n$

## Przykład 1.

Wykorzystamy własności potęgowania w poniższych obliczeniach:

1) $3^5 = 3^{2+3} = 3^2 \cdot 3^3 = 9 \cdot 27 = 243$
2) $(-7)^{11} : (-7)^9 = (-7)^{11-9} = (-7)^2 = 49$
3) $\left(\left(\sqrt{2}\right)^3\right)^2 = \left(\sqrt{2}\right)^{3 \cdot 2} = \left(\left(\sqrt{2}\right)^2\right)^3 = 2^3 = 8$
4) $(-8)^5 \cdot (0{,}25)^5 = (-8 \cdot 0{,}25)^5 = (-2)^5 = -32$
5) $(-0{,}3)^{15} : (0{,}3)^{15} = (-0{,}3 : 0{,}3)^{15} = (-1)^{15} = -1$

## Przykład 2.

Załóżmy, że mamy arkusz bardzo cienkiej bibułki grubości $\frac{1}{16}$ mm. Bibułkę składamy na pół, następnie znowu na pół itd. Jaką grubość będzie mieć ten arkusz po 60-krotnym złożeniu?

Składanie arkusza na pół powoduje, że po każdym takim złożeniu grubość arkusza podwaja się:

- po pierwszym złożeniu liczba arkuszy jest równa 2
- po drugim złożeniu liczba arkuszy jest równa 4, bo $2^2 = 4$
- po trzecim złożeniu liczba arkuszy jest równa 8, bo $2^3 = 8$

(...)

- po ostatnim złożeniu liczba arkuszy jest równa $2^{60}$

Obliczamy grubość tak złożonego arkusza:

$$\frac{1}{16}\cdot 2^{60}=\frac{2^{60}}{16}=\frac{2^{60}}{2^4}=2^{56}\ \text{(mm)}$$

Czy to dużo? Niewyobrażalnie dużo! Grubość tak złożonego arkusza byłaby ponad 481 razy większa niż średnia odległość Ziemi od Słońca! Składanie arkusza moglibyśmy więc wykonać tylko... teoretycznie.

Ostatnie twierdzenie pokazuje, że własności potęg dotyczą mnożenia, dzielenia i potęgowania potęg. Jak zatem postępować, jeśli mamy sumy lub różnice wyrażeń zawierających potęgi? Otóż w takich przypadkach możemy próbować następujących sposobów:

a) Jeśli mamy sumę, w której występują potęgi o takich samych podstawach – wyłączamy wspólny czynnik poza nawias, np:

$$4^5+4^5+4^5+4^5=4^5\cdot(1+1+1+1)=4^5\cdot 4=4^6$$

$$\frac{1}{4}\cdot 6^7-9\cdot 6^5+6^6=6^5\cdot\left(\frac{1}{4}\cdot 6^2-9+6\right)=6^5\cdot 6=6^6$$

b) Jeśli mamy sumę, w której występują potęgi o różnych podstawach, próbujemy sprowadzić potęgi do takiej samej podstawy, a następnie wyłączyć wspólny czynnik poza nawias, np.:

$$11\cdot 9^6+7\cdot 27^4+9^7=11\cdot\left(3^2\right)^6+7\cdot\left(3^3\right)^4+\left(3^2\right)^7=11\cdot 3^{12}+7\cdot 3^{12}+3^{14}=$$
$$=3^{12}\cdot\left(18+3^2\right)=3^{12}\cdot 27=3^{12}\cdot 3^3=3^{15}$$

## Przykład 3.

Obliczymy wartość wyrażenia $\frac{11\cdot 3^{12}-6\cdot 3^{11}}{81^2\cdot 243}$.

W liczniku ułamka wyłączamy poza nawias potęgę $3^{11}$, a w mianowniku ułamka przedstawiamy liczby 81 i 243 jako potęgi liczby 3.

$$\frac{11\cdot 3^{12}-6\cdot 3^{11}}{81^2\cdot 243}=\frac{11\cdot 3^{11}\cdot 3^1-6\cdot 3^{11}}{\left(3^4\right)^2\cdot 3^5}=\frac{3^{11}\cdot(33-6)}{3^8\cdot 3^5}=\frac{3^{11}\cdot 27}{3^{13}}=\frac{3^{11}\cdot 3^3}{3^{13}}=\frac{3^{14}}{3^{13}}=3$$

Wskaż prawa działań na potęgach, które zostały wykorzystane w obliczeniach.

## Przykład 4.

Wykażemy, że liczba zapisana w postaci $8^5+4^8+6\cdot 16^4$ jest podzielna przez 5 (bez obliczania tej liczby).

Aby udowodnić, że dana liczba jest podzielna przez 5, wystarczy zapisać ją w postaci iloczynu liczb naturalnych, którego jednym z czynników będzie 5. W tym celu sprowadzamy potęgi do takiej samej podstawy; będzie to liczba 2, ponieważ $8=2^3$, $4=2^2$, $16=2^4$. Następnie wyłączamy wspólny czynnik poza nawias.

$$8^5+4^8+6\cdot 16^4=\left(2^3\right)^5+\left(2^2\right)^8+6\cdot\left(2^4\right)^4=2^{15}+2^{16}+6\cdot 2^{16}=2^{15}\cdot(1+2+6\cdot 2)=$$
$$=2^{15}\cdot 15=2^{15}\cdot 3\cdot 5$$

Dana liczba jest podzielna przez 5.

## Przykład 5.

Doprowadzimy wyrażenia do najprostszej postaci:

a) $3(-x)^2(xy^3)^2+5x^3y^2y^4x-2(x^2)^2y^6$ b) $\frac{(x^3)^4y^7}{(xy)^2(x^2)^2y^4}$, gdzie $x\neq 0$ i $y\neq 0$

Po zastosowaniu odpowiednich własności potęgowania (jakich?) otrzymujemy:

**Ad a)**

$$3(-x)^2(xy^3)^2+5x^3y^2y^4x-2(x^2)^2y^6=3x^2x^2y^6+5x^4y^6-2x^4y^6=$$
$$=3x^4y^6+5x^4y^6-2x^4y^6=6x^4y^6$$

Dane wyrażenie można zapisać w postaci $6x^4y^6$.

**Ad b)**

$$\frac{(x^3)^4y^7}{(xy)^2(x^2)^2y^4}=\frac{x^{12}y^7}{x^2y^2x^4y^4}=\frac{x^{12}y^7}{x^6y^6}=x^6y\text{, gdzie } x\neq 0 \text{ i } y\neq 0$$

Dane wyrażenie można zapisać w postaci $x^6y$, o ile $x\neq 0$ i $y\neq 0$.

### Sprawdź, czy rozumiesz

1. Oblicz, korzystając z własności potęgowania:

   a) $3\cdot 3^2\cdot 3^0$ b) $0{,}7^9:0{,}7^7$ c) $(10^2)^3$ d) $\left((\sqrt{5})^3\right)^2$

   e) $(0{,}4)^4\cdot 5^4$ f) $-6^8\cdot\left(\frac{1}{3}\right)^8$ g) $4^3:(0{,}8)^3$ h) $2^5:\left(-\frac{1}{5}\right)^5$

2. Przedstaw liczbę w postaci jednej potęgi:

   a) $3^{20}+3^{20}+3^{20}$ b) $21\cdot 6^8+90\cdot 6^7$ c) $26\cdot 9^2+5\cdot 9^3+90\cdot 9$

   d) $\frac{(5^7)^3:5^{10}}{5^4\cdot 5}$ e) $\frac{4^{25}:(4^2\cdot 4)^4}{4^{10}\cdot 9+7\cdot 4^{10}}$ f) $\frac{7^{13}\cdot 3+4\cdot 7^{13}}{(7^{11}:7^8)^3\cdot 7^2}$

3. Uzasadnij, że liczba:

   a) $2^{10}+2^8-9\cdot 2^5$ jest podzielna przez 31

   b) $7^8-2\cdot 7^7+8\cdot 7^6$ jest podzielna przez 43.

4. Doprowadź wyrażenie do najprostszej postaci wiedząc, że $a\neq 0$ i $b\neq 0$:

   a) $\frac{a^7(b^2)^3\cdot b^5\cdot a^0}{(ab^2)^5:b}$ b) $\frac{3a^5b^2a+(a^3)^2b^2}{0{,}5ba^3}$ c) $\frac{(a^4)^5:(a\cdot b)^8}{(2a^7b^3-b^3a^7):b^{11}}$

5. Uprość wyrażenie $\left[(b^3)^5:(a^2\cdot b^8)\cdot a^7\right]:\left[(ab)^8:(3a)\right]$, następnie oblicz jego wartość, jeśli $a=\frac{5}{13}$ i $b=-0{,}12$.

# Pierwiastek arytmetyczny. Pierwiastek stopnia nieparzystego z liczby ujemnej

Posługując się potęgą o wykładniku naturalnym, możemy określić pierwiastek arytmetyczny.

**Definicja 1.**
**Pierwiastkiem arytmetycznym $n$-tego stopnia**, $n \in N - \{0, 1\}$, z nieujemnej liczby $a$ nazywamy taką nieujemną liczbę $b$, dla której $b^n = a$.

Zapis symboliczny:

Jeśli $a \geqslant 0$ i $b \geqslant 0$, to $\left(\sqrt[n]{a} = b \underset{\text{z def.}}{\Leftrightarrow} b^n = a\right)$.

Przypomnijmy: pierwiastek stopnia drugiego nazywamy **pierwiastkiem kwadratowym** i oznaczamy symbolem $\sqrt{\ }$, a pierwiastek stopnia trzeciego nazywamy **pierwiastkiem sześciennym**.

$\sqrt{1{,}21} = 1{,}1$, bo $1{,}1^2 = 1{,}21$ i $1{,}1 \geqslant 0$

$\sqrt[3]{27} = 3$, bo $3^3 = 27$ i $3 \geqslant 0$

$\sqrt[5]{0} = 0$, bo $0^5 = 0$ i $0 \geqslant 0$

$\sqrt[4]{\frac{1}{16}} = \frac{1}{2}$, bo $\left(\frac{1}{2}\right)^4 = \frac{1}{16}$ i $\frac{1}{2} \geqslant 0$

**UWAGA:** Jeśli stopień pierwiastka ($n$) jest liczbą nieparzystą, to ostatnią definicję można rozszerzyć na przypadek liczb ujemnych ($a < 0$):

$\sqrt[n]{a} = b \underset{\text{z def.}}{\Leftrightarrow} b^n = a.$

Na przykład:

$\sqrt[5]{-243} = -3$, bo $(-3)^5 = -243$ $\quad$ $\sqrt[3]{-0{,}125} = -0{,}5$, bo $(-0{,}5)^3 = -0{,}125$

Pierwiastek taki nazywamy **pierwiastkiem stopnia nieparzystego z liczby ujemnej** (nie używamy określenia „arytmetyczny”).

**Twierdzenie 1.** (własności pierwiastka arytmetycznego)
Jeśli $a$, $b$ są liczbami nieujemnymi, $n$, $m$ – liczbami naturalnymi większymi od 1, $p$ jest liczbą naturalną dodatnią, to:

1) $\sqrt[n]{a \cdot b} = \sqrt[n]{a} \cdot \sqrt[n]{b}$

2) $\sqrt[n]{\frac{a}{b}} = \frac{\sqrt[n]{a}}{\sqrt[n]{b}}$, $b \neq 0$

3) $\sqrt[m]{\sqrt[n]{a}} = \sqrt[m \cdot n]{a}$

4) $\left(\sqrt[n]{a}\right)^p = \sqrt[n]{a^p}$

**UWAGA:** Jeśli w powyższym twierdzeniu założyć dodatkowo, że stopnie pierwiastków ($n$ oraz $m$) są liczbami nieparzystymi, to twierdzenie pozostanie prawdziwe, jeśli jedna z liczb $a$ lub $b$ będzie ujemna albo obie te liczby będą ujemne.

Zauważ, że własności pierwiastkowania nie dotyczą dodawania ani odejmowania.

a) Jeśli mamy sumy lub różnice pierwiastków tego samego stopnia z różnych liczb, to możemy spróbować wyłączyć czynnik przed znak każdego z pierwiastków, np.:

$$7\sqrt{50}-4\sqrt{72}+5\sqrt{8}=7\sqrt{25\cdot 2}-4\sqrt{36\cdot 2}+5\sqrt{4\cdot 2}=$$
$$=7\sqrt{25}\cdot\sqrt{2}-4\sqrt{36}\cdot\sqrt{2}+5\sqrt{4}\cdot\sqrt{2}=35\sqrt{2}-24\sqrt{2}+10\sqrt{2}=21\sqrt{2}$$
$$\sqrt[3]{24}+\sqrt[3]{81}=\sqrt[3]{8\cdot 3}+\sqrt[3]{27\cdot 3}=\sqrt[3]{8}\cdot\sqrt[3]{3}+\sqrt[3]{27}\cdot\sqrt[3]{3}=2\sqrt[3]{3}+3\sqrt[3]{3}=5\sqrt[3]{3}$$

Wyłączenie czynnika przed znak pierwiastka polega na takim rozłożeniu liczby pod pierwiastkiem na iloczyn, by można było wykorzystać punkt 1) lub 2) ostatniego twierdzenia.

b) Jeśli mamy sumy lub różnice liczb pod znakiem pierwiastka, to możemy spróbować przedstawić wyrażenie pod pierwiastkiem w postaci iloczynu, np.:

$$\sqrt{27^2+36^2}=\sqrt{(9\cdot 3)^2+(9\cdot 4)^2}=\sqrt{9^2\cdot 3^2+9^2\cdot 4^2}=\sqrt{9^2\left(3^2+4^2\right)}=$$
$$=\sqrt{9^2\cdot 25}=\sqrt{9^2}\cdot\sqrt{25}=9\cdot 5=45$$

Oczywiście wartość tego wyrażenia można było też policzyć tak:

$$\sqrt{27^2+36^2}=\sqrt{729+1296}=\sqrt{2025}=45$$

Ale taki sposób liczenia – bez użycia kalkulatora – jest dość żmudny.

Rozpatrzmy jeszcze następujące przykłady:

| | |
|---|---|
| $\sqrt{(-3)^2}=\sqrt{9}=3=\lvert-3\rvert$ | $\sqrt[3]{(-3)^3}=\sqrt[3]{-27}=-3$ |
| $\sqrt{(1,1)^2}=\sqrt{1,21}=1,1=\lvert 1,1\rvert$ | $\sqrt[3]{(1,1)^3}=\sqrt[3]{1,331}=1,1$ |
| $\sqrt{(-6)^2}=\sqrt{36}=6=\lvert-6\rvert$ | $\sqrt[3]{(-6)^3}=\sqrt[3]{-216}=-6$ |
| Ogólnie możemy zapisać: | |
| $\sqrt{x^2}=\lvert x\rvert$ | $\sqrt[3]{x^3}=x$ |

## Sprawdź, czy rozumiesz

1. Oblicz, korzystając z własności pierwiastków:
   a) $\sqrt[4]{2}\cdot\sqrt[4]{8}$ b) $\sqrt[3]{250}:\sqrt[3]{2}$ c) $\left(\sqrt[5]{30}\right)^5$ d) $\sqrt[5]{2^{10}}$
   e) $\sqrt{\sqrt{81}}$ f) $\sqrt{\sqrt[3]{7}}:\sqrt[6]{7}$ g) $5\cdot\left(\sqrt{\sqrt[3]{5^2}}\right)^3$ h) $\sqrt[3]{2}\cdot\left(\sqrt[3]{\left(\sqrt{2}\right)^2}\right)^2$
2. Oblicz:
   a) $5\sqrt{12}+4\sqrt{75}-3\sqrt{48}$ b) $\sqrt{90}-\sqrt{1000}+\sqrt{160}$
   c) $5\sqrt[3]{16}+7\sqrt[3]{54}-3\sqrt[3]{128}$ d) $\sqrt{10^2+24^2}$
   e) $\sqrt{(49\cdot 10)^2-(49\cdot 8)^2}$ f) $\sqrt[3]{2\cdot 12^2-8\cdot 3^2}$
3. Oblicz:
   a) $\sqrt{(-11)^2}$ b) $\sqrt[3]{(-3)^6}$ c) $\sqrt[3]{(-8)^2}$ d) $\sqrt[5]{-3125}$
   e) $\sqrt[7]{-128}$ f) $\sqrt[3]{(-7)^3}$ g) $\sqrt[3]{-8^2}$ h) $\sqrt[3]{\sqrt[3]{-512}}$

# Działania na wyrażeniach algebraicznych

Pojedyncze litery i liczby, a także liczby i litery połączone znakami działań (wraz z nawiasami wyznaczającymi kolejność działań) tworzą **wyrażenia algebraiczne**. Wspomnianymi działaniami mogą być: dodawanie, odejmowanie, mnożenie, dzielenie, potęgowanie i pierwiastkowanie. Wyrażeniami algebraicznymi są na przykład:

$25 \quad y \quad -12{,}3x \quad (3x-y)6x \quad a+3x^3 \quad \frac{x-\sqrt{3x}}{x+1}$

Niektórym wyrażeniom algebraicznym możemy nadawać nazwy: suma, różnica, iloczyn, iloraz, potęga, pierwiastek. Nazwę wyrażenia określa działanie, które należy wykonać jako ostatnie, zgodnie z regułą kolejności wykonywania działań, np.:

$2x^2+3y$ to suma (podwojonego kwadratu liczby $x$ i potrojonej liczby $y$)

$(a-\sqrt{2})(b+2a)$ to iloczyn (różnicy liczb $a$ oraz $\sqrt{2}$ i sumy liczb $b$ oraz $2a$)

$\sqrt{a^2+b^2}$ to pierwiastek kwadratowy (z sumy kwadratów liczb $a$ oraz $b$)

$\sqrt[3]{(a+b)^2}$ to pierwiastek sześcienny (z kwadratu sumy liczb $a$ oraz $b$)

Wyrażenia, które są liczbami, literami lub iloczynami liczb i liter, nazywamy **jednomianami**. Przykładami jednomianów są:

$-3 \quad 2y \quad t^3 \quad 7x^2y^3 \quad 2x^2\cdot x\cdot(-5)\cdot x^3$

Ostatni z jednomianów można przedstawić w prostszej postaci:

$2x^2\cdot x\cdot(-5)\cdot x^3=2\cdot(-5)\cdot x^2\cdot x\cdot x^3=-10x^6$

Zapisanie jednomianu w najprostszej postaci (ze współczynnikiem liczbowym na początku) nazywamy uporządkowaniem jednomianu. Współczynnikiem liczbowym jednomianu uporządkowanego $-10x^6$ jest liczba $(-10)$, współczynnikiem liczbowym jednomianu $x^2$ jest liczba 1, a współczynnikiem liczbowym jednomianu $-x^5$ jest liczba $(-1)$.

**Jednomiany** są **podobne** wtedy, gdy różnią się co najwyżej współczynnikami liczbowymi, np.: jednomiany $-3x^4y$ i $8x^4y$ są podobne, natomiast jednomiany $3xy^2$ i $5x^2y^2$ nie są podobne (dlaczego?). Jednomiany podobne nazywa się też **wyrazami podobnymi**. Jednomiany podobne można redukować, zastępując ich sumę jednym jednomianem podobnym do nich, np.:

$-3x^4y+8x^4y=(-3+8)x^4y=5x^4y$

$6x^2+(-6x^2)=0$

W ostatnim przykładzie otrzymaliśmy jednomian zerowy. Przyjmujemy, że jednomian zerowy jest podobny do każdego jednomianu.

Jeśli mamy pomnożyć sumę algebraiczną przez jednomian, to stosując prawo rozdzielności mnożenia względem dodawania (str. 55), możemy przekształcić je w sumę, np.

$-7\cdot(2x+y^2)=-7\cdot 2x+(-7)\cdot y^2=-14x-7y^2$

$2x(a-2b+5)=2xa-4xb+10x$

Możemy również pomnożyć jedną sumę algebraiczną przez inną sumę algebraiczną. Przypomnijmy, jak należy wykonać działanie $(a + b)(c + d)$. W tym celu obliczymy pole prostokąta o bokach długości $(a + b)$ i $(c + d)$ na dwa sposoby:

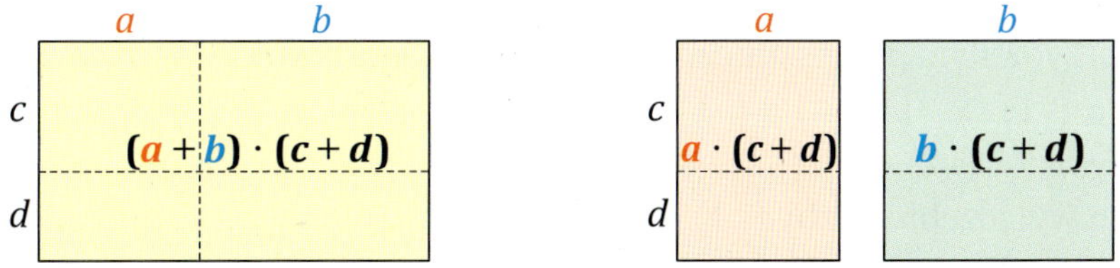


$\mathbf{P = (a + b) \cdot (c + d)}$ $\qquad$ $\mathbf{P = a \cdot (c + d) + b \cdot (c + d)}$

$$\mathbf{(a + b) \cdot (c + d) = a \cdot (c + d) + b \cdot (c + d)}$$

Następnie stosujemy prawo rozdzielności mnożenia względem dodawania i otrzymujemy:

$$(a + b) \cdot (c + d) = a \cdot c + a \cdot d + b \cdot c + b \cdot d$$

Aby pomnożyć dwie sumy algebraiczne, należy pomnożyć <u>każdy składnik</u> pierwszej sumy <u>przez każdy składnik</u> drugiej sumy i dodać otrzymane iloczyny.

## Przykład 1.

Wykonajmy mnożenie:

a) $(x - 2)(3x + 1)$ $\qquad$ b) $(4x + y^2 + 5)(x - 3y)$

**Ad a)** $(x - 2)(3x + 1) = x \cdot 3x + x \cdot 1 + (-2) \cdot 3x + (-2) \cdot 1 = 3x^2 + x - 6x - 2 = 3x^2 - 5x - 2$

**Ad b)** $(4x + y^2 + 5)(x - 3y) = 4x \cdot (x - 3y) + y^2 \cdot (x - 3y) + 5 \cdot (x - 3y) =$
$= 4x \cdot x - 4x \cdot 3y + y^2 \cdot x - y^2 \cdot 3y + 5 \cdot x - 5 \cdot 3y = 4x^2 - 12xy + y^2x - 3y^3 + 5x - 15y$

## Przykład 2.

Sprowadzimy wyrażenie $(2a + b)(2a - 3) - 2a(b - 1)$ do najprostszej postaci i obliczymy jego wartość, jeśli $a = \frac{1}{4}$ i $b = -\frac{1}{3}$.

Wykonujemy mnożenie i przeprowadzamy redukcję wyrazów podobnych:

$$(2a + b)(2a - 3) - 2a(b - 1) = 4a^2 - 6a + 2ab - 3b - 2ab + 2a = 4a^2 - 4a - 3b$$

Obliczamy wartość wyrażenia:

$$4 \cdot \left(\frac{1}{4}\right)^2 - 4 \cdot \frac{1}{4} - 3 \cdot \left(-\frac{1}{3}\right) = \frac{1}{4} - 1 + 1 = \frac{1}{4}$$

Niektóre sumy algebraiczne można zamienić na iloczyn wyrażeń przez wyłączenie wspólnego czynnika poza nawias. Wykorzystujemy wówczas prawo rozdzielności mnożenia względem dodawania:

$$a \cdot b + a \cdot c = a \cdot (b + c)$$

Zgodnie z powyższym wzorem otrzymujemy na przykład:

$6x + 2y = 2 \cdot 3x + 2 \cdot y = 2 \cdot (3x + y) = 2(3x + y)$

$5y + 10y^2 - 15y^3 = 5y \cdot 1 + 5y \cdot 2y - 5y \cdot 3y^2 = 5y \cdot \left(1 + 2y - 3y^2\right) = 5y\left(1 + 2y - 3y^2\right)$

Czasami przydatnym przekształceniem jest wyłączenie liczby $(-1)$ przed nawias, np.:

$-x - 1 = (-1) \cdot x + (-1) \cdot 1 = (-1)(x + 1)$

$-x^2 - 5x + 6 = (-1) \cdot x^2 + (-1) \cdot 5x - (-1) \cdot 6 = (-1)\left(x^2 + 5x - 6\right)$

Zwykle po wyłączeniu liczby $(-1)$ przed nawias stosujemy zapis uproszczony, np.:

zamiast $(-1)(x + 1)$ zapisujemy $-(x + 1)$

zamiast $(-1)\left(x^2 + 5x - 6\right)$ zapisujemy $-\left(x^2 + 5x - 6\right)$

Umiejętność wyłączania wspólnego czynnika poza nawias jest przydatna do rozkładania wyrażeń algebraicznych na czynniki.

**Rozłożyć wyrażenie algebraiczne na czynniki** oznacza przekształcić sumę algebraiczną w iloczyn co najmniej dwóch wyrażeń takich, że każde z nich zawiera co najmniej jedną literę.

## Przykład 3.

Rozłóżmy na czynniki wyrażenie algebraiczne:

a) $4x^3 - 2x^2$ b) $x(b + 3) + y(b + 3)$ c) $b(2x + y) - 2x - y$

**Ad a)** Jednomian $4x^3$ zapisujemy w postaci iloczynu $2x^2 \cdot 2x$ i wyłączamy $2x^2$ przed nawias:

$4x^3 - 2x^2 = 2x^2 \cdot 2x - 2x^2 = 2x^2(2x - 1)$

**Ad b)** Wyłączymy poza nawias wspólny czynnik $(b + 3)$:

$x(b + 3) + y(b + 3) = (b + 3) \cdot (x + y)$

**Ad c)** Wyłączymy poza nawias liczbę $(-1)$ z wyrażenia $-2x - y$:

$b(2x + y) - 2x - y = b(2x + y) - 1(2x + y)$

Otrzymaliśmy różnicę dwóch wyrażeń, w których występuje taki sam czynnik $(2x + y)$. Zatem $b(2x + y) - 2x - y = (2x + y)(b - 1)$.

### Sprawdź, czy rozumiesz

1. Wykonaj działania:
   a) $(x + 2)(4 - 3x)$ b) $(-1 + 5x)(x - 2)$ c) $4x^2 - 3x(7 - 2x) + 5x$
   d) $7x - 2(x + 3)(5 - x)$ e) $8x\left(1 - x^2\right) - (x - 7)\left(-3x^2\right)$ f) $1 - 4\left(x^2 - x + 2\right)\left(1 + x^2\right)$
2. Wyłącz $(-1)$ poza nawias:
   a) $-x + 7$ b) $-5 - 4x$ c) $3x^2 - 4x - 1$
   d) $-2x^2 + x + 5$ e) $8x - \left(1 + x^2\right) - x^3$ f) $-1 + (x - 2)^2 - 2x$
3. Wyłącz wspólny czynnik poza nawias:
   a) $ax^2 + 5a$ b) $3x^2 - 6x$ c) $8ax^2 + 6ax - 2a$
   d) $2bx^3 - 4bx^2 + 2bx$ e) $(a + b)\,x - (a + b)$ f) $(5 - b)x^2 - 7(b - 5)x + (5 - b)$

# Wzory skróconego mnożenia, cz. 1

Zapiszemy wyrażenie $(a + b)^2$ w postaci sumy. Mamy:

$$(a + b)^2 = (a + b) \cdot (a + b) = a^2 + ab + ba + b^2 = a^2 + 2ab + b^2$$

Otrzymaliśmy wzór na kwadrat sumy:

$$(a + b)^2 = a^2 + 2ab + b^2$$

Dla liczb dodatnich $a$ i $b$ wzór ten otrzymamy również wtedy, gdy obliczymy pole kwadratu o boku mającym długość $(a + b)$ na dwa sposoby.

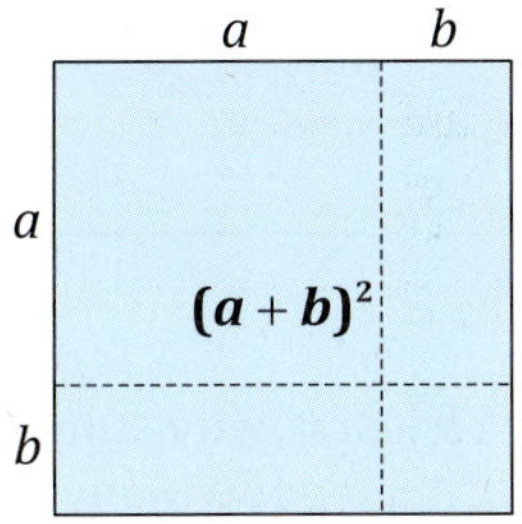


$P = (a + b)^2$

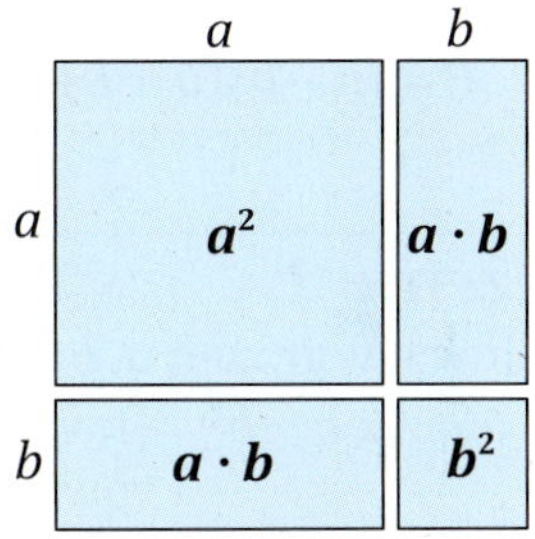


$P = a^2 + 2ab + b^2$

$$(a + b)^2 = a^2 + 2ab + b^2$$

Podobnie można otrzymać wzór na kwadrat różnicy:

$$(a - b)^2 = (a - b) \cdot (a - b) = a^2 - ab - ba + b^2 = a^2 - 2ab + b^2$$

Podamy interpretację geometryczną tego wzoru: obliczymy pole kwadratu o boku mającym długość $a$ ($a > 0$ oraz $a > b > 0$) na dwa sposoby.

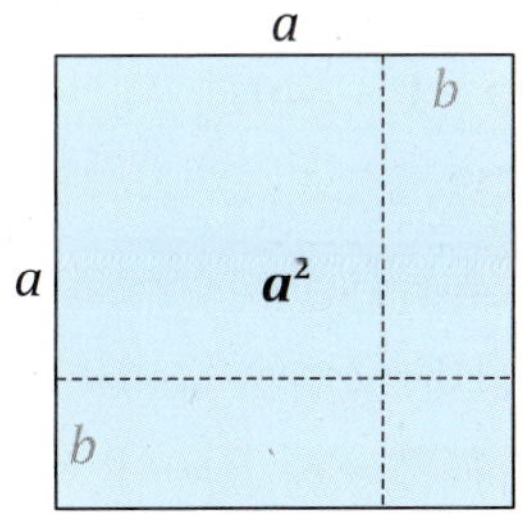


$P = a^2$

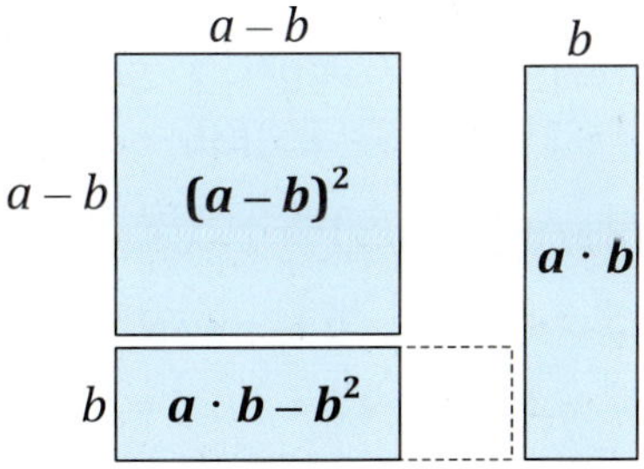


$P = (a - b)^2 + ab + (ab - b^2)$

$$a^2 = (a - b)^2 + 2ab - b^2$$

$$a^2 - 2ab + b^2 = (a - b)^2$$

Mnożąc różnicę liczb $a$ i $b$ przez sumę liczb $a$ i $b$, otrzymamy wzór na różnicę kwadratów:

$$(a - b)(a + b) = a^2 + ab - ab - b^2 = a^2 - b^2$$

Oto interpretacja geometryczna tego wzoru: pole prostokąta o bokach mających długość $(a-b)$ i $(a+b)$, gdzie $a > b > 0$, jest równe polu kwadratu o boku mającym długość $a$ pomniejszonemu o pole kwadratu o boku mającym długość $b$.

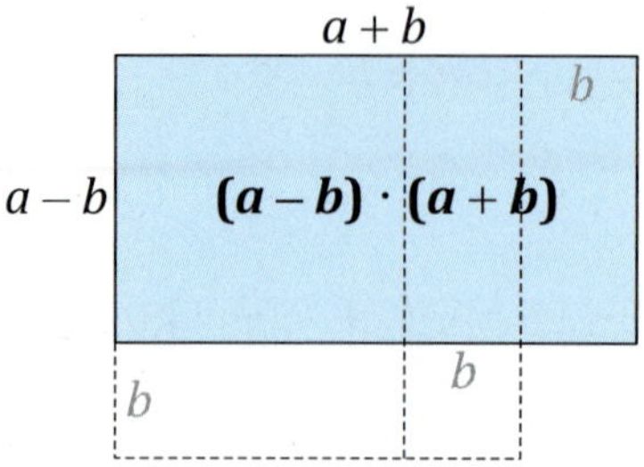


$P = (a-b)(a+b)$

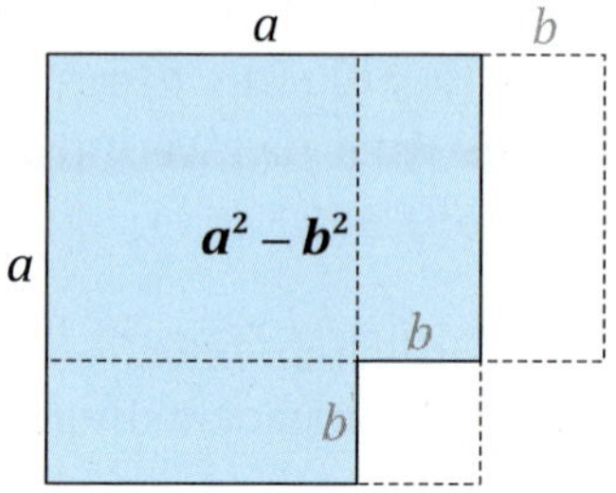


$P = a^2 - b^2$

$$(a-b)(a+b) = a^2 - b^2$$

**Twierdzenie 1.**

Dla dowolnych wyrażeń $a$, $b$ prawdziwe są wzory:

$(a+b)^2 = a^2 + 2ab + b^2$ (kwadrat sumy wyrażeń $a$ i $b$ jest równy sumie kwadratów tych wyrażeń, zwiększonej o podwojony iloczyn tych wyrażeń);

$(a-b)^2 = a^2 - 2ab + b^2$ (kwadrat różnicy wyrażeń $a$ i $b$ jest równy sumie kwadratów tych wyrażeń, zmniejszonej o podwojony iloczyn tych wyrażeń);

$a^2 - b^2 = (a-b)(a+b)$ (różnica kwadratów wyrażeń $a$ i $b$ jest równa iloczynowi różnicy tych wyrażeń przez sumę tych wyrażeń).

## Przykład 1.

a) $301^2 = (300+1)^2 = 300^2 + 2 \cdot 300 \cdot 1 + 1^2 = 90\,000 + 600 + 1 = 90\,601$

$49^2 = (50-1)^2 = 50^2 - 2 \cdot 50 \cdot 1 + 1^2 = 2500 - 100 + 1 = 2401$

$35^2 - 25^2 = (35-25)(35+25) = 10 \cdot 60 = 600$

b) $\left(\sqrt{3}+1\right)^2 = \left(\sqrt{3}\right)^2 + 2 \cdot \sqrt{3} \cdot 1 + 1^2 = 3 + 2\sqrt{3} + 1 = 4 + 2\sqrt{3}$

$\left(\sqrt{5}-\sqrt{2}\right)^2 = \left(\sqrt{5}\right)^2 - 2 \cdot \sqrt{5} \cdot \sqrt{2} + \left(\sqrt{2}\right)^2 = 5 - 2\sqrt{10} + 2 = 7 - 2\sqrt{10}$

$\left(\sqrt{7}-2\sqrt{2}\right) \cdot \left(\sqrt{7}+2\sqrt{2}\right) = \left(\sqrt{7}\right)^2 - \left(2\sqrt{2}\right)^2 = 7 - 4 \cdot 2 = 7 - 8 = -1$

## Przykład 2.

Wykonamy mnożenie:

a) $(2x+y)^2 = (2x)^2 + 2 \cdot (2x) \cdot y + y^2 = 4x^2 + 4xy + y^2$

b) $\left(x^2-5z\right)^2 = \left(x^2\right)^2 - 2 \cdot \left(x^2\right) \cdot (5z) + (5z)^2 = x^4 - 10x^2z + 25z^2$

c) $\left(3x^2+4x\right)\left(3x^2-4x\right) = \left(3x^2-4x\right)\left(3x^2+4x\right) = \left(3x^2\right)^2 - (4x)^2 = 9x^4 - 16x^2$

Wzory skróconego mnożenia są bardzo przydatne w rozkładaniu wyrażeń algebraicznych na czynniki.

## Przykład 3.

Rozłożymy dane wyrażenia na czynniki:

a) $x^2 + 2x + 1$ b) $25 - 10y + y^2$ c) $100x^2 - 49$

**Ad a)** Wyrażenie jest sumą kwadratów $x^2$, $1^2$ oraz podwojonego iloczynu liczb $x$ i 1, możemy więc skorzystać ze wzoru skróconego mnożenia na kwadrat sumy:

$$x^2 + 2x + 1 = x^2 + 2 \cdot x \cdot 1 + 1^2 = (x + 1)^2$$

**Ad b)** Wykorzystamy wzór skróconego mnożenia na kwadrat różnicy:

$$25 - 10y + y^2 = 5^2 - 2 \cdot 5 \cdot y + y^2 = (5 - y)^2$$

**Ad c)** Wyrażenie jest różnicą kwadratów; korzystamy ze wzoru skróconego mnożenia na różnicę kwadratów:

$$100x^2 - 49 = (10x)^2 - 7^2 = (10x - 7)(10x + 7)$$

## Przykład 4.

Rozłożymy dane wyrażenia na czynniki:

a) $16x^4 - 81$ b) $(7 + x)^2 - 25$ c) $16 - \left(x^2 - 6x + 9\right)$

**Ad a)** $16x^4 - 81 = \left(4x^2\right)^2 - 9^2 = \left(4x^2 - 9\right)\left(4x^2 + 9\right) = \left[(2x)^2 - 3^2\right] \cdot \left(4x^2 + 9\right) =$
$= (2x - 3)(2x + 3)\left(4x^2 + 9\right)$

Wykorzystaliśmy dwukrotnie wzór skróconego mnożenia na różnicę kwadratów. Sumy kwadratów $(4x^2 + 9)$ nie można rozłożyć na czynniki.

**Ad b)** $(7 + x)^2 - 25 = (7 + x)^2 - 5^2 = (7 + x - 5)(7 + x + 5) = (2 + x)(12 + x)$

Zastosowaliśmy wzór na różnicę kwadratów.
Gdybyśmy wykorzystali wzór skróconego mnożenia na kwadrat sumy $(7 + x)^2$, to otrzymalibyśmy sumę algebraiczną $24 + 14x + x^2$. Nie byłoby łatwo zastąpić tej sumy iloczynem.

**Ad c)** $16 - \left(x^2 - 6x + 9\right) = 4^2 - (x - 3)^2 = [4 - (x - 3)] \cdot [4 + (x - 3)] = (7 - x)(1 + x)$

Posłużyliśmy się wzorem na kwadrat różnicy i wzorem na różnicę kwadratów.

Wzory skróconego mnożenia stosuje się też do usuwania niewymierności z mianownika ułamka.

## Przykład 5.

Usuniemy niewymierność z mianownika ułamka $\frac{3}{\sqrt{2} - 1}$, a następnie oszacujemy jego wartość.

Zauważ, że jeśli pomnożymy mianownik $\sqrt{2} - 1$ przez sumę $\sqrt{2} + 1$, to otrzymamy w mianowniku liczbę wymierną:

$$\left(\sqrt{2} - 1\right)\left(\sqrt{2} + 1\right) = 2 - 1 = 1$$

Dlatego mnożymy licznik i mianownik ułamka przez $\sqrt{2} + 1$.

$$\frac{3}{\sqrt{2}-1}=\frac{3\left(\sqrt{2}+1\right)}{\left(\sqrt{2}-1\right)\left(\sqrt{2}+1\right)}=\frac{3\sqrt{2}+3}{1}=3\left(1+\sqrt{2}\right)$$

Łatwiej jest oszacować wartość liczby zapisanej w postaci $3\left(1+\sqrt{2}\right)$ niż w postaci $\frac{3}{\sqrt{2}-1}$. Jeśli przyjmiemy $\sqrt{2}\approx 1{,}41$, wówczas $\sqrt{2}+1\approx 2{,}41$, zatem

$$3\left(1+\sqrt{2}\right)\approx 7{,}23$$

## Przykład 6.

Wykażemy, że liczba $\frac{2}{3-\sqrt{5}}+\frac{2}{3+\sqrt{5}}$ jest naturalna.

Usuwamy niewymierność z mianowników ułamków:

$$\frac{2}{3-\sqrt{5}}+\frac{2}{3+\sqrt{5}}=\frac{2\left(3+\sqrt{5}\right)}{\left(3-\sqrt{5}\right)\left(3+\sqrt{5}\right)}+\frac{2\left(3-\sqrt{5}\right)}{\left(3+\sqrt{5}\right)\left(3-\sqrt{5}\right)}=$$

$$=\frac{6+2\sqrt{5}}{4}+\frac{6-2\sqrt{5}}{4}=\frac{12}{4}=3$$

Dana liczba jest równa 3; jest to liczba naturalna.

## Przykład 7.

Wykażemy, że liczba $\sqrt{7+4\sqrt{3}}-\sqrt{4-2\sqrt{3}}$ jest równa 3.

Przedstawimy liczby $7+4\sqrt{3}$ i $4-2\sqrt{3}$ jako kwadraty liczb rzeczywistych. Mamy:

$$7+4\sqrt{3}=4+4\sqrt{3}+3=2^2+2\cdot 2\cdot\sqrt{3}+\left(\sqrt{3}\right)^2=\left(2+\sqrt{3}\right)^2$$

$$4-2\sqrt{3}=1-2\sqrt{3}+3=1^2-2\cdot 1\cdot\sqrt{3}+\left(\sqrt{3}\right)^2=\left(1-\sqrt{3}\right)^2$$

Zatem

$$\sqrt{7+4\sqrt{3}}-\sqrt{4-2\sqrt{3}}=\sqrt{\left(2+\sqrt{3}\right)^2}-\sqrt{\left(1-\sqrt{3}\right)^2}=\left|2+\sqrt{3}\right|-\left|1-\sqrt{3}\right|=$$

$$=2+\sqrt{3}-\left(\sqrt{3}-1\right)=3$$

Wzór na kwadrat sumy umożliwia „magiczne" podnoszenie do kwadratu liczb naturalnych, które w rzędzie jedności mają 5.

## Przykład 8.

Chcemy podnieść do kwadratu liczbę 95. Postępujemy tak:

| | |
|---|---|
| Zasłaniamy liczbę 5, która jest w rzędzie jedności | Widzimy: 9 |
| Liczbę, którą widzimy, mnożymy przez liczbę o 1 większą | Otrzymujemy: $9\cdot 10=90$ |
| Do otrzymanego wyniku dopisujemy z prawej strony 25 | Otrzymujemy: 9025 |

Podobnie otrzymamy:

$15^2 = 225 \qquad (1 \cdot 2 = 2)$

$75^2 = 5625 \qquad (7 \cdot 8 = 56)$

$205^2 = 42025 \qquad (20 \cdot 21 = 420)$

Zastanówmy się, z czego wynika taki sposób podnoszenia do kwadratu. Otóż każdą liczbę naturalną, która w rzędzie jedności ma 5, można zapisać w postaci

$10r + 5 \qquad$ (np. $205 = 10 \cdot 20 + 5$, w tym przypadku $r = 20$).

Zatem

$$(10r + 5)^2 = (10r)^2 + 2 \cdot 10r \cdot 5 + 5^2 = 100r^2 + 100r + 25 =$$
$$= 100r(r + 1) + 25$$

Łatwo jest zauważyć, że zaprezentowana procedura podnoszenia do kwadratu przebiega zgodnie ze wzorem: $r(r + 1) \cdot 100 + 25$.

## Przykład 9.

Wiedząc, że $x + y = 5$ i $x^2 + y^2 = 15$, obliczymy:

a) $xy$ $\qquad$ b) $(x - y)^2$

**Ad a)** Iloczyn $xy$ występuje we wzorze na kwadrat sumy wyrażeń $x$ i $y$:

$(x + y)^2 = x^2 + y^2 + 2xy,$ zatem

$5^2 = 15 + 2xy$

$25 = 15 + 2xy,$ skąd

$xy = 5$

**Ad b)** Wartość wyrażenia $(x - y)^2$ możemy obliczyć na dwa sposoby. Zauważamy, że

$(x - y)^2 = x^2 + y^2 - 2xy,$ skąd

$(x - y)^2 = 15 - 2 \cdot 5 = 15 - 10 = 5$

Możemy też wykorzystać zależność

$(x - y)^2 = (x + y)^2 - 4xy$

W tym przypadku mamy

$(x - y)^2 = 5^2 - 4 \cdot 5 = 25 - 20 = 5$

Otrzymaliśmy, że $xy = 5$ oraz $(x - y)^2 = 5$.

### Sprawdź, czy rozumiesz

1. Oblicz, stosując wzory skróconego mnożenia:
   a) $91^2$ b) $102^2$ c) $203^2$ d) $39^2$
   e) $99^2$ f) $498^2$ g) $33^2 - 31^2$ h) $103^2 - 97^2$
2. Zapisz za pomocą sum algebraicznych wyrażenia:
   a) $(x + 2)^2$ b) $(4 - x)^2$ c) $(3 + x)(3 - x)$ d) $(2x + y)^2$
   e) $(x - 3y)^2$ f) $(3x + 2y)^2$ g) $(7x - y)(7x + y)$ h) $(6x - 5y)^2$
3. Oblicz, korzystając ze wzorów skróconego mnożenia:
   a) $(1 + \sqrt{2})^2$ b) $(\sqrt{3} + 2)^2$ c) $(3\sqrt{2} + 1)^2$ d) $(3 - \sqrt{3})(3 + \sqrt{3})$
   e) $(\sqrt{5} - 4)^2$ f) $(10 - 5\sqrt{2})^2$ g) $(2\sqrt{3} - \sqrt{2})^2$ h) $(2\sqrt{2} - 4)(2\sqrt{2} + 4)$

# Wzory skróconego mnożenia, cz. 2

Przedstawimy w postaci sumy wyrażenie $(a+b)^3$. W obliczeniach wykorzystamy wzór na kwadrat sumy $a$ i $b$.

$$(a+b)^3=(a+b)^2(a+b)=(a^2+2ab+b^2)(a+b)=a^3+a^2b+2a^2b+2ab^2+ab^2+b^3=$$
$$=a^3+3a^2b+3ab^2+b^3$$

Otrzymaliśmy wzór na sześcian sumy:

$$(a+b)^3=a^3+3a^2b+3ab^2+b^3$$

Jeśli $a$ i $b$ są liczbami dodatnimi, to powyższy wzór możemy otrzymać, obliczając na dwa sposoby objętość sześcianu, którego krawędź ma długość $(a+b)$.

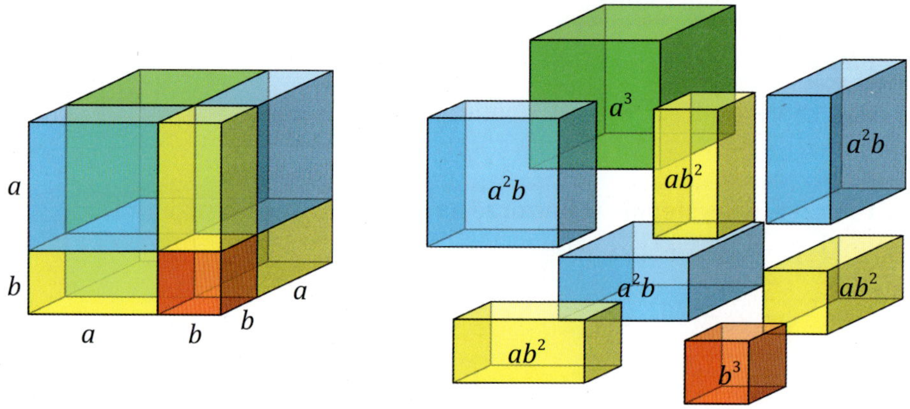


$V = (a + b)^3$ $V = a^3 + 3a^2b + 3ab^2 + b^3$

$$(a+b)^3 = a^3 + 3a^2b + 3ab^2 + b^3$$

Wyznaczymy wzór na sześcian różnicy $a$ i $b$. Wykorzystamy do tego wzór na kwadrat różnicy $a$ i $b$.

$$(a-b)^3=(a-b)^2(a-b)=(a^2-2ab+b^2)(a-b)=a^3-a^2b-2a^2b+2ab^2+ab^2-b^3=$$
$$=a^3-3a^2b+3ab^2-b^3$$

Otrzymaliśmy wzór na sześcian różnicy:

$$(a-b)^3=a^3-3a^2b+3ab^2-b^3$$

Interpretacja geometryczna tego wzoru jest nieco bardziej skomplikowana i pominiemy ją.

Wykonamy teraz mnożenie $(a+b)(a^2-ab+b^2)$.

$$(a+b)(a^2-ab+b^2)=a^3-a^2b+ab^2+a^2b-ab^2+b^3=a^3+b^3$$

Otrzymaliśmy wzór na sumę sześcianów:

$$a^3+b^3=(a+b)(a^2-ab+b^2)$$

Analogicznie można wyprowadzić wzór na różnicę sześcianów:

$$a^3-b^3=(a-b)(a^2+ab+b^2)$$

Prawdziwe jest następujące twierdzenie.

**Twierdzenie 1.**

Dla dowolnych wyrażeń $a$, $b$ prawdziwe są wzory:

$(a+b)^3 = a^3 + 3a^2b + 3ab^2 + b^3$ (wzór na sześcian sumy $a$ i $b$)

$(a-b)^3 = a^3 - 3a^2b + 3ab^2 - b^3$ (wzór na sześcian różnicy $a$ i $b$)

$a^3 + b^3 = (a+b)(a^2 - ab + b^2)$ (wzór na sumę sześcianów $a$ i $b$)

$a^3 - b^3 = (a-b)(a^2 + ab + b^2)$ (wzór na różnicę sześcianów $a$ i $b$)

## Przykład 1.

$$\left(\sqrt{2}+5\right)^3 = \left(\sqrt{2}\right)^3 + 3\cdot\left(\sqrt{2}\right)^2\cdot 5 + 3\cdot\left(\sqrt{2}\right)\cdot 5^2 + 5^3 = 2\sqrt{2} + 30 + 75\sqrt{2} + 125 = 77\sqrt{2} + 155$$

$$(2x-y)^3 = (2x)^3 - 3\cdot(2x)^2\cdot y + 3\cdot 2x\cdot y^2 - y^3 = 8x^3 - 12x^2y + 6xy^2 - y^3$$

$$(4x-5)(16x^2+20x+25) = (4x)^3 - 5^3 = 64x^3 - 125$$

$$\left(\sqrt[3]{2}+\sqrt[3]{3}\right)\left(\sqrt[3]{4}-\sqrt[3]{6}+\sqrt[3]{9}\right) = \left(\sqrt[3]{2}\right)^3 + \left(\sqrt[3]{3}\right)^3 = 2+3 = 5$$

## Przykład 2.

Usuniemy niewymierność z mianownika ułamka $\frac{2}{3-\sqrt[3]{5}}$.

Mnożymy licznik i mianownik ułamka przez liczbę $9+3\sqrt[3]{5}+\sqrt[3]{25}$, tak aby można było zastosować w mianowniku wzór na różnicę sześcianów:

$$\frac{2}{3-\sqrt[3]{5}} = \frac{2\left(9+3\sqrt[3]{5}+\sqrt[3]{25}\right)}{\left(3-\sqrt[3]{5}\right)\left(9+3\sqrt[3]{5}+\sqrt[3]{25}\right)} = \frac{2\left(9+3\sqrt[3]{5}+\sqrt[3]{25}\right)}{3^3-\left(\sqrt[3]{5}\right)^3} = \frac{2\left(9+3\sqrt[3]{5}+\sqrt[3]{25}\right)}{27-5} =$$
$$= \frac{9+3\sqrt[3]{5}+\sqrt[3]{25}}{11}$$

## Przykład 3.

Wykażemy, że liczba $5^{18}-1$ jest podzielna przez 31.

Liczbę $5^{18}-1$ przedstawimy w postaci iloczynu liczb naturalnych. Dwukrotnie wykorzystamy wzór na różnicę sześcianów. Mamy zatem:

$$5^{18}-1 = (5^6)^3 - 1^3 = (5^6-1)[(5^6)^2 + 5^6\cdot 1 + 1^2] = [(5^2)^3 - 1^3]\,(5^{12}+5^6+1) =$$
$$= (5^2-1)[(5^2)^2 + 5^2\cdot 1 + 1^2]\,(5^{12}+5^6+1) = 24\cdot 651\cdot(5^{12}+5^6+1) =$$
$$= 24\cdot \underline{31}\cdot 21\cdot(5^{12}+5^6+1)$$

Liczbę $5^{18}-1$ można zapisać w postaci $31\cdot k$, gdzie $k \in \boldsymbol{N}$, a to znaczy, że dana liczba jest podzielna przez 31.

### Sprawdź, czy rozumiesz

1. Zapisz za pomocą sum algebraicznych wyrażenia:
   a) $(1-x)^3$ b) $(n+2)^3$ c) $\left(a+\sqrt[3]{2}\right)\left(a^2-\sqrt[3]{2}a+\sqrt[3]{4}\right)$
2. Zamień na iloczyny wyrażenia:
   a) $x^3+216$ b) $t^3+15t^2+75t+125$ c) $27-27a+9a^2-a^3$
3. Wykaż, że liczba $5^{12}-4^{12}$ jest podzielna przez 41.

# Potęga o wykładniku całkowitym ujemnym

**Definicja 1.**
**Potęgą o wykładniku całkowitym ujemnym** $(-n)$, $n \in \boldsymbol{N}_+$, i podstawie $a$ różnej od zera nazywamy odwrotność potęgi $a^n$, czyli liczbę $\frac{1}{a^n}$.

Zapis symboliczny:

$$a^{-n} \underset{\text{z def.}}{=} \frac{1}{a^n}, \quad \text{gdzie} \quad a \in \boldsymbol{R} - \{0\}, n \in \boldsymbol{N}_+$$

Zgodnie z definicją obliczamy:

$$2^{-3} = \frac{1}{2^3} = \frac{1}{8}; \quad \left(\frac{2}{3}\right)^{-2} = \frac{1}{\left(\frac{2}{3}\right)^2} = \frac{1}{\frac{4}{9}} = \frac{9}{4} = 2\frac{1}{4}; \quad \left(-\frac{1}{2}\right)^{-5} = \frac{1}{\left(-\frac{1}{2}\right)^5} = \frac{1}{-\frac{1}{32}} = -32$$

Zauważmy, że $\frac{1}{a^n} = \left(\frac{1}{a}\right)^n$, gdzie $a \neq 0$ i $n \in \boldsymbol{N}_+$. Dlatego też definicję potęgi o wykładniku całkowitym ujemnym możemy zapisać również tak:

$$a^{-n} = \left(\frac{1}{a}\right)^n, \quad \text{gdzie} \quad a \neq 0 \quad \text{i} \quad n \in \boldsymbol{N}_+$$

Na podstawie tak sformułowanej definicji potęgę o wykładniku całkowitym ujemnym oblicza się łatwiej:

$$\left(\frac{2}{7}\right)^{-2} = \left(\frac{7}{2}\right)^2 = \frac{49}{4} = 12\frac{1}{4}; \qquad \left(-\frac{1}{5}\right)^{-3} = (-5)^3 = -125; \qquad 6^{-2} = \left(\frac{1}{6}\right)^2 = \frac{1}{36}$$

**Twierdzenie 1.** (własności potęgi o wykładniku całkowitym)
Jeśli $m$ i $n$ są dowolnymi liczbami całkowitymi, $a$ i $b$ są dowolnymi liczbami rzeczywistymi różnymi od zera, to:

1) $a^m \cdot a^n = a^{m+n}$ 2) $a^m : a^n = a^{m-n}$ 3) $(a^n)^m = a^{n \cdot m}$

4) $a^n \cdot b^n = (a \cdot b)^n$ 5) $\frac{a^n}{b^n} = \left(\frac{a}{b}\right)^n$

## Przykład 1.

Obliczymy wartość wyrażenia: $\left[\left(2^{-3} - \frac{3}{8}\right)^{-1} + \left(\frac{1}{2}\right)^{-4}\right]^{-2}$

$$\left[\left(2^{-3} - \frac{3}{8}\right)^{-1} + \left(\frac{1}{2}\right)^{-4}\right]^{-2} = \left[\left(\left(\frac{1}{2}\right)^3 - \frac{3}{8}\right)^{-1} + 2^4\right]^{-2} = \left[\left(\frac{1}{8} - \frac{3}{8}\right)^{-1} + 16\right]^{-2} =$$

$$= \left[\left(-\frac{1}{4}\right)^{-1} + 16\right]^{-2} = (-4 + 16)^{-2} = \left(\frac{1}{12}\right)^2 = \frac{1}{144}$$

Wartość wyrażenia wynosi $\frac{1}{144}$.

## Przykład 2.

Wykonamy mnożenie: $\left(x^{-2}+3x^{-1}\right)\left(x^{-1}+x-2\right)$.

Najpierw pomnożymy każdy wyraz pierwszej sumy algebraicznej przez każdy wyraz drugiej sumy algebraicznej. Następnie wykonamy działania na potęgach i przeprowadzimy redukcję wyrazów podobnych. Zauważmy, że wyrażenie ma sens, jeśli $x \neq 0$. Otrzymujemy:

$$\left(x^{-2}+3x^{-1}\right)\left(x^{-1}+x-2\right)=x^{-2}\cdot x^{-1}+x^{-2}\cdot x+x^{-2}\cdot(-2)+3x^{-1}\cdot x^{-1}+3x^{-1}\cdot x+3x^{-1}\cdot(-2)=$$
$$=x^{-3}\underline{+x^{-1}}\,\underline{\underline{-2x^{-2}}}\,\underline{\underline{+3x^{-2}}}+3x^{0}\,\underline{-6x^{-1}}=x^{-3}+x^{-2}-5x^{-1}+3$$

Wyrażenie można zapisać w postaci $x^{-3}+x^{-2}-5x^{-1}+3$, jeśli $x \neq 0$.

Umiejętność posługiwania się potęgami o wykładnikach całkowitych umożliwia zapisywanie liczb w tzw. notacji wykładniczej (postaci wykładniczej). Każdą liczbę $x > 0$ $(x < 0)$ można zapisać w postaci $x = a \cdot 10^{n}$ $\left(x = -a \cdot 10^{n}\right)$, gdzie $a \in \langle 1, 10)$, $n \in \boldsymbol{C}$. Taki rodzaj notacji stosuje się często w kalkulatorach i w komputerach. Na przykład zapis na wyświetlaczu

7.1258 E-27

oznacza liczbę $7{,}1258 \cdot 10^{-27}$,
natomiast zapis

-2.31596 E+15

oznacza liczbę $-2{,}31596 \cdot 10^{15}$.
Mając dwie liczby zapisane w postaci wykładniczej, możemy łatwo stwierdzić, ile razy jedna liczba jest większa od drugiej. Porównajmy, ile razy masa największego ssaka jest większa od masy najmniejszego. Płetwal błękitny jest ssakiem o największej masie, która może dochodzić nawet do 190 ton. Wśród ssaków najmniejszą masę (tylko 2 gramy) ma ryjówka etruska.

$190 \text{ ton} = 190\,000 \text{ kg} = 1{,}9 \cdot 10^{5} \text{ kg}$ $\qquad$ $2 \text{ g} = 0{,}002 \text{ kg} = 2 \cdot 10^{-3} \text{ kg}$

$$\frac{1{,}9\cdot 10^{5}}{2\cdot 10^{-3}}=0{,}95\cdot 10^{5-(-3)}=0{,}95\cdot 10^{8}=9{,}5\cdot 10^{7}$$

Płetwal błękitny może być nawet 95 milionów razy cięższy od ryjówki etruskiej.

### Sprawdź, czy rozumiesz

1. Oblicz:
   a) $(0{,}25)^{-3}+2\cdot(-0{,}5)^{2}$ b) $3\cdot(1{,}125)^{-2}+81^{-1}$ c) $-5\cdot(-1{,}5)^{-3}+14\cdot 3^{-3}$
   d) $\left[8^{-6}:(1{,}6)^{-6}\right]:5^{-5}$ e) $\left[(2{,}7)^{-3}:(0{,}9)^{-3}\right]^{2}:3^{-7}$ f) $(0{,}125)^{-4}\cdot 8^{-4}-(0{,}25)^{-6}\cdot 2^{-12}$
2. Wykonaj działania. Podaj konieczne założenia:
   a) $x^{-2}\cdot\left(2x^{-1}+x^{2}\right)$ b) $\left(x^{-2}-x^{-1}\right)\left(2x+x^{2}\right)$
   c) $\left(y^{-3}+y^{-2}+y^{-1}\right)\left(y^{2}-y^{3}\right)$ d) $\left(3y^{-1}-y\right)^{2}$
   e) $\left(y^{2}+y^{-2}\right)^{2}$ f) $\left(x^{-1}+x\right)\left(x^{-1}-x\right)\left(x^{-2}+x^{2}\right)$
3. Zapisz podane liczby w notacji wykładniczej:
   a) 27 000 b) 375 000 000 c) 408 000 000 000
   d) 0,0493 e) 0,0000105 f) 0,000000963

# Potęga o wykładniku wymiernym

Na początku tego tematu zajmiemy się szczególnym przypadkiem potęgi o wykładniku wymiernym, czyli potęgą o wykładniku $\frac{1}{n}$, gdzie $n$ jest liczbą naturalną większą od 1.

**Definicja 1.**

**Potęgą o wykładniku** $\frac{1}{n}$, gdzie $n \in \boldsymbol{N} - \{0, 1\}$ i nieujemnej podstawie $a$ $(a \geqslant 0)$, nazywamy pierwiastek arytmetyczny stopnia $n$ z liczby $a$.

Zapis symboliczny:

$$\text{Jeśli } a \geqslant 0, \text{ to } a^{\frac{1}{n}} \underset{\text{z def.}}{=} \sqrt[n]{a}.$$

Mamy:

$$\left(\frac{1}{9}\right)^{\frac{1}{2}} = \sqrt{\frac{1}{9}} = \frac{1}{3}, \quad \text{bo} \quad \frac{1}{3} \geqslant 0 \text{ i } \left(\frac{1}{3}\right)^2 = \frac{1}{9}$$

$$144^{\frac{1}{2}} = \sqrt{144} = 12, \quad \text{bo} \quad 12 \geqslant 0 \text{ i } 12^2 = 144$$

$$\left(\frac{1}{27}\right)^{\frac{1}{3}} = \sqrt[3]{\frac{1}{27}} = \frac{1}{3}, \quad \text{bo} \quad \frac{1}{3} \geqslant 0 \text{ i } \left(\frac{1}{3}\right)^3 = \frac{1}{27}$$

$$125^{\frac{1}{3}} = \sqrt[3]{125} = 5, \quad \text{bo} \quad 5 \geqslant 0 \text{ i } 5^3 = 125$$

$$256^{\frac{1}{4}} = \sqrt[4]{256} = 4, \quad \text{bo} \quad 4 \geqslant 0 \text{ i } 4^4 = 256$$

$$0^{\frac{1}{5}} = \sqrt[5]{0} = 0, \quad \text{bo} \quad 0 \geqslant 0 \text{ i } 0^5 = 0$$

## Przykład 1.

Obliczymy wartość wyrażeń:

a) $\left(16^{\frac{1}{4}} - 3 \cdot 2^{\frac{1}{2}}\right)\left(16^{\frac{1}{4}} + 3 \cdot 2^{\frac{1}{2}}\right)$  b) $\left[\left(2 - 3^{\frac{1}{2}}\right)^{\frac{1}{2}} - \left(2 + 3^{\frac{1}{2}}\right)^{\frac{1}{2}}\right]^2$

**Ad a)** Wykonując obliczenia, zamienimy potęgi na pierwiastki i wykorzystamy wzór skróconego mnożenia $(a - b)(a + b) = a^2 - b^2$:

$$\left(16^{\frac{1}{4}} - 3 \cdot 2^{\frac{1}{2}}\right)\left(16^{\frac{1}{4}} + 3 \cdot 2^{\frac{1}{2}}\right) = \left(\sqrt[4]{16} - 3\sqrt{2}\right)\left(\sqrt[4]{16} + 3\sqrt{2}\right) =$$

$$= \left(2 - 3\sqrt{2}\right)\left(2 + 3\sqrt{2}\right) = 2^2 - \left(3\sqrt{2}\right)^2 = 4 - 18 = -14$$

Wartość wyrażenia wynosi $-14$.

**Ad b)** Zamieniamy potęgi na pierwiastki. Następnie korzystamy ze wzoru skróconego mnożenia $(a-b)^2 = a^2 - 2ab + b^2$, a potem ze wzoru $(a-b)(a+b) = a^2 - b^2$. Mamy:

$$\left[\left(2-3^{\frac{1}{2}}\right)^{\frac{1}{2}}-\left(2+3^{\frac{1}{2}}\right)^{\frac{1}{2}}\right]^2 = \left[\sqrt{2-\sqrt{3}}-\sqrt{2+\sqrt{3}}\right]^2 =$$

$$=\left(\sqrt{2-\sqrt{3}}\right)^2 - 2\cdot\sqrt{2-\sqrt{3}}\cdot\sqrt{2+\sqrt{3}}+\left(\sqrt{2+\sqrt{3}}\right)^2 =$$

$$=2-\sqrt{3}-2\cdot\sqrt{2-\sqrt{3}}\cdot\sqrt{2+\sqrt{3}}+2+\sqrt{3} = 4-2\cdot\sqrt{\left(2-\sqrt{3}\right)\left(2+\sqrt{3}\right)} =$$

$$=4-2\sqrt{4-3} = 4-2\sqrt{1} = 4-2 = 2$$

Wartość wyrażenia wynosi 2.

Poznałeś już szczegółowe przypadki potęg o wykładniku wymiernym – potęgę o wykładniku całkowitym oraz potęgę, której wykładnik jest odwrotnością liczby naturalnej dodatniej. Teraz podamy określenie potęgi o dowolnym wykładniku wymiernym.

***Definicja 2.***

**Potęgę o wykładniku wymiernym** określamy następująco:

a) $a^{\frac{m}{n}} \underset{\text{z def.}}{=} \left(\sqrt[n]{a}\right)^m$, gdzie $a \geqslant 0$, $n \in \boldsymbol{N} - \{0, 1\}$, $m \in \boldsymbol{N}_+$

b) $a^{-\frac{m}{n}} \underset{\text{z def.}}{=} \dfrac{1}{a^{\frac{m}{n}}}$, gdzie $a > 0$, $n \in \boldsymbol{N} - \{0, 1\}$, $m \in \boldsymbol{N}_+$

Powstaje naturalne pytanie, czy powyższa definicja potęgi o wykładniku wymiernym jest poprawna. Wiadomo przecież, że każdą liczbę wymierną można zapisać za pomocą nieskończenie wielu ułamków, np.: $\frac{4}{5} = \frac{8}{10} = \frac{12}{15} = \frac{32}{40} = \ldots$ Czy zatem potęgi $2^{\frac{4}{5}}, 2^{\frac{8}{10}}, 2^{\frac{12}{15}}, 2^{\frac{32}{40}}$ mają tę samą wartość? Okazuje się, że tak. Można udowodnić, że wartość potęgi o dodatniej podstawie i wykładniku wymiernym nie zależy od tego, jakim ułamkiem przedstawimy tę liczbę wymierną.

**UWAGA:** Przy obliczaniu potęgi o wykładniku wymiernym przedstawiamy liczbę wymierną w postaci ułamka nieskracalnego. Jeśli liczba wymierna jest liczbą całkowitą, to zapisujemy ją w postaci całkowitej, czyli np.: 5 zamiast $\frac{10}{2}$. Zgodnie z definicją potęgi o wykładniku wymiernym, podstawa potęgi jest liczbą dodatnią (lub nieujemną), zatem nie można obliczyć wartości potęgi $(-2)^{\frac{10}{2}}$. Ale jeśli wykładnikiem jest liczba 5, to możemy skorzystać z definicji potęgi o wykładniku naturalnym i otrzymujemy $(-2)^5 = -32$.

## Przykład 2.

Obliczymy potęgi o wykładniku wymiernym:

$$16^{\frac{3}{4}} = \left(\sqrt[4]{16}\right)^3 = 2^3 = 8$$

$$125^{\frac{2}{3}} = \left(\sqrt[3]{125}\right)^2 = 5^2 = 25$$

$$\left(\frac{1}{8}\right)^{\frac{5}{3}} = \left[\left(\frac{1}{8}\right)^{\frac{1}{3}}\right]^5 = \left(\frac{1}{2}\right)^5 = \frac{1}{32}$$

$$\left(\frac{1}{4}\right)^{-\frac{3}{2}} = 4^{\frac{3}{2}} = \left(4^{\frac{1}{2}}\right)^3 = 2^3 = 8$$

$$81^{-\frac{3}{4}} = \left(\frac{1}{81}\right)^{\frac{3}{4}} = \left[\left(\frac{1}{81}\right)^{\frac{1}{4}}\right]^3 = \left(\frac{1}{3}\right)^3 = \frac{1}{27}$$

$$\left(\frac{2\sqrt{2}}{3\sqrt{3}}\right)^{\frac{2}{3}} = \left[\left(\frac{2\sqrt{2}}{3\sqrt{3}}\right)^2\right]^{\frac{1}{3}} = \sqrt[3]{\left(\frac{2\sqrt{2}}{3\sqrt{3}}\right)^2} = \sqrt[3]{\frac{8}{27}} = \frac{2}{3}$$

Potęgi o wykładnikach wymiernych mają własności analogiczne do potęg o wykładnikach całkowitych.

**Twierdzenie 1.** (własności potęg o wykładnikach wymiernych)
Dla dowolnych liczb wymiernych $x, y$ oraz dla dowolnych liczb rzeczywistych dodatnich $a$, $b$ prawdziwe są równości:

1) $a^x \cdot a^y = a^{x+y}$
2) $a^x : a^y = a^{x-y}$
3) $(a^x)^y = a^{x \cdot y}$
4) $a^x \cdot b^x = (a \cdot b)^x$
5) $\frac{a^x}{b^x} = \left(\frac{a}{b}\right)^x$

## Przykład 3.

Zapiszemy wyrażenie $\frac{3\sqrt[3]{3} \cdot 9^{\frac{4}{3}} \cdot 27^{-1,5}}{81^{-\frac{3}{4}} \cdot 243^{\frac{2}{5}}}$ w postaci potęgi o podstawie 3 i wykładniku wymiernym.

$$\frac{3\sqrt[3]{3} \cdot 9^{\frac{4}{3}} \cdot 27^{-1,5}}{81^{-\frac{3}{4}} \cdot 243^{\frac{2}{5}}} = \frac{3 \cdot 3^{\frac{1}{3}} \cdot \left(3^2\right)^{\frac{4}{3}} \cdot \left(3^3\right)^{-1,5}}{\left(3^4\right)^{-\frac{3}{4}} \cdot \left(3^5\right)^{\frac{2}{5}}} = \frac{3 \cdot 3^{\frac{1}{3}} \cdot 3^{\frac{8}{3}} \cdot 3^{-4,5}}{3^{-3} \cdot 3^2} = \frac{3^{-\frac{1}{2}}}{3^{-1}} = 3^{\frac{1}{2}}$$

Wartość wyrażenia jest równa $3^{\frac{1}{2}}$.

## Przykład 4.

Obliczymy wartość wyrażenia: $3^2 \cdot 0{,}027^{-\frac{2}{3}} + \left(81^{0,5} \cdot 9^{-1}\right)^{-\frac{1}{4}} + \left(12\frac{1}{4}\right)^{\frac{1}{2}} \cdot 4$.

$$3^2 \cdot 0{,}027^{-\frac{2}{3}} + \left(81^{0,5} \cdot 9^{-1}\right)^{-\frac{1}{4}} + \left(12\frac{1}{4}\right)^{\frac{1}{2}} \cdot 4 =$$

$$= 9 \cdot \left(\frac{1000}{27}\right)^{\frac{2}{3}} + \left[\left(9^2\right)^{0,5} \cdot 9^{-1}\right]^{-\frac{1}{4}} + \left(\frac{49}{4}\right)^{\frac{1}{2}} \cdot 4 =$$

$$= 9 \cdot \left(\frac{10}{3}\right)^2 + \left[9^1 \cdot 9^{-1}\right]^{-\frac{1}{4}} + \frac{7}{2} \cdot 4 = 9 \cdot \frac{100}{9} + 1 + 14 = 115$$

Wartość wyrażenia jest równa 115.

### Sprawdź, czy rozumiesz

1. Oblicz:

a) $49^{\frac{1}{2}}$ b) $0{,}0016^{\frac{1}{4}}$ c) $64^{\frac{4}{3}}$ d) $(0{,}25)^{-\frac{1}{2}}$

e) $32^{\frac{4}{5}}$ f) $243^{\frac{3}{5}}$ g) $(0{,}125)^{-\frac{2}{3}}$ h) $\left(3\frac{3}{8}\right)^{-\frac{2}{3}}$

2. Oblicz:

a) $2^{\frac{1}{2}} \cdot 32^{\frac{1}{2}} + 72^{\frac{1}{3}} : 9^{\frac{1}{3}}$ b) $48^{\frac{1}{2}} \cdot 3^{\frac{1}{2}} + 25^{\frac{1}{3}} \cdot 5^{\frac{1}{3}}$ c) $108^{\frac{1}{2}} : 3^{\frac{1}{2}} - 3^{\frac{1}{4}} \cdot 27^{\frac{1}{4}}$

d) $2^{\frac{1}{2}} \cdot 50^{\frac{1}{2}} - 2^{\frac{1}{5}} \cdot 16^{\frac{1}{5}}$ e) $\left(27^{\frac{1}{6}}\right)^{-2}$ f) $\left(49^{\frac{1}{5}}\right)^{\frac{5}{2}}$

3. Oblicz:

a) $\left(3^{\frac{1}{2}} \cdot 3^{-1,25} : 3^{\frac{3}{4}}\right)^{\frac{4}{3}}$ b) $\left(7^{-0,7} : 7^{\frac{2}{5}} \cdot 7^{-0,9}\right)^{\frac{1}{2}}$ c) $5^{-\frac{4}{3}} : 25^{-\frac{3}{2}} \cdot (0{,}2)^{\frac{2}{3}}$

d) $(0{,}5)^{-1} \cdot 4^{07} \cdot (0{,}25)^{-03}$ e) $\left[4^{\frac{1}{3}} \cdot (0{,}5)^{-\frac{1}{3}}\right]^{-2}$ f) $\left[\left(6^{\frac{1}{3}}\right)^2 : 6^{-\frac{1}{3}}\right]^2 : 4^{05}$

4. Zapisz liczbę w postaci jednej potęgi o wykładniku wymiernym:

a) $3\sqrt{3}$ b) $4^3\left(\sqrt[3]{4}\right)^2$ c) $\sqrt{6^3} \cdot \sqrt[3]{6^2}$

d) $\sqrt{2\sqrt{2}}$ e) $\sqrt[3]{7\sqrt[4]{7}}$ f) $\sqrt[3]{25\sqrt{5}}$

5. Porównaj liczby bez użycia kalkulatora:

a) $\sqrt{3+\sqrt{2}}$ i $\sqrt{7}$ b) $\sqrt[3]{\sqrt{5}}$ i $5^{0,5} : 5^{\frac{1}{3}}$

# Potęga o wykładniku rzeczywistym

Potrafisz już obliczać potęgę o dodatniej podstawie i wykładniku wymiernym. Teraz omówimy poglądowo, jak określa się potęgę o wykładniku niewymiernym. W ten sposób będziemy mieć określoną potęgę o wykładniku rzeczywistym.

Pojęcie potęgi o wykładniku niewymiernym omówimy na przykładzie potęgi $5^{\pi}$. Liczba $\pi$ jest liczbą niewymierną, więc jej rozwinięcie dziesiętne jest nieskończone i nieokresowe:

$$\pi = 3{,}14159265358979323846264338 3...$$

Rozpatrzmy kolejne przybliżenia z niedomiarem liczby $\pi$, z dokładnością do jedności, jednej dziesiątej, jednej setnej itd. Mamy więc:

3  3,1  3,14  3,141  3,1415  3,14159  itd.

Obliczymy (korzystając z kalkulatora) potęgi o podstawie 5 i wykładnikach wymiernych, będących kolejnymi przybliżeniami liczby $\pi$.

| potęga | rozwinięcie dziesiętne potęgi |
|---|---|
| $5^{3}$ | 125 |
| $5^{3,1}$ | 146,827367... |
| $5^{3,14}$ | 156,590645... |
| $5^{3,141}$ | 156,842871... |
| $5^{3,1415}$ | 156,969136... |
| $5^{3,14159}$ | 156,991874... |
| $5^{3,141592}$ | 156,992380... |
| $5^{3,1415926}$ | 156,992531... |
| ... | ... |

Analizując liczby w drugiej kolumnie, łatwo zauważyć, że kolejne liczby coraz mniej się od siebie różnią. Okazuje się, że te liczby „zbliżają się" do pewnej liczby rzeczywistej. Tę właśnie liczbę oznaczamy jako $5^{\pi}$.

$$5^{\pi} = 156{,}992545...$$

Okazuje się, że jeśli rozpatrzylibyśmy dowolny, inny ciąg przybliżeń liczby $\pi$, np. z nadmiarem:

4  3,2  3,15  3,142  3,1416  itd.,

to wartości potęg $5^{4}$, $5^{3,2}$, $5^{3,15}$, $5^{3,142}$, $5^{3,1416}$, ... też zbliżałyby się do tej samej liczby, określonej jako $5^{\pi}$.

Podobnie jak w powyższym przykładzie, określić można potęgę o dowolnej podstawie dodatniej i dowolnym wykładniku niewymiernym dodatnim.

Jeśli $q$ jest liczbą niewymierną dodatnią, natomiast $a$ liczbą dodatnią, to potęgę $a^{-q}$ określamy następująco:

$$a^{-q} \underset{\text{z def.}}{=} \frac{1}{a^q}$$

Potęgi o dodatnich podstawach i niewymiernych wykładnikach mają te same własności, które mają potęgi o wykładnikach wymiernych (w tym naturalnych i całkowitych). Prawdziwe jest więc następujące twierdzenie:

**Twierdzenie 1.**

Jeśli $a$, $b$ są liczbami rzeczywistymi dodatnimi i $p$, $r$ są liczbami rzeczywistymi, to:

1) $a^r \cdot a^p = a^{r+p}$
2) $a^r : a^p = a^{r-p}$
3) $(a^r)^p = a^{r \cdot p}$
4) $a^r \cdot b^r = (a \cdot b)^r$
5) $\frac{a^r}{b^r} = \left(\frac{a}{b}\right)^r$

## Przykład 1.

$$4^{3\sqrt{5}} \cdot 8^{1-2\sqrt{5}} = 2^{6\sqrt{5}} \cdot 2^{3-6\sqrt{5}} = 2^{6\sqrt{5}+3-6\sqrt{5}} = 2^3 = 8$$

$$5^{2+\sqrt{3}} : 5^{3+\sqrt{3}} = 5^{(2+\sqrt{3})-(3+\sqrt{3})} = 5^{2+\sqrt{3}-3-\sqrt{3}} = 5^{-1} = \frac{1}{5}$$

$$\left(\sqrt[3]{7}^{\sqrt{3}}\right)^{\sqrt{3}} = \left(\sqrt[3]{7}\right)^{\sqrt{3}\cdot\sqrt{3}} = \left(\sqrt[3]{7}\right)^3 = 7$$

$$\left(2-\sqrt{3}\right)^{\pi}\left(2+\sqrt{3}\right)^{\pi} = \left[\left(2-\sqrt{3}\right)\left(2+\sqrt{3}\right)\right]^{\pi} = [4-3]^{\pi} = 1^{\pi} = 1$$

## Sprawdź, czy rozumiesz

1. Oblicz:

a) $\left(\sqrt{2}^{\sqrt{6}}\right)^{\sqrt{6}}$   b) $\left(3^{\sqrt{2}}\right)^{-\sqrt{2}}$   c) $\left(\left(\frac{1}{2}\right)^{\sqrt{2}}\right)^{\sqrt{18}}$

d) $\left(\sqrt[3]{25}^{\sqrt{3}}\right)^{\frac{\sqrt{3}}{2}}$   e) $\left(0{,}2^{\sqrt{3}}\right)^{-\sqrt{3}}$   f) $\left(\sqrt{7}^{\sqrt{2}}\right)^{\sqrt{8}}$

2. Oblicz:

a) $27^{4\sqrt{7}} \cdot 81^{0{,}5-3\sqrt{7}}$   b) $16^{5\sqrt[3]{6}} : 4^{2\sqrt[3]{750}}$   c) $\left[\left(3-\sqrt{5}\right)^{\sqrt{2}}\left(3+\sqrt{5}\right)^{\sqrt{2}}\right]^{\sqrt{2}}$

3. Korzystając z podanego przybliżenia wartości pierwiastka, oblicz (bez użycia kalkulatora) przybliżoną wartość potęgi:

a) $16^{\sqrt{3}}$, $\sqrt{3} \approx 1{,}75$   b) $243^{\sqrt{2}}$, $\sqrt{2} \approx 1{,}4$   c) $0{,}0001^{-\sqrt{5}}$, $\sqrt{5} \approx 2{,}25$

# Dowodzenie twierdzeń

Aby stwierdzić prawdziwość twierdzenia – jak już wiesz – przeprowadza się pewne rozumowanie zgodne z prawami logiki zwane dowodem tego twierdzenia. W dowodzie korzystamy z założeń dowodzonego twierdzenia, wcześniej udowodnionych twierdzeń, definicji.
Dowód, w którym rozpoczyna się od założeń, przeprowadza się wnioskowanie i dochodzi się do tezy twierdzenia, nazywa się **dowodem wprost**.

## Przykład 1.

Wykażemy, że jeśli $n$ jest liczbą całkowitą nieparzystą, to liczba $n^2 - 1$ jest podzielna przez 8.

Założenie: $n \in \boldsymbol{C}$, $n$ – liczba nieparzysta
Teza: $8|(n^2 - 1)$

Dowód (1): Zauważmy, że

$n^2 - 1 = (n - 1)(n + 1)$ (korzystamy ze wzoru skróconego mnożenia na różnicę kwadratów)

Ponieważ $n$ jest liczbą nieparzystą, więc liczby $n - 1$ i $n + 1$ są kolejnymi liczbami parzystymi, zatem jedna z tych liczb jest podzielna przez 4 (i oczywiście druga jest podzielna przez 2). Zatem

$n^2 - 1 = (n - 1)(n + 1) = 4k \cdot 2l = 8kl$, gdzie $k, l$ są pewnymi liczbami całkowitymi, czyli

$n^2 - 1 = 8kl$, a to znaczy, że

$8|(n^2 - 1)$, co kończy dowód.

Dowód tego twierdzenia można też przeprowadzić nieco inaczej.

Dowód (2): Jeśli $n$ jest liczbą całkowitą nieparzystą, to znaczy, że $n = 2k + 1$, gdzie $k$ jest pewną liczbą całkowitą. Mamy zatem:

$$n^2 - 1 = (2k + 1)^2 - 1 = 4k^2 + 4k + 1 - 1 = 4k^2 + 4k = 4k(k + 1)$$ (korzystamy ze wzoru skróconego mnożenia na kwadrat sumy)

Liczby $k$ i $k + 1$ to kolejne liczby całkowite. Jedna z nich jest liczbą parzystą, więc również iloczyn tych liczb jest liczbą parzystą, więc

$n^2 - 1 = 4k(k + 1) = 4 \cdot 2l = 8l$, gdzie $l$ jest pewną liczbą całkowitą, czyli

$8|(n^2 - 1)$, co kończy dowód.

## Przykład 2.

Wykażemy, że jeśli $p$ jest liczbą pierwszą większą od 3, to liczba $p^2 - 7$ jest podzielna przez 6.

Założenie: $p$ – liczba pierwsza większa od 3
Teza: $6|(p^2 - 7)$

Dowód: Zauważmy, że

$p^2 - 7 = p^2 - 1 - 6 = (p-1)(p+1) - 6$

Liczba $p$ jest liczbą pierwszą większą od 3, jest więc liczbą nieparzystą. Zatem liczby $p-1$ i $p+1$ są parzyste, w szczególności ich iloczyn jest liczbą parzystą (jak wiesz z poprzedniego przykładu, ten iloczyn jest nawet podzielny przez 8). Liczby

$p-1, p, p+1$

to trzy kolejne liczby naturalne, zatem jedna z tych liczb jest podzielna przez 3 i nie jest to liczba $p$ (dlaczego?). Zatem iloczyn $(p-1)(p+1)$ jest podzielny przez $2 \cdot 3$ (czyli przez 6), więc

$p^2 - 7 = (p-1)(p+1) - 6 = 6k - 6 = 6(k-1)$, gdzie $k$ jest pewną liczbą naturalną.

A to znaczy, że

$6|(p^2 - 7)$, co kończy dowód.

## Przykład 3.

Wykażemy, że dla dowolnych liczb rzeczywistych $x, y$ mamy $|x+y| \leqslant |x| + |y|$.

Założenie: $x, y$ – dowolne liczby rzeczywiste

Teza: $|x+y| \leqslant |x| + |y|$

Dowód będzie składał się z dwóch części.

Dowód:

1) Załóżmy dodatkowo, że $x + y \geqslant 0$, wtedy $|x+y| = x+y$. Z definicji wartości bezwzględnej wynika, że dla dowolnych liczb rzeczywistych $x, y$ prawdziwe są nierówności

$x \leqslant |x|$ i $y \leqslant |y|$

Mamy zatem:

$|x+y| = x+y \leqslant |x| + |y|$, czyli

$|x+y| \leqslant |x| + |y|$, co kończy dowód pierwszej części twierdzenia.

2) Załóżmy teraz, że $x+y < 0$, wtedy $|x+y| = -(x+y)$. Z definicji wartości bezwzględnej wynika, że dla dowolnych liczb rzeczywistych $x, y$ prawdziwe są nierówności

$-x \leqslant |x|$ i $-y \leqslant |y|$

Mamy zatem:

$|x+y| = -(x+y) = (-x) + (-y) \leqslant |x| + |y|$, czyli

$|x+y| \leqslant |x| + |y|$, co kończy dowód drugiej części twierdzenia.

Rozpatrzyliśmy wszystkie przypadki (ze względu na znak sumy $x+y$), zatem dowód twierdzenia został zakończony.

Innym rodzajem dowodu jest **dowód nie wprost**. Polega on na zaprzeczeniu tezy dowodzonego twierdzenia i wykazaniu, że przyjęcie takiego zaprzeczenia prowadzi do sprzeczności (z założeniem dowodzonego twierdzenia lub z wcześniej udowodnionym twierdzeniem, lub z aksjomatem). Zatem rozpatrywane twierdzenie należy uznać za prawdziwe.

## Przykład 4.

Wykażemy, że jeśli $\sqrt{5}$ jest liczbą niewymierną, to liczba $a + b\sqrt{5}$, gdzie $a \in \boldsymbol{W}, b \in \boldsymbol{W}$ i $b \neq 0$, też jest liczbą niewymierną.

Założenie: $\sqrt{5}$ jest liczbą niewymierną; $a \in \boldsymbol{W}, b \in \boldsymbol{W}$ i $b \neq 0$
Teza: liczba $a + b\sqrt{5}$ jest liczbą niewymierną

Dowód:
Załóżmy, że liczba $a + b\sqrt{5}$ jest liczbą wymierną. To znaczy (na mocy definicji liczby wymiernej), że istnieją takie liczby całkowite $p$, $q$, gdzie $q \neq 0$, dla których

$$a + b\sqrt{5} = \frac{p}{q}, \text{ zatem } b\sqrt{5} = \frac{p}{q} - a, \text{ czyli } b\sqrt{5} = \frac{p - aq}{q}, \quad \text{skąd } \sqrt{5} = \frac{p - aq}{qb}.$$

Wyrażenie $qb$ oznacza liczbę wymierną różną od zera (jako iloczyn liczb wymiernych różnych od zera) oraz wyrażenie $p - aq$ oznacza liczbę wymierną (jako różnica liczb wymiernych). Iloraz liczb wymiernych jest również liczbą wymierną. Otrzymaliśmy sprzeczność z założeniem $\left(\sqrt{5}\right.$ jest liczbą niewymierną$\left.\right)$. Prawdziwe jest więc twierdzenie „jeśli $\sqrt{5}$ jest liczbą niewymierną, to liczba $a + b\sqrt{5}$, gdzie $a \in \boldsymbol{W}, b \in \boldsymbol{W}$ i $b \neq 0$, też jest liczbą niewymierną".

## Przykład 5.

Wykażemy, że liczb pierwszych jest nieskończenie wiele.

Założenie: $P$ – zbiór wszystkich liczb pierwszych
Teza: zbiór $P$ jest nieskończony

Dowód: Załóżmy, że zbiór $P$ jest skończony, czyli istnieje $k$ liczb pierwszych, gdzie $k$ jest pewną liczbą naturalną. Oznaczmy te liczby: $p_1, p_2, p_3, ..., p_k$. Rozważmy liczbę $n$,

$$n = p_1 \cdot p_2 \cdot p_3 \cdot ... \cdot p_k + 1$$

Liczba $n$ jest liczbą naturalną, większą od 1 i nie jest podzielna przez żadną z liczb $p_1$, $p_2, p_3, ..., p_k$ (gdyby bowiem liczba $n$ była podzielna np. przez $p_1$, to również przez $p_1$ podzielna byłaby liczba 1, a jedynym naturalnym dzielnikiem 1 jest 1). Otrzymaliśmy sprzeczność z twierdzeniem: „każda liczba naturalna większa od 1 ma dzielnik będący liczbą pierwszą". Prawdziwe jest więc twierdzenie „zbiór liczb pierwszych $P$ jest nieskończony".

## Przykład 6.

Wykażemy, że jeśli proste $k, l, m$ leżą na płaszczyźnie $\pi$ i prosta $k$ jest równoległa do prostej $m$ oraz prosta $l$ jest równoległa do prostej $m$, to proste $k, l$ są do siebie równoległe.

Założenie: $k, l, m \subset \pi$ i $k \parallel m$ i $l \parallel m$
Teza: $k \parallel l$

Dowód: Załóżmy, że proste $k, l$ nie są do siebie równoległe. To znaczy, że przecinają się w punkcie; oznaczmy ten punkt przez $A$. Zatem przez punkt $A$ przechodzą dwie proste $(k, l)$ równoległe do prostej $m$. Jest to sprzeczne z aksjomatem Euklidesa: „Przez punkt nieleżący na prostej można poprowadzić tylko jedną prostą równoległą do danej prostej".

Niektóre twierdzenia można dowodzić zarówno wprost, jak i nie wprost.

## Przykład 7.

Wykażemy, że jeśli $x + y = 6$, $x \in \boldsymbol{R}$ i $y \in \boldsymbol{R}$, to $x^2 + y^2 \geqslant 18$.

Założenie: $x + y = 6$, $x \in \boldsymbol{R}$ i $y \in \boldsymbol{R}$

Teza: $x^2 + y^2 \geqslant 18$

Dowód (wprost):

Z założenia $x + y = 6$ wynika, że $y = 6 - x$, zatem

$x^2 + y^2 = x^2 + (6 - x)^2 =$ (stosujemy wzór skróconego mnożenia na kwadrat różnicy)

$= x^2 + 36 - 12x + x^2 = 2x^2 - 12x + 36 =$ (wyłączamy liczbę 2 przed nawias)

$= 2(x^2 - 6x + 18) = 2(x^2 - 6x + 9 + 9) =$ (stosujemy wzór skróconego mnożenia na kwadrat różnicy)

$= 2[(x - 3)^2 + 9] = 2(x - 3)^2 + 18$

Otrzymaliśmy zależność:

$$x^2 + y^2 = 2(x - 3)^2 + 18$$

Dla dowolnej liczby $x$, $x \in \boldsymbol{R}$, prawdziwa jest nierówność

$2(x - 3)^2 \geqslant 0$, więc

$2(x - 3)^2 + 18 \geqslant 18$, czyli

$x^2 + y^2 \geqslant 18$, co kończy dowód.

Dowód (nie wprost):

Załóżmy, że $x^2 + y^2 < 18$. Ponieważ $x + y = 6$, zatem $y = 6 - x$, więc

$x^2 + (6 - x)^2 < 18$

$x^2 + 36 - 12x + x^2 < 18 \quad / -18$

$2x^2 - 12x + 18 < 0 \quad / :2$

$x^2 - 6x + 9 < 0$ (stosujemy wzór skróconego mnożenia na kwadrat różnicy)

$(x - 3)^2 < 0$

Otrzymaliśmy sprzeczność z twierdzeniem „kwadrat dowolnej liczby rzeczywistej jest liczbą nieujemną".

Zatem twierdzenie „jeśli $x + y = 6$, $x \in \boldsymbol{R}$ i $y \in \boldsymbol{R}$, to $x^2 + y^2 \geqslant 18$" jest zdaniem prawdziwym.

### Sprawdź, czy rozumiesz

1. Wykaż, że jeśli $x + y = 4$ i $x, y \in \boldsymbol{R}$, to $x^2 + y^2 \geqslant 4$.
2. Wykaż, że jeśli $(a + b)(c + d) = (a + c)(b + d)$ i $a, b, c, d \in \boldsymbol{R}$, to $a = d$ lub $b = c$.
3. Wykaż, że jeśli $a > 3b$, $b > 0$ i $a, b \in \boldsymbol{R}$, to $\frac{a - b}{2b} > 1$.

# Określenie logarytmu

Wiesz, że liczbę 4 należy podnieść do potęgi 2, aby otrzymać 16 $\left(4^2 = 16\right)$. Natomiast liczbę 4 należy podnieść do potęgi $\frac{1}{2}$, aby otrzymać 2 $\left(4^{\frac{1}{2}} = \sqrt{4} = 2\right)$. A do jakiej potęgi należy podnieść liczbę 4, by otrzymać 12? Widać, że to nie będzie taka „ładna" liczba, jak w poprzednich dwóch przypadkach. W takiej sytuacji wygodnie jest posłużyć się terminem „logarytm".

**Definicja 1.**
**Logarytmem** liczby dodatniej $b$ przy podstawie $a$, dodatniej i różnej od jedności, nazywamy liczbę $c$, do której należy podnieść podstawę $a$, aby otrzymać liczbę $b$.

Zapis symboliczny:

Jeśli $a > 0 \wedge a \neq 1 \wedge b > 0$, to $\left(\log_a b = c \underset{\text{z def.}}{\Leftrightarrow} a^c = b\right)$

liczba logarytmowana $b > 0$

$$\log_a b = c$$

logarytm liczby $b$ przy podstawie $a$

podstawa logarytmu $a > 0$ i $a \neq 1$

Wracając do pytania z początku tematu: aby otrzymać 12, liczbę 4 należy podnieść do potęgi $\log_4 12$ ( = 1,7924812503... ).

**Przykład 1.**

$\log_2 8 = 3$, bo $2^3 = 8$

$\log_2 2 = 1$, bo $2^1 = 2$

$\log_2 \sqrt{2} = \frac{1}{2}$, bo $2^{\frac{1}{2}} = \sqrt{2}$

$\log_2 1 = 0$, bo $2^0 = 1$

$\log_2 \frac{1}{\sqrt[3]{4}} = -\frac{2}{3}$, bo $2^{-\frac{2}{3}} = \frac{1}{\sqrt[3]{4}}$

$\log_2 \frac{1}{4} = -2$, bo $2^{-2} = \frac{1}{4}$

Ważną rolę w matematyce i naukach matematyczno-przyrodniczych odgrywa m.in. logarytm przy podstawie 10, nazywany **logarytmem dziesiętnym**. Logarytm dziesiętny liczby $b$ oznaczamy $\log b$.

## Przykład 2.

$\log 0{,}001 = -3$
$\log 0{,}1 = -1$
$\log 1 = 0$
$\log 2 = 0{,}301029995663\ldots$ (wartość obliczona na kalkulatorze)
$\log 10 = 1$
$\log 11 = 1{,}041392685158\ldots$ (wartość obliczona na kalkulatorze)
$\log 100 = 2$
$\log 100\,000 = 5$

Bezpośrednio z definicji wynikają następujące własności logarytmu:

### Twierdzenie 1.

Jeśli $a \in \boldsymbol{R}_+ - \{1\}$, $b \in \boldsymbol{R}_+$ i $r \in \boldsymbol{R}$, to:

a) $\log_a a = 1$
b) $\log_a 1 = 0$
c) $\log_a a^r = r$
d) $a^{\log_a b} = b$.

Dowód własności d):
Oznaczmy $\log_a b = c$; wówczas na podstawie definicji logarytmu możemy zapisać: $a^c = b$, stąd otrzymujemy $a^{\log_a b} = a^c = b$

## Przykład 3.

$\pi^{\log_\pi 7} = 7 \qquad 1{,}9^{\log_{1,9} 25} = 25$

A oto kolejne, ważne własności logarytmów:

### Twierdzenie 2.

Jeśli $a, b \in \boldsymbol{R}_+ - \{1\}$, $c, x, y \in \boldsymbol{R}_+$ i $r \in \boldsymbol{R}$, to:

a) $\log_a(x \cdot y) = \log_a x + \log_a y$
b) $\log_a \frac{x}{y} = \log_a x - \log_a y$
c) $\log_a x^r = r \cdot \log_a x$
d) $\log_b c = \frac{\log_a c}{\log_a b}$

Dowód:
Pierwsze trzy wzory wynikają bezpośrednio z własności działań na potęgach:

$a^d \cdot a^e = a^{d+e}$

$\frac{a^d}{a^e} = a^{d-e}$

$\left(a^e\right)^r = a^{r \cdot e}$

Jeśli bowiem oznaczymy $\log_a x = d$ i $\log_a y = e$, to zgodnie z definicją logarytmu otrzymujemy $x = a^d$ oraz $y = a^e$. Zatem:

$$\log_a(x \cdot y) = \log_a\left(a^d \cdot a^e\right) = \log_a\left(a^{d+e}\right) = d + e = \log_a x + \log_a y$$

$$\log_a \frac{x}{y} = \log_a \frac{a^d}{a^e} = \log_a a^{d-e} = d - e = \log_a x - \log_a y$$

$$\log_a x^r = \log_a\left(a^d\right)^r = \log_a a^{r \cdot d} = r \cdot d = r \cdot \log_a x$$

Udowodnimy teraz własność d) nazywaną „wzorem na zamianę podstaw logarytmu". Wykorzystamy wzór d) z twierdzenia 1. i wzór c) z twierdzenia 2. Mamy:

$$\log_a c \underset{\text{tw. 1d}}{=} \log_a b^{\log_b c} \underset{\text{tw. 2c}}{=} \log_b c \cdot \log_a b, \text{ stąd } \frac{\log_a c}{\log_a b} = \log_b c.$$

Wzór ten pozwala zamienić logarytm o dowolnej podstawie np. na iloraz logarytmów dziesiętnych, których wartości łatwo jest obliczać, korzystając z kalkulatora.

## Przykład 4.

Obliczymy wartości poniższych wyrażeń, korzystając z ostatniego twierdzenia.

a) $\log_3 4{,}5 + \log_3 6 = \log_3(4{,}5 \cdot 6) = \log_3 27 = 3$ (twierdzenie 2a)

b) $\log_5 100 - \log_5 4 = \log_5(100 : 4) = \log_5 25 = 2$ (twierdzenie 2b)

c) $\log_7 2401 = \log_7 7^4 = 4 \cdot \log_7 7 = 4 \cdot 1 = 4$ (twierdzenie 2c i 1a)

d) $\dfrac{\log_4 216}{\log_4 6} = \log_6 216 = \log_6 6^3 = 3 \cdot \log_6 6 = 3$ (twierdzenie 2d, 2c i 1a)

## Przykład 5.

Wiedząc, że $\log 3 = a$ i $\log 5 = b$, wyznaczymy $\log 45$, w zależności od $a$ i $b$.

$$\log 45 = \log(9 \cdot 5) \underset{\text{tw. 2a}}{=} \log 9 + \log 5 = \log 3^2 + \log 5 \underset{\text{tw. 2c}}{=} 2\log 3 + \log 5 = 2a + b$$

Liczba $\log 45$ jest równa $2a + b$.

## Przykład 6.

Obliczymy wartość wyrażenia $\sqrt{10^{2+\frac{1}{2}\log 16}}$.

$$\sqrt{10^{2+\frac{1}{2}\log 16}} = \left(10^{2+\frac{1}{2}\log 16}\right)^{\frac{1}{2}} \underset{(a^m)^n = a^{m \cdot n}}{\overset{\uparrow}{=}} 10^{1+\frac{1}{4}\log 16} \underset{a^{m+n} = a^m \cdot a^n}{\overset{\uparrow}{=}} 10 \cdot 10^{\frac{1}{4}\log 16} \underset{n \cdot \log_a x = \log_a x^n}{\overset{\uparrow}{=}}$$

$$= 10 \cdot 10^{\log 16^{\frac{1}{4}}} = 10 \cdot 10^{\log 2} \underset{a^{\log_a b} = b}{\overset{\uparrow}{=}} 10 \cdot 2 = 20$$

Wartość wyrażenia jest równa 20.

### Przykład 7.

Obliczymy wartość wyrażenia $\log_3 4 \cdot \log_4 5 \cdot \log_5 7 \cdot \log_7 9$.

Zastosujemy wzór na zamianę podstaw logarytmu i przedstawimy dane wyrażenie w zależności od logarytmu przy podstawie 3.

$$\log_3 4 \cdot \log_4 5 \cdot \log_5 7 \cdot \log_7 9 = \log_3 4 \cdot \frac{\log_3 5}{\log_3 4} \cdot \frac{\log_3 7}{\log_3 5} \cdot \frac{\log_3 9}{\log_3 7} = \log_3 9 = 2$$

Wartość wyrażenia jest równa 2.

Odkrycie logarytmów w XVII wieku przyczyniło się do rozwoju astronomii, handlu, nawigacji, ponieważ posługiwanie się logarytmami znacznie ułatwiało wykonywanie skomplikowanych obliczeń. Logarytmy „zamieniały" mnożenie liczb na łatwiejsze do wykonania dodawanie, dzielenie – na odejmowanie, pierwiastkowanie – na dzielenie. Te własności logarytmów pozwoliły skonstruować suwak logarytmiczny – przyrząd, który przez ponad trzysta lat ułatwiał szybkie wykonywanie przybliżonych obliczeń. Suwak logarytmiczny był w powszechnym użyciu (głównie przez inżynierów) jeszcze w latach sześćdziesiątych XX wieku.
Logarytmy odkrył matematyk szkocki John Neper około roku 1614. Przyjaciel Nepera, Henry Briggs, matematyk angielski, wprowadził – znane nam – logarytmy dziesiętne.

Współczesne zastosowania logarytmów omówimy w następnym temacie.

### Sprawdź, czy rozumiesz

1. Oblicz:
   a) $\log_2 4$ b) $\log 0{,}01$ c) $\log_3 \frac{1}{3}$ d) $\log_6 \frac{1}{36}$
   e) $\log_{\sqrt{3}} 9$ f) $\log_{\frac{1}{3}} 81$ g) $\log_{\frac{1}{2}} \sqrt{2}$ h) $\log_{\frac{1}{5}} \sqrt[3]{5}$

2. Oblicz:
   a) $\log_3 \frac{2}{3} + \log_3 \frac{1}{6}$ b) $\log_4 10 + \log_4 \frac{2}{5}$ c) $\log_2 48 - \log_2 3$
   d) $\log_5 \sqrt{10} - \log_5 \sqrt{2}$ e) $\log_3 9^6 - \log 10^5$ f) $5^{\log_5 4} + 10^{\log 3}$
   g) $\log_2 5 \cdot \log_5 8$ h) $\log 0{,}3 \cdot \log_{0{,}3} 10$ i) $\frac{\log_3 7}{\log_3 49}$

3. Niech $\log 2 = a$ i $\log 3 = b$. Wyraź za pomocą $a$ i $b$ poniższe wyrażenia:
   a) $\log 192$ b) $\log \sqrt{48}$ c) $\frac{\log_5 10}{\log_5 60}$ d) $\log 8 \cdot \log_8 \sqrt{6}$

4. Wyznacz $k$, dla którego liczba $b$ należy do przedziału $(k, k+1)$, gdzie $k \in \mathbf{C}$, jeśli:
   a) $\log_{100} b = -\frac{1}{2}$ b) $\log_{0{,}6} b = -3$ c) $\log_4 b = \frac{1}{3}$
   d) $\log_3 b = 1{,}5$ e) $\log_{\sqrt{32}} b = -0{,}4$ f) $\log_\pi b = 2$

# Zastosowanie logarytmów

Jak pamiętasz, każdą liczbę dodatnią $x$ można zapisać w postaci $x = a \cdot 10^n$, gdzie $a \in \langle 1, 10)$ i $n \in \boldsymbol{C}$. Obliczmy logarytm dziesiętny liczby zapisanej w takiej postaci:

$$\log x = \log\left(a \cdot 10^n\right) = \log a + \log 10^n = \log a + n$$

Zauważmy, że $0 \leqslant \log a < 1$, natomiast $n$ jest największą liczbą całkowitą nieprzekraczającą $\log x$, zatem:

- $\log a$ jest mantysą (częścią ułamkową) logarytmu $x$
- $n$ jest cechą (częścią całkowitą) logarytmu $x$.

Dalej będziemy zajmować się liczbami $x \geqslant 1$. Jeśli $x \geqslant 1$ i $x = a \cdot 10^n$, gdzie $a \in \langle 1, 10)$, to $n \in \boldsymbol{N}$ i $(n + 1)$ jest liczbą cyfr części całkowitej liczby $x$, np.:

$$\underbrace{1275}_{3+1=4\text{ cyfry}},12 = 1{,}27512 \cdot 10^3$$

$$\underbrace{87}_{1+1=2\text{ cyfry}},519 = 8{,}7519 \cdot 10^1$$

$$\underbrace{100000}_{5+1=6\text{ cyfr}} = 1 \cdot 10^5$$

Tak więc cecha logarytmu dziesiętnego liczby $x$ większej niż 1 jest o jeden mniejsza od liczby cyfr części całkowitej liczby $x$. Tę własność logarytmu dziesiętnego można wykorzystać do szacowania i porównywania liczb.

## Przykład 1.

Obliczymy (posługując się kalkulatorem), ile cyfr rozwinięcia dziesiętnego mają liczby $9^{99}$ i $9^{9^9}$. Następnie zapiszemy przybliżenia tych liczb w notacji wykładniczej.

Obliczamy $\log 9^{99}$. Korzystamy najpierw z własności logarytmu, następnie $\log 9$ obliczamy na kalkulatorze:

$$\log 9^{99} = 99 \cdot \log 9 = \underbrace{94}_{\text{cecha}},\underbrace{4700084...}_{\text{mantysa}}$$

Liczba $9^{99}$ ma w rozwinięciu dziesiętnym 95 cyfr $(94 + 1)$. Niech teraz

$$9^{99} = a_1 \cdot 10^{n_1}, \quad a_1 \in \langle 1, 10), \text{ zatem}$$

$$\log a_1 = 0{,}4700084... \quad \text{i} \quad n_1 = 94$$

$$a_1 = 10^{0{,}4700084...} \approx 2{,}95127$$

Otrzymaliśmy oszacowanie liczby $9^{99}$.

$$9^{99} \approx 2{,}95127 \cdot 10^{94}$$

Analogiczne obliczenia wykonujemy dla liczby $9^{9^9}$.

$$\log 9^{9^9} = 9^9 \cdot \log 9 = 387\,420\,489 \cdot \log 9 = \underbrace{36\,963\,099}_{\text{cecha}},\underbrace{6315703587\ldots}_{\text{mantysa}}$$

Liczba $9^{9^9}$ w zapisie dziesiętnym ma 369 963 100 (trzysta sześćdziesiąt dziewięć milionów dziewięćset sześćdziesiąt trzy tysiące sto) cyfr! Oznaczmy:

$$9^{9^9} = a_2 \cdot 10^{n_2},\ a_2 \in \langle 1, 10),\ \text{zatem}$$

$$\log a_2 = 0{,}6315703\ldots \qquad n_2 = 369\,693\,099$$

$$a_2 = 10^{0{,}6315703\ldots} \approx 4{,}28124$$

Ostatecznie otrzymujemy:

$$9^{9^9} \approx 4{,}28124 \cdot 10^{369\,693\,099} \quad \text{oraz}$$

$$9^{99} \approx 2{,}95127 \cdot 10^{94}$$

Zastanów się, jak można interpretować cechę logarytmu dziesiętnego liczby $x$, jeśli $x \in (0, 1)$. Zwróć uwagę, by właściwie określać cechy takich liczb, np.

$$\log 0{,}00215 = -2{,}66756154 = \underbrace{-3}_{\text{cecha}} + \underbrace{0{,}33243846\ldots}_{\text{mantysa}}$$

Logarytmy dziesiętne znalazły też zastosowanie w chemii. Mają one związek z określaniem odczynu roztworu. Odczyn roztworu to cecha roztworu związana ze stężeniem jonów wodorowych $[H^+]$ i stężeniem jonów wodorotlenkowych $[OH^-]$. Jeśli stężenia jonów są równe, $[H^+] = [OH^-]$, mówimy, że odczyn roztworu jest obojętny; jeśli $[H^+] > [OH^-]$ mówimy, że odczyn roztworu jest kwaśny (lub że jest to roztwór kwasu); jeśli $[H^+] < [OH^-]$, to odczyn roztworu nazywamy zasadowym (lub mówimy, że jest to roztwór zasady). W każdym roztworze wodnym iloczyn stężeń jonów wodorowych i wodorotlenkowych jest stały i wynosi $10^{-14}$ mol/dm$^3$. W chemicznie czystej wodzie (odczyn obojętny) stężenia $[H^+]$ i $[OH^-]$ są równe, zatem

$$[H^+] = 10^{-7}\ \text{mol/dm}^3 \quad [OH^-] = 10^{-7}\ \text{mol/dm}^3$$

W roztworze kwasu mamy stężenie jonów wodorowych większe niż $10^{-7}$ mol/dm$^3$, a w roztworze zasady mamy stężenie $[H^+]$ mniejsze niż $10^{-7}$ mol/dm$^3$. Określanie odczynu roztworu przez podanie stężenia $[H^+]$ (lub $[OH^-]$) nie jest wygodne ze względu na dużą rozpiętość omawianych stężeń. Chemicy posługują się „stopniami kwasowości", zwanymi pH, określonymi wzorem

$$\text{pH} = -\log[H^+]$$

Dla chemicznie czystej wody mamy

$$\text{pH} = -\log 10^{-7} = 7$$

Zauważ, że roztwory o odczynie kwaśnym mają pH mniejsze od 7, a roztwory o odczynie zasadowym mają pH większe od 7. Wartość pH roztworów wodnych waha się w przedziale od 0 do 14.

## Przykład 2.

Stężenie jonów wodorowych w occie wynosi $1{,}26 \cdot 10^{-3}$ mol/dm$^3$. Obliczymy pH octu.

$$pH = -\log\left(1{,}26 \cdot 10^{-3}\right) \approx 2{,}9$$

Dla octu pH wynosi ok. 2,9.

Podamy jeszcze przykład zastosowania logarytmów w fizyce (dokładniej – w akustyce).

Natężenie dźwięku jest miarą siły dźwięku. Określa średnią ilość energii akustycznej, przepływającej w jednostce czasu przez jednostkę powierzchni prostopadłą do kierunku rozchodzenia się fali dźwiękowej. Jednostką natężenia dźwięku jest wat na centymetr kwadratowy (W/cm$^2$). W zakresie słyszalności człowieka dla dźwięku o częstotliwości 1000 Hz natężenie dźwięku przyjmuje wartość od $10^{-12}$ W/cm$^2$ do $10^2$ W/cm$^2$. Pierwsza wartość odpowiada progowi słyszalności, druga – granicy bólu. Posługiwanie się natężeniem dźwięku nie jest wygodne, bowiem stosunek największej wartości natężenia do najmniejszej wyraża się bardzo dużą liczbą ($10^{14}$). Dlatego w akustyce wprowadzono pojęcie poziomu natężenia dźwięku $L$, który określa względną wartość natężenia następującym wzorem:

$$L = 10 \log \frac{I}{I_0}$$

gdzie $I_0 = 10^{-12}$ W/cm$^2$, natomiast $I$ to badane natężenie dźwięku.

Jednostką poziomu natężenia dźwięku jest decybel (dB). Jest to jedna dziesiąta jednostki zwanej belem (B). Nazwa „bel" pochodzi od nazwiska wynalazcy telefonu, Alexandra Bella.

Progowi słyszalności odpowiada:

$$10 \log \frac{10^{-12}\ \mathrm{W/cm^2}}{10^{-12}\ \mathrm{W/cm^2}} = 10 \log 1 = 0\ (\mathrm{dB})$$

a granicy bólu:

$$10 \log \frac{10^{2}\ \mathrm{W/cm^2}}{10^{-12}\ \mathrm{W/cm^2}} = 10 \log 10^{14} = 140\ (\mathrm{dB})$$

Dla porównania podamy jeszcze kilka wielkości:
- szelest liści – ok. 10 dB
- rozmowa – ok. 60 dB
- przejeżdżający samochód – ok. 70 dB
- głośna muzyka – ok. 110 dB
- startujący samolot odrzutowy (w pobliżu) – ok. 130 dB.

Przebywanie w hałasie większym niż 90 dB może doprowadzić do uszkodzenia słuchu.

Wprowadzenie skali decybelowej pozwoliło wyrazić wielką rozpiętość natężeń dźwięków w zakresie 0 do 140 jednostek.

## Przykład 3.

Gdy kierowca jechał samochodem osobowym z prędkością 60 km/h, to poziom natężenia hałasu (we wnętrzu samochodu) wynosił 65 dB. Po wjeździe na autostradę kierowca zwiększył prędkość do 130 km/h i wówczas poziom natężenia hałasu podniósł się do 72 dB. Obliczymy, ile razy głośniej zrobiło się w samochodzie.
Przyjmijmy następujące oznaczenia:
$I_1$ – natężenie hałasu w samochodzie jadącym z prędkością 60 km/h
$I_2$ – natężenie hałasu w samochodzie jadącym z prędkością 130 km/h
$I_0$ – natężenie dźwięku odpowiadające progowi słyszalności.

Szukamy wartości wyrażenia: $\frac{I_2}{I_1}$.

Z wcześniejszych rozważań wynika, że prawdziwe są następujące dwie równości:

$$65 = 10 \cdot \log\frac{I_1}{I_0} \quad \text{i} \quad 72 = 10 \cdot \log\frac{I_2}{I_0}$$

Równości te odejmujemy stronami i otrzymujemy:

$$72 - 65 = 10 \cdot \left[\log\frac{I_2}{I_0} - \log\frac{I_1}{I_0}\right]$$

$$7 = 10 \cdot \log\frac{I_2 \cdot I_0}{I_0 \cdot I_1} \quad /:10$$

$$0{,}7 = \log\frac{I_2}{I_1}$$

$$\frac{I_2}{I_1} = 10^{0{,}7}$$

$$\frac{I_2}{I_1} \approx 5{,}01$$

Po zwiększeniu prędkości w samochodzie zrobiło się pięć razy głośniej.

### Sprawdź, czy rozumiesz

1. Dla mleka pH jest równe 6,6. Oblicz stężenie jonów wodorowych w mleku.
2. Oblicz, o ile decybeli wzrośnie poziom natężenia dźwięku, jeśli siłę dźwięku zwiększymy dwukrotnie.
3. Największa znana liczba pierwsza (2011 r.) jest równa $2^{43\,112\,609} - 1$.
   a) Ile cyfr w zapisie dziesiętnym ma ta liczba?
   b) Zapisz przybliżenie danej liczby pierwszej w postaci $a \cdot 10^n$, gdzie $a \in \langle 1, 10)$ i $n \in \mathbf{N}$.

Wskazówka do a):
Zauważ, że dana liczba pierwsza ma w zapisie dziesiętnym tyle cyfr, ile ma liczba $2^{43\,112\,609}$.

# Przekształcanie wzorów

Umiejętność przekształcania wzorów jest niezbędna do nauki matematyki, fizyki, chemii i wielu innych przedmiotów.
Wzory możemy podzielić na trzy grupy:

- I grupa – wzory, które nie zawierają ułamków, np.:
  $p = mv$ $\quad F = ma$ $\quad C_P = C_V + R$ $\quad \omega(t) = \omega_0 + \varepsilon t$
- II grupa – wzory, które zawierają ułamki, ale nie występują w nich działania dodawania (odejmowania), np.:
  $\frac{M}{I} = \varepsilon$ $\quad E = \frac{mv^2}{2}$ $\quad \frac{p_1V_1}{T_1} = \frac{p_2V_2}{T_2}$ $\quad F = G \cdot \frac{m_1m_2}{r^2}$
- III grupa – wzory, które zawierają ułamki i występują w nich działania dodawania lub odejmowania, np.:
  $\frac{1}{f} = \frac{1}{x} + \frac{1}{y}$ $\quad \eta = \frac{T_1 - T_2}{T_1}$ $\quad I = \frac{\varepsilon}{R_z + R_w}$

Analizując poniższe przykłady, podaj założenia, przy jakich omawiane przekształcenia wzorów mają sens.

Najpierw zajmiemy się I grupą wzorów.

## Przykład 1.

a) Dany jest wzór $U = R \cdot I$, który opisuje wielkość $U$ za pomocą iloczynu dwóch innych wielkości: $R$ oraz $I$. Z tego wzoru można wyznaczyć $R$ w zależności od $U$ i $I$, a także $I$ w zależności od $U$ i $R$. Zgodnie z prawami działań możemy podzielić równość stronami przez $R$ albo przez $I$.

| | |
|---|---|
| $U = R \cdot I \quad / : R$ | Dzielimy wzór stronami przez $R$. |
| $\frac{U}{R} = \frac{{}^1\cancel{R} \cdot I}{\cancel{R}_1}$ | Skracamy przez $R$ ułamek po prawej stronie powstałej równości. |
| $\frac{U}{R} = I$, czyli $I = \frac{U}{R}$ | Wyznaczyliśmy $I$ jako iloraz $U$ przez $R$. |
| $U = R \cdot I \quad / : I$ | Dzielimy wzór stronami przez $I$. |
| $\frac{U}{I} = \frac{R \cdot \cancel{I}_1}{\cancel{I}_1}$ | Skracamy przez $I$ ułamek po prawej stronie powstałej równości. |
| $\frac{U}{I} = R$, czyli $R = \frac{U}{I}$ | Wyznaczyliśmy $R$ jako iloraz $U$ przez $I$. |

b) Wyznaczymy wielkość $a$ ze wzoru $V = V_0 + a \cdot t$. Powyższy wzór opisuje $V$ jako sumę dwóch wyrażeń $V_0$ oraz $a \cdot t$. Możemy najpierw przekształcić dany wzór w taki sposób, aby po jego prawej stronie pozostał iloczyn $a \cdot t$; a następnie skorzystać z rozumowania przedstawionego w punkcie a).

| | |
|---|---|
| $V = V_0 + a \cdot t \quad / - V_0$ | Odejmujemy $V_0$ od obu stron równości. |
| $V - V_0 = a \cdot t \quad / : t$ | Dzielimy powstałą równość stronami przez $t$. |
| $\frac{V - V_0}{t} = a$, czyli $a = \frac{V - V_0}{t}$ | Wyznaczyliśmy $a$ jako iloraz $V - V_0$ przez $t$. |

Teraz omówimy przekształcanie wzorów z II grupy.

## Przykład 2.

Wyznaczymy wskazane wielkości z podanych niżej wzorów:

a) $T$ ze wzoru $f = \frac{1}{T}$ b) $V$ ze wzoru $F = \frac{mV^2}{r}$ c) $n_1$ ze wzoru $\frac{v_1}{v_2} = \frac{n_2}{n_1}$

Przekształcamy wzory tak, aby otrzymać zależności takie, jak w grupie I; następnie stosujemy metodę opisaną w poprzednim przykładzie, w punkcie a).

**Ad a)** Wielkość $T$ znajduje się w mianowniku ułamka.

| | |
|---|---|
| $f = \frac{1}{T} \quad / \cdot T$ | Mnożymy wzór stronami przez $T$. |
| $f \cdot T = 1 \quad / : f$ | Dzielimy powstałą równość stronami przez $f$. |
| $T = \frac{1}{f}$ | Otrzymujemy $T$ w zależności od $f$. |

**Ad b)** Wielkość $V$ znajduje się w liczniku ułamka.

| | |
|---|---|
| $F = \frac{mV^2}{r} \quad / \cdot r$ | Mnożymy wzór stronami przez $r$. |
| $F \cdot r = mV^2 \quad / : m$ | Dzielimy powstałą równość stronami przez $m$. |
| $\frac{Fr}{m} = V^2$ | |
| $V = \sqrt{\frac{Fr}{m}}$ | Przy założeniu, że wszystkie wielkości we wzorze mają wartość dodatnią, znajdujemy pierwiastki kwadratowe obu stron równości. |

**Ad c)** Podany wzór jest proporcją, w której jednym z wyrazów jest wielkość $n_1$.

| | |
|---|---|
| $\frac{v_1}{v_2} = \frac{n_2}{n_1}$ | Korzystamy z własności proporcji (mnożymy wyrazy „na krzyż" – zobacz str. 56) lub mnożymy wzór stronami przez iloczyn mianowników ($v_2 \cdot n_1$). |
| $v_1 \cdot n_1 = v_2 \cdot n_2 \quad / : v_1$ | Dzielimy powstałą równość stronami przez $v_1$. |
| $n_1 = \frac{v_2 \cdot n_2}{v_1}$ | |

We wzorach z III grupy występują ułamki oraz działania dodawania i odejmowania.

## Przykład 3.

Wyznaczymy wskazane wielkości z podanych obok wzorów:

a) $R_w$ ze wzoru $I = \dfrac{\varepsilon}{R_z + R_w}$

b) $T_1$ ze wzoru $\eta = \dfrac{T_1 - T_2}{T_1}$

c) $R_1$ ze wzoru $\dfrac{1}{R} = \dfrac{1}{R_1} + \dfrac{1}{R_2}$

Podobnie jak w poprzednim przykładzie, wygodnie jest „pozbyć się" najpierw mianowników ułamków.

**Ad a)**

| | | |
|---|---|---|
| $I = \dfrac{\varepsilon}{R_z + R_w}$ | $/ \cdot (R_z + R_w)$ | Mnożymy wzór stronami przez mianownik ułamka $(R_z + R_w)$. |
| $I \cdot (R_z + R_w) = \varepsilon$ | | Stosujemy prawo rozdzielności mnożenia względem dodawania po lewej stronie równości. |
| $I \cdot R_z + I \cdot R_w = \varepsilon$ | $/ - I \cdot R_z$ | Odejmujemy iloczyn $I \cdot R_z$ od obu stron równości. |
| $I \cdot R_w = \varepsilon - I \cdot R_z$ | $/ : I$ | Dzielimy powstałą równość stronami przez $I$. |
| $R_w = \dfrac{\varepsilon - I \cdot R_z}{I}$ | | |

**Ad b)**

| | | |
|---|---|---|
| $\eta = \dfrac{T_1 - T_2}{T_1}$ | $/ \cdot T_1$ | Mnożymy wzór stronami przez $T_1$. |
| $\eta \cdot T_1 = T_1 - T_2$ | $/ - T_1$ | Odejmujemy od obu stron równości $T_1$, żeby wyznaczana wielkość była tylko po jednej stronie. |
| $\eta \cdot T_1 - T_1 = -T_2$ | | Wyłączamy poza nawias $T_1$, zgodnie z prawem rozdzielności mnożenia względem odejmowania. |
| $T_1 \cdot (\eta - 1) = -T_2$ | $/ : (\eta - 1)$ | Dzielimy równość stronami przez $(\eta - 1)$. |
| $T_1 = \dfrac{-T_2}{\eta - 1}$, czyli | | Licznik i mianownik ułamka możemy pomnożyć przez $-1$. |
| $T_1 = \dfrac{T_2}{1 - \eta}$ | | |

**Ad c)** W tym wzorze prawa strona jest sumą dwóch ułamków. Wielkość $R_1$ możemy wyznaczyć na dwa sposoby:

- pomnożyć równość stronami przez iloczyn wszystkich występujących (we wzorze) mianowników i dalej postępować jak w punkcie b) lub
- pozostawić po jednej stronie równości tylko ułamek z interesującą nas wielkością $R_1$ i po drugiej stronie doprowadzić dwa ułamki do wspólnego mianownika, a następnie skorzystać z własności proporcji.

I sposób

| | |
|---|---|
| $\frac{1}{R}=\frac{1}{R_1}+\frac{1}{R_2} \quad / \cdot R \cdot R_1 \cdot R_2$ | Mnożymy wzór stronami przez $R \cdot R_1 \cdot R_2$. |
| $R_1 \cdot R_2 = R \cdot R_2 + R \cdot R_1 \quad / -RR_1$ | Odejmujemy od obu stron równości $RR_1$. |
| $R_1 \cdot R_2 - R \cdot R_1 = R \cdot R_2$ | Wyłączamy poza nawias $R_1$. |
| $R_1 \cdot (R_2 - R) = R \cdot R_2 \quad / : (R_2 - R)$ | Dzielimy równość stronami przez $(R_2 - R)$. |
| $R_1 = \frac{R \cdot R_2}{R_2 - R}$ | |

II sposób

| | |
|---|---|
| $\frac{1}{R}=\frac{1}{R_1}+\frac{1}{R_2} \quad / -\frac{1}{R_2}$ | Odejmujemy od obu stron wzoru $\frac{1}{R_2}$. |
| $\frac{1}{R}-\frac{1}{R_2}=\frac{1}{R_1}$ | Ułamki po lewej stronie równości sprowadzamy do wspólnego mianownika. |
| $\frac{R_2 - R}{R \cdot R_2}=\frac{1}{R_1}$ | Stosujemy własność proporcji (mnożymy wyrażenia „na krzyż"). |
| $(R_2 - R) \cdot R_1 = R \cdot R_2 \quad / : (R_2 - R)$ | Dzielimy równość stronami przez $(R_2 - R)$. |
| $R_1 = \frac{R \cdot R_2}{R_2 - R}$ | |

## Sprawdź, czy rozumiesz

1. Z podanych wzorów wyznacz wskazane wielkości:
   a) $p = mv$, $v$ b) $C_P = C_V + R$, $R$ c) $\omega(t) = \omega_0 + \varepsilon t$, $t$
2. Z podanych wzorów wyznacz wskazane wielkości:
   a) $\frac{M}{I} = \varepsilon$, $I$ b) $E = \frac{mv^2}{2}$, $v$ c) $F = G \cdot \frac{m_1 m_2}{r^2}$, $m_2, r$
3. Z podanych wzorów wyznacz wskazane wielkości:
   a) $v = \frac{s}{t_1 - t_2}$, $t_1, t_2$ b) $\frac{1}{f} = \frac{1}{x} + \frac{1}{y}$, $y, f$ c) $\frac{1}{R} = \frac{1}{R_1} + \frac{1}{R_2}$, $R, R_2$
4. Z podanych wzorów wyznacz wskazane wielkości:
   a) $r = \frac{a+b-c}{2}$, $b, c$ b) $P = \frac{a \cdot b \cdot c}{4 \cdot R}$, $a, R$ c) $P = \frac{a+b}{2} \cdot h$, $h, b$
   d) $h = \sqrt{c_1 \cdot c_2}$, $c_1$ e) $V = \frac{4}{3}\pi r^3$, $r$ f) $P_c = 2\pi r(r+h)$, $h$

# Średnie

Jeśli chcemy scharakteryzować w prosty sposób grupę liczb, często posługujemy się średnią tych liczb. Średnia jest zawsze zawarta między najmniejszą a największą z danych liczb (jeśli nie wszystkie liczby są równe).
Omówimy trzy typy średnich.

1) **Średnia arytmetyczna** liczb $a_1, a_2, ..., a_n$ jest równa

$$S_a = \frac{1}{n}(a_1 + a_2 + ... + a_n)$$

2) **Średnia geometryczna** liczb dodatnich $a_1, a_2, ..., a_n$ jest równa

$$S_g = \sqrt[n]{a_1 \cdot a_2 \cdot ... \cdot a_n}$$

Między średnią geometryczną a średnią arytmetyczną zachodzi następująca zależność: jeśli $a_1, a_2, ..., a_n$ są liczbami dodatnimi, to $S_g \leqslant S_a$, przy czym równość występuje tylko wtedy, gdy $a_1 = a_2 = ... = a_n$

3) **Średnia ważona** liczb $a_1, a_2, ..., a_n$ z wagami dodatnimi $w_1, w_2, ..., w_n$ jest równa

$$S_w = \frac{a_1 w_1 + a_2 w_2 + ... + a_n w_n}{w_1 + w_2 + ... + w_n}$$

## *Przykład 1.*

Tomek mierzył temperaturę powietrza o godz. $15^{00}$ – od poniedziałku do piątku. Otrzymał następujące wyniki: 17°C, 20°C, 22°C, 13°C, 18°C. Jaka była średnia temperatura powietrza w tych dniach o godz. $15^{00}$?

Obliczamy

$$\frac{1}{5}(17° + 20° + 22° + 13° + 18°) = 18°$$

Średnia temperatura była równa 18°C.

## *Przykład 2.*

Średnia płaca w zakładzie zatrudniającym 19 osób była równa 1650 zł. Po wypłaceniu pensji nowo przyjętemu pracownikowi średnia płaca dla wszystkich zatrudnionych wzrosła o 2%. Jaką płacę otrzymał nowy pracownik?

Niech $x$ oznacza pensję nowego pracownika (w zł). Po wypłaceniu pensji nowemu pracownikowi średnia płacy dla wszystkich zatrudnionych wzrosła o 2% i wynosiła $1{,}02 \cdot 1650$ (zł), czyli 1683 (zł). Stąd mamy

$$\frac{19 \cdot 1650 + x}{20} = 1683, \quad \text{skąd } x = 2310 \text{ (zł)}$$

Nowy pracownik otrzymał 2310 zł pensji.

## *Przykład 3.*

Działka ma kształt prostokąta o wymiarach 20 m na 180 m. Jakie wymiary miałaby działka kwadratowa o takim samym polu, jak działka prostokątna?
Niech $x$ oznacza długość boku działki kwadratowej ($x > 0$). Wówczas

$x^2 = 20 \cdot 180$

$x = \sqrt{20 \cdot 180}$, czyli $x = 60$ (m)

Działka kwadratowa miałaby bok długości 60 m.

## Przykład 4.

W sklepie odzieżowym cena pewnej bluzki wzrosła najpierw o 50%, następnie o 20%. Na koniec sezonu cena bluzki została obniżona o 30%. Jaka była średnia, procentowa zmiana ceny bluzki?

Niech $a$ oznacza początkową cenę bluzki w złotych. Po pierwszej podwyżce cena bluzki była równa

$1{,}5a$ (liczbę 1,5 nazwiemy „czynnikiem zmiany ceny").

Po drugiej podwyżce cena bluzki wynosiła $1{,}2 \cdot 1{,}5a$, zaś po obniżce $0{,}7 \cdot 1{,}2 \cdot 1{,}5a$. Niech $p$ oznacza średni czynnik zmiany ceny bluzki. Wówczas otrzymujemy równanie

$p^3a = 0{,}7 \cdot 1{,}2 \cdot 1{,}5a$, skąd otrzymujemy

$p = \sqrt[3]{0{,}7 \cdot 1{,}2 \cdot 1{,}5}$, czyli $p = 1{,}080082...$

Możemy powiedzieć, że przy każdej zmianie ceny bluzka drożała średnio o ok. 8%.

## Przykład 5.

Nauczyciel powiedział uczniom, że ocena semestralna jest średnią ważoną ocen cząstkowych. Przy czym najważniejsze są prace klasowe (waga 40), trochę mniej ważne są odpowiedzi ustne (waga 20), a najniżej punktowane są kartkówki (waga 10). Stopnie Marka i Jacka przedstawione są w tabeli poniżej. Jakiej oceny semestralnej może spodziewać się każdy z chłopców?

| | klasówka | odpowiedź | kartkówka | kartkówka |
|---|---|---|---|---|
| Marek | 5 | 4 | 1 | 5 |
| Jacek | 1 | 4 | 5 | 5 |

Obliczamy

$$S_w^M = \frac{5 \cdot 40 + 4 \cdot 20 + 1 \cdot 10 + 5 \cdot 10}{40 + 20 + 10 + 10} = \frac{340}{80} = 4{,}25$$

$$S_w^J = \frac{1 \cdot 40 + 4 \cdot 20 + 5 \cdot 10 + 5 \cdot 10}{40 + 20 + 10 + 10} = \frac{220}{80} = 2{,}75$$

Marek może spodziewać się czwórki, a Jacek – dwójki lub trójki.

### Sprawdź, czy rozumiesz

1. W tabeli poniżej przedstawiono liczbę godzin, w których świeciło słońce w danym miesiącu w Suwałkach i w Szczecinie.

| | I | II | III | IV | V | VI | VII | VIII | IX | X | XI | XII |
|---|---|---|---|---|---|---|---|---|---|---|---|---|
| Suwałki | 29 | 73 | 121 | 196 | 234 | 242 | 291 | 237 | 195 | 131 | 49 | 12 |
| Szczecin | 43 | 61 | 121 | 233 | 205 | 255 | 230 | 197 | 177 | 152 | 66 | 24 |

W którym mieście, średnio, liczba „słonecznych" godzin w miesiącu jest większa? O ile większa?

# 4. Geometria płaska - pojęcia wstępne

## Punkt, prosta, odcinek, półprosta, kąt, figura wypukła, figura ograniczona

Powstanie geometrii było związane z koniecznością określania powierzchni pól uprawnych (słowo *geometria* pochodzi od dwóch greckich słów: *ge* – ziemia i *metron* – miara), mierzenia długości czy objętości spichrzów na zboża. W początkowym okresie geometria stanowiła zbiór różnego rodzaju przepisów wykonywania pomiarów i obliczeń, które podawano bez żadnego uzasadnienia. Najstarsze zachowane źródła dotyczące geometrii pochodzą z Babilonii (obecnie południowy Irak) – XXI w. przed Chrystusem oraz z Egiptu – XVI w. przed Chrystusem. Około V w. przed Chrystusem geometria zaczęła się szybko rozwijać w Grecji. Tam też pojawiły się pierwsze próby formułowania i dowodzenia twierdzeń. Pierwszym, który te próby podejmował, był Tales z Miletu – filozof, matematyk, astronom i kupiec. Przypisuje się mu twierdzenie nazwane dziś jego imieniem, jak również inne twierdzenia z zakresu geometrii elementarnej (np. twierdzenie o równości kątów przy podstawie trójkąta równoramiennego).

Bardzo ważnym wydarzeniem – zarówno w rozwoju geometrii, jak i całej matematyki – było powstanie dzieła „Elementy" (ok. 300 r. przed Chrystusem). Ich autorem jest Euklides – matematyk grecki. „Elementy" składają się z 13 ksiąg, w których zawarto całą ówczesną wiedzę matematyczną. Są tam m. in. podane własności figur płaskich, twierdzenie Pitagorasa, twierdzenie Talesa, algorytm znajdowania największego wspólnego dzielnika dwóch liczb całkowitych (nazywany dziś algorytmem Euklidesa), twierdzenie mówiące, że liczb pierwszych jest nieskończenie wiele. Ostatnie trzy księgi dotyczą geometrii przestrzennej. „Elementy" są pierwszym aksjomatycznym wykładem matematyki. Z aksjomatów (czyli zdań uznanych za prawdziwe bez dowodu) oraz z przyjętych definicji, po zastosowaniu określonych reguł logicznych, wyprowadzane są kolejne twierdzenia. Euklides podał pięć aksjomatów:

I. Z dowolnego punktu można poprowadzić prostą do dowolnego innego punktu.
II. Ograniczoną prostą można dowolnie przedłużać.
III. Z każdego punktu można zakreślić okrąg o dowolnym promieniu.
IV. Wszystkie kąty proste są równe.
V. Jeżeli dwie proste na płaszczyźnie tworzą z przecinającą je prostą kąty jednostronne wewnętrzne o sumie mniejszej od dwóch kątów prostych, to te proste, po dostatecznym przedłużeniu, przetną się i to z tej właśnie strony, z której tworzą te kąty.

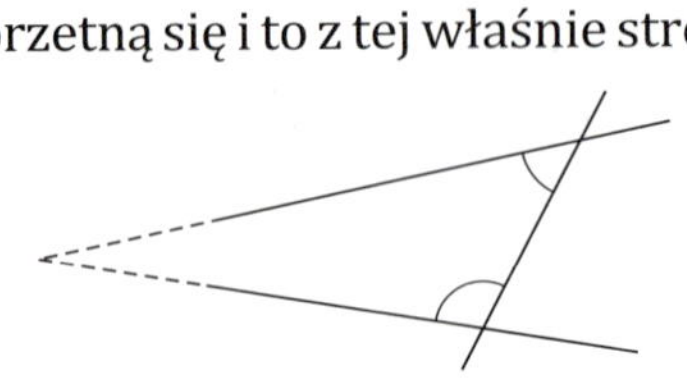

Pierwsze cztery aksjomaty są krótkie i intuicyjnie oczywiste. Natomiast V aksjomat jest dłuższy i bardziej skomplikowany. To spostrzeżenie przez wiele stuleci budziło duże zainteresowanie wśród komentatorów dzieła Euklidesa. Więcej informacji o V aksjomacie znajdziesz na str. 142.

O tym, jak doskonałym dziełem są „Elementy", świadczy fakt, że usterki w układzie aksjomatów (jest on niekompletny, nie można z niego wyprowadzić pewnych twierdzeń) dostrzeżono dopiero w XIX w., a więc ponad dwa tysiące lat od ich powstania. Przez ten czas stanowiły one nie tylko podręcznik matematyki, lecz również wzór precyzji i ścisłości dla innych nauk.

W tym rozdziale powtórzymy i usystematyzujemy Twoje wiadomości, dotyczące podstaw geometrii płaskiej.
Dowolny zbiór punktów płaszczyzny jest **figurą geometryczną płaską** (krócej: figurą płaską). Najprostszą figurą jest punkt. Punkty oznaczamy dużymi literami $A$, $B$, $C$ itd. Przez dwa dowolne punkty możemy poprowadzić tylko jedną prostą. Do prostej należy nieskończenie wiele punktów. Proste oznaczamy małymi literami $k$, $l$, $m$. Prostą przechodzącą przez dwa różne punkty $A$ i $B$ będziemy nazywać prostą $AB$ i oznaczać pr. $AB$.

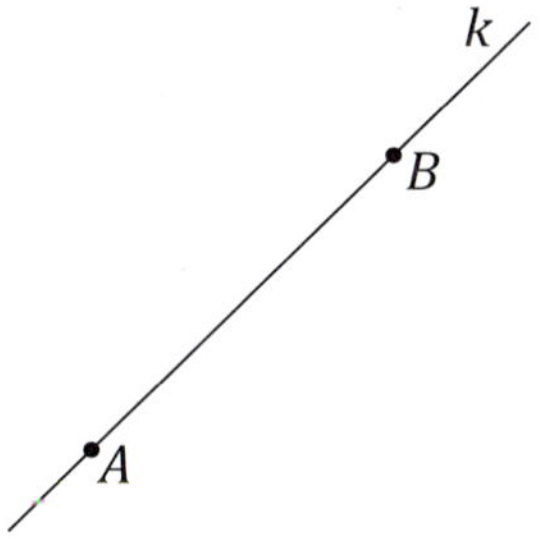


Jeśli trzy punkty należą do jednej prostej, to zawsze jeden z nich leży na prostej pomiędzy dwoma pozostałymi. O trzech (lub więcej) punktach należących do jednej prostej powiemy, że są współliniowe (rys. a). Jeśli przez trzy punkty nie można poprowadzić jednej prostej, to powiemy, że te punkty nie są współliniowe (rys. b).

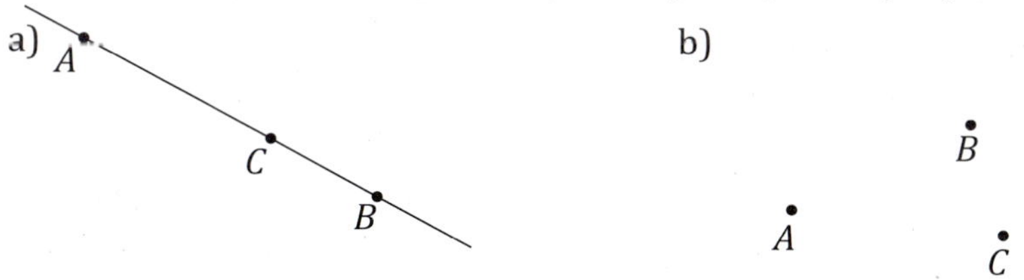


**Odcinkiem** o końcach $A$, $B$ nazywamy figurę utworzoną z punktów $A$ i $B$ oraz z wszystkich punktów prostej $AB$, leżących pomiędzy $A$ i $B$.

Aby określić długość odcinka, należy wybrać odcinek jednostkowy, czyli taki, któremu przypisujemy długość 1. Następnie ustalamy, ile razy mieści się on w odcinku $AB$. Liczbę tę nazywamy długością odcinka $AB$ i oznaczamy $|AB|$.

## Przykład 1.

Punkt $C$ należy do odcinka $DE$. Środkiem odcinka $DC$ jest punkt $A$, natomiast środkiem odcinka $CE$ jest punkt $B$. Obliczymy długość odcinka $DE$, wiedząc, że $|AB| = 17$ cm.

Z warunków zadania wynika, że

$$|DC| = 2|AC|$$

$$|CE| = 2|CB| \text{ i } |AB| = 17 \text{ (cm)}$$

Ponieważ $|DE| = |DC| + |CE|$, więc

$$|DE| = 2|AC| + 2|CB| = 2\underbrace{(|AC| + |CB|)}_{|AB|} = 2|AB| = 34 \text{ (cm)}$$

Odcinek $DE$ ma długość 34 cm.

Figurę nazywamy **figurą wypukłą** wtedy, gdy dla dowolnych punktów $A$, $B$, należących do tej figury, odcinek $AB$ zawiera się w tej figurze. Figurę, która nie jest wypukła, nazywamy **figurą wklęsłą** albo niewypukłą.

## Przykład 2.

a)

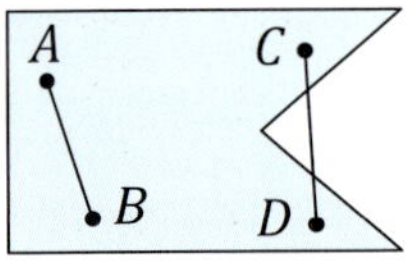


b)

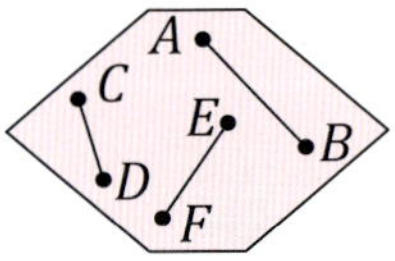


Figura na rysunku a) jest wklęsła, ponieważ istnieją takie dwa punkty (np. $C$ i $D$), należące do tej figury, dla których odcinek o końcach w tych punktach nie zawiera się w tej figurze.

Figura na rys. b) jest wypukła. Każdy odcinek wyznaczony przez dwa dowolne punkty należące do tej figury zawiera się w tej figurze.

Inne przykłady figur wklęsłych przedstawia rys. c), a figur wypukłych – rys. d).

c)

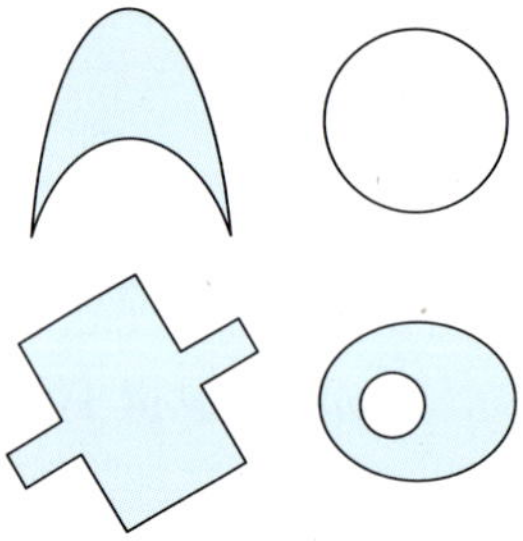

d)

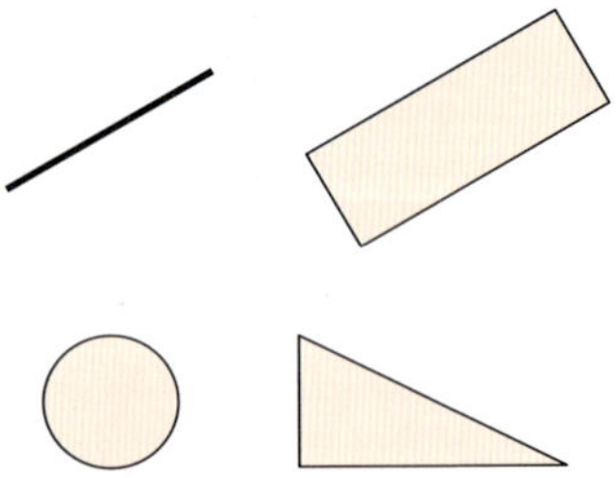

Udowodnimy twierdzenie dotyczące figur wypukłych.

### Twierdzenie 1.
Część wspólna dwóch figur wypukłych jest figura wypukłą.

Założenie: $F, G$ – figury wypukłe
$A, B$ – dowolne punkty należące do $F \cap G$

Teza: $F \cap G$ – figura wypukła

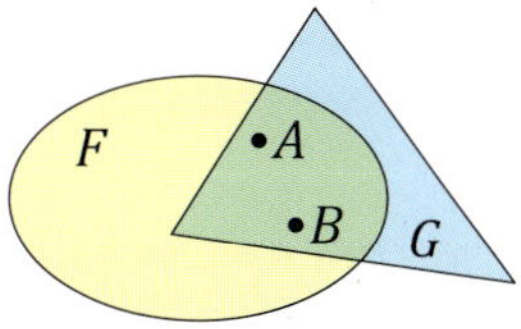


Dowód:
Z definicji iloczynu zbiorów wynika, że jeśli punkty $A$, $B$ należą do $F \cap G$, to punkty $A$, $B$ należą do figury $F$ i punkty $A$, $B$ należą do figury $G$. Z założenia, że $F$ jest figurą wypukłą, wynika, że odcinek $AB$ zawiera się w $F$. Analogicznie można stwierdzić, że odcinek $AB$ zawiera się w $G$. Zatem odcinek $AB$ zawiera się w $F \cap G$, co – wobec tego, że $A$, $B$ były dowolnymi punktami – dowodzi, że $F \cap G$ jest figurą wypukłą.

Można też udowodnić twierdzenie ogólniejsze.

### Twierdzenie 2.
Część wspólna skończonej liczby figur wypukłych jest figurą wypukłą.

Kolejną figurą, którą przypomnimy, jest **półprosta**.
Na prostej $k$ dowolny punkt $A$ wyznacza dwie półproste o początku w punkcie $A$. Każda z tych półprostych składa się ze wszystkich punktów prostej, leżących po jednej stronie punktu $A$. Punkt $A$ należy do obu półprostych. Półprostą o początku w punkcie $A$ przechodzącą przez punkt $B$ oznaczamy symbolem $AB^{\rightarrow}$.

O dwóch półprostych o wspólnym początku, dających w sumie prostą, mówimy, że się dopełniają.

Wiedząc, czym jest półprosta, możemy zdefiniować kąt.

### Definicja 1.
**Kąt** jest to suma dwóch półprostych o wspólnym początku i jednej z dwóch figur (zwanej wnętrzem kąta), wyciętych z płaszczyzny przez sumę tych półprostych. Półproste $OA^{\rightarrow}$ i $OB^{\rightarrow}$ to **ramiona kąta**, punkt $O$ to **wierzchołek kąta**.

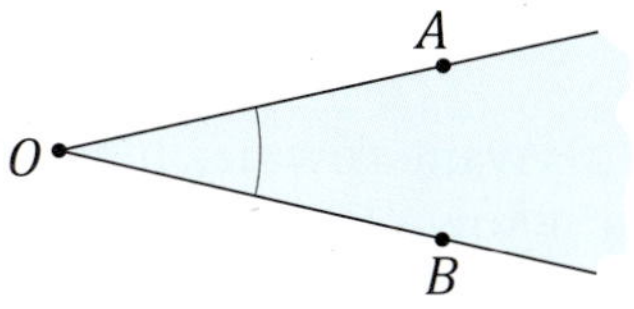

Kąt oznaczamy w ten sposób: $\sphericalangle AOB$. Pierwsza litera oznacza punkt na jednym ramieniu kąta, środkowa litera – wierzchołek kąta, a trzecia litera – punkt na drugim ramieniu kąta. Kąty oznaczać też będziemy za pomocą liter greckich: $\sphericalangle\alpha$, $\sphericalangle\beta$, $\sphericalangle\gamma$.

Kąt, którego ramiona tworzą prostą, nazywamy **kątem półpełnym.**

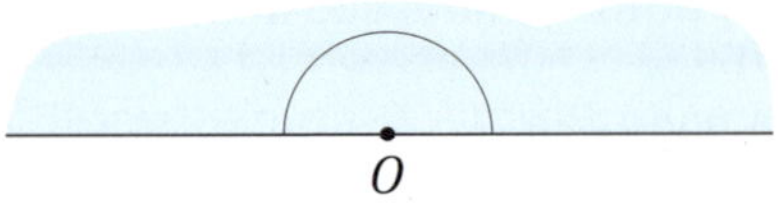


Jeśli ramiona kąta się pokrywają, to otrzymujemy kąt pełny lub kąt zerowy.

**Kąt pełny** to płaszczyzna z wyróżnioną półprostą (rys. a), a **kąt zerowy** to wyróżniona półprosta na płaszczyźnie (rys. b).

a)

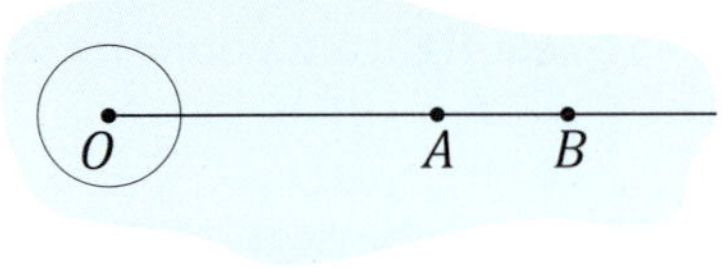


b)

Aby łatwo porównywać kąty, wprowadza się ich miarę (nazywaną też rozwartością). W tym celu ustala się kąt jednostkowy i bada, ile razy kąt jednostkowy mieści się w danym kącie. Otrzymana liczba jest **miarą** danego **kąta**. Powszechnie używaną miarą jest miara stopniowa. W tej mierze kątem jednostkowym jest $\frac{1}{360}$ kąta pełnego. Kąt ten ma miarę 1 stopnia ($1°$).

Jeden stopień dzieli się na 60 minut ($1° = 60'$), a jedna minuta – na 60 sekund ($1' = 60''$).

## Przykład 3.

Miarę $0{,}73°$ zapiszemy za pomocą minut i sekund. Aby to zrobić, przedstawimy ułamek 0,73 jako sumę dwóch ułamków zwykłych, których mianowniki są odpowiednio równe 60 i 3600 ($= 60^2$). Wynika to stąd, że minuta to $\frac{1}{60}$ stopnia, a sekunda to $\frac{1}{3600}$ stopnia.

$$0{,}73 = \frac{73}{100} = \frac{(70+3)\cdot 6}{100\cdot 6} = \frac{42}{60} + \frac{18}{600} = \frac{42}{60} + \frac{18\cdot 6}{600\cdot 6} = \frac{42}{60} + \frac{108}{60^2} =$$
$$= \frac{42}{60} + \frac{60+48}{60^2} = \frac{43}{60} + \frac{48}{60^2}$$

Zatem $0{,}73° = 43'48''$.

Oprócz miary stopniowej są używane również inne miary kątów. W klasie drugiej zostanie zdefiniowana miara łukowa kąta. Jeszcze inna jest miara, w której jednostką jest 1 gradus ($1^g$), równy $\frac{1}{400}$ kąta pełnego. Tej miary używa się głównie we Francji. Natomiast w nawigacji morskiej kątem jednostkowym jest 1 rumb, równy $\frac{1}{32}$ kąta pełnego.

Rysunek poniżej przedstawia różę kompasową (zwaną różą wiatrów), czyli tarczę z podziałką rumbową i zaznaczonymi kierunkami według stron świata.

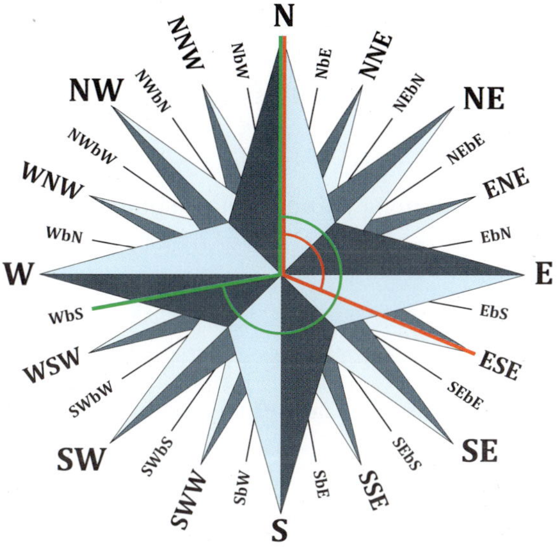


Mamy tutaj zaznaczone kierunki kardynalne (główne): północ (N), wschód (E), południe (S) i zachód (W) oraz kierunki pośrednie. I tak na przykład kierunkowi *wschodni południowy wschód* (ESE) odpowiada kąt (zaznaczony kolorem czerwonym), którego miara jest równa 10 rumbów. Natomiast kierunkowi *zachód ku południu* (WbS) odpowiada kąt (zaznaczony kolorem zielonym), którego miara jest równa 23 rumby.

Miarę kąta $AOB$ będziemy oznaczać $|\sphericalangle AOB|$ lub pojedynczą literą grecką: $\alpha, \beta, \gamma, \ldots$

O kątach, które mają te same miary, będziemy mówić krócej: „są to kąty równe". Jeśli kąt $\alpha$ ma miarę większą niż kąt $\beta$, to powiemy krócej: „kąt $\alpha$ jest większy od kąta $\beta$"; zamiast mówić: „suma miar kątów jest równa", będziemy mówić krócej: „suma kątów jest równa".

Zgodnie z określeniem miary stopniowej kąt pełny ma miarę 360°, a miara kąta półpełnego jest równa 180°. Kąt, którego miara jest równa 90°, nazywamy kątem prostym. Na rysunku kąt prosty oznaczamy symbolem ⊾

| podział kątów | | przykład |
|---|---|---|
| **Kąty wypukłe** – miary ich wynoszą od 0° do 180° włącznie. | **kąty ostre** (mają mniej niż 90°) | 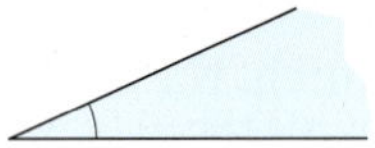 |
| | **kąty proste** (mają 90°) |  |
| | **kąty rozwarte** (mają więcej niż 90° i nie więcej niż 180°) | 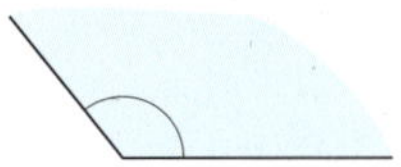 |
| **Kąty wklęsłe** – miary ich są większe od 180° i mniejsze od 360°. | | 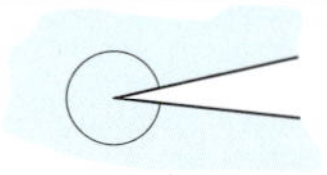 |

Dwa **kąty** są **przyległe**, jeśli mają jedno ramię wspólne, a dwa pozostałe ramiona tworzą prostą.

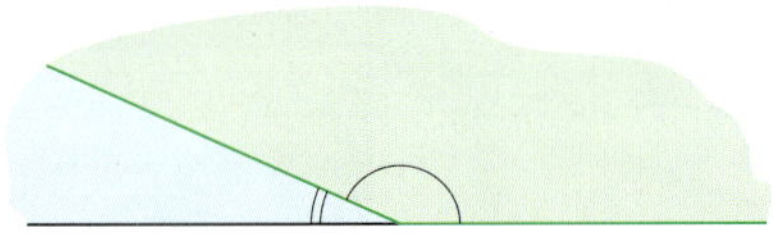

Suma kątów przyległych tworzy kąt półpełny, zatem suma ich miar wynosi 180°.

## Przykład 4.

Punkty $A$, $B$, $C$ są współliniowe. Korzystając dodatkowo z informacji na rysunku poniżej, obliczymy $\alpha$.

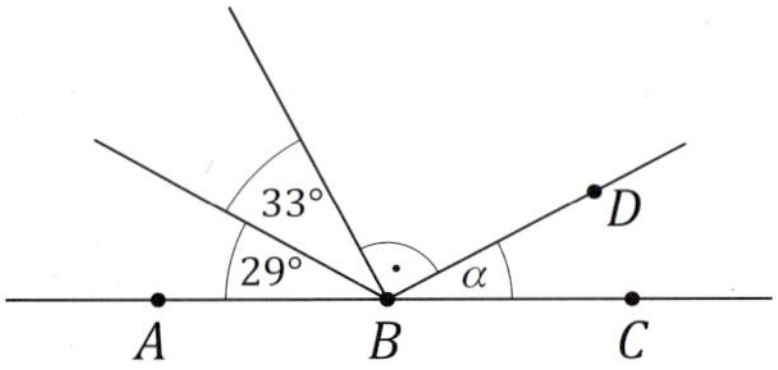


Zauważmy, że kąty $ABD$ i $DBC$ są kątami przyległymi i $|\sphericalangle DBC| = \alpha$, więc:

$|\sphericalangle ABD| + \alpha = 180°$ oraz $|\sphericalangle ABD| = 29° + 33° + 90°$, czyli $|\sphericalangle ABD| = 152°$.
Zatem $\alpha + 152° = 180°$.

Stąd już łatwo obliczyć, że $\alpha = 28°$.

Dwa kąty mniejsze od kąta półpełnego nazywamy **kątami wierzchołkowymi** wtedy, gdy ramiona jednego kąta są przedłużeniami ramion drugiego kąta.

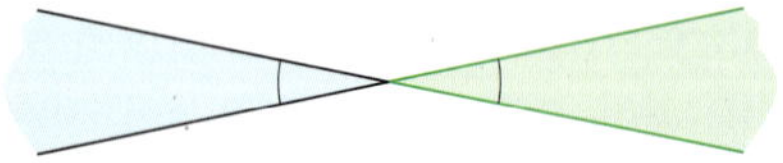

Kąty wierzchołkowe są równe.

## Przykład 5.

Proste $AC$ i $BD$ przecinają się w punkcie $O$. Korzystając dodatkowo z danych na rysunku poniżej, obliczymy $|\sphericalangle AOB|$.

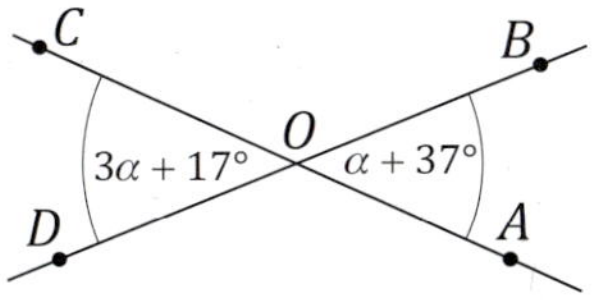


Zauważmy, że kąty $AOB$ i $COD$ są kątami wierzchołkowymi i $|\sphericalangle AOB| = \alpha + 37°$ oraz $|\sphericalangle COD| = 3\alpha + 17°$. Ponieważ kąty wierzchołkowe są równe, więc otrzymujemy równanie

$$3\alpha + 17° = \alpha + 37°, \quad \text{skąd} \quad \alpha = 10°$$

Tak więc $|\sphericalangle AOB| = 47°$.

Na koniec tego tematu powiemy, jakie figury nazwiemy ograniczonymi.

**Figura** płaska $F$ jest **ograniczona** wtedy, gdy istnieje takie koło $K$, które zawiera figurę $F$.
Figurami ograniczonymi są np.: punkt, odcinek, koło, „gwiazdka" (patrz rys. poniżej).

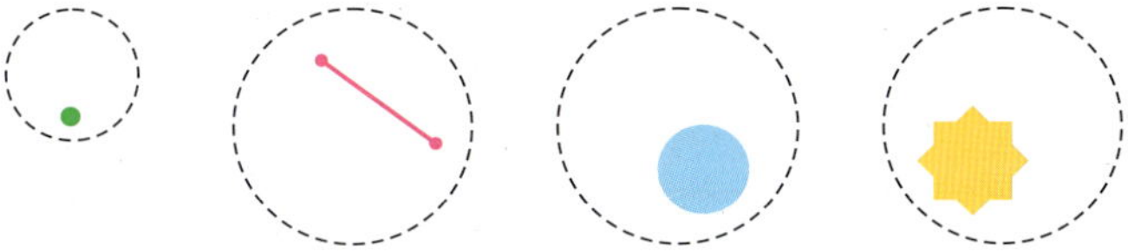

Figurę, która nie jest ograniczona, nazwiemy **figurą nieograniczoną**. Takimi figurami są np.: prosta, półprosta, płaszczyzna, kąt.

### Sprawdź, czy rozumiesz

1. Dane są cztery różne punkty, z których żadne trzy nie są współliniowe. Ile:
   a) prostych, b) półprostych
   wyznaczają te punkty?
2. Punkty $A$, $B$, $C$ są współliniowe oraz $|AB| = 6$ cm i $|AC| = 8$ cm. Narysuj, jak są położone względem siebie punkty $A$, $B$, $C$ i oblicz $|BC|$. Rozważ różne przypadki.
3. Czy suma albo różnica dwóch figur wypukłych jest zawsze figurą wypukłą? Jeśli nie, narysuj odpowiednie przykłady.
4. Zapisz miarę 0,52° za pomocą minut i sekund.
5. Wyznacz miary kątów przyległych, jeśli:
   a) jeden z kątów ma miarę o 42° większą od drugiego
   b) stosunek ich miar jest równy 3 : 2.

# Łamana. Wielokąt. Wielokąt foremny

***Definicja 1.***

**Łamana** jest to figura geometryczna, którą można przedstawić jako sumę skończonej liczby odcinków tak, aby:
- dowolne dwa odcinki miały co najwyżej jeden punkt wspólny,
- odcinki można było tak uporządkować, żeby koniec każdego odcinka (oprócz ewentualnie ostatniego) był początkiem następnego.

Odcinki tworzące łamaną nazywamy **bokami łamanej**, a końce boków – **wierzchołkami łamanej**.

Mówiąc potocznie: łamana to taka figura zbudowana z odcinków, którą można „przejść" od pierwszego odcinka do ostatniego, „przechodząc" przez każdy odcinek tylko jeden raz.

## *Przykład 1.*

Następujące figury są łamanymi:

a)

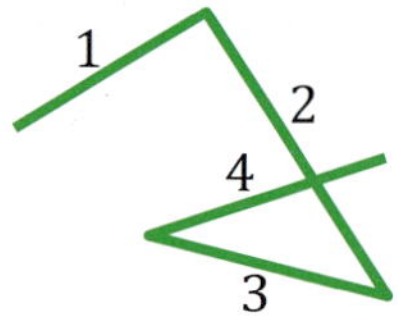


b)

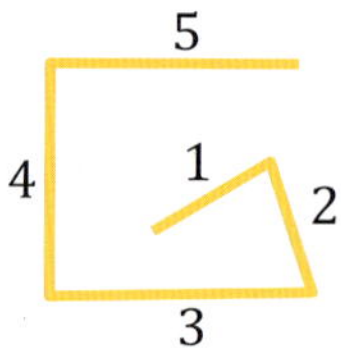


c)

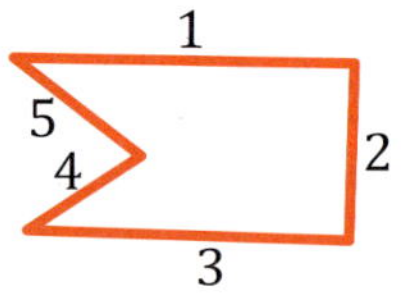


d)

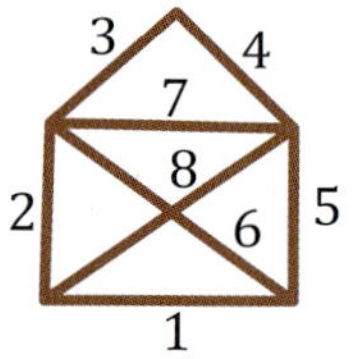


Liczby przy odcinkach wskazują przykładowe uporządkowanie, o którym mówi drugi warunek definicji 1.

Z definicji łamanej wynika, że nie wszystkie figury zbudowane ze skończonej liczby odcinków są łamanymi.

## *Przykład 2.*

Figury przedstawione poniżej <u>nie są</u> łamanymi.

Figury te zbudowane są z odcinków, lecz nie można ich uporządkować tak, aby koniec jednego odcinka był początkiem następnego.

**Definicja 2.**

**Łamana zwyczajna** jest to łamana, której odcinki spełniają następujące warunki:

- dwa odcinki mające wspólny koniec nie zawierają się w jednej prostej,
- dwa odcinki niemające wspólnego końca nie mają punktów wspólnych,
- każdy z punktów łamanej może być końcem co najwyżej dwóch jej boków.

Łamana zwyczajna jest **zamknięta**, jeśli początek pierwszego i koniec ostatniego odcinka się pokrywają.

Łamane zwyczajne są przedstawione w przykładzie 1. na rysunkach b) i c). Łamana na rysunku c) jest zamknięta.

**Definicja 3.**

**Wielokątem** nazywamy figurę ograniczoną, wyciętą z płaszczyzny przez łamaną zwyczajną zamkniętą; punkty łamanej należą do wielokąta.

Przykładami wielokątów są: trójkąty, czworokąty, pięciokąty, sześciokąty.

Rysunek a) poniżej przedstawia pięciokąt wypukły, rysunek b) – pięciokąt wklęsły.

a)

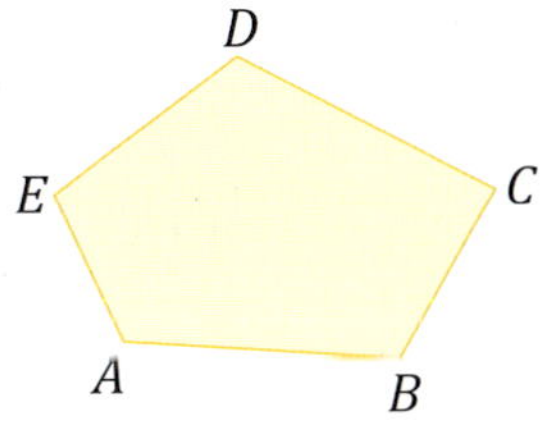


b)

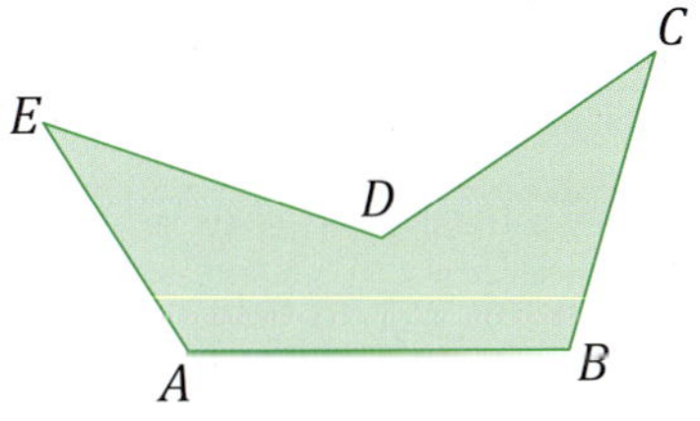


Na obu rysunkach: odcinki $AB$, $BC$, $CD$, $DE$, $EA$ to boki pięciokąta, a punkty $A, B, C, D, E$ to wierzchołki pięciokąta.

Wielokąt mający $n$ boków nazywamy $n$-bokiem lub $n$-kątem.

**Definicja 4.**

**Przekątną wielokąta** nazywamy odcinek łączący dwa wierzchołki i niebędący bokiem.

**Twierdzenie 1.**

Liczba przekątnych w $n$-kącie ($n \in \mathbf{N}, n \geqslant 3$) wyraża się wzorem $\frac{n(n-3)}{2}$.

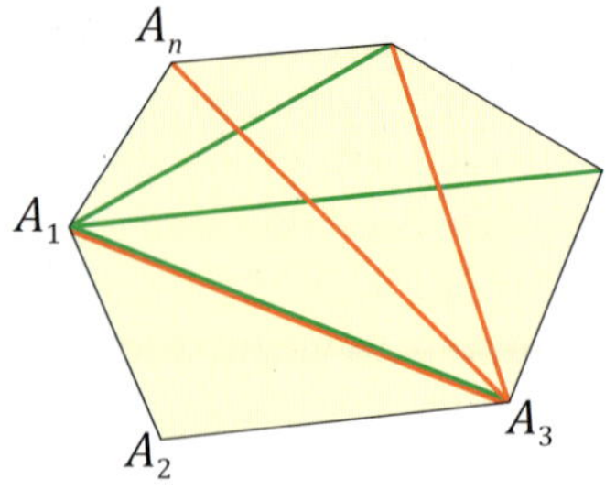


Założenie: $n$ – liczba boków wielokąta, $n \geqslant 3$
$A_1, A_2, \ldots, A_n$ – wierzchołki wielokąta

Teza: $\frac{n(n-3)}{2}$ – liczba przekątnych $n$-kąta

Dowód:
Z wierzchołka $A_1$ możemy poprowadzić $(n-3)$ przekątne (wszystkich wierzchołków jest $n$, ale nie możemy poprowadzić przekątnych do wierzchołków $A_1, A_2, A_n$). Dalej postępujemy podobnie, tzn. z każdego następnego wierzchołka prowadzimy $(n-3)$ przekątne, zaznaczając je innym kolorem. Wszystkich przekątnych jest zatem $\frac{n(n-3)}{2}$, ponieważ mamy $n$ wierzchołków, z każdego wychodzą $(n-3)$ przekątne i każda przekątna została zaznaczona dwoma kolorami, więc w iloczynie $n(n-3)$ była liczona dwukrotnie.

## Przykład 3.

Liczba przekątnych pewnego wielokąta jest 5 razy większa od liczby boków. Jaki to jest wielokąt?

Niech $n$ oznacza liczbę boków wielokąta, $n \geqslant 3$; wtedy – na mocy twierdzenia 1. – liczba przekątnych w tym wielokącie jest równa $\frac{n(n-3)}{2}$.

Z warunków zadania otrzymujemy równanie:

$\frac{n(n-3)}{2} = 5n,$ skąd

$n(n-3) = 10n$

$n(n-3) - 10n = 0$

$n(n-3-10) = 0$

$n(n-13) = 0$

$n = 0 \quad \vee \quad n = 13$

Liczba 0 nie spełnia warunku $n \geqslant 3$.
Wielokątem, w którym liczba przekątnych jest 5 razy większa od liczby boków, jest trzynastokąt.

**Kąt wewnętrzny wielokąta wypukłego** jest to kąt, który zawiera dany wielokąt i w którego ramionach są zawarte dwa sąsiednie boki wielokąta, a wierzchołkiem jest punkt wspólny tych boków. Kąty wewnętrzne wielokąta będziemy czasem oznaczać pojedynczą literą, np. $\sphericalangle A$ zamiast $\sphericalangle FAB$, ale tylko w takich sytuacjach, gdy nie będzie to prowadzić do nieporozumień.

**Kąt zewnętrzny wielokąta wypukłego** jest to kąt przyległy do kąta wewnętrznego.

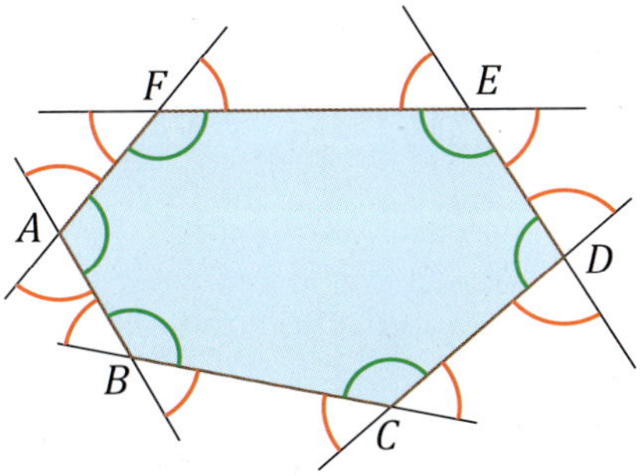


Na rysunku kolorem zielonym zostały zaznaczone kąty wewnętrzne, a kolorem czerwonym – kąty zewnętrzne wielokąta. Każdy kąt wewnętrzny wielokąta wypukłego jest kątem wypukłym.

### Definicja 5.

**Wielokątem foremnym** nazywamy taki wielokąt, którego wszystkie boki mają taką samą długość i wszystkie kąty są równe.

Wielokątem foremnym jest np. trójkąt równoboczny, kwadrat, pięciokąt foremny.

### Sprawdź, czy rozumiesz

1. Czy rysunek poniżej przedstawia łamaną? Odpowiedź uzasadnij.

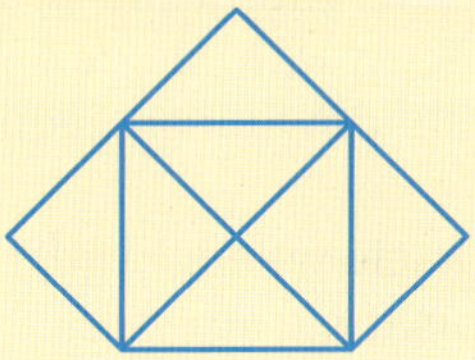

2. Który wielokąt ma tyle samo boków co przekątnych?
3. Ile razy więcej przekątnych niż boków ma stukąt?
4. Narysuj sześciokąt wypukły, którego wszystkie boki mają taką samą długość, ale nie jest sześciokątem foremnym.

# Wzajemne położenie prostych na płaszczyźnie, odległość punktu od prostej, odległość między prostymi równoległymi, symetralna odcinka, dwusieczna kąta

Na płaszczyźnie dwie proste mogą być albo równoległe, albo nierównoległe (przecinające się).
Proste $k$ i $l$ nazywamy **prostymi równoległymi**, jeśli nie mają punktów wspólnych lub się pokrywają.

a)

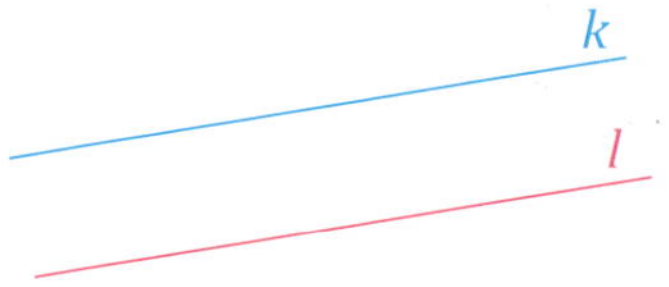


b)

Równoległość prostych $k$ oraz $l$ zapisujemy tak: $k \parallel l$ (i czytamy: prosta $k$ jest równoległa do prostej $l$).

O równoległości prostych mówi też następujący aksjomat.

**V aksjomat Euklidesa**
Przez punkt nieleżący na prostej można poprowadzić tylko jedną prostą równoległą do danej prostej.

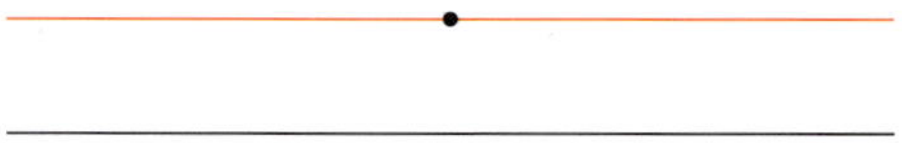

V aksjomat Euklidesa różni się od pozostałych czterech długością i złożonością. Euklides powołał się na ten aksjomat dopiero w dowodzie 29. twierdzenia. To nasunęło pomysł komentatorom „Elementów", że jest to twierdzenie wynikające z czterech pierwszych aksjomatów. Ale liczne próby udowodnienia V aksjomatu kończyły się niepowodzeniem. Okazywało się, że oprócz czterech pierwszych aksjomatów wykorzystywano w tych dowodach jedną z własności równoważnych V aksjomatowi, np.:
- suma kątów w dowolnym trójkącie wynosi $180°$;
- na każdym trójkącie można opisać okrąg;
- istnieje kwadrat.

W XIX w. powstały nowe geometrie, tzw. nieeuklidesowe, w których były zachowane cztery pierwsze aksjomaty Euklidesa, natomiast piąty został zastąpiony stwierdzeniem z nim sprzecznym. I tak w geometrii hiperbolicznej piąty aksjomat brzmi następująco: przez punkt leżący poza prostą można poprowadzić na płaszczyźnie co najmniej dwie proste nieprzecinające danej prostej. W tej geometrii suma kątów w trójkącie jest mniejsza od $180°$. Inne zaprzeczenie V aksjomatu Euklidesa jest w geometrii eliptycznej: przez punkt leżący poza prostą nie można poprowadzić ani jednej prostej równoległej do danej. Z kolei w tej geometrii suma kątów w trójkącie jest większa od 180°. Kiedy udowodniono, że geometrie nieeuklidesowe są niesprzeczne (tzn. nie można na gruncie żadnej z nich udowodnić wykluczających się twierdzeń), to tym samym pokazano, że V aksjomat Euklidesa nie wynika z pozostałych czterech aksjomatów. Gdyby bowiem V aksjomat wynikał z czterech pierwszych, to geometrie nieeuklidesowe zawierałyby zdania sprzeczne (np. V aksjomat Euklidesa i jego zaprzeczenie). W związku z badaniami nad V aksjomatem Euklidesa powstała geometria absolutna, zawierająca tylko takie twierdzenia, które można wyprowadzić z czterech pierwszych aksjomatów Euklidesa.

Dwa **odcinki** są **równoległe** wtedy, gdy proste zawierające te odcinki są równoległe.

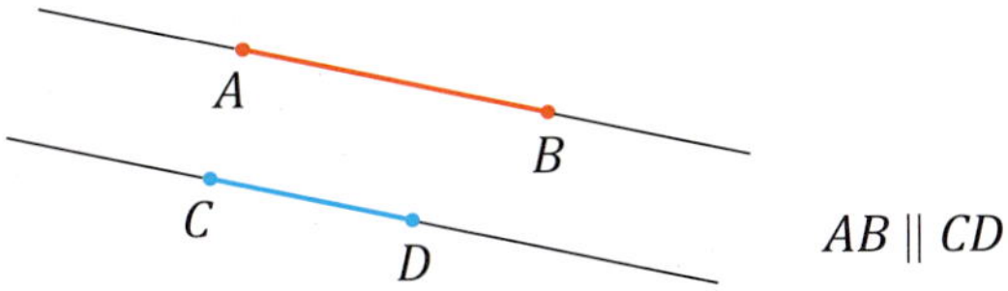


**Kierunkiem prostej** *l* nazywamy zbiór wszystkich prostych leżących na płaszczyźnie, równoległych do prostej *l*.

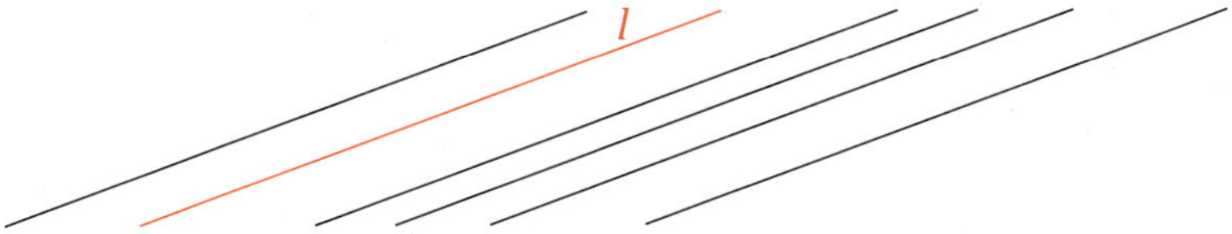


Dwie proste nazywamy **prostymi przecinającymi się** wtedy, gdy mają tylko jeden punkt wspólny.

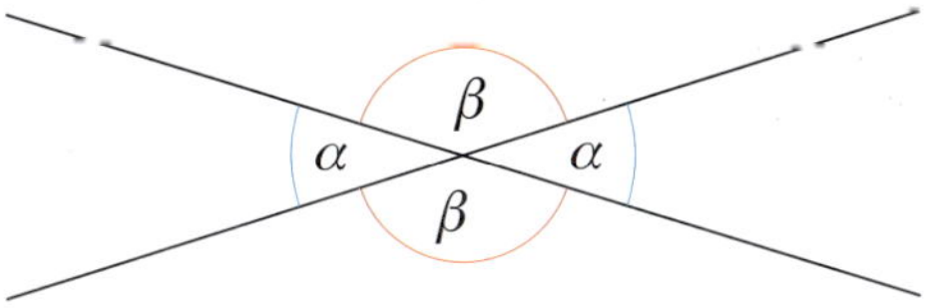


**Kątem między przecinającymi się prostymi** nazywamy kąt nie większy od kąta prostego, wyznaczony przez te proste. Na rysunku powyżej takim kątem jest kąt o mierze $\alpha$.

Dwie proste przecinające się pod kątem prostym nazywamy **prostymi prostopadłymi**.

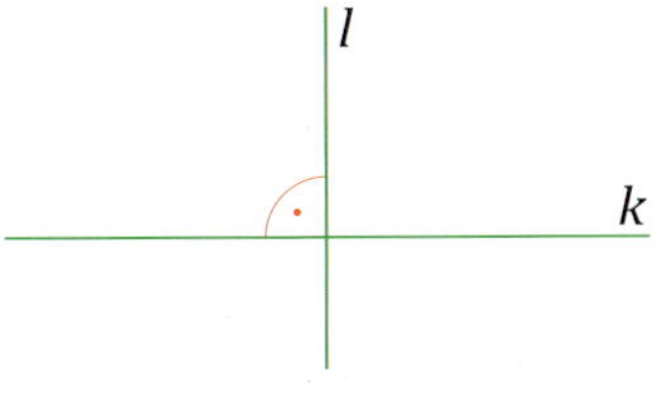


Zapis: $k \perp l$ czytamy: prosta *k* jest prostopadła do prostej *l*.

**Odcinek jest prostopadły do prostej** wtedy, gdy zawiera się w prostej prostopadłej do danej prostej.

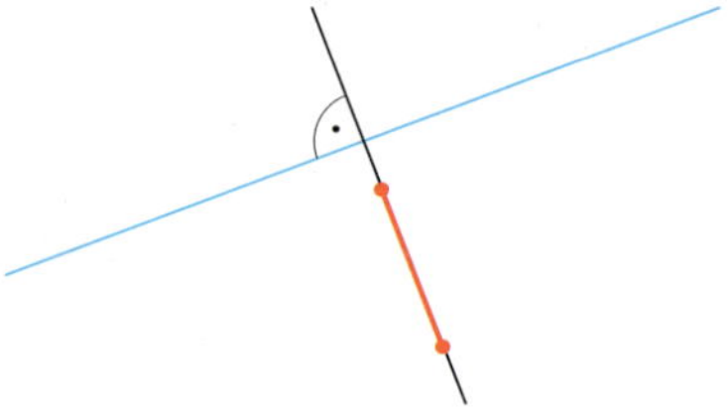

**Dwa odcinki są prostopadłe** wtedy, gdy proste wyznaczone tymi odcinkami są prostopadłe.

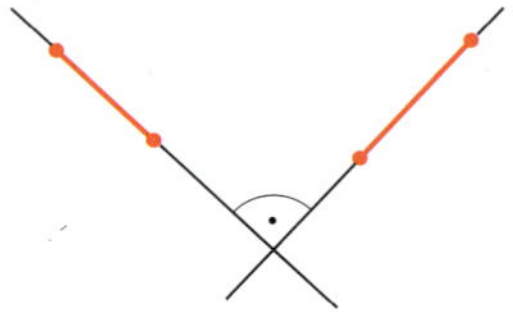

**Odległością punktu *A* od prostej *k*** ($A \notin k$) nazywamy długość odcinka prostopadłego do prostej $k$, którego jednym końcem jest punkt $A$, drugim punkt $B$, należący do prostej $k$. Jeśli $A \in k$, to odległością punktu $A$ od prostej $k$ jest liczba zero.

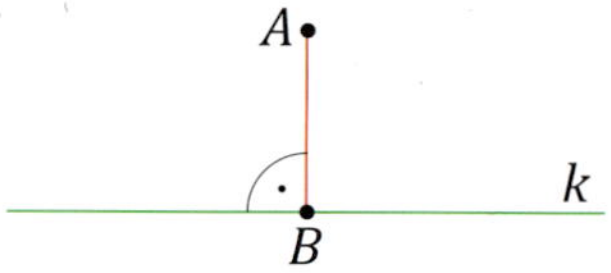


**Odległością** różnych **prostych równoległych** nazywamy długość odcinka prostopadłego do tych prostych, o końcach należących do tych prostych. Odległość ta nie zależy od wyboru tego odcinka.

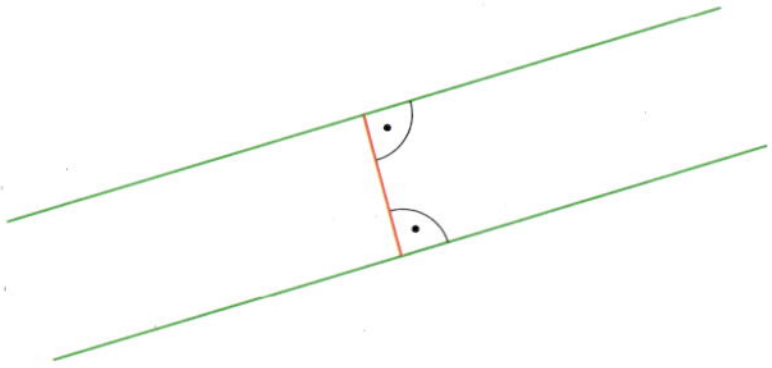

## Przykład 1.

Odległość punktu $A$ od prostej $k$ jest równa 6 cm, a od prostej $l$, równoległej do $k$, 4 cm. Jaka jest odległość między prostymi $k$ i $l$?

Zauważ, że istnieją dwa rozwiązania spełniające warunki zadania.

Przypadek I

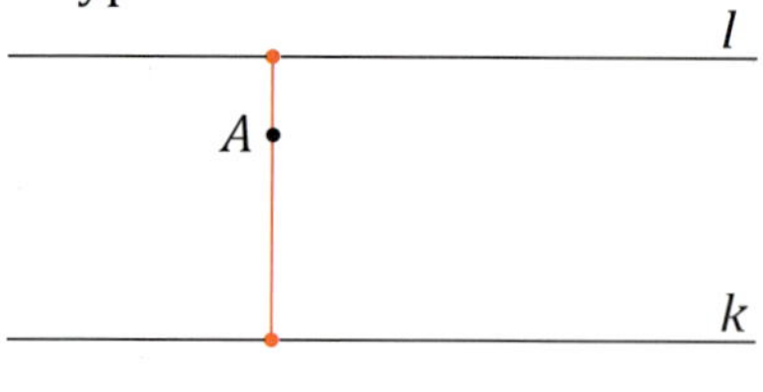


Przypadek II

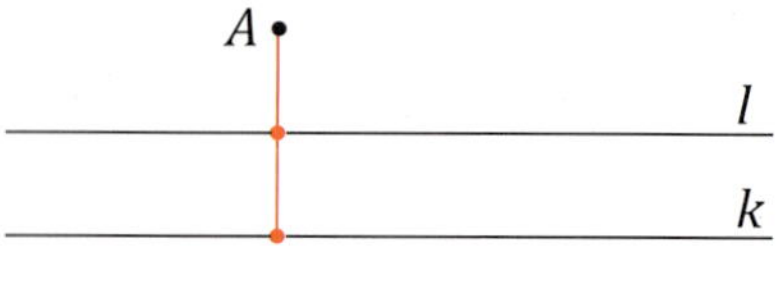

W pierwszym przypadku szukana odległość jest równa 10 cm (6 cm + 4 cm), a w drugim przypadku – 2 cm (6 cm – 4 cm).

Przypomnijmy teraz określenie i własność symetralnej odcinka oraz dwusiecznej kąta.

### Definicja 1.

**Symetralną odcinka** nazywamy prostą prostopadłą do odcinka, dzielącą go na dwie równe części.

### Twierdzenie 1.

Symetralna odcinka jest zbiorem punktów płaszczyzny, równo odległych od końców tego odcinka.

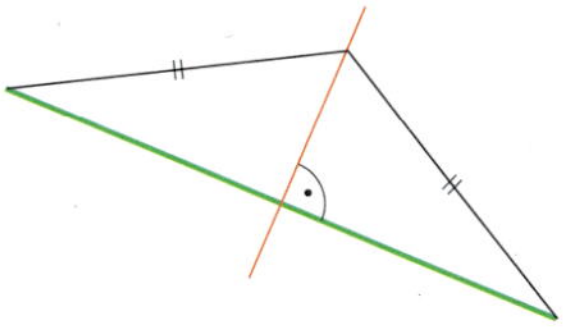

## Przykład 2.

Dwie miejscowości Nowinki i Gacki leżą po różnych stronach rzeki. Rysunek schematyczny poniżej przedstawia tę sytuację; punkt $N$ oznacza Nowinki, punkt $G$ – Gacki.

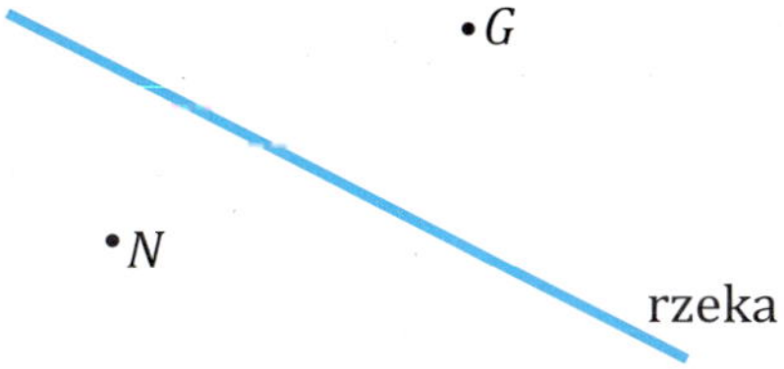


W którym miejscu należy wybudować most na tej rzece, aby znajdował on się w takiej samej odległości od obu miejscowości?

Prowadzimy symetralną odcinka $NG$. Przecięcie symetralnej z linią symbolizującą rzekę wyznacza miejsce budowy mostu.

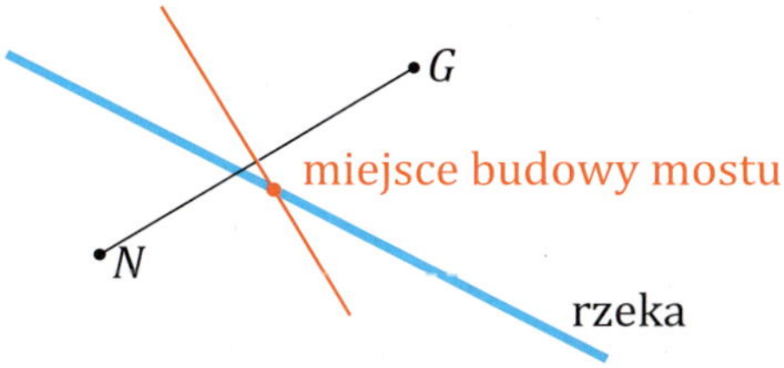


Otrzymaliśmy jedno rozwiązanie zadania.
Przy jakim położeniu miejscowości otrzymalibyśmy nieskończenie wiele rozwiązań, a przy jakim położeniu nie otrzymalibyśmy żadnego rozwiązania?

**Definicja 2.**
**Dwusieczną kąta** nazywamy półprostą o początku w wierzchołku kąta, dzielącą kąt na dwa kąty równe.

**Twierdzenie 2.**
Dwusieczna kąta wypukłego jest zbiorem punktów kąta, równo odległych od ramion tego kąta.

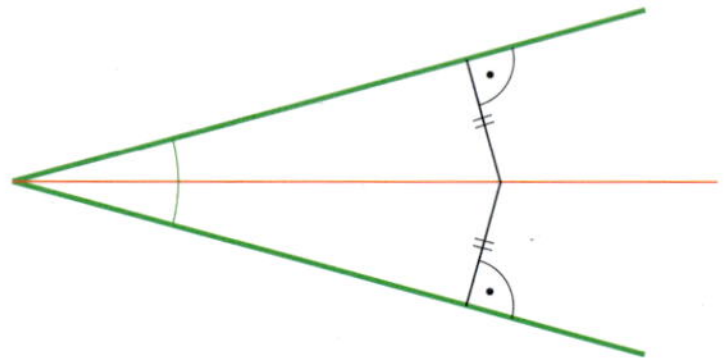

Przypomnijmy, jak kreśli się dwusieczną kąta za pomocą cyrkla i linijki. Załóżmy, że mamy dany kąt $AOB$ o mierze $\alpha$, $\alpha \in (0°, 180°)$.

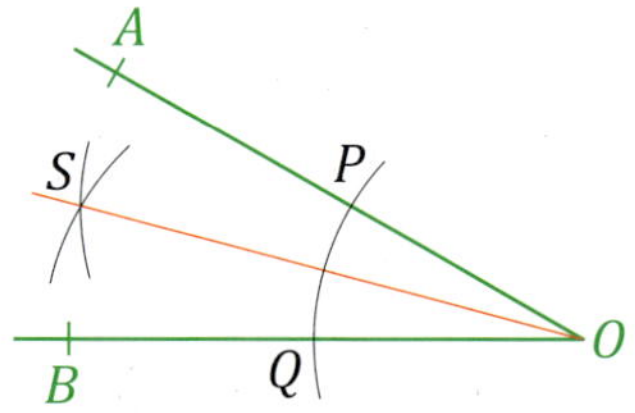


1. Kreślimy okrąg o środku w punkcie $O$ i dowolnym promieniu $r$. Okrąg ten przecina ramiona kąta w punkcie $P$ i $Q$.
2. Kreślimy okręgi o promieniach $r$ i środkach odpowiednio w punktach $P$ i $Q$. Okręgi te przecinają się w punktach $O$ i $S$.
3. Kreślimy półprostą $OS^{\to}$, która jest dwusieczną kąta $AOB$.

Podaj kolejne etapy kreślenia symetralnej odcinka.

## Przykład 3.

Wykażemy, że dwusieczne kątów przyległych tworzą kąt prosty.

Założenie: $\sphericalangle AOB$, $\sphericalangle BOC$ – kąty przyległe
$OR^{\to}$ – dwusieczna kąta $AOB$
$OS^{\to}$ – dwusieczna kąta $BOC$

Teza: $|\sphericalangle ROS| = 90°$

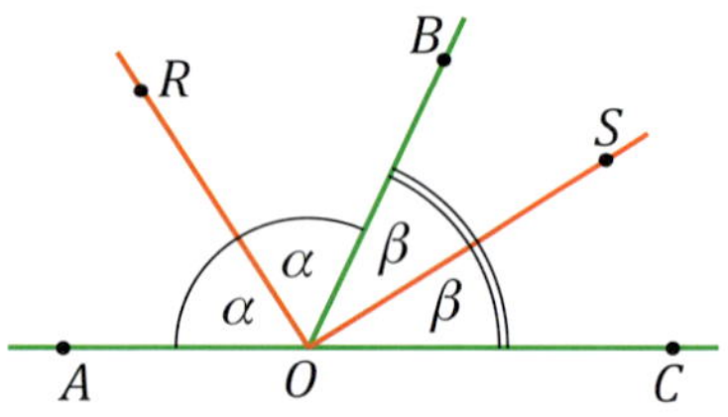


Dowód:

$|\sphericalangle AOR| = |\sphericalangle ROB| \underset{\text{ozn.}}{=} \alpha$ ($OR^{\to}$ z założenia jest dwusieczną kąta $AOB$),

stąd

$|\sphericalangle AOB| = 2\alpha$

Analogicznie:

$$|\sphericalangle BOS| = |\sphericalangle SOC| \underset{\text{ozn.}}{=} \beta$$

więc

$$|\sphericalangle BOC| = 2\beta$$

zatem

$$|\sphericalangle ROS| = \alpha + \beta$$

Mamy:

$$|\sphericalangle AOB| + |\sphericalangle BOC| = 2\alpha + 2\beta$$

Kąty $AOB$ i $BOC$ są przyległe, więc

$$|\sphericalangle AOB| + |\sphericalangle BOC| = 180^\circ$$

$$2\alpha + 2\beta = 180^\circ \quad / : 2$$

$$\alpha + \beta = 90^\circ$$

$$|\sphericalangle ROS| = \alpha + \beta = 90^\circ,$$ co kończy dowód.

## Sprawdź, czy rozumiesz

1. Wyznacz kąt między prostymi przecinającymi się, jeśli jest on osiem razy mniejszy od kąta do niego przyległego.

2. O trzech różnych prostych $k$, $l$, $m$ wiadomo, że $k \perp l$ i $l \perp m$. Jak są położone względem siebie proste $k$ i $m$? Wykonaj odpowiedni rysunek.

3. Proste $k$, $l$, $m$ są równoległe. Odległość między prostymi $k$ i $l$ jest równa 3 cm, a między prostymi $l$ i $m$ wynosi 1 cm. Jaka jest odległość między prostymi $k$ i $m$? Rozważ dwa przypadki. Wykonaj odpowiednie rysunki.

4. Czy punkty $D$, $E$, $F$ należą do symetralnej odcinka $AB$? Potrzebne informacje odczytaj z rysunku a).

a)

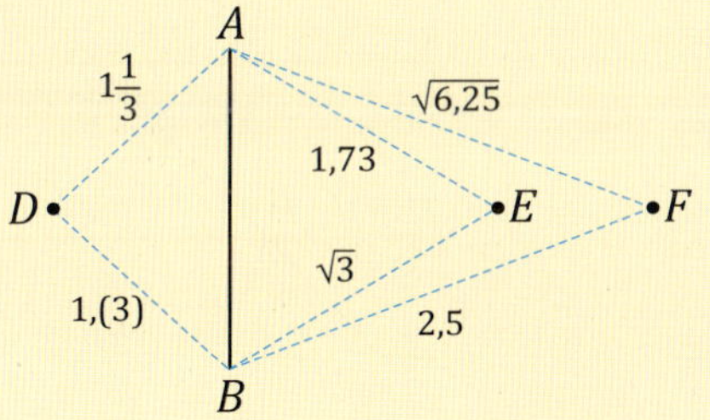


b)

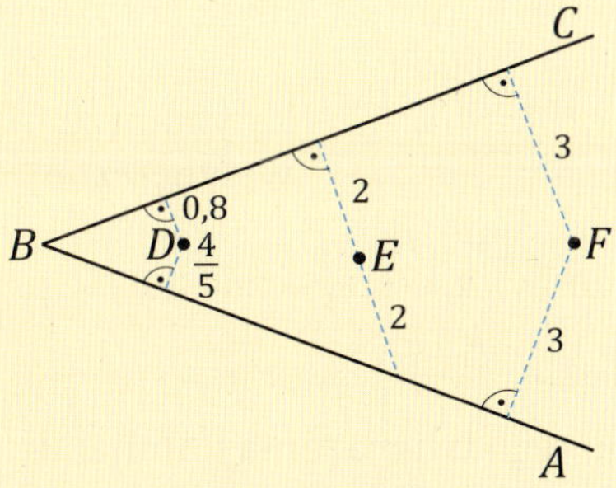


5. Czy punkty $D$, $E$, $F$ należą do dwusiecznej kąta $ABC$? Potrzebne informacje odczytaj z rysunku b).

6. Narysuj kąt ostry. Poprowadź prostą przecinającą ramiona kąta w punktach $A$ i $B$ tak, by kąty przecięcia tej prostej z ramionami kąta miały różne miary. Znajdź we wnętrzu kąta punkt, który jest równo odległy od ramion kąta i jednocześnie równo odległy od punktów $A$ i $B$. Ile jest takich punktów?

# Dwie proste przecięte trzecią prostą. Suma kątów w wielokącie

Jeśli dwie proste przetniemy trzecią prostą (w taki sposób, że trzy proste nie przecinają się w jednym punkcie), to otrzymamy grupy kątów, które w odpowiednich parach mają nazwy: kąty odpowiadające, kąty naprzemianległe wewnętrzne, kąty naprzemianległe zewnętrzne.

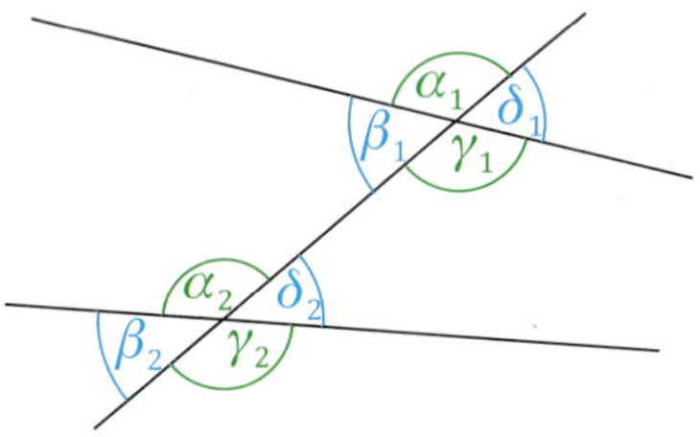


$\alpha_1, \alpha_2$; $\beta_1, \beta_2$; $\gamma_1, \gamma_2$; $\delta_1, \delta_2$ – kąty odpowiadające

$\alpha_1, \gamma_2$; $\delta_1, \beta_2$ – kąty naprzemianległe zewnętrzne

$\alpha_2; \gamma_1$; $\delta_2, \beta_1$ – kąty naprzemianległe wewnętrzne

W kolejnych twierdzeniach pokażemy zależności między wymienionymi kątami a równoległością prostych, jak również wnioski wynikające z tych zależności.

**Twierdzenie 1.**
Jeżeli dwie proste tworzą z trzecią prostą kąty naprzemianległe wewnętrzne równe, to są do siebie równoległe.

Założenie: proste $k, l, m$ są położone jak na rysunku obok
$\sphericalangle\alpha$, $\sphericalangle\beta$ – kąty naprzemianległe wewnętrzne
$\alpha = \beta$

Teza: $k \parallel l$

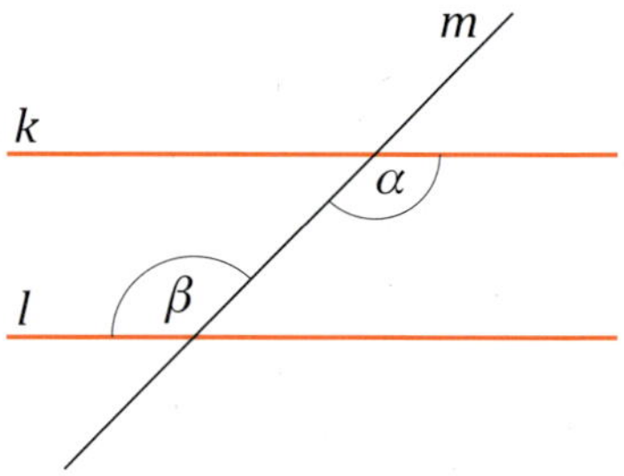


Dowód tego twierdzenia pomijamy.

**Twierdzenie 2.**
Jeżeli dwie proste równoległe są przecięte trzecią prostą, to kąty naprzemianległe wewnętrzne są równe.

Założenie: proste $k, l, m$ są położone jak na rysunku obok
oraz $k \parallel l$
$k \cap m = \{A\}, l \cap m = \{B\}$
$\sphericalangle \alpha$, $\sphericalangle \beta$ – kąty naprzemianległe wewnętrzne

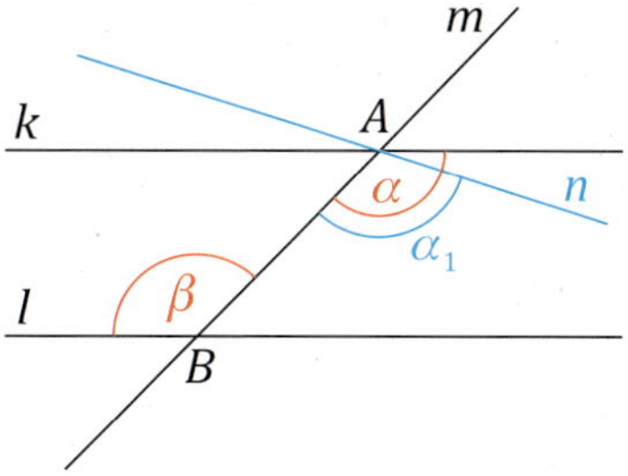


Teza: $\alpha = \beta$

Dowód (nie wprost):
Załóżmy przeciwnie, że kąty $\alpha$ i $\beta$ są różne. Odkładając od półprostej $AB^{\rightarrow}$ kąt $\alpha_1$ taki, że $\alpha_1 = \beta$, otrzymalibyśmy prostą $n$, która – na mocy twierdzenia 1. – jest równoległa do prostej $l$. Zatem przez punkt $A$ przechodziłyby dwie proste ($k$ oraz $n$) równoległe do prostej $l$, co jest sprzeczne z V aksjomatem Euklidesa. Tak więc kąty naprzemianległe wewnętrzne $\alpha$ i $\beta$ są równe.

Twierdzenia 1. i 2. możemy zapisać w jednym zdaniu, które ma postać równoważności.

**Twierdzenie 3.**
Dwie proste leżące na płaszczyźnie przecięte trzecią prostą są równoległe wtedy i tylko wtedy, gdy kąty naprzemianległe wewnętrzne są równe.

Wniosek: Dwie proste leżące na płaszczyźnie są równoległe wtedy i tylko wtedy, gdy są prostopadłe do pewnej prostej leżącej w tej samej płaszczyźnie.

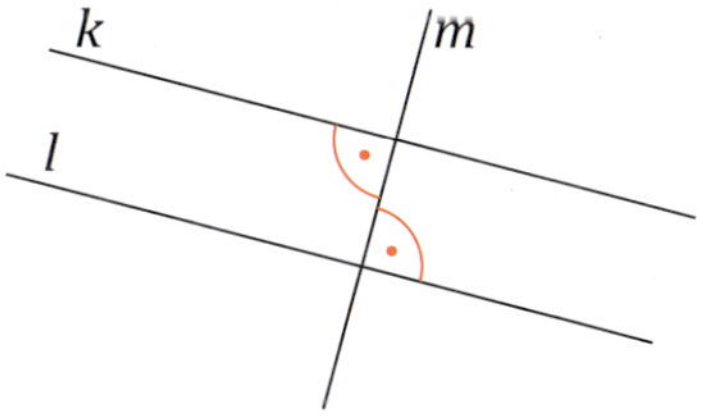


$k \perp m$ $l \perp m$
$k \parallel l$

Zauważ, że kąty naprzemianległe wewnętrzne są równe tylko wtedy, gdy:
1) równe są kąty odpowiadające,
2) równe są kąty naprzemianległe zewnętrzne.
Jeśli w twierdzeniu 3. zamiast zwrotu „kąty naprzemianległe wewnętrzne są równe" wstawimy zwrot 1) lub 2), to wówczas otrzymamy twierdzenia prawdziwe.

Zajmiemy się teraz sumą kątów wewnętrznych i zewnętrznych wielokąta.

**Twierdzenie 4.**
Suma kątów wewnętrznych w dowolnym trójkącie jest równa $180°$.

Założenie: $ABC$ – dowolny trójkąt
$|\sphericalangle A| = \alpha$, $|\sphericalangle B| = \beta$, $|\sphericalangle C| = \gamma$

Teza: $\alpha + \beta + \gamma = 180^\circ$

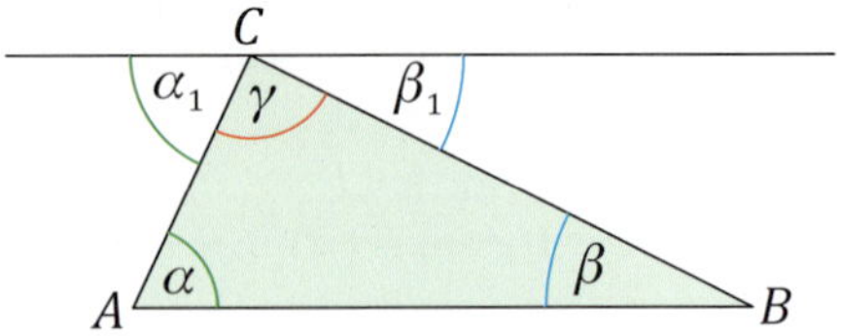


Dowód:
Przez wierzchołek $C$ trójkąta $ABC$ prowadzimy prostą równoległą do boku $AB$. Wówczas z twierdzenia 2. wynika, że:

$\alpha_1 = \alpha$ ($\sphericalangle\alpha_1$, $\sphericalangle\alpha$ – kąty naprzemianległe wewnętrzne)

$\beta_1 = \beta$ ($\sphericalangle\beta_1$, $\sphericalangle\beta$ – kąty naprzemianległe wewnętrzne)

Suma: $\sphericalangle\alpha_1$, $\sphericalangle\gamma$ i $\sphericalangle\beta_1$ tworzy kąt półpełny, więc

$\alpha_1 + \gamma + \beta_1 = \alpha + \beta + \gamma = 180^\circ$, co kończy dowód.

Z twierdzenia 4. łatwo wyprowadzić następujący wniosek.

Wniosek: Kąt zewnętrzny trójkąta jest równy sumie kątów wewnętrznych do niego nieprzyległych.

Znając sumę kątów trójkąta, możemy wyprowadzić wzór na sumę kątów wewnętrznych dowolnego $n$-kąta.

### Twierdzenie 5.

Suma kątów wewnętrznych wielokąta wypukłego jest równa $180^\circ \cdot (n-2)$, gdzie $n$ oznacza liczbę boków wielokąta ($n \in \boldsymbol{N}$, $n > 2$).

Założenie: $n$ – liczba boków wielokąta $A_1A_2...A_n$
$|\sphericalangle A_1| = \alpha_1$, $|\sphericalangle A_2| = \alpha_2$, ..., $|\sphericalangle A_n| = \alpha_n$

Teza: $\alpha_1 + \alpha_2 + ... + \alpha_n = 180^\circ \cdot (n-2)$

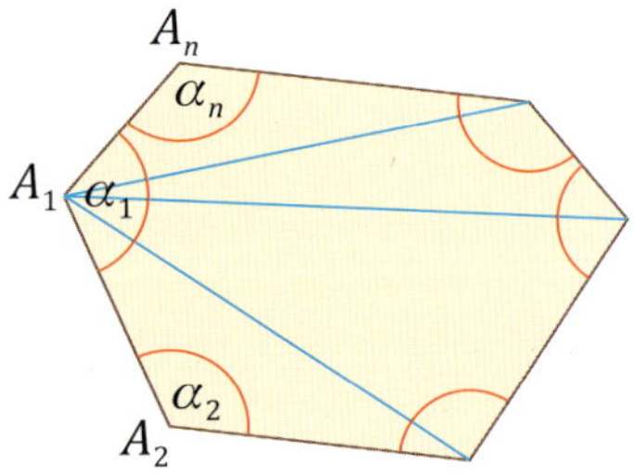


Dowód:
Z dowolnego wierzchołka wielokąta (np. $A_1$) możemy poprowadzić $(n-3)$ przekątne, które dzielą ten wielokąt na $(n-2)$ trójkąty. Suma kątów w tych trójkątach jest równa sumie kątów wielokąta. W każdym trójkącie suma kątów wynosi $180^\circ$, więc

$\alpha_1 + \alpha_2 + ... + \alpha_n = 180^\circ \cdot (n-2)$, co kończy dowód.

**UWAGA:** Suma kątów wewnętrznych $n$-kąta wklęsłego również wyraża się wzorem $180^\circ \cdot (n-2)$, gdzie $n \in \boldsymbol{N}$ i $n > 3$.

Wyznaczymy teraz sumę kątów zewnętrznych wielokąta wypukłego. Niech $\sphericalangle\alpha_1$, $\sphericalangle\alpha_2$, ..., $\sphericalangle\alpha_n$ oznaczają kąty wewnętrzne danego wielokąta.

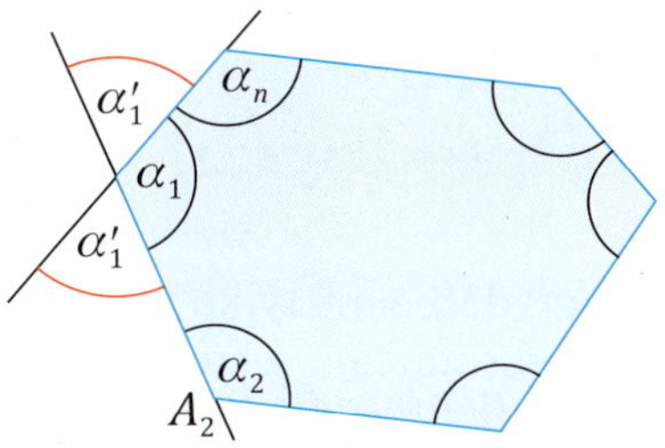


Do każdego kąta wewnętrznego przylegają dwa kąty zewnętrzne. Suma kątów zewnętrznych przylegających do $\sphericalangle\alpha_1$ wynosi $2\alpha'_1$, czyli

$$2 \cdot (180° - \alpha_1)$$

Sumujemy wszystkie kąty zewnętrzne. Otrzymujemy:

$$2 \cdot (180° - \alpha_1) + 2 \cdot (180° - \alpha_2) + ... + 2 \cdot (180° - \alpha_n) =$$
$$= 2 \cdot 180° \cdot n - 2 \cdot (\alpha_1 + \alpha_2 + ... + \alpha_n) = 2 \cdot 180° \cdot n - 2 \cdot 180° \cdot (n - 2) =$$
$$= 2 \cdot 180° \cdot n - 2 \cdot 180° \cdot n + 4 \cdot 180° = 720°$$

W obliczeniach wykorzystaliśmy twierdzenie 5. Otrzymaliśmy ciekawy wynik: suma kątów zewnętrznych dowolnego wielokąta jest stała (nie zależy od liczby boków). Tym samym udowodniliśmy następujące twierdzenie.

**Twierdzenie 6.**
W dowolnym wielokącie wypukłym suma wszystkich kątów zewnętrznych jest stała i wynosi 720°.

## Sprawdź, czy rozumiesz

1. Wyznacz miarę kąta $\alpha$ zaznaczonego na rysunku, wiedząc, że proste $k$, $l$ są równoległe.

a)

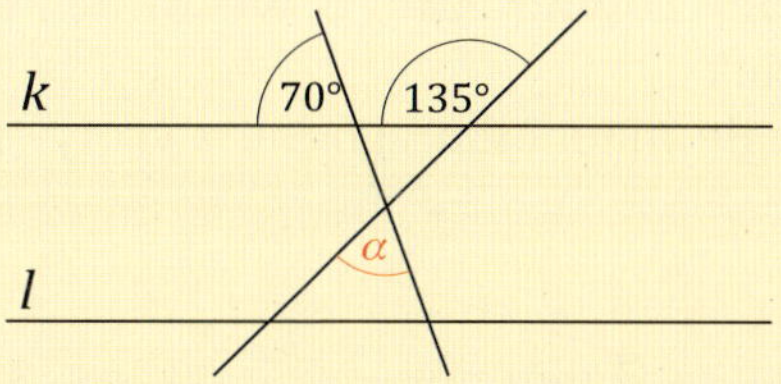


b)

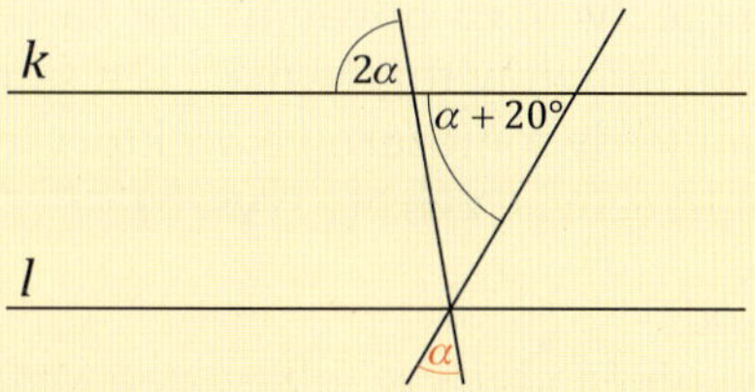


2. Oto schematyczny plan alejek w parku. Które alejki są równoległe? Odpowiedź uzasadnij.

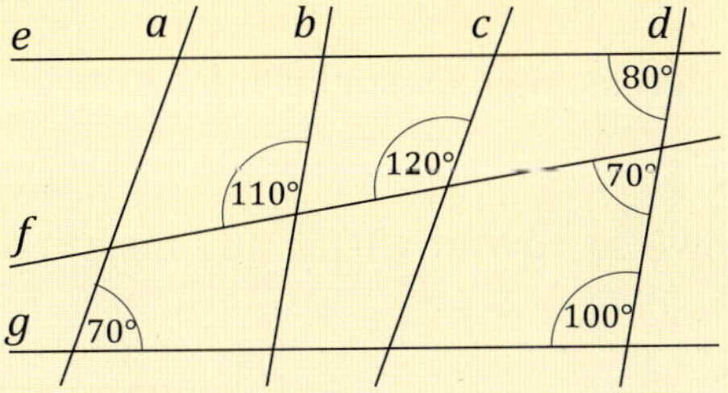


3. Ile stopni ma kąt wewnętrzny siedmiokąta foremnego?

# Wektor na płaszczyźnie (bez układu współrzędnych)

Pojęcie wektora jest bardzo przydatne nie tylko w matematyce, gdzie będziemy go używać do definiowania przekształceń geometrycznych, opisu przekształceń wykresów funkcji czy dowodzenia twierdzeń, lecz również w innych dziedzinach. W fizyce jest wygodnym narzędziem do opisu np. prędkości, siły, natężenia pola magnetycznego.

***Definicja 1.***
**Wektorem** (zaczepionym, związanym) nazywamy uporządkowaną parę punktów. Pierwszy z tych punktów nazywamy **początkiem wektora** (punktem zaczepienia), a drugi – **końcem wektora**. Wektor o początku w punkcie $A$ i końcu w punkcie $B$ oznaczamy $\overrightarrow{AB}$.

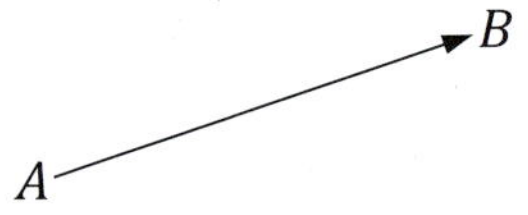


Wektor $\overrightarrow{AB}$ będziemy przedstawiać jako strzałkę, której początek znajduje się w punkcie $A$, natomiast koniec (czyli „grot") w punkcie $B$.
**Długością wektora** $\overrightarrow{AB}$ nazywamy długość odcinka $AB$ i oznaczamy $|\overrightarrow{AB}|$.

Jeżeli początek wektora pokrywa się z jego końcem, to taki wektor nazywamy **wektorem zerowym** i oznaczamy $\vec{0}$. Przedstawieniem takiego wektora jest punkt.

Jeżeli dwa niezerowe wektory leżą na jednej prostej lub leżą na dwóch prostych równoległych, to powiemy, że są to **wektory równoległe**. O wektorach równoległych mówimy też, że mają ten sam kierunek.
Dowolne dwa niezerowe wektory równoległe mają albo zgodne zwroty (rys. a), albo przeciwne zwroty (rys. b)

a)
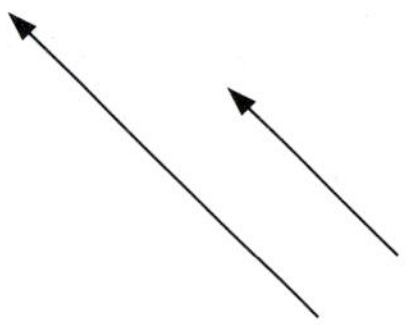

b)
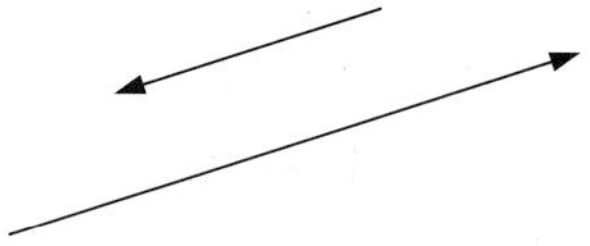

Wektor zerowy nie ma określonego kierunku ani zwrotu.

***Definicja 2.***
Dwa **wektory** niezerowe są **równe** wtedy, gdy mają ten sam kierunek, zwrot i długość.

**Wektorem swobodnym** nazywamy zbiór wszystkich wektorów zaczepionych równych danemu wektorowi zaczepionemu.

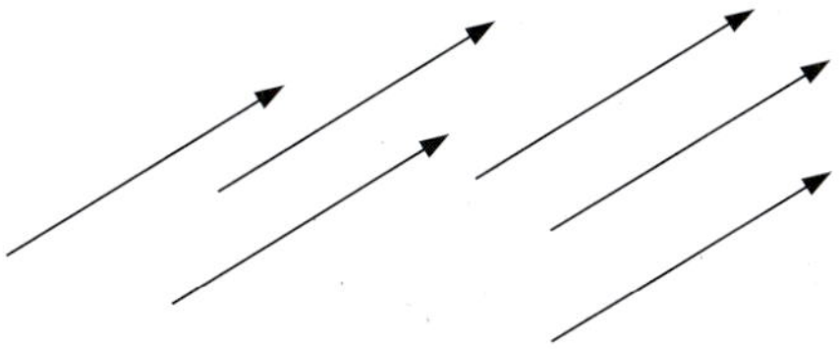

Aby przedstawić wektor swobodny, wystarczy narysować dowolny wektor zaczepiony, reprezentujący ten wektor swobodny.

Wektory swobodne oznacza się też małymi, pojedynczymi literami ze strzałką, np.: $\vec{u}, \vec{v}, \vec{w}$.

Na wektorach można wykonywać działania.

## *Definicja 3.*

**Sumą wektorów** $\vec{u}$ i $\vec{v}$ nazywamy wektor, oznaczany $\vec{u}+\vec{v}$, którego początkiem jest początek wektora $\vec{u}$, a końcem – koniec wektora równego wektorowi $\vec{v}$, zaczepionego w końcu wektora $\vec{u}$.

**UWAGA:** Jeśli chcemy dodać dwa (nierównoległe) wektory, to możemy zastosować też tzw. „regułę równoległoboku" (często stosowaną w fizyce).

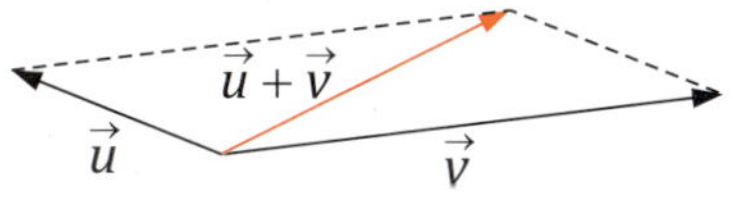


Zaczepiamy wektory $\vec{u}$ i $\vec{v}$ w tym samym punkcie, a następnie kreślimy równoległobok wyznaczony przez te wektory. Wówczas wektor wyznaczony przez przekątną równoległoboku, zaczepiony w tym samym punkcie co wektory $\vec{u}$ i $\vec{v}$, jest sumą wektorów $\vec{u}$ i $\vec{v}$. O wektorze tym mówimy też, że jest wypadkową wektorów $\vec{u}$ i $\vec{v}$.

## *Definicja 4.*

**Wektorami przeciwnymi** nazywamy dwa wektory wtedy, gdy ich suma jest wektorem zerowym.

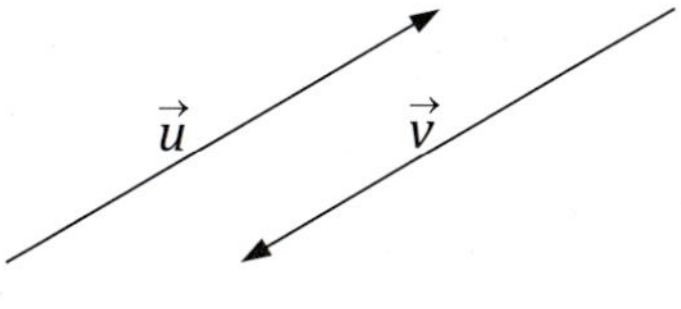


$\vec{u}+\vec{v}=\vec{0}$

Wektor przeciwny do wektora $\vec{u}$ oznaczamy $-\vec{u}$. Wektor przeciwny do wektora $\overrightarrow{AB}$ oznaczamy $-\overrightarrow{AB}$ lub $\overrightarrow{BA}$.

### *Twierdzenie 1.*

Jeśli wektory niezerowe $\vec{u}$ i $\vec{v}$ są przeciwne, to wektory te: są równoległe, mają przeciwne zwroty, mają taką samą długość.

**Odjąć** od wektora $\vec{u}$ wektor $\vec{v}$ to znaczy dodać do wektora $\vec{u}$ wektor $-\vec{v}$.

$$\vec{u} - \vec{v} = \vec{u} + \left(-\vec{v}\right)$$

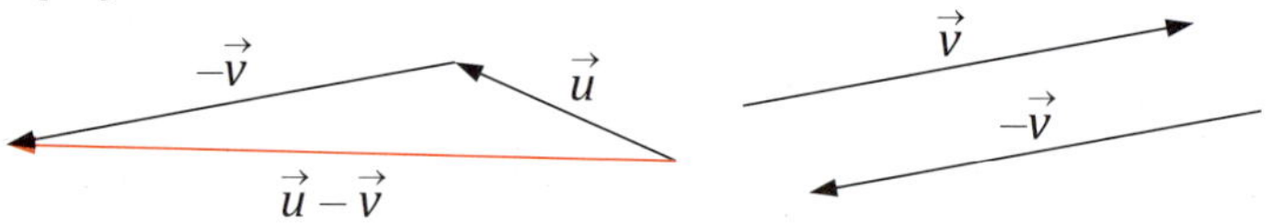


### *Definicja 5.*

**Iloczynem wektora** niezerowego $\vec{u}$ **i liczby** $k$, $k \neq 0$, nazywamy wektor równoległy do wektora $\vec{u}$ mający długość $|k| \cdot \left|\vec{u}\right|$ i zwrot zgodny z wektorem $\vec{u}$, jeśli $k > 0$, natomiast zwrot przeciwny do wektora $\vec{u}$, jeśli $k < 0$. Iloczyn taki oznaczamy $k \cdot \vec{u}$. Dodatkowo przyjmujemy, że iloczyn wektora zerowego i liczby jest wektorem zerowym; również iloczyn wektora niezerowego i liczby zero jest wektorem zerowym.

### *Twierdzenie 1.*

Dla dowolnych wektorów $\vec{u}, \vec{v}, \vec{w}$ oraz dowolnych liczb rzeczywistych $k, l$:

1) $\vec{u} + \vec{v} = \vec{v} + \vec{u}$
2) $\left(\vec{u} + \vec{v}\right) + \vec{w} = \vec{u} + \left(\vec{v} + \vec{w}\right)$
3) $k \cdot \left(l \cdot \vec{u}\right) = (k \cdot l) \cdot \vec{u}$
4) $(k + l) \cdot \vec{u} = k \cdot \vec{u} + l \cdot \vec{u}$
5) $k \cdot \left(\vec{u} + \vec{v}\right) = k \cdot \vec{u} + k \cdot \vec{v}$

## Przykład 1.

Niech będzie dany dowolny trójkąt $ABC$. Punkt $K$ dzieli bok $AC$ na odcinki $AK$ i $KC$, dla których $|AK| : |KC| = 1 : 2$. Punkt $L$ dzieli bok $BC$ na odcinki $BL$ i $LC$ tak, że $|BL| : |LC| = 1 : 2$. Wykorzystując działania na wektorach, pokażemy, że $KL \parallel AB$ oraz wyznaczymy długość odcinka $KL$ w zależności od długości odcinka $AB$.
Rozważmy wektory wyznaczone przez punkty $A, B, C, K, L$ (patrz rysunek poniżej).

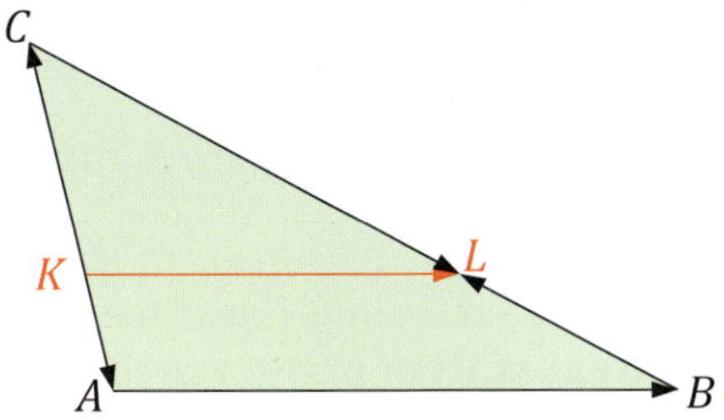


Wektor $\overrightarrow{KL}$ możemy przedstawić w postaci sumy wektorów na dwa sposoby:

(1) $\overrightarrow{KL} = \overrightarrow{KC} + \overrightarrow{CL}$ (2) $\overrightarrow{KL} = \overrightarrow{KA} + \overrightarrow{AB} + \overrightarrow{BL}$

Z warunków zadania wynika, że

$\overrightarrow{KC} = -2 \cdot \overrightarrow{KA}$ $\overrightarrow{CL} = -2 \cdot \overrightarrow{BL}$, stąd

uwzględniając równość (1), otrzymujemy

$\overrightarrow{KL} = -2 \cdot \overrightarrow{KA} - 2 \cdot \overrightarrow{BL}$

Równość (2) mnożymy stronami przez 2.

$2 \cdot \overrightarrow{KL} = 2 \cdot \overrightarrow{KA} + 2 \cdot \overrightarrow{AB} + 2 \cdot \overrightarrow{BL}$

Dwie ostatnie równości dodajemy stronami i otrzymujemy $3 \cdot \overrightarrow{KL} = 2 \cdot \overrightarrow{AB}$, czyli

$$\overrightarrow{KL} = \frac{2}{3} \cdot \overrightarrow{AB}$$

Z definicji 5. wynika, że $\overrightarrow{KL} \parallel \overrightarrow{AB}$, więc również

$$KL \parallel AB \text{ oraz } |KL| = \frac{2}{3}|AB|.$$

### Sprawdź, czy rozumiesz

1. Dwie siły $\vec{F_1}$ i $\vec{F_2}$ zaczepione w tym samym punkcie działają w kierunkach prostopadłych. Każda siła ma wartość 10 N. Oblicz, jaka jest wartość siły wypadkowej $\vec{F_w}$. Wynik podaj z dokładnością do 0,01 N.

2. Co można powiedzieć o wektorach $\vec{u}$ i $\vec{v}$, jeśli:

   a) $|\vec{u} + \vec{v}| = |\vec{u}| + |\vec{v}|$ b) $|\vec{u} + \vec{v}| = |\vec{u}| - |\vec{v}|$ c) $|\vec{u} + \vec{v}| < |\vec{u}| + |\vec{v}|$?

3. Punkty $A, B, C, D$ są wierzchołkami kwadratu, $O$ jest punktem przecięcia się jego przekątnych.

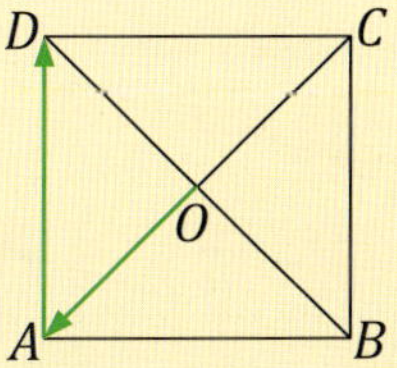


Wyraź wektory $\overrightarrow{BO}, \overrightarrow{AB}, \overrightarrow{AC}, \overrightarrow{OC}$ w zależności od wektorów $\overrightarrow{OA}$ i $\overrightarrow{AD}$.

# Wybrane przekształcenia płaszczyzny, cz. 1

**Definicja 1.**
**Przekształceniem geometrycznym** $P$ płaszczyzny nazywamy takie odwzorowanie, w którym każdemu punktowi $A$ płaszczyzny przyporządkowujemy tylko jeden punkt $A_1$ na tej płaszczyźnie. Punkt $A_1$ nazywamy **obrazem** punktu $A$ w tym przekształceniu i zapisujemy $P(A) = A_1$.

Podobnie obrazem figury $F$ w przekształceniu $P$ będziemy nazywać figurę $F_1$ utworzoną z obrazów punktów figury $F$; zapisujemy $P(F) = F_1$.

Może się zdarzyć, że obrazem punktu $A$ w danym przekształceniu $P$ jest ten sam punkt $A$, $P(A) = A$. Wtedy punkt $A$ nazywamy **punktem stałym** przekształcenia $P$. Przekształcenie, w którym każdy punkt jest stały, nazywamy **przekształceniem tożsamościowym**.

Wśród przekształceń duże znaczenie mają przekształcenia, które zachowują odległość między punktami.

**Definicja 2.**
**Izometrią** nazywamy takie przekształcenie $P$ płaszczyzny, w którym odległość między dowolnymi punktami $A$, $B$ tej płaszczyzny jest taka sama jak odległość między ich obrazami, tzn.
$|AB| = |P(A)P(B)|$.

**Definicja 3.**
**Przesunięciem równoległym (translacją)** o dany wektor $\vec{u}$ nazywamy takie przekształcenie geometryczne, w którym każdemu punktowi $A$ przyporządkowujemy taki punkt $A_1$, że $\overrightarrow{AA_1} = \vec{u}$. Przesunięcie o wektor $\vec{u}$ oznaczamy $T_{\vec{u}}$.

**Twierdzenie 1.**
Przesunięcie równoległe jest izometrią.

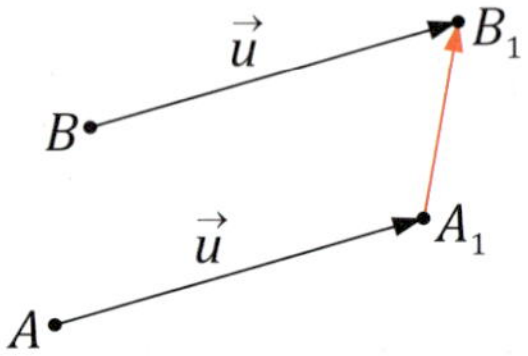


Założenie: $A$, $B$ – dowolne punkty na płaszczyźnie,
$T_{\vec{u}}$ – przesunięcie równoległe o wektor $\vec{u}$.
$T_{\vec{u}}(A) = A_1$, $T_{\vec{u}}(B) = B_1$

Teza: $|AB| = |A_1B_1|$

Dowód:

Wektor $\overrightarrow{A_1B_1}$ przedstawiamy w postaci sumy:

$$\overrightarrow{A_1B_1} = \overrightarrow{A_1A} + \overrightarrow{AB} + \overrightarrow{BB_1}$$

Z definicji przesunięcia równoległego wynika, że

$\overrightarrow{AA_1} = \vec{u}$, zatem $\overrightarrow{A_1A} = -\vec{u}$ i $\overrightarrow{BB_1} = \vec{u}$.

Mamy więc:

$$\overrightarrow{A_1B_1} = -\vec{u} + \overrightarrow{AB} + \vec{u} = \overrightarrow{AB}$$

Wykorzystaliśmy przemienność i łączność dodawania wektorów.

Ponieważ $\overrightarrow{AB} = \overrightarrow{A_1B_1}$, więc

$|AB| = |A_1B_1|$, co kończy dowód.

## Przykład 1.

Rysunek poniżej pokazuje figurę $F$ i jej obraz $F_1$ w przesunięciu równoległym o wektor $\vec{u}$.

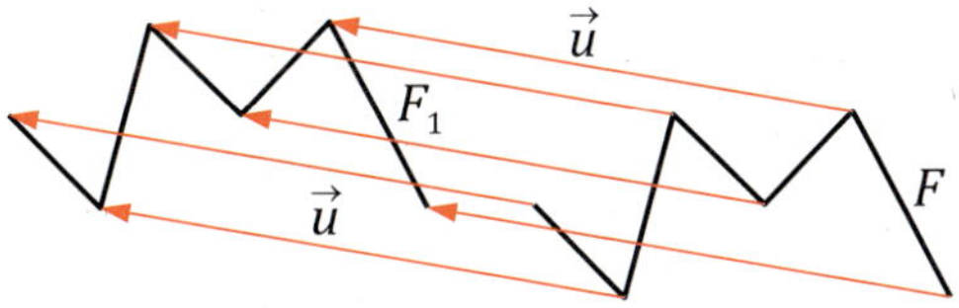


## Definicja 4.

**Symetrią osiową** względem prostej $l$ nazywamy takie przekształcenie geometryczne, które każdemu punktowi $A$ płaszczyzny przyporządkowuje taki punkt $A_1$, że $\overrightarrow{LA_1} = -\overrightarrow{LA}$, gdzie $L$ jest punktem wspólnym prostej $l$ oraz prostej prostopadłej do prostej $l$ i przechodzącej przez punkt $A$. Symetrię osiową względem prostej $l$ będziemy oznaczać $S_l$.

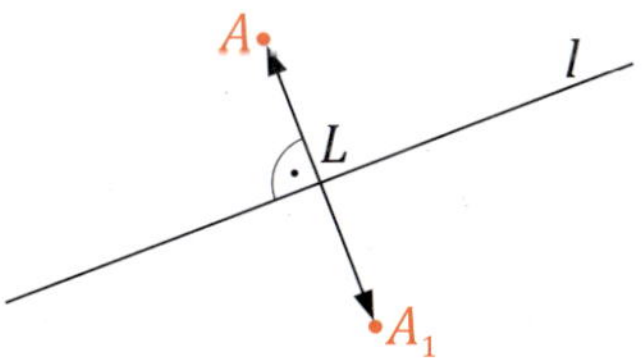


Zauważ, że jeśli punkt $A$ nie należy do prostej $l$, to:

- Punkt $A$ i jego obraz znajdują się na prostej prostopadłej do prostej $l$.
- Punkt $A$ i jego obraz znajdują się po przeciwnych stronach prostej $l$.
- Punkt $A$ i jego obraz znajdują się w równych odległościach od prostej $l$.

Prawdziwe są następujące twierdzenia.

## Twierdzenie 1.

Symetria osiowa jest izometrią.

**Twierdzenie 2.**
W symetrii osiowej względem prostej $l$ zbiorem punktów stałych tego przekształcenia jest prosta $l$.

## Przykład 2.

Rysunek poniżej przedstawia figurę $F$ i jej obraz $F_1$ w symetrii względem prostej $l$.

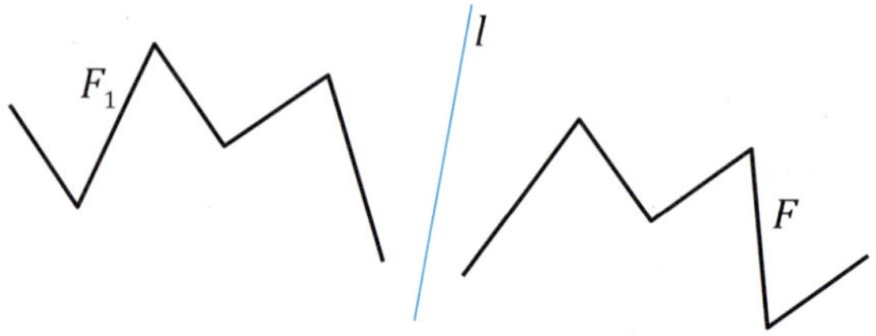


## Przykład 3.

Na płaszczyźnie mamy dane odcinki $AB$ i $CD$ oraz prostą $m$, tak jak na rysunku poniżej.

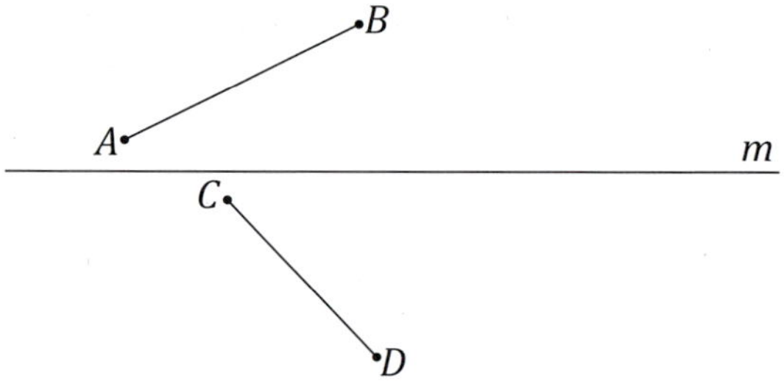


Wyznaczymy punkty $K$, $L$ tak, że $K \in AB$ i $L \in CD$, odcinek $KL$ jest prostopadły do prostej $m$ i środek odcinka $KL$ należy do prostej $m$.

W celu wyznaczenia punktów $K$, $L$ przekształcamy przez symetrię względem prostej $m$ jeden z odcinków, np. odcinek $AB$.

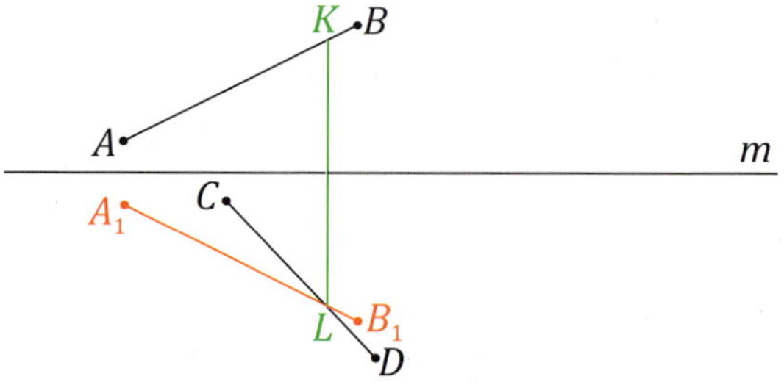


Obraz odcinka $AB$, czyli odcinek $A_1B_1$, przecina odcinek $CD$ w punkcie, który jest szukanym punktem $L$. Prowadzimy przez punkt $L$ prostą prostopadłą do prostej $m$, przecina ona odcinek $AB$ w punkcie, który jest szukanym punktem $K$. Uzasadnij dokładnie, że punkty $K$, $L$ spełniają warunki zadania. Otrzymaliśmy jedno rozwiązanie. W jakim przypadku nie byłoby żadnego rozwiązania, a w jakim – rozwiązań byłoby nieskończenie wiele?

Z symetrią osiową związane jest pojęcie figur osiowosymetrycznych.

**Definicja 5.**
**Osią symetrii** figury $F$ nazywamy prostą $l$ wtedy, gdy $S_l(F) = F$ (tzn. obrazem figury $F$ w symetrii względem prostej $l$ jest ta sama figura $F$). O figurze $F$ mówimy wtedy, że jest **figurą osiowosymetryczną**.

Figurami osiowosymetrycznymi są na przykład:
- trapez równoramienny – 1 oś symetrii
- odcinek – 2 osie symetrii
- trójkąt równoboczny – 3 osie symetrii
- kwadrat – 4 osie symetrii
- okrąg – nieskończenie wiele osi symetrii.

Figurami osiowosymetrycznymi są również figury na rysunku poniżej.

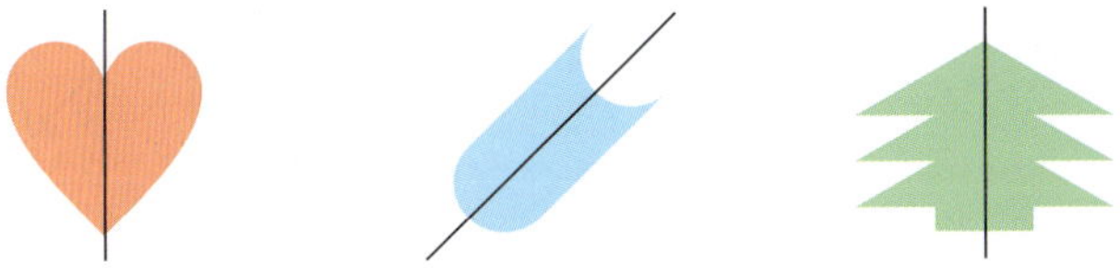

Figurami, które nie mają osi symetrii, są na przykład: trójkąt różnoboczny, trapez prostokątny niebędący prostokątem, równoległobok niebędący rombem ani prostokątem.

**Definicja 6.**
**Symetrią środkową** względem punktu $O$ nazywamy takie przekształcenie geometryczne, że obrazem dowolnego punktu $A$ jest punkt $A_1$, dla którego $\overrightarrow{OA_1} = -\overrightarrow{OA}$. Punkt $O$ nazywamy środkiem symetrii. Symetrię środkową względem punktu $O$ oznaczamy $S_O$.

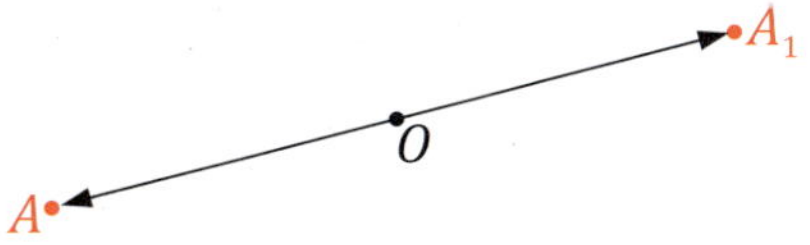


Zauważ, że punkt $O$ jest środkiem odcinka $AA_1$.

**Twierdzenie 3.**
Symetria środkowa jest izometrią.

**Twierdzenie 4**
Jedynym punktem stałym symetrii środkowej jest środek tej symetrii.

Założenie: $S_O$ – symetria środkowa o środku w punkcie $O$
$A$ – punkt stały symetrii środkowej $S_O$

Teza: $A = O$

Dowód:
Z założenia wiemy, że $S_O(A) = A$, więc z definicji symetrii środkowej otrzymujemy

$\overrightarrow{OA} = -\overrightarrow{OA}$, stąd

$\overrightarrow{OA} = \vec{0}$, czyli

$A = O$, co kończy dowód.

## Przykład 4.

Rysunek poniżej przedstawia figurę $F$ i jej obraz $F_1$ w symetrii środkowej $S_O$.

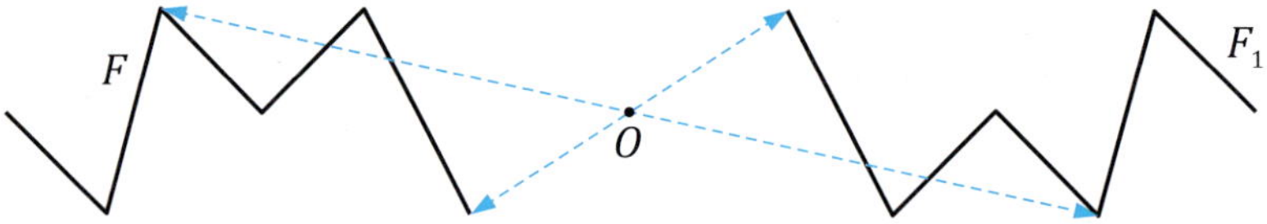


## Przykład 5.

Dany jest trójkąt $ABC$ i punkt $O$ leżący wewnątrz tego trójkąta jak na rysunku poniżej. Wyznaczymy punkty $K$, $L$ leżące na bokach trójkąta $ABC$ tak, aby środkiem odcinka $KL$ był punkt $O$.

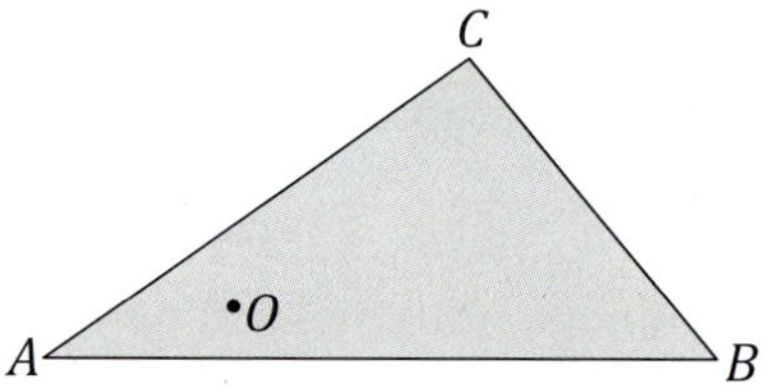


Zauważmy, że punkty $K$, $L$ są symetryczne względem punktu $O$. W celu ich wyznaczenia wystarczy przekształcić trójkąt $ABC$ przez symetrię względem punktu $O$. Punkty przecięcia brzegu trójkąta $ABC$ i brzegu trójkąta $A_1B_1C_1$ (obrazu trójkąta $ABC$ w rozważanej symetrii środkowej) pozwolą wyznaczyć punkty $K$, $L$.

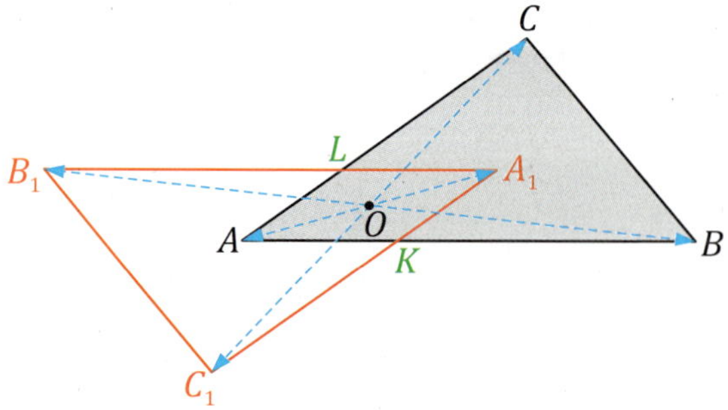


Istnieje jedna para punktów spełniająca warunki zadania.

### Definicja 7.

**Środkiem symetrii** figury $F$ nazywamy punkt $O$ wtedy, gdy $S_O(F) = F$ (tzn. obrazem figury $F$ w symetrii środkowej $S_O$ jest ta sama figura $F$). O figurze $F$ mówimy wtedy, że jest **figurą środkowosymetryczną**.

Figurami środkowosymetrycznymi są na przykład:
- odcinek (środkiem symetrii jest środek odcinka)
- kwadrat, prostokąt, równoległobok (środkiem symetrii w tych trzech figurach jest punkt przecięcia przekątnych)
- koło (środkiem symetrii jest środek koła)
- prosta (środkiem symetrii jest każdy punkt tej prostej).

Figurami środkowosymetrycznymi są również figury na rysunku poniżej.

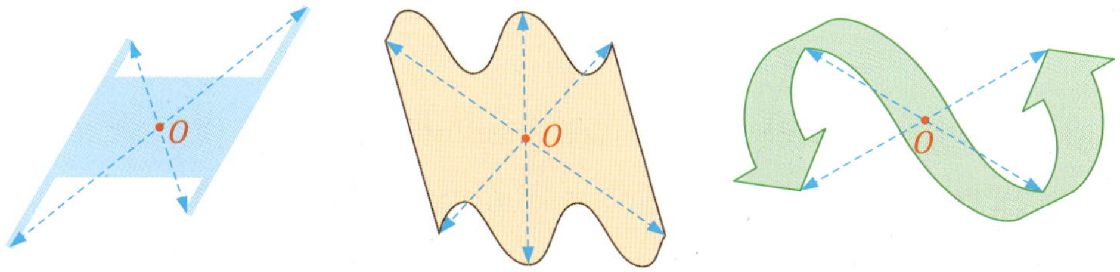


## Sprawdź, czy rozumiesz

1. Wykaż, że przesunięcie równoległe o wektor niezerowy nie ma punktów stałych.
2. Na płaszczyźnie wyróżnione są dwa punkty $P$ i $Q$. Rozpatrujemy przekształcenie geometryczne, które dowolnemu punktowi $A$ tej płaszczyzny przyporządkowuje punkt $A_1$ w taki sposób, że $\overrightarrow{PA_1} = \overrightarrow{PA} + \overrightarrow{PQ}$. Wykaż, że rozpatrywane przekształcenie jest przesunięciem równoległym o wektor $\overrightarrow{PQ}$.
3. Wykaż, korzystając z działań na wektorach, że symetria środkowa jest izometrią.
4. Bolek zaproponował Olkowi następującą grę: na prostokątnej kartce papieru będą układać na przemian monety jednogroszowe. Wygrywa osoba, która ostatnia położy monetę. Zakładamy, że każdy z chłopców ma wystarczającą liczbę monet do pokrycia nimi kartki. Grę rozpoczął Bolek, kładąc monetę na środku kartki. Następnie ruch wykonał Olek. Jak dalej powinien grać Bolek, aby być pewnym zwycięstwa?

# Wybrane przekształcenia płaszczyzny, cz. 2

W tym temacie omówimy dwa przekształcenia płaszczyzny, które nie zachowują odległości między punktami.

**Definicja 1.**
Niech na płaszczyźnie dane będą dwie przecinające się proste $k$ i $l$.
**Rzutem równoległym na prostą** $l$ w kierunku prostej $k$ nazywamy przekształcenie geometryczne, które każdemu punktowi $A$ płaszczyzny przyporządkowuje taki punkt $A_1$ prostej $l$, że punkty $A$ i $A_1$ leżą na prostej równoległej do prostej $k$. Prostą $k$ nazywamy **kierunkiem rzutowania**, a prostą $l$ – **rzutnią**.

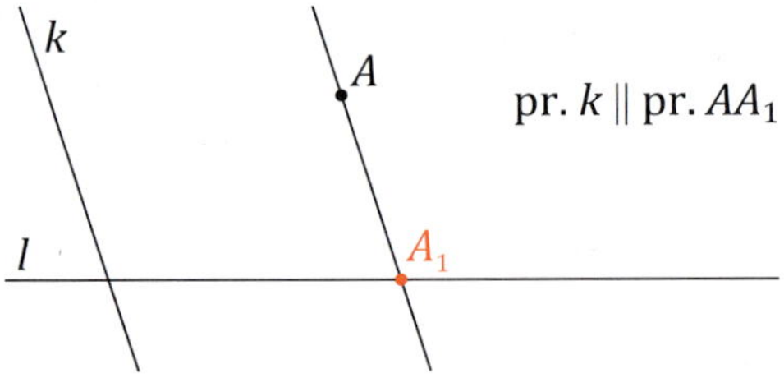


pr. $k \parallel$ pr. $AA_1$

Jeśli punkt $A$ leży na prostej $l$, to jego obraz $A_1$ pokrywa się z punktem $A$. Tak więc w rzucie równoległym na prostą $l$ zbiorem punktów stałych tego przekształcenia jest prosta $l$.

Jeśli kierunek rzutowania jest prostopadły do rzutni, to taki rzut nazywamy **rzutem prostokątnym**.

## Przykład 1.

Rysunek poniżej przedstawia figurę $F$ i jej obraz $F_1$ w rzucie prostokątnym na prostą $l$.

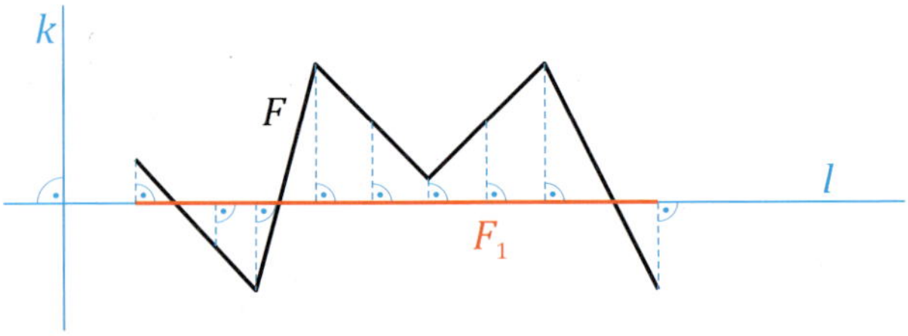


Obrazem figury $F$ w rzucie prostokątnym na prostą $l$ jest odcinek $F_1$.

**Definicja 2.**
**Powinowactwem prostokątnym** o osi $l$ i skali $k$, $k \neq 0$, nazywamy przekształcenie geometryczne, w którym obrazem dowolnego punktu $A$ jest punkt $A_1$ określony następująco

$$\overrightarrow{PA_1} = k \cdot \overrightarrow{PA}$$

gdzie $P$ jest rzutem prostokątnym punktu $A$ na prostą $l$.

Prawdziwe jest następujące twierdzenie.

**Twierdzenie 1.**
W powinowactwie prostokątnym obrazem prostej jest prosta.

## Przykład 2.

Rysunek poniżej przedstawia figurę $F$ i jej obraz $F_1$ w powinowactwie prostokątnym o osi $l$ i skali:

a) 2

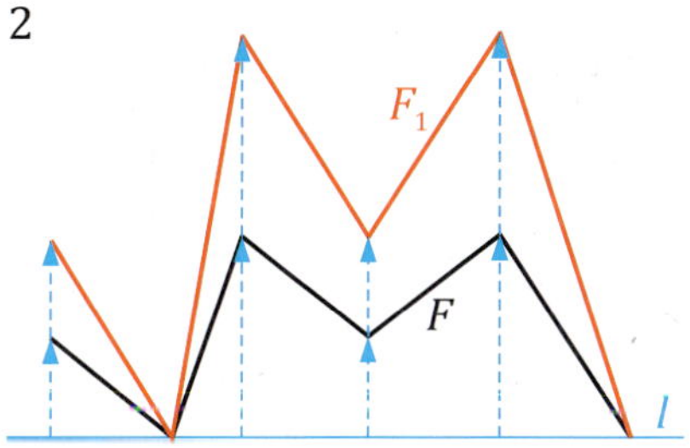


b) $-\frac{1}{2}$

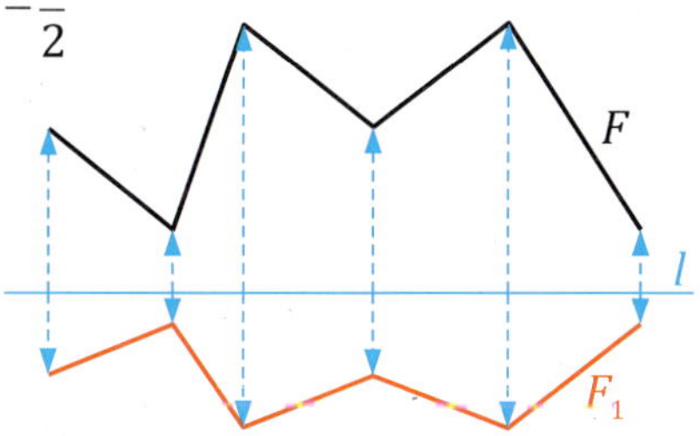


Potocznie możemy powiedzieć, że powinowactwo prostokątne o skali większej od 1 lub mniejszej od –1 „rozciąga" figury, a o skali z przedziału $(-1, 1)$ „ściska" figury. Dodatkowo – w przypadku skali ujemnej – powinowactwo prostokątne „odwraca" figury.

### Sprawdź, czy rozumiesz

1. W rzucie równoległym na prostą obrazem punktu $A$ jest punkt $A_1$, obrazem punktu $B$ – punkt $B_1$.
   a) Co można powiedzieć o położeniu punktów $A$, $B$, jeśli $A_1 = B_1$?
   b) Czy może się zdarzyć, że odcinek $AB$ będzie miał taką samą długość jak odcinek $A_1B_1$? Rozpatrz różne przypadki.
2. Co może być obrazem prostej w rzucie równoległym na prostą?
3. Jakim przekształceniem jest powinowactwo prostokątne o skali 1, a jakim – o skali $(-1)$?
4. Narysuj trójkąt równoboczny $ABC$ i prostą $l$ przecinającą ten trójkąt. Następnie wyznacz obraz trójkąta $ABC$ w powinowactwie prostokątnym o osi $l$ i skali $\frac{1}{2}$.

# Twierdzenie Talesa

Twierdzenie, które omówimy w tym temacie, nosi imię filozofa i matematyka greckiego, Talesa z Miletu, żyjącego na przełomie VII i VI wieku przed Chrystusem.

**Twierdzenie 1.** (Talesa)
Jeżeli ramiona kąta (lub ich przedłużenia) przetniemy dwiema prostymi równoległymi, to stosunek długości odcinków wyciętych przez te proste na jednym ramieniu kąta (lub na jego przedłużeniu) jest równy stosunkowi długości odpowiednich odcinków wyciętych na drugim ramieniu kąta (lub na jego przedłużeniu).

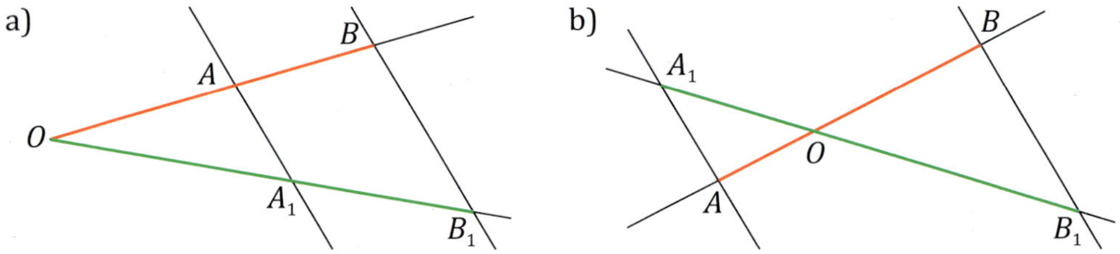


Założenie: $\sphericalangle BOB_1$, proste $AA_1$ i $BB_1$ są położone jak na rysunku oraz pr. $AA_1 \parallel$ pr. $BB_1$

Teza: $\frac{|OA|}{|AB|} = \frac{|OA_1|}{|A_1B_1|}$ i $\frac{|OA|}{|OB|} = \frac{|OA_1|}{|OB_1|}$

Dowód:
Wykorzystamy własności działań na wektorach. Ponieważ punkty $O$, $A$, $B$ leżą na jednej prostej, więc

$\overrightarrow{OB} = k \cdot \overrightarrow{OA}$ dla pewnej liczby rzeczywistej $k$, $k \neq 0$.

Podobnie punkty $O, A_1, B_1$ leżą na jednej prostej, więc

$\overrightarrow{B_1O} = l \cdot \overrightarrow{A_1O}$ dla pewnej liczby rzeczywistej $l$, $l \neq 0$.

Proste $AA_1$ i $BB_1$ są równoległe – z założenia – więc

$\overrightarrow{B_1B} = m \cdot \overrightarrow{A_1A}$ dla pewnej liczby rzeczywistej $m$, $m \neq 0$.

Mamy:

(1) $\overrightarrow{B_1B} = \overrightarrow{B_1O} + \overrightarrow{OB} = l \cdot \overrightarrow{A_1O} + k \cdot \overrightarrow{OA}$

Z drugiej strony:

(2) $\overrightarrow{B_1B} = m \cdot \overrightarrow{A_1A} = m \cdot \left(\overrightarrow{A_1O} + \overrightarrow{OA}\right) = m \cdot \overrightarrow{A_1O} + m \cdot \overrightarrow{OA}$

Przyrównujemy prawe strony równości (1) i (2)

$l \cdot \overrightarrow{A_1O} + k \cdot \overrightarrow{OA} = m \cdot \overrightarrow{A_1O} + m \cdot \overrightarrow{OA}$

Po uporządkowaniu otrzymujemy:

(3) $(l - m) \cdot \overrightarrow{A_1O} + (k - m) \cdot \overrightarrow{OA} = \vec{0}$

Zauważmy, że wektory $\overrightarrow{A_1O}$ i $\overrightarrow{OA}$ są niezerowe i nierównoległe, zatem równość (3) będzie zachodzić tylko wtedy, gdy wektory $(l-m)\cdot\overrightarrow{A_1O}$ i $(k-m)\cdot\overrightarrow{OA}$ będą zerowe, czyli wtedy, gdy $l-m=0$ i $k-m=0$, co jest równoważne warunkowi:

$k=l=m$

Stąd otrzymujemy, że dla pewnej liczby rzeczywistej $k$, $k\neq 0$,

$|OB|=|k|\cdot|OA|$ $\quad |OB_1|=|k|\cdot|OA_1|$ $\quad |BB_1|=|k|\cdot|AA_1|$ oraz

$|OB|=|OA|+|AB|$ i $|OB_1|=|OA_1|+|A_1B_1|$ – w przypadku a) albo

$|OB|=|AB|-|OA|$ i $|OB_1|=|A_1B_1|-|OA_1|$ – w przypadku b)

W przypadku a) mamy więc:

$$\frac{|OA|}{|AB|}=\frac{|OA|}{|OB|-|OA|}=\frac{|OA|}{(|k|-1)\cdot|OA|}=\frac{1}{|k|-1}=\frac{|OA_1|}{(|k|-1)\cdot|OA_1|}=\frac{|OA_1|}{|OB_1|-|OA_1|}=\frac{|OA_1|}{|A_1B_1|},$$

czyli $\dfrac{|OA|}{|AB|}=\dfrac{|OA_1|}{|A_1B_1|}$.

W przypadku a) jest $k>0$ i $k\neq 1$ (dlaczego?).
Podobnie postępujemy z drugą równością oraz w przypadku b).

Z twierdzenia Talesa wynika wniosek dotyczący odcinków wyznaczonych na prostych równoległych.

Wniosek z twierdzenia Talesa:
Przy założeniach z twierdzenia Talesa (patrz rys. powyżej) stosunek długości odcinków utworzonych na obu prostych równoległych jest równy stosunkowi długości tych odcinków na każdym z ramion, których końcem jest wierzchołek kąta, czyli:

$$\frac{|AA_1|}{|BB_1|}=\frac{|OA|}{|OB|}=\frac{|OA_1|}{|OB_1|}$$

## Przykład 1.

Obliczmy $x$ i $y$, wykorzystując dane z rysunku poniżej oraz wiedząc, że proste $AC$ i $BD$ są równoległe.

a)

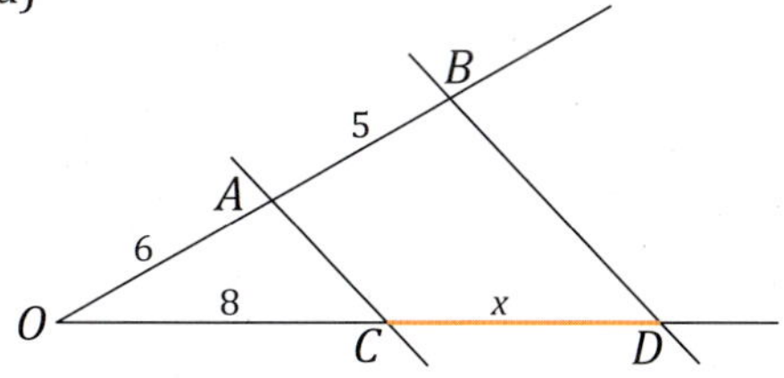


Z twierdzenia Talesa otrzymujemy proporcję:

$$\frac{|OA|}{|AB|}=\frac{|OC|}{|CD|},\ \text{czyli}\ \frac{6}{5}=\frac{8}{x},\ \text{skąd}$$

$$x=6\frac{2}{3}$$

b)

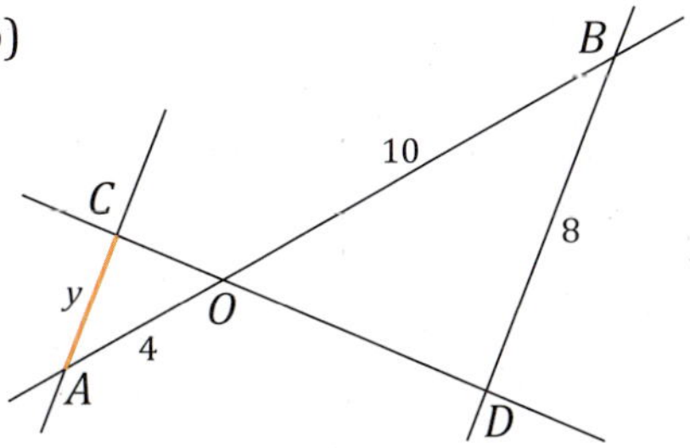


Z wniosku z twierdzenia Talesa otrzymujemy

$$\frac{|AC|}{|BD|}=\frac{|OA|}{|OB|},\ \text{czyli}\ \frac{y}{8}=\frac{4}{10},\ \text{skąd}$$

$$y=3\frac{1}{5}$$

## Przykład 2.

Dany odcinek $KL$ podzielimy konstrukcyjnie na dwa odcinku $KM$ i $ML$, dla których $\frac{|KM|}{|ML|} = \frac{3}{2}$.

Rozważmy dowolny kąt $AOB$. Odłóżmy na ramieniu tego kąta dany odcinek $KL$, tak aby punkt $K$ pokrył się z punktem $O$.

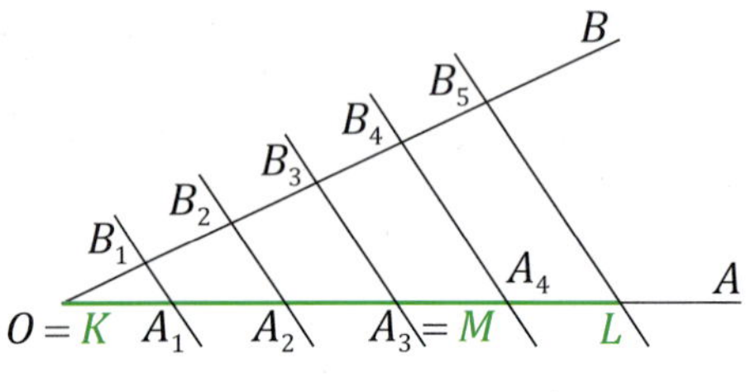


Na drugim ramieniu kąta odkładamy odcinek $OB_1$, następnie takiej samej długości odcinek $B_1B_2$ i tak dalej, aż odłożymy pięć odcinków jednakowej długości. Koniec ostatniego odcinka oznaczmy przez $B_5$. Prowadzimy prostą $LB_5$, a następnie proste do niej równoległe, przechodzące przez punkty $B_1$, $B_2$, $B_3$, $B_4$.

Te proste przecinają odcinek $KL$ w punktach $A_1, A_2, A_3, A_4$. Oznaczmy punkt $A_3$ przez $M$. Wówczas odcinki $KM$ i $ML$ spełniają warunki zadania. Poprawność konstrukcji wynika z twierdzenia Talesa. Zadanie ma zawsze jedno rozwiązanie.

## Przykład 3.

Dane są odcinki mające długość $a$, $b$, $c$. Zbudujemy odcinek mający długość $x$, gdzie $x = \frac{a \cdot b}{2 \cdot c}$.

Równość $x = \frac{a \cdot b}{2 \cdot c}$ możemy zapisać w postaci $\frac{2c}{b} = \frac{a}{x}$. Rozważmy dowolny kąt $AOB$.

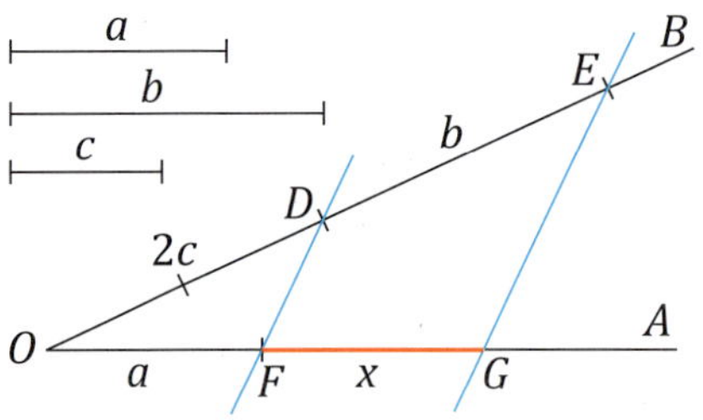


Na ramieniu $OB^{\rightarrow}$ odkładamy kolejno: odcinek $OD$, $|OD| = 2c$, a następnie odcinek $DE$, $|DE| = b$. Teraz na ramieniu $OA^{\rightarrow}$, odkładamy odcinek $OF$, $|OF| = a$. Przez punkty $D$, $F$ prowadzimy prostą. Następnie przez punkt $E$ prowadzimy prostą równoległą do prostej $DF$. Ta prosta przecina ramię $OA^{\rightarrow}$ w punkcie, który oznaczamy $G$. Długość odcinka $FG$ jest równa $x$. Poprawność konstrukcji wynika z twierdzenia Talesa. Zadanie ma zawsze jedno rozwiązanie.

Można też udowodnić następujące twierdzenie:

### Twierdzenie 2.

Jeśli ramiona kąta (lub ich przedłużenia) przetniemy dwiema prostymi i stosunek długości odcinków wyciętych przez te proste na jednym ramieniu (lub na jego przedłużeniu) będzie równy stosunkowi długości odpowiednich odcinków wyciętych na drugim ramieniu kąta (lub na jego przedłużeniu), to te proste będą równoległe.

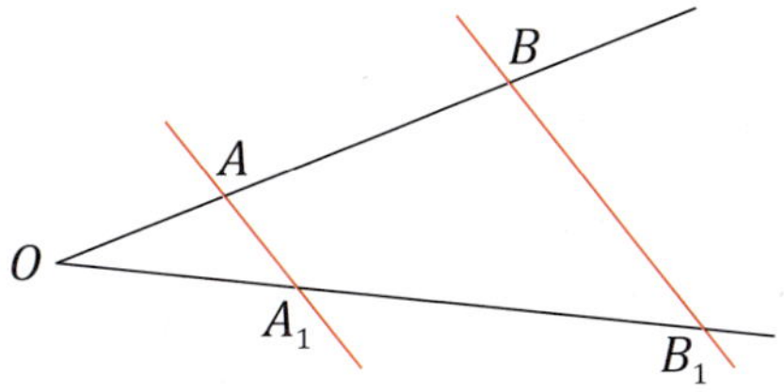


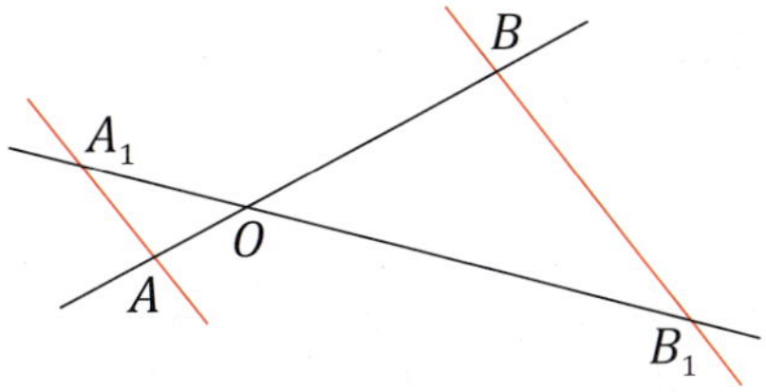


Założenie: $\sphericalangle BOB_1$, proste $AA_1$ i $BB_1$ są położone jak na rysunku powyżej oraz
$$\frac{|OA|}{|AB|} = \frac{|OA_1|}{|A_1B_1|} \left( \text{lub } \frac{|OA|}{|OB|} = \frac{|OA_1|}{|OB_1|} \right)$$

Teza: pr. $AA_1 \parallel$ pr. $BB_1$

Dowód: Z warunku $\frac{|OA|}{|AB|} = \frac{|OA_1|}{|A_1B_1|}$ wynika, że dla pewnej liczby rzeczywistej $k$ $(k > 0$ – w przypadku a), $k < -1$ – w przypadku b)$)$ prawdziwe są równości:

$$\overrightarrow{AB} = k \cdot \overrightarrow{OA} \text{ i } \overrightarrow{A_1B_1} = k \cdot \overrightarrow{OA_1}. \qquad \text{Zatem}$$

$$\overrightarrow{B_1B} = \overrightarrow{B_1A_1} + \overrightarrow{A_1A} + \overrightarrow{AB} = -k \cdot \overrightarrow{OA_1} + \overrightarrow{A_1A} + k \cdot \overrightarrow{OA} = k \cdot \overrightarrow{A_1O} + k \cdot \overrightarrow{OA} + \overrightarrow{A_1A} =$$
$$= k \cdot \overrightarrow{A_1A} + \overrightarrow{A_1A} = (k+1) \cdot \overrightarrow{A_1A}$$

Otrzymaliśmy, że $\overrightarrow{B_1B} = (k+1) \cdot \overrightarrow{A_1A}$, gdzie $k + 1 \neq 0$, a to znaczy, że wektory $\overrightarrow{B_1B}$ i $\overrightarrow{A_1A}$ są równoległe, więc i proste $B_1B$ i $A_1A$ są równoległe. Przeprowadź analogiczny dowód dla warunku podanego w nawiasie.

## Sprawdź, czy rozumiesz

1. Proste $AB$, $CD$, $EF$ na rysunku obok są równoległe. Ułóż pięć różnych proporcji, których wyrazami będą długości odcinków wyznaczonych przez te proste.

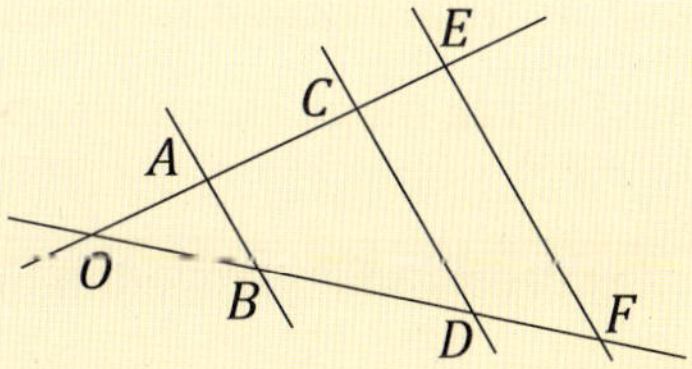


2. Sprawdź, czy proste $k$ i $l$ są równoległe. Potrzebne dane odczytaj z rysunku poniżej.

a)

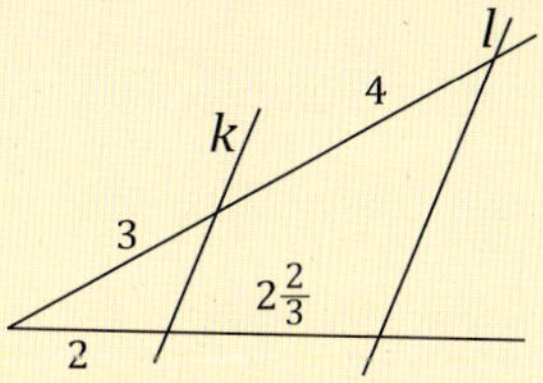


b)

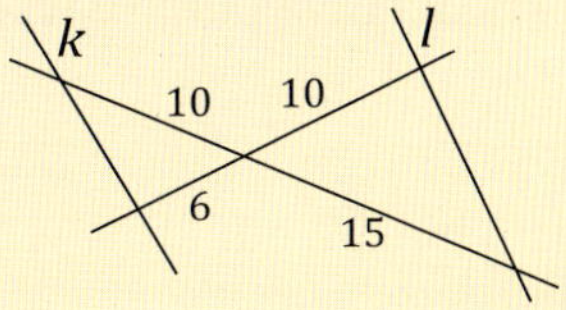


3. Dane są odcinki mające długość $a$ oraz $b$. Zbuduj odcinek mający długość $x$, gdzie $x = \frac{3b^2}{a}$.

# Okrąg i koło

**Definicja 1.**
**Okręgiem** o środku $O$ i promieniu $r$, $r > 0$, nazywamy zbiór wszystkich punktów płaszczyzny, których odległość od punktu $O$ jest równa $r$. Taki okrąg oznaczamy $o(O, r)$.

**Promieniem okręgu** nazywamy odcinek (a także jego długość) łączący środek okręgu z dowolnym punktem tego okręgu. Okrąg o promieniu $r$ ma długość $2\pi r$.

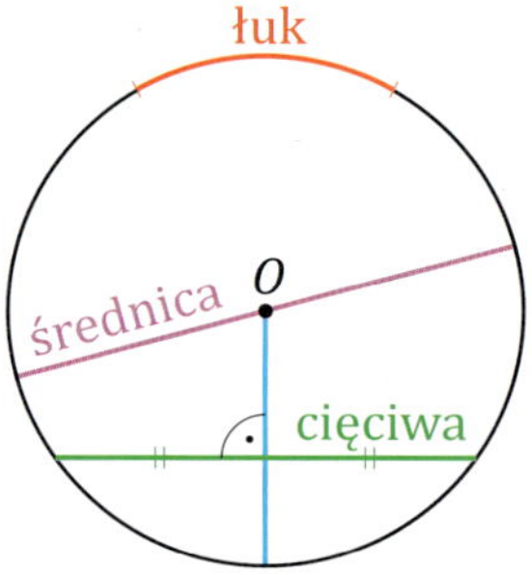


Część okręgu, wyznaczona przez dwa punkty okręgu wraz z tymi punktami, jest **łukiem okręgu**. Zauważ, że dwa punkty okręgu wyznaczają dwa łuki.

**Cięciwą okręgu** nazywamy odcinek łączący dwa dowolne punkty okręgu. Cięciwa przechodząca przez środek okręgu jest **średnicą** tego **okręgu**. Średnica jest dwa razy dłuższa od promienia.

**Twierdzenie 1.**
Jeśli promień jest prostopadły do cięciwy, to dzieli tę cięciwę na dwa odcinki mające tę samą długość.

Długość odcinka łączącego środek okręgu ze środkiem cięciwy tego okręgu nazywamy **odległością środka okręgu od cięciwy**.

Omówimy teraz wzajemne położenie prostej i okręgu.

Prosta i okrąg mogą się znajdować w następujących położeniach względem siebie:

| | |
|---|---|
| a) Prosta ma tylko jeden punkt wspólny z okręgiem. | 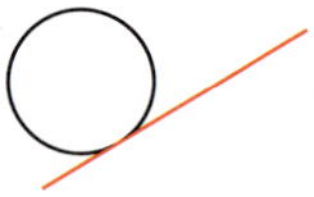 |
| b) Prosta ma dwa punkty wspólne z okręgiem. | 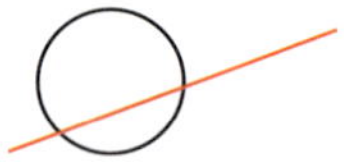 |
| c) Prosta nie ma punktów wspólnych z okręgiem. | 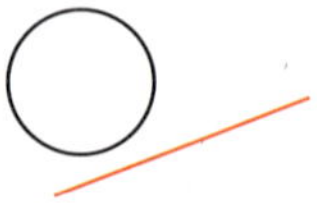 |

**Definicja 2.**
Prostą, która ma tylko jeden punkt wspólny z okręgiem, nazywamy **styczną do okręgu** w tym punkcie (zwanym punktem styczności prostej i okręgu).

Styczną charakteryzują następujące dwa twierdzenia:

**Twierdzenie 2.**
Prosta jest styczną do okręgu wtedy i tylko wtedy, gdy promień poprowadzony do punktu wspólnego prostej i okręgu jest prostopadły do prostej.

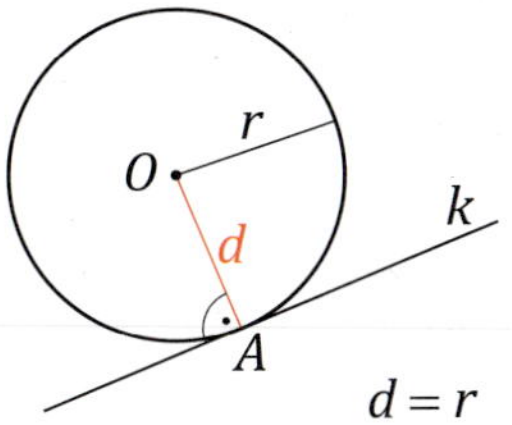


**Twierdzenie 3.**
Prosta jest styczną do okręgu wtedy i tylko wtedy, gdy odległość środka okręgu od tej prostej jest równa promieniowi.

Z punktu leżącego na okręgu można poprowadzić jedną styczną do okręgu. Z punktu, którego odległość od środka okręgu jest mniejsza niż promień, nie można poprowadzić żadnej stycznej. Natomiast z punktu, którego odległość od środka okręgu jest większa niż promień, można poprowadzić dwie styczne.

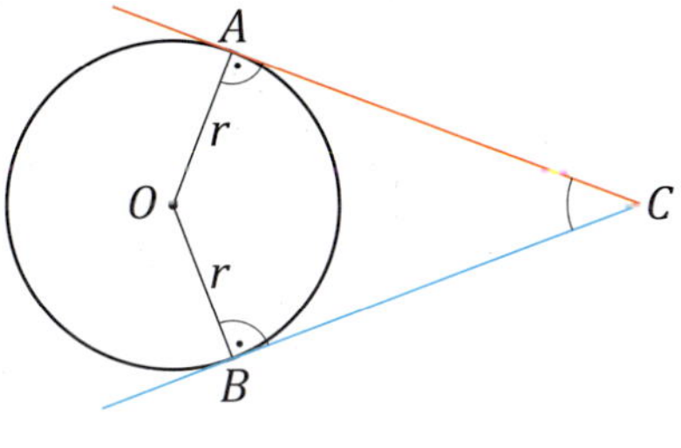


Proste $AC$ i $BC$ są styczne do okręgu $o(O, r)$. Kąt wypukły $ACB$ nazywamy kątem, pod którym widać okrąg $o(O, r)$ z punktu $C$.

**Twierdzenie 4.** (o odcinkach stycznych)
Odcinki dwóch stycznych, poprowadzonych do okręgu z punktu, którego odległość od środka okręgu jest większa niż promień – wyznaczone przez ten punkt i odpowiednie punkty styczności – mają tę samą długość.

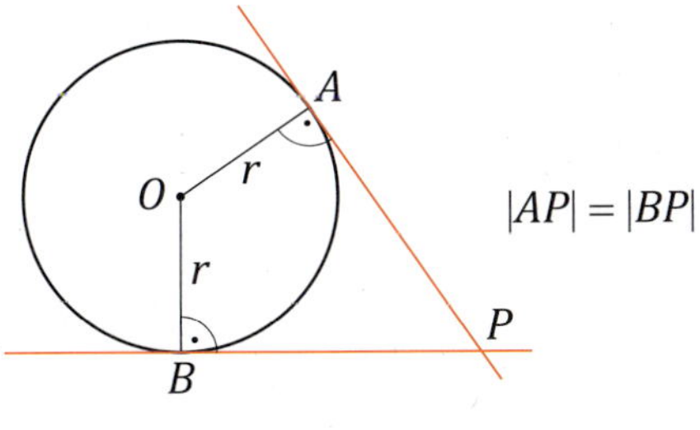

## Przykład 1.

Proste $LM$, $KL$ i $KM$ są styczne do okręgu; $A$, $B$, $C$ są odpowiednio punktami styczności tych prostych do okręgu, $|KC| = 23$ cm. Obliczymy obwód trójkąta $KLM$.

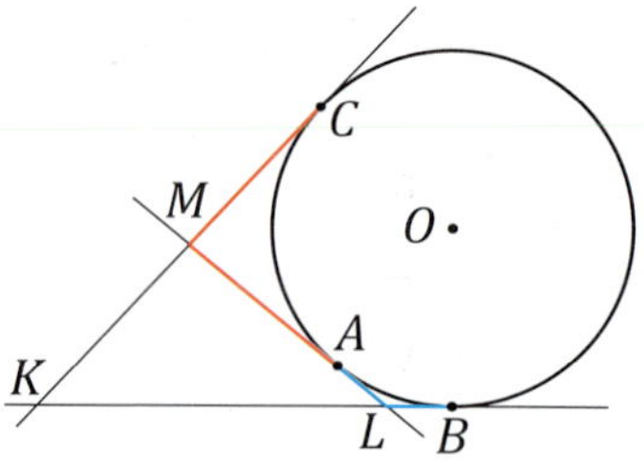


Obwód trójkąta $KLM$ jest równy: $|KL| + |LM| + |KM|$. Stosujemy trzy razy twierdzenie o odcinkach stycznych i otrzymujemy:

$|KC| = |KB|$

$|MA| = |MC|$

$|LA| = |LB|$, zatem

$$|KL| + |LM| + |KM| = \underbrace{|KL| + (|LA|}_{|KB|} + \underbrace{|MA|) + |KM|}_{|KC|} = |KB| + |KC| = 2|KC| =$$

$$= 2 \cdot 23 = 46 \text{ (cm)}$$

Obwód trójkąta $KLM$ jest równy 46 cm.

## Definicja 3.

**Sieczną okręgu** nazywamy prostą, która ma dwa punkty wspólne z danym okręgiem.

## Twierdzenie 5.

Prosta jest sieczną okręgu wtedy i tylko wtedy, gdy odległość środka okręgu od tej prostej jest mniejsza od promienia okręgu.

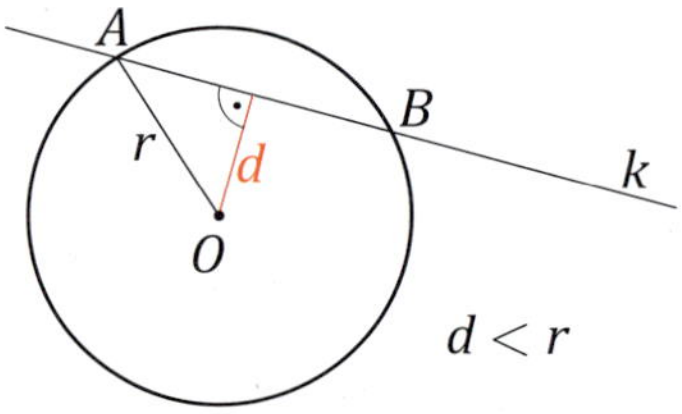


Prosta jest rozłączna z okręgiem wtedy, gdy nie ma z nim punktów wspólnych.

## Twierdzenie 6.

Prosta jest rozłączna z okręgiem wtedy i tylko wtedy, gdy odległość środka okręgu od tej prostej jest większa od promienia okręgu.

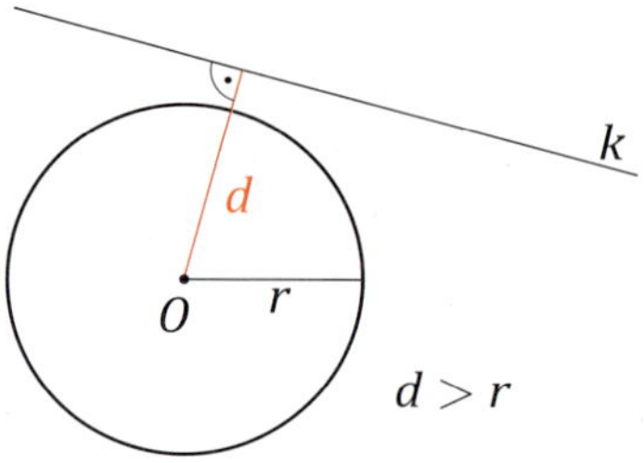

Omówimy wzajemne położenie dwóch okręgów. Dwa okręgi leżące na płaszczyźnie mogą mieć następujące położenie względem siebie:

| | |
|---|---|
| a) Okręgi są rozłączne zewnętrznie. |  |
| b) Okręgi są styczne zewnętrznie. | 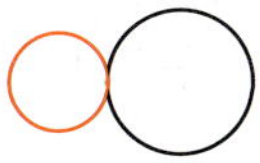 |
| c) Okręgi się przecinają. | 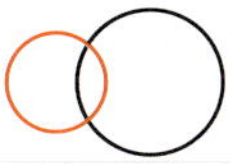 |
| d) Okręgi są styczne wewnętrznie. |  |
| e) Okręgi są rozłączne wewnętrznie. |  |

Okręgi nazywamy **rozłącznymi zewnętrznie** wtedy, gdy koła wyznaczone przez te okręgi nie mają punktów wspólnych.

**Twierdzenie 7.**
Okręgi $o(O_1, r_1)$ i $o(O_2, r_2)$ są rozłączne zewnętrznie wtedy i tylko wtedy, gdy $|O_1O_2| > r_1 + r_2$.

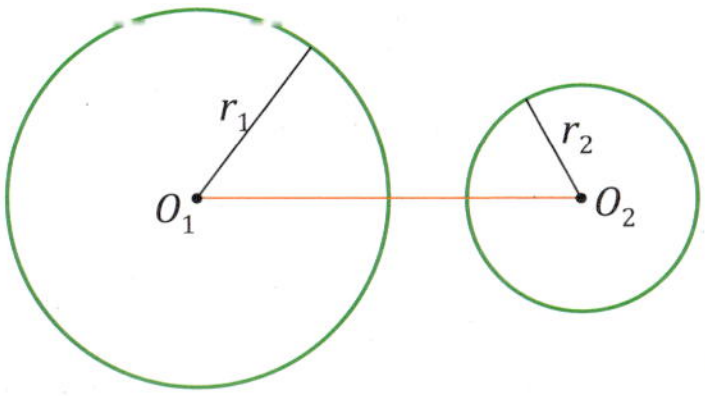


$|O_1O_2| > r_1 + r_2$

Okręgi nazywamy **stycznymi zewnętrznie** wtedy, gdy koła wyznaczone przez te okręgi mają tylko jeden punkt wspólny.

**Twierdzenie 8.**
Okręgi $o(O_1, r_1)$ i $o(O_2, r_2)$ są styczne zewnętrznie wtedy i tylko wtedy, gdy $|O_1O_2| = r_1 + r_2$.

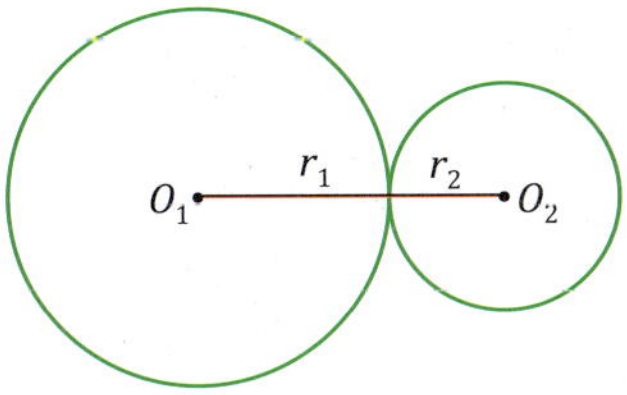


$|O_1O_2| = r_1 + r_2$

Okręgi nazywamy **przecinającymi się** wtedy, gdy mają tylko dwa punkty wspólne.

**Twierdzenie 9.**
Okręgi $o(O_1, r_1)$ i $o(O_2, r_2)$ przecinają się wtedy i tylko wtedy, gdy $|r_1 - r_2| < |O_1O_2| < r_1 + r_2$.

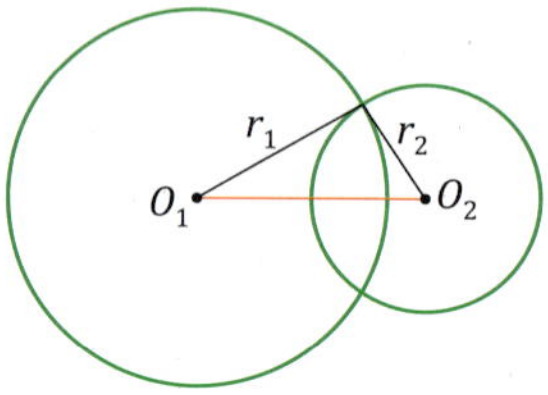


$|r_1 - r_2| < |O_1O_2| < r_1 + r_2$

Okręgi nazywamy **stycznymi wewnętrznie** wtedy, gdy mają tylko jeden punkt wspólny i jeden z okręgów zawiera się w kole wyznaczonym przez drugi okrąg.

**Twierdzenie 10.**
Okręgi $o(O_1, r_1)$ i $o(O_2, r_2)$ są styczne wewnętrznie wtedy i tylko wtedy, gdy $|O_1O_2| = |r_1 - r_2| \neq 0$.

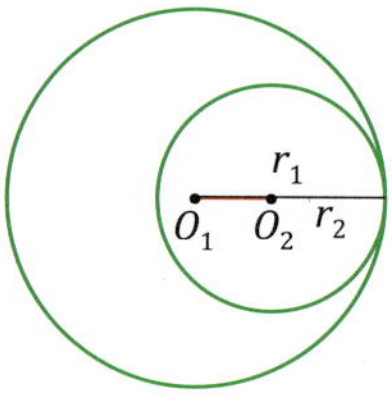


$|O_1O_2| = |r_1 - r_2| \neq 0$

Okręgi nazywamy **rozłącznymi wewnętrznie** wtedy, gdy nie mają punktów wspólnych i jeden okrąg zawiera się w kole wyznaczonym przez drugi okrąg.

**Twierdzenie 11.**
Okręgi $o(O_1, r_1)$ i $o(O_2, r_2)$ są rozłączne wewnętrznie wtedy i tylko wtedy, gdy $|O_1O_2| < |r_1 - r_2|$.

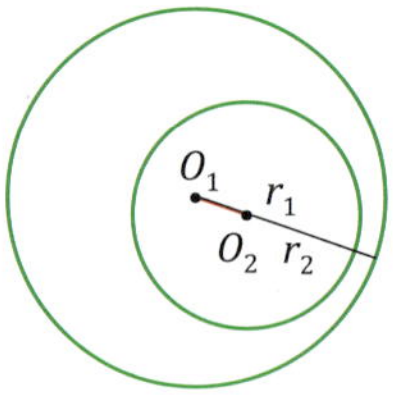


$|O_1O_2| < |r_1 - r_2|$

Jeśli okręgi mają wspólny środek, to mówimy, że są to **okręgi współśrodkowe**. Okręgi $o_1$ i $o_2$ się pokrywają wtedy, gdy są współśrodkowe i mają równe promienie.

## Przykład 2.

Dwa okręgi $o(O_1, r_1)$ i $o(O_2, r_2)$ są styczne zewnętrznie do siebie i oba są styczne wewnętrznie do okręgu $o(O_3, r_3)$ (patrz rysunek poniżej). Obwód trójkąta $O_1O_2O_3$ jest równy 14 cm. Obliczymy $r_3$.

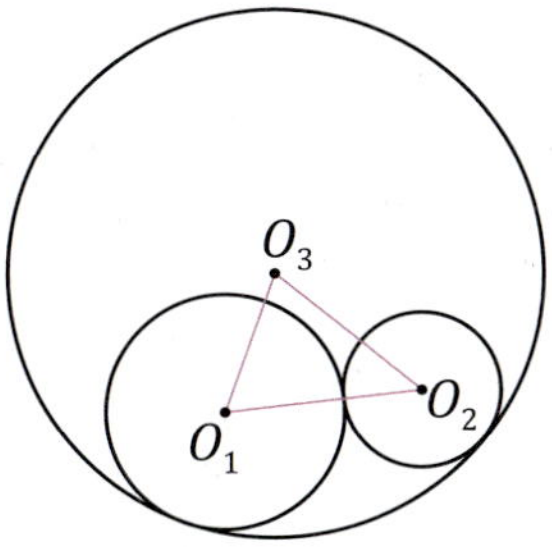


Wiemy, że suma $|O_1O_2| + |O_1O_3| + |O_2O_3| = 14$ (cm). Ponadto:

$|O_1O_2| = r_1 + r_2$ (okręgi są styczne zewnętrznie, twierdzenie 8.)
$|O_1O_3| = r_3 - r_1$ (okręgi są styczne wewnętrznie, $r_3 > r_1$, twierdzenie 10.)
$|O_2O_3| = r_3 - r_2$ (okręgi są styczne wewnętrznie, $r_3 > r_2$, twierdzenie 10.)

Stąd otrzymujemy:

$|O_1O_2| + |O_1O_3| + |O_2O_3| = (r_1 + r_2) + (r_3 - r_1) + (r_3 - r_2) = 2 \cdot r_3$, zatem
$2 \cdot r_3 = 14 \quad / : 2$
$r_3 = 7$ (cm)

Największy okrąg ma promień równy 7 cm.

## Sprawdź, czy rozumiesz

1. Dany jest okrąg o środku w punkcie $O$ i promieniu 2 oraz prosta $k$, której odległość od punktu $O$ jest równa $4a - 3$. Wyznacz $a$ tak, aby prosta $k$ była:
   a) styczną do okręgu $o(O, 2)$
   b) sieczną okręgu $o(O, 2)$
   c) rozłączna z okręgiem $o(O, 2)$.
2. Dane są dwa okręgi styczne zewnętrznie w punkcie $A$ i prosta $k$, będąca styczną jednocześnie do tych dwóch okręgów odpowiednio w punktach $B$ i $C$. Wykaż, że środek odcinka $BC$ leży w takiej samej odległości od punktu $A$, jak od punktów $B$ i $C$.
3. Określ wzajemne położenie okręgów $o(A, r_1)$ i $o(B, r_2)$, jeśli $|AB| = 10$ cm oraz:
   a) $r_1 = 4$ cm, $r_2 = 6$ cm
   b) $r_1 = 3$ cm, $r_2 = 5$ cm
   c) $r_1 = 7$ cm, $r_2 = 5$ cm
   d) $r_1 = 18$ cm, $r_2 = 8$ cm.
4. Dwa okręgi $o(O_1, r_1)$ i $o(O_2, r_2)$ są styczne zewnętrznie do siebie i oba są styczne wewnętrznie do okręgu $o(O_3, r_3)$ (patrz Przykład 2.). Wiedząc, że $|O_1O_2| = 7$ cm, $|O_2O_3| = 6$ cm i $|O_1O_3| = 5$ cm, oblicz $r_1, r_2, r_3$.

# Kąty i koła

**Definicja 1.**
**Kołem** o środku w punkcie $O$ i promieniu $r$, $r > 0$, nazywamy zbiór wszystkich punktów płaszczyzny, których odległość od punktu $O$ jest mniejsza od $r$ lub równa $r$. Takie koło oznaczamy symbolem $k(O, r)$.

W kole możemy zaznaczać kąty wpisane i środkowe.

**Definicja 2.**
**Kątem wpisanym** w koło nazywamy kąt wypukły, wyznaczony przez dwie półproste zawierające cięciwy o wspólnym końcu, będącym wierzchołkiem kąta.

Kąt wpisany w koło o środku $O$.

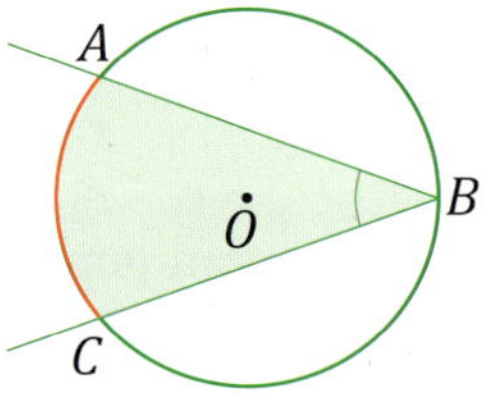


**Definicja 3.**
**Kątem środkowym** koła nazywamy kąt, którego wierzchołek znajduje się w środku koła.

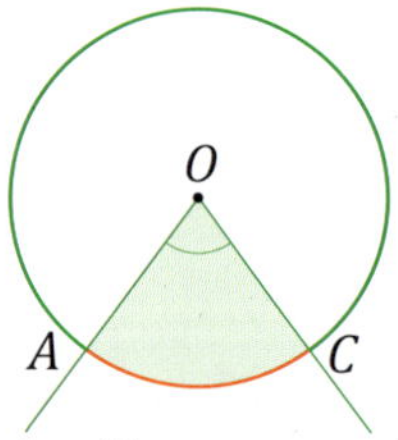

kąt środkowy wypukły

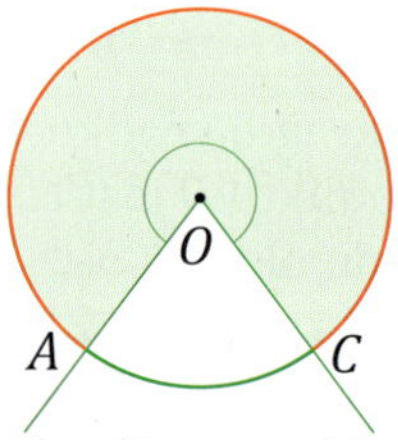

kąt środkowy wklęsły

**UWAGA:** W dalszych rozważaniach będziemy uwzględniali tylko części wspólne tych kątów z kołem (na rysunkach powyżej zaznaczone kolorem zielonym). Częścią wspólną kąta (środkowego lub wpisanego) i okręgu koła jest łuk. Mówimy, że dany kąt (środkowy lub wpisany) opiera się na tym łuku (na rysunkach powyżej jest to łuk $AC$, zaznaczony kolorem czerwonym).

Miara kąta środkowego jest wprost proporcjonalna do długości łuku, na którym oparty jest ten kąt. To znaczy, że np. kątowi dwa razy większemu odpowiada dwa razy dłuższy łuk, a kątowi trzy razy mniejszemu odpowiada łuk trzy razy krótszy.

## Przykład 1.

Trzy punkty podzieliły okrąg na trzy łuki, których długości pozostają w stosunku 3 : 5 : 7. Obliczymy miary kątów środkowych opartych na tych łukach.

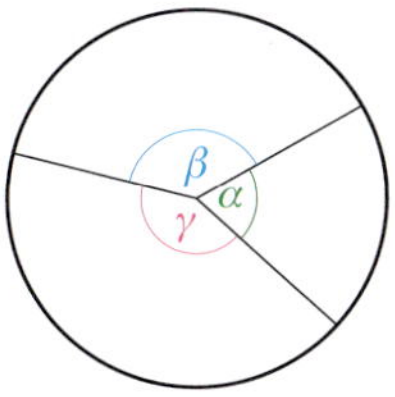


Niech $\alpha$, $\beta$, $\gamma$ oznaczają miary kątów środkowych opartych na łukach, których długości pozostają w stosunku 3 : 5 : 7. Wówczas również

$\alpha : \beta : \gamma = 3 : 5 : 7$

Miary kątów $\alpha, \beta, \gamma$ możemy przedstawić jako $3x$, $5x$, $7x$, gdzie $x$ oznacza miarę pewnego kąta. Suma kątów $\alpha$, $\beta$, $\gamma$ jest kątem pełnym, stąd

$3x + 5x + 7x = 360°$, czyli $x = 24°$.

Obliczamy $\alpha, \beta, \gamma$: $\alpha = 72°$ $\beta = 120°$ $\gamma = 168°$

Omówimy teraz własności kątów środkowych i wpisanych.

**Twierdzenie 1.**
Jeżeli kąt wpisany i kąt środkowy są oparte na tym samym łuku, to kąt środkowy jest dwa razy większy od kąta wpisanego.

Dowód tego twierdzenia składa się z trzech części – zaczniemy od przypadku najprostszego, a kolejne przypadki będziemy sprowadzać do tego najprostszego.

<u>I przypadek</u>:

Założenie:

Niech kąty: wpisany $CBA$ i środkowy $COA$, oparte na łuku $AC$, będą położone jak na rysunku obok.

$|\sphericalangle CBA| = \alpha$

$|\sphericalangle COA| = \beta$

$AB$ – średnica okręgu, $O$ – środek okręgu

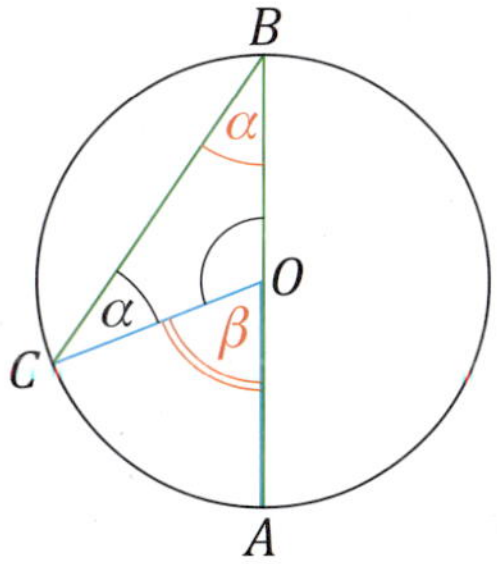


Teza:

$\beta = 2\alpha$

Dowód:

Trójkąt $BCO$ jest trójkątem równoramiennym, ponieważ $|CO| = |BO| = r$ ($r$ – promień okręgu). Zatem

$|\sphericalangle CBO| = |\sphericalangle BCO| = \alpha$, więc $|\sphericalangle COB| = 180° - 2\alpha$.

Kąt $COA$ jest przyległy do kąta $COB$, stąd

$|\sphericalangle COA| + |\sphericalangle COB| = 180°$

$\beta = |\sphericalangle COA| = 180° - (180° - 2\alpha) = 2\alpha$

II przypadek:

Założenie:

Niech kąty: wpisany $CBA$ i środkowy $COA$, oparte na łuku $AC$, będą położone jak na rysunku obok.

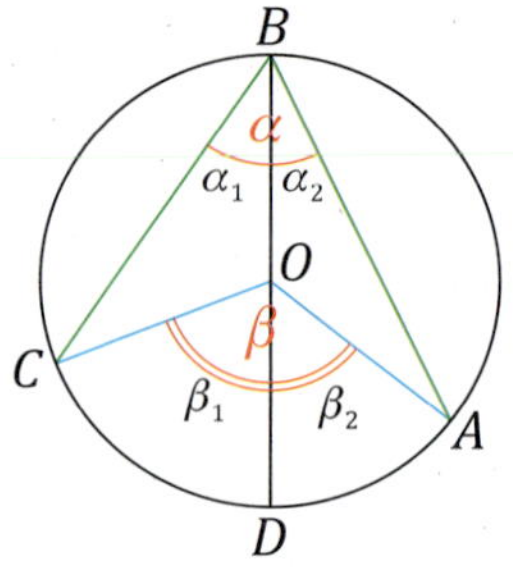


$|\sphericalangle CBA| = \alpha$ $\quad |\sphericalangle COA| = \beta$

$BD$ – średnica okręgu dzieląca oba kąty

$|\sphericalangle CBD| = \alpha_1$ $\quad |\sphericalangle DBA| = \alpha_2$

$|\sphericalangle COD| = \beta_1$ $\quad |\sphericalangle DOA| = \beta_2$

Teza:

$\beta = 2\alpha$

Dowód:

Na mocy I przypadku otrzymujemy:

$\beta_1 = 2\alpha_1$ – dla kątów $COD$ i $CBD$ opartych na łuku $CD$

$\beta_2 = 2\alpha_2$ – dla kątów $DOA$ i $DBA$ opartych na łuku $DA$, zatem

$\beta_1 + \beta_2 = 2(\alpha_1 + \alpha_2)$, więc

$\beta = 2\alpha$

III przypadek:

Założenie:

Niech kąty: wpisany $CBA$ i środkowy $COA$, oparte na łuku $AC$, będą położone jak na rysunku obok.

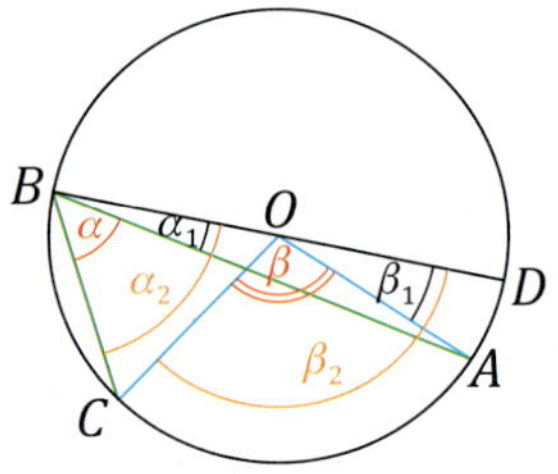


$|\sphericalangle CBA| = \alpha$ $\quad |\sphericalangle COA| = \beta$

$BD$ – średnica okręgu niezawierająca się w żadnym z kątów

$|\sphericalangle ABD| = \alpha_1$ $\quad |\sphericalangle CBD| = \alpha_2$

$|\sphericalangle AOD| = \beta_1$ $\quad |\sphericalangle COD| = \beta_2$

Teza:

$\beta = 2\alpha$

Dowód:

Na mocy I przypadku otrzymujemy

$\beta_1 = 2\alpha_1$ – dla kątów $AOD$ i $ABD$ opartych na łuku $AD$

$\beta_2 = 2\alpha_2$ – dla kątów $COD$ i $CBD$ opartych na łuku $CD$, zatem

$\beta_2 - \beta_1 = 2(\alpha_2 - \alpha_1)$, więc

$\beta = 2\alpha$

Rozpatrzyliśmy wszystkie możliwe przypadki, więc twierdzenie zostało udowodnione.

Z twierdzenia 1. wynika, że jeśli kąt środkowy ma 180° (ramiona tego kąta wyznaczają średnicę), to kąt wpisany, oparty na tym samym łuku, ma 90°. Wówczas łuk jest półokręgiem.

**Twierdzenie 2.**
Kąt wpisany oparty na półokręgu jest kątem prostym.

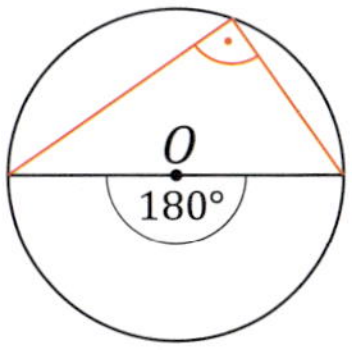


Przyjrzyjmy się dwóm kątom wpisanym, opartym na tym samym łuku.

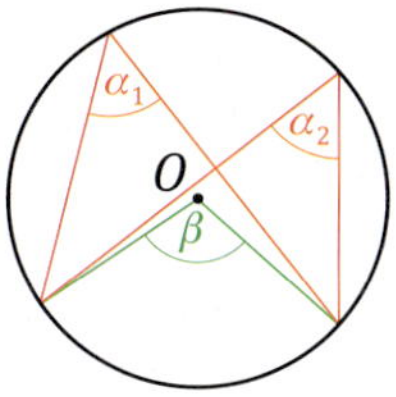


Z twierdzenia 1. wynika, że:

$\beta = 2\alpha_1$ i

$\beta = 2\alpha_2$, zatem

$\alpha_1 = \alpha_2$

Udowodniliśmy następujące twierdzenie:

**Twierdzenie 3.**
Kąty wpisane, oparte na tym samym łuku, są równe.

## Przykład 2.

Wyznaczymy kąty $\alpha, \beta, \gamma$, zaznaczone na rysunku.

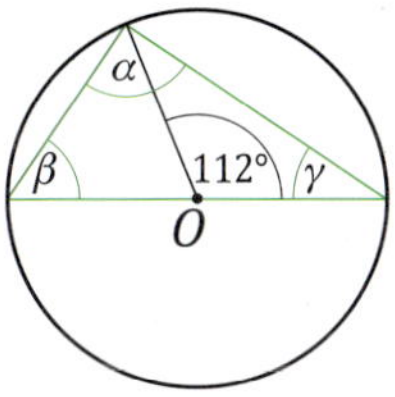


Kąt $\alpha$ jest oparty na półokręgu, więc

$\alpha = 90°$

Kąt $\beta$ jest kątem wpisanym w koło, opartym na tym samym łuku co kąt środkowy 112°. Zatem

$$\beta = \frac{1}{2} \cdot 112° = 56°$$

Analogicznie kąt $\gamma$ jest kątem wpisanym, opartym na tym samym łuku co kąt środkowy, przyległy do kąta 112°. Stąd

$$\gamma = \frac{1}{2} \cdot (180° - 112°) = \frac{1}{2} \cdot 68° = 34°$$

Szukane kąty są równe: $\alpha = 90°$, $\beta = 56°$, $\gamma = 34°$.

**Definicja 4.**
**Kątem dopisanym do okręgu** w punkcie $A$ należącym do okręgu nazywamy kąt wypukły, wyznaczony przez styczną do okręgu w punkcie $A$ oraz półprostą zawierającą cięciwę o końcu w punkcie $A$.

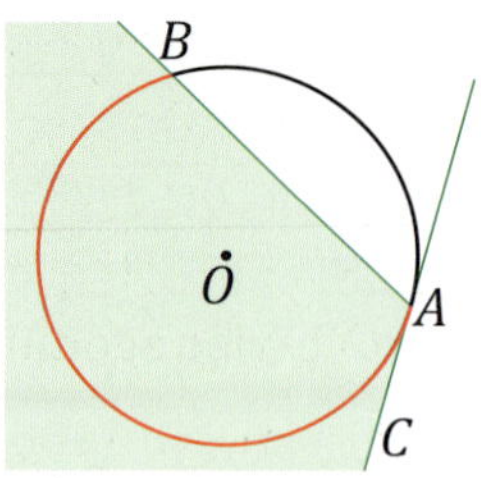


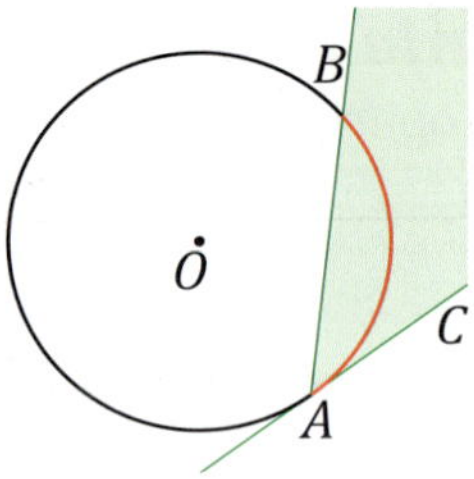


Częścią wspólną kąta dopisanego i okręgu jest łuk. Mówimy, że kąt dopisany jest oparty na tym łuku (podobnie jak w przypadku kąta środkowego i wpisanego).

Ustalimy zależność między kątami: dopisanym i wpisanym, opartymi na tym samym łuku.

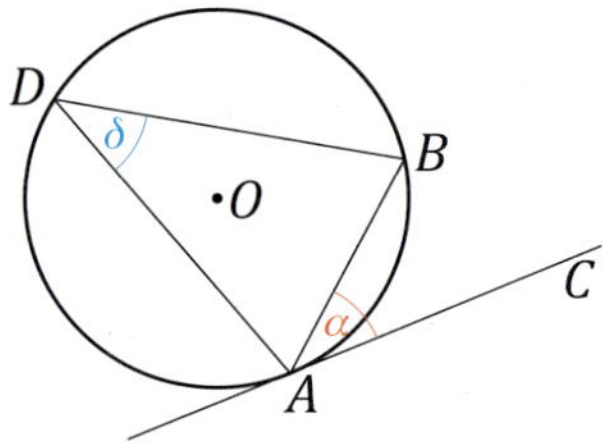


Mamy dany kąt dopisany $CAB$, oparty na łuku $AB$, o mierze $\alpha$, i kąt wpisany $ADB$, również oparty na łuku $AB$, o mierze $\delta$. Wiemy, że wszystkie kąty wpisane oparte na tym samym łuku są równe, więc znajdujemy kąt wpisany $AD_1B$ (oparty na łuku $AB$), dla którego odcinek $AD_1$ jest prostopadły do prostej $AC$ (czyli $AD_1$ jest średnicą okręgu).

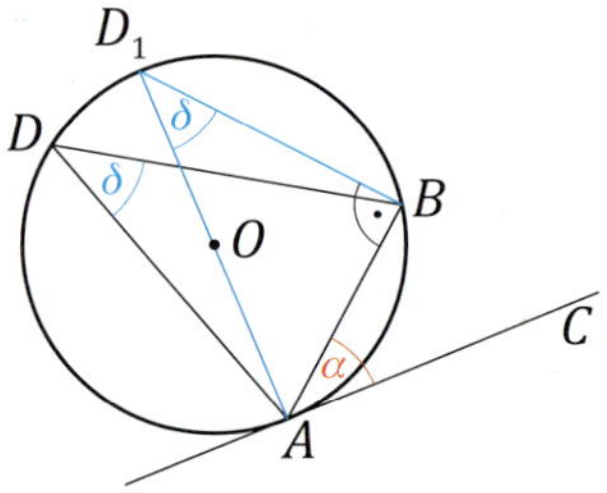


Wówczas $|\sphericalangle ABD_1| = 90°$ (kąt wpisany oparty na półokręgu), więc

$|\sphericalangle BAD_1| = 90° - \delta$. Ostatecznie

$90° = |\sphericalangle D_1AC|$ i $90° = |\sphericalangle BAD_1| + \alpha$

$90° = 90° - \delta + \alpha$

$\delta = \alpha$

Udowodniliśmy następujące twierdzenie:

**Twierdzenie 4.**

Kąty dopisany i wpisany, oparte na tym samym łuku, są równe.

## Przykład 3.

Obliczymy miary kątów trójkąta $ABC$ (zobacz rysunek poniżej), jeśli wiemy, że prosta $BC$ jest styczna do okręgu w punkcie $C$, $|\sphericalangle COD| = 70°$ oraz $|CD| = |DB|$.

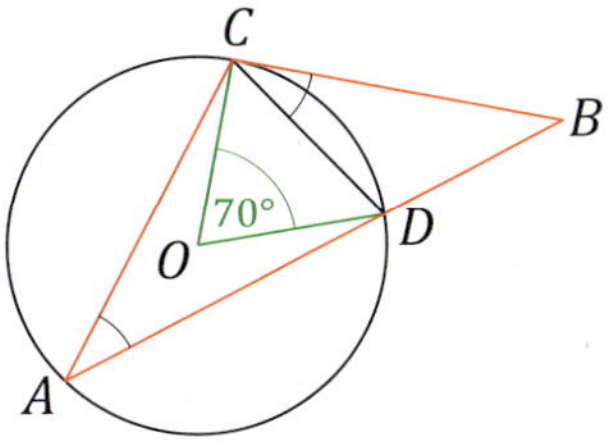


Kąt $DAC$ jest kątem wpisanym opartym na tym samym łuku co kąt środkowy $DOC$, więc zgodnie z twierdzeniem 1. otrzymujemy

$$|\sphericalangle DAC| = \frac{1}{2} \cdot |\sphericalangle DOC|$$

$$|\sphericalangle DAC| = \frac{1}{2} \cdot 70° = 35°$$

Z kolei kąt $DCB$ jest kątem dopisanym opartym na tym samym łuku co kąt wpisany $DAC$. Zatem z twierdzenia 4. wynika, że $|\sphericalangle DCB| = |\sphericalangle DAC|$, czyli

$$|\sphericalangle DCB| = 35°$$

Z założenia wiemy, że $|CD| = |DB|$, zatem trójkąt $BCD$ jest równoramienny, tak więc miary kątów przy podstawie $BC$ są równe, $|\sphericalangle DBC| = |\sphericalangle DCB|$, więc

$$|\sphericalangle DBC| = 35°$$

Pamiętając o tym, że suma kątów trójkąta jest równa 180°, obliczamy $|\sphericalangle BCA|$.

$$|\sphericalangle BCA| = 180° - (|\sphericalangle BAC| + |\sphericalangle ABC|)$$

$$|\sphericalangle BCA| = 180° - (35° + 35°) = 110°$$

Miary kątów trójkąta $ABC$ są równe odpowiednio: 35°, 35°, 110°.

### Sprawdź, czy rozumiesz

1. Jaką część okręgu stanowi łuk, na którym jest oparty:
   a) kąt środkowy o mierze 60°
   b) kąt środkowy o mierze 18°
   c) kąt wpisany o mierze 60°
   d) kąt wpisany o mierze 100°?

2. Wyznacz miary kątów $\alpha, \beta, \gamma$:

a)
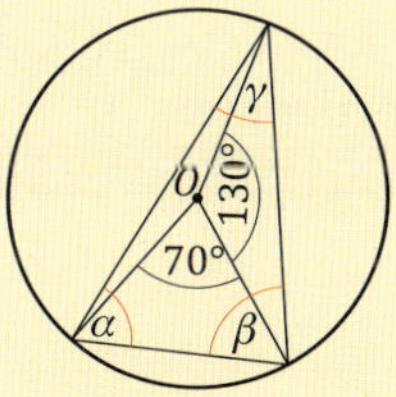


b)
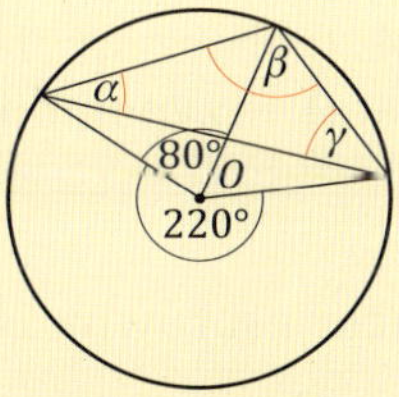


c)
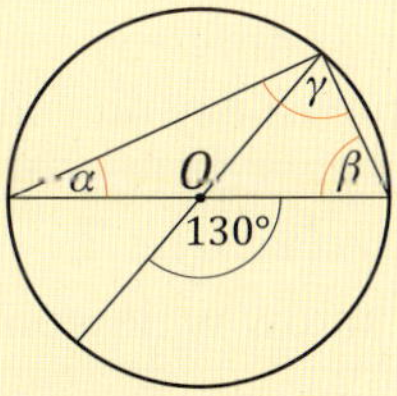


3. Wyznacz miarę kąta $\alpha$ dopisanego do okręgu w punkcie $A$:

a)
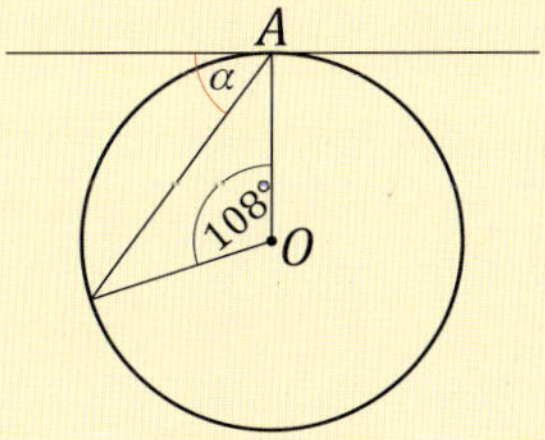


b)
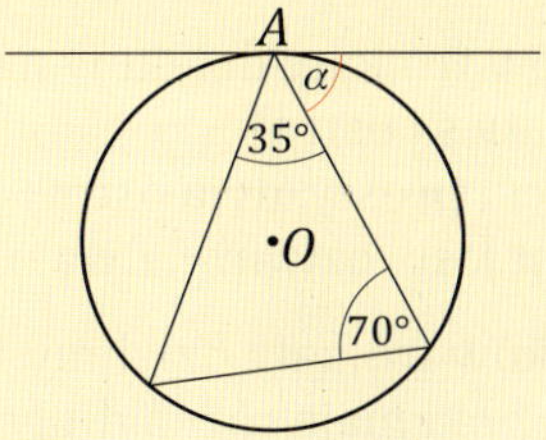


c)
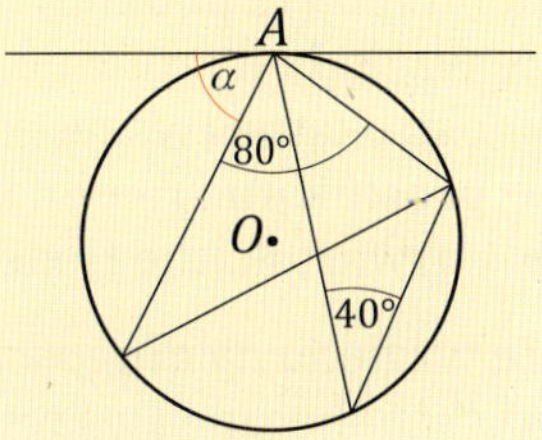

# 5. Geometria płaska – trójkąty

## Podział trójkątów. Suma kątów w trójkącie. Nierówność trójkąta. Odcinek łączący środki dwóch boków w trójkącie

W tym rozdziale uporządkujemy i uzupełnimy Twoje wiadomości dotyczące trójkątów.

***Definicja 1.***
**Trójkąt** to wielokąt mający trzy boki.

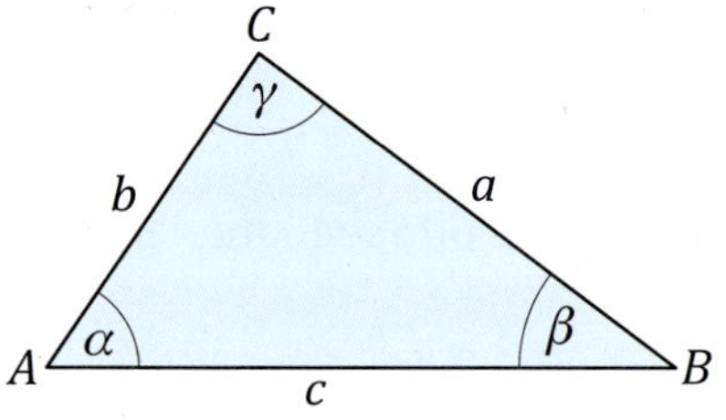


Przyjmujemy, że jeśli wierzchołki trójkąta oznaczymy literami $A$, $B$, $C$, to miary kątów i długości boków będziemy zapisywać tak, jak zostało to pokazane na rysunku. Przy wierzchołku $A$ – kąt $\alpha$, naprzeciwko wierzchołka $A$ – bok długości $a$. Suma długości boków trójkąta jest obwodem tego trójkąta.

Jak udowodniliśmy w rozdziale 4. (zobacz str. 149), suma kątów w trójkącie jest stała (nie zależy od rodzaju trójkąta). Przypomnijmy to twierdzenie.

***Twierdzenie 1.***
Suma kątów w dowolnym trójkącie jest równa $180^\circ$.

Trójkąty możemy podzielić ze względu na rodzaje kątów i długości boków. Przypomnijmy te podziały.
Ze względu na rodzaje kątów trójkąty dzielimy na:
- ostrokątne (wszystkie kąty są ostre)
- prostokątne (jeden kąt jest prosty, dwa ostre)
- rozwartokątne (jeden kąt jest rozwarty, dwa ostre).

Ze względu na długości boków trójkąty dzielimy na:
- różnoboczne (wszystkie boki mają różną długość)
- równoramienne (co najmniej dwa boki mają tę samą długość), wśród których wyróżniamy trójkąty równoboczne (trzy boki mają tę samą długość).

Zależności pomiędzy tymi podziałami pokazuje tabela.

| | ostrokątne | prostokątne | rozwartokątne |
|---|---|---|---|
| różnoboczne | $a < b < c$<br>$\alpha, \beta, \gamma \in (0°; 90°)$ | $a < b < c$<br>$\gamma = 90°$ | $a < b < c$<br>$\gamma > 90°$ |
| równoramienne | $a = b$<br>$\alpha, \beta, \gamma \in (0°; 90°)$ | $a = b$<br>$\gamma = 90°$ | $a = b$<br>$\gamma > 90°$ |
| równoboczne | $a = b = c$<br>$\alpha = \beta = \gamma = 60°$ | nie istnieje | nie istnieje |

W trójkącie jeden bok (dowolny) nazywa się podstawą, a pozostałe dwa – ramionami. W przypadku trójkąta równoramiennego ramionami nazywa się boki mające tę samą długość.

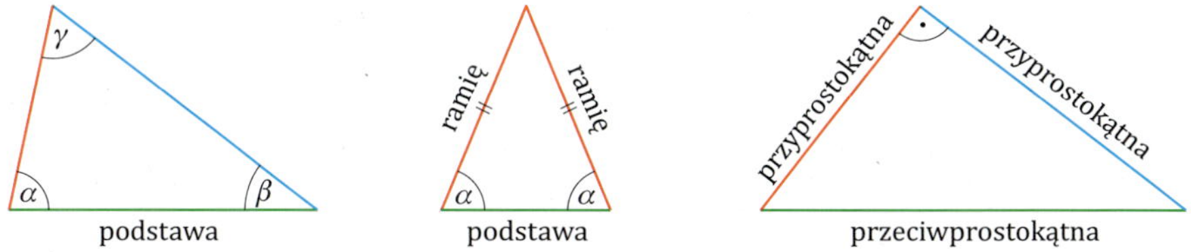


W trójkącie prostokątnym boki zawarte w ramionach kąta prostego to przyprostokątne, bok przeciwległy do kąta prostego to przeciwprostokątna.

W trójkącie różnobocznym dowolne dwa kąty są różne. Naprzeciw większego kąta leży dłuższy bok. Dwa kąty przy podstawie trójkąta równoramiennego są równe. Natomiast w trójkącie równobocznym każdy kąt ma 60°.

## Przykład 1.

W trójkącie równoramiennym jeden kąt ma 50°. Wyznaczymy pozostałe kąty tego trójkąta.

Musimy rozważyć dwa przypadki. W pierwszym kąt między ramionami trójkąta ma 50°; w drugim kąty przy podstawie są równe 50°.

a)

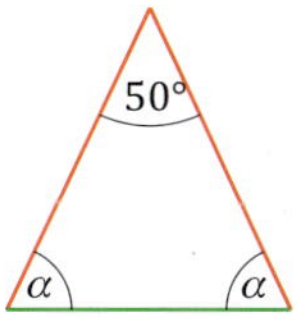


b)

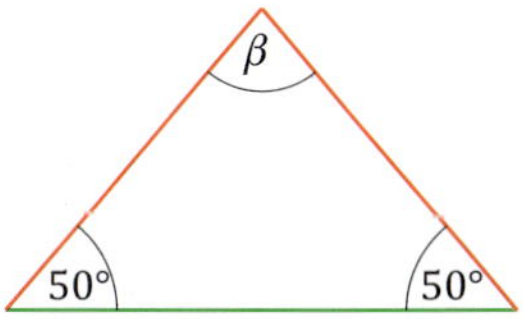


a) Oznaczmy literą $\alpha$ kąty trójkąta przy podstawie. Wówczas otrzymujemy równanie $50° + 2\alpha = 180°$, zatem $\alpha = 65°$.

b) Oznaczmy literą $\beta$ kąt między ramionami trójkąta. Wówczas otrzymujemy równanie
$2 \cdot 50^\circ + \beta = 180^\circ$, stąd $\beta = 80^\circ$.

Zadanie ma dwa rozwiązania. Kąty trójkąta równoramiennego są równe $65^\circ$, $65^\circ$, $50^\circ$ albo $50^\circ$, $50^\circ$, $80^\circ$.

Jeśli dany jest trójkąt $ABC$ o bokach mających długość $a$, $b$, $c$, to

$$a < b + c \qquad b < a + c \qquad c < a + b$$

czyli suma długości dwóch dowolnych boków trójkąta jest większa od długości trzeciego boku. Nierówności te nazywamy **nierównościami trójkąta**. Z drugiej i trzeciej nierówności wynika, że

$$b - c < a \qquad \text{i} \qquad c - b < a.$$

Koniunkcję tych nierówności można zapisać następująco:

$$|b - c| < a$$

Podobnie otrzymujemy jeszcze dwie nierówności:

$$|a - c| < b \qquad \text{i} \qquad |a - b| < c.$$

Możemy zatem sformułować twierdzenie.

**Twierdzenie 2.**
W dowolnym trójkącie długość każdego boku jest mniejsza od sumy długości dwóch pozostałych boków i większa od wartości bezwzględnej różnicy długości tych boków.

W praktyce nie trzeba sprawdzać trzech nierówności, by stwierdzić, czy z trzech odcinków o danych długościach można zbudować trójkąt. Jeśli potrafimy wskazać odcinek najdłuższy, to wystarczy sprawdzić, czy suma długości dwóch krótszych odcinków jest większa od długości odcinka najdłuższego.

## Przykład 2.

Wyznaczymy długości boków trójkąta, wiedząc, że są one liczbami naturalnymi i obwód tego trójkąta jest równy 9.

Niech liczby naturalne $a$, $b$, $c$ oznaczają długości boków trójkąta. Możemy przyjąć, że
$0 < a \leqslant b \leqslant c$

Z nierówności trójkąta wiemy, że $a + b > c$, więc najdłuższy bok $c$ jest krótszy niż połowa obwodu. Otrzymujemy więc:
$c \leqslant 4$ (ponieważ $c \in \boldsymbol{N}$). Z drugiej strony
$c \geqslant 3$
w przeciwnym wypadku obwód byłby równy co najwyżej 6.

Zatem $c = 3$ (wtedy $a + b = 6$) albo $c = 4$ (wtedy $a + b = 5$).

Jeśli $c = 3$, to otrzymujemy trójkąt równoboczny:

$a = 3 \qquad b = 3 \qquad c = 3$

Jeśli $c = 4$, to otrzymujemy dwa trójkąty:

$a = 1 \qquad b = 4 \qquad c = 4$ oraz

$a = 2 \qquad b = 3 \qquad c = 4$

Trzy wskazane trójkąty spełniają warunki zadania.

Gdybyśmy chcieli rozwiązać zadanie z ostatniego przykładu przez wypisanie wszystkich trójek liczb naturalnych, które w sumie dają 9, a następnie sprawdzić wszystkie nierówności, to czekałaby nas spora praca, ponieważ takich różnych trójek jest siedem.

## Przykład 3.

Pewna firma handlowa chce wybudować hurtownię, która ma zaopatrywać sklepy w czterech miejscowościach oznaczonych na schematycznej mapce poniżej punktami $A$, $B$, $C$, $D$.

W jakim miejscu należy wybudować hurtownię ($H$), aby suma odległości od hurtowni do tych czterech miejscowości była najmniejsza?

Gdyby były tylko dwie miejscowości, np. $A$ i $C$, to hurtownię można byłoby wybudować w dowolnym punkcie odcinka $AC$. Podobnie byłoby w przypadku miejscowości $B$ i $D$. Zatem wydaje się, że najbardziej odpowiednim punktem jest punkt przecięcia odcinków $AC$ i $BD$ i wówczas

$$|HA| + |HB| + |HC| + |HD| = |AC| + |BD|$$

Pokażemy, że tak jest rzeczywiście.

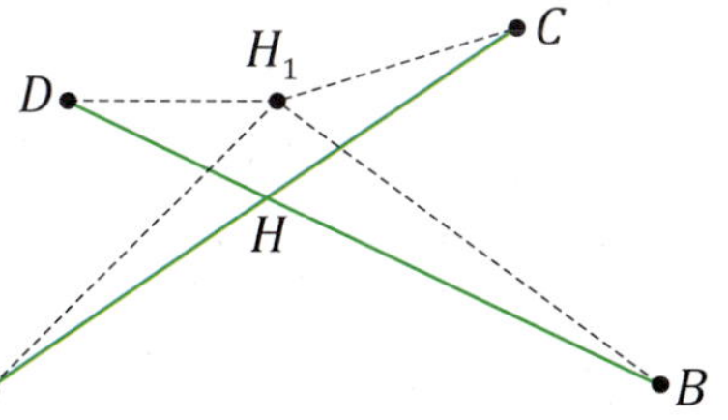


Weźmy dowolny punkt $H_1$ (różny od punktu $H$) i rozpatrzmy trójkąty $ACH_1$ i $DBH_1$. Z nierówności trójkąta wynika, że

(1) $|AC| < |AH_1| + |H_1C|$ i (2) $|DB| < |DH_1| + |H_1B|$

zatem, po dodaniu nierówności (1) i (2) stronami, otrzymujemy

(3) $|AC| + |BD| < |AH_1| + |H_1C| + |DH_1| + |H_1B|$

Zwróć uwagę, że przy pewnych położeniach punktu $H_1$ (jakich?) albo nierówność (1), albo nierówność (2) staje się równością. Ale i w tych przypadkach nierówność (3) jest również prawdziwa.
Hurtownia powinna być zbudowana na przecięciu odcinków łączących miejscowości $A$ i $C$ oraz $B$ i $D$.

## Przykład 4.

Dwie miejscowości Nowinki i Gacki leżą po tej samej stronie rzeki. Rysunek schematyczny poniżej przedstawia tę sytuację; punkt $N$ oznacza Nowinki, punkt $G$ – Gacki.

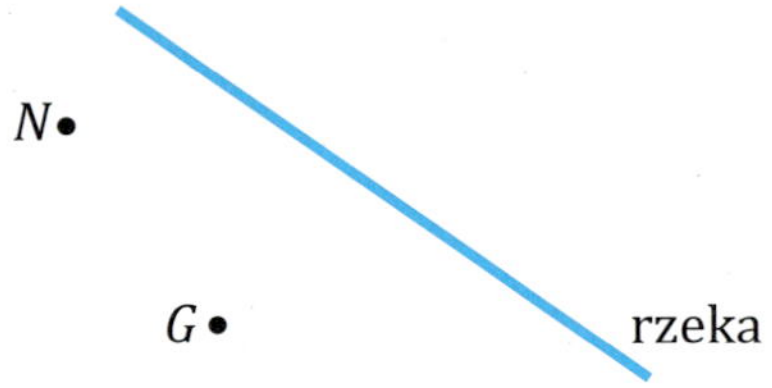


W którym miejscu należy wybudować most ($M$) na tej rzece, aby suma długości dróg z obu miejscowości do mostu była najmniejsza?

Znajdujemy obraz punktu $G$ w symetrii względem prostej symbolizującej rzekę; otrzymujemy punkt $G_1$. Łączymy punkty $N$ i $G_1$ odcinkiem. Punkt wspólny odcinka i prostej jest szukanym punktem $M$.

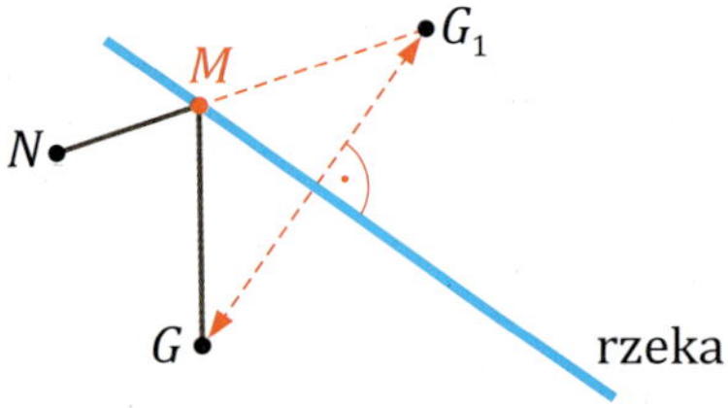


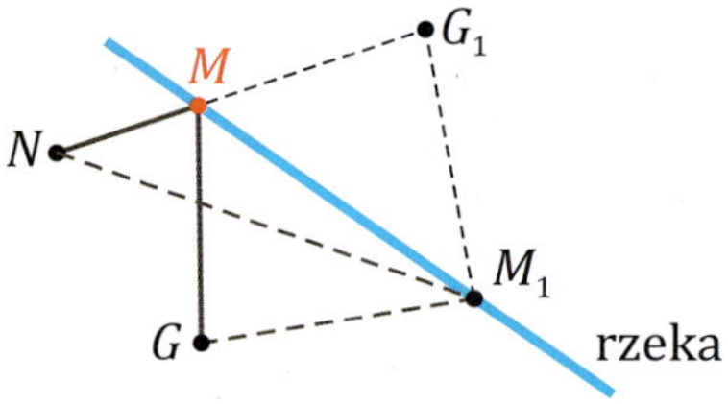


Pokażemy, że w istocie suma długości dróg $|NM| + |MG|$ jest najmniejsza. Zauważmy, że

$|MG| = |MG_1|$ – symetria osiowa jest izometrią, więc

$|NM| + |MG| = |NM| + |MG_1| = |NG_1|$

Niech $M_1$ będzie dowolnym punktem prostej, różnym od punktu $M$. Wówczas

$|M_1G| = |M_1G_1|$ – symetria osiowa jest izometrią, zatem

$$|NM_1| + |M_1G| = |NM_1| + |M_1G_1| > |NG_1| = |NM| + |MG|$$

Nierówność $|NM_1| + |M_1G_1| > |NG_1|$ jest nierównością trójkąta zastosowaną do trójkąta $NM_1G_1$.
Ostatecznie otrzymaliśmy:

$$|NM_1| + |M_1G| > |NM| + |MG|$$

co znaczy, że suma długości dróg $|NM| + |MG|$ jest najmniejsza.

Jeśli w dowolnym trójkącie połączymy środki dwóch boków, to otrzymany odcinek będzie miał pewne charakterystyczne cechy.

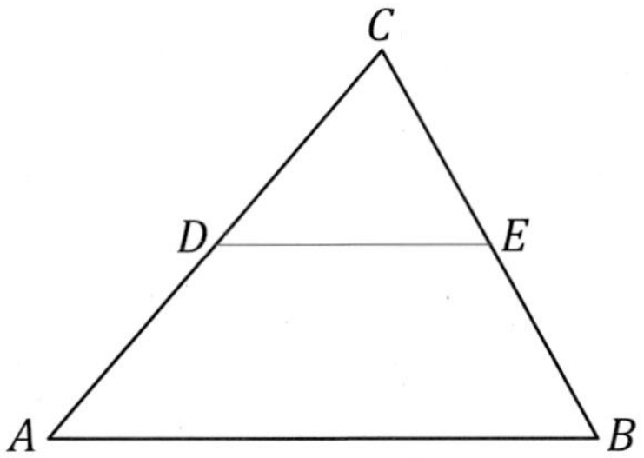


Oznaczmy wierzchołki trójkąta literami *A*, *B*, *C*, środek boku *AC* – literą *D*, środek boku *BC* – literą *E*. Łatwo zauważyć, że

$$\frac{|CD|}{|AC|} = \frac{1}{2} \text{ i } \frac{|CE|}{|BC|} = \frac{1}{2},$$

więc

$$\frac{|CD|}{|AC|} = \frac{|CE|}{|BC|}$$

Z twierdzenia 2. ze str. 166 wynika, że odcinek *DE* jest równoległy do boku *AB*,

$$DE \parallel AB$$

Możemy teraz zastosować wniosek z twierdzenia Talesa; otrzymujemy

$$\frac{|DE|}{|AB|} = \frac{|CE|}{|BC|} = \frac{1}{2}$$

czyli

$$|DE| = \frac{1}{2}|AB|$$

Otrzymaliśmy twierdzenie:

**Twierdzenie 3.**
Jeśli w trójkącie połączymy środki dwóch boków, to powstały odcinek jest równoległy do boku trzeciego i jego długość jest równa połowie długości boku trzeciego.

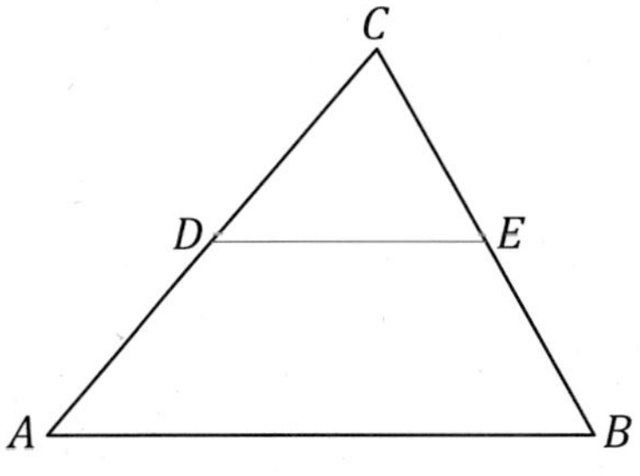


$$DE \parallel AB$$

$$|DE| = \frac{1}{2}|AB|$$

## Przykład 5.

Cięciwy $AB$ i $BC$ okręgu o środku w punkcie $O$ są do siebie prostopadłe. Odległość cięciwy $AB$ od punktu $O$ jest równa 1,5 cm, a odległość cięciwy $BC$ od punktu $O$ jest równa 2,8 cm. Obliczymy długość tych cięciw.

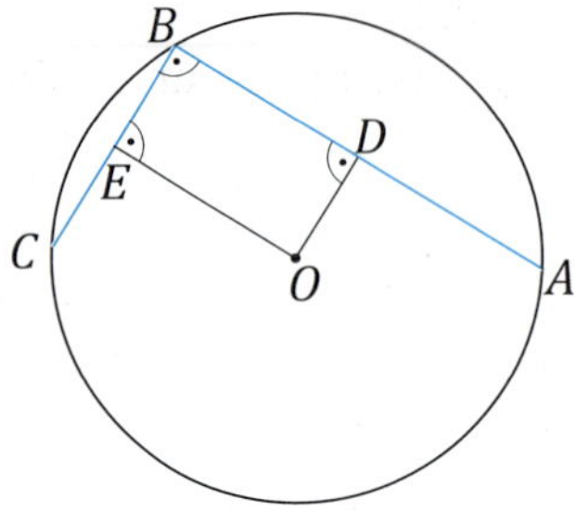


Przyjmując oznaczenia jak na rysunku, otrzymujemy:

$|DO| = 1{,}5$ cm $\quad |OE| = 2{,}8$ cm $\quad |\sphericalangle ABC| = 90°$

Z twierdzenia o kątach środkowym i wpisanym opartych na tym samym łuku (str. 175) wynika, że:

$|\sphericalangle AOC| = 2|\sphericalangle ABC| = 180°$,

zatem odcinek $AC$ jest średnicą okręgu.

Punkt $D$ jest środkiem cięciwy $AB$, a punkt $O$ jest środkiem średnicy $AC$. Odcinek $OD$ łączy więc środki boków $AC$ i $AB$ trójkąta $ACB$. Z ostatniego twierdzenia wynika, że:

$|BC| = 2|DO|$, więc $|BC| = 2 \cdot 1{,}5 = 3$ (cm).

Podobnie obliczamy długość cięciwy $AB$:

$|AB| = 2|OE|$, zatem $|AB| = 2 \cdot 2{,}8 = 5{,}6$ (cm).

Cięciwy mają długość: $|AB| = 5{,}6$ cm i $|BC| = 3$ cm.

## Przykład 6.

Chcemy zmierzyć odległość dwóch budynków, które przedziela mała zatoka.

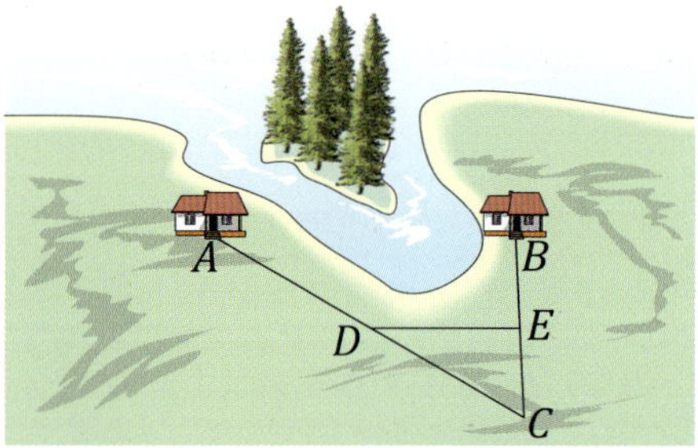


Wybieramy takie miejsce (punkt $C$), z którego możemy zmierzyć odległość do budynku $A$ i do budynku $B$. Następnie znajdujemy punkt $D$, leżący pośrodku drogi z $C$ do budynku $A$. Podobnie wyznaczamy punkt $E$, a następnie mierzymy długość odcinka $DE$. Otrzymaną wielkość mnożymy przez dwa. Jest to szukana odległość między budynkami $A$ i $B$. Gdyby odcinek $DE$ „wpadł" w zatokę, należy punkt $C$ wybrać w większej odległości od brzegu.

## Przykład 7.

Na boisku szkolnym postanowiono wybudować bieżnię do biegów krótkodystansowych. Wytyczono jeden brzeg bieżni i ustalono jej szerokość, wybierając na płaszczyźnie boiska punkt $A$.

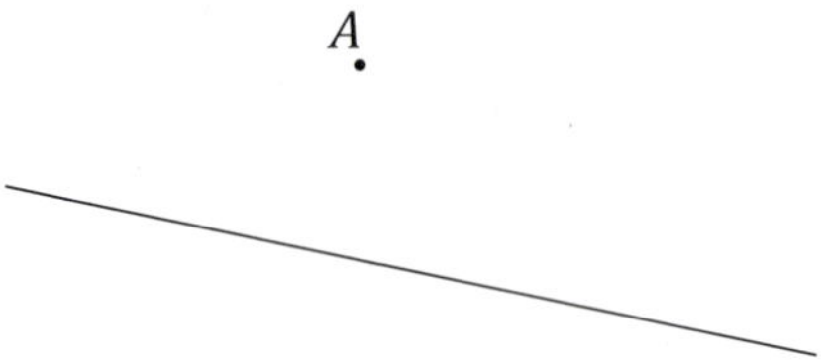

Pojawił się problem, jak wytyczyć inne punkty leżące na prostej, przechodzącej przez dany punkt $A$, równoległej do wytyczonego brzegu bieżni. Okazało się bowiem, że żaden z dwóch robotników mających budować bieżnię nie ma przy sobie taśmy mierniczej. Jeden z robotników miał tylko dość długi sznurek. Kierujący grupą zaproponował następujący sposób rozwiązania problemu:
- należy najpierw złożyć sznurek na pół i zaznaczyć jego środek;
- następnie dwaj robotnicy, trzymający za końce sznurka tak, by sznurek był naciągnięty, powinni stanąć: jeden ($R_1$) na wytyczonym brzegu bieżni, a drugi ($R_2$) tak, by środek sznurka pokrywał się z punktem $A$ (rys. a);

a)

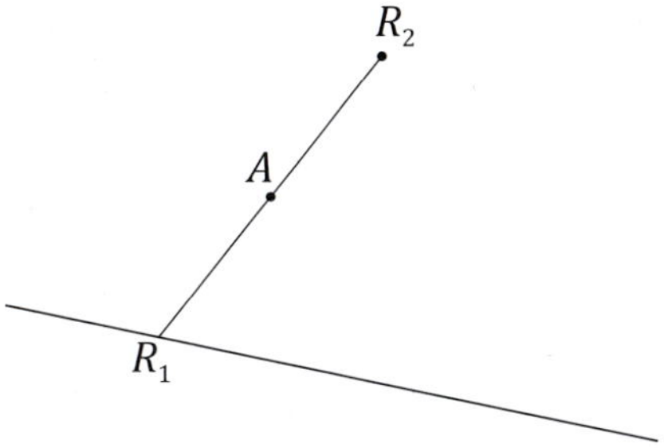


b)

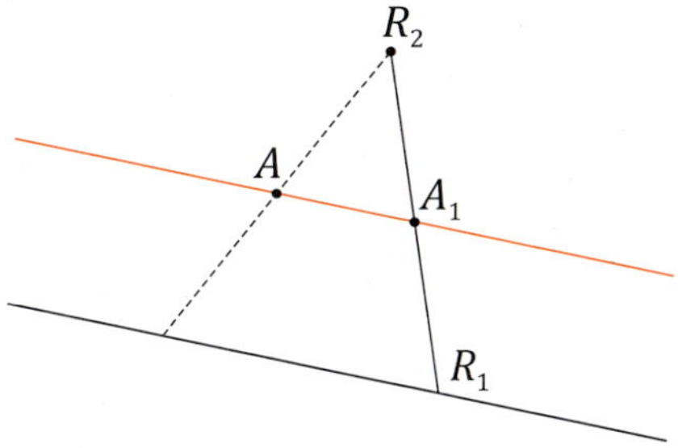


- teraz robotnik $R_1$ przechodzi do drugiego miejsca na wytyczonym brzegu bieżni tak, by sznurek był w dalszym ciągu naciągnięty; robotnik $R_2$ nie zmienia swego położenia;
- środek sznurka ($A_1$) wyznacza punkt leżący na prostej przechodzącej przez $A$ i równoległej do wytyczonego brzegu bieżni (rys. b).

Postępując podobnie, można wyznaczyć więcej takich punktów.
Uzasadnij, że konstrukcja zaproponowana przez kierownika jest poprawna.

## Sprawdź, czy rozumiesz

1. Wyznacz miary kątów w trójkącie, wiedząc, że:
   a) pozostają w stosunku 1 : 2 : 3
   b) jeden z kątów ma miarę 72°, a drugi jest dwa razy większy od trzeciego. Jaki to trójkąt?
2. Dwa boki trójkąta różnobocznego mają długość 3 i 4. Trzeci bok leży naprzeciwko najmniejszego kąta. Wiedząc, że obwód trójkąta jest liczbą naturalną, oblicz długość trzeciego boku.
3. Długości boków dwóch trójkątów są liczbami naturalnymi, a suma ich obwodów jest równa 10. Jakie długości boków mogą mieć te trójkąty?
4. W trójkącie $ABC$ połączono środki boków $A_1$, $B_1$, $C_1$.
   a) Oblicz stosunek obwodu trójkąta $A_1B_1C_1$ do obwodu trójkąta $ABC$.
   b) Wykaż, że trójkąt $A_1B_1C_1$ ma takie same kąty jak trójkąt $ABC$.
5. Punkty $E$ i $F$ są środkami boków $AB$ i $BC$ równoległoboku $ABCD$. Oblicz, w jakim stosunku odcinek $EF$ podzielił przekątną $DB$ równoległoboku.

# Twierdzenie Pitagorasa. Twierdzenie odwrotne do twierdzenia Pitagorasa

W gimnazjum poznałeś ważne twierdzenie charakteryzujące trójkąty prostokątne. Przypomnijmy je.

***Twierdzenie 1.*** (Pitagorasa)
Jeżeli trójkąt jest prostokątny, to kwadrat długości przeciwprostokątnej jest równy sumie kwadratów długości przyprostokątnych.

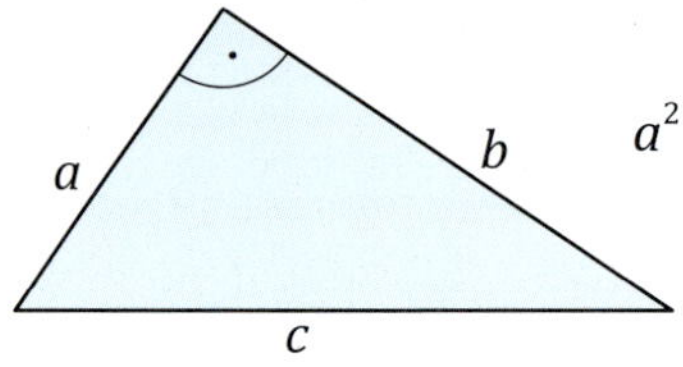


$$a^2 + b^2 = c^2$$

## *Przykład 1.*

Do niedawna droga z Malinówki do Wiktorówki prowadziła przez Nową Wieś. Drogi Malinówka – Nowa Wieś i Nowa Wieś – Wiktorówka są do siebie prostopadłe. Władze samorządowe obu miast, wykorzystując dotacje z Unii Europejskiej, wygospodarowały potrzebne pieniądze i wybudowano drogę długości 17 km, łączącą oba miasta w linii prostej. O ile kilometrów skróciła się podróż z Malinówki do Wiktorówki, jeśli odległość między Malinówką a Nową Wsią jest równa 8 km?

Schemat poniżej reprezentuje układ dróg między miejscowościami. Ma on kształt trójkąta prostokątnego.

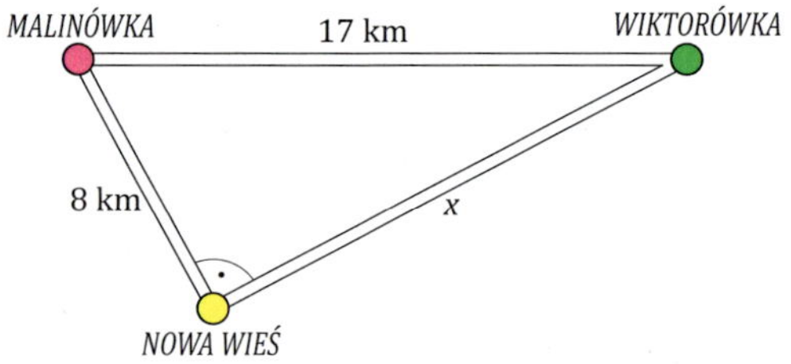


Niech $x$ ($x > 0$) oznacza długość drogi pomiędzy Nową Wsią a Wiktorówką. Korzystając z twierdzenia Pitagorasa, obliczamy:

$8^2 + x^2 = 17^2$

$x^2 = 17^2 - 8^2$

$x^2 = 289 - 64$

$x^2 = 225$ i $x > 0$, więc

$x = 15$

Jadąc przez Nową Wieś, trzeba było przejechać $8 + 15 = 23$ (km). Droga skróciła się o $23 - 17 = 6$ (km)

Podróż z Malinówki do Wiktorówki skróciła się o 6 km.

## Przykład 2.

Oszacujmy – na podstawie fragmentu mapy wykonanej w skali 1 : 20 000 – długość drogi prowadzącej od podnóża góry (punkt $A$) na szczyt (punkt $B$).

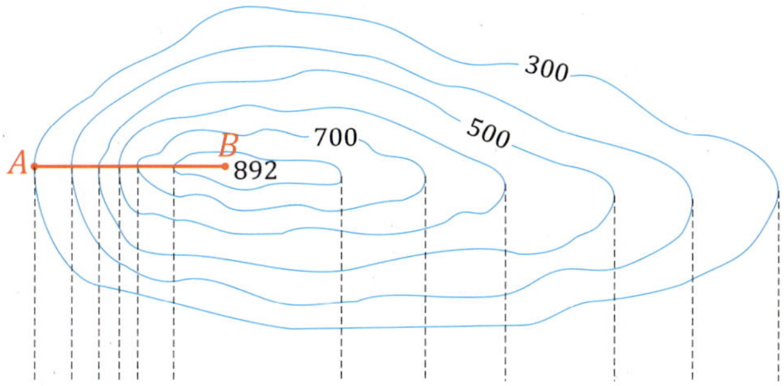


Odległość między punktami $A$ i $B$ na mapie wynosi 2 cm. Nie oznacza to, że długość drogi z $A$ do $B$ wynosi $2 \cdot 200$ m = 400 m. „Przekrój góry" wygląda tak:

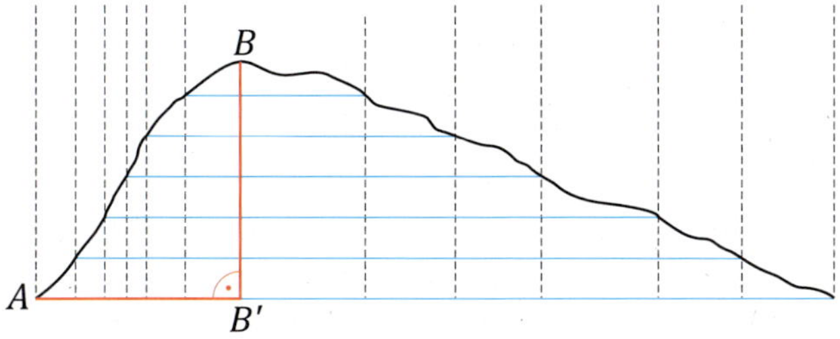


Rozpatrzmy trójkąt prostokątny $AB'B$. Przeciwprostokątna tego trójkąta przybliża długość drogi. Mamy:

$|AB'| = 400$ (m)

$|BB'| = 592$ (m) (względna wysokość góry). Z twierdzenia Pitagorasa dla trójkąta $AB'B$ otrzymujemy, że:

$|AB| = \sqrt{|AB'|^2 + |BB'|^2}$

$|AB| = \sqrt{400^2 + 592^2} \approx 714$ (m)

Długość drogi z punktu $A$ na szczyt wynosi ok. 714 m.

## Przykład 3.

Pan Kowalski chce zamienić swój stary, lampowy telewizor 24-calowy (format ekranu jest równy 4 : 3) na panoramiczny telewizor LCD (format ekranu jest równy 16 : 9). Jednocześnie pan Kowalski wolałby, żeby wysokość ekranu nowego telewizora nie była mniejsza niż wysokość ekranu starego telewizora. Ma do wyboru dwa modele: 28-calowy i 32-calowy. Który telewizor powinien wybrać?

Przypomnijmy: wielkość telewizora wyraża się długością przekątnej ekranu (mierzonej w calach, 1 cal = 2,54 cm). Format ekranu 4 : 3 oznacza, że szerokość ekranu ma długość $4x$, a wysokość $3x$, gdzie $x$ jest pewną jednostką długości.

Obliczymy, jaką wysokość (w calach) ma ekran starego telewizora i telewizora 28-calowego. Przyjmijmy, że prostokąty przedstawione na rysunkach reprezentują ekrany telewizorów.

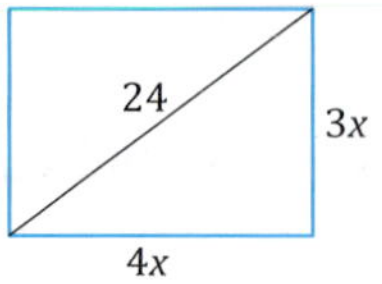


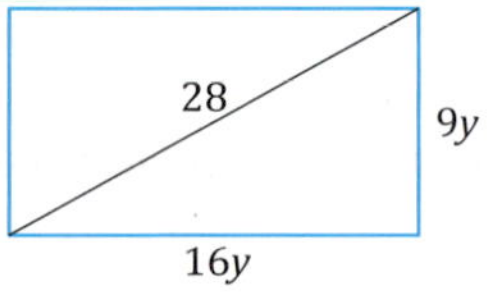


Z twierdzenia Pitagorasa otrzymujemy:

$(4x)^2 + (3x)^2 = 24^2$

$25x^2 = 24^2$

$x^2 = \left(\frac{24}{5}\right)^2$ i $x > 0$, więc

$x = \frac{24}{5}$

$x = 4{,}8$ (cala)

$(16y)^2 + (9y)^2 = 28^2$

$256y^2 + 81y^2 = 28^2$

$337y^2 = 28^2$ i $y > 0$, stąd

$y = \frac{28}{\sqrt{337}}$

$y \approx 1{,}53$ (cala)

Obliczamy wysokość ekranu telewizora (w calach):

$3 \cdot 4{,}8 = 14{,}4$ (cala)

$9 \cdot 1{,}53 = 13{,}77 \approx 13{,}8$ (cala)

$$14{,}4 > 13{,}8$$

Pan Kowalski powinien wybrać telewizor 32-calowy.

Prawdziwe jest również twierdzenie odwrotne do twierdzenia Pitagorasa.

**Twierdzenie 2.** (odwrotne do twierdzenia Pitagorasa)
Jeśli długości boków $a$, $b$, $c$ trójkąta spełniają zależność $a^2 + b^2 = c^2$, to trójkąt jest prostokątny, przy czym boki mające długość $a$ i $b$ są przyprostokątnymi tego trójkąta, a bok mający długość $c$ – przeciwprostokątną tego trójkąta.

## Przykład 4.

Dane są długości boków trzech trójkątów:

a) 3 cm; 2,4 cm; 1,8 cm b) 5 cm; 6 cm; 8 cm c) 5 cm; 6 cm; 7 cm

Czy któryś z tych trójkątów jest prostokątny?

Licząc sumę kwadratów, bierzemy – oczywiście – pod uwagę boki krótsze.
W punkcie a) otrzymujemy:

$(2{,}4)^2 + (1{,}8)^2 = 5{,}76 + 3{,}24 = 9$ i $3^2 = 9$

Trójkąt ten jest prostokątny.
W punkcie b) mamy:

$5^2 + 6^2 = 25 + 36 = 61$, ale $8^2 = 64$, $61 \neq 64$

Trójkąt nie jest prostokątny.
W punkcie c) obliczamy:

$5^2 + 6^2 = 61$, natomiast $7^2 = 49$, $61 \neq 49$

Trójkąt nie jest prostokątny.

Znając długości boków trójkąta, potrafisz stwierdzić, czy dany trójkąt jest prostokątny. Powstaje pytanie, czy równie łatwo można ustalić, że dany trójkąt jest ostrokątny albo rozwartokątny. Okazuje się, że tak.

### Twierdzenie 3.

Jeśli długości boków trójkąta oznaczymy literami $a$, $b$, $c$ w taki sposób, że $a \leqslant b \leqslant c$ oraz $a^2 + b^2 < c^2$, to trójkąt jest rozwartokątny; jeśli natomiast $a^2 + b^2 > c^2$, to trójkąt jest ostrokątny.

Tak więc trójkąt z punktu b) ostatniego przykładu jest rozwartokątny, a trójkąt z punktu c) jest ostrokątny.

## Sprawdź, czy rozumiesz

1. O ile centymetrów odcinek $CD$ jest krótszy od odcinka $BC$?

a)

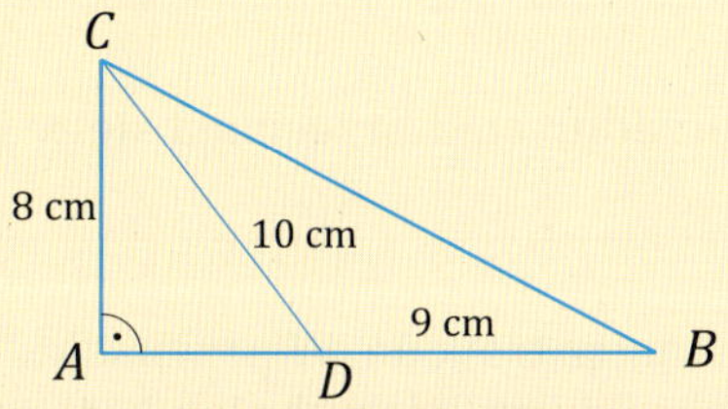


b)

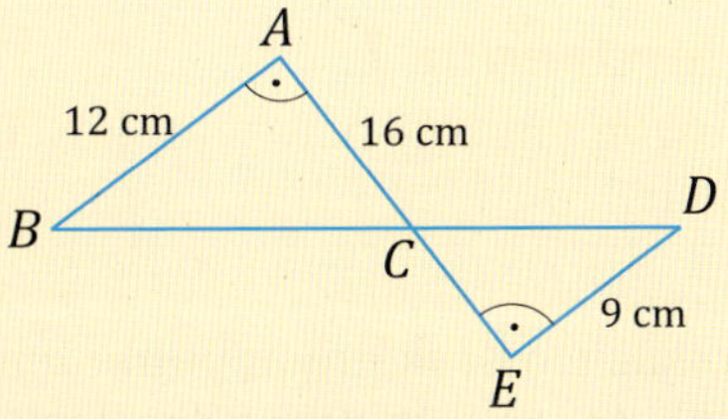


2. Przyprostokątne trójkąta prostokątnego pozostają w stosunku 5 : 12. Oblicz długości boków tego trójkąta, jeśli jego obwód jest równy 90 cm.

3. Część wspólna okręgu o promieniu 5 cm i siecznej tego okręgu jest cięciwą mającą długość 8 cm. Jaka jest odległość środka okręgu od tej cięciwy?

4. Wyznacz wzór na długość przekątnej kwadratu w zależności od długości jego boku. Oblicz długość boku kwadratu, w którym przekątna jest o 2 cm dłuższa od boku.

5. Jeden bok prostokąta ma długość 11 cm, a drugi bok jest o 1 cm krótszy od przekątnej. Oblicz obwód tego prostokąta.

6. Ustal, czy trójkąt o danych długościach boków jest ostrokątny, prostokątny czy rozwartokątny:

a) 2,5 cm; 6 cm; 6,5 cm
b) $\sqrt{2}$ cm; 2 cm; 3 cm
c) 9 cm; 8 cm; 5 cm
d) $3\sqrt{2}$ cm; $\sqrt{15}$ cm; $\sqrt{3}$ cm

7. Boki trójkąta pozostają w stosunku 2 : 3 : 4. Czy trójkąt ten jest ostrokątny, prostokątny czy rozwartokątny?

# Wysokości w trójkącie. Środkowe w trójkącie

**Definicja 1.**
**Wysokością trójkąta** nazywamy odcinek (a także jego długość) łączący wierzchołek trójkąta z przeciwległym bokiem (lub jego przedłużeniem), prostopadły do tego boku (lub jego przedłużenia).

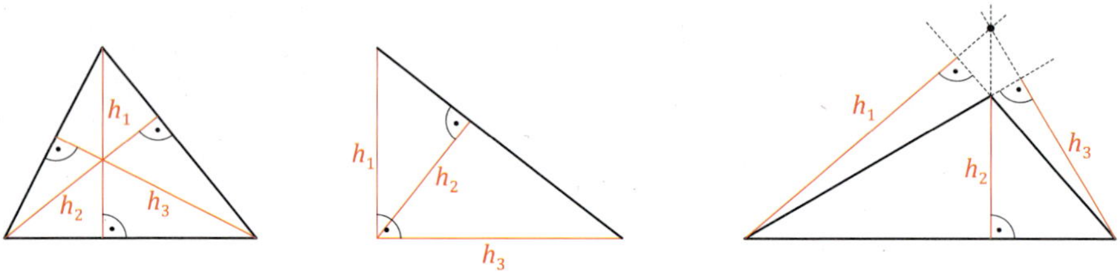


Każdy trójkąt ma trzy wysokości.

**Twierdzenia 1.**
W dowolnym trójkącie wysokości lub ich przedłużenia przecinają się w jednym punkcie.

W trójkącie ostrokątnym punkt ten leży wewnątrz trójkąta. W przypadku trójkąta prostokątnego punktem przecięcia się wysokości jest wierzchołek kąta prostego. W trójkącie rozwartokątnym przedłużenia wysokości przecinają się w punkcie leżącym poza trójkątem.

## Przykład 1.

Wzdłuż prostej $AB$ mamy zbudować ogrodzenie. Nie możemy wytyczyć półprostej $AB$, ponieważ na przedłużeniu odcinka $AB$ znajduje się jezioro. Jak zbudować ogrodzenie po drugiej stronie jeziora?

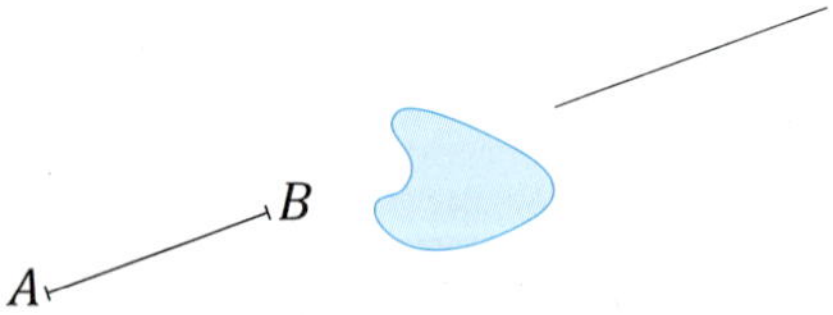


Aby ogrodzenie było zbudowane wzdłuż prostej $AB$, wystarczy znaleźć po drugiej stronie jeziora dwa punkty współliniowe z punktami $A$, $B$. Do tego celu można wykorzystać własność wysokości trójkąta, podaną w ostatnim twierdzeniu.
Wyznaczamy prostopadłą do odcinka $AB$, przechodzącą przez punkt $B$.

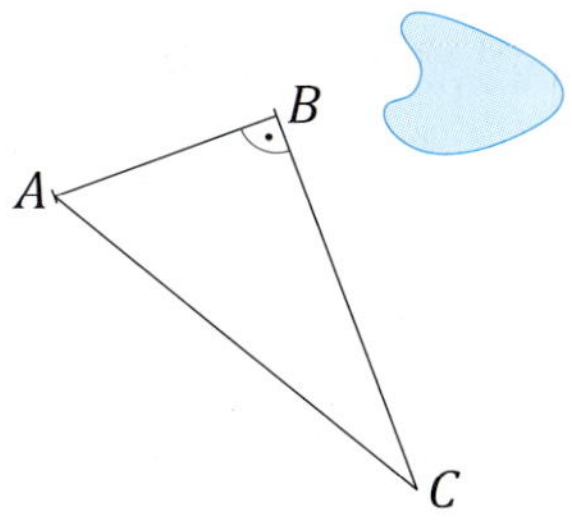


Na prostopadłej wybieramy dowolny punkt $C$ i łączymy go z punktem $A$.

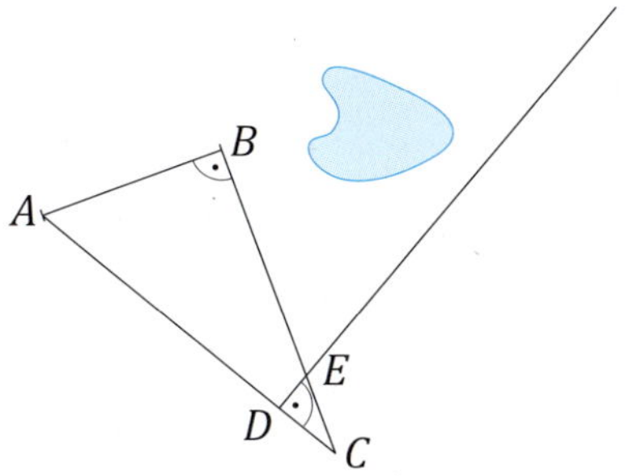


Na odcinku $AC$ wybieramy taki punkt $D$, aby prostopadła do $AC$ wystawiona w tym punkcie „nie wpadła" do jeziora. Punkt przecięcia z odcinkiem $BC$ oznaczamy przez $E$.

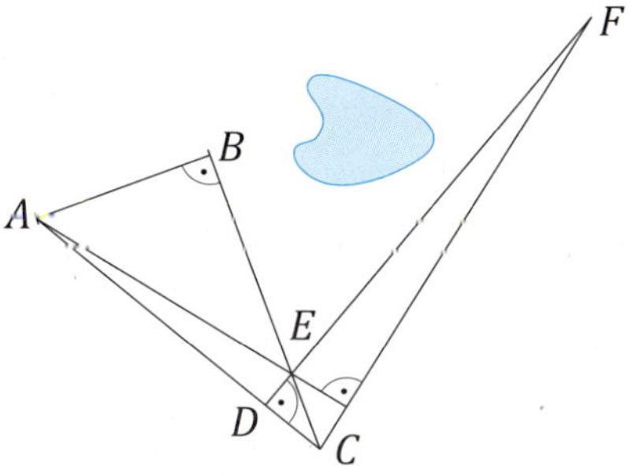


Prowadzimy półprostą $AE^{\rightarrow}$, a następnie prostopadłą do niej półprostą o początku w punkcie $C$. Ta półprosta przecina półprostą $DE^{\rightarrow}$ w punkcie $F$. Punkt $F$ jest szukanym punktem współliniowym z punktami $A$ i $B$. Jak to uzasadnić?
Zauważ, że punkty $A$, $C$, $F$ wyznaczają trójkąt, którego wysokości zawierają się w półprostych $BC^{\rightarrow}$, $AE^{\rightarrow}$ i $DE^{\rightarrow}$.
Opisz, jak wyznaczyć drugi punkt, współliniowy z punktami $A$, $B$.

Punkt wspólny wysokości i boku trójkąta (lub jego przedłużenia), na który została opuszczona wysokość, nazywa się **spodkiem** tej **wysokości** (na rysunku poniżej – punkt $D$).

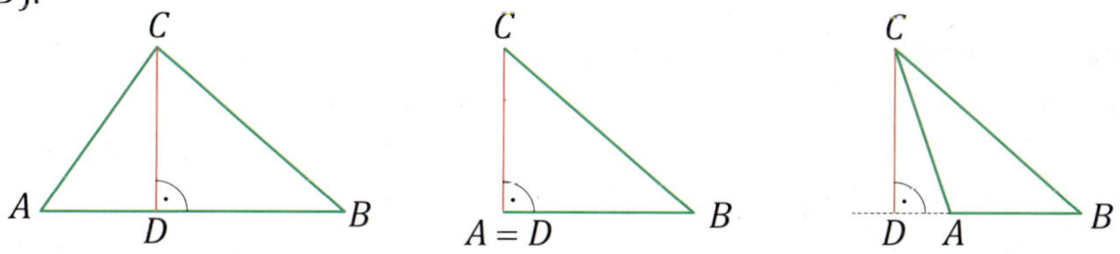

| **wysokości w wybranych trójkątach** | |
|---|---|
| trójkąt równoramienny | |
| 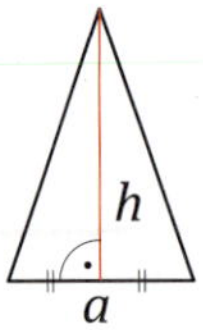 $a$ – długość podstawy<br>$h$ – wysokość | W trójkącie równoramiennym wysokość poprowadzona na podstawę dzieli ją na połowy. |
| trójkąt równoboczny | |
| 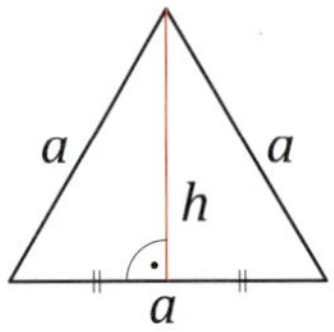 $a$ – długość podstawy<br>$h$ – wysokość<br>$h=\frac{a\sqrt{3}}{2}$ | W trójkącie równobocznym wszystkie wysokości są równe.<br>Wysokość $h$ trójkąta o boku mającym długość $a$ wyraża się wzorem $h=\frac{a\sqrt{3}}{2}$. |
| trójkąt prostokątny | |
| 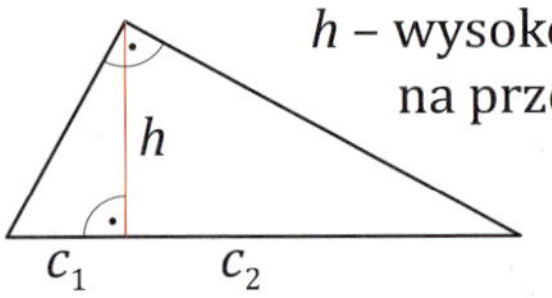 $h$ – wysokość opuszczona na przeciwprostokątną<br>$h=\sqrt{c_1\cdot c_2}$ | W trójkącie prostokątnym wysokość $h$, poprowadzona z wierzchołka kąta prostego, dzieli przeciwprostokątną na odcinki mające długość $c_1$, $c_2$, dla których $h=\sqrt{c_1\cdot c_2}$. |

## Przykład 2.

Wykażemy, że w trójkącie prostokątnym wysokość $h$ poprowadzona z wierzchołka kąta prostego dzieli przeciwprostokątną na odcinki mające długość $c_1$, $c_2$, dla których $h=\sqrt{c_1\cdot c_2}$.

Założenie:

Dany jest trójkąt prostokątny $ABC$ jak na rysunku obok.

$|\sphericalangle ACB|=90°$, $|AB|=c$, $|AC|=b$, $|BC|=a$

$CD\perp AB$, $|CD|=h$

$|AD|=c_1$, $|DB|=c_2$ $\quad c=c_1+c_2$

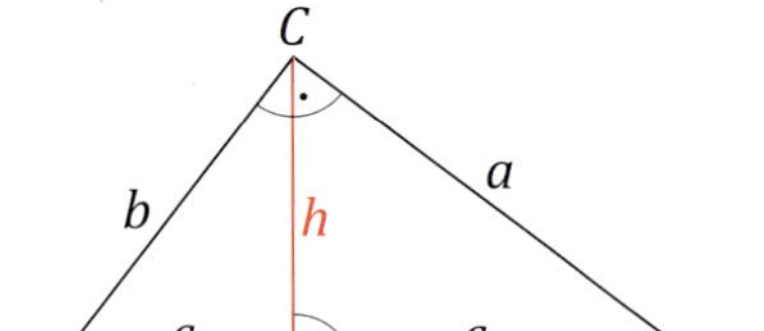


Teza:

$h=\sqrt{c_1\cdot c_2}$

Dowód:

Z twierdzenia Pitagorasa dla trzech trójkątów prostokątnych $DBC$, $ADC$ i $ABC$ otrzymujemy kolejno:

$$a^2=h^2+c_2^2$$

$$b^2=h^2+c_1^2$$

$$c^2=a^2+b^2$$

Mamy więc:

$c^2 = a^2 + b^2 = h^2 + c_2^2 + h^2 + c_1^2$, czyli

$c^2 = c_1^2 + 2h^2 + c_2^2$

Uwzględniamy teraz równość $c = c_1 + c_2$.

$(c_1 + c_2)^2 = c_1^2 + 2h^2 + c_2^2$

$c_1^2 + 2c_1c_2 + c_2^2 = c_1^2 + 2h^2 + c_2^2$

$h^2 = c_1c_2$

$h = \sqrt{c_1 \cdot c_2}$, bo $h > 0$, co kończy dowód.

Omówimy teraz własności środkowych w trójkącie.

**Definicja 2.**

**Środkową trójkąta** nazywamy odcinek łączący wierzchołek trójkąta ze środkiem przeciwległego boku.

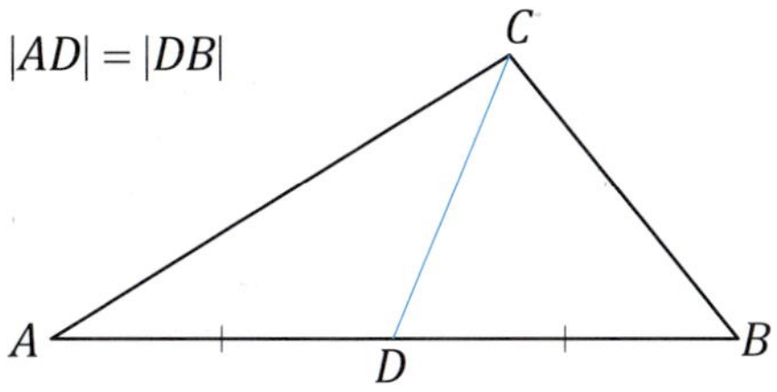


Każdy trójkąt ma trzy środkowe.

Niech $ABC$ będzie trójkątem oraz $AE$ i $BD$ jego środkowymi, przecinającymi się w punkcie $O$.

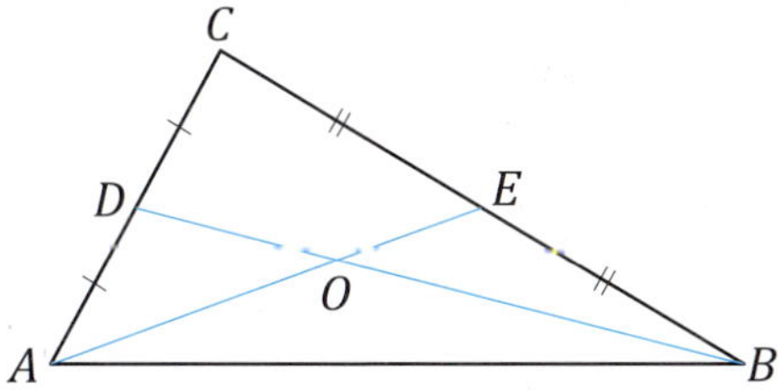


Wiemy już, że odcinek $DE$ jest równoległy do $AB$ i $|DE| = \frac{1}{2}|AB|$ (zob. str. 185). Zatem z twierdzenia Talesa otrzymujemy, że:

$$\frac{|DE|}{|AB|} = \frac{1}{2} = \frac{|OE|}{|OA|} = \frac{|OD|}{|OB|}$$

Środkowe przecięły się w punkcie $O$, który podzielił je w stosunku 1 : 2. Łatwo jest pokazać, że trzecia środkowa też przejdzie przez punkt $O$, który podzieli ją w stosunku 1 : 2.

Podsumujmy:

> **Twierdzenie 2.**
> W dowolnym trójkącie trzy środkowe przecinają się w jednym punkcie, który dzieli każdą z nich w stosunku 1 : 2.

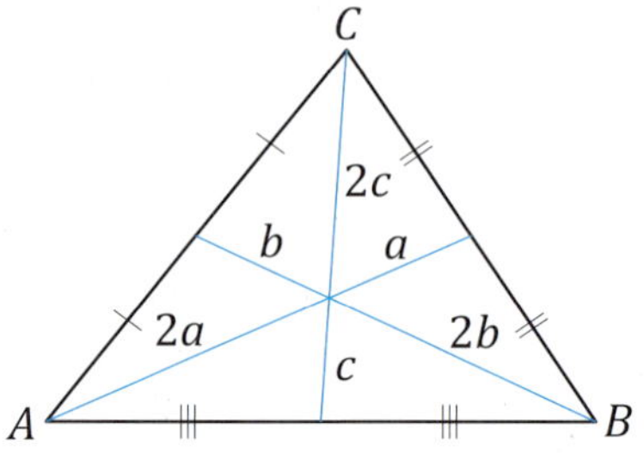


Punkt przecięcia środkowych nazywamy **środkiem ciężkości trójkąta**.

| **środkowe w wybranych trójkątach** | | |
|---|---|---|
| trójkąt równoramienny | | |
| 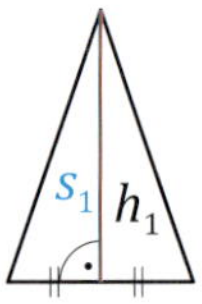  | $s_1$ – środkowa poprowadzona do podstawy<br>$h_1$ – wysokość poprowadzona do podstawy<br>$h_1 = s_1$ | W trójkącie równoramiennym środkowa poprowadzona do podstawy jest jednocześnie wysokością. |
| trójkąt równoboczny | | |
| 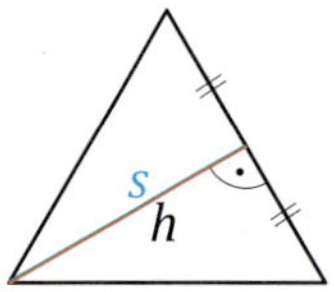  | $s$ – środkowa<br>$h$ – wysokość<br>$h = s$ | W trójkącie równobocznym środkowe i wysokości się pokrywają. Dlatego wysokości w trójkącie równobocznym przecinają się w punkcie, który dzieli je w stosunku 1 : 2. |
| trójkąt prostokątny | | |
| 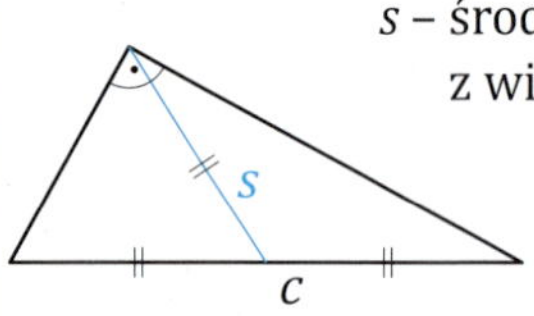  | $s$ – środkowa poprowadzona z wierzchołka kąta prostego<br>$c$ – przeciwprostokątna<br>$s = \frac{1}{2}c$ | W trójkącie prostokątnym środkowa poprowadzona z wierzchołka kąta prostego ma długość połowy przeciwprostokątnej. |

## Przykład 3.

W trójkącie równoramiennym $ABC$ podstawa $AB$ ma długość 6 cm, a środkowa $CE$ ma długość 12 cm. Obliczymy długość środkowej $AD$.

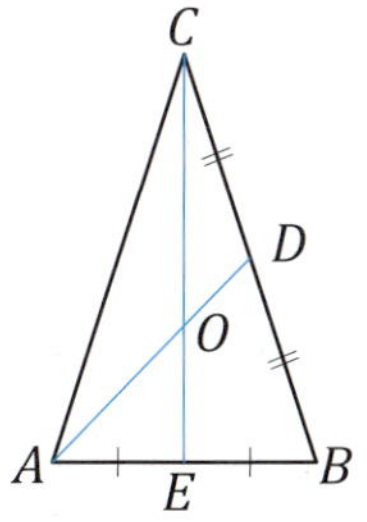


W trójkącie $ABC$ środkowa $CE$ jest jednocześnie wysokością poprowadzoną na podstawę $AB$, a punkt $E$ dzieli tę podstawę na połowy:

$|AE| = |EB| = 3$ cm

Punkt $O$ przecięcia środkowych $CE$ i $AD$ dzieli je w stosunku 1 : 2.

$|OE| : |CO| = 1 : 2$; stąd $|OE| = \frac{1}{3}|CE|$, czyli $|OE| = \frac{1}{3} \cdot 12 = 4$ (cm).

Korzystając z twierdzenia Pitagorasa dla trójkąta $AEO$, wyznaczamy długość odcinka $AO$:

$|AO|^2 = |AE|^2 + |OE|^2 \quad |AO|^2 = 3^2 + 4^2$, zatem

$|AO| = 5$ (cm)

Obliczamy długość środkowej $AD$:

$|AD| = |AO| + |OD|$ i $|OD| = \frac{1}{2}|AO|$, więc $|AD| = 5 + 2{,}5 = 7{,}5$ (cm).

Środkowa $AD$ ma długość 7,5 cm.

## Sprawdź, czy rozumiesz

1. Oblicz wysokość:
   a) w trójkącie prostokątnym równoramiennym, poprowadzoną na przeciwprostokątną, jeśli przyprostokątna ma długość 10 cm;
   b) w trójkącie równobocznym, którego bok ma długość 14 cm;
   c) w trójkącie równoramiennym o bokach mających długość 4 cm, 4 cm, 6 cm, poprowadzoną na podstawę;
   d) w trójkącie prostokątnym, która podzieliła przeciwprostokątną na odcinki długości 3 cm i 12 cm.

2. W trójkącie prostokątnym przeciwprostokątna ma długość 30 cm. Oblicz odległość środka ciężkości tego trójkąta od wierzchołka kąta prostego.

3. W trójkącie równoramiennym dwie środkowe mają długość po 15 cm, a trzecia ma długość 18 cm. Oblicz długości boków tego trójkąta.

4. W danym trójkącie środkowa poprowadzona na najdłuższy bok ma długość 15 cm i dzieli ten trójkąt na dwa trójkąty, z których jeden jest równoboczny, a drugi – równoramienny. Oblicz:
   a) kąty danego trójkąta
   b) długości boków danego trójkąta.

# Symetralne boków trójkąta. Okrąg opisany na trójkącie

W dowolnym trójkącie $ABC$ prowadzimy symetralne boków $AB$ i $AC$. Symetralne przetną się w punkcie, który oznaczymy $S$.

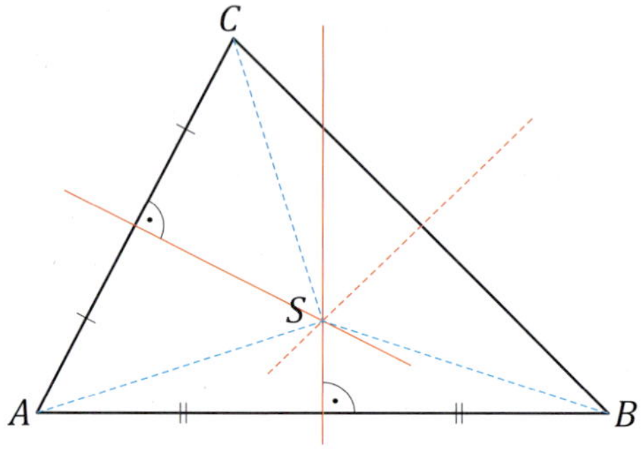


Wiemy, że symetralną tworzy zbiór punktów równo odległych od końców odpowiedniego odcinka, zatem:

$|SA| = |SB|$ – ponieważ $S$ należy do symetralnej odcinka $AB$

$|SA| = |SC|$ – ponieważ $S$ należy do symetralnej odcinka $AC$.

Lewe strony powyższych równości są równe, więc prawe strony też są równe, czyli:

$|SB| = |SC|$, a to znaczy, że punkt $S$ należy również do symetralnej odcinka $BC$.

Otrzymaliśmy następujące twierdzenie:

**Twierdzenie 1.**
Symetralne trzech boków dowolnego trójkąta przecinają się w jednym punkcie.

Punkt $S$ przecięcia symetralnych boków trójkąta $ABC$ leży w równej odległości od wierzchołków trójkąta $ABC$. Przez wierzchołki $A$, $B$, $C$ można więc poprowadzić okrąg o środku w punkcie $S$ i promieniu $|SA|$. Okrąg, który przechodzi przez wszystkie wierzchołki trójkąta, nazywamy **okręgiem opisanym na trójkącie**. Wówczas o trójkącie mówimy, że jest to **trójkąt wpisany w okrąg**.

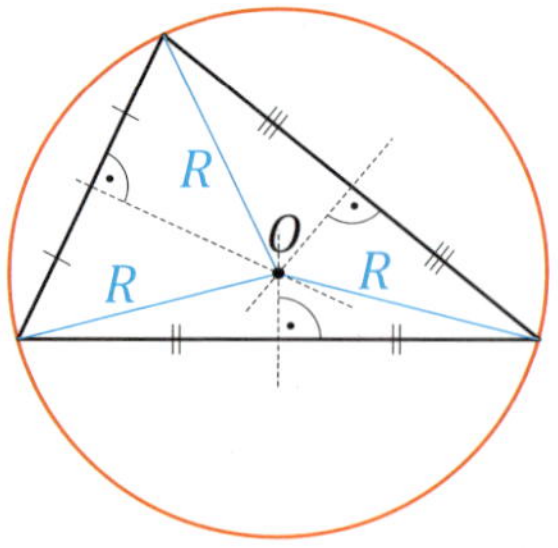


Z ostatniego twierdzenia wynika wniosek, że na każdym trójkącie można opisać okrąg.

| | | |
|---|---|---|
| 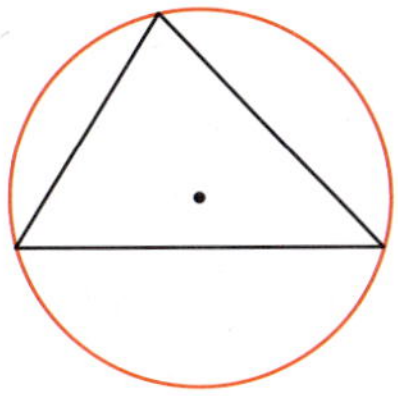 | 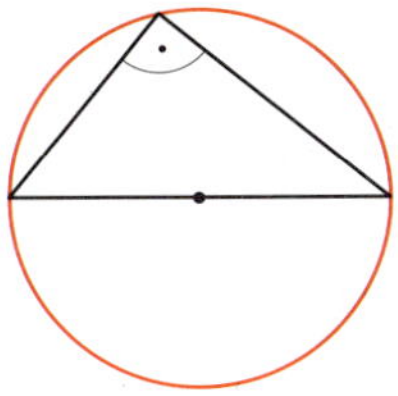 | 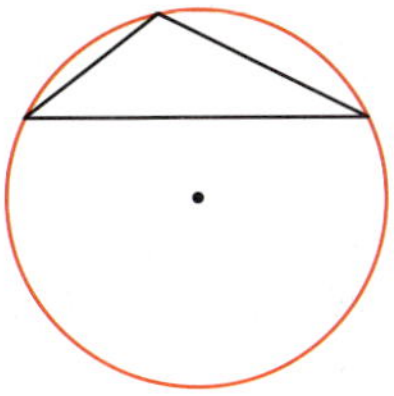 |
| Środek okręgu opisanego na trójkącie ostrokątnym leży wewnątrz trójkąta. | Środek okręgu opisanego na trójkącie prostokątnym leży na boku trójkąta. | Środek okręgu opisanego na trójkącie rozwartokątnym leży poza trójkątem. |

<table>
<tr><th colspan="3">okręgi opisane na wybranych trójkątach</th></tr>
<tr><td colspan="3">trójkąt równoramienny</td></tr>
<tr><td>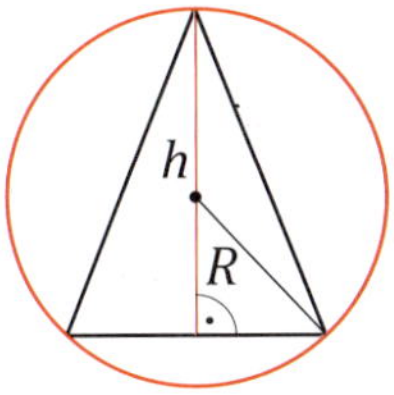</td><td>$R$ – promień okręgu opisanego na trójkącie<br>$h$ – wysokość opuszczona na podstawę</td><td>W trójkącie równoramiennym symetralna podstawy zawiera wysokość poprowadzoną na podstawę. Zatem środek okręgu opisanego na trójkącie równoramiennym leży na prostej zawierającej wysokość poprowadzoną na podstawę.</td></tr>
<tr><td colspan="3">trójkąt równoboczny</td></tr>
<tr><td>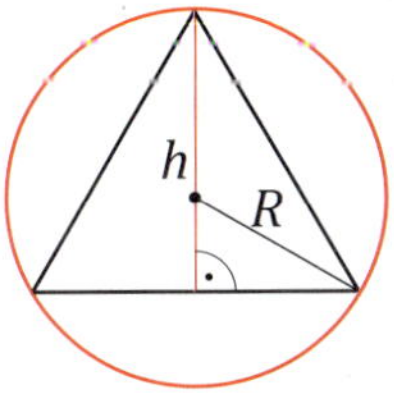</td><td>$R$ – promień okręgu opisanego na trójkącie<br>$h$ – wysokość<br>$R = \frac{2}{3}h$</td><td>W trójkącie równobocznym symetralne boków zawierają wysokości. Tak więc środek okręgu opisanego na trójkącie równobocznym jest punktem przecięcia wysokości w tym trójkącie.</td></tr>
<tr><td colspan="3">trójkąt prostokątny</td></tr>
<tr><td>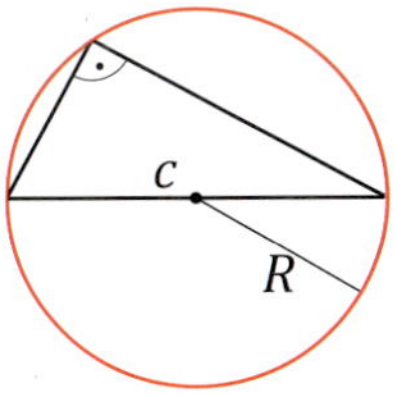</td><td>$R$ – promień okręgu opisanego na trójkącie<br>$c$ – przeciwprostokątna<br>$R = \frac{1}{2}c$</td><td>Środek okręgu opisanego na trójkącie prostokątnym jest środkiem przeciwprostokątnej.</td></tr>
</table>

## Przykład 1.

Wyznaczymy promień okręgu opisanego na trójkącie równoramiennym $ABC$, którego boki mają długość: $|AB| = 24$ cm, $|AC| = |BC| = 13$ cm.

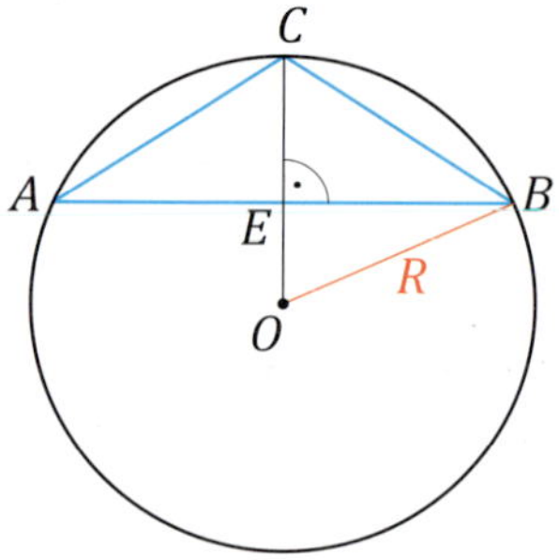


Łatwo sprawdzić, że trójkąt $ABC$ jest rozwartokątny (zobacz twierdzenie 3., str. 191), zatem środek okręgu opisanego na tym trójkącie leży poza trójkątem. Wysokość $CE$ trójkąta $ABC$ zawiera się w promieniu $CO$, ponieważ $ABC$ jest trójkątem równoramiennym. Ponadto

$|AE| = |EB| = 12$ cm

więc z twierdzenia Pitagorasa dla trójkąta $AEC$ obliczamy wysokość $CE$:

$|CE|^2 = 13^2 - 12^2$, stąd

$|CE| = 5$ (cm)

Niech $R$ oznacza promień okręgu opisanego na trójkącie $ABC$. Wówczas boki trójkąta prostokątnego $OBE$ mają długość:

$|OB| = R \qquad |EO| = R - 5 \qquad |EB| = 12$

Zatem – znowu na podstawie twierdzenia Pitagorasa – otrzymujemy zależność:

$(R - 5)^2 + 12^2 = R^2$

$R^2 - 10R + 25 + 144 = R^2$ (tu skorzystaliśmy ze wzoru $(a - b)^2 = a^2 - 2ab + b^2$)

$-10R = -169$, czyli

$R = 16{,}9$ (cm)

Promień okręgu opisanego na trójkącie $ABC$ jest równy 16,9 cm.

## Przykład 2.

Obliczymy promień okręgu opisanego na trójkącie prostokątnym $ABC$, w którym przyprostokątna $BC$ ma długość 12 cm, a wysokość $CD$ poprowadzona z wierzchołka kąta prostego jest równa 7,2 cm.

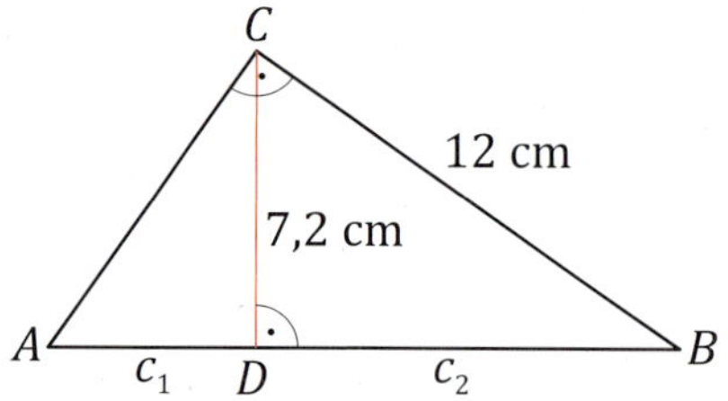


$|BC| = 12$ cm

$|CD| = 7{,}2$ cm

$c_1, c_2$ – długości odcinków, na jakie wysokość $CD$ podzieliła przeciwprostokątną $AB$

$R$ – promień okręgu opisanego na trójkącie prostokątnym $ABC$

Aby wyznaczyć promień $R$ okręgu opisanego na trójkącie prostokątnym $ABC$, obliczymy długość przeciwprostokątnej $AB$, ponieważ

$R = \frac{1}{2}|AB|$

Zauważamy, że

$|AB| = |AD| + |DB|$

Długość odcinka *DB* obliczymy, wykorzystując twierdzenie Pitagorasa dla trójkąta *DBC*:

$|DB| = \sqrt{|BC|^2 - |CD|^2}$

$|DB| = \sqrt{144 - 51{,}84}$

czyli

$|DB| = 9{,}6$ (cm)

Długość odcinka *AD* obliczymy, wykorzystując wzór na wysokość w trójkącie prostokątnym, opuszczoną z wierzchołka kąta prostego.

$|CD| = \sqrt{|AD| \cdot |DB|}$

$7{,}2 = \sqrt{|AD| \cdot 9{,}6}$

Z tego wynika, że

$7{,}2^2 = |AD| \cdot 9{,}6$

$51{,}84 = |AD| \cdot 9{,}6 \quad / : 9{,}6$

$|AD| = 5{,}4$ (cm)

Obliczamy długość przeciwprostokątnej *AB* i promień *R*:

$|AB| = 5{,}4 + 9{,}6 = 15$ (cm)

$R = \frac{1}{2} \cdot 15 = 7{,}5$ (cm)

Promień okręgu opisanego na trójkącie *ABC* jest równy 7,5 cm.

## Sprawdź, czy rozumiesz

1. W trójkącie prostokątnym przeciwprostokątna ma długość 10 cm, a krótsza przyprostokątna – 6 cm. Wyznacz długości odcinków, na jakie podzieliła dłuższą przyprostokątną symetralna przeciwprostokątnej.
2. W trójkącie prostokątnym wysokość poprowadzona z wierzchołka kąta prostego podzieliła tę przeciwprostokątną na odcinki mające długość 1 cm i 9 cm. O ile centymetrów odcinek symetralnej przeciwprostokątnej zawarty w trójkącie jest krótszy od tej wysokości?
3. Oblicz promień okręgu opisanego na trójkącie:
   a) prostokątnym, o przyprostokątnych mających długość 15 cm i 20 cm
   b) równobocznym, o boku mającym długość 6 cm
   c) równoramiennym, którego boki mają długość 13 cm, 13 cm, 10 cm.
4. Dany jest trójkąt o bokach mających długość 10 cm, 17 cm, 21 cm.
   a) Jak jest położony względem tego trójkąta środek okręgu opisanego na nim?
   b) Wiedząc, że okrąg opisany na tym trójkącie ma promień równy $10\frac{5}{8}$ cm, oblicz odległości środka tego okręgu od boków trójkąta.

# Dwusieczne kątów trójkąta. Okrąg wpisany w trójkąt

Wcześniej określiliśmy dwusieczną kąta jako półprostą dzielącą kąt na dwa kąty równe. Przez dwusieczną kąta w trójkącie będziemy rozumieć odcinek będący częścią wspólną trójkąta i dwusiecznej odpowiedniego kąta (na rysunku poniżej jest to odcinek $CD$).

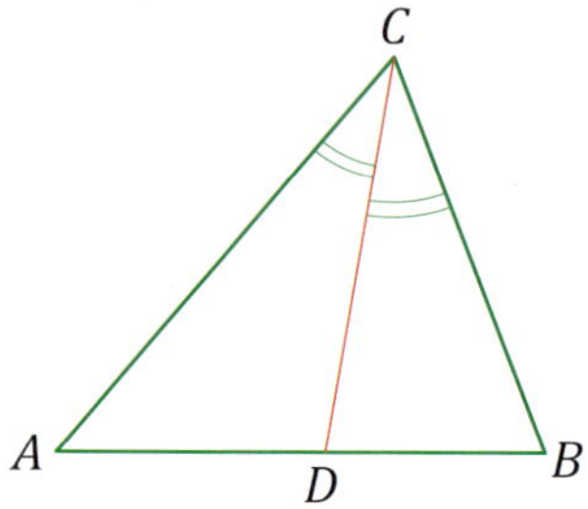


## *Przykład 1.*

Kąt przy wierzchołku $A$ trójkąta $ABC$ ma 70°. Obliczymy, pod jakim kątem (rozwartym) przetną się dwusieczne kątów przy wierzchołkach $B$ i $C$.

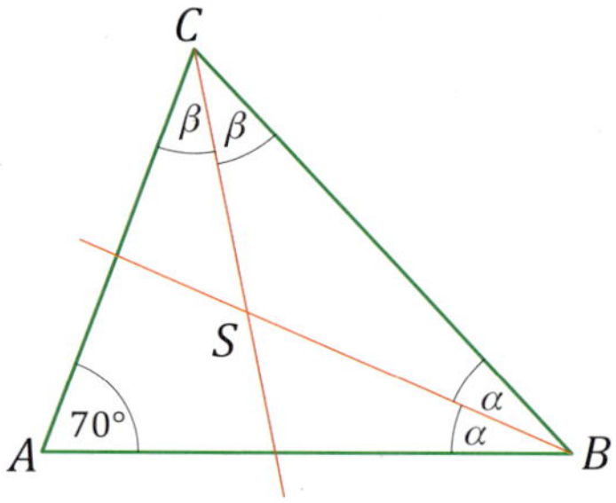


Dwusieczna kąta $ABC$ podzieliła ten kąt na dwa kąty równe $\alpha$; podobnie dwusieczna kąta $ACB$ podzieliła go na dwa kąty równe $\beta$. Suma kątów w trójkącie wynosi 180°, więc otrzymujemy równanie (dla trójkąta $ABC$):

$$70^\circ + 2\alpha + 2\beta = 180^\circ$$

$$\alpha + \beta = 55^\circ$$

W trójkącie $CSB$ zauważamy, że:

$$|\sphericalangle CSB| = 180^\circ - (\alpha + \beta), \text{ więc}$$

$$|\sphericalangle CSB| = 125^\circ$$

Dwusieczne przecinają się pod kątem 125°.

Omówimy teraz twierdzenia charakteryzujące dwusieczną kąta wewnętrznego i zewnętrznego trójkąta.

**Twierdzenie 1.** (o podziale boku przez dwusieczną kąta wewnętrznego trójkąta)
W dowolnym trójkącie *ABC*, w którym *CD* jest dwusieczną kąta wewnętrznego tego trójkąta, prawdziwa jest równość

$$\frac{|AD|}{|DB|}=\frac{|AC|}{|CB|}$$

Założenie:

*ABC* – dowolny trójkąt

*CD* – dwusieczna kąta wewnętrznego tego trójkąta

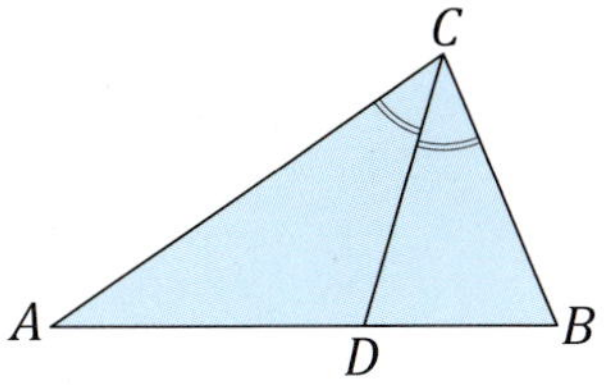


Teza:

$$\frac{|AD|}{|DB|}=\frac{|AC|}{|CB|}$$

Dowód:
Przez wierzchołek *B* trójkąta prowadzimy prostą równoległą do dwusiecznej *CD*. Punkt wspólny tej prostej i prostej *AC* oznaczmy przez *E*.

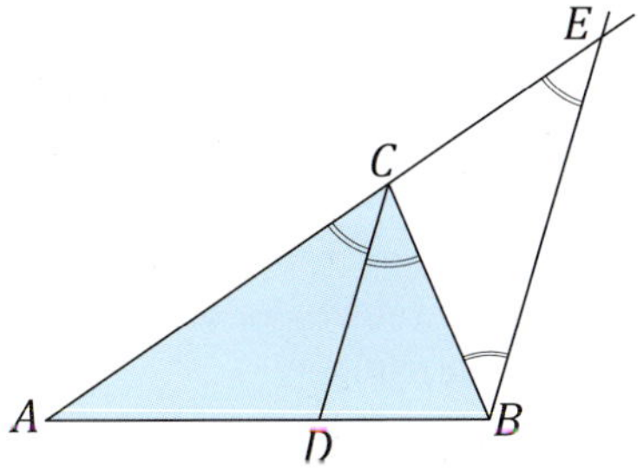


Z twierdzenia Talesa dla kąta *EAB* przeciętego prostymi równoległymi *CD* i *EB* otrzymujemy:

(1) $$\frac{|AD|}{|DB|}=\frac{|AC|}{|CE|}$$

Zauważmy teraz, że:

$|\sphericalangle ACD|=|\sphericalangle DCB|$ – z założenia *CD* jest dwusieczną kąta *ACB*,

$|\sphericalangle ACD|=|\sphericalangle CEB|$ – miary kątów odpowiadających dla pary prostych równoległych *CD* i *EB* przeciętych prostą *AE*,

$|\sphericalangle DCB|=|\sphericalangle CBE|$ – miary kątów naprzemianległych wewnętrznych dla pary prostych równoległych *CD* i *EB* przeciętych prostą *CB*.

Z powyższych trzech równości wynika, że

$$|\sphericalangle CEB|=|\sphericalangle CBE|$$

czyli trójkąt *CBE* jest trójkątem równoramiennym oraz

$$|CE|=|CB|$$

Jeśli to uwzględnimy, to równość (1) przyjmuje postać

$$\frac{|AD|}{|DB|}=\frac{|AC|}{|CB|},$$ co kończy dowód.

## Przykład 2.

Obwód trójkąta równoramiennego $ABC$, $|AC| = |BC|$, jest równy 80 cm. Dwusieczna kąta przy wierzchołku $A$ dzieli ramię $BC$ na odcinki $CD$ i $DB$, dla których $|CD| : |DB| = 3 : 2$. Obliczymy długości boków trójkąta $ABC$.

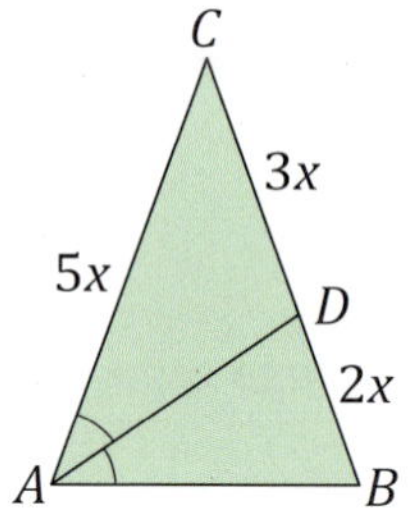


Z warunku $|CD| : |DB| = 3 : 2$ wynika, że istnieje liczba $x$, $x > 0$, dla której

$|CD| = 3x$ oraz $|DB| = 2x$.

Trójkąt $ABC$ jest trójkątem równoramiennym, więc

$|AC| = |BC| = |CD| + |DB| = 3x + 2x = 5x$

Z twierdzenia 1. otrzymujemy zależność

$\frac{|CD|}{|DB|} = \frac{|AC|}{|AB|}$, czyli $\frac{3}{2} = \frac{5x}{|AB|}$, skąd

$|AB| = \frac{10x}{3}$

Obliczamy długości boków trójkąta $ABC$.

$|AB| + |BC| + |AC| = \frac{10x}{3} + 5x + 5x = \frac{40x}{3}$

$\frac{40x}{3} = 80$, skąd $x = 6$ (cm), zatem

$|AB| = \frac{10 \cdot 6}{3} = 20$ (cm) $\qquad |BC| = |AC| = 5 \cdot 6 = 30$ (cm)

Długości boków trójkąta $ABC$ są równe: $|AB| = 20$ cm, $|BC| = 30$ cm, $|AC| = 30$ cm.

**Twierdzenie 2.** (o dwusiecznej kąta zewnętrznego trójkąta)
W dowolnym trójkącie $ABC$, w którym $CD$ jest dwusieczną kąta zewnętrznego $ECB$ (zobacz rysunek poniżej), prawdziwa jest równość $\frac{|AD|}{|DB|} = \frac{|AC|}{|CB|}$.

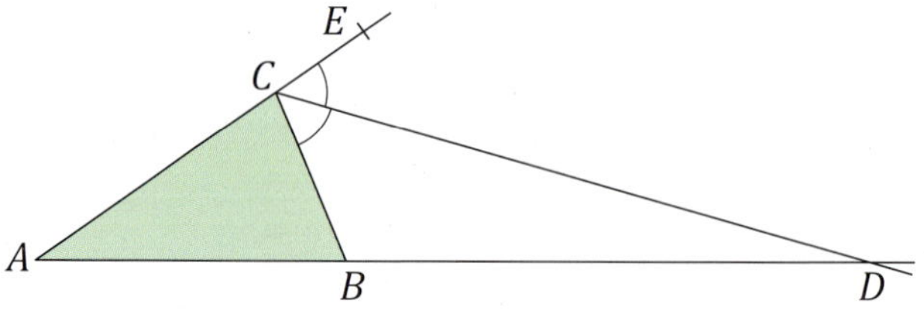


Udowodnij to twierdzenie, wzorując się na dowodzie twierdzenia 1.

Korzystając z własności mówiącej, że dwusieczna kąta jest zbiorem punktów równo odległych od ramion tego kąta, można udowodnić następujące twierdzenie:

**Twierdzenie 3.**
W dowolnym trójkącie dwusieczne kątów przecinają się w jednym punkcie.

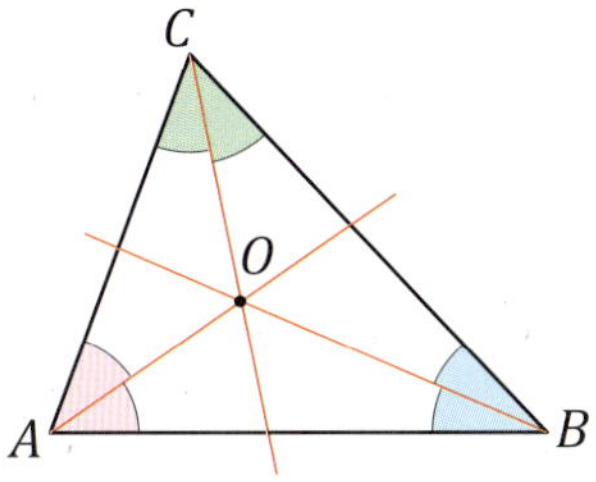


Punkt $O$ przecięcia dwusiecznych kątów trójkąta $ABC$ leży w równej odległości od boków trójkąta $ABC$. Zaznaczamy trzy równe odcinki $OP$, $OQ$, $OR$ – każdy prostopadły do jednego z boków trójkąta – których jednym końcem jest punkt $O$, a drugim – punkt należący do odpowiedniego boku trójkąta $ABC$. Odcinki te są promieniami okręgu o środku w punkcie $O$, stycznego do boków trójkąta. Okrąg, który jest styczny do wszystkich boków trójkąta, nazywamy **okręgiem wpisanym w trójkąt**. Wówczas o trójkącie powiemy, że jest to **trójkąt opisany na okręgu**.

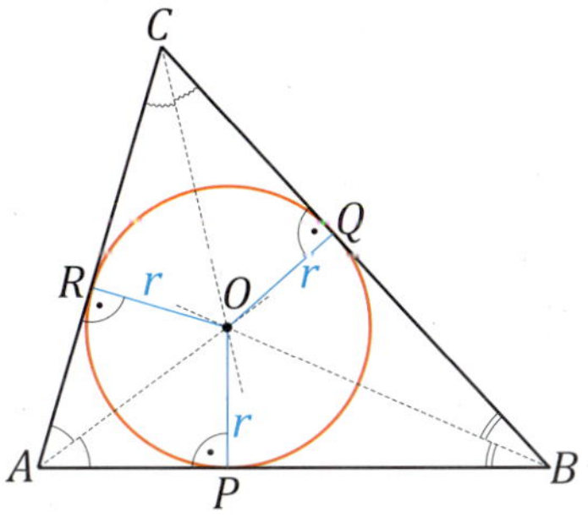


Z ostatniego twierdzenia wynika wniosek, że w każdy trójkąt można wpisać okrąg. Środek okręgu wpisanego w trójkąt leży zawsze we wnętrzu trójkąta.

## Przykład 3.

W trójkąt $ABC$ o bokach mających długość 12 cm, 14 cm, 16 cm wpisano okrąg. Oblicz długość odcinków, na jakie podzieliły boki trójkąta punkty styczności z okręgiem.

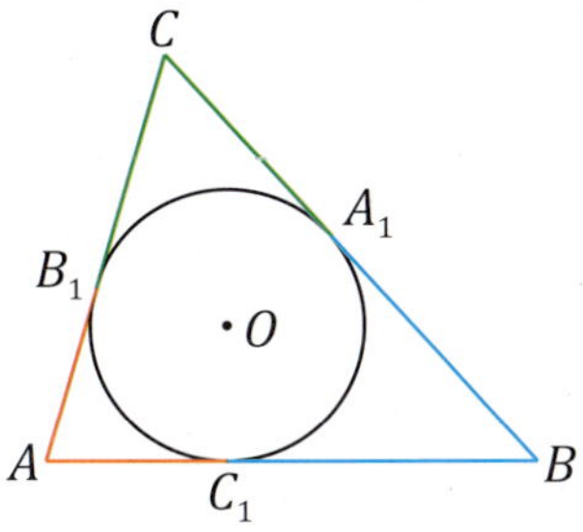


Przyjmijmy oznaczenia:

$|AB| = 16$ cm
$|BC| = 14$ cm
$|CA| = 12$ cm

$A_1$, $B_1$, $C_1$ – punkty styczności okręgu z trójkątem $ABC$

Z twierdzenia o odcinkach stycznych (zobacz str. 169) wiemy, że:

$|AB_1| = |AC_1| \qquad |BC_1| = |BA_1| \qquad |CA_1| = |CB_1|$

Wyznaczamy długość odcinka $AB_1$:

$|AB| + |AC| - |BC| = (|AC_1| + |C_1B|) + (|AB_1| + |B_1C|) - (|BA_1| + |A_1C|) = 2 \cdot |AB_1|$

zatem

$16 + 12 - 14 = 2 \cdot |AB_1|$

$14 = 2 \cdot |AB_1|$, skąd

$|AB_1| = |AC_1| = 7$ cm

Postępując podobnie, obliczamy, że:

$|BC_1| = |BA_1| = 9$ cm

$|CA_1| = |CB_1| = 5$ cm

Punkty styczności podzieliły boki $AB$, $BC$ i $CA$ odpowiednio na odcinki mające długość: 7 cm i 9 cm, 9 cm i 5 cm oraz 5 cm i 7 cm.

| **okręgi wpisane w wybrane trójkąty** | |
|---|---|
| trójkąt równoramienny | |
| 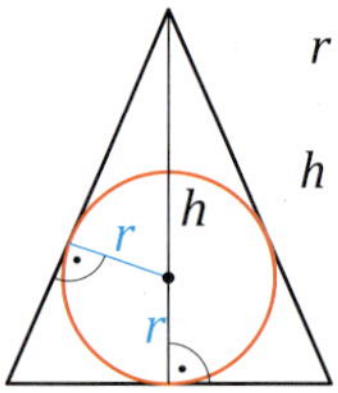  $r$ – promień okręgu wpisanego w trójkąt<br>$h$ – wysokość opuszczona na podstawę | W trójkącie równoramiennym dwusieczna kąta między ramionami zawiera wysokość opuszczoną na podstawę. Zatem środek okręgu wpisanego w trójkąt równoramienny leży na wysokości poprowadzonej na podstawę (w przypadku trójkąta nierównobocznego – w innym miejscu niż środek okręgu opisanego na tym trójkącie). |
| trójkąt równoboczny | |
| 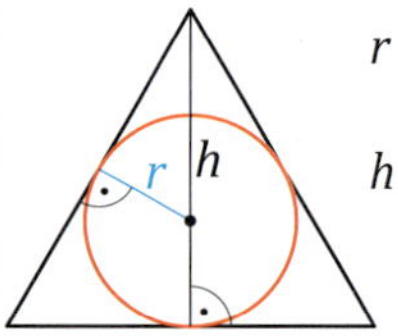  $r$ – promień okręgu wpisanego w trójkąt<br>$h$ – wysokość<br>$r = \frac{1}{3}h$ | W trójkącie równobocznym dwusieczne kątów zawierają wysokości. Tak więc środek okręgu wpisanego w trójkąt równoboczny jest punktem przecięcia wysokości w tym trójkącie (i jest też środkiem okręgu opisanego na tym trójkącie). |
| trójkąt prostokątny | |
| 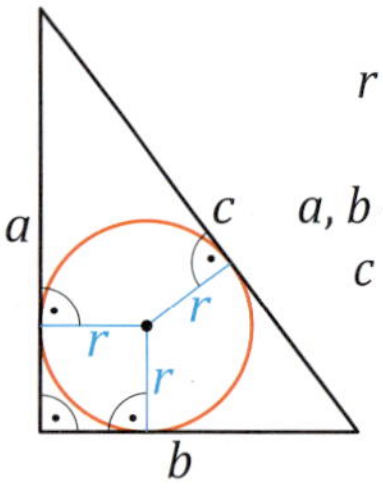  $r$ – promień okręgu wpisanego w trójkąt<br>$a, b$ – przyprostokątne<br>$c$ – przeciwprostokątna<br>$r = \frac{a+b-c}{2}$ | Jeśli w trójkącie prostokątnym poprowadzimy promienie ze środka okręgu wpisanego w ten trójkąt do punktów styczności i zastosujemy metodę z ostatniego przykładu, to zauważymy, że punkty styczności podzieliły przyprostokątne $a$, $b$ na odcinki mające długość $(a - r)$ i $r$ oraz $(b - r)$ i $r$, natomiast przeciwprostokątną $c$ na odcinki $(a - r)$ i $(b - r)$, co prowadzi do zależności $c = (a - r) + (b - r)$, z której łatwo wyliczyć $r$. |

## Przykład 4.

Dany jest trójkąt prostokątny o przyprostokątnych mających długość 11 cm i 60 cm. Wyznaczymy promień $r$ okręgu wpisanego w ten trójkąt i promień $R$ okręgu opisanego na tym trójkącie.

Przyjmijmy oznaczenia jak na rysunku poniżej.

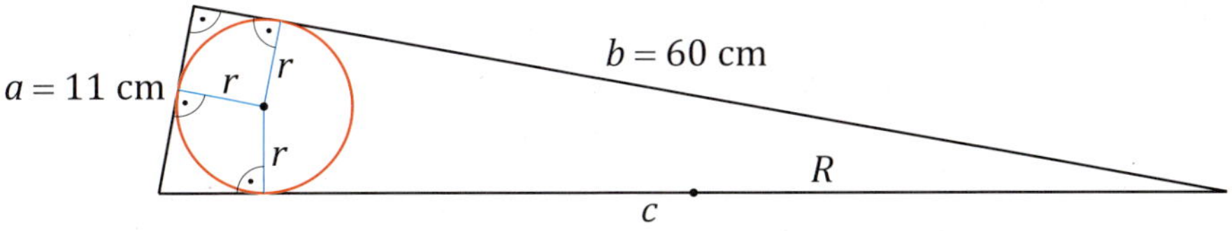


Korzystając z twierdzenia Pitagorasa, obliczamy długość przeciwprostokątnej $c$:

$c^2 = a^2 + b^2$, czyli $c^2 = 11^2 + 60^2$, skąd

$c = 61$ (cm)

Wyznaczamy promień $r$ okręgu wpisanego w trójkąt prostokątny:

$r = \frac{a+b-c}{2}$ $\quad r = \frac{11+60-61}{2} = 5$ (cm)

Wyznaczamy promień $R$ okręgu opisanego na trójkącie prostokątnym:

$R = \frac{c}{2}$ $\quad R = \frac{61}{2} = 30{,}5$ (cm)

Okrąg wpisany w dany trójkąt ma promień równy 5 cm, a okrąg opisany na tym trójkącie ma promień równy 30,5 cm.

### Sprawdź, czy rozumiesz

1. Jaką miarę ma kąt rozwarty między dwusiecznymi kątów ostrych w trójkącie prostokątnym?
2. W trójkącie równoramiennym dwusieczne równych kątów przecinają ramiona trójkąta pod kątem 120°. Oblicz miary kątów tego trójkąta. Rozważ dwa przypadki.
3. W trójkąt $ABC$ wpisano okrąg. Punkty $A_1$, $B_1$, $C_1$ są punktami styczności tego okręgu, odpowiednio z bokami $BC$, $AC$ i $AB$. Wiedząc, że $|B_1C| = 4$ cm, $|C_1B| = 8$ cm i $|AC_1| = 6$ cm, oblicz obwód trójkąta $ABC$.
4. Oblicz promień okręgu wpisanego w:
   a) trójkąt równoboczny o boku mającym długość 2 dm
   b) trójkąt prostokątny o przyprostokątnych mających długość 9 cm i 12 cm
   c) trójkąt równoramienny o bokach mających długość 17 cm, 17 cm, 16 cm.
5. Narysuj trójkąt równoramienny i ustal, jak są położone względem siebie oraz względem trójkąta środki okręgów, wpisanego w ten trójkąt i opisanego na tym trójkącie, jeśli $\alpha$ jest kątem między ramionami trójkąta oraz:
   a) $\alpha \in (0°, 60°)$ b) $\alpha = 60°$ c) $\alpha \in (60°, 90°)$ d) $\alpha = 90°$ e) $\alpha \in (90°, 180°)$

# Przystawanie trójkątów

Mówiąc, że dwie figury są przystające, intuicyjnie rozumiemy, że te dwie figury są takie same, czyli mają taki sam kształt i taką samą wielkość. Można je nałożyć na siebie w taki sposób, że będą się pokrywały; a to znaczy, że istnieje taka izometria, w której obrazem jednej z tych figur jest druga figura. W tym temacie zajmiemy się przystawaniem trójkątów.

***Definicja 1.***
Dwa trójkąty nazwiemy **trójkątami przystającymi** wtedy, gdy boki i kąty jednego z nich są równe odpowiednim bokom i kątom drugiego.

W zapisie symbolicznym:
Trójkąty $ABC$ i $A_1B_1C_1$ są przystające (oznaczenie $\Delta ABC \equiv \Delta A_1B_1C_1$) wtedy, gdy:
$|AB| = |A_1B_1|, \quad |BC| = |B_1C_1|, \quad |AC| = |A_1C_1|$ i
$|\sphericalangle A| = |\sphericalangle A_1|, \quad |\sphericalangle B| = |\sphericalangle B_1|, \quad |\sphericalangle C| = |\sphericalangle C_1|$

| pary trójkątów przystających | | |
|---|---|---|
| 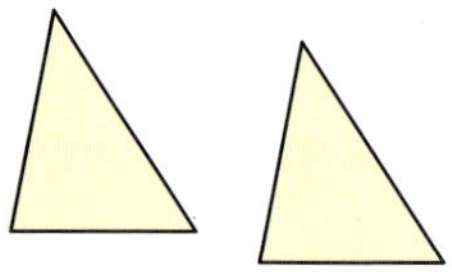 | 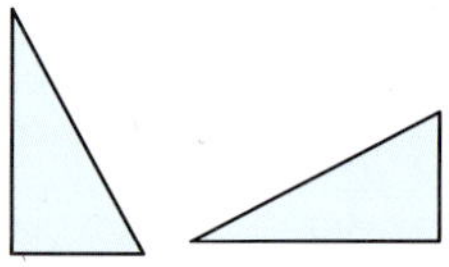 | 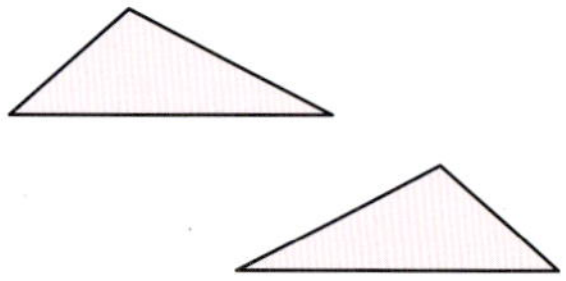 |

Aby stwierdzić, że dwa trójkąty są przystające, nie trzeba sprawdzać wszystkich sześciu równości. O tym, które równości wystarczy sprawdzić, mówią następujące twierdzenia, zwane cechami przystawania trójkątów.

***Twierdzenie 1.*** (I cecha przystawania trójkątów, bbb)
Jeżeli długości trzech boków w jednym trójkącie są odpowiednio równe długościom trzech boków w drugim trójkącie, to te trójkąty są przystające.

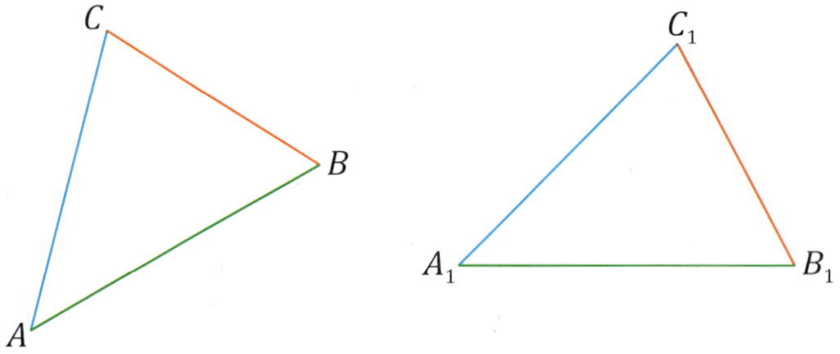


Jeśli $|AB| = |A_1B_1|, \quad |BC| = |B_1C_1|, \quad |AC| = |A_1C_1|$, to $\Delta ABC \equiv \Delta A_1B_1C_1$, więc
$|\sphericalangle A| = |\sphericalangle A_1|, \quad |\sphericalangle B| = |\sphericalangle B_1|, \quad |\sphericalangle C| = |\sphericalangle C_1|$

**Twierdzenie 2.** (II cecha przystawania trójkątów, bkb)
Jeżeli dwa boki i kąt między tymi bokami w jednym trójkącie są równe odpowiednio dwóm bokom i kątowi między tymi bokami w drugim trójkącie, to trójkąty te są przystające.

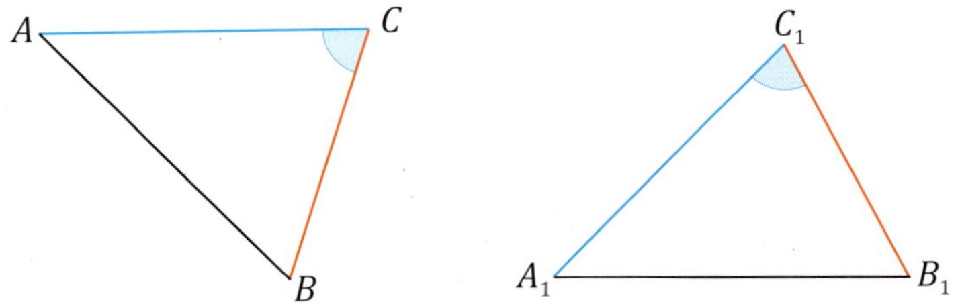


Jeśli $|AC| = |A_1C_1|$, $|BC| = |B_1C_1|$, $|\sphericalangle C| = |\sphericalangle C_1|$, to $\Delta ABC \equiv \Delta A_1B_1C_1$, więc $|AB| = |A_1B_1|$, $|\sphericalangle A| = |\sphericalangle A_1|$, $|\sphericalangle B| = |\sphericalangle B_1|$

**UWAGA:** Założenie, że równe kąty muszą znajdować się pomiędzy odpowiednio równymi bokami, jest bardzo istotne. W trójkątach na następnym rysunku równe kąty nie znajdują się między odpowiednio równymi bokami i trójkąty $ABC$ i $A_1B_1C_1$ nie są przystające.

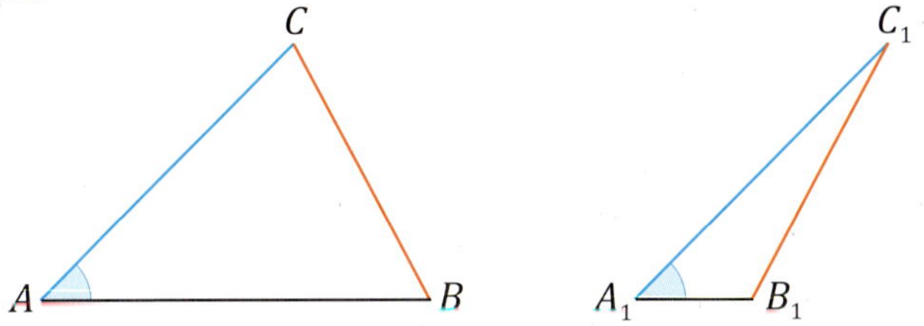


**Twierdzenie 3.** (III cecha przystawania trójkątów, kbk)
Jeżeli bok i dwa przyległe do niego kąty w jednym trójkącie są odpowiednio równe bokowi i dwóm przyległym do niego kątom w drugim trójkącie, to trójkąty te są przystające.

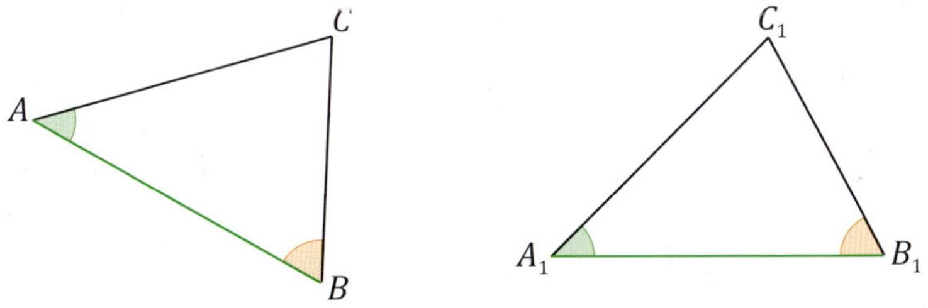


Jeśli $|AB| = |A_1B_1|$, $|\sphericalangle A| = |\sphericalangle A_1|$, $|\sphericalangle B| = |\sphericalangle B_1|$, to $\Delta ABC \equiv \Delta A_1B_1C_1$, więc $|AC| = |A_1C_1|$, $|BC| = |B_1C_1|$, $|\sphericalangle C| = |\sphericalangle C_1|$

Cechy przystawania trójkątów wykorzystuje się w dowodach twierdzeń geometrycznych. My będziemy je stosować w prostych wnioskowaniach dotyczących własności figur. W pierwszym przykładzie pokażemy, jak uzasadnić – znane Ci już wcześniej – wybrane własności trójkąta równoramiennego.

## Przykład 1.

Niech $ABC$ będzie trójkątem równoramiennym, w którym $|AC| = |BC|$, odcinek $CD$ – środkową poprowadzoną na podstawę. Wykażemy, że:

a) kąty przy podstawie trójkąta $ABC$ są równe;
b) środkowa $CD$ zawiera się w dwusiecznej kąta przy wierzchołku $C$;
c) środkowa $CD$ jest wysokością trójkąta $ABC$.

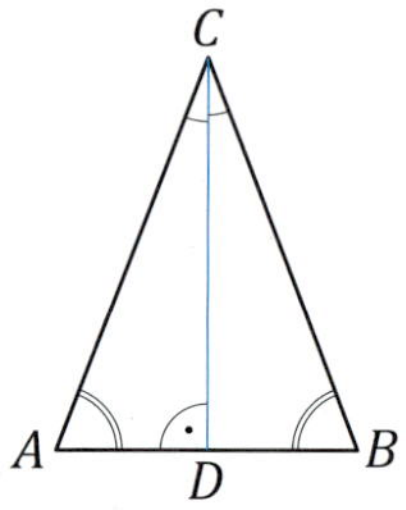


Rozpatrujemy trójkąty $ADC$ i $BDC$:

$CD$ – wspólny bok trójkątów $ADC$ i $BDC$;
$|AD| = |DB|$ – z założenia, że $CD$ jest środkową;
$|AC| = |CB|$ – z założenia, że trójkąt jest równoramienny.

Zatem z I cechy przystawania trójkątów (bbb) otrzymujemy:

$\Delta ADC \equiv \Delta BDC$, skąd wynika, że:

a) $|\sphericalangle CAD| = |\sphericalangle CBD|$, więc kąty przy podstawie są równe;
b) $|\sphericalangle ACD| = |\sphericalangle DCB|$, czyli $CD$ zawiera się w dwusiecznej kąta przy wierzchołku $C$;
c) $|\sphericalangle CDA| = |\sphericalangle CDB|$ oraz $\sphericalangle CDA$ i $\sphericalangle CDB$ są kątami przyległymi, więc są to kąty proste. Stąd $CD \perp AB$, czyli $CD$ jest wysokością trójkąta $ABC$.

## Przykład 2.

Pokażemy, jak mając do dyspozycji długą taśmę mierniczą, można obliczyć odległość między dwoma punktami $A$ i $B$ w terenie, między którymi rozciąga się zatoka.

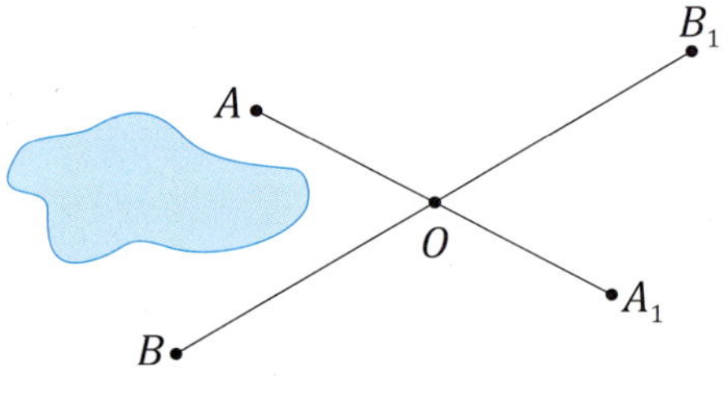


Na lądzie znajdujemy takie miejsce – punkt $O$ – z którego widać punkty $A$ i $B$. Wyznaczamy odcinek $AO$ i przedłużamy go, otrzymując punkt $A_1$, dla którego $|OA_1| = |OA|$. Następnie wyznaczamy odcinek $BO$, który przedłużamy, i otrzymujemy punkt $B_1$ tak, że $|OB| = |OB_1|$. Na koniec mierzymy odległość między punktami $A_1$ i $B_1$. Jest ona równa szukanej odległości między punktami $A$ i $B$. Uzasadnienie:

$|OA| = |OA_1|$ – z wyboru punktu $A_1$
$|OB| = |OB_1|$ – z wyboru punktu $B_1$
$|\sphericalangle AOB| = |\sphericalangle A_1OB_1|$ – kąty wierzchołkowe są równe.

Zatem z II cechy przystawania trójkątów (bkb) wynika, że $\Delta AOB \equiv \Delta A_1OB_1$, więc

$|AB| = |A_1B_1|$

## Przykład 3.

Wykażemy, że w trójkącie równoramiennym $ABC$ dwusieczne $AD$ i $BE$ kątów przy podstawie mają taką samą długość.

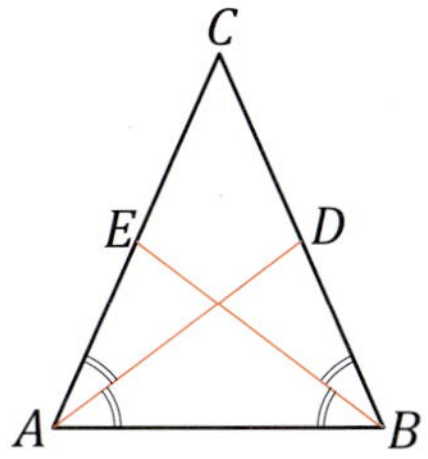


Rozpatrujemy trójkąty $ABE$ i $ABD$:

$AB$ – wspólny bok;

$|\sphericalangle EAB| = |\sphericalangle ABD|$ – kąty przy podstawie trójkąta równoramiennego są równe;

$|\sphericalangle ABE| = |\sphericalangle BAD|$ – połowy kątów równych są równe.

Z III cechy przystawania trójkątów (kbk) otrzymujemy, że $\Delta ABE \equiv \Delta ABD$, więc

$|AD| = |BE|$

**Twierdzenie 4.** (cecha przystawania trójkątów prostokątnych)

Jeśli przeciwprostokątna i przyprostokątna jednego trójkąta prostokątnego równają się odpowiednio przeciwprostokątnej i przyprostokątnej drugiego trójkąta prostokątnego, to trójkąty te są przystające.

Założenie:

$|\sphericalangle C| = |\sphericalangle C_1| = 90°$

$|AB| = |A_1B_1|$

$|AC| = |A_1C_1|$

Teza:

$\Delta ABC \equiv \Delta A_1B_1C_1$

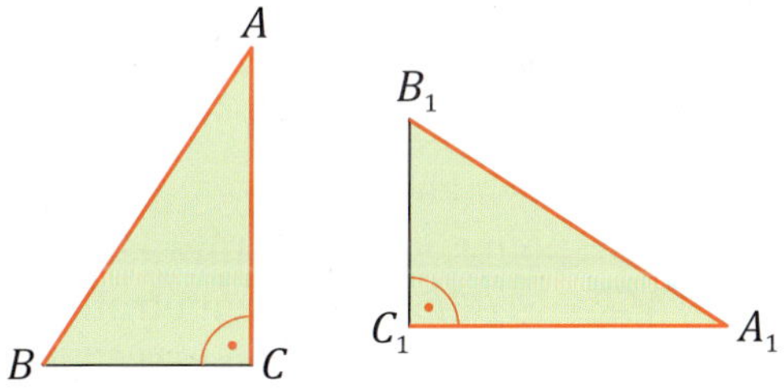


Dowód:

Stosujemy twierdzenie Pitagorasa do obu trójkątów prostokątnych. Otrzymujemy

$|BC| = \sqrt{|AB|^2 - |AC|^2} = \sqrt{|A_1B_1|^2 - |A_1C_1|^2} = |B_1C_1|$, czyli

$|BC| = |B_1C_1|$

Z założenia

$|AB| = |A_1B_1|$

$|AC| = |A_1C_1|$, zatem

odpowiednie boki w trójkątach $ABC$ i $A_1B_1C_1$ mają taką samą długość, więc na mocy I cechy przystawania trójkątów (bbb)

$\Delta ABC \equiv \Delta A_1B_1C_1$, co kończy dowód.

Omówimy teraz sposób dowodzenia twierdzeń, które charakteryzują zbiory punktów płaszczyzny. Przykłady takich twierdzeń poznałeś w rozdziale 4. Otóż, sformułowanie „zbiór $Z$ punktów płaszczyzny o własności $W$" będziemy rozumieć następująco:

1. każdy punkt zbioru $Z$ ma własność $W$,
2. jeśli punkt ma własność $W$, to należy do zbioru $Z$ (lub równoważnie: żaden punkt nienależący do zbiory $Z$ nie ma własności $W$).

## Przykład 4.

Wykażemy, że symetralna odcinka jest zbiorem punktów płaszczyzny równo odległych od końców tego odcinka.

Zgodnie z tym, co powiedzieliśmy wcześniej, wystarczy udowodnić dwa twierdzenia:

1. Każdy punkt należący do symetralnej odcinka (zbiór $Z$) jest równo odległy od końców tego odcinka (własność $W$).
2. Jeśli pewien punkt jest równo odległy od końców odcinka, to punkt ten należy do symetralnej tego odcinka.

**Ad 1.**

Założenie:

$AB$ – dany odcinek

$P$ – punkt należący do symetralnej odcinka $AB$

$|AC| = |CB|$

$PC \perp AB$

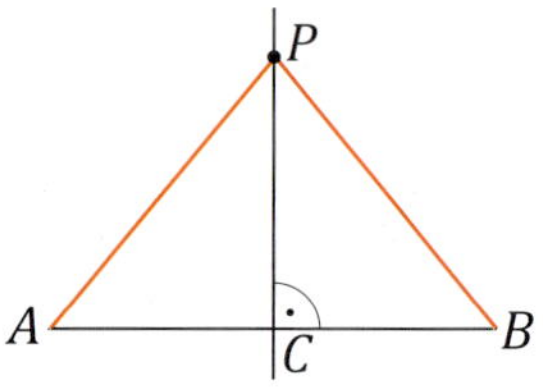


Teza:

$|AP| = |PB|$

Dowód:

Rozważmy trójkąty $ACP$ i $PCB$:

$|AC| = |CB|$ – z założenia

$PC$ – wspólny bok trójkątów

$|\sphericalangle ACP| = |\sphericalangle BCP| = 90°$ – symetralna odcinka $AB$ jest prostopadła do tego odcinka.

Na mocy II cechy przystawania trójkątów (bkb) otrzymujemy:

$\Delta ACP \equiv \Delta PCB$, zatem

$|AP| = |PB|$

**Ad 2.**

Założenie:

$AB$ – dany odcinek

$C$ – środek odcinka $AB$

$|AP| = |PB|$

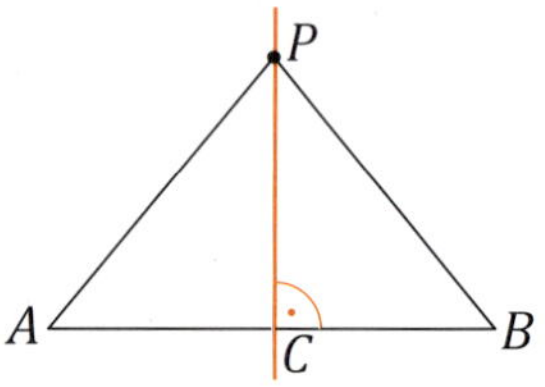


Teza:

punkt $P$ należy do symetralnej odcinka $AB$

Dowód:
Rozpatrujemy trójkąty $ACP$ i $PCB$:

$|AP| = |PB|$ – z założenia

$PC$ – wspólny bok trójkątów $ACP$ i $PCB$

$|AC| = |CB|$ – z wyboru punktu $C$.

Zatem z I cechy przystawania trójkątów (bbb) otrzymujemy:

$\Delta ACP \equiv \Delta PCB$

Z tego wynika, że

$|\sphericalangle ACP| = |\sphericalangle BCP|$

Ale kąty $ACP$ i $BCP$, oprócz tego, że są równe, są też kątami przyległymi, więc

$|\sphericalangle ACP| = |\sphericalangle BCP| = 90°$, czyli

$PC \perp AB$

Zatem prosta $PC$ dzieli odcinek $AB$ na połowy i jest prostopadła do odcinka $AB$, jest więc jego symetralną. To znaczy, że punkt $P$ należy do symetralnej odcinka $AB$.

## Sprawdź, czy rozumiesz

1. Korzystając z odpowiedniej cechy przystawania trójkątów, wykaż, że w dowolnym kole kąty środkowe o równych miarach wyznaczają cięciwy mające taką samą długość.
2. Korzystając z odpowiedniej cechy przystawania trójkątów, wykaż, że w dowolnym równoległoboku przekątne przecinają się na połowy.
3. W trójkącie prostokątnym połączono środek przeciwprostokątnej ze środkami przyprostokątnych oraz z wierzchołkiem kąta prostego. Wykaż, że powstałe cztery trójkąty są przystające.
4. Czy dane dwa trójkąty są przystające? Odpowiedź uzasadnij.

a)

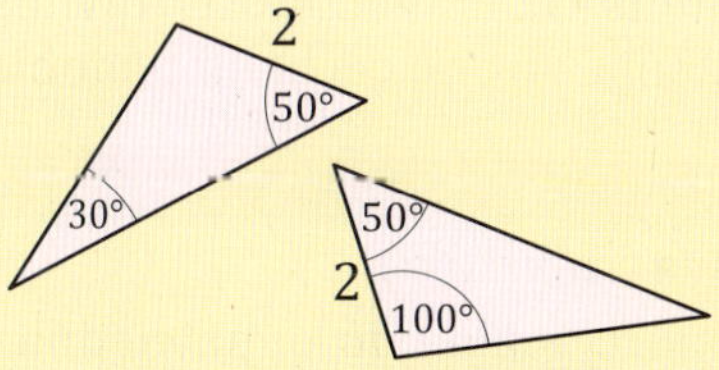


b)

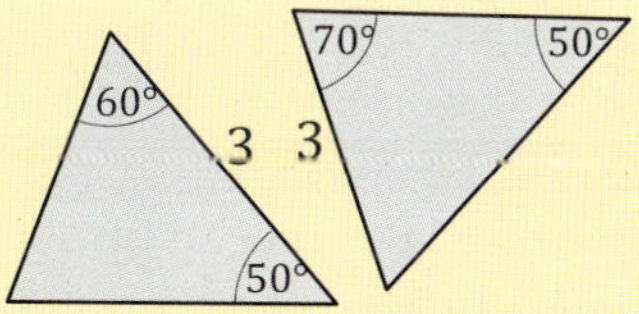


c)

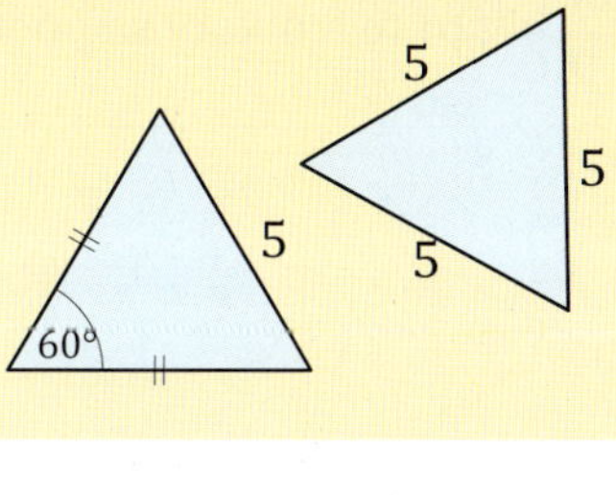


d)

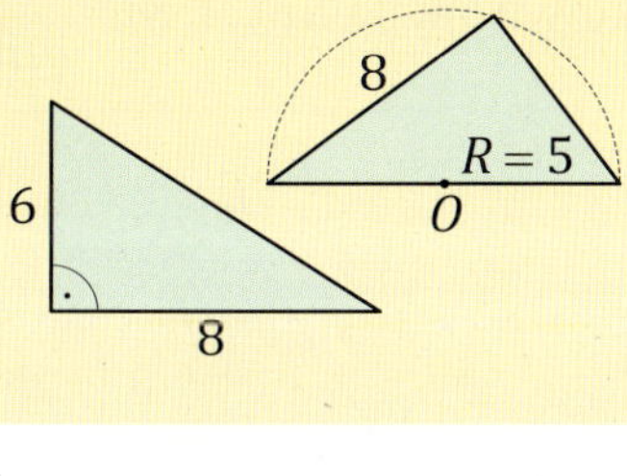

# Podobieństwo trójkątów

Wyobrażenie o figurach podobnych mogą nam dać dwa zdjęcia, z których jedno jest powiększeniem drugiego. Figury podobne mają taki sam kształt, lecz mogą różnić się wielkością. Omówimy teraz podobieństwo trójkątów.

***Definicja 1.***
**Trójkąt** $A_1B_1C_1$ **jest podobny do trójkąta** $ABC$ wtedy, gdy $\frac{|A_1B_1|}{|AB|}=\frac{|B_1C_1|}{|BC|}=\frac{|A_1C_1|}{|AC|}$ oraz $|\sphericalangle A_1|=|\sphericalangle A|$, $|\sphericalangle B_1|=|\sphericalangle B|$, $|\sphericalangle C_1|=|\sphericalangle C|$.

Jeśli trójkąt $A_1B_1C_1$ jest podobny do trójkąta $ABC$, to **skalą podobieństwa** nazywamy liczbę $k$, $k=\frac{|A_1B_1|}{|AB|}=\frac{|B_1C_1|}{|BC|}=\frac{|A_1C_1|}{|AC|}$. Ta liczba jest zawsze dodatnia. Co możesz powiedzieć o dwóch trójkątach podobnych, jeśli ich skala podobieństwa jest równa 1?

Podobieństwo trójkątów $A_1B_1C_1$ i $ABC$ zapisujemy symbolicznie: $\Delta\, A_1B_1C_1 \sim \Delta\, ABC$.

pary trójkątów podobnych

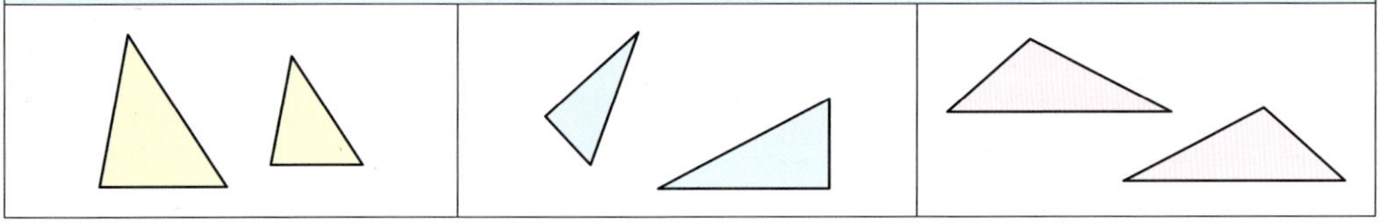

Aby stwierdzić, że dwa trójkąty są podobne, nie trzeba sprawdzać wszystkich równości podanych w definicji trójkątów podobnych. O tym, które równości wystarczy sprawdzić, mówią następujące twierdzenia, zwane cechami podobieństwa trójkątów.

***Twierdzenie 1.*** (cecha bbb podobieństwa trójkątów)
Jeżeli długości boków trójkąta $A_1B_1C_1$ są proporcjonalne do odpowiednich długości boków trójkąta $ABC$, czyli $\frac{|A_1B_1|}{|AB|}=\frac{|B_1C_1|}{|BC|}=\frac{|A_1C_1|}{|AC|}$, to te trójkąty są podobne.

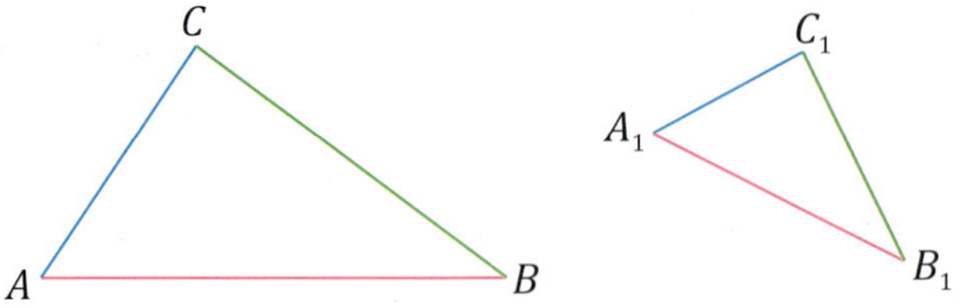

**Twierdzenie 2.** (cecha bkb podobieństwa trójkątów)
Jeżeli długości dwóch boków trójkąta $A_1B_1C_1$ są proporcjonalne do odpowiednich długości dwóch boków trójkąta $ABC$, czyli $\frac{|A_1B_1|}{|AB|} = \frac{|A_1C_1|}{|AC|}$, oraz kąty między tymi bokami są równe, to trójkąty te są podobne.

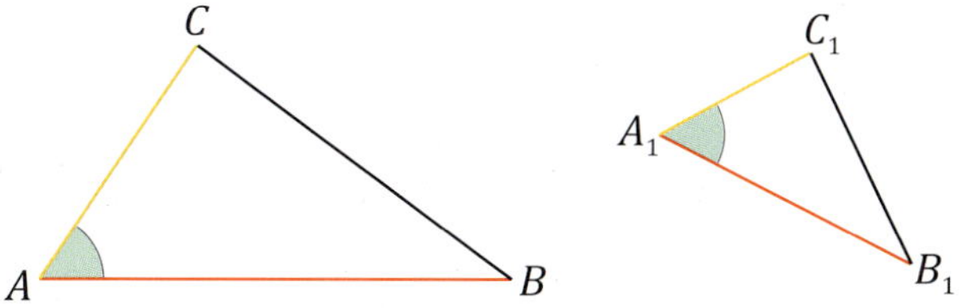


**Twierdzenie 3.** (cecha kkk podobieństwa trójkątów)
Jeżeli dwa kąty trójkąta $A_1B_1C_1$ są odpowiednio równe dwóm kątom trójkąta $ABC$, czyli $|\sphericalangle A_1| = |\sphericalangle A|$ oraz $|\sphericalangle C_1| = |\sphericalangle C|$, to trójkąty te są podobne.

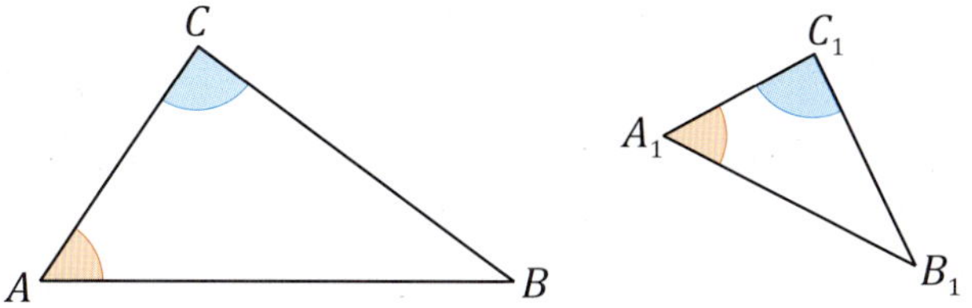


Cechy podobieństwa trójkątów stosuje się – podobnie jak cechy przystawania trójkątów – w dowodach twierdzeń geometrycznych, jak również w licznych wnioskowaniach dotyczących własności figur.

Stosując własności trójkątów podobnych, można w prosty sposób udowodnić twierdzenie Pitagorasa i wyprowadzić wzór na wysokość w trójkącie prostokątnym, poprowadzoną z wierzchołka kąta prostego.

W dowolnym trójkącie prostokątnym $ABC$ poprowadźmy wysokość na przeciwprostokątną i przyjmijmy oznaczenia jak na rysunku poniżej.

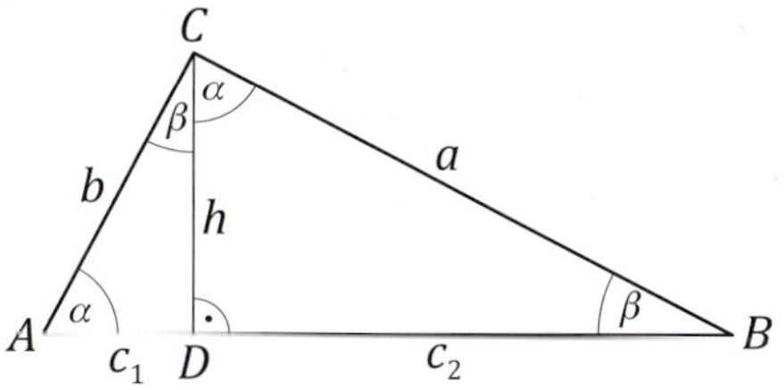


$$90° = \alpha + \beta$$

$$c = c_1 + c_2$$

Trójkąt $ABC$ jest podobny do każdego z trójkątów $CDB$ i $ADC$. Trzy wymienione trójkąty mają bowiem kąty: $90°$, $\alpha$ i $\beta$ (cecha kkk podobieństwa trójkątów).

Zatem:

$\Delta\, ABC \sim \Delta\, CBD$, skąd otrzymujemy równość $\frac{a}{c} = \frac{c_2}{a}$, więc $a^2 = c \cdot c_2$

$\Delta\, ABC \sim \Delta\, ACD$, skąd otrzymujemy równość $\frac{b}{c} = \frac{c_1}{b}$, więc $b^2 = c \cdot c_1$. Mamy zatem:

$a^2 + b^2 = c \cdot c_2 + c \cdot c_1 = c(c_2 + c_1) = c^2$, czyli $a^2 + b^2 = c^2$, co jest tezą twierdzenia Pitagorasa. Rozpatrzmy teraz podobieństwo trójkątów $ADC$ i $CDB$:

$\Delta\, ADC \sim \Delta\, CDB$, więc $\frac{h}{c_1} = \frac{c_2}{h}$, skąd $h^2 = c_1 \cdot c_2$, czyli $h = \sqrt{c_1 \cdot c_2}$ (bo $h > 0$).

W kolejnych przykładach omówimy zastosowanie cech podobieństwa trójkątów w typowych zadaniach.

## Przykład 1.

W trójkącie równoramiennym $ABC$ wysokość $AD$ podzieliła ramię $BC$ na odcinki mające długość 18 cm i 6 cm. Jaką długość ma podstawa $AB$ tego trójkąta?

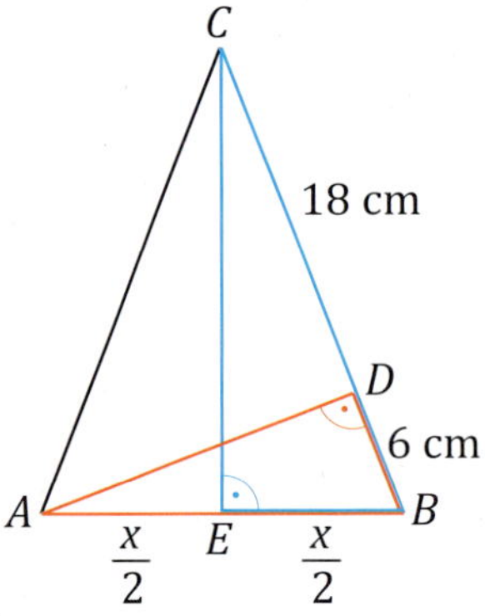


Oznaczmy długość podstawy $AB$ przez $x$ ($x > 0$) i poprowadźmy wysokość $CE$ na tę podstawę. Otrzymujemy

$$|AE| = |EB| = \frac{x}{2}$$

Popatrzmy na trójkąty $ABD$ i $CEB$. Są to trójkąty prostokątne o wspólnym kącie ostrym. Zatem – na mocy cechy kkk – są to trójkąty podobne.

$\Delta\, ABD \sim \Delta\, CBE$, więc $\frac{|EB|}{|DB|} = \frac{|CB|}{|AB|}$, czyli $\frac{\frac{x}{2}}{6} = \frac{24}{x}$, skąd otrzymujemy

$x^2 = 12 \cdot 24$ i $x > 0$, zatem $x = 12\sqrt{2}$ (cm).

Podstawa trójkąta ma długość $12\sqrt{2}$ cm.

## Przykład 2.

W okręgu poprowadzono dwie cięciwy $AB$ i $CD$, które przecięły się w punkcie $E$. Wiedząc, że $|AE| = 7$ cm, $|EB| = 3$ cm i $|CE| = 2$ cm, obliczymy długość odcinka $DE$.

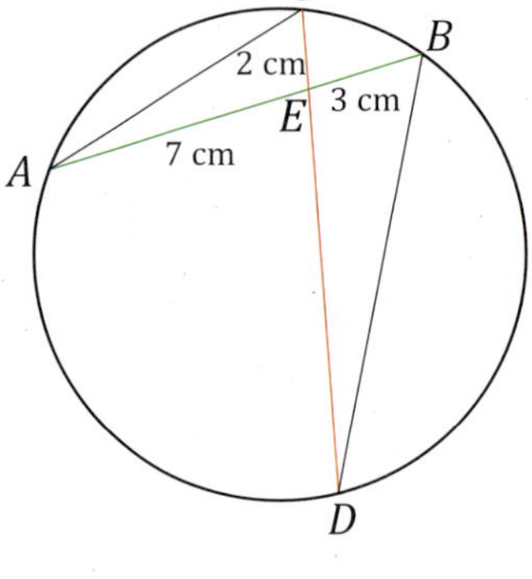


Dorysujmy cięciwy $AC$ i $BD$, a następnie rozważmy trójkąty $AEC$ i $BED$:

$|\sphericalangle ACE| = |\sphericalangle EBD|$ – kąty wpisane, oparte na tym samym łuku $AD$

$|\sphericalangle AEC| = |\sphericalangle DEB|$ – kąty wierzchołkowe, zatem

$\Delta\, AEC \sim \Delta\, DEB$ (cecha kkk podobieństwa trójkątów), stąd

$\frac{|DE|}{|AE|} = \frac{|EB|}{|CE|}$, czyli

$\frac{|DE|}{7} = \frac{3}{2}$, skąd

$|DE| = 10{,}5$ cm

Odcinek *DE* ma długość 10,5 cm.

## Przykład 3.

W trójkąt równoramienny *ABC* wpisano okrąg, który jest styczny do ramion w punktach *E*, *F*. Wiedząc, że $|AB| = 16$ cm, $|AC| = |BC| = 17$ cm, obliczymy długość odcinka *EF*.

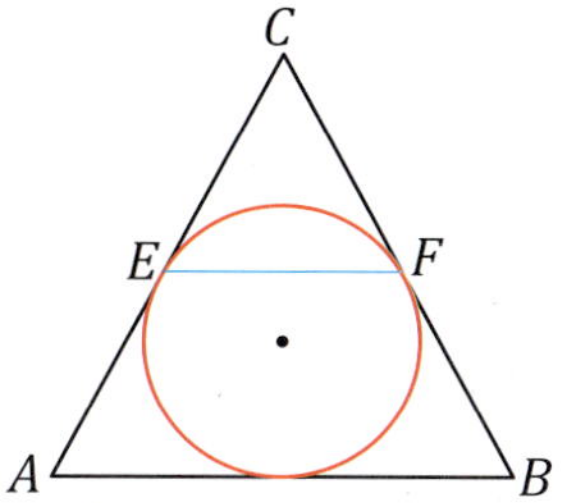


I sposób

Rozpatrzmy trójkąty *ABC* i *EFC*:

(1) $|\sphericalangle ACB| = |\sphericalangle ECF|$ – wspólny kąt

$|AC| = |BC|$ – trójkąt *ABC* jest równoramienny

$|EC| = |FC|$ – z twierdzenia o odcinkach stycznych, zatem

(2) $\frac{|AC|}{|EC|} = \frac{|BC|}{|FC|}$

Z punktów (1) i (2) wynika – na mocy cechy bkb podobieństwa trójkątów – że:

$\Delta\, ABC \sim \Delta\, EFC$

Obliczamy długość odcinka *CF*:

$|CF| = |BC| - |BF|$ i $|FB| = \frac{1}{2}|AB|$, więc

$|CF| = 17 - 8 = 9$ (cm)

Korzystamy z podobieństwa trójkątów *ABC* i *EFC* do zapisania proporcji:

(3) $\frac{|EF|}{|AB|} = \frac{|FC|}{|BC|}$, $\frac{|EF|}{16} = \frac{9}{17}$, skąd

$|EF| = 8\frac{8}{17}$ (cm)

II sposób

Podobnie obliczamy $|CF|$ i zauważamy, że z proporcji (2) wynika, iż odcinek *EF* jest równoległy do podstawy *AB* (na mocy twierdzenia 2. ze str. 166). To pozwala proporcję (3) uzasadnić wnioskiem z twierdzenia Talesa.

## Przykład 4.

W trójkąt równoramienny $ABC$ wpisano okrąg o środku w punkcie $O$. Wiedząc, że $|AB| = 16$ cm, $|AC| = |CB| = 17$ cm, obliczymy promień tego okręgu.

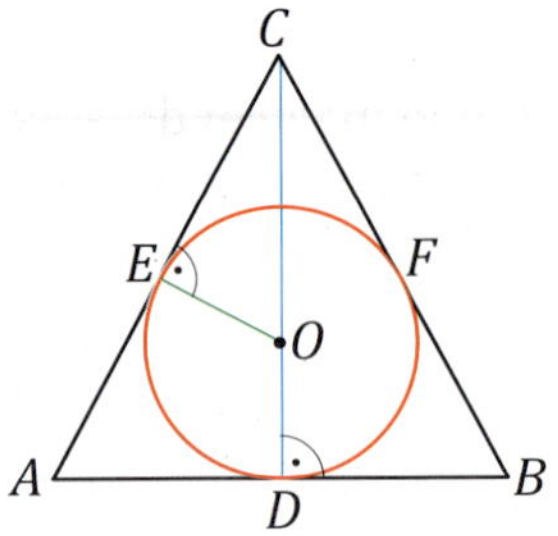


Niech $E$ będzie punktem styczności okręgu z ramieniem $AC$, $D$ – spodkiem wysokości poprowadzonej na podstawę.

Rozważmy trójkąty $OCE$ i $DCA$:

$|\sphericalangle OEC| = 90°$ – promień poprowadzony do punktu styczności jest prostopadły do stycznej

$|\sphericalangle ADC| = 90°$ – odcinek $CD$ jest wysokością, $CD \perp AB$, zatem

(1) $|\sphericalangle OEC| = |\sphericalangle ADC| = 90°$

(2) $|\sphericalangle OCE| = |\sphericalangle ACD|$ – wspólny kąt ostry

Z punktów (1) i (2) wynika – na mocy cechy kkk – że $\Delta OCE \sim \Delta ACD$

Możemy więc zapisać proporcję:

(3) $\frac{|OE|}{|AD|} = \frac{|CE|}{|CD|}$, w której $|AD| = \frac{1}{2}|AB| = 8$ cm, $|CE| = 9$ cm (obliczamy jak w ostatnim przykładzie), $|CD| = 15$ cm (obliczamy z twierdzenia Pitagorasa dla trójkąta $ADC$).

Ostatecznie otrzymujemy:

$\frac{|OE|}{8} = \frac{9}{15}$, skąd $|OE| = 4{,}8$ (cm)

Promień okręgu wpisanego jest równy 4,8 cm.

Załóżmy, że mamy dane dwa trójkąty podobne $ABC$ i $A_1B_1C_1$ i boki trójkąta $A_1B_1C_1$ są $k$ razy dłuższe od odpowiednich boków trójkąta $ABC$. Czy wysokość w trójkącie $A_1B_1C_1$, opuszczona na bok $A_1B_1$, też jest $k$ razy dłuższa od wysokości w trójkącie $ABC$, opuszczonej na bok $AB$?

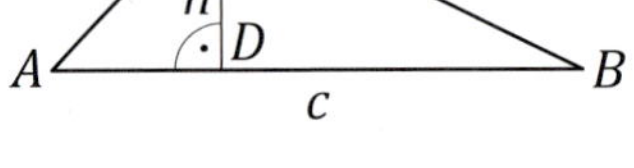


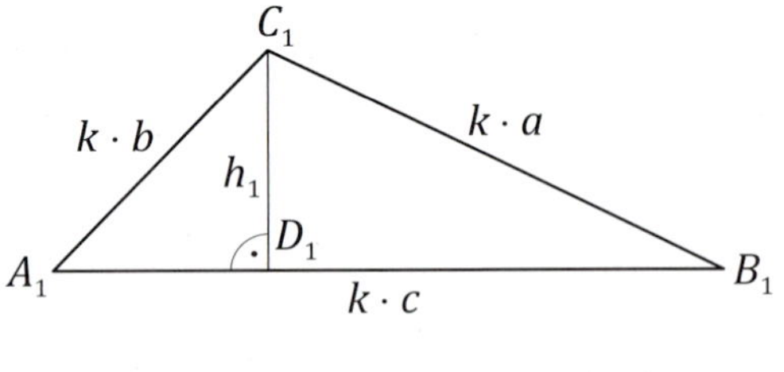


Aby odpowiedzieć na postawione pytanie, przyjrzyjmy się trójkątom $ADC$ i $A_1D_1C_1$. Są one podobne (oba są prostokątne i dodatkowo $|\sphericalangle A| = |\sphericalangle A_1|$, cecha kkk). Skala podobieństwa jest równa $\frac{|A_1C_1|}{|AC|} = \frac{k \cdot b}{b} = k$, a zatem $k = \frac{|C_1D_1|}{|CD|} = \frac{h_1}{h}$, skąd otrzymujemy

$h_1 = k \cdot h$. Tak więc odpowiedź na postawione pytanie jest twierdząca. Okazuje się, że w trójkątach podobnych proporcjonalne są nie tylko długości boków, ale również długości innych odpowiadających sobie odcinków (np. wysokości).

## Przykład 5.

Z kawałka tektury w kształcie trójkąta ostrokątnego, o podstawie mającej długość 20 cm i wysokości opuszczonej na tę podstawę, równej 12 cm, chcemy wyciąć możliwie największy kwadrat, którego bok zawiera się w podstawie trójkąta. Jaka będzie długość boku kwadratu?

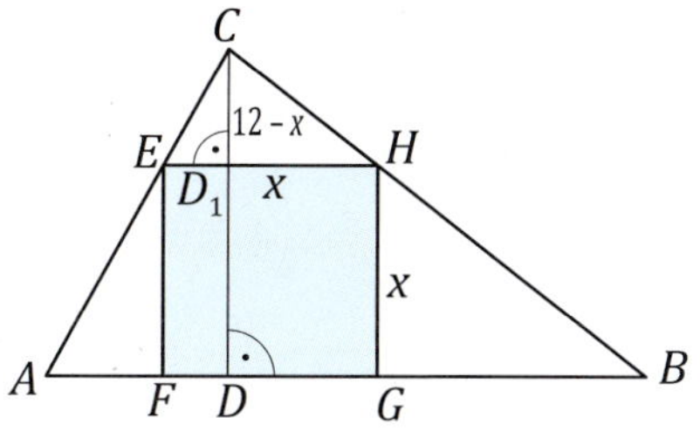


Niech trójkąt $ABC$ symbolizuje kawałek tektury, o którym była mowa w zadaniu, a $EFGH$ – wycięty z niej kwadrat. Łatwo zauważyć, że kwadrat będzie największy wtedy, gdy jego wierzchołki $E$, $H$ będą należeć odpowiednio do boków $AC$ i $CB$ trójkąta.
Oznaczmy długość boku kwadratu przez $x$.

Wówczas $\Delta ABC \sim \Delta EHC$ (uzasadnij to!). Odpowiadające sobie wysokości w tych trójkątach to $CD$ i $CD_1$. Zapisujemy proporcję:

$$\frac{|EH|}{|AB|} = \frac{|CD_1|}{|CD|}, \text{ czyli}$$

$$\frac{x}{20} = \frac{12-x}{12}, \text{ skąd}$$

$$x = 7{,}5 \text{ (cm)}$$

Bok kwadratu będzie miał długość 7,5 cm.

## Sprawdź, czy rozumiesz

1. W trójkącie $ABC$ boki mają długość: $|AB| = 2\frac{1}{3}$ cm, $|BC| = 3$ cm, $|AC| = 4\frac{1}{2}$ cm. Obwód trójkąta $A_1B_1C_1$, podobnego do trójkąta $ABC$, jest równy 59 cm. Oblicz długości boków trójkąta $A_1B_1C_1$.
2. W trójkącie $ABC$ połączono środki boków $A_1$, $B_1$, $C_1$. Wykaż, że trójkąt $A_1B_1C_1$ jest podobny do trójkąta $ABC$. Podaj skalę tego podobieństwa.
3. W trójkącie równoramiennym podstawa ma długość 3 dm, a wysokość poprowadzona na ramię jest równa 2,4 dm. Oblicz wysokość poprowadzoną na podstawę.
4. W trójkącie prostokątnym $ABC$ przyprostokątne mają długość: $|AC| = 9$ cm i $|BC| = 5$ cm. Na boku $AC$ wybrano punkt $D$, dla którego $|\sphericalangle CDB| = |\sphericalangle CBA|$. Wyznacz długości odcinków, na jakie punkt $D$ podzielił bok $AC$.

# Twierdzenie o stycznej i siecznej

**Twierdzenie 1.**
Jeżeli przez punkt $P$, którego odległość od środka danego okręgu jest większa niż promień, poprowadzimy styczną do okręgu w punkcie $A$ i sieczną przecinającą okrąg w punktach $B$ i $C$, to $|PA|^2 = |PB| \cdot |PC|$.

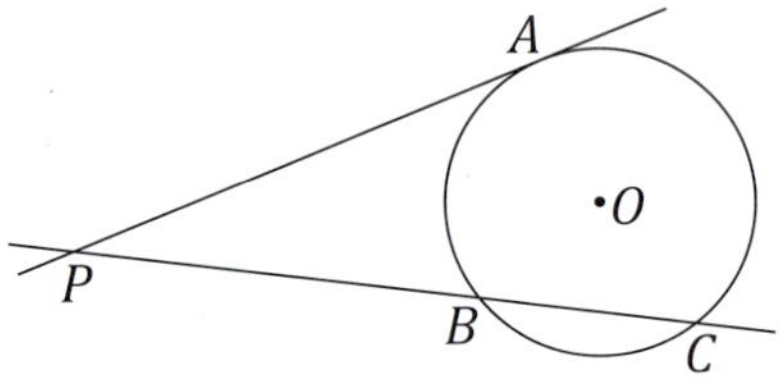


Założenie:

Dany jest okrąg $o(O, r)$

$|OP| > r$

$A$ – punkt styczności

$B, C$ – punkty wspólne okręgu $o(O, r)$ i prostej przechodzącej przez punkt $P$

Teza:

$|PA|^2 = |PB| \cdot |PC|$

Dowód:

Rozważmy dwa trójkąty: $APB$ i $APC$.

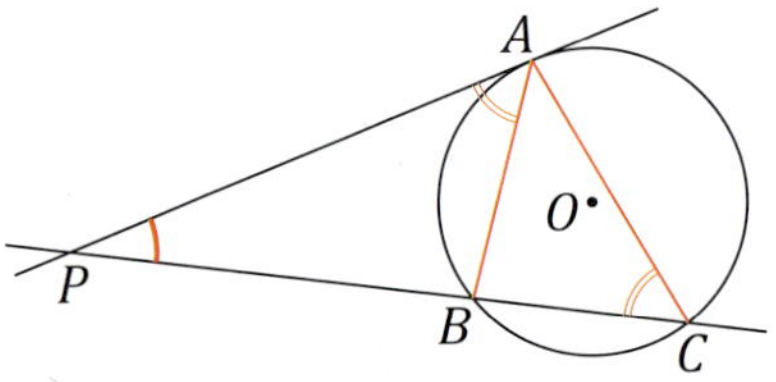


Mamy:

$|\sphericalangle PAB| = |\sphericalangle BCA|$ – kąt wpisany $BCA$ ma taką samą miarę jak kąt dopisany $PAB$ oparty na tym samym łuku

$\sphericalangle APB$ – wspólny kąt trójkątów $APB$ i $APC$

Zatem na mocy cechy kkk podobieństwa trójkątów otrzymujemy:

$\Delta APB \sim \Delta CPA$

Zatem

$\frac{|PA|}{|PC|} = \frac{|PB|}{|PA|}$, czyli $|PA|^2 = |PB| \cdot |PC|$, co kończy dowód.

**Twierdzenie 2.**
Jeśli dwie proste przecinają okrąg odpowiednio w punktach $A$ i $B$ oraz $C$ i $D$, a także przecinają się w punkcie $P$, którego odległość od środka danego okręgu jest większa niż promień, to $|PA| \cdot |PB| = |PC| \cdot |PD|$.

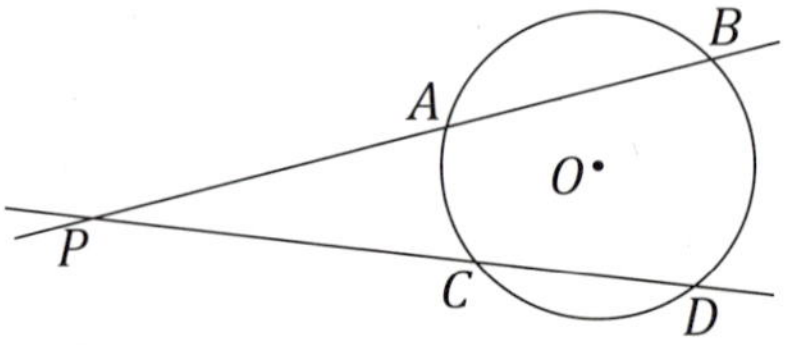


Zauważ, że twierdzenie 2. jest prostym wnioskiem z twierdzenia 1. Poprowadźmy przez punkt $P$ styczną do okręgu w punkcie $S$. Wówczas na mocy twierdzenia 1. otrzymujemy:

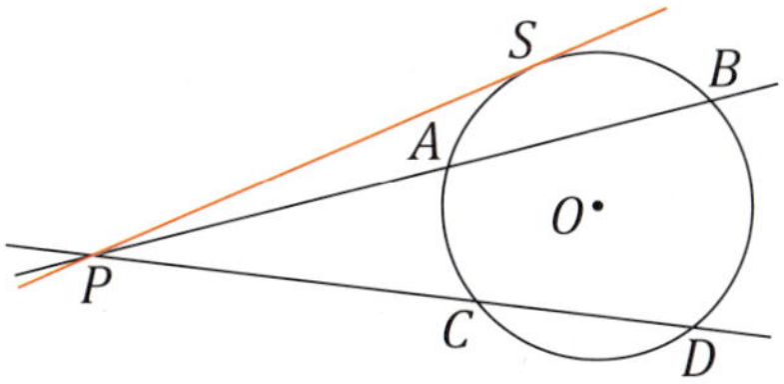


$|PS|^2 = |PA| \cdot |PB|$ oraz
$|PS|^2 = |PC| \cdot |PD|$, a to znaczy, że
$|PA| \cdot |PB| = |PC| \cdot |PD|$

Spróbuj udowodnić twierdzenie 2., bezpośrednio wykorzystując podobieństwo trójkątów *PCB* i *PDA*.

**Twierdzenie 3.**
Jeśli cięciwy *AB* i *CD* okręgu przecinają się w punkcie *P*, to $|PA| \cdot |PB| = |PC| \cdot |PD|$.

Udowodnij to twierdzenie, rozpatrując podobieństwo odpowiednich trójkątów.

## Przykład 1.

Poprowadzono sieczną okręgu przez punkt *P*, którego odległość od środka tego okręgu jest większa niż promień, przecinającą okrąg w punktach *A* i *B*. Przez punkt *P* poprowadzono też styczną do tego okręgu w punkcie *C*. Wiedząc, że $|AB| : |BP| = 5 : 4$, obliczymy $|AP| : |CP|$.

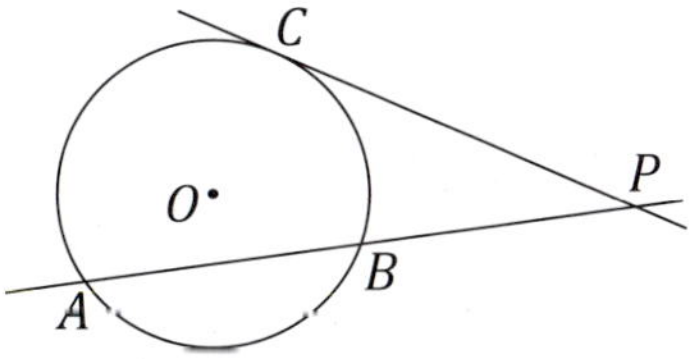


Z równości $|AB| : |BP| = 5 : 4$ wynika, że istnieje liczba $x, x > 0$, dla której $|AB| = 5x$ i $|BP| = 4x$, stąd $|AP| = 9x$.
Z twierdzenia 1. otrzymujemy:
$|CP|^2 = |AP| \cdot |BP|$, czyli $|CP|^2 = 9x \cdot 4x = 36x^2$. Zatem
$|CP| = 6x$ oraz $|AP| = 9x$, więc
$|AP| : |CP| = 3 : 2$

## Przykład 2.

Dwa okręgi przecinają się w punktach *A* i *B*. Poprowadzono wspólną styczną do tych okręgów. Punkty styczności oznaczmy przez *P* i *Q*. Wykażemy, że prosta *AB* dzieli odcinek *PQ* na połowy.

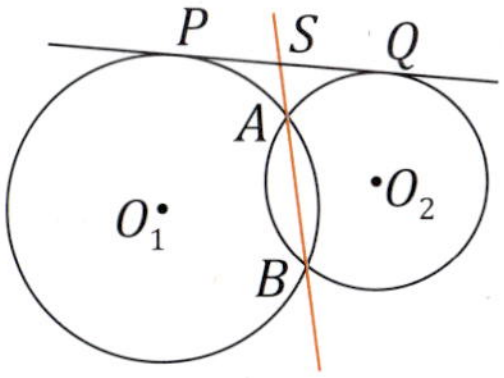


Oznaczmy punkt wspólny prostej *AB* i prostej *PQ* przez *S*. Dwukrotnie stosujemy twierdzenie 1. i otrzymujemy
$|SP|^2 = |SA| \cdot |SB| = |SQ|^2$, zatem
$|SP| = |SQ|$, bo $|SP| > 0$ i $|SQ| > 0$,
a to znaczy, że punkt *S* jest środkiem odcinka *PQ*, czyli prosta *AB* dzieli odcinek *PQ* na połowy.

## Sprawdź, czy rozumiesz

1. Dany jest okrąg ośrodku w punkcie *O* i promieniu 9 cm. Przez punkt *P* odległy od punktu *O* o 15 cm poprowadzono prostą przecinającą dany okrąg w punktach *B* i *C* w taki sposób, że $|PC| = |BC|$. Oblicz długość odcinka *BP*.

# 6. Trygonometria

## Określenie sinusa, cosinusa, tangensa i cotangensa w trójkącie prostokątnym

Lina podtrzymująca maszt jest umocowana w odległości 15 m od podstawy masztu i jest nachylona do ziemi pod kątem 50°. Czy na podstawie powyższych danych można określić przybliżoną wysokość masztu?

Niech trójkąt $A_1B_1C_1$ przedstawia sytuację opisaną w zadaniu.

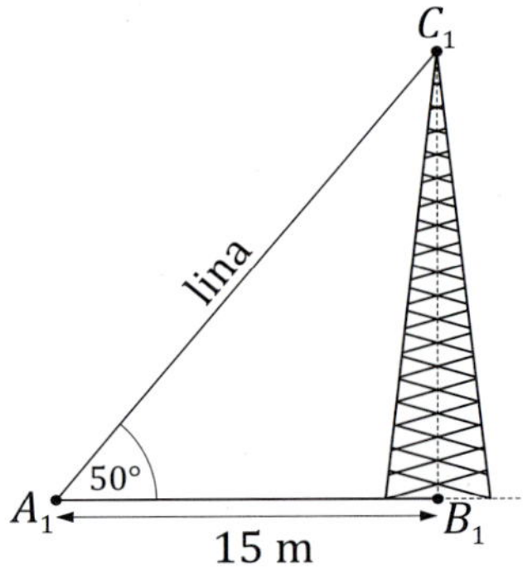


Zbudujmy trójkąt $ABC$ podobny do trójkąta $A_1B_1C_1$. Na podstawie cechy (kkk) podobieństwa trójkątów wiemy, że wystarczy skonstruować trójkąt o takich samych kątach, jakie ma trójkąt $A_1B_1C_1$. Niech $|\sphericalangle A| = 50°$, $|\sphericalangle B| = 90°$ i dodatkowo przyprostokątna $AB$ ma długość 2 cm.

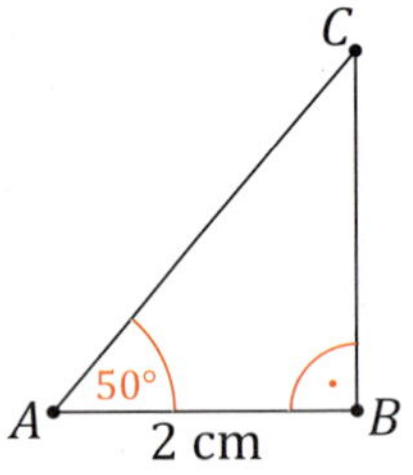


Po zmierzeniu przyprostokątnej $BC$ stwierdzamy, że jej długość jest w przybliżeniu równa 2,4 cm. Zatem

$$\frac{|BC|}{|AB|} \approx 1{,}2$$

W trójkątach podobnych $ABC$ i $A_1B_1C_1$ prawdziwa jest równość:

$$\frac{|B_1C_1|}{|A_1B_1|} = \frac{|BC|}{|AB|}, \text{ stąd } |B_1C_1| \approx 1{,}2 \cdot |A_1B_1|, \text{ zatem}$$

$$|B_1C_1| \approx 1{,}2 \cdot 15 = 18 \text{ (m)}$$

Maszt ma wysokość w przybliżeniu równą 18 m.

W rozwiązaniu tego zadania kluczowym elementem było wyznaczenie stosunku długości pewnych boków w trójkącie prostokątnym i wykorzystanie własności mówiącej, że w trójkątach podobnych stosunki długości odpowiednich boków są równe. Aby ułatwić rozwiązywanie tego typu zadań, korzystamy z następującej definicji.

### *Definicja 1.*

Niech w trójkącie prostokątnym dany będzie kąt ostry $\alpha$.

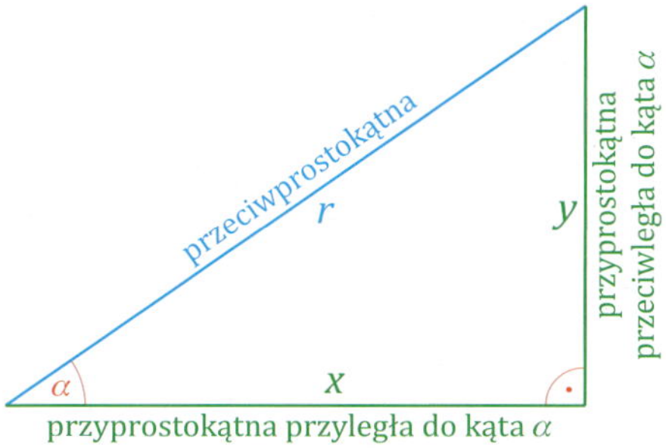


a) **Tangensem kąta ostrego** $\alpha$ w trójkącie prostokątnym nazywamy stosunek długości przyprostokątnej przeciwległej do kąta $\alpha$ do przyprostokątnej przyległej do kąta $\alpha$:

$$\mathrm{tg}\,\alpha = \frac{y}{x}$$

b) **Cotangensem kąta ostrego** $\alpha$ w trójkącie prostokątnym nazywamy stosunek długości przyprostokątnej przyległej do kąta $\alpha$ do przyprostokątnej przeciwległej kątowi $\alpha$:

$$\mathrm{ctg}\,\alpha = \frac{x}{y}$$

c) **Sinusem kąta ostrego** $\alpha$ w trójkącie prostokątnym nazywamy stosunek długości przyprostokątnej przeciwległej do kąta $\alpha$ do przeciwprostokątnej:

$$\sin\alpha = \frac{y}{r}$$

d) **Cosinusem kąta ostrego** $\alpha$ w trójkącie prostokątnym nazywamy stosunek długości przyprostokątnej przyległej do kąta $\alpha$ do przeciwprostokątnej:

$$\cos\alpha = \frac{x}{r}$$

Tangens, cotangens, sinus i cosinus nazywamy zwyczajowo **funkcjami trygonometrycznymi**. Zauważ, że tangens i cotangens kąta ostrego są liczbami, które należą do przedziału $(0, +\infty)$. Inaczej mówiąc, stosunek przyprostokątnych trójkąta prostokątnego może wyrażać się dowolną liczbą rzeczywistą dodatnią. Natomiast sinus i cosinus kąta ostrego to liczby z przedziału $(0, 1)$ — przyprostokątna jest zawsze krótsza od przeciwprostokątnej.

Ponadto, dla dwóch różnych kątów ostrych $\alpha$ i $\alpha_1$ wartości danej funkcji trygonometrycznej są różne. Na rysunku przedstawione są dwa trójkąty prostokątne $ABC$ i $A_1B_1C_1$:

a)

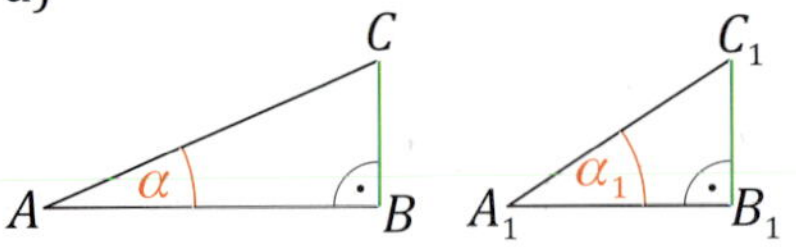


Jeśli $|BC| = |B_1C_1|$ i $\alpha_1 > \alpha_2$,
to $|A_1C_1| < |AC|$
oraz $|A_1B_1| < |AB|$.

Jeśli $\alpha_1 > \alpha$, to $\sin\alpha_1 > \sin\alpha$ i $\operatorname{tg}\alpha_1 > \operatorname{tg}\alpha$.

b)

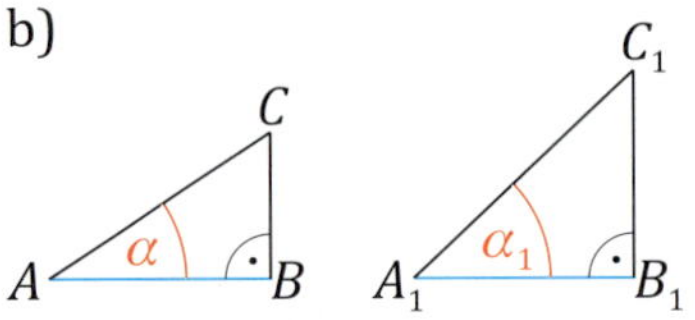


Jeśli $|AB| = |A_1B_1|$ i $\alpha_1 > \alpha_2$,
to $|A_1C_1| > |AC|$
oraz $|B_1C_1| > |BC|$.

Jeśli $\alpha_1 > \alpha$, to $\cos\alpha_1 < \cos\alpha$ i $\operatorname{ctg}\alpha_1 < \operatorname{ctg}\alpha$.

## Przykład 1.

Pod jakim kątem padają promienie słoneczne, jeśli kij mający długość 162 cm, ustawiony prostopadle do powierzchni Ziemi na płaskim terenie, rzuca cień, którego długość jest równa 200 cm?

Załóżmy, że trójkąt prostokątny na rysunku poniżej reprezentuje sytuację opisaną w zadaniu.

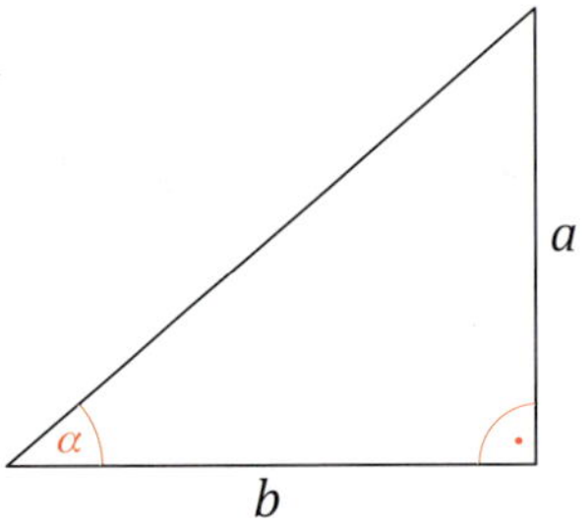


Niech $\alpha$ oznacza kąt padania promieni słonecznych, $a$ – długość kija, $b$ – długość cienia.
Wówczas

$$a = 162 \text{ (cm)}$$
$$b = 200 \text{ (cm)}$$

Zatem

$$\operatorname{tg}\alpha = \frac{a}{b}$$

$$\operatorname{tg}\alpha = \frac{162}{200} = 0{,}81$$

Promienie słoneczne padają pod takim ostrym kątem $\alpha$, którego tangens jest równy 0,81. Aby wyznaczyć $\alpha$, możemy postąpić dwojako: wykorzystać tablice matematyczne i tam odczytać szukaną wartość lub posłużyć się kalkulatorem, którym można obliczać wartości funkcji trygonometrycznych. Takie kalkulatory zwykle umożliwiają również obliczanie miary kąta, jeśli znana jest wartość funkcji trygonometrycznej. W przypadku naszego zadania powinniśmy wykorzystać przycisk oznaczony $\text{TAN}^{-1}$. Używając go, otrzymalibyśmy wynik w przybliżeniu równy 39°.

Promienie słoneczne padają pod kątem w przybliżeniu równym 39°.

## Przykład 2.

Dany jest trójkąt prostokątny, w którym przyprostokątna przylegała do kąta ostrego $\alpha$ ma długość $a$ oraz przeciwprostokątna ma długość $b$. Wiadomo, że $\cos\alpha = \frac{3}{4}$.

Wyznaczymy wartość ułamka $\frac{b^2 + 2a^2}{3ab}$.

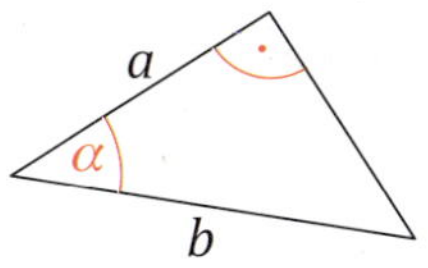


Zauważamy, że $\frac{a}{b} = \cos\alpha = \frac{3}{4}$, zatem

$$a = \frac{3}{4}b$$

Podstawiamy w miejsce $a$ wyrażenie $\frac{3}{4}b$ $\left(\text{w ułamku } \frac{b^2+2a^2}{3ab}\right)$ i obliczamy:

$$\frac{b^2+2a^2}{3ab} = \frac{b^2+2\cdot\left(\frac{3}{4}b\right)^2}{3\cdot\frac{3}{4}b\cdot b} = \frac{b^2+\frac{9}{8}b^2}{\frac{9}{4}b^2} = \frac{\frac{17}{8}b^2}{\frac{9}{4}b^2} = \frac{17}{8}\cdot\frac{4}{9} = \frac{17}{18}$$

Wartość ułamka $\frac{b^2+2a^2}{3ab}$ jest równa $\frac{17}{18}$.

## Przykład 3.

Obserwator dwukrotnie zmierzył kąt wzniesienia wieży: raz w punkcie $A$ – nad brzegiem jeziora, drugi raz w takim punkcie $B$, odległym od $A$ o 26 m, że wieża znalazła się na prostej $AB$. W pierwszym przypadku otrzymał kąt 63°, w drugim kąt 49°. Wiedząc, że oczy obserwatora znajdowały się 1,8 m od ziemi, obliczymy wysokość wieży.

**UWAGA:** Jeśli patrzymy do góry, to prosta, wzdłuż której patrzymy, tworzy z płaszczyzną poziomą, będącą na wysokości oczu obserwatora, kąt. Kąt ten nazywamy kątem wzniesienia. Jeśli patrzylibyśmy do dołu, to odpowiedni kąt nazywamy kątem depresji.

Niech dwa trójkąty prostokątne $CDE$ i $CDF$ reprezentują sytuację opisaną w treści zadania.

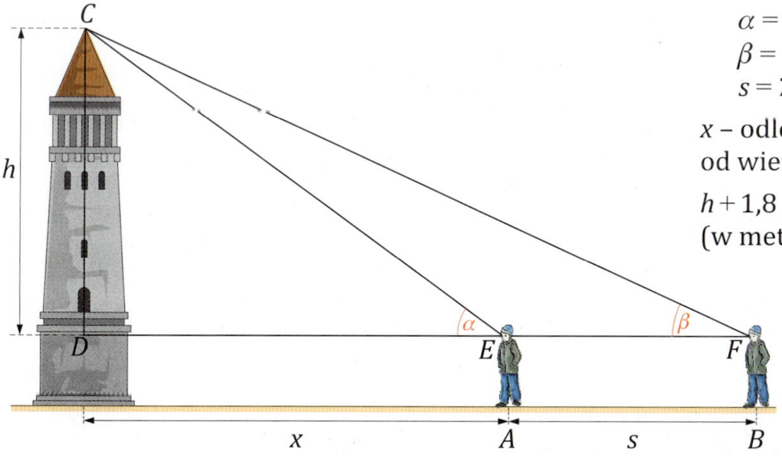


$\alpha = 63°$
$\beta = 49°$
$s = 26$ m

$x$ – odległość punktu $A$ od wieży (w metrach)

$h + 1{,}8$ – wysokość wieży (w metrach)

W trójkącie $CDE$ jeden kąt ostry ma miarę $\alpha$, przyprostokątna przyległa do tego kąta ma długość $x$, natomiast przeciwległa $h$. Zatem prawdziwa jest równość:

$$\frac{x}{h} = \mathrm{ctg}\alpha, \quad \text{skąd} \quad (1) \quad x = h \cdot \mathrm{ctg}\alpha$$

Z kolei dla trójkąta prostokątnego $CDF$ zachodzi równość:

$$\frac{x+s}{h} = \mathrm{ctg}\,\beta, \quad \text{zatem} \quad (2) \quad x + s = h \cdot \mathrm{ctg}\beta$$

Jeśli wartość $h \cdot \mathrm{ctg}\,\alpha$, wyliczoną z równania (1) wstawimy w miejsce $x$ do równania (2), to otrzymamy równanie z niewiadomą $h$:

$$h \cdot \mathrm{ctg}\alpha + s = h \cdot \mathrm{ctg}\beta$$

$$h \cdot \mathrm{ctg}\beta - h \cdot \mathrm{ctg}\alpha = s$$

$$h \cdot (\mathrm{ctg}\,\beta - \mathrm{ctg}\alpha) = s$$ (z treści zadania wynika, że $\mathrm{ctg}\,\beta \neq \mathrm{ctg}\alpha$, czyli $\mathrm{ctg}\,\beta - \mathrm{ctg}\alpha \neq 0$)

$$h = \frac{s}{\mathrm{ctg}\beta - \mathrm{ctg}\alpha}$$

Po wstawieniu wartości liczbowych otrzymujemy:

$$h = \frac{26}{\mathrm{ctg}\ 49^\circ - \mathrm{ctg}\ 63^\circ} \approx 72{,}3\ (\mathrm{m}) \qquad 72{,}3 + 1{,}8 = 74{,}1\ (\mathrm{m})$$

Wieża ma ok. 74 m wysokości.

Spróbuj obliczyć odległość punktu $A$ od wieży.

## Przykład 4.

Statek pasażerski płynie z prędkością 20 węzłów, utrzymując kierunek wschodni południowy wschód (ESE), tzn. kierunek, który odchyla się od wschodu o 22°30' na południe. O godzinie $13^{05}$ dostrzegł w odległości 12 mil morskich na swoim kursie zbiornikowiec płynący na wschód z prędkością 8 węzłów. O której godzinie statek pasażerski będzie się znajdował dokładnie na południe od zbiornikowca?
Uwaga: 1 węzeł = 1 mila morska na godzinę.

Niech rysunek schematyczny poniżej przedstawia sytuację opisaną w zadaniu.

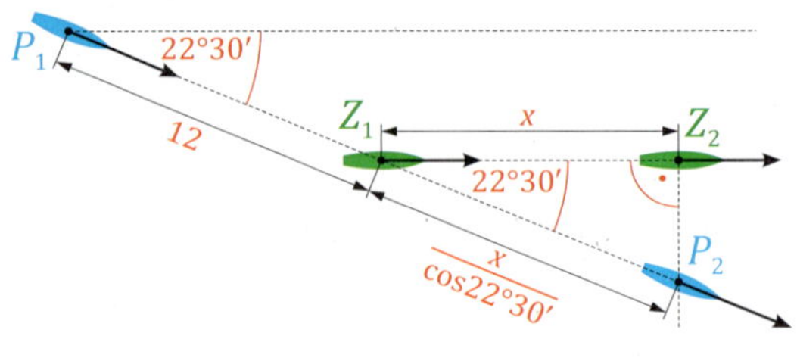


$P_1$, $Z_1$ – położenie odpowiednio statku pasażerskiego i zbiornikowca o godzinie $13^{05}$, $|P_1Z_1| = 12$ (mil morskich),
$P_2$, $Z_2$ – położenie odpowiednio statku pasażerskiego i zbiornikowca w chwili, gdy statek pasażerski znajduje się na południe od zbiornikowca,
$t$ – czas (w godzinach), jaki upłynął między pierwszym i drugim położeniem statków.

Oznaczmy dodatkowo:

$x$ – długość drogi, jaką przebył zbiornikowiec w czasie $t$, zatem $|Z_1Z_2| = x$.

Obliczamy (przeanalizuj dokładnie każdą zależność):

(1) $x = 8t$ – droga przebyta przez zbiornikowiec w czasie $t$ z prędkością 8 węzłów

$$|Z_1P_2| = \frac{x}{\cos 22°30'}$$

(2) $12 + \frac{x}{\cos 22°30'} = 20t$ – droga statku pasażerskiego w czasie $t$ płynącego z prędkością 20 węzłów

Z zależności (1) i (2) otrzymujemy:

$$12 + \frac{8t}{\cos 22°30'} = 20t$$

skąd

$$12 \cdot \cos 22°30' + 8t = 20 \cdot \cos 22°30' \cdot t$$

zatem

$$t = \frac{12 \cdot \cos 22°30'}{20 \cos 22°30' - 8}$$

$$t \approx 1{,}058 \text{ (h)}$$

1,058 h ≈1 h 3 min 29 s

Statek pasażerski będzie znajdował się na południe od zbiornikowca ok. godziny $14^{08}$.

## Sprawdź, czy rozumiesz

1. Samolot znajdował się w odległości 5 km od wieży kontrolnej, kiedy kąt wzniesienia tego samolotu względem wieży wynosił 38°. Na jakiej wysokości od ziemi leciał wówczas samolot? Wynik zaokrąglimy do 100 m. Pomijamy wysokość wieży kontrolnej.

2. Wyznacz miarę kąta $\alpha$, korzystając z danych na rysunku (zobacz rysunek a poniżej).

a)

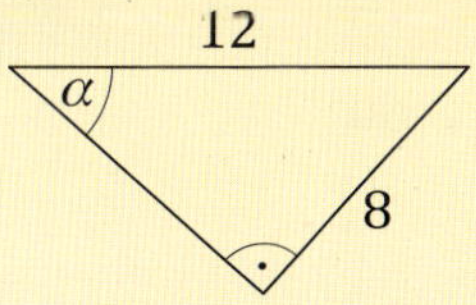


b)

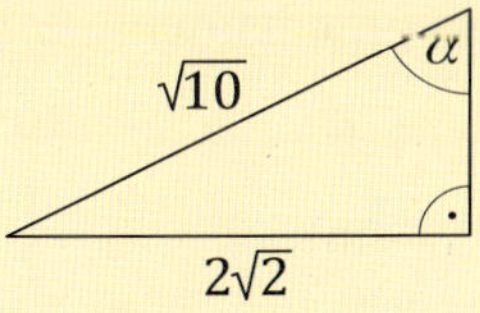


3. Oblicz wartość wyrażenia $\operatorname{tg} \alpha + \cos \alpha$, korzystając z danych przedstawionych na rysunku powyżej (zobacz rysunek b).

4. W trójkącie prostokątnym przeciwprostokątna jest o 1 dłuższa od przyprostokątnej długości $a$, $(a > 0)$. Wykaż, że jeśli $\alpha$ jest kątem przeciwległym do danej przyprostokątnej, to $\operatorname{tg} \alpha = \frac{a}{\sqrt{2a+1}}$.

# Wartości sinusa, cosinusa, tangensa i cotangensa dla kątów 30°, 45° i 60°

Kąty 30° i 60° znajdują się w trójkącie prostokątnym, będącym „połową” trójkąta równobocznego. Możemy wybrać do obliczeń dowolny taki trójkąt. Obliczenia będą stosunkowo proste, jeśli przyjmiemy, że przeciwprostokątna ma długość 2. Wówczas długości przyprostokątnych w tym trójkącie wynoszą odpowiednio 1 i $\sqrt{3}$. Stąd otrzymujemy:

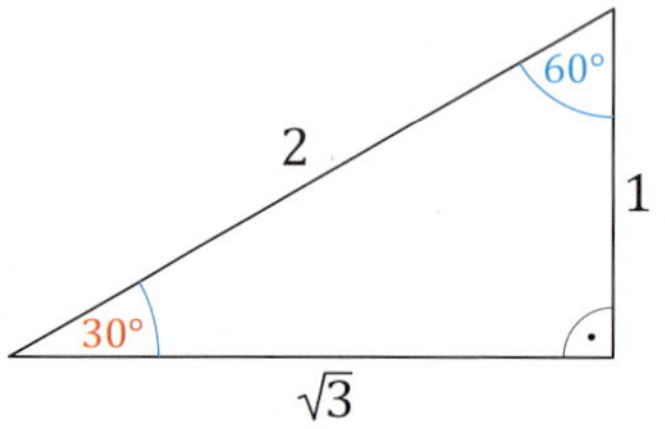


$$\sin 30^\circ = \frac{1}{2} \qquad \cos 30^\circ = \frac{\sqrt{3}}{2}$$

$$\operatorname{tg} 30^\circ = \frac{1}{\sqrt{3}} = \frac{\sqrt{3}}{3} \qquad \operatorname{ctg} 30^\circ = \sqrt{3}$$

Podobnie oblicz wartości funkcji trygonometrycznych dla kąta 60°. Wyniki porównaj z wartościami umieszczonymi w tabeli poniżej.

W trójkącie prostokątnym równoramiennym kąty ostre mają po 45°. Jeśli przyjmiemy, że każda przyprostokątna ma długość 1, to przeciwprostokątna będzie mieć długość $\sqrt{2}$. Zatem:

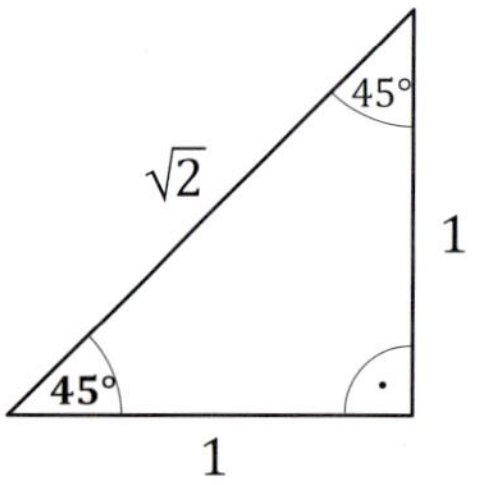


$$\sin 45^\circ = \frac{1}{\sqrt{2}} = \frac{\sqrt{2}}{2} \qquad \cos 45^\circ = \frac{1}{\sqrt{2}} = \frac{\sqrt{2}}{2}$$

$$\operatorname{tg} 45^\circ = 1 \qquad \operatorname{ctg} 45^\circ = 1$$

Otrzymane wyniki przedstawmy w tabeli.

| $\alpha$ | **30°** | **45°** | **60°** |
|---|---|---|---|
| $\sin\alpha$ | $\frac{1}{2}$ | $\frac{\sqrt{2}}{2}$ | $\frac{\sqrt{3}}{2}$ |
| $\cos\alpha$ | $\frac{\sqrt{3}}{2}$ | $\frac{\sqrt{2}}{2}$ | $\frac{1}{2}$ |
| $\operatorname{tg}\alpha$ | $\frac{\sqrt{3}}{3}$ | 1 | $\sqrt{3}$ |
| $\operatorname{ctg}\alpha$ | $\sqrt{3}$ | 1 | $\frac{\sqrt{3}}{3}$ |

## Przykład 1.

W trójkącie prostokątnym $KLM$ kąt przy wierzchołku $K$ jest prosty, a jeden z kątów ostrych jest dwa razy większy od drugiego. Dwusieczna większego kąta ostrego przecina bok $KL$ w punkcie $P$. Pokażemy, że $|MK|^2 - 2 \cdot |KL| \cdot |MP| + |KL|^2 = 0$.

Założenie:

$KLM$ – trójkąt prostokątny

$|\sphericalangle MKL| = 90°$

$|\sphericalangle LMK| = 2\alpha$

$|\sphericalangle MLK| = \alpha$

$MP^{\rightarrow}$ – dwusieczna kąta $LMK$

$P \in KL$

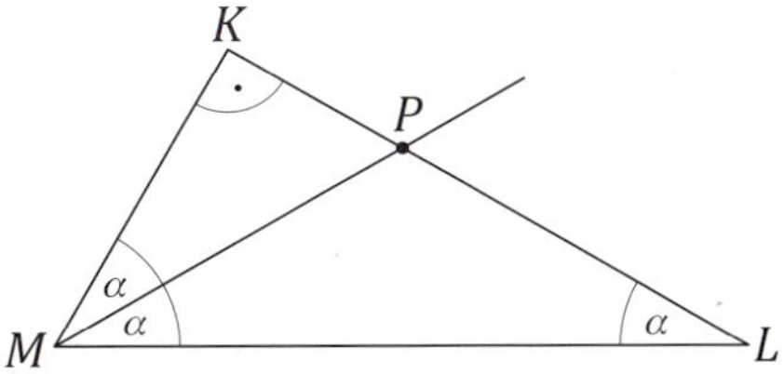


Teza:

$|MK|^2 - 2 \cdot |KL| \cdot |MP| + |KL|^2 = 0$

Dowód:

W trójkącie prostokątnym suma dwóch kątów ostrych jest równa 90°. Otrzymujemy:

$2\alpha + \alpha = 90°$, skąd $\alpha = 30°$, zatem

$|\sphericalangle KML| = 60°$

Półprosta $MP^{\rightarrow}$ jest dwusieczną kąta $KLM$, czyli

$|\sphericalangle LMP| = |\sphericalangle PMK| = 30°$

Wykorzystamy wartości funkcji trygonometrycznych kąta 30° do zapisania długości odcinków $MP$ i $KL$ w zależności od $|MK|$. W trójkącie $MPK$ mamy:

$$\frac{|MK|}{|MP|} = \cos 30° \text{ i } \cos 30° = \frac{\sqrt{3}}{2}, \text{ więc } |MP| = \frac{2\sqrt{3}}{3} \cdot |MK|$$

Analogicznie w trójkącie $KLM$:

$$\frac{|KL|}{|MK|} = \operatorname{ctg} 30° \text{ i } \operatorname{ctg} 30° = \sqrt{3}, \text{ zatem } |KL| = \sqrt{3} \cdot |MK|.$$

Obliczamy wartość wyrażenia $|MK|^2 - 2 \cdot |KL| \cdot |MP| + |KL|^2$:

$$|MK|^2 - 2 \cdot |KL| \cdot |MP| + |KL|^2 = |MK|^2 - 2\sqrt{3} \cdot |MK| \cdot \frac{2\sqrt{3}}{3} \cdot |MK| + \left(\sqrt{3}\,|MK|\right)^2 =$$

$$= |MK|^2 - 4|MK|^2 + 3|MK|^2 = 0,$$ co kończy dowód.

### Sprawdź, czy rozumiesz

1. Oblicz wartość wyrażenia:
   a) $\operatorname{tg} 45° \cdot \cos 60° - \sin 60° \cdot \operatorname{ctg} 60°$ b) $2\sin 30° + \operatorname{tg} 45° + 3\cos 60°$.
2. Wyznacz miary kątów ostrych trójkąta prostokątnego, którego dwa najdłuższe boki mają długość: $2\sqrt{15}$ i $\sqrt{80}$.
3. Oblicz obwód trójkąta równoramiennego $ABC$, w którym $|AB| = |AC|$, $|\sphericalangle BAC| = 120°$, a wysokość poprowadzona z wierzchołka $C$ ma długość $2\sqrt{3}$.

# Kąt skierowany

W naukach przyrodniczych ważną rolę odgrywa kąt skierowany.

**Definicja 1.**
**Kątem skierowanym** nazywamy uporządkowaną parę półprostych o wspólnym początku. W kącie skierowanym pierwszą z półprostych nazywamy ramieniem początkowym kąta, drugą – ramieniem końcowym.

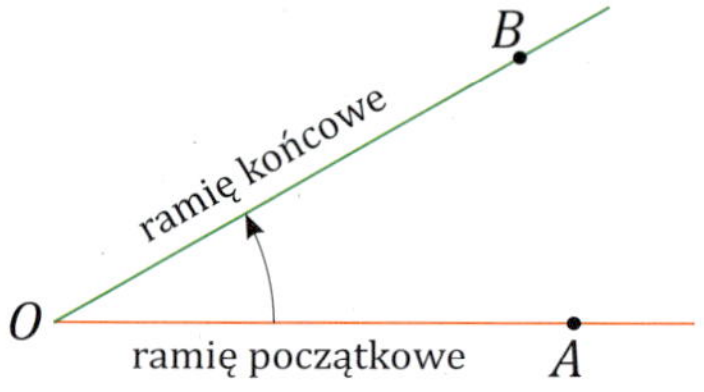


Kąt skierowany oznaczamy $\sphericalangle AOB$. Wtedy punkt $O$ jest wierzchołkiem kąta, półprosta $OA^{\rightarrow}$ ramieniem początkowym, półprosta $OB^{\rightarrow}$ – ramieniem końcowym. Kąt skierowany $\sphericalangle BOA$ nazywamy kątem przeciwnym do $\sphericalangle AOB$.

O kątach skierowanych możemy myśleć w następujący sposób: dane są dwie półproste o wspólnym początku w punkcie $O$. Jedna z nich (początkowe ramię kąta) jest nieruchoma, a druga (końcowe ramię kąta) obraca się wokół punktu $O$. Po zatrzymaniu się drugiego ramienia kąta mamy wyznaczony pewien kąt skierowany. Jak łatwo zauważyć druga półprosta może wykonywać dwa rodzaje obrotów: zgodnie z ruchem wskazówek zegara i przeciwnie do ruchu wskazówek zegara. W pierwszym przypadku mówimy o kącie skierowanym ujemnie (zobacz rysunek a) – miarę takiego kąta wyrażamy ujemną liczbą (stopni). W drugim przypadku mówimy o kącie skierowanym dodatnio (zobacz rysunek b) – miarę takiego kąta wyrażamy dodatnią liczbą (stopni).

a)

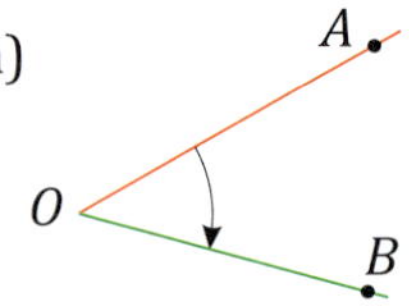


$|\sphericalangle AOB| = -45°$

kąt skierowany ujemnie

b)

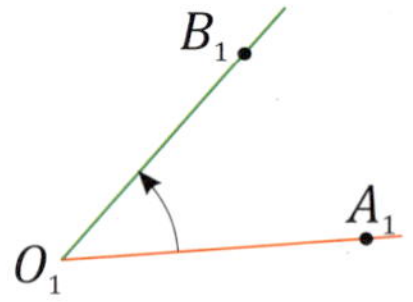


$|\sphericalangle A_1O_1B_1| = 45°$

kąt skierowany dodatnio

O dwóch kątach skierowanych, z których jeden ma miarę dodatnią, a drugi – miarę ujemną, powiemy, że są przeciwnie skierowane, w pozostałych przypadkach – że są zgodnie skierowane.

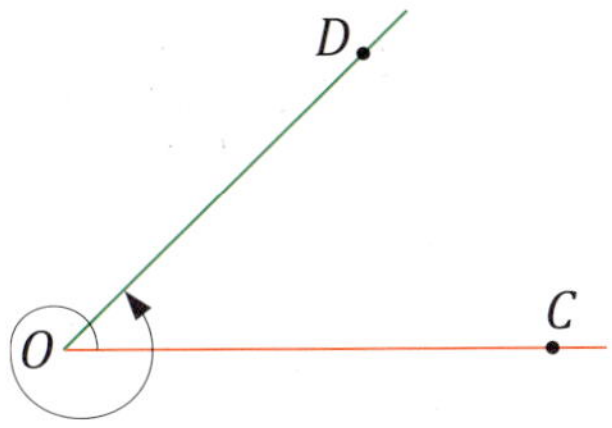


Rozpatrzmy kąt skierowany z „ruchomym" ramieniem końcowym. Załóżmy, że końcowe ramię kąta „obróciło się" o 45°, a następnie jeszcze o 360°. Otrzymaliśmy $\sphericalangle COD$, który możemy przedstawić tak, jak na rysunku obok. Możemy temu kątowi przypisać miarę $45° + 360°$, czyli 405°.

Zauważ, że otrzymalibyśmy taki sam kąt (czyli kąt przystający), gdyby ramię $\overrightarrow{OD}$ „obróciło się" o $45° + 2 \cdot 360°$, $45° + 3 \cdot 360°$ lub $45° + 4 \cdot 360°$.

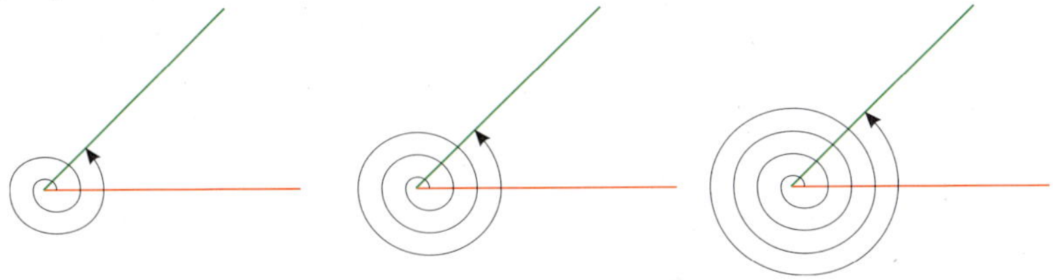

Tak więc przyjmujemy, że każdy kąt skierowany ma nieskończenie wiele miar. Wszystkie te miary różnią się o wielokrotność 360°. Zapisujemy je w postaci:

$\alpha + k \cdot 360°$, gdzie $\alpha \in \langle 0, 360°)$ i $k \in \mathbf{C}$,

przy czym $\alpha$ nazywamy **miarą główną** kąta skierowanego.
Powiemy, że dwa kąty skierowane są przystające, jeżeli ich miary główne są równe.

Miara główna każdego z czterech rozważanych powyżej kątów jest równa 45°.

## Przykład 1.

Dany jest kąt skierowany $\beta$, gdzie $\beta = -1230°$. Znajdziemy miarę główną tego kąta.

Zauważ, że $-4 \cdot 360° < \beta < -3 \cdot 360°$, zatem

$\beta = \alpha + (-4) \cdot 360°$, gdzie $\alpha \in \langle 0, 360°)$ i $k \in \mathbf{C}$.

Obliczamy:

$\alpha = -1230° + 4 \cdot 360°$

$\alpha = 210°$

Miara główna danego kąta skierowanego jest równa 210°.

### Sprawdź, czy rozumiesz

1. Oblicz miarę główną kąta skierowanego $\beta$, jeśli:
   a) $\beta = 485°$ b) $\beta = -170°$ c) $\beta = 1000°$ d) $\beta = -610°$
2. Naszkicuj dwa przykładowe kąty przeciwnie skierowane, których miary główne są równe.

# Sinus, cosinus, tangens i cotangens dowolnego kąta

W poprzednich dwóch tematach dowiedziałeś się, jak się wyznacza wartości sinusa, cosinusa, tangensa i cotangensa dowolnego kąta ostrego. Teraz powiemy, jak rozszerzyć definicję funkcji trygonometrycznych na przypadek dowolnego kąta skierowanego.

Załóżmy, że mamy dany dowolny skierowany kąt $\alpha$. Umieszczamy kąt $\alpha$ w układzie współrzędnych w następujący sposób: ramię początkowe tego kąta pokrywa się z dodatnią półosią $OX$, a ramię końcowe tego kąta znajduje się w pierwszej, drugiej, trzeciej albo w czwartej ćwiartce układu współrzędnych. O tak umiejscowionym kącie powiemy, że jest w położeniu standardowym.

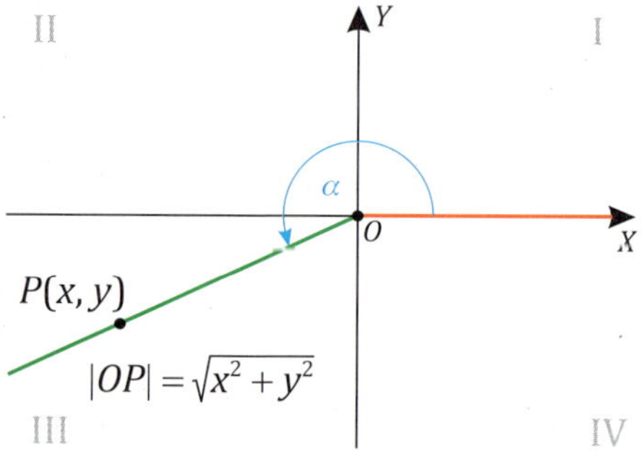


**Definicja 1.**

Niech dany będzie kąt skierowany $\alpha$ w położeniu standardowym. Na końcowym ramieniu kąta wybieramy punkt $P(x, y)$ różny od punktu $O(0, 0)$. Wówczas:

a) **tangensem kąta** $\alpha$ nazywamy liczbę będącą ilorazem rzędnej punktu $P$ przez odciętą tego punktu; jeśli odcięta punktu $P$ jest równa zeru, to tangens kąta $\alpha$ nie istnieje,

$$\operatorname{tg}\alpha = \frac{y}{x}, \qquad x \neq 0$$

b) **cotangensem kąta** $\alpha$ nazywamy liczbę będącą ilorazem odciętej punktu $P$ przez rzędną tego punktu; jeśli rzędna punktu $P$ jest równa zeru, to cotangens kąta $\alpha$ nie istnieje,

$$\operatorname{ctg}\alpha = \frac{x}{y}, \qquad y \neq 0$$

c) **sinusem kąta** $\alpha$ nazywamy liczbę będącą ilorazem rzędnej punktu $P$ przez odległość punktu $P$ od początku układu współrzędnych,

$$\sin\alpha = \frac{y}{\sqrt{x^2 + y^2}}$$

d) **cosinusem kąta** $\alpha$ nazywamy liczbę będącą ilorazem odciętej punktu $P$ przez odległość punktu $P$ od początku układu współrzędnych,

$$\cos\alpha = \frac{x}{\sqrt{x^2 + y^2}}$$

**UWAGA:** Definicja sinusa, cosinusa, tangensa i cotangensa kąta $\alpha$ nie zależy od wyboru punktu $P$ na końcowym ramieniu kąta.

Jeśli bowiem na końcowym ramieniu kąta $\alpha$ wybierzemy punkt $P_1(x_1, y_1)$ i znajdziemy rzuty prostokątne punktów $P$ i $P_1$ na oś $OX$ (na rysunku poniżej są to odpowiednio punkty $M$ i $M_1$), to otrzymamy dwa odcinki $PM$ i $P_1M_1$ równoległe do siebie.

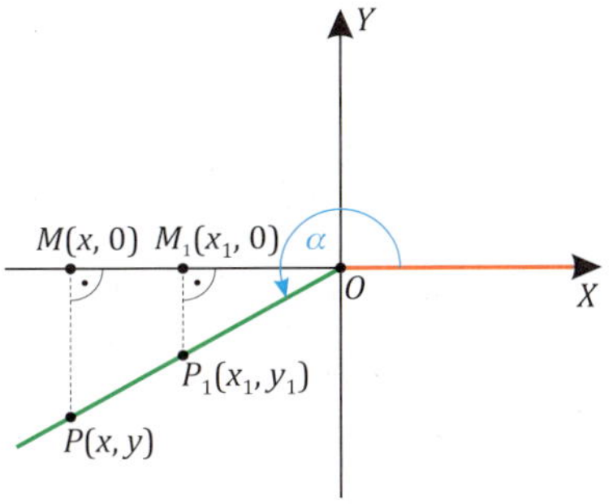


Z twierdzenia Talesa wynikają równości:

- $\frac{|PM|}{|OM|} = \frac{|P_1M_1|}{|OM_1|}$, więc $\frac{y}{x} = \frac{y_1}{x_1}$ oraz $\frac{x}{y} = \frac{x_1}{y_1}$,
- $\frac{|PM|}{|OP|} = \frac{|P_1M_1|}{|OP_1|}$, skąd $\frac{y}{\sqrt{x^2+y^2}} = \frac{y_1}{\sqrt{x_1^2+y_1^2}}$,
- $\frac{|OM|}{|OP|} = \frac{|OM_1|}{|OP_1|}$, czyli $\frac{x}{\sqrt{x^2+y^2}} = \frac{x_1}{\sqrt{x_1^2+y_1^2}}$,

bo liczby $x$, $x_1$ (podobnie $y$, $y_1$) mają takie same znaki.

Przedstawimy w punktach wnioski wynikające z definicji 1.

1) Załóżmy, że kąt skierowany $\alpha$ jest w położeniu standardowym i końcowe ramię kąta jest w pierwszej ćwiartce układu współrzędnych. Na ramieniu tym wybieramy punkt $P(x, y)$ różny od punktu $O(0, 0)$. Rozważmy trójkąt prostokątny $OAP$ (jak na rysunku obok). Wtedy:

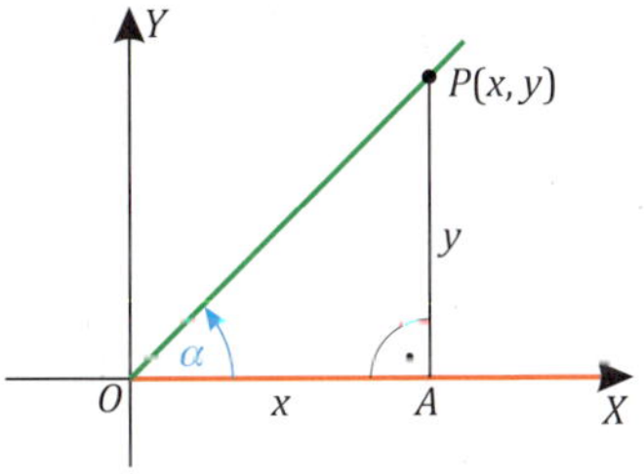


$|OA| = x \qquad |AP| = y$

$|OP| = \sqrt{x^2+y^2}$ (równość ta wynika z twierdzenia Pitagorasa dla trójkąta $AOP$)

Zatem:

$$\operatorname{tg}\alpha = \frac{y}{x} = \frac{|AP|}{|OA|} \qquad \operatorname{ctg}\alpha = \frac{x}{y} = \frac{|OA|}{|AP|}$$

$$\sin\alpha = \frac{y}{\sqrt{x^2+y^2}} = \frac{|AP|}{|OP|} \qquad \cos\alpha = \frac{x}{\sqrt{x^2+y^2}} = \frac{|OA|}{|OP|}$$

Powyższe rozważania pokazują, że jeśli $\alpha$ jest kątem ostrym (większym od 0°), to definicja funkcji trygonometrycznych kąta ostrego $\alpha$ (w trójkącie prostokątnym) ze str. 223 jest równoważna definicji funkcji trygonometrycznych kąta skierowanego $\alpha$. Możemy zatem powiedzieć, że podana w tym temacie definicja funkcji trygonometrycznych rozszerza definicję funkcji trygonometrycznych kąta ostrego na przypadek dowolnego kąta skierowanego.

2) Z definicji funkcji trygonometrycznych kąta skierowanego wynika, że nie istnieje tangens kąta, którego miara główna jest równa 90° lub 270° (wówczas odcięta punktu $P$ jest równa 0). Podobnie nie istnieje cotangens kąta, którego miara główna

jest równa $0^\circ$ lub $180^\circ$ (bo wtedy rzędna punktu $P$ jest równa 0). Ogólnie możemy zapisać:

tangens $\alpha$ istnieje wtedy i tylko wtedy, gdy

$\alpha \neq 90^\circ + k \cdot 180^\circ$, gdzie $k \in \boldsymbol{C}$,

cotangens $\alpha$ istnieje wtedy i tylko wtedy, gdy

$\alpha \neq k \cdot 180^\circ$, gdzie $k \in \boldsymbol{C}$.

Natomiast sinus i cosinus są określone dla dowolnego kąta.

3) Znaki wartości funkcji trygonometrycznych kąta $\alpha$ zależą od tego, w której ćwiartce układu współrzędnych znajduje się końcowe ramię tego kąta. Ponieważ dla dowolnego punktu $P(x, y)$ różnego od punktu $O(0, 0)$ wyrażenie $\sqrt{x^2 + y^2}$ jest liczbą dodatnią, więc znaki wartości funkcji trygonometrycznych zależą od znaków współrzędnych punktu $P$. Jeśli końcowe ramię kąta $\alpha$ znajduje się

a) w pierwszej ćwiartce układu współrzędnych, to

$x > 0$ i $y > 0$.

Wtedy wszystkie funkcje trygonometryczne kąta $\alpha$ są dodatnie.

b) w drugiej ćwiartce układu współrzędnych, to

$x < 0$ i $y > 0$.

Wówczas $\sin\alpha$ jest liczbą dodatnią, a pozostałe funkcje trygonometryczne kąta $\alpha$ są ujemne.

c) w trzeciej ćwiartce układu współrzędnych, to

$x < 0$ i $y < 0$.

Zatem wartości tangensa $\alpha$ i cotangensa $\alpha$ są dodatnie, natomiast sinus $\alpha$ i cosinus $\alpha$ są liczbami ujemnymi.

d) w czwartej ćwiartce układu współrzędnych, to

$x > 0$ i $y < 0$.

Wtedy cosinus $\alpha$ jest dodatni, a pozostałe wartości funkcji trygonometrycznych kąta $\alpha$ są ujemne.

Ostatecznie mamy:

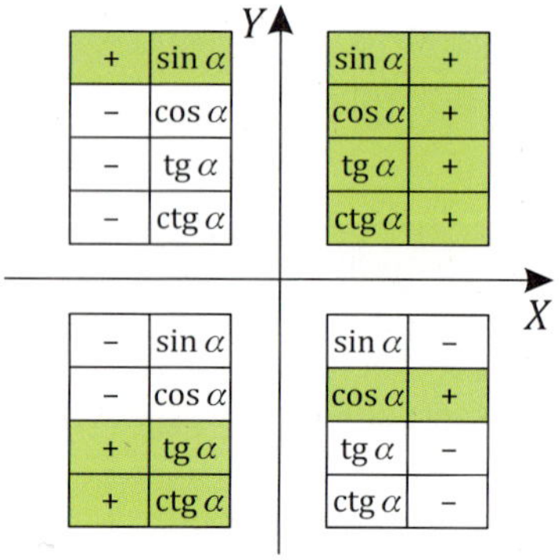


Nauczenie się znaków wartości funkcji trygonometrycznych w poszczególnych ćwiartkach ułatwi Ci poniższa „rymowanka”:

W pierwszej – wszystkie są dodatnie
w drugiej – tylko sinus
w trzeciej – tangens i cotangens
a w czwartej – cosinus.

## Przykład 1.

Posługując się definicją 1., obliczymy wartości funkcji trygonometrycznych kątów:
a) 0° b) 90° c)180° d) 270°

**Ad a)** Niech kąt 0° będzie w położeniu standardowym. Wówczas oba ramiona kąta będą się pokrywać z dodatnią półosią *OX*. Na drugim ramieniu kąta (czyli na dodatniej półosi *OX*) wybieramy dowolny punkt, np. *P*(1, 0). Wiemy już, że nie istnieje cotangens 0°.

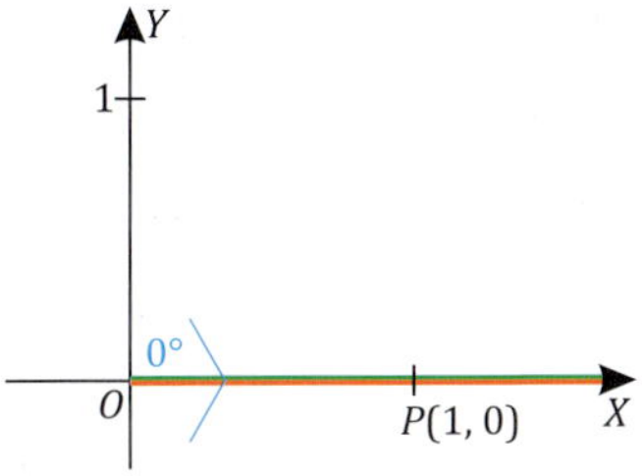


Obliczamy wartości pozostałych funkcji trygonometrycznych:

$$\operatorname{tg} 0° = \frac{0}{1} = 0$$

$$\sin 0° = \frac{0}{\sqrt{1^2+0^2}} = \frac{0}{1} = 0$$

$$\cos 0° = \frac{1}{\sqrt{1^2+0^2}} = \frac{1}{1} = 1$$

**Ad b)** Kąt 90° umieszczamy w położeniu standardowym. Końcowe ramię tego kąta pokrywa się z dodatnią półosią *OY*. Wybieramy na nim dowolny punkt, np. *P*(0, 1). Nie istnieje tangens 90°.

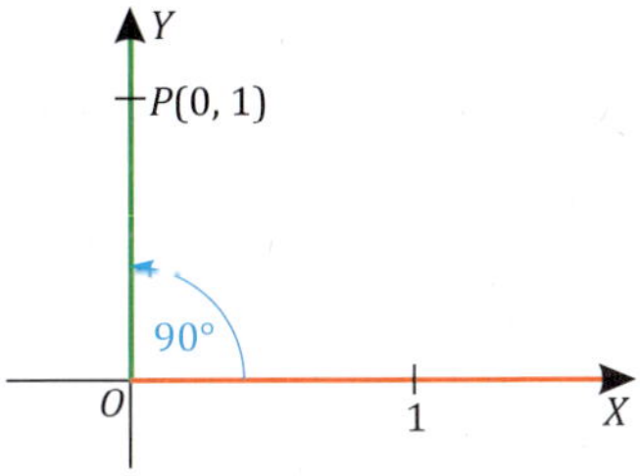


Obliczamy wartości pozostałych funkcji trygonometrycznych:

$$\operatorname{ctg} 90° = \frac{0}{1} = 0$$

$$\sin 90° = \frac{1}{\sqrt{1^2+0^2}} = \frac{1}{1} = 1$$

$$\cos 90° = \frac{0}{\sqrt{1^2+0^2}} = \frac{0}{1} = 0$$

**Ad c)** Postępując podobnie jak w poprzednich podpunktach, otrzymujemy:

$\operatorname{tg} 180° = 0$, $\sin 180° = 0$, $\cos 180° = -1$

(jak już wiesz, cotangens 180° nie istnieje).

**Ad d)** Tangens 270° nie istnieje, natomiast $\sin 270° = -1$, $\cos 270° = 0$, $\operatorname{ctg} 270° = 0$ (wykonaj odpowiednie obliczenia).

Rozważania prowadzone do tej pory prowadzą nas do wniosku, że dla dowolnego kąta $\alpha$:

- sinus $\alpha$ oraz cosinus $\alpha$ mogą być tylko liczbami należącymi do przedziału $\langle -1, 1\rangle$:

  $-1 \leqslant \sin\alpha \leqslant 1$ oraz $-1 \leqslant \cos\alpha \leqslant 1$
- tangens $\alpha$ i cotangens $\alpha$ mogą być dowolnymi liczbami rzeczywistymi.

## Przykład 2.

Obliczymy sinus, cosinus, tangens oraz cotangens kąta $\alpha$, jeśli wiadomo, że na końcowym ramieniu tego kąta znajduje się punkt $P(-5, 12)$.

Wartości funkcji trygonometrycznych nie zależą od wyboru punktu na końcowym ramieniu kąta, więc w obliczeniach wykorzystamy współrzędne punktu $P$. Otrzymujemy:

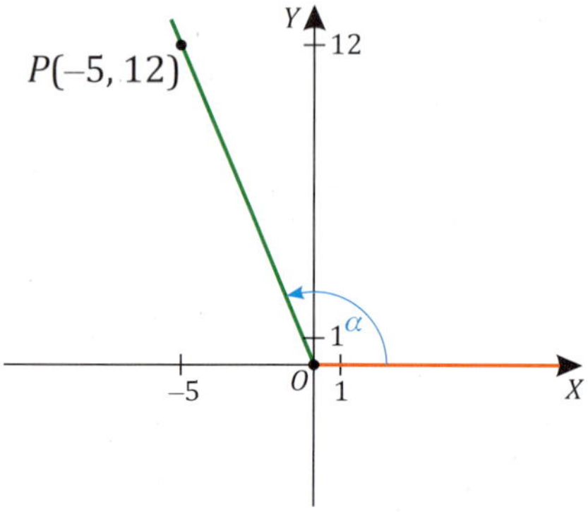


$$\sin\alpha = \frac{12}{\sqrt{(-5)^2+12^2}} = \frac{12}{\sqrt{169}} = \frac{12}{13}$$

$$\cos\alpha = \frac{-5}{\sqrt{(-5)^2+12^2}} = \frac{-5}{\sqrt{169}} = -\frac{5}{13}$$

$$\operatorname{tg}\alpha = \frac{12}{-5} = -2{,}4$$

$$\operatorname{ctg}\alpha = \frac{-5}{12} = -\frac{5}{12}$$

Wartości funkcji trygonometrycznych kąta $\alpha$ wynoszą: $\sin\alpha = \frac{12}{13}$, $\cos\alpha = -\frac{5}{13}$, $\operatorname{tg}\alpha = -2{,}4$, $\operatorname{ctg}\alpha = -\frac{5}{12}$.

## Przykład 3.

Posługując się definicją 1., obliczymy wartości funkcji trygonometrycznych kątów:

a) $120°$ b) $315°$

**Ad a)** Załóżmy, że kąt $120°$ jest w położeniu standardowym. Na końcowym ramieniu kąta wygodnie jest wybierać punkt $P$ tak, aby jego pierwsza współrzędna była równa $-1$. Aby wyznaczyć drugą współrzędną tego punktu, rozważmy trójkąt prostokątny $AOP$ (jak na rysunku poniżej).

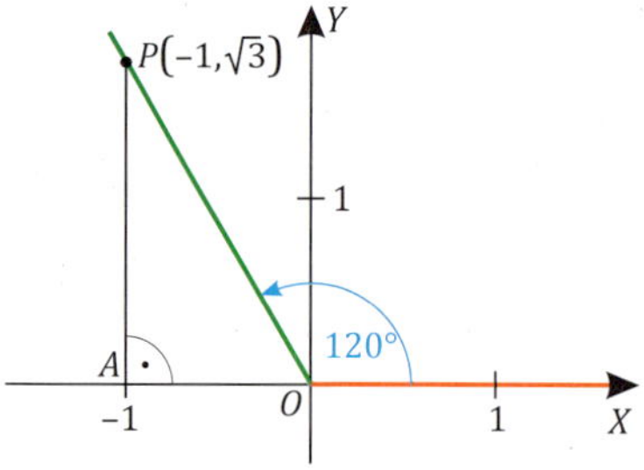


Zauważ, że

$|\sphericalangle AOP| = 60°$ $(60° = 180° - 120°)$,

zatem trójkąt $AOP$ jest „połową" trójkąta równobocznego, skąd

$|PA| = \sqrt{3}\cdot|AO|$

Punkt $P$ został tak wybrany, że $|AO| = 1$, zatem $|PA| = \sqrt{3}$. Ostatecznie więc $P\left(-1, \sqrt{3}\right)$.

Obliczamy:

$$\operatorname{tg}120° = \frac{\sqrt{3}}{-1} = -\sqrt{3} \qquad \operatorname{ctg}120° = \frac{-1}{\sqrt{3}} = -\frac{\sqrt{3}}{3}$$

$$\sin120° = \frac{\sqrt{3}}{\sqrt{(-1)^2+\left(\sqrt{3}\right)^2}} = \frac{\sqrt{3}}{2} \qquad \cos120° = \frac{-1}{\sqrt{(-1)^2+\left(\sqrt{3}\right)^2}} = -\frac{1}{2}$$

**Ad b)** Niech kąt 315° będzie w położeniu standardowym. Na końcowym ramieniu tego kąta wybieramy punkt $P$ tak, aby jego pierwsza współrzędna była równa 1. Wyznaczymy drugą współrzędną punktu $P$.

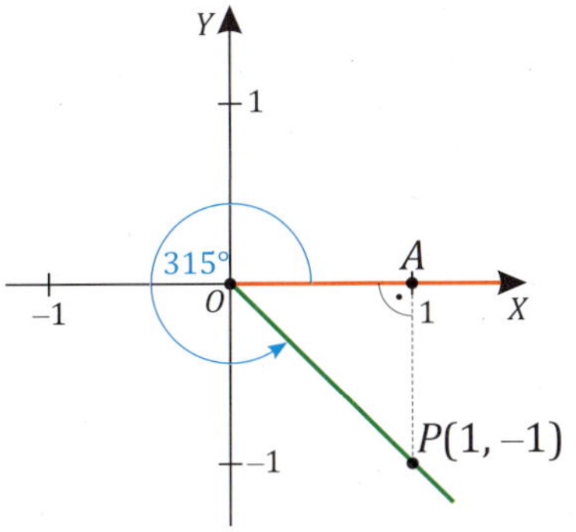


Trójkąt $AOP$ (rysunek obok) jest trójkątem prostokątnym równoramiennym (dlaczego?), zatem

$$|AO| = |OP|$$

Ponieważ

$$|AO| = 1, \text{ więc } |AP| = 1.$$

Ostatecznie punkt $P$ ma współrzędne $(1, -1)$.

Obliczamy wartości funkcji trygonometrycznych:

$$\operatorname{tg} 315° = \frac{-1}{1} = -1$$

$$\operatorname{ctg} 315° = \frac{1}{-1} = -1$$

$$\sin 315° = \frac{-1}{\sqrt{1+(-1)^2}} = -\frac{1}{\sqrt{2}} = -\frac{\sqrt{2}}{2}$$

$$\cos 315° = \frac{1}{\sqrt{1^2+(-1)^2}} = \frac{1}{\sqrt{2}} = \frac{\sqrt{2}}{2}$$

Tangens i cotangens kąta 315° są równe $(-1)$, $\sin 315° = -\frac{\sqrt{2}}{2}$, $\cos 315° = \frac{\sqrt{2}}{2}$.

## Sprawdź, czy rozumiesz

1. Rozstrzygnij, w której ćwiartce znajduje się końcowe ramię kąta $\alpha$, jeśli:
   a) $\sin\alpha > 0$ i $\operatorname{tg}\alpha > 0$ b) $\cos\alpha > 0$ i $\operatorname{ctg}\alpha < 0$
   c) $\sin\alpha > 0$ i $\cos\alpha < 0$ d) $\operatorname{tg}\alpha > 0$ i $\sin\alpha < 0$.
2. Oblicz wartości trygonometryczne kąta $\alpha$, jeśli wiadomo, że na końcowym ramieniu kąta $\alpha$ znajduje się punkt:
   a) $A(-3, 4)$ b) $B(1, 3)$ c) $C(\sqrt{2}, -\sqrt{7})$ d) $D(-\sqrt{5}, 2)$.
3. Na podstawie definicji oblicz wartości funkcji trygonometrycznych kąta:
   a) 150° b) 240° c) −135° d) −390°.
4. Zbuduj w układzie współrzędnych kąt o mierze $\alpha$, wiedząc, że:
   a) $\sin\alpha = \frac{3}{7}$ b) $\cos\alpha = \frac{\sqrt{2}}{4}$ c) $\operatorname{tg}\alpha = \frac{2}{3}$ d) $\operatorname{ctg}\alpha = -5$.
   Rozważ dwa przypadki.

# Podstawowe tożsamości trygonometryczne

**Tożsamością trygonometryczną** nazywamy równość, w której zmienne występują wyłącznie w argumentach funkcji trygonometrycznych i która jest prawdziwa dla wszystkich wartości tych zmiennych (dla których funkcje są określone).

Przypomnijmy poznane wcześniej określenia:

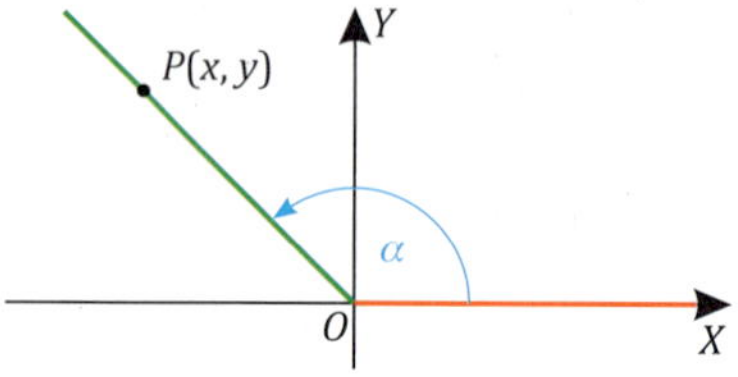


$\operatorname{tg}\alpha = \frac{y}{x}, x \neq 0$ $\operatorname{ctg}\alpha = \frac{x}{y}, y \neq 0$

$\sin\alpha = \frac{y}{\sqrt{x^2+y^2}}$ $\cos\alpha = \frac{x}{\sqrt{x^2+y^2}}$

Z definicji tangensa $\alpha$ i cotangensa $\alpha$ wynika, że dla wszystkich kątów (dla których $\operatorname{tg}\alpha$ i $\operatorname{ctg}\alpha$ są określone) prawdziwa jest zależność:

$$\operatorname{tg}\alpha \cdot \operatorname{ctg}\alpha = \frac{y}{x} \cdot \frac{x}{y} = 1$$

Jeśli podzielimy $\sin\alpha$ przez $\cos\alpha$ ($\cos\alpha \neq 0$), to otrzymamy kolejną równość:

$$\frac{\sin\alpha}{\cos\alpha} = \frac{y}{\sqrt{x^2+y^2}} : \frac{x}{\sqrt{x^2+y^2}} = \frac{y}{\sqrt{x^2+y^2}} \cdot \frac{\sqrt{x^2+y^2}}{x} = \frac{y}{x} = \operatorname{tg}\alpha$$

Postępując podobnie, bez trudu zauważymy, że (jeśli $\sin\alpha \neq 0$):

$$\frac{\cos\alpha}{\sin\alpha} = \operatorname{ctg}\alpha$$

Równie łatwo ustalimy związek między sinusem $\alpha$ i cosinusem $\alpha$:

$$(\sin\alpha)^2 + (\cos\alpha)^2 = \left(\frac{y}{\sqrt{x^2+y^2}}\right)^2 + \left(\frac{x}{\sqrt{x^2+y^2}}\right)^2 = \frac{y^2}{x^2+y^2} + \frac{x^2}{x^2+y^2} = \frac{x^2+y^2}{x^2+y^2} = 1$$

Otrzymaną zależność

$$(\sin\alpha)^2 + (\cos\alpha)^2 = 1$$

przyjęto zapisywać

$$\sin^2\alpha + \cos^2\alpha = 1$$

Powyższy wzór jest nazywany „jedynką trygonometryczną".
Wyniki naszych rozważań zapiszemy w postaci twierdzenia.

**_Twierdzenie 1._**

1) $\sin^2\alpha + \cos^2\alpha = 1$, jeśli $\alpha$ jest dowolnym kątem
2) $\operatorname{tg}\alpha = \frac{\sin\alpha}{\cos\alpha}$, jeśli $\alpha \neq 90° + k \cdot 180°$, gdzie $k \in \mathbf{C}$
3) $\operatorname{ctg}\alpha = \frac{\cos\alpha}{\sin\alpha}$, jeśli $\alpha \neq k \cdot 180°$, gdzie $k \in \mathbf{C}$
4) $\operatorname{tg}\alpha \cdot \operatorname{ctg}\alpha = 1$, jeśli $\alpha \neq k \cdot 90°$, gdzie $k \in \mathbf{C}$.

## Przykład 1.

Wiedząc, że $\cos\alpha = \frac{3}{5}$ i $\alpha \in (0°, 90°)$, obliczymy $\sin\alpha$, $\operatorname{tg}\alpha$, $\operatorname{ctg}\alpha$.

I sposób

Z „jedynki trygonometrycznej" wyznaczamy $\sin\alpha$:

$$\sin^2\alpha + \left(\frac{3}{5}\right)^2 = 1$$

$$\sin^2\alpha = 1 - \frac{9}{25}$$

$$\sin^2\alpha = \frac{16}{25} \quad \text{i} \quad \sin\alpha > 0$$

$$\sin\alpha = \frac{4}{5}$$

Teraz obliczamy $\operatorname{tg}\alpha$ i $\operatorname{ctg}\alpha$:

$$\operatorname{tg}\alpha = \frac{\sin\alpha}{\cos\alpha}, \quad \text{czyli} \quad \operatorname{tg}\alpha = \frac{\frac{4}{5}}{\frac{3}{5}} = \frac{4}{3}$$

$$\operatorname{ctg}\alpha = \frac{1}{\operatorname{tg}\alpha}, \quad \text{czyli} \quad \operatorname{ctg}\alpha = \frac{3}{4}$$

Szukane wartości są równe: $\sin\alpha = \frac{4}{5}$, $\operatorname{tg}\alpha = \frac{4}{3}$, $\operatorname{ctg}\alpha = \frac{3}{4}$.

II sposób

Ponieważ $\alpha$ jest kątem ostrym, więc możemy rozpatrzeć trójkąt prostokątny, w którym jeden z kątów ostrych jest równy $\alpha$ i dla którego $\cos\alpha = \frac{3}{5}$. Takim trójkątem jest na przykład trójkąt prostokątny o przeciwprostokątnej mającej długość 5 i jednej przyprostokątnej (przyległej do kąta $\alpha$) mającej długość 3. Wtedy druga przyprostokątna ma długość 4 (obliczamy ją, korzystając z twierdzenia Pitagorasa).

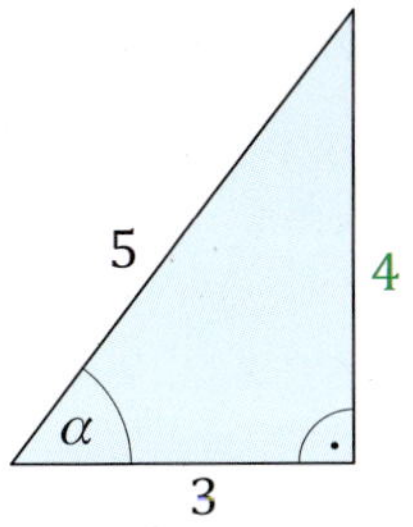


Otrzymujemy:

$$\sin\alpha = \frac{4}{5}$$

$$\operatorname{tg}\alpha = \frac{4}{3}$$

$$\operatorname{ctg}\alpha = \frac{3}{4}$$

## Przykład 2.

Wiedząc, że $\operatorname{tg}\alpha = -5$ i $\alpha \in (90°, 180°)$, obliczymy $\sin\alpha$, $\cos\alpha$, $\operatorname{ctg}\alpha$.

Najpierw obliczamy $\operatorname{ctg}\alpha$:

$$\operatorname{ctg}\alpha = \frac{1}{\operatorname{tg}\alpha}, \quad \text{czyli} \quad \operatorname{ctg}\alpha = -\frac{1}{5}$$

Z tożsamości 3) twierdzenia 1. otrzymujemy zależność:

$$-5 = \frac{\sin\alpha}{\cos\alpha}, \quad \text{stąd} \quad \sin\alpha = -5 \cdot \cos\alpha$$

Do wzoru $\sin^2\alpha + \cos^2\alpha = 1$ w miejsce $\sin\alpha$ wstawiamy $(-5 \cdot \cos\alpha)$:

$$(-5 \cdot \cos\alpha)^2 + \cos^2\alpha = 1$$

$$25 \cdot \cos^2\alpha + \cos^2\alpha = 1$$

$$26 \cdot \cos^2\alpha = 1 \quad / : 26$$

$$\cos^2\alpha = \frac{1}{26} \quad \text{i} \quad \cos\alpha < 0 \ \ (\text{bo } \alpha \in (90°, 180°))$$

$$\cos\alpha = -\frac{1}{\sqrt{26}}$$

Na koniec obliczamy $\sin\alpha$:

$$\sin\alpha = -5 \cdot \cos\alpha$$

$$\sin\alpha = \frac{5}{\sqrt{26}}$$

Szukane wartości są równe: $\sin\alpha = \frac{5}{\sqrt{26}}$, $\cos\alpha = -\frac{1}{\sqrt{26}}$, $\operatorname{ctg}\alpha = -\frac{1}{5}$.

## Przykład 3.

Wiedząc, że $\cos\alpha = \frac{12}{13}$, wyznaczymy $\sin\alpha$, $\operatorname{tg}\alpha$, $\operatorname{ctg}\alpha$.

Cosinus przyjmuje wartości dodatnie dla kątów, których miara główna należy do sumy przedziałów $(0°, 90°) \cup (270°, 360°)$. Musimy więc uwzględnić dwa przypadki. Obliczamy:

$$\sin^2\alpha + \left(\frac{12}{13}\right)^2 = 1$$

$$\sin^2\alpha = \frac{25}{169}$$

$$\sin\alpha = \frac{5}{13} \quad \text{lub} \quad \sin\alpha = -\frac{5}{13}$$

Jeśli $\alpha \in (0°, 90°)$, to $\sin\alpha = \frac{5}{13}$, $\operatorname{tg}\alpha = \frac{5}{12}$, $\operatorname{ctg}\alpha = 2{,}4$; jeśli natomiast $\alpha \in (270°, 360°)$, to $\sin\alpha = -\frac{5}{13}$, $\operatorname{tg}\alpha = -\frac{5}{12}$, $\operatorname{ctg}\alpha = -2{,}4$.

## Przykład 4.

Sprawdzimy, czy poniższa równość jest tożsamością trygonometryczną:

$$\left(\cos^2\alpha - 1\right)\left(\text{tg}^2\alpha + 1\right) = -\text{tg}^2\alpha, \quad \text{jeśli} \quad \alpha \neq 90° + k \cdot 180°, \text{ gdzie } k \in \boldsymbol{C}.$$

Aby pokazać, że podana równość jest tożsamością, wystarczy tak przekształcić jedną stronę tej równości, aby otrzymać drugą. Oczywiście łatwiej jest przekształcać stronę bardziej rozbudowaną (w tym przypadku – lewą).

$$L = \left(\cos^2\alpha - 1\right)\left(\text{tg}^2\alpha + 1\right) = \cos^2\alpha \cdot \underline{\text{tg}^2\alpha} + \cos^2\alpha - \text{tg}^2\alpha - 1 =$$

$$= \cos^2\alpha \cdot \underline{\frac{\sin^2\alpha}{\cos^2\alpha}} + \cos^2\alpha - \text{tg}^2\alpha - 1 = \underline{\sin^2\alpha + \cos^2\alpha} - \text{tg}^2\alpha - 1 =$$

$$= \underline{1} - \text{tg}^2\alpha - 1 = -\text{tg}^2\alpha = P$$

Ponieważ – wykorzystując poznane wzory – pokazaliśmy, że lewa strona równa się prawej dla dowolnego kąta $\alpha$ spełniającego podane założenia, więc rozpatrywana przez nas równość jest tożsamością trygonometryczną.

## Przykład 5.

Obliczymy tangens $\alpha$, jeśli $\dfrac{2\cos\alpha + 3\sin\alpha}{4\sin\alpha - 5\cos\alpha} = 1$.

Zauważmy najpierw, że $4\sin\alpha - 5\cos\alpha \neq 0$, zatem $\text{tg}\,\alpha \neq \dfrac{5}{4}$.

Wyrażenie po lewej stronie równości przekształcimy do postaci, w której występuje tylko tangens $\alpha$. W tym celu podzielimy licznik i mianownik tego wyrażenia przez cosinus $\alpha$. Ale najpierw musimy sprawdzić, czy $\cos\alpha \neq 0$.

Załóżmy, że $\cos\alpha = 0$ dla pewnego kąta $\alpha$, dla którego prawdziwa jest dana równość. Wówczas $\dfrac{3\sin\alpha}{4\sin\alpha} = 1$ i $\sin\alpha \neq 0$ (dlaczego?), a to prowadzi nas do sprzeczności:

$$\frac{3}{4} = 1$$

Zatem $\cos\alpha \neq 0$. Dzieląc licznik i mianownik wyrażenia $\dfrac{2\cos\alpha + 3\sin\alpha}{4\sin\alpha - 5\cos\alpha}$ przez $\cos\alpha$, otrzymujemy:

$$\frac{2 + 3\dfrac{\sin\alpha}{\cos\alpha}}{4\dfrac{\sin\alpha}{\cos\alpha} - 5} = 1, \text{ czyli}$$

$$\frac{2 + 3\text{tg}\,\alpha}{4\text{tg}\,\alpha - 5} = 1$$

$$2 + 3\text{tg}\,\alpha = 4\text{tg}\,\alpha - 5$$

$$7 = \text{tg}\,\alpha$$

Tangens $\alpha$ jest równy 7.

## Przykład 6.

Obliczymy wartość wyrażenia $\sin^3\alpha + \cos^3\alpha$, jeśli wiadomo, że $\sin\alpha + \cos\alpha = 0,6$.

Korzystając ze wzoru na sumę sześcianów, otrzymujemy:

$$\sin^3\alpha + \cos^3\alpha = (\sin\alpha + \cos\alpha)(\underline{\sin^2\alpha} - \sin\alpha \cdot \cos\alpha \underline{+ \cos^2\alpha})$$

Ponieważ $\sin\alpha + \cos\alpha = 0,6$ oraz $\sin^2\alpha + \cos^2\alpha = 1$, więc

$$\sin^3\alpha + \cos^3\alpha = 0,6 \cdot (1 - \sin\alpha \cdot \cos\alpha)$$

Pozostaje wyznaczyć iloczyn $\sin\alpha \cdot \cos\alpha$. W tym celu podnosimy obie strony równości $\sin\alpha + \cos\alpha = 0,6$ do kwadratu:

$$(\sin\alpha + \cos\alpha)^2 = 0,36$$

$$\underline{\sin^2\alpha} + 2\sin\alpha\cos\alpha \underline{+ \cos^2\alpha} = 0,36$$

$$2\sin\alpha\cos\alpha + 1 = 0,36$$

$$\sin\alpha\cos\alpha = -0,32$$

Zatem

$$\sin^3\alpha + \cos^3\alpha = 0,6 \cdot (1 + 0,32) = 0,792$$

Wartość wyrażenia jest równa 0,792.

## Przykład 7.

Ustalimy, jaką najmniejszą wartość może przyjmować wyrażenie $\operatorname{tg}\alpha + \operatorname{ctg}\alpha$, jeśli $\alpha \in (0°, 90°)$.

I sposób

Z założenia wynika, że $\alpha$ jest kątem ostrym, zatem funkcje trygonometryczne kąta $\alpha$ są dodatnie.

W rozdziale trzecim poznałeś zależność między średnią arytmetyczną $S_a$ a średnią geometryczną $S_g$ liczb dodatnich: $S_a \geqslant S_g$. Zapiszemy ją dla dodatnich liczb $\operatorname{tg}\alpha$ i $\operatorname{ctg}\alpha$. Mamy:

$$\frac{\operatorname{tg}\alpha + \operatorname{ctg}\alpha}{2} \geqslant \sqrt{\operatorname{tg}\alpha \cdot \operatorname{ctg}\alpha}$$

Dla dowolnego kąta $\alpha$ $\operatorname{tg}\alpha \cdot \operatorname{ctg}\alpha = 1$, zatem

$$\frac{\operatorname{tg}\alpha + \operatorname{ctg}\alpha}{2} \geqslant 1, \text{ czyli}$$

$$\operatorname{tg}\alpha + \operatorname{ctg}\alpha \geqslant 2$$

Ostatnia nierówność pokazuje, że suma $\operatorname{tg}\alpha + \operatorname{ctg}\alpha$ nie może być mniejsza od 2. Zauważ, że jeśli $\alpha = 45°$, to otrzymamy

$$\operatorname{tg} 45° + \operatorname{ctg} 45° = 1 + 1 = 2$$

Jeśli $\alpha \in (0°, 90°)$, to wyrażenie $\operatorname{tg}\alpha + \operatorname{ctg}\alpha$ ma najmniejszą wartość, równą 2.

II sposób

Z założenia wynika, że $\operatorname{tg}\alpha > 0$ i $\operatorname{ctg}\alpha > 0$ oraz istnieje kąt $\alpha$ ($\alpha = 45°$), dla którego $\operatorname{tg}\alpha = \operatorname{ctg}\alpha$. Zatem jeśli $\alpha \in (0°, 90°)$, to prawdziwa jest nierówność

$$\left(\sqrt{\operatorname{tg}\alpha} - \sqrt{\operatorname{ctg}\alpha}\right)^2 \geqslant 0$$

przy czym równość

$$\left(\sqrt{\operatorname{tg}\alpha} - \sqrt{\operatorname{ctg}\alpha}\right)^2 = 0$$

jest spełniona, jeśli $\alpha = 45°$.
Wykonujemy działania:

$$\operatorname{tg}\alpha - 2\sqrt{\operatorname{tg}\alpha} \cdot \sqrt{\operatorname{ctg}\alpha} + \operatorname{ctg}\alpha \geqslant 0$$

$$\operatorname{tg}\alpha - 2\sqrt{\operatorname{tg}\alpha \cdot \operatorname{ctg}\alpha} + \operatorname{ctg}\alpha \geqslant 0$$

a ponieważ

$$\operatorname{tg}\alpha \cdot \operatorname{ctg}\alpha = 1$$

to otrzymujemy

$$\operatorname{tg}\alpha + \operatorname{ctg}\alpha \geqslant 2$$

Najmniejszą wartością wyrażenia $\operatorname{tg}\alpha + \operatorname{ctg}\alpha$, gdzie $\alpha \in (0°, 90°)$, jest liczba 2.

## Sprawdź, czy rozumiesz

1. Wiadomo, że $\alpha \in (180°, 270°)$ oraz $\sin\alpha = -\frac{7}{25}$. Oblicz $\cos\alpha$, $\operatorname{tg}\alpha$, $\operatorname{ctg}\alpha$.

2. Wiadomo, że $\operatorname{tg}\alpha = -1\frac{1}{3}$. Oblicz $\sin\alpha$, $\cos\alpha$, $\operatorname{ctg}\alpha$.

3. Wiadomo, że $\cos\alpha = -\frac{15}{17}$, gdzie $\alpha$ oznacza miarę kąta w pewnym trójkącie. Wyznacz $\sin\alpha$ i $\operatorname{tg}\alpha$.

4. Wykaż, że podane równości są tożsamościami trygonometrycznymi. Podaj konieczne założenia.

   a) $\cos\alpha + \cos\alpha \cdot \operatorname{ctg}^2\alpha = \dfrac{\operatorname{ctg}\alpha}{\sin\alpha}$

   b) $\left(\dfrac{1-\cos\alpha}{\sin\alpha} + \dfrac{\sin\alpha}{1-\cos\alpha}\right) \cdot \operatorname{tg}\alpha = \dfrac{2}{\cos\alpha}$.

5. Oblicz wartość wyrażenia $\dfrac{\cos\alpha + \sin\alpha}{\sin\alpha - \cos\alpha}$, jeśli $\operatorname{tg}\alpha = \sqrt{2}$.

6. Oblicz wartość wyrażenia $\sin\alpha \cdot \cos\alpha$, jeśli $\sin\alpha - \cos\alpha = 0{,}25$.

# Wzory redukcyjne

Już wiesz, że dla różnych kątów ostrych wartości funkcji trygonometrycznych są różne. Ale w przypadku dwóch dowolnych kątów skierowanych wartości funkcji trygonometrycznych mogą być jednakowe lub różnić się tylko znakiem, np.

$$\sin 120^\circ = \frac{\sqrt{3}}{2} = \sin 60^\circ \qquad \cos 120^\circ = -\frac{1}{2} = -\cos 60^\circ$$

$$\operatorname{tg} 120^\circ = -\sqrt{3} = -\operatorname{tg} 60^\circ \qquad \operatorname{ctg} 120^\circ = -\frac{\sqrt{3}}{3} = -\operatorname{ctg} 60^\circ$$

(patrz tabela str. 228, przykład 3. str. 236) Okazuje się, że wartości funkcji trygonometrycznych różnych kątów można zapisać za pomocą wartości funkcji trygonometrycznych innych kątów. W tym celu poznamy wzory redukcyjne.

Z definicji kąta skierowanego $\alpha$ wynika, że miara tego kąta jest równa $k \cdot 360^\circ + \alpha$, gdzie $k \in \mathbf{C}$. Zatem dla dowolnego $\alpha$ oczywiste są zależności:

$$\sin(k \cdot 360^\circ + \alpha) = \sin\alpha \qquad \operatorname{tg}(k \cdot 360^\circ + \alpha) = \operatorname{tg}\alpha$$

$$\cos(k \cdot 360^\circ + \alpha) = \cos\alpha \qquad \operatorname{ctg}(k \cdot 360^\circ + \alpha) = \operatorname{ctg}\alpha$$

Kolejną grupę wzorów redukcyjnych stanowią wzory sprowadzające obliczenie wartości trygonometrycznych kąta $(-\alpha)$ do kąta $\alpha$. Załóżmy, że kąty $\alpha$ oraz $(-\alpha)$ są w położeniu standardowym (zobacz rysunek poniżej).

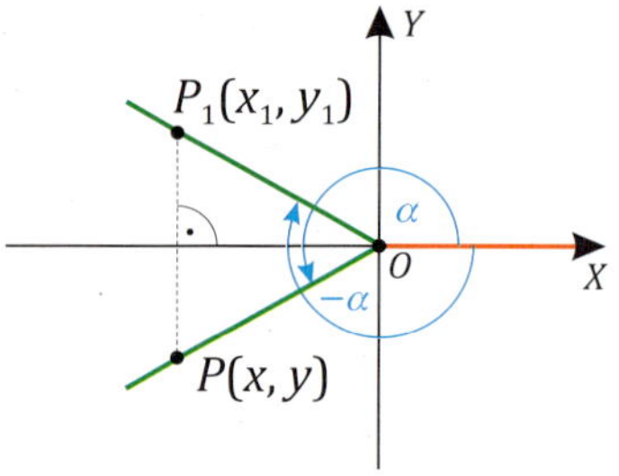


Końcowe ramiona tych kątów są symetryczne względem osi $OX$. Na drugim ramieniu kąta $\alpha$ wybieramy punkt $P(x, y)$. Niech punkt $P_1(x_1, y_1)$ będzie obrazem punktu $P$ w symetrii względem osi $OX$. Wówczas odległości punktu $P_1$ i punktu $P$ od osi $OX$ i odpowiednio od osi $OY$ są jednakowe. Zatem otrzymujemy zależność:

$$\begin{cases} x_1 = x \\ y_1 = -y \end{cases}$$

Teraz obliczamy:

$$\operatorname{tg}(-\alpha) = \frac{y_1}{x_1} = \frac{-y}{x} = -\operatorname{tg}\alpha \qquad \operatorname{ctg}(-\alpha) = \frac{x_1}{y_1} = \frac{x}{-y} = -\operatorname{ctg}\alpha$$

$$\sin(-\alpha) = \frac{y_1}{\sqrt{x_1^2 + y_1^2}} = \frac{-y}{\sqrt{x^2 + y^2}} = -\sin\alpha \qquad \cos(-\alpha) = \frac{x_1}{\sqrt{x_1^2 + y_1^2}} = \frac{x}{\sqrt{x^2 + y^2}} = \cos\alpha$$

Udowodniliśmy twierdzenie 1.

**Twierdzenie 1.**

1) $\operatorname{tg}(-\alpha) = -\operatorname{tg}\alpha$, jeśli $\alpha \neq 90^\circ + k \cdot 180^\circ$, $k \in \mathbf{C}$
2) $\operatorname{ctg}(-\alpha) = -\operatorname{ctg}\alpha$, jeśli $\alpha \neq k \cdot 180^\circ$ i $k \in \mathbf{C}$
3) $\sin(-\alpha) = -\sin\alpha$, jeśli $\alpha$ jest dowolnym kątem
4) $\cos(-\alpha) = \cos\alpha$, jeśli $\alpha$ jest dowolnym kątem.

Z dotychczasowych rozważań wynika również kolejne twierdzenie.

**Twierdzenie 2.**

1) $\text{tg}(360° - \alpha) = -\text{tg}\,\alpha$, jeśli $\alpha \neq 90° + k \cdot 180°$ i $k \in C$
2) $\text{ctg}(360° - \alpha) = -\text{ctg}\,\alpha$, jeśli $\alpha \neq k \cdot 180°$ i $k \in C$
3) $\sin(360° - \alpha) = -\sin\alpha$, jeśli $\alpha$ jest dowolnym kątem
4) $\cos(360° - \alpha) = \cos\alpha$, jeśli $\alpha$ jest dowolnym kątem.

Mamy bowiem:

$$\sin(360° - \alpha) = \sin\big(360° + (-\alpha)\big) = \sin(-\alpha) = -\sin\alpha$$

Podobne rozumowanie można przeprowadzić dla pozostałych funkcji trygonometrycznych kąta $360° - \alpha$.

## Przykład 1.

a) $\text{tg}(405°) = \text{tg}(360° + 45°) = \text{tg}\,45° = 1$
b) $\text{ctg}(-30°) = -\text{ctg}30° = -\sqrt{3}$
c) $\sin(300°) = \sin(360° - 60°) = -\sin 60° = -\dfrac{\sqrt{3}}{2}$

Zastanowimy się teraz, jaka jest zależność pomiędzy funkcjami trygonometrycznymi kątów $\alpha$ i $180° + \alpha$, gdzie $\alpha$ jest dowolnym kątem, dla którego określone są poszczególne funkcje trygonometryczne. Niech kąty $\alpha$ i $180° + \alpha$ będą w położeniu standardowym (zobacz rysunek poniżej).

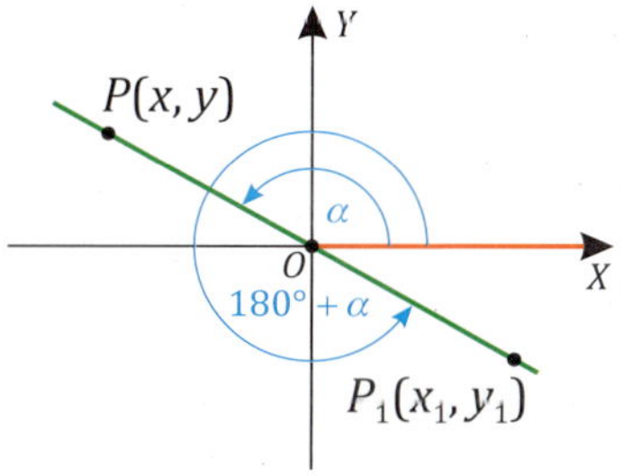


Wybieramy na końcowym ramieniu kąta $\alpha$ punkt $P$ różny od punktu $O$ oraz na drugim ramieniu kąta $180° + \alpha$ taki punkt $P_1$, że $|OP_1| = |OP|$. Zwróć uwagę na to, że półprosta $OP_1^{\rightarrow}$ jest obrazem półprostej $OP$ w symetrii środkowej względem punktu $O$, w szczególności tak dobraliśmy punkt $P_1$, że jest on obrazem punktu $P$ w tej symetrii. Z tego wynika zależność:

$$\begin{cases} x_1 = -x \\ y_1 = -y \end{cases}$$

Obliczamy:

$$\text{tg}(180° + \alpha) = \frac{y_1}{x_1} = \frac{-y}{-x} = \frac{y}{x} = \text{tg}\,\alpha$$

$$\text{ctg}(180° + \alpha) = \frac{x_1}{y_1} = \frac{-x}{-y} = \frac{x}{y} = \text{ctg}\,\alpha$$

$$\sin(180° + \alpha) = \frac{y_1}{\sqrt{x_1^2 + y_1^2}} = \frac{-y}{\sqrt{x^2 + y^2}} = -\sin\alpha$$

$$\cos(180° + \alpha) = \frac{x_1}{\sqrt{x_1^2 + y_1^2}} = \frac{-x}{\sqrt{x^2 + y^2}} = -\cos\alpha$$

Otrzymaliśmy twierdzenie:

**Twierdzenie 3.**

1) $\operatorname{tg}(180° + \alpha) = \operatorname{tg} \alpha$, jeśli $\alpha \neq 90° + k \cdot 180°$ i $k \in \boldsymbol{C}$
2) $\operatorname{ctg}(180° + \alpha) = \operatorname{ctg} \alpha$, jeśli $\alpha \neq k \cdot 180°$ i $k \in \boldsymbol{C}$
3) $\sin(180° + \alpha) = -\sin \alpha$, jeśli $\alpha$ jest dowolnym kątem
4) $\cos(180° + \alpha) = -\cos \alpha$, jeśli $\alpha$ jest dowolnym kątem.

Z twierdzenia 1. i z twierdzenia 3. wynika (udowodnij to!) kolejne twierdzenie:

**Twierdzenie 4.**

1) $\operatorname{tg}(180° - \alpha) = -\operatorname{tg} \alpha$, jeśli $\alpha \neq 90° + k \cdot 180°$ i $k \in \boldsymbol{C}$
2) $\operatorname{ctg}(180° - \alpha) = -\operatorname{ctg} \alpha$, jeśli $\alpha \neq k \cdot 180°$ i $k \in \boldsymbol{C}$
3) $\sin(180° - \alpha) = \sin \alpha$, jeśli $\alpha$ jest dowolnym kątem
4) $\cos(180° - \alpha) = -\cos \alpha$, jeśli $\alpha$ jest dowolnym kątem.

## Przykład 2.

a) $\operatorname{tg} 136° = \operatorname{tg}(180° - 44°) = -\operatorname{tg} 44°$
b) $\operatorname{ctg} 20° = \operatorname{ctg}(180° + 20°) = \operatorname{ctg} 200°$
c) $\sin 150° = \sin(180° - 150°) = \sin 30° = \dfrac{1}{2}$
d) $\cos 225° = \cos(180° + 45°) = -\cos 45° = -\dfrac{\sqrt{2}}{2}$

Teraz wyprowadzimy wzory redukcyjne dla kątów $\alpha$ i $90° + \alpha$. Nasze rozważania ograniczymy do przypadku, gdy $\alpha$ jest kątem ostrym, ale wzory są prawdziwe dla wszystkich kątów, dla których istnieją funkcje trygonometryczne kąta $\alpha$ oraz kąta $90° + \alpha$.

Niech kąty $\alpha$ oraz $90° + \alpha$ będą w położeniu standardowym (zobacz rysunek poniżej).

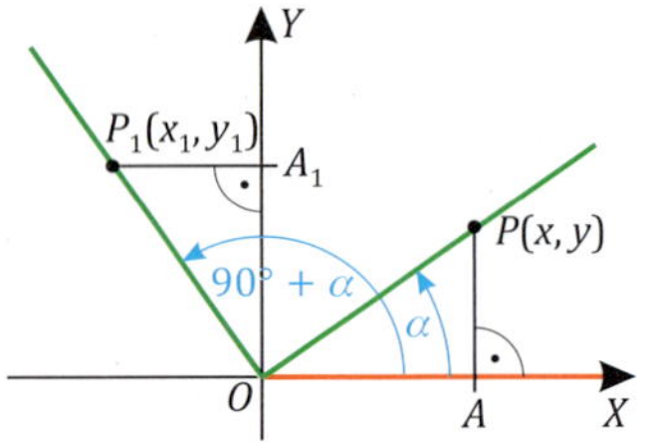


Na końcowym ramieniu kąta $\alpha$ wybieramy punkt $P(x, y)$ różny od punktu $O(0, 0)$. Na drugim ramieniu kąta $90° + \alpha$ wybieramy taki punkt $P_1(x_1, y_1)$, dla którego $|OP_1| = |OP|$. Dla punktów $A$ i $A_1$, wybranych jak na rysunku obok, trójkąty prostokątne $OAP$ i $OA_1P_1$ są przystające (uzasadnij to dokładnie). Z tego wynika, że:

$$\begin{cases} x_1 = -y \\ y_1 = x \end{cases}$$

Teraz obliczamy:

$$\operatorname{tg}(90^\circ+\alpha)=\frac{y_1}{x_1}=\frac{x}{-y}=-\frac{x}{y}=-\operatorname{ctg}\alpha$$

$$\operatorname{ctg}(90^\circ+\alpha)=\frac{x_1}{y_1}=\frac{-y}{x}=-\frac{y}{x}=-\operatorname{tg}\alpha$$

$$\sin(90^\circ+\alpha)=\frac{y_1}{\sqrt{x_1^2+y_1^2}}=\frac{x}{\sqrt{(-y)^2+x^2}}=\frac{x}{\sqrt{x^2+y^2}}=\cos\alpha$$

$$\cos(90^\circ+\alpha)=\frac{x_1}{\sqrt{x_1^2+y_1^2}}=\frac{-y}{\sqrt{(-y)^2+x^2}}=-\frac{y}{\sqrt{x^2+y^2}}=-\sin\alpha$$

Udowodniliśmy twierdzenie 5.

**Twierdzenie 5.**

1) $\operatorname{tg}(90^\circ+\alpha)=-\operatorname{ctg}\alpha$, jeśli $\alpha\neq k\cdot 180^\circ$ i $k\in \boldsymbol{C}$
2) $\operatorname{ctg}(90^\circ+\alpha)=-\operatorname{tg}\alpha$, jeśli $\alpha\neq 90^\circ+k\cdot 180^\circ$ i $k\in \boldsymbol{C}$
3) $\sin(90^\circ+\alpha)=\cos\alpha$, jeśli $\alpha$ jest dowolnym kątem
4) $\cos(90^\circ+\alpha)=-\sin\alpha$, jeśli $\alpha$ jest dowolnym kątem.

Korzystając z twierdzenia 5. oraz z twierdzenia 1., łatwo można pokazać, że prawdziwe jest twierdzenie 6.

**Twierdzenie 6.**

1) $\operatorname{tg}(90^\circ-\alpha)=\operatorname{ctg}\alpha$, jeśli $\alpha\neq k\cdot 180^\circ$ i $k\in \boldsymbol{C}$
2) $\operatorname{ctg}(90^\circ-\alpha)=\operatorname{tg}\alpha$, jeśli $\alpha\neq 90^\circ+k\cdot 180^\circ$ i $k\in \boldsymbol{C}$
3) $\sin(90^\circ-\alpha)=\cos\alpha$, jeśli $\alpha$ jest dowolnym kątem
4) $\cos(90^\circ-\alpha)=\sin\alpha$, jeśli $\alpha$ jest dowolnym kątem.

## Przykład 3.

a) $\operatorname{tg}89^\circ\cdot\operatorname{tg}1^\circ=\operatorname{tg}(90^\circ-1^\circ)\cdot\operatorname{tg}1^\circ=\operatorname{ctg}1^\circ\cdot\operatorname{tg}1^\circ=1$
b) $\operatorname{ctg}150^\circ=\operatorname{ctg}(90^\circ+60^\circ)=-\operatorname{tg}60^\circ=-\sqrt{3}$
c) $\sin 160^\circ+\cos 110^\circ=\sin(180^\circ-20^\circ)+\cos(90^\circ+20^\circ)=\sin 20^\circ-\sin 20^\circ=0$
d) $\sin^2 37+\sin^2 53^\circ=\sin^2 37^\circ+\sin^2(90^\circ-37^\circ)=\sin^2 37^\circ+\cos^2 37^\circ=1$

## Przykład 4.

Pokażemy, że dla dowolnego kąta $\alpha$ spełniającego warunek: $\alpha\neq 45^\circ+k\cdot 180^\circ$, gdzie $k\in\boldsymbol{C}$, równość $\frac{\cos(125^\circ+\alpha)+\sin(125^\circ-\alpha)}{\sin(35^\circ+\alpha)-\cos(35^\circ-\alpha)}=-1$ jest tożsamością.

Przekształcamy lewą stronę równości:

$$L=\frac{\cos(125^\circ+\alpha)+\sin(125^\circ-\alpha)}{\sin(35^\circ+\alpha)-\cos(35^\circ-\alpha)}=\frac{\cos\big(90^\circ+(35^\circ+\alpha)\big)+\sin\big(90^\circ+(35^\circ-\alpha)\big)}{\sin(35^\circ+\alpha)-\cos(35^\circ-\alpha)}=$$

$$=\frac{-\sin(35^\circ+\alpha)+\cos(35^\circ-\alpha)}{\sin(35^\circ+\alpha)-\cos(35^\circ-\alpha)}=-\frac{\sin(35^\circ+\alpha)-\cos(35^\circ-\alpha)}{\sin(35^\circ+\alpha)-\cos(35^\circ-\alpha)}=-1=P$$

Pokazaliśmy, że L = P, zatem równość jest tożsamością.

Ostatnie dwa twierdzenia pokazują, że niektóre wzory redukcyjne pozwalają zastąpić wartości funkcji trygonometrycznych wartościami innych funkcji trygonometrycznych: sinus dowolnego kąta może być wyrażony za pomocą funkcji cosinus i odwrotnie, podobnie tangens może być wyrażony za pomocą funkcji cotangens i odwrotnie. Mówimy, że funkcja cosinus jest kofunkcją dla funkcji sinus (i odwrotnie) oraz funkcja cotangens jest kofunkcją dla funkcji tangens (i odwrotnie).

Nie tylko wzory redukcyjne dla kąta $90° + \alpha$ oraz dla kąta $90° - \alpha$ zastępują funkcje trygonometryczne kofunkcjami. Tę sytuację uzyskamy również w przypadku, gdy funkcje trygonometryczne kąta $270° + \alpha$ oraz kąta $270° - \alpha$ będziemy chcieli wyrazić za pomocą funkcji trygonometrycznych kąta $\alpha$. Spróbuj wyprowadzić te wzory.

Istnieje prosty sposób zapamiętania wzorów redukcyjnych. Zakładamy, że $\alpha$ jest kątem ostrym, a następnie:
1) Sprawdzamy, jaki znak ma interesujące nas wyrażenie; zapisujemy go po prawej stronie równości.
2) Jeśli we wzorze liczba poprzedzająca $+\alpha$ (lub $-\alpha$) jest nieparzystą wielokrotnością kąta 90°, np. $(90° - \alpha)$, $(90° + \alpha)$, $(270° - \alpha)$, $(270° + \alpha)$, to funkcja zmienia się na kofunkcję (sinus na cosinus, cotangens na tangens itd.); jeśli nie – funkcja pozostaje bez zmiany.

Wykonanie punktu 1) ułatwi Ci „rymowanka", która znajduje się na str. 234.

## Przykład 5.

Obliczymy:
a) sin 240° b) cos 315° c) tg 150° d) ctg 330°.

**Ad a)** $\sin 240° = \sin(180° + 60°)$
1) $\sin 240° < 0$ – po prawej stronie równości wpisujemy znak – (minus).
2) $180° = 2 \cdot 90°$ – pozostaje funkcja sinus. Obliczamy:

$$\sin 240° = \sin(180° + 60°) = -\sin 60° = -\frac{\sqrt{3}}{2}$$

**Ad b)** $\cos 315° = \cos(270° + 45°)$
1) $\cos 315° > 0$ – po prawej stronie równości będzie znak (+).
2) 270° – zamieniamy na kofunkcję, czyli sinus.

$$\cos 315° = \cos(270° + 45°) = \sin 45° = \frac{\sqrt{2}}{2}$$

**Ad c)** $\operatorname{tg} 150° = \operatorname{tg}(90° + 60°)$
1) $\operatorname{tg} 150° < 0$.
2) 90° – zamieniamy na kofunkcję.

$$\operatorname{tg} 150° = -\operatorname{ctg} 60° = -\frac{\sqrt{3}}{3}$$

**Ad d)** $\operatorname{ctg} 330° = \operatorname{ctg}(360° - 30°) = -\operatorname{ctg} 30° = -\sqrt{3}$

Wykonując obliczenia, możemy wykorzystywać różne wzory redukcyjne, np. ctg 330° możemy obliczyć również tak:

$$\text{ctg}\,330° = \text{ctg}(270° + 60°) = -\text{tg}\,60° = -\sqrt{3}$$

## Przykład 6.

Obliczymy ctg 105°.

Mamy:

$$\text{ctg}\,105° = \text{ctg}(90° + 15°) = -\text{tg}\,15°$$

Wystarczy więc obliczyć tg 15°. W tym celu rozważmy trójkąt prostokątny *ABC*, w którym $|\sphericalangle A| = 60°$ i $|\sphericalangle B| = 30°$ oraz $|AB| = 2$, $|BC| = \sqrt{3}$ i $|AC| = 1$. Poprowadźmy dwusieczną *BD* kąta *B*.

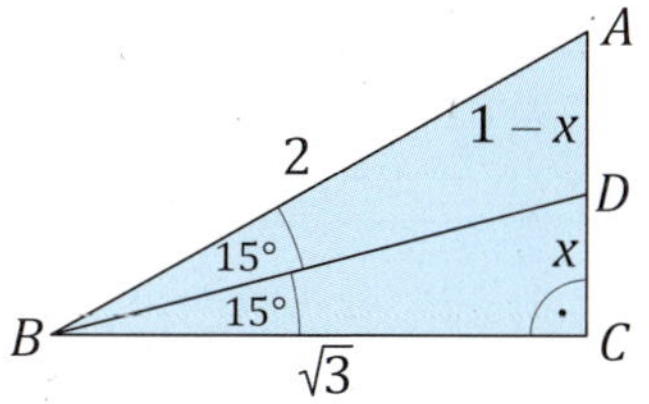


Oznaczmy $|CD| = x$, wtedy $|AD| = 1 - x$. Zatem

$$\text{tg}\,15° = \frac{x}{\sqrt{3}}$$

Długość odcinka *CD* można obliczyć, korzystając z twierdzenia o podziale boku przez dwusieczną kąta wewnętrznego trójkąta (zobacz str. 203). Na podstawie tego twierdzenia możemy zapisać

$$\frac{|CD|}{|AD|} = \frac{|BC|}{|AB|}, \text{ czyli}$$

$$\frac{x}{1-x} = \frac{\sqrt{3}}{2}$$

$$2x = \sqrt{3} - \sqrt{3} \cdot x$$

$$\left(2 + \sqrt{3}\right)x = \sqrt{3}, \text{ stąd}$$

$$\frac{x}{\sqrt{3}} = \frac{1}{2+\sqrt{3}}, \text{ czyli } \text{tg}\,15° = \frac{1}{2+\sqrt{3}} = \frac{1 \cdot \left(2-\sqrt{3}\right)}{\left(2+\sqrt{3}\right) \cdot \left(2-\sqrt{3}\right)} = \frac{2-\sqrt{3}}{4-3} = 2 - \sqrt{3}, \text{ zatem}$$

$$\text{ctg}\,105° = -\text{tg}\,15° = -\left(2-\sqrt{3}\right) = \sqrt{3} - 2$$

$$\text{ctg}\,105° = \sqrt{3} - 2$$

### Sprawdź, czy rozumiesz

1. Oblicz:
   a) $\sin 210°$ b) $\cos 150°$ c) $\text{tg}(-210°)$ d) $\text{ctg}(-330°)$.
2. Oblicz:
   a) $\sin^2 81° + \sin^2 9°$ b) $1 - \text{tg}\,3° \cdot \text{tg}(-87°)$
   c) $4 \cdot \text{tg}\,43° \cdot \text{tg}(-45°) \cdot \text{tg}\,47°$ d) $(\sin 24° - \cos 156°)^2 - 2\cos 66° \cdot \cos 24°$.

# Twierdzenie sinusów

Poznałeś już związki między kątami i bokami w trójkącie prostokątnym. Dzięki temu potrafisz na przykład obliczyć długość trzeciego boku i miary kątów ostrych, gdy znasz długości dwóch boków trójkąta prostokątnego; albo wyznaczyć długości dwóch boków trójkąta prostokątnego, jeśli znasz długość jednego boku i miarę kąta ostrego w tym trójkącie.

W dalszej części poznasz twierdzenia ułatwiające wyznaczanie długości boków i miar kątów dowolnego trójkąta.

**Twierdzenie 1.** (sinusów)
W dowolnym trójkącie stosunek długości boku do sinusa kąta leżącego naprzeciwko tego boku jest stały i równy długości średnicy okręgu opisanego na tym trójkącie.

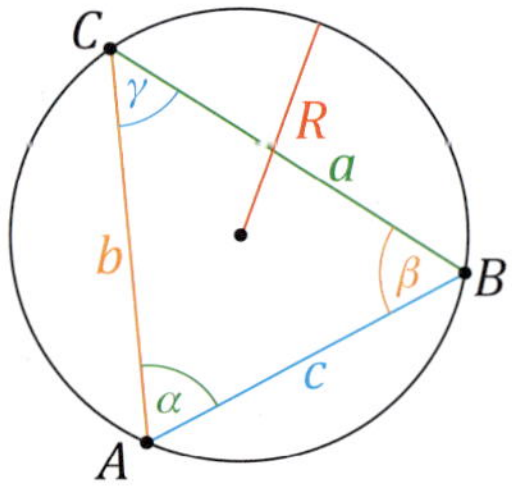


Założenia:

$a, b, c$ – długości boków trójkąta $ABC$

$\alpha, \beta, \gamma$ – kąty leżące odpowiednio naprzeciwko boków $a, b, c$

$R$ – promień okręgu opisanego na trójkącie $ABC$

Teza:

$$\frac{a}{\sin\alpha} = \frac{b}{\sin\beta} = \frac{c}{\sin\gamma} = 2R$$

Dowód:

Wykażemy, że $\frac{a}{\sin\alpha} = 2R$. Rozważymy trzy przypadki.

I przypadek:
Kąt $\alpha$ jest ostry.

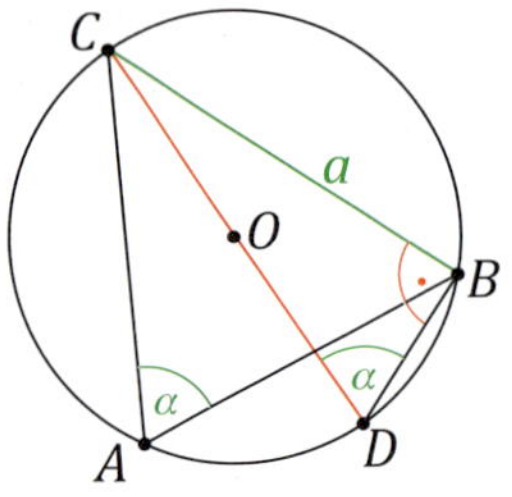


Prowadzimy średnicę $CD$ okręgu i łączymy punkt $D$ z punktem $B$. Powstały trójkąt $CDB$ jest prostokątny, ponieważ kąt $CBD$ jest oparty na półokręgu. Ponadto kąt wpisany $CDB$ jest oparty na tym samym łuku $BC$ co kąt wpisany $CAB$, więc

$$|\sphericalangle CDB| = |\sphericalangle CAB| = \alpha$$

Wyznaczamy sinus kąta $CDB$:

$$\sin\alpha = \frac{|CB|}{|CD|} = \frac{a}{2R}, \text{ skąd } \frac{a}{\sin\alpha} = 2R.$$

<u>II przypadek</u>:
Kąt $\alpha$ jest prosty.

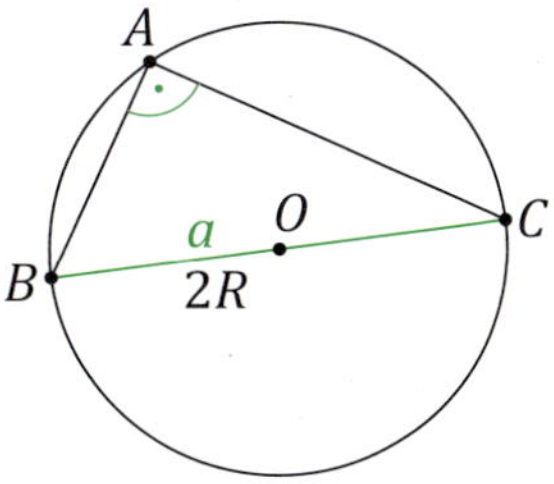


W trójkącie prostokątnym przeciwprostokątna jest jednocześnie średnicą okręgu opisanego na trójkącie, stąd $a = 2R$.
Ponadto, $\alpha = 90^\circ$, więc $\sin\alpha = 1$.
Otrzymujemy:
$$\frac{a}{\sin\alpha} = \frac{2R}{1} = 2R$$

<u>III przypadek</u>:
Kąt $\alpha$ jest rozwarty.

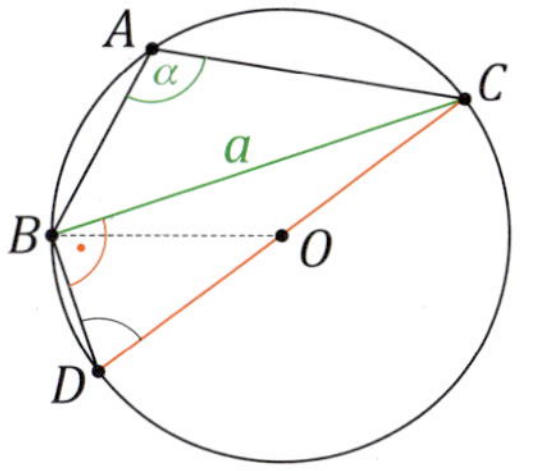


Analogicznie jak w I przypadku, prowadzimy średnicę $CD$ okręgu i otrzymujemy trójkąt prostokątny $CDB$, w którym
$$|\sphericalangle DBC| = 90^\circ, \quad |DC| = 2R \quad \text{oraz} \quad |BC| = a.$$
Wyznaczamy kąt $BDC$ w zależności od $\alpha$.
Z własności kątów: środkowego i wpisanego w okrąg, opartych na tym samym łuku wynika, że
– kąt wklęsły $BOC$ jest równy $2\alpha$
– kąt wypukły $BOC$ jest równy $360^\circ - 2\alpha$, stąd
$$|\sphericalangle BDC| = \frac{1}{2}(360^\circ - 2\alpha) = 180^\circ - \alpha$$
Obliczamy sinus kąta $BDC$:
$$\sin(180^\circ - \alpha) = \frac{|BC|}{|DC|} = \frac{a}{2R}$$
Ze wzoru redukcyjnego otrzymujemy, że
$$\sin(180^\circ - \alpha) = \sin\alpha, \text{ zatem}$$
$$\frac{a}{\sin\alpha} = 2R$$
W każdym z trzech omawianych przypadków pokazaliśmy, że prawdziwa jest równość
$$\frac{a}{\sin\alpha} = 2R$$
Podobnie można wykazać, że $\frac{b}{\sin\beta} = 2R$ oraz $\frac{c}{\sin\gamma} = 2R$.

Zastosowanie twierdzenia sinusów zilustrujemy przykładami.

## Przykład 1.

Dane są dwa kąty $\alpha$ i $\beta$ trójkąta, $\alpha = 70^\circ$, $\beta = 65^\circ$, oraz długość $c$ boku leżącego pomiędzy tymi kątami, $c = \sqrt{8}$ cm. Wyznaczymy średnicę okręgu opisanego na tym trójkącie.

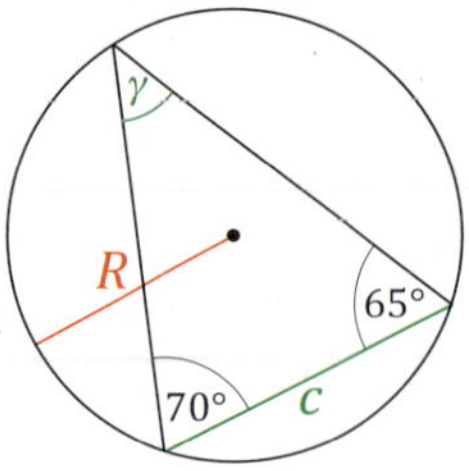


Z twierdzenia sinusów wynika, że $\frac{c}{\sin\gamma} = 2R$.

Wiemy, że $c = \sqrt{8}$ cm. Wyznaczamy $\sin\gamma$:

$\gamma = 180° - (70° + 65°) = 45°$, skąd

$\sin\gamma = \sin 45° = \frac{\sqrt{2}}{2}$, zatem

$$2R = \frac{\sqrt{8}}{\frac{\sqrt{2}}{2}} = \sqrt{8} \cdot \frac{2}{\sqrt{2}} = \sqrt{4} \cdot 2 = 4 \text{ (cm)}$$

Średnica okręgu opisanego na trójkącie jest równa 4 cm.

## Przykład 2.

Obliczymy miarę kąta $\alpha$ w trójkącie $ABC$ (zobacz rysunek poniżej), jeśli $a = 4\sqrt{3}$, $b = 3{,}2$ oraz $\sin\beta = 0{,}4$.

Szukany kąt $\alpha$ jest kątem wewnętrznym trójkąta, więc $\alpha \in (0°, 180°)$.

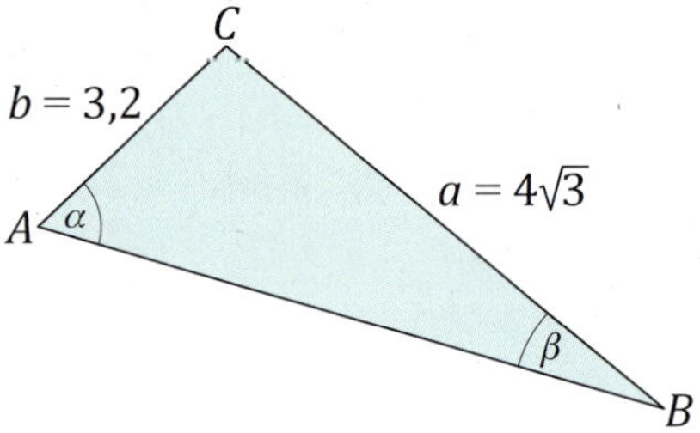


Na podstawie twierdzenia sinusów otrzymujemy

$\frac{a}{\sin\alpha} = \frac{b}{\sin\beta}$, czyli

$\frac{4\sqrt{3}}{\sin\alpha} = \frac{3{,}2}{0{,}4}$

$8 \cdot \sin\alpha = 4\sqrt{3}$, skąd

$\sin\alpha = \frac{\sqrt{3}}{2}$

Z własności funkcji trygonometrycznych wiemy, że w przedziale $(0°, 180°)$ istnieją dwa kąty, których sinus jest równy $\frac{\sqrt{3}}{2}$:

$\alpha_1 = 60°$

$\alpha_2 = 180° - 60° = 120°$

Miara kąta $\alpha$ jest równa 60° lub 120°.

## Przykład 3.

W trójkącie $ABC$ $\cos\alpha < 0$ oraz promień okręgu opisanego na tym trójkącie jest równy $|AC|$. Wykażemy, że kąt $\beta$ jest równy 30°.

Założenie: Niech dany będzie trójkąt $ABC$ jak na rysunku obok.
$R$ – promień okręgu opisanego na trójkącie $ABC$
$\cos\alpha < 0$ $\quad |AC| = R$

Teza: $\beta = 30°$

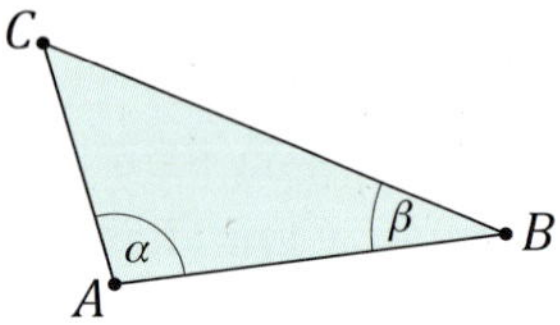

Dowód:
Z twierdzenia sinusów otrzymujemy równość:

$\frac{|AC|}{\sin\beta} = 2R$ oraz $|AC| = R$ – z założenia, zatem

$\frac{R}{\sin\beta} = 2R$, skąd

$\sin\beta = \frac{1}{2}$

Cosinus kąta $\alpha$ jest ujemny, więc $\alpha \in (90°, 180°)$. To znaczy, że kąt $\alpha$ jest rozwarty, a pozostałe kąty trójkąta są ostre, w szczególności kąt $\beta$ jest ostry. Zatem

$\sin\beta = \frac{1}{2}$ wtedy, gdy $\beta = 30°$, co kończy dowód.

## Przykład 4.

Wykażemy, że jeżeli $\alpha, \beta$ są kątami pewnego trójkąta, to $\sin(\alpha+\beta) < \sin\alpha + \sin\beta$.

Założenie: $a, b, c$ – długości boków trójkąta $ABC$
$\alpha, \beta, \gamma$ – kąty trójkąta $ABC$
$R$ – promień okręgu opisanego na trójkącie $ABC$

Teza: $\sin(\alpha+\beta) < \sin\alpha + \sin\beta$

Dowód: Wiemy, że prawdziwa jest nierówność trójkąta:

$c < a + b$

Na podstawie twierdzenia sinusów mamy:

$\frac{a}{\sin\alpha} = \frac{b}{\sin\beta} = \frac{c}{\sin\gamma} = 2R$

z tego wynika, że

$a = 2R\sin\alpha$,

$b = 2R\sin\beta$ oraz

$c = 2R\sin\gamma$

Po podstawieniu uzyskanych zależności do nierówności trójkąta otrzymujemy:

$2R\sin\gamma < 2R\sin\alpha + 2R\sin\beta$

Dzielimy nierówność stronami przez $2R$ (bo $R > 0$).

$\sin\gamma < \sin\alpha + \sin\beta$

Z założenia wiemy, że $\alpha, \beta, \gamma$ są kątami trójkąta, więc

$\gamma = 180° - (\alpha+\beta)$

Korzystamy ze wzoru redukcyjnego i obliczamy $\sin\gamma$:

$\sin\gamma = \sin[180° - (\alpha+\beta)] = \sin(\alpha+\beta)$, zatem

$\sin(\alpha+\beta) < \sin\alpha + \sin\beta$, co kończy dowód.

## Przykład 5.

Boki trójkąta $ABC$ mają długość $a$, $b$ i $c$. Z wierzchołka $A$ poprowadzono półprostą, która przecina bok $BC$ w punkcie $D$. Wykażemy, że stosunek promieni okręgów opisanych na trójkącie $ADC$ oraz na trójkącie $ABD$ nie zależy od kąta, jaki tworzy półprosta $AD^{\rightarrow}$ z bokiem $BC$.

Założenie:

niech dany będzie trójkąt $ABC$ jak na rysunku obok

$a$, $b$, $c$ – długości boków trójkąta $ABC$

$\{D\} = AD^{\rightarrow} \cap BC$

$|\sphericalangle ADB| \underset{\text{ozn.}}{=} \delta$

$R_1$, $R_2$ – promienie okręgów opisanych odpowiednio na trójkątach $ABD$ i $ADC$

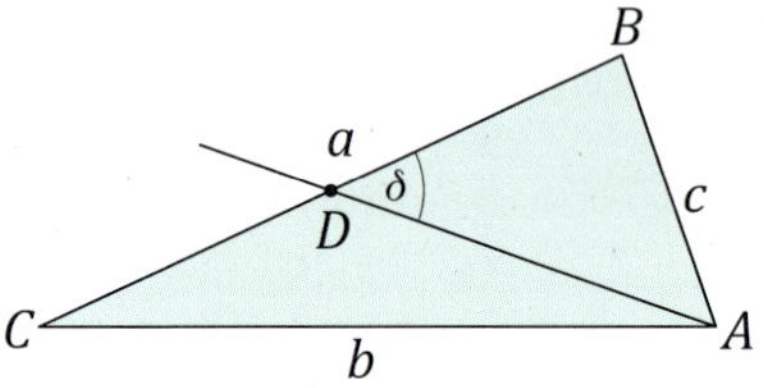


Teza: iloraz $\frac{R_1}{R_2}$ nie zależy od wartości $\delta$

Dowód:

Z twierdzenia sinusów dla trójkąta $ABD$ wynika, że

$$R_1 = \frac{c}{2\sin\delta}$$

Kąty $ADB$ i $ADC$ są kątami przyległymi, więc

$$|\sphericalangle ADC| = 180° - \delta$$

Teraz stosujemy twierdzenie sinusów dla trójkąta $ADC$ i otrzymujemy:

$$R_2 = \frac{b}{2\sin(180° - \delta)} = \frac{b}{2\sin\delta}$$

Obliczamy stosunek długości promieni:

$$\frac{R_1}{R_2} = \frac{\frac{c}{2\sin\delta}}{\frac{b}{2\sin\delta}} = \frac{c}{b}$$

Stosunek długości promieni nie zależy od miary kąta $\delta$, a jedynie od długości boków $b$ i $c$, co kończy dowód.

### Sprawdź, czy rozumiesz

1. Oblicz długość boku $a$ oraz promień okręgu opisanego na trójkącie $ABC$, jeśli wiadomo, że $\alpha = 30°, \beta = 45°$ oraz $b = 4\sqrt{2}$.

2. W trójkącie $ABC$ dane są: $a = 8\sqrt{7}$, $c = 4$ oraz $\cos\alpha = -0{,}75$. Oblicz $\sin\gamma$.

3. Oblicz miarę kąta $\alpha$ trójkąta $ABC$, w którym $a = 20\sqrt{3}$, $b = 10\sqrt{3}$ oraz $\sin\beta = 0{,}25$.

4. W pewnym trójkącie miary kątów $\alpha, \beta, \gamma$ spełniają warunek: $\sin^2\alpha - \sin^2\beta = \sin^2\gamma$. Wykaż, że trójkąt ten jest prostokątny.

# Twierdzenie cosinusów

Kolejnym ważnym twierdzeniem opisującym związek między bokami i kątami trójkąta jest twierdzenie cosinusów.

**Twierdzenie 1.** (cosinusów)
W dowolnym trójkącie kwadrat długości jednego boku jest równy sumie kwadratów długości dwóch pozostałych boków, zmniejszonej o podwojony iloczyn długości tych boków i cosinusa kąta zawartego między nimi.

Założenie: niech dany będzie trójkąt $ABC$ jak na rysunku obok
$a, b, c$ – długości boków trójkąta $ABC$
$\alpha, \beta, \gamma$ – miary kątów trójkąta $ABC$

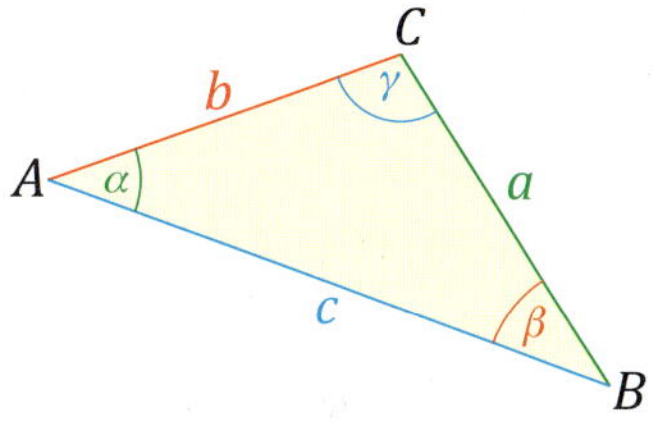


Teza: $a^2 = b^2 + c^2 - 2bc \cdot \cos\alpha$
$b^2 = a^2 + c^2 - 2ac \cdot \cos\beta$
$c^2 = a^2 + b^2 - 2ab \cdot \cos\gamma$

Dowód: Udowodnimy pierwszy z tych wzorów. Podobnie jak w dowodzie twierdzenia sinusów, rozpatrzymy trzy przypadki.

I przypadek:
Kąt $\alpha$ jest ostry. Wówczas przynajmniej jeszcze jeden kąt tego trójkąta jest ostry. Przyjmijmy, że jest to kąt $\beta$. Wówczas:

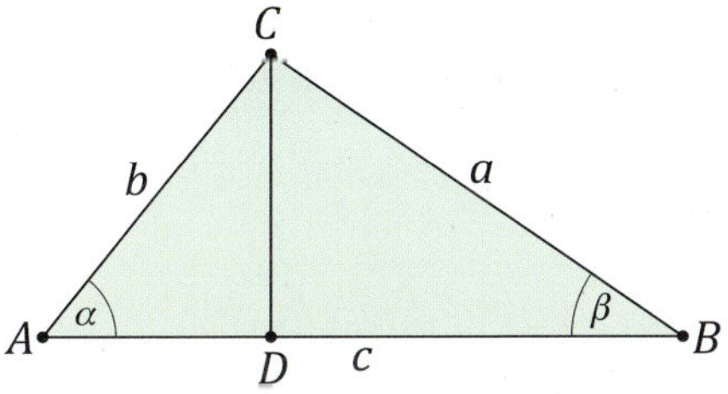


Punkt $D$ jest spodkiem wysokości poprowadzonej z wierzchołka $C$ (kąty $\alpha, \beta$ są ostre, więc punkt $D$ leży między punktami $A$ i $B$).
W trójkącie prostokątnym $ADC$ mamy:

$|CD| = b \cdot \sin\alpha$ oraz $|AD| = b \cdot \cos\alpha$, więc

$|DB| = c - b \cdot \cos\alpha$

Z twierdzenia Pitagorasa dla trójkąta $BCD$ otrzymujemy:

$$|CB|^2 = |DB|^2 + |CD|^2$$

Zatem

$$a^2 = (c - b \cdot \cos\alpha)^2 + (b \cdot \sin\alpha)^2 = c^2 - 2bc \cdot \cos\alpha + b^2 \cdot (\cos^2\alpha + \sin^2\alpha) =$$
$$= b^2 + c^2 - 2bc \cdot \cos\alpha, \text{ czyli}$$

$a^2 = b^2 + c^2 - 2bc \cdot \cos\alpha$, co kończy dowód w I przypadku.

II przypadek:
Kąt $\alpha$ jest prosty.
Wówczas na mocy twierdzenia Pitagorasa oraz tego, że jeśli $\alpha = 90^\circ$, to $\cos\alpha = 0$ możemy zapisać

$a^2 = b^2 + c^2 = b^2 + c^2 - 2bc \cdot \cos\alpha$, co kończy dowód w II przypadku.

III przypadek:
Kąt $\alpha$ jest rozwarty.

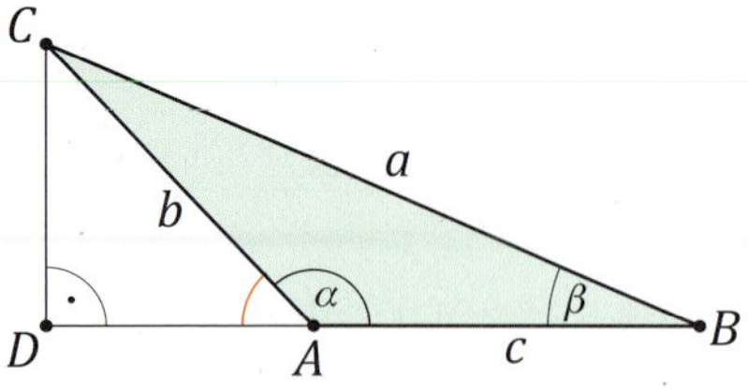


Spodek wysokości $CD$ leży na przedłużeniu boku $AB$. Wtedy $|\sphericalangle CAD| = 180° - \alpha$. Obliczamy $|AD|$ i $|CD|$:

$|AD| = b \cdot \cos(180° - \alpha) = -b \cdot \cos\alpha$

$|CD| = b \cdot \sin(180° - \alpha) = b \cdot \sin\alpha$

Stosujemy twierdzenie Pitagorasa do trójkąta $DBC$ i otrzymujemy:

$a^2 = (b \cdot \sin\alpha)^2 + [c + (-b \cdot \cos\alpha)]^2$, skąd mamy

$a^2 = b^2 + c^2 - 2bc \cdot \cos\alpha$,

co kończy dowód w III przypadku.

Zatem wzór $a^2 = b^2 + c^2 - 2bc \cdot \cos\alpha$ jest prawdziwy dla dowolnego kąta $\alpha$. Podobnie można udowodnić pozostałe dwa wzory.

Twierdzenie cosinusów stosujemy do obliczenia długości trzeciego boku trójkąta, gdy dane są długości dwóch pozostałych boków i miara kąta zawartego między nimi.

## Przykład 1.

Długości dwóch boków trójkąta wynoszą $4\sqrt{3}$ i 6, a miara kąta zawartego między tymi bokami jest równa 150°. Obliczymy długość trzeciego boku tego trójkąta.

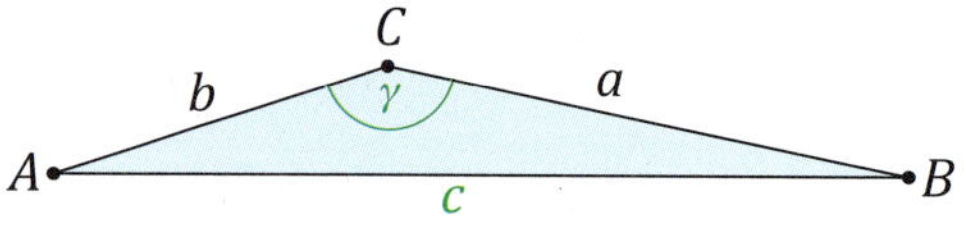


Przyjmijmy oznaczenia, jak na rysunku obok. Wówczas:

$a = 4\sqrt{3}$ $\quad b = 6$ $\quad \gamma = 150°$

$c$ – szukana długość trzeciego boku

Z twierdzenia cosinusów otrzymujemy

$c^2 = \left(4\sqrt{3}\right)^2 + 6^2 - 2 \cdot 4\sqrt{3} \cdot 6 \cdot \cos 150°$, gdzie

$\cos 150° = -\cos 30° = -\dfrac{\sqrt{3}}{2}$, zatem

$c^2 = 48 + 36 + 72$

$c^2 = 156$

$c = 2\sqrt{39}$

Trzeci bok trójkąta ma długość $2\sqrt{39}$.

Jeśli mamy trzy boki trójkąta, to możemy zastosować twierdzenie cosinusów do obliczenia miary dowolnego kąta tego trójkąta. W tym celu wyznaczamy cosinus tego kąta z odpowiedniego wzoru (zobacz twierdzenie 1.) i otrzymujemy następujący wniosek.

Wniosek: W dowolnym trójkącie (przy oznaczeniach z twierdzenia 1.) prawdziwe są wzory:

$$\cos\alpha = \frac{b^2 + c^2 - a^2}{2bc} \qquad \cos\beta = \frac{a^2 + c^2 - b^2}{2ac} \qquad \cos\gamma = \frac{a^2 + b^2 - c^2}{2ab}$$

## Przykład 2.

Ocenimy, jakim trójkątem (ostrokątnym, prostokątnym czy rozwartokątnym) jest trójkąt o bokach mających długość 4 cm, 5 cm, 7 cm.

Oznaczmy kolejno długości boków trójkąta przez $a$, $b$ oraz $c$. Mamy wówczas

$a = 4$ cm, $b = 5$ cm, $c = 7$ cm.

Wtedy kąt $\gamma$, leżący naprzeciwko najdłuższego boku, ma największą miarę. Na podstawie wniosku otrzymujemy

$$\cos\gamma = \frac{a^2+b^2-c^2}{2ab}, \text{ zatem } \cos\gamma = \frac{4^2+5^2-7^2}{2\cdot 4\cdot 5} = -\frac{1}{5}.$$

Cosinus kąta $\alpha$ jest ujemny, więc kąt $\alpha$ jest rozwarty. Trójkąt ten jest rozwartokątny.

Przypomnij sobie twierdzenie 3. ze str. 191 i udowodnij je.

## Przykład 3.

Obliczymy długość środkowej $CD$ w trójkącie $ABC$, jeśli dane są długości boków trójkąta: $a = 5$, $b = 6$, $c = 10$.

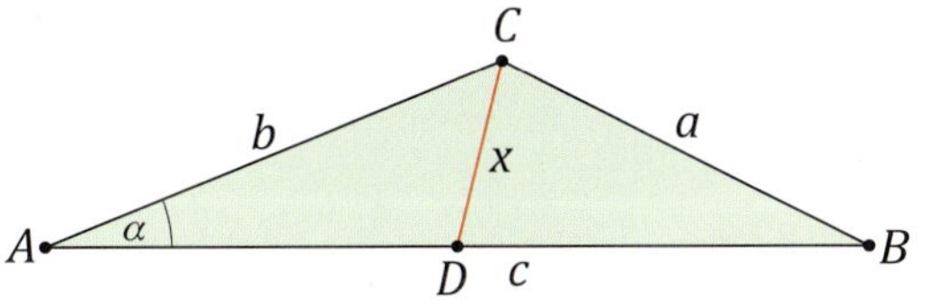


Wprowadźmy oznaczenia:

$|\sphericalangle DAC| = \alpha$, $\alpha \in (0, 180°)$

$|CD| = x$, $(x > 0)$, gdzie $CD$ – środkowa trójkąta.

Rozpatrujemy trójkąty $ADC$ oraz $ABC$.
Na podstawie wniosku wyznaczymy w obu trójkątach cosinus kąta $\alpha$.
W trójkącie $ADC$ otrzymujemy:

$$\cos\alpha = \frac{b^2+\left(\frac{1}{2}c\right)^2-x^2}{2b\cdot\frac{1}{2}c} = \frac{b^2+\frac{1}{4}c^2-x^2}{bc}, \text{ ale } b=6 \text{ i } c=10, \text{ skąd}$$

$$\cos\alpha = \frac{36+25-x^2}{60} = \frac{61-x^2}{60}$$

Analogicznie w trójkącie $ABC$, po podstawieniu w miejsce $a$, $b$, $c$ danych wielkości, mamy:

$$\cos\alpha = \frac{36+100-25}{120} = \frac{111}{120}, \text{ zatem}$$

$$\frac{61-x^2}{60} = \frac{111}{120}, \text{ skąd } x^2 = \frac{11}{2}, \text{ czyli}$$

$$x = \frac{\sqrt{22}}{2}.$$

Środkowa $CD$ ma długość $\frac{\sqrt{22}}{2}$.

## Przykład 4.

Wykażemy, że jeśli $a$, $b$, $c$, gdzie $0 < a < c < b$, są długościami boków trójkąta spełniającymi warunek $\frac{b-c}{a} = \frac{a+c}{b+c}$, to kąt leżący naprzeciwko boku mającego długość $b$ jest równy $120°$.

Założenie:

$a, b, c$ – długości boków trójkąta $ABC$

$a < c < b$

$|\sphericalangle ABC| = \beta$

$\frac{b-c}{a} = \frac{a+c}{b+c}$

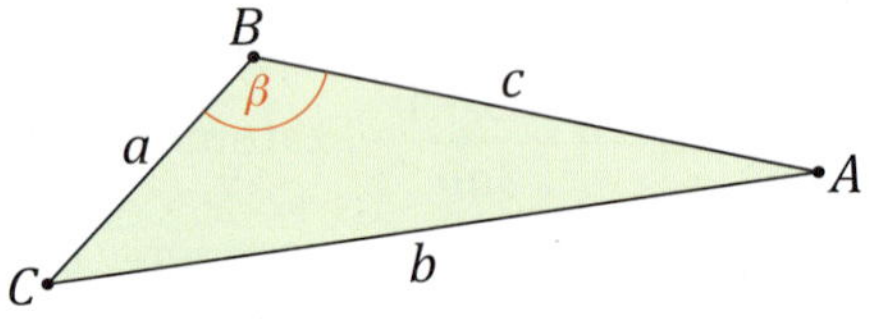


Teza:

$\beta = 120°$

Dowód: Z założenia

$\frac{b-c}{a} = \frac{a+c}{b+c}$

otrzymujemy:

$(b-c)(b+c) = a(a+c)$, skąd

$b^2 = a^2 + c^2 + ac$

Natomiast z twierdzenia cosinusów mamy:

$b^2 = a^2 + c^2 - 2ac \cdot \cos\beta$, zatem

$a^2 + c^2 + ac = a^2 + c^2 - 2ac \cdot \cos\beta$, czyli

$2ac \cdot \cos\beta = -ac$

$\cos\beta = -\frac{1}{2}$

Ponieważ $\beta \in (0, 180°)$ i $\cos\beta = -\frac{1}{2}$, więc

$\beta = 120°$, co kończy dowód.

## Przykład 5.

Udowodnimy, że jeśli $\alpha, \beta$ są miarami kątów w trójkącie oraz $\sin\beta + 2\sin\alpha \cdot \cos(\alpha + \beta) = 0$, to ten trójkąt jest równoramienny.

Założenie:

$\alpha, \beta$ – miary kątów trójkąta $ABC$

$a, b, c$ – długości boków trójkąta $ABC$

$\sin\beta + 2\sin\alpha \cdot \cos(\alpha + \beta) = 0$

Teza:

trójkąt $ABC$ jest trójkątem równoramiennym

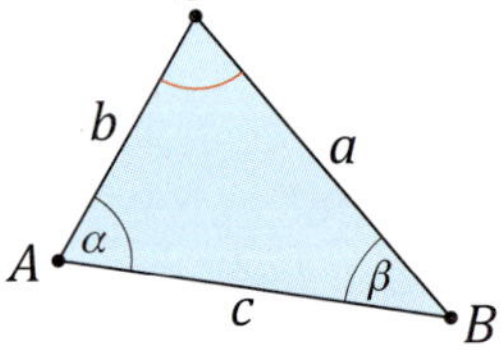


Dowód: Z założenia wiemy, że

(1) $\sin\beta + 2\sin\alpha \cdot \cos(\alpha + \beta) = 0$

Równość tę przekształcimy do równości wyrażającej zależność między długościami boków $a$, $b$, $c$ trójkąta.

Z twierdzenia sinusów mamy $\frac{a}{\sin\alpha} = \frac{b}{\sin\beta}$, więc do równości (1) w miejsce $\sin\beta$ podstawiamy $\frac{b\sin\alpha}{a}$ i otrzymujemy:

$$\frac{b\sin\alpha}{a} + 2\sin\alpha \cdot \cos(\alpha+\beta) = 0$$

Mnożymy równość stronami przez $a$ i dzielimy przez $\sin\alpha$ (bo $\sin\alpha \neq 0$). Otrzymujemy:

(2) $\quad b + 2a \cdot \cos(\alpha+\beta) = 0$

Pozostaje wyrazić $\cos(\alpha+\beta)$ za pomocą długości boków trójkąta. Zauważamy, że

$|\sphericalangle ACB| = 180° - (\alpha+\beta)$, więc

$\cos|\sphericalangle ACB| = -\cos(\alpha+\beta)$

Stosujemy twierdzenie cosinusów:

$c^2 = a^2 + b^2 - 2ab \cdot \cos|\sphericalangle ACB|$

$c^2 = a^2 + b^2 + 2ab \cdot \cos(\alpha+\beta)$, skąd

$2a \cdot \cos(\alpha+\beta) = \frac{c^2 - a^2 - b^2}{b}$

Podstawiamy wyrażenie $\frac{c^2 - a^2 - b^2}{b}$ w miejsce $2a \cdot \cos(\alpha+\beta)$ w równości (2). Mamy:

$b + \frac{c^2 - a^2 - b^2}{b} = 0 \quad / \cdot b$

$b^2 + c^2 - a^2 - b^2 = 0$, czyli

$c^2 = a^2$, skąd

$c = a$ (bo $a > 0$ i $c > 0$).

Otrzymaliśmy, że dwa boki trójkąta mają tę samą długość, zatem trójkąt jest równoramienny, co kończy dowód.

## Sprawdź, czy rozumiesz

1. Wykaż, że trójkąt o bokach długości 10 cm, 7 cm i 5 cm jest rozwartokątny.
2. Dwa boki trójkąta mają długość 4 cm i 5 cm, a kąt trójkąta leżący między tymi bokami jest równy 60°. Oblicz długość trzeciego boku tego trójkąta.
3. W trójkącie równoramiennym $ABC$ dane są długości boków: $|AB| = |AC| = \sqrt{3}$ oraz $|BC| = 3$ cm.
   Oblicz miarę kąta $BAC$ na dwa sposoby:
   a) stosując twierdzenie cosinusów
   b) prowadząc wysokość trójkąta na podstawę i stosując funkcje trygonometryczne kąta ostrego w trójkącie prostokątnym.
4. Boki trójkąta $ABC$ mają długość: $|AB| = 8$ cm, $|BC| = 4$ cm, $|AC| = 6$ cm. Oblicz długość środkowej $AD$.

# 7. Geometria płaska – pole koła, pole trójkąta

## Pole figury geometrycznej

Pole jest liczbą, którą można przyporządkować pewnym figurom płaskim. Aby określić pole, buduje się tzw. sieci kwadratowe. Na początku ustala się jednostkę – kwadrat o boku 1, nazywany kwadratem jednostkowym. Za jego pomocą będziemy mierzyć pola różnych figur.

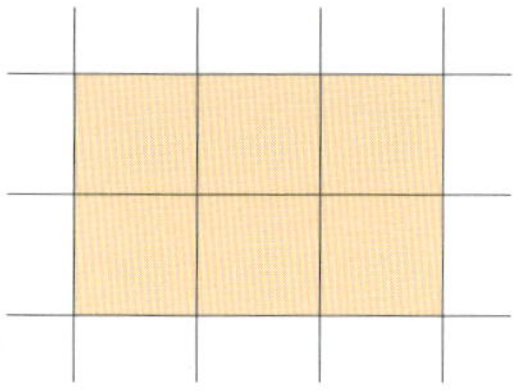

Jeżeli np. mamy zmierzyć pole prostokąta o bokach mających długość 2 i 3, dzielimy ten prostokąt na kwadraty identyczne z kwadratem jednostkowym. Natychmiast zauważamy, że w tym prostokącie mieści się sześć takich kwadratów, więc pole prostokąta jest równe 6.
Załóżmy teraz, że chcemy znaleźć pole figury zaznaczonej kolorem pomarańczowym na rysunku poniżej.

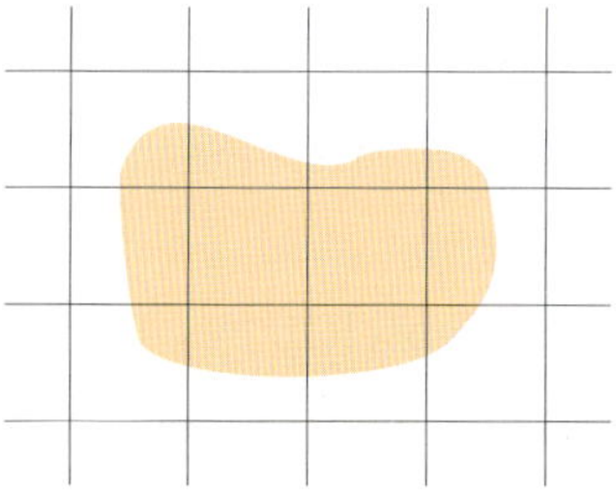

W tej figurze zawierają się dwa kwadraty jednostkowe, więc jej pole $P$ na pewno spełnia nierówność $P \geqslant 2$. Zaznaczmy teraz wszystkie kwadraty, które mają z rozważaną figurą co najmniej jeden punkt wspólny.

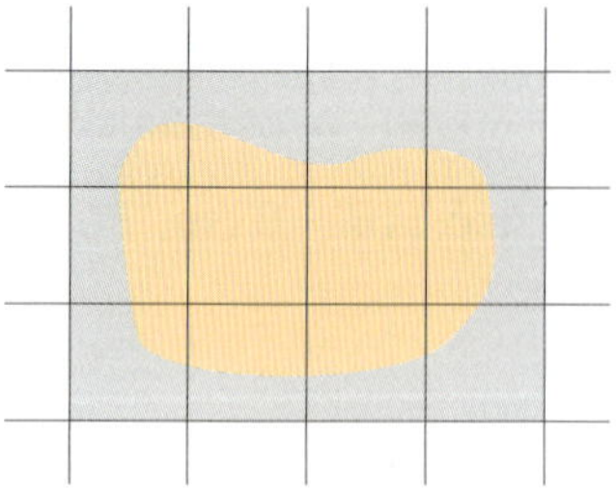

Widać, że takich kwadratów jest 12, a więc na pewno $P \leqslant 12$. Mamy zatem pierwsze przybliżenie pola naszej figury: $2 \leqslant P \leqslant 12$. Przybliżenie to oczywiście nie jest dokładne. Żeby znaleźć lepsze przybliżenie, „zagęszczamy" sieć. Dzielimy każdy z kwadratów jednostkowych na 100 mniejszych kwadratów. Taki podział otrzymamy, jeśli podzielimy każdy bok kwadratu jednostkowego na 10 równych części. Oczywiście kwadrat, którym dysponujemy w tym podziale, ma pole równe 0,01.

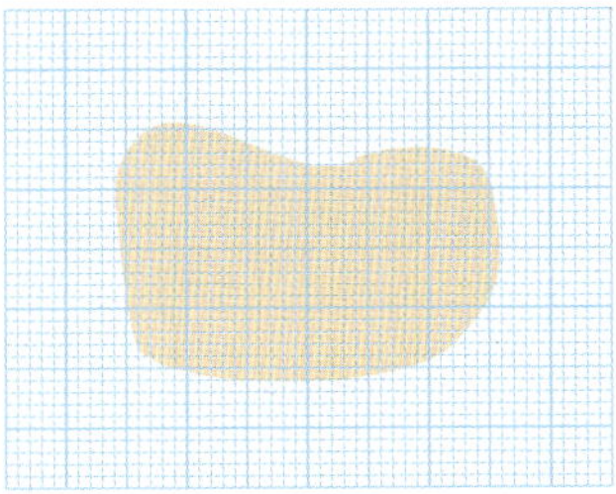

Zliczamy wszystkie kwadraty, które leżą całkowicie wewnątrz danej figury. Jest ich 505, mają w sumie pole równe $505 \cdot 0{,}01 = 5{,}05$, zatem $P \geqslant 5{,}05$. Natomiast takich kwadratów, które mają co najmniej jeden punkt wspólny z daną figurą, jest 604, a więc $P \leqslant 6{,}04$. Otrzymaliśmy w ten sposób drugie przybliżenie pola naszej figury:

$$5{,}05 \leqslant P \leqslant 6{,}04$$

Aby otrzymać jeszcze dokładniejsze przybliżenie pola danej figury, możemy znów każdy z kwadratów podzielić na 100 równych części i wykonać kolejne pomiary. Tak postępujemy dalej. W wyniku następnych podziałów otrzymamy dwa ciągi liczb:

$$2 < 5{,}05 < \ldots \qquad \text{oraz} \qquad 12 > 6{,}04 > \ldots$$

Liczby w pierwszym ciągu przybliżają pole $P$ z niedomiarem, natomiast liczby z drugiego ciągu przybliżają pole $P$ z nadmiarem (z coraz większą dokładnością). Liczby z pierwszego ciągu dążą do pewnej liczby, którą nazywamy miarą wewnętrzną figury. Liczby z drugiego ciągu również dążą do pewnej liczby, którą nazywamy miarą zewnętrzną figury. Jeśli obie te miary (wewnętrzna i zewnętrzna) są równe i nie zależą od wyboru sieci i sposobu zagęszczania, to tę wspólną wartość nazywamy **polem figury**.

Okazuje się, że nie każda figura ma pole. Rozważmy kwadrat umieszczony w układzie współrzędnych, którego wierzchołkami są punkty o współrzędnych: (0, 0), (0, 1), (1, 0) i (1, 1). Z tego kwadratu usuwamy wszystkie punkty, których obie współrzędne są liczbami wymiernymi. Miara wewnętrzna otrzymanej figury $F$ jest równa 0 (nie istnieje żaden kwadrat sieci, który byłby zawarty w tej figurze). Natomiast miara zewnętrzna figury $F$ jest nie mniejsza niż 1. Wynika stąd, że miara zewnętrzna figury $F$ i jej miara wewnętrzna nie są równe, co znaczy, że figurze $F$ nie można przyporządkować pola.

Prawdziwe jest następujące twierdzenie.

**Twierdzenie 1.** (własności pola)

1) Pole figury jest liczbą nieujemną.
2) Pola figur przystających, wyznaczone przy tej samej jednostce, są równe.
3) Jeśli figura $F$ składa się z dwóch figur $F_1$ i $F_2$, mających pola i wnętrzami rozłącznych, to pole figury $F$ jest równe sumie pól figur $F_1$ i $F_2$ (przy tej samej jednostce).
4) Kwadrat o boku jednostkowym ma pole równe 1.

Można też udowodnić, że każda figura ograniczona, której brzeg jest utworzony z odcinków lub łuków, ma pole.

## Przykład 1.

Obliczymy pole figury $F$, wykorzystując dane na rysunku.

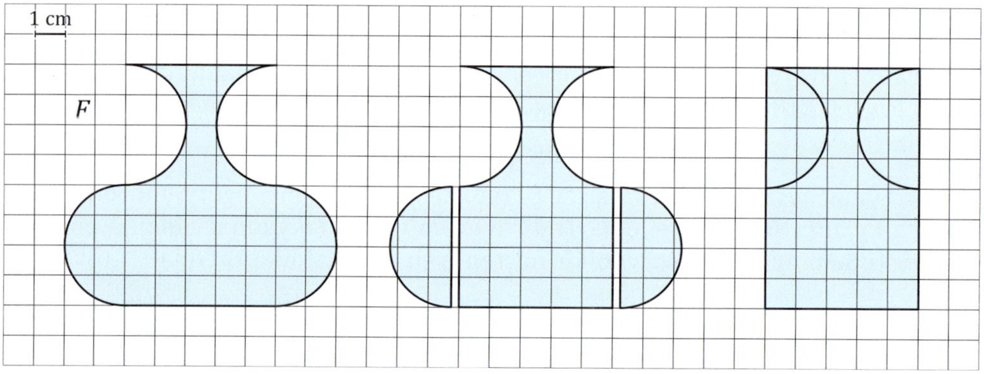


Możemy postąpić tak: „odcinamy" dwa półkola i składamy nową figurę o takim samym polu. Pole nowej figury – prostokąta – obliczamy bez kłopotu. Pole figury $F$ jest równe 40 cm$^2$.

## Przykład 2.

Obliczymy pole figury $F$, przedstawionej na rysunku poniżej.

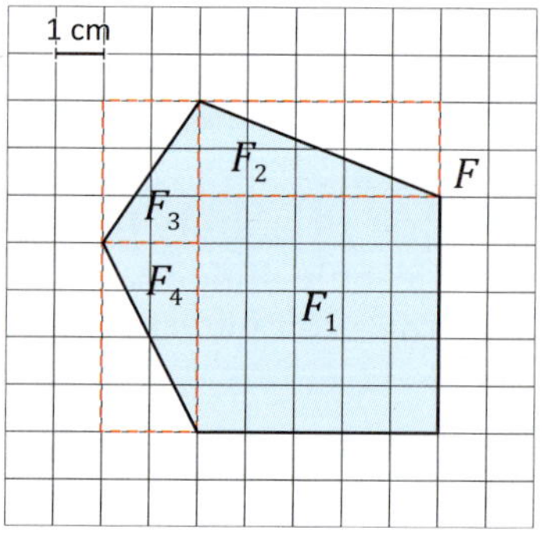

Tym razem postępujemy tak: dzielimy wielokąt na znane figury, np. trójkąty prostokątne i prostokąt. Pole figury $F$ jest sumą pól powstałych figur $F_1, F_2, F_3, F_4$. Ponieważ $F_1$ jest kwadratem o boku mającym długość 5 cm, zatem $P_{F_1} = 25\ \text{cm}^2$. Figura $F_2$ jest „połową" prostokąta o bokach mających długość 2 cm i 5 cm, więc $P_{F_3} = \frac{1}{2} \cdot (2 \cdot 5) = 5\ (\text{cm}^2)$.

Podobnie $F_3$ jest „połową" prostokąta, którego boki mają długość 2 cm i 3 cm, a $F_4$ – „połową" prostokąta o bokach mających długość 2 cm i 4 cm. Otrzymujemy zatem: $P_{F_3} = \frac{1}{2} \cdot (3 \cdot 2) = 3\ (\text{cm}^2)$ i $P_{F_4} = \frac{1}{2} \cdot (2 \cdot 4) = 4\ (\text{cm}^2)$. Obliczamy pole figury $F$:

$$P = 25 + 5 + 3 + 4 = 37\ (\text{cm}^2).$$

Pole figury $F$ jest równe 37 cm$^2$.

## Sprawdź, czy rozumiesz

1. Pole jednej kratki jest równe 1. Oblicz pola poniższych figur.

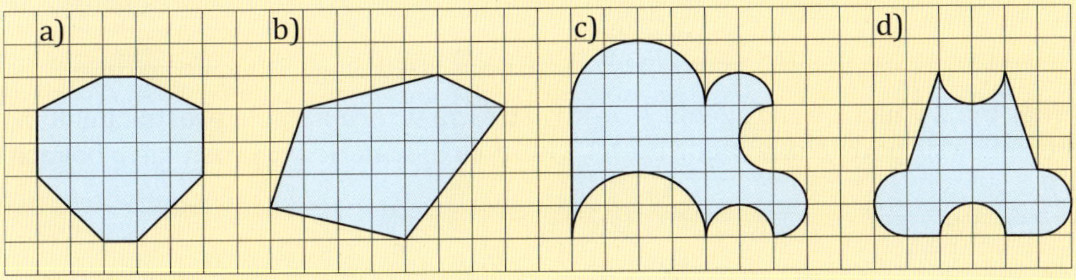


2. Na rysunku obok dane są trzy figury: kwadrat, trójkąt równoboczny i koło, których pola są odpowiednio równe: $s$, $t$, $w$. Wyraź pola figur umieszczonych poniżej za pomocą pól $s$, $t$, $w$.

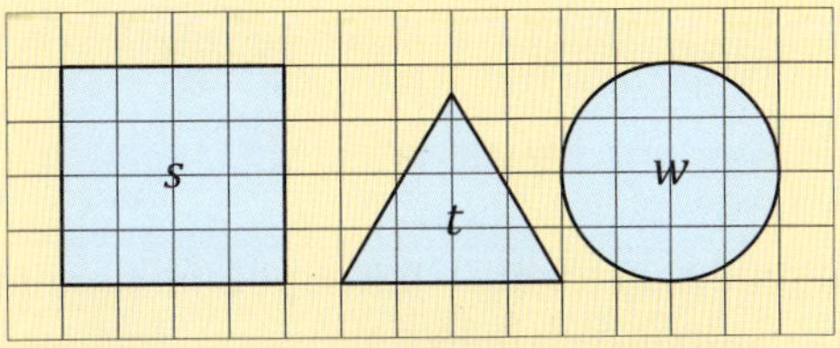


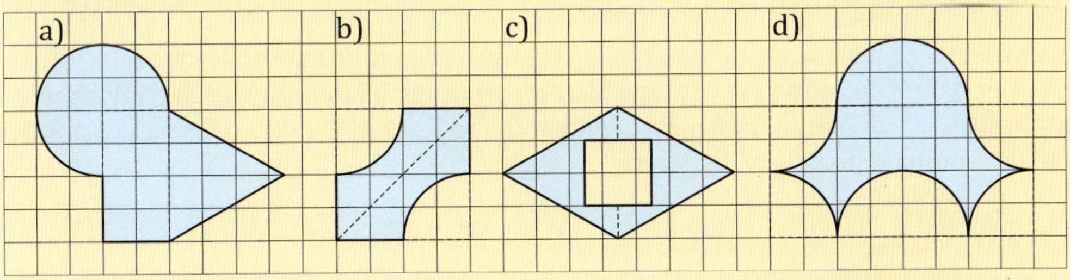


3. Bok kwadratu $ABCD$ ma długość 12 cm. Punkty $K, L, M, N$ należą odpowiednio do boków $AB, BC, CD, AD$. Wiedząc, że $|AK| : |KB| = 1 : 2$, $|BL| : |LC| = 1 : 5$, $|DM| : |MC| = 7 : 5$ oraz $|DN| = |AN|$, oblicz pole czworokąta $KLMN$.

# Pole trójkąta, cz. 1

Trójkąt jest figurą, która ma pole. Wyznaczenie go zgodnie z omówioną w poprzednim temacie definicją jest niezmiernie kłopotliwe. Dlatego do obliczania pola trójkąta (i innych figur) stosujemy wzory. Wzór na pole trójkąta poznałeś już w szkole podstawowej.

***Twierdzenie 1.***
Pole trójkąta jest równe połowie iloczynu długości boku i wysokości opuszczonej na ten bok.

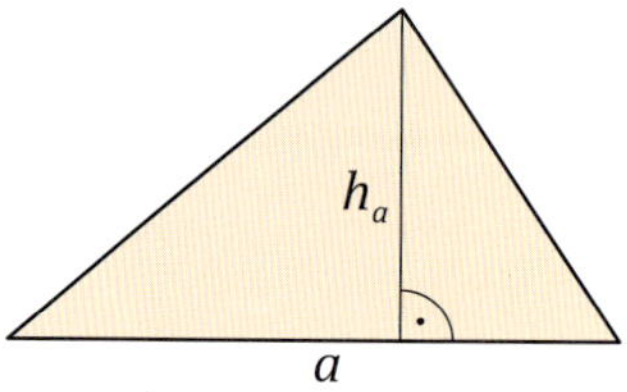


$$P = \frac{1}{2} \cdot a \cdot h_a$$

Wzór ten wynika z twierdzenia 1. ze str. 262 i ze wzoru na pole prostokąta. Każdy trójkąt da się podzielić na takie części, z których można złożyć prostokąt o bokach $a$ i $\frac{h_a}{2}$.

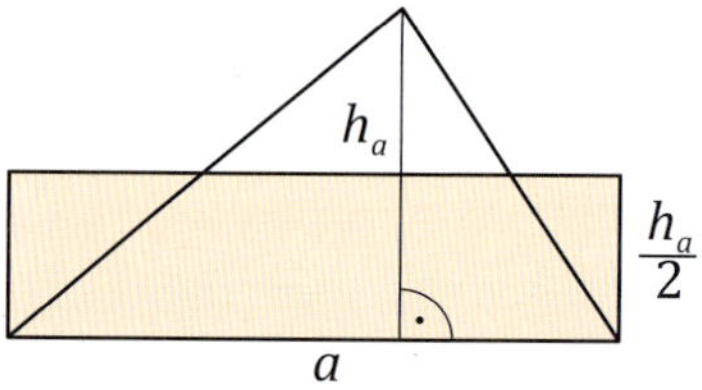


A pole prostokąta – jak zapewne pamiętasz – jest równe iloczynowi długości dwóch prostopadłych jego boków.

Zauważmy, że jeśli są dane dwa trójkąty, które mają taką samą wysokość, to stosunek pól tych trójkątów jest równy stosunkowi długości podstaw tych trójkątów, do których ta wysokość została poprowadzona. Trójkąty $ABD$ i $BCD$ na rysunku poniżej mają wspólną wysokość $DE$. Zatem

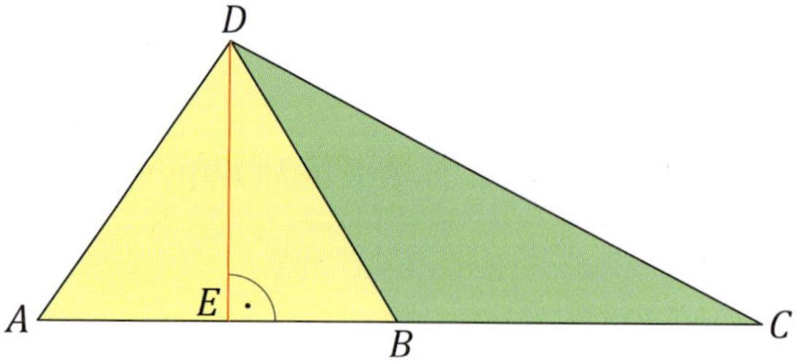


$$\frac{P_{ABD}}{P_{BCD}} = \frac{\frac{1}{2} \cdot |AB| \cdot |DE|}{\frac{1}{2} \cdot |BC| \cdot |DE|} = \frac{|AB|}{|BC|}$$

## *Przykład 1.*

Czworokąt $ABCD$ został podzielony przekątnymi $AC$ i $BD$, które przecinają się w punkcie $O$, na cztery trójkąty. Pola trzech spośród tych trójkątów zostały podane na rysunku poniżej. Obliczymy pole czwartego trójkąta.

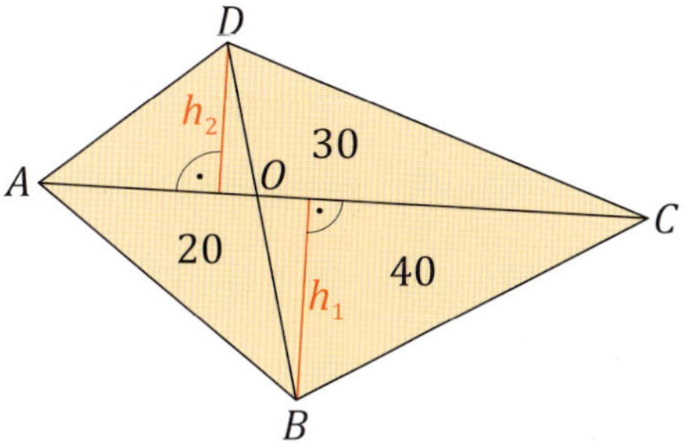


Obliczymy pole trójkąta $AOD$.
Najpierw zauważmy, że trójkąty $ABO$ i $OBC$ mają wspólną wysokość ($h_1$) poprowadzoną odpowiednio do podstaw $AO$ i $OC$. Zatem

$$\frac{P_{ABO}}{P_{OBC}} = \frac{|AO|}{|OC|}, \text{ czyli } \frac{|AO|}{|OC|} = \frac{20}{40} = \frac{1}{2}.$$

Trójkąty $AOD$ i $DOC$ też mają wspólną wysokość ($h_2$) poprowadzoną odpowiednio do podstaw $AO$ i $OC$, więc

$$\frac{P_{AOD}}{P_{DOC}} = \frac{|AO|}{|OC|}, \text{ czyli } \frac{P_{AOD}}{30} = \frac{1}{2}, \text{ zatem}$$

$$P_{AOD} = 15$$

Pole czwartego trójkąta jest równe 15.

## *Przykład 2.*

W trójkącie równoramiennym mamy dane: $|AB| = 30$ cm, $|BC| = |AC| = 17$ cm. Obliczymy odległość środka $D$ podstawy $AB$ od ramienia $BC$.

I sposób

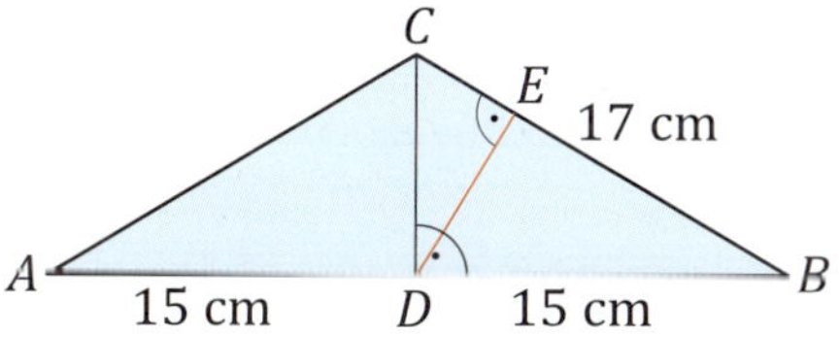


Zauważ, że szukana odległość $|DE|$ jest wysokością opuszczoną na przeciwprostokątną w trójkącie prostokątnym $CDB$. Aby wyznaczyć $|DE|$, możemy więc zastosować dwukrotnie wzór na pole trójkąta $CDB$:

$$\frac{1}{2}|CD| \cdot |DB| = \frac{1}{2}|BC| \cdot |DE|$$

Długość odcinka $CD$ obliczamy, korzystając z twierdzenia Pitagorasa dla trójkąta $CDB$, i otrzymujemy $|CD| = 8$ cm. Mamy więc:

$$\frac{1}{2} \cdot 8 \cdot 15 = \frac{1}{2} \cdot 17 \cdot |DE|, \text{ skąd}$$

$$|DE| = \frac{8 \cdot 15}{17}$$

$$|DE| = 7\frac{1}{17} \text{ (cm)}$$

II sposób

Zauważmy, że trójkąty $CDE$ i $CDB$ są podobne (trójkąty prostokątne o wspólnym kącie ostrym $DCE$; cecha kkk), więc stosunki długości odpowiednich boków są równe.

$$\frac{|DE|}{|CD|}=\frac{|DB|}{|BC|}$$

Długość odcinka $CD$ obliczamy tak, jak w I sposobie. Otrzymujemy:

$$\frac{|DE|}{8}=\frac{15}{17},\quad \text{skąd}$$

$$|DE|=7\frac{1}{17}\ (\text{cm})$$

Odległość środka podstawy $AB$ od ramienia $BC$ jest równa $7\frac{1}{17}$ cm.

## Przykład 3.

W trójkącie $ABC$ mamy dane $|AB|=12$ cm, $|AC|=10$ cm oraz:

a) $|\sphericalangle BAC|=40°$

b) $|\sphericalangle BAC|=120°$

Obliczymy pole trójkąta $ABC$. Wynik podamy z dokładnością do 0,01 cm$^2$.

**Ad a)**

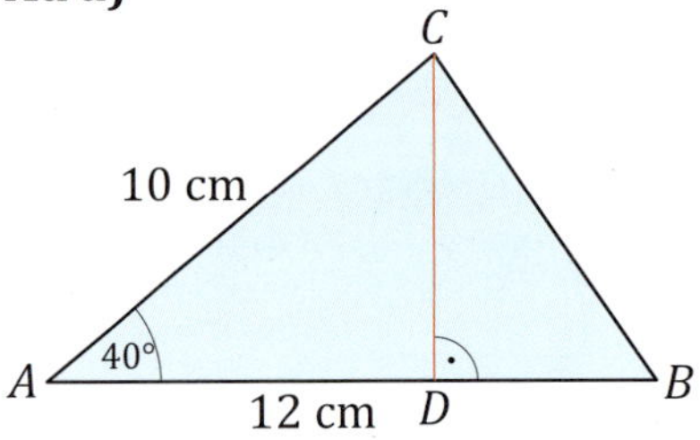


Prowadzimy wysokość $CD$. Trójkąt $CAD$ jest prostokątny, więc

$$\frac{|CD|}{10}=\sin 40°,\ \text{zatem } |CD|=10\cdot\sin 40°$$

Obliczamy pole trójkąta $ABC$:

$$P=\frac{1}{2}\cdot|AB|\cdot|CD|$$

$$P=\frac{1}{2}\cdot 12\cdot 10\cdot\sin 40°$$

$$P=60\cdot\sin 40°=38{,}5672...\approx 38{,}57\ (\text{cm}^2)$$

Pole trójkąta $ABC$ jest równe w przybliżeniu 38,57 cm$^2$.

**Ad b)**

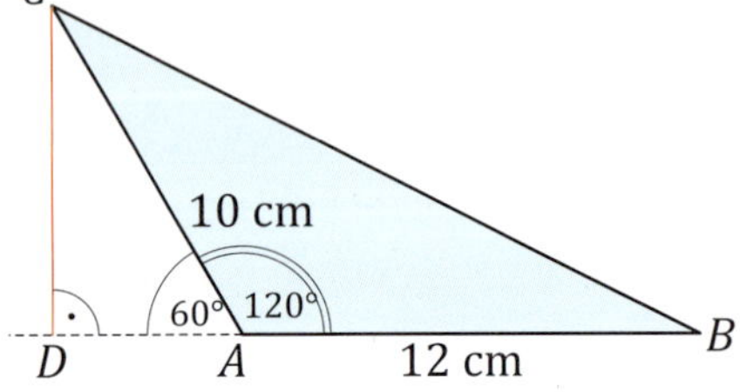


Prowadzimy wysokość $CD$. Trójkąt $CDA$ jest prostokątny oraz:

$$|\sphericalangle DAC|=180°-120°=60°$$

(kąty $DAC$ i $CAB$ są przyległe). Zatem

$$\frac{|CD|}{10}=\sin 60°,\quad \text{czyli } |CD|=10\cdot\frac{\sqrt{3}}{2}$$

$$|CD|=5\sqrt{3}\ (\text{cm})$$

Obliczamy pole trójkąta $ABC$:

$$P=\frac{1}{2}\cdot|AB|\cdot|CD|$$

$$P=\frac{1}{2}\cdot 12\cdot 5\sqrt{3}$$

$P = 30\sqrt{3} = 51{,}9615... \approx 51{,}96\ (cm^2)$

Pole trójkąta jest równe w przybliżeniu 51,96 $cm^2$.

Prawdziwe jest następujące twierdzenie.

**Twierdzenie 3.**

Jeśli mamy dane długości $a$, $b$ dwóch boków trójkąta i kąt $\gamma, \gamma \in (0°, 180°)$, zawarty między tymi bokami, to pole $P$ tego trójkąta wyraża się wzorem:

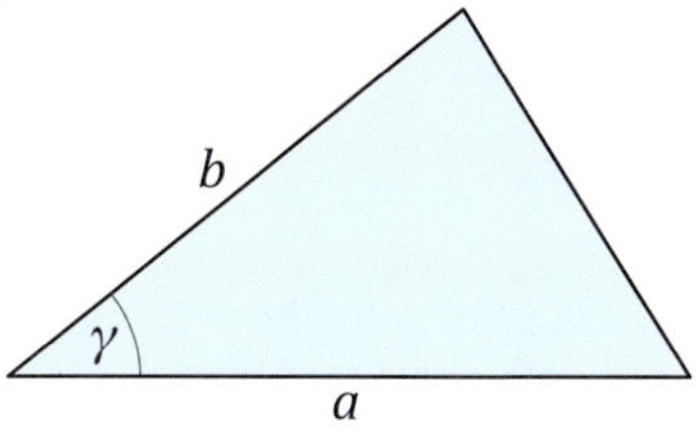


$$P = \frac{1}{2} \cdot a \cdot b \cdot \sin\gamma$$

## Sprawdź, czy rozumiesz

1. Wykaż, że w dowolnym trójkącie środkowa dzieli dany trójkąt na dwa trójkąty o równych polach.
2. Pole trójkąta równobocznego jest równe $25\sqrt{3}$ $cm^2$. Oblicz długość boku trójkąta.
3. Dany jest trójkąt $ABC$, w którym $|\sphericalangle ACB| = 90°$. Oblicz wysokość tego trójkąta, poprowadzoną z wierzchołka $C$, jeśli:
   a) $|AC| = 5$ cm, $|BC| = 12$ cm
   b) $|AC| = 6$ cm i środkowa $CE$ ma długość 5 cm
4. Oblicz pole trójkąta $ABC$, w którym:
   a) $|AB| = 9$ cm, $|AC| = 10$ cm, $|\sphericalangle BAC| = 30°$
   b) $|AB| = 12$ cm, $|BC| = 5$ cm, $|\sphericalangle ABC| = 120°$
5. W trójkącie równoramiennym kąt między ramionami jest równy $\alpha$, a pole tego trójkąta wynosi $P$. Oblicz długość ramion tego trójkąta, jeśli:
   a) $\alpha = 45°$, $P = 9\sqrt{2}$ $cm^2$ b) $\alpha = 150°$ i $P = 20{,}25$ $cm^2$
6. Dwa boki trójkąta $ABC$ mają długość: $|AB| = 10$ cm, $|BC| = 7$ cm. Pole tego trójkąta jest równe 21 $cm^2$. Oblicz:
   a) $\sin(\sphericalangle ABC)$
   b) wysokości opuszczone na boki $AB$ i $BC$ tego trójkąta.

# Pole trójkąta, cz. 2

Rozważmy trójkąt o bokach mających długość $a$, $b$, $c$, w który wpisano koło o promieniu $r$. Wyznaczymy pole $P$ tego trójkąta w zależności od $a$, $b$, $c$ oraz $r$.

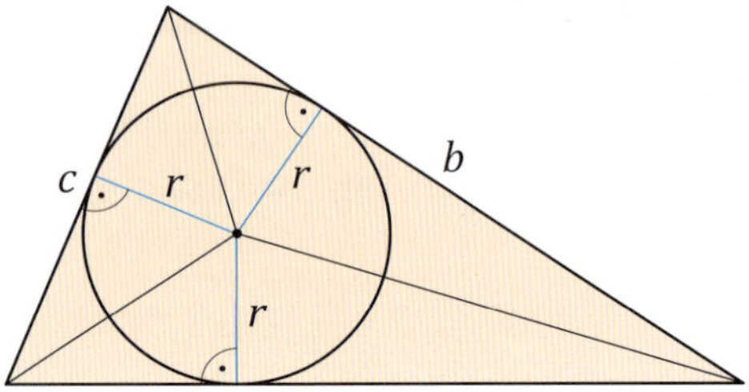


Ze środka koła wpisanego w trójkąt prowadzimy odcinki do wierzchołków trójkąta. Odcinki te dzielą trójkąt na trzy trójkąty, których podstawami są odcinki mające długość $a$, $b$, $c$, natomiast wysokości poprowadzone na te podstawy są równe $r$. Możemy więc zapisać:

$$P = \frac{1}{2}a \cdot r + \frac{1}{2}b \cdot r + \frac{1}{2}c \cdot r = \frac{a+b+c}{2} \cdot r$$

$$P = p \cdot r, \quad \text{gdzie} \quad p = \frac{a+b+c}{2}$$

Udowodniliśmy następujące twierdzenie.

**Twierdzenie 1.**
Pole trójkąta równa się iloczynowi promienia koła wpisanego w ten trójkąt i połowy obwodu tego trójkąta.

## Przykład 1.

W trójkąt $ABC$ o polu 260 cm$^2$ wpisano koło o promieniu 5 cm. Obliczymy obwód trójkąta $ABC$.

Wiemy już, że $P = p \cdot r$, gdzie $p$ – połowa obwodu trójkąta, $r$ – promień koła wpisanego w trójkąt. Zatem:

$$p = \frac{P}{r} \qquad p = \frac{260}{5}$$

$p = 52$ (cm), skąd

$2p = 104$ (cm)

Obwód trójkąta $ABC$ jest równy 104 cm.

Podamy jeszcze dwa wzory na pole trójkąta, które są przydatne w rozwiązywaniu zadań geometrycznych.
Pierwszy z nich ustala zależność między polem trójkąta a długościami boków i promieniem koła opisanego na tym trójkącie.

## Twierdzenie 2.

Pole $P$ trójkąta o bokach mających długość $a$, $b$, $c$ wyraża się wzorem:

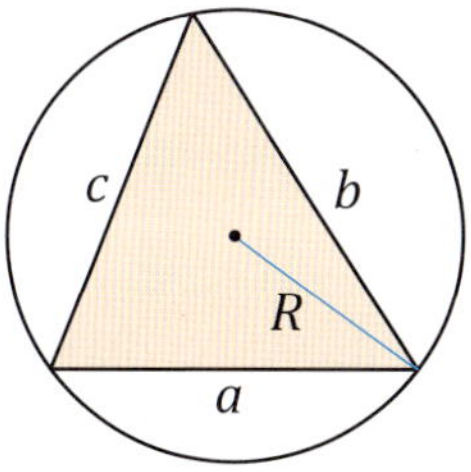


$$P=\frac{abc}{4R},$$

gdzie $R$ jest promieniem koła opisanego na tym trójkącie.

Ostatnie twierdzenie jest prostym wnioskiem z twierdzenia 3. ze str. 267 i twierdzenia sinusów. Z pierwszego twierdzenia wiemy, że

(1) $$P=\frac{1}{2}\cdot a\cdot b\cdot \sin\gamma,$$

gdzie $\gamma$ jest kątem trójkąta zawartym między bokami mającymi długość $a$, $b$. Z twierdzenia sinusów natomiast wynika, że

$\frac{c}{\sin\gamma}=2R$, skąd otrzymujemy:

(2) $$\sin\gamma=\frac{c}{2R}$$

Uwzględniając zależności (1) i (2), mamy:

$$P=\frac{1}{2}\cdot a\cdot b\cdot \sin\gamma=\frac{1}{2}\cdot a\cdot b\cdot\frac{c}{2R}=\frac{abc}{4R}$$

## Przykład 2.

W trójkącie $ABC$ mamy dane: $|AB|=14$ cm, $|AC|=8\sqrt{2}$cm i $|\sphericalangle BAC|=45°$. Obliczymy:

a) pole trójkąta $ABC$

b) promień $r$ koła wpisanego w trójkąt $ABC$

c) promień $R$ koła opisanego na trójkącie $ABC$.

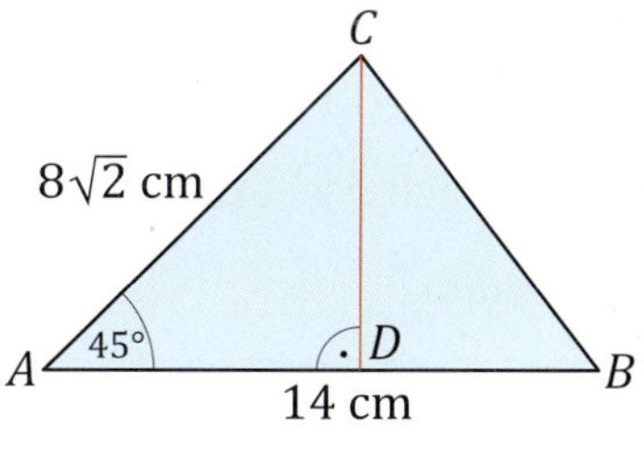


Obliczamy pole trójkąta $ABC$:

$$P=\frac{1}{2}|AB|\cdot|AC|\cdot\sin\alpha$$

$$P=\frac{1}{2}\cdot 14\cdot 8\sqrt{2}\cdot\sin 45°$$

$$P=56\ \left(\text{cm}^2\right)$$

Aby wyznaczyć promień koła wpisanego w trójkąt i promień koła opisanego na trójkącie, obliczymy najpierw długość trzeciego boku trójkąta. W tym celu poprowadźmy wysokość $CD$. Trójkąt $ADC$ jest prostokątny, więc:

$$\frac{|CD|}{8\sqrt{2}}=\sin 45° \qquad |CD|=8\sqrt{2}\cdot\frac{\sqrt{2}}{2}$$

$$|CD|=8\ \text{(cm)}$$

Podobnie obliczamy długość odcinka $AD$:

$$\frac{|AD|}{8\sqrt{2}} = \cos 45^\circ$$

$$|AD| = 8 \text{ (cm)}$$

Obliczamy długość odcinka $DB$:

$$|DB| = |AB| - |AD|$$

$$|DB| = 6 \text{ (cm)}$$

Obliczamy długość odcinka $BC$, korzystając z twierdzenia Pitagorasa dla trójkąta $CDB$:

$$|BC|^2 = |CD|^2 + |DB|^2 \quad |BC|^2 = 8^2 + 6^2 \quad |BC|^2 = 100 \text{ i } |BC| > 0, \text{ więc}$$

$$|BC| = 10 \text{ (cm)}$$

Do obliczenia $|BC|$ można skorzystać z twierdzenia cosinusów.

Obliczamy połowę obwodu trójkąta $ABC$:

$$p = \frac{10 + 8\sqrt{2} + 14}{2} = 12 + 4\sqrt{2} \text{ (cm)}$$

Wyznaczamy promień koła wpisanego w trójkąt $ABC$:

$$r = \frac{P}{p} \qquad r = \frac{56}{12 + 4\sqrt{2}} \qquad r = \frac{14(3-\sqrt{2})}{(3+\sqrt{2})(3-\sqrt{2})} = \frac{14(3-\sqrt{2})}{9-2}$$

$$r = 6 - 2\sqrt{2} \text{ (cm)}$$

Wyznaczamy promień koła opisanego na trójkącie $ABC$:

$$R = \frac{abc}{4P} \qquad R = \frac{10 \cdot 8\sqrt{2} \cdot 14}{4 \cdot 56}$$

$$R = 5\sqrt{2} \text{ (cm)}$$

Pole trójkąta $ABC$ jest równe 56 $cm^2$, promień koła wpisanego w ten trójkąt jest równy $(6 - 2\sqrt{2})$ cm, a promień koła opisanego na tym trójkącie $5\sqrt{2}$ cm.

Ostatnim zaprezentowanym wzorem na pole trójkąta będzie tzw. wzór Herona.

**Twierdzenie 3.** (wzór Herona)

Pole $P$ trójkąta o bokach mających długość $a$, $b$, $c$ wyraża się wzorem:

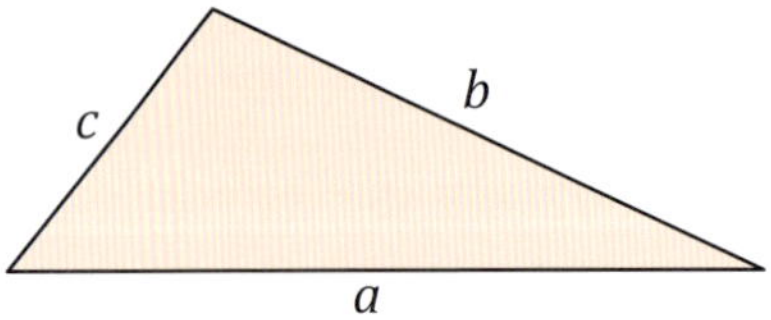


$$P = \sqrt{p(p-a)(p-b)(p-c)},$$

gdzie $p = \frac{a+b+c}{2}$, czyli $p$ jest połową obwodu tego trójkąta.

Założenie: $a, b, c$ – długości boków dowolnego trójkąta $ABC$

$P$ – pole trójkąta $ABC$

$$p = \frac{a+b+c}{2}$$

Teza: $P = \sqrt{p(p-a)(p-b)(p-c)}$

Dowód:
Z twierdzenia 3. ze str. 267 wiemy, że

$$P = \frac{1}{2} \cdot a \cdot b \cdot \sin\gamma$$

gdzie $\gamma$ jest kątem trójkąta *ABC* zawartym między bokami mającymi długość *a*, *b*.
Wyznaczymy $\sin\gamma$ w zależności od długości boków trójkąta: *a*, *b*, *c*.
Z „jedynki trygonometrycznej" otrzymujemy zależność:

$$\sin\gamma = \sqrt{1 - \cos^2\gamma} \quad \vee \quad \sin\gamma = -\sqrt{1 - \cos^2\gamma}$$

Ponieważ $\gamma \in (0°, 180°)$, zatem $\sin\gamma > 0$, a więc

$$\sin\gamma = \sqrt{1 - \cos^2\gamma} = \sqrt{(1 - \cos\gamma)(1 + \cos\gamma)}$$

Z twierdzenia cosinusów otrzymujemy zależność:

$$\cos\gamma = \frac{a^2 + b^2 - c^2}{2ab}, \text{ zatem}$$

$$1 - \cos\gamma = \frac{2ab - a^2 - b^2 + c^2}{2ab} = \frac{c^2 - (a-b)^2}{2ab} = \frac{(c - a + b)(c + a - b)}{2ab}$$

W powyższych przekształceniach wykorzystaliśmy wzór skróconego mnożenia na kwadrat różnicy dwóch wyrażeń, a następnie wzór na różnicę kwadratów.
Podobnie otrzymujemy:

$$1 + \cos\gamma = \frac{2ab + a^2 + b^2 - c^2}{2ab} = \frac{(a+b)^2 - c^2}{2ab} = \frac{(a + b - c)(a + b + c)}{2ab}$$

Mamy zatem:

$$\sin\gamma = \sqrt{\frac{(c - a + b)(c + a - b)}{2ab} \cdot \frac{(a + b + c)(a + b - c)}{2ab}}$$

Zauważmy teraz, że zachodzą następujące równości:

$$c - a + b = a + b + c - 2a = 2p - 2a$$

$$a + c - b = a + b + c - 2b = 2p - 2b$$

$$a + b - c = a + b + c - 2c = 2p - 2c, \text{ stąd}$$

$$\sin\gamma = \frac{1}{2ab}\sqrt{(2p - 2a)(2p - 2b)2p(2p - 2c)} =$$

$$= \frac{4}{2ab}\sqrt{(p-a)(p-b)p(p-c)} =$$

$$= \frac{2}{ab}\sqrt{p(p-a)(p-b)(p-c)}$$

Ostatecznie otrzymujemy więc

$$P = \frac{1}{2}ab \cdot \sin\gamma = \frac{1}{2}ab \cdot \frac{2}{ab}\sqrt{p(p-a)(p-b)(p-c)}, \text{ zatem}$$

$$P = \sqrt{p(p-a)(p-b)(p-c)},$$

co kończy dowód twierdzenia.

## Przykład 3.

W trójkącie $ABC$ mamy dane: $|AB| = 15$ cm, $|BC| = 13$ cm i $|AC| = 14$ cm. Obliczymy:
a) pole trójkąta $ABC$
b) wysokość $BD$ opuszczoną na bok $AC$
c) promień $r$ koła wpisanego w trójkąt $ABC$
d) promień $R$ koła opisanego na trójkącie $ABC$
e) sinus kąta $BAC$.

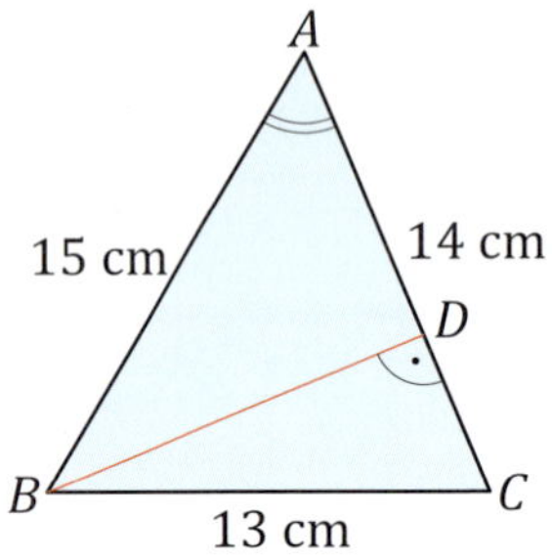


Obliczamy pole trójkąta $ABC$, wykorzystując wzór Herona:

$$P=\sqrt{p(p-a)(p-b)(p-c)},\text{ gdzie } p=\frac{a+b+c}{2}$$

$$p=\frac{13+14+15}{2}=21$$

$$P=\sqrt{21(21-13)(21-14)(21-15)}$$

$$P=\sqrt{21\cdot 8\cdot 7\cdot 6}=\sqrt{3\cdot 7\cdot 2^3\cdot 7\cdot 2\cdot 3}$$

$$P=\sqrt{7^2\cdot 3^2\cdot 2^4}=7\cdot 3\cdot 2^2$$

$$P-84\left(\text{cm}^2\right)$$

Obliczamy wysokość opuszczoną na bok $AC$, wykorzystując wcześniej obliczone pole:

$$P=\frac{1}{2}|AC|\cdot|BD| \qquad 84=\frac{1}{2}\cdot 14\cdot|BD| \qquad |BD|=12\text{ (cm)}$$

Wyznaczamy promień koła wpisanego w trójkąt $ABC$:

$$r=\frac{P}{p} \qquad r=\frac{84}{21} \qquad r=4\text{ (cm)}$$

Wyznaczamy promień koła opisanego na trójkącie $ABC$:

$$R=\frac{abc}{4P} \qquad R=\frac{13\cdot 14\cdot 15}{4\cdot 84} \qquad R=8\frac{1}{8}\text{ (cm)}$$

Obliczamy $\sin(\sphericalangle BAC)$:

$$\sin(\sphericalangle BAC)=\frac{2\cdot P}{|AB|\cdot|AC|} \qquad \sin(\sphericalangle BAC)=\frac{2\cdot 84}{15\cdot 14} \qquad \sin(\sphericalangle BAC)=\frac{4}{5}$$

Pole trójkąta $ABC$ jest równe 84 cm$^2$, wysokość $BD$ jest równa 12 cm, promień koła wpisanego w trójkąt wynosi 4 cm, promień koła opisanego na trójkącie $8\frac{1}{8}$ cm, a $\sin(\sphericalangle BAC)=\frac{4}{5}$.

## Przykład 4.

W trójkącie $ABC$ mamy dane: $|AB| = 21$, $|BC| = 20$ i $|AC| = 13$. Zakreślono okrąg, którego średnicą jest bok $BC$. Okrąg ten przeciął bok $AC$ w punkcie $D$, a bok $AB$ – w punkcie $E$. Obliczymy pola trójkątów: $BCE$ i $AED$.

Rysunek poniżej przedstawia sytuację opisaną w zadaniu.

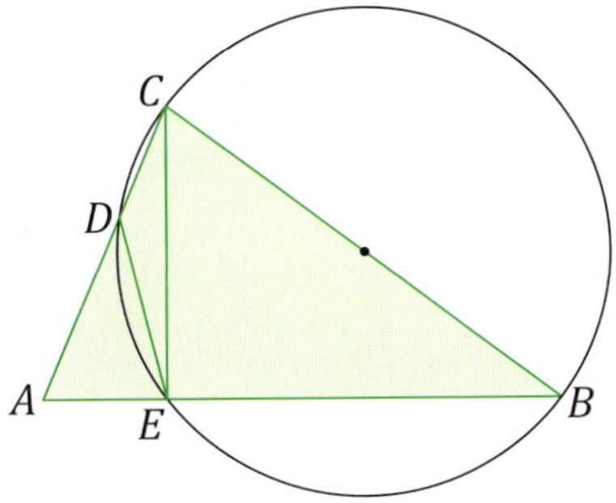


Obliczamy pole trójkąta $ABC$, korzystając ze wzoru Herona:

$p$ – połowa obwodu trójkąta $ABC$, $p = 27$

$$P_{ABC} = \sqrt{27 \cdot (27-20) \cdot (27-13) \cdot (27-21)} =$$
$$= \sqrt{27 \cdot 7 \cdot 14 \cdot 6} = \sqrt{3^2 \cdot 7^2 \cdot 6^2} = 126$$

$$P_{ABC} = 126$$

Kąt $BEC$ jest kątem wpisanym w okrąg, opartym na średnicy $BC$, jest zatem kątem prostym. Zatem odcinek $CE$ jest wysokością w trójkącie $ABC$. Wyznaczymy tę wysokość.

Mamy:

$$P_{ABC} = \frac{1}{2}|AB| \cdot |CE|, \text{ czyli } 126 = \frac{1}{2} \cdot 21 \cdot |CE|, \text{ stąd}$$

$$|CE| = 12$$

Z twierdzenia Pitagorasa dla trójkąta prostokątnego $BCE$ łatwo można obliczyć długość odcinka $EB$:

$$|EB| = 16$$

Zatem pole trójkąta $BCE$ jest równe 96 (sprawdź!). Obliczamy długość odcinka $AE$:

$$|AE| = |AB| - |EB|, \text{ skąd}$$

$$|AE| = 5$$

Obliczamy długość odcinka $AD$. Wykorzystamy twierdzenie o siecznych okręgu (zobacz twierdzenie 2. ze str. 220)

$$|AE| \cdot |AB| = |AD| \cdot |AC|, \quad \text{stąd} \quad 5 \cdot 21 = |AD| \cdot 13$$

$$|AD| = \frac{105}{13}$$

Obliczamy pole trójkąta $AED$. Zauważ, że $\sin(\sphericalangle EAD) = \frac{12}{13}$, zatem

$$P_{AED} = \frac{1}{2}|AE| \cdot |AD| \cdot \sin(\sphericalangle EAD), \text{ czyli } P_{AED} = \frac{1}{2} \cdot 5 \cdot \frac{105}{13} \cdot \frac{12}{13} = \frac{3150}{169} = 18\frac{108}{169}$$

Pole trójkąta $BCE$ jest równe 96, a pole trójkąta $AED$ jest równe $18\frac{108}{169}$.

## Sprawdź, czy rozumiesz

1. Niech $Obw$, $P$, $r$ oznaczają odpowiednio obwód trójkąta, pole trójkąta i promień koła wpisanego w ten trójkąt. Oblicz:
   a) $P$, jeśli $Obw = 30$ cm, $r = 1{,}6$ cm
   b) $Obw$, jeśli $P = 30$ cm$^2$, $r = 1{,}4$ cm
   c) $r$, jeśli $P = 60$ cm$^2$, $Obw = 50$ cm.

2. W trójkącie $ABC$ dane są $|AB| = 10{,}5$ cm, $|BC| = 5$ cm i $\sin(\sphericalangle ABC) = 0{,}8$. Oblicz:
   a) pole trójkąta $ABC$
   b) długość boku $AC$
   c) promień koła opisanego na trójkącie $ABC$.

# Pola trójkątów podobnych

Rozważmy dwa trójkąty $ABC$ i $A_1B_1C_1$. Niech trójkąt $A_1B_1C_1$ będzie podobny do trójkąta $ABC$ w skali $k$.

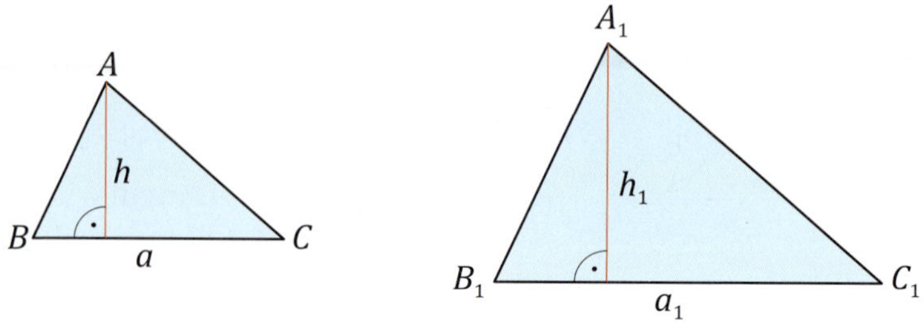


Obliczmy pole każdego trójkąta:

$$P_{ABC}=\frac{1}{2}a\cdot h \qquad\qquad P_{A_1B_1C_1}=\frac{1}{2}a_1\cdot h_1$$

Z rozważań dotyczących trójkątów podobnych (zob. rozdział 5., str. 218) wynika, że:

$$\frac{a_1}{a}=k,\ \text{skąd}\ a_1=a\cdot k \quad \text{oraz} \quad \frac{h_1}{h}=k,\ \text{skąd}\ h_1=h\cdot k$$

Mamy więc:

$$P_{A_1B_1C_1}=\frac{1}{2}a_1\cdot h_1 \qquad P_{A_1B_1C_1}=\frac{1}{2}(a\cdot k)\cdot(h\cdot k),\ \text{czyli}\ P_{A_1B_1C_1}=\frac{1}{2}a\cdot h\cdot k^2$$

Teraz łatwo już zauważyć, że:

$$\frac{P_{A_1B_1C_1}}{P_{ABC}}=\frac{\frac{1}{2}a\cdot h\cdot k^2}{\frac{1}{2}a\cdot h}=k^2,$$

co możemy sformułować następująco:

**Twierdzenie 1.**
Stosunek pól trójkątów podobnych równa się kwadratowi skali podobieństwa.

## Przykład 1.

Punkt $E$ dzieli bok $BC$ trójkąta $ABC$ w taki sposób, że $|CE|:|EB|=1:3$. Punkt $D$ należy do boku $AC$ tego trójkąta i $DE \parallel AB$ (patrz rysunek poniżej). Obliczymy stosunek pola trójkąta $DEC$ do pola trójkąta $ABC$.

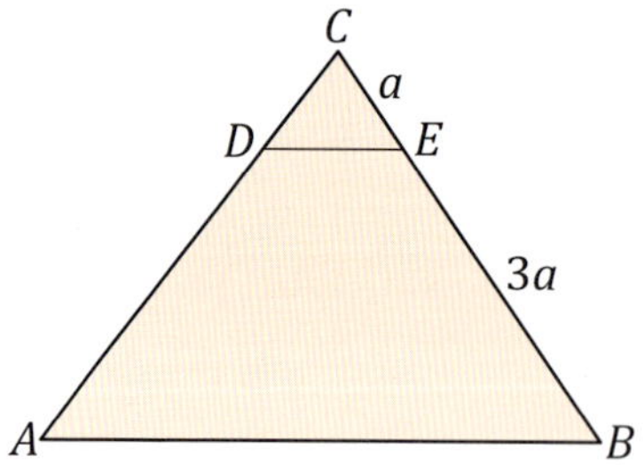


$|CE|:|EB|=1:3$

$DE \parallel AB$

Z warunku $DE \parallel AB$ wynika, że:

$|\sphericalangle CDE| = |\sphericalangle CAB|$ oraz $|\sphericalangle DEC| = |\sphericalangle ABC|$ (z twierdzenia o dwóch prostych równoległych przeciętych trzecią prostą); zatem:

$\Delta DEC \sim \Delta ABC$ (cecha kkk)

Obliczamy skalę podobieństwa:

$$k = \frac{|CE|}{|CB|} = \frac{a}{4a} = \frac{1}{4}$$

Obliczamy stosunek pól trójkątów *DEC* i *ABC*, korzystając z ostatniego twierdzenia:

$$\frac{P_{DEC}}{P_{ABC}} = \left(\frac{1}{4}\right)^2 \quad \frac{P_{DEC}}{P_{ABC}} = \frac{1}{16}$$

Stosunek pola trójkąta *DEC* do pola trójkąta *ABC* jest równy $\frac{1}{16}$.

## Przykład 2.

W trójkącie *ABC* poprowadzono odcinek *DE*, $DE \parallel AB$, który podzielił trójkąt *ABC* na trójkąt *DEC* i trapez *ABED*. Stosunek pól trójkąta *DEC* i trapezu *ABED* wynosi 1 : 3. Obliczymy $|CE| : |EB|$.

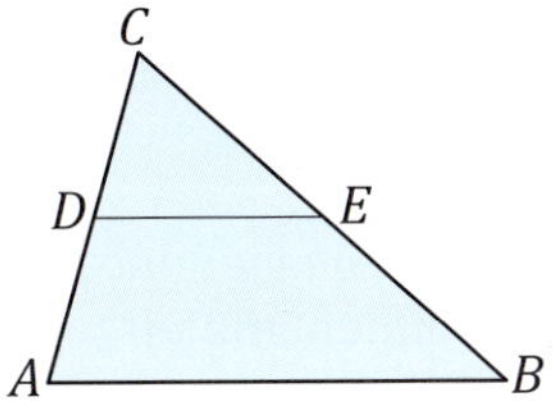


Wiemy już, że $\Delta DEC \sim \Delta ABC$. Oznaczmy skalę podobieństwa przez *k*. Z twierdzenia 1. wynika, że

$$k^2 = \frac{P_{DEC}}{P_{ABC}} = \frac{1}{1+3} = \frac{1}{4}, \text{ stąd } k = \frac{1}{2} \ (k > 0). \text{ Zatem}$$

$$\frac{|CE|}{|CB|} = \frac{1}{2}, \text{ więc } \frac{|CE|}{|EB|} = \frac{1}{1}$$

Punkt *E* jest środkiem odcinka *BC*, $|CE| : |EB| = 1 : 1$.

### Sprawdź, czy rozumiesz

1. W trójkącie *ABC* poprowadzono dwie proste równoległe do boku *AB* i dzielące bok *AC* na trzy równe odcinki. Te proste podzieliły trójkąt na trzy figury. Oblicz stosunek pól tych figur.
2. W trójkącie *ABC* wysokość *CD* jest równa 20 cm. Odcinek *EF*, równoległy do boku *AB*, odcina trójkąt *EFC* w taki sposób, że stosunek pól trójkątów *EFC* i *ABC* jest równy 4 : 9. Oblicz odległość odcinka *EF* od boku *AB*.
3. W trójkącie prostokątnym *ABC* przyprostokątne *AB* i *AC* mają długość 12 cm i 16 cm. *AD* jest wysokością w tym trójkącie. Oblicz stosunek pól trójkątów:
   a) *ABD* i *ABC* b) *ADC* i *ABC* c) *ABD* i *ADC*
4. W trapezie *ABCD* podstawy *AB* i *DC* mają długość 10 cm i 4 cm. Oblicz stosunek pól trójkątów *CDS* i *ABS*, jeśli *S* jest punktem przecięcia się przekątnych *AC* i *DB*.

# Pole koła, pole wycinka koła

Koło jest figurą, która ma pole. Aby obliczyć pole koła, wystarczy znać jego promień.

**Twierdzenie 1.**
Pole $P$ koła o promieniu $r$ wyraża się wzorem $P = \pi \cdot r^2$

Przypomnijmy: liczba $\pi$ (czytaj: pi), występująca w powyższym wzorze, jest liczbą niewymierną, $\pi = 3{,}1415926...$

## Przykład 1.

Obliczymy pole pierścienia kołowego, wykorzystując dane z rysunku poniżej.

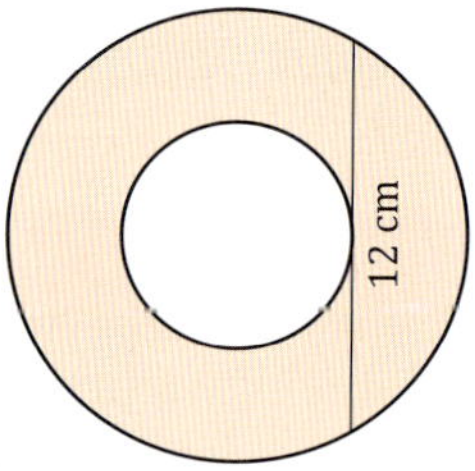


Dany odcinek mający długość 12 cm jest styczny do mniejszego okręgu i jednocześnie jest cięciwą większego okręgu. Oznaczmy na rysunku promień mniejszego okręgu literą $r$, a promień większego okręgu – literą $R$.

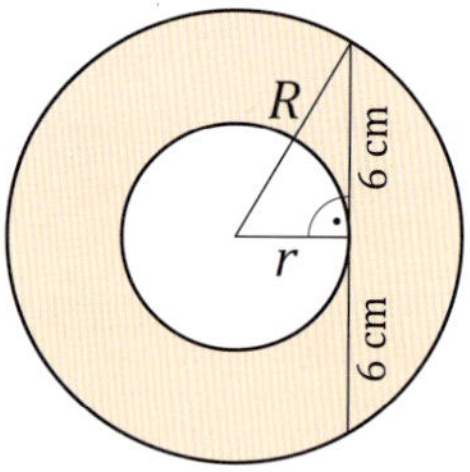


Pole pierścienia wyraża wzór:

$P = \pi R^2 - \pi r^2$

$P = \pi\left(R^2 - r^2\right)$

Zauważ, że dwa promienie i połowa odcinka o danej długości utworzyły trójkąt prostokątny. Z twierdzenia Pitagorasa dla tego trójkąta otrzymujemy zależność:

$R^2 = r^2 + 6^2$, czyli $R^2 - r^2 = 36$, stąd

$P = \pi \cdot 36 \text{ cm}^2$

Pole pierścienia kołowego jest więc równe $36\pi \text{ cm}^2$.

Zastanowimy się teraz, jak obliczyć pole figury, którą przedstawia poniższy rysunek.

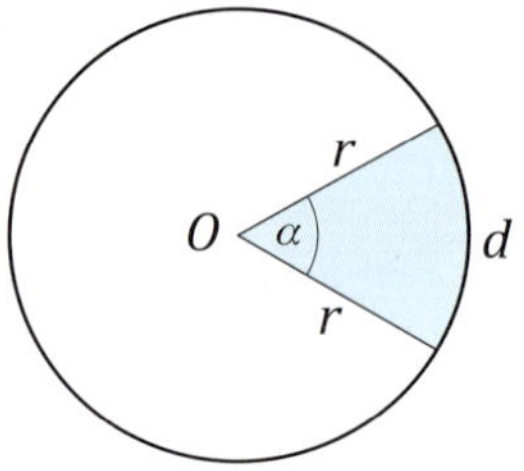

Część wspólną koła i kąta środkowego nazywamy **wycinkiem koła** odpowiadającym temu kątowi środkowemu.

Pole $P_w$ wycinka koła jest wprost proporcjonalne do miary odpowiadającego mu kąta środkowego. Oznaczmy pole koła przez $P_k$, a przez $r$ – promień tego koła. Wówczas:

$$\frac{P_w}{P_k} = \frac{\alpha}{360^\circ}, \text{ skąd } P_w = \frac{\alpha}{360^\circ} P_k, \quad \text{czyli } P_w = \frac{\alpha}{360^\circ} \cdot \pi r^2$$

Jeśli chcielibyśmy obliczyć długość łuku $d$, odpowiadającego kątowi środkowemu $\alpha$, to postępujemy podobnie, bowiem długość łuku jest również wprost proporcjonalna do miary kąta środkowego.

$$d = \frac{\alpha}{360^\circ} \cdot 2\pi r, \quad \text{czyli} \quad d = \frac{\alpha}{180^\circ} \cdot \pi r$$

## Przykład 2.

Dany jest trójkąt równoboczny o boku mającym długość $a$. Zakreślono trzy koła o promieniach $a$ i środkach w wierzchołkach tego trójkąta. Obliczymy pole i obwód figury będącej częścią wspólną tych trzech kół.

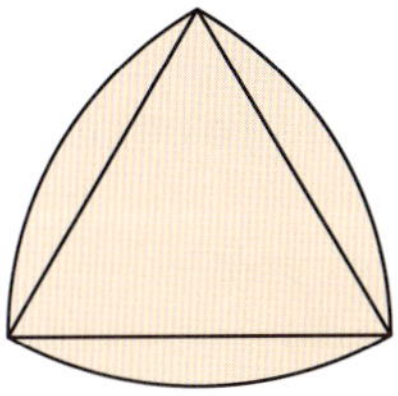

Otrzymana figura składa się z trójkąta równobocznego i trzech jednakowych części kół (tzw. odcinków kołowych). Obliczamy pole $P_1$ jednej takiej części:

$$P_1 = \frac{60^\circ}{360^\circ}\pi \cdot a^2 - \frac{a^2\sqrt{3}}{4} = \frac{\pi a^2}{6} - \frac{a^2\sqrt{3}}{4} = \frac{a^2\left(2\pi - 3\sqrt{3}\right)}{12}$$

Obliczamy szukane pole $P$:

$$P = \frac{a^2\sqrt{3}}{4} + 3P_1 = \frac{a^2\sqrt{3}}{4} + \frac{a^2\left(2\pi - 3\sqrt{3}\right)}{4} = \frac{a^2\left(\pi - \sqrt{3}\right)}{2}$$

Obliczamy obwód $l$ danej figury. Zauważ, że jest on równy długości trzech łuków odpowiadających kątowi środkowemu o mierze $60^\circ$. Otrzymujemy:

$$l = \frac{3 \cdot 60^\circ}{180^\circ} \cdot \pi \cdot a, \quad \text{czyli} \quad l = \pi \cdot a$$

Pole figury jest równe $\frac{a^2\left(\pi - \sqrt{3}\right)}{2}$, obwód $\pi \cdot a$.

### Sprawdź, czy rozumiesz

1. Oblicz pole wycinka koła, korzystając z danych na rysunku poniżej:

a) b) c)

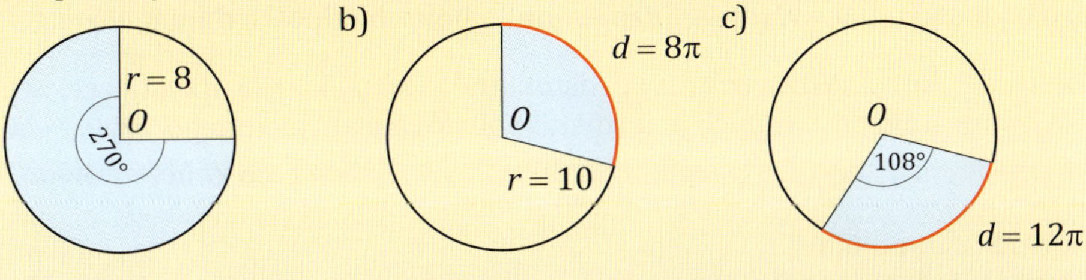


2. Okrąg wpisany w trójkąt równoboczny i okrąg opisany na tym trójkącie wyznaczają pierścień, którego pole jest równe $75\pi$ cm$^2$. Oblicz pole trójkąta.

# Zastosowanie pojęcia pola w dowodzeniu twierdzeń

W temacie tym udowodnimy m. in. twierdzenie Pitagorasa i twierdzenie Talesa, posługując się pojęciem pola.

## *Przykład 1.*

Udowodnimy twierdzenie Pitagorasa: *Jeżeli trójkąt jest prostokątny, to kwadrat długości przeciwprostokątnej jest równy sumie kwadratów długości przyprostokątnych.*

Założenie: Dany jest trójkąt prostokątny $ABC$
$a$, $b$ – długości przyprostokątnych trójkąta $ABC$
$c$ – długość przeciwprostokątnej trójkąta $ABC$

Teza: $a^2 + b^2 = c^2$

Dowód (1) – przypisywany Pitagorasowi

Z kwadratu o boku mającym długość $a + b$ „odcinamy" cztery trójkąty prostokątne o przyprostokątnych $a$, $b$ i przeciwprostokątnej $c$. Zostaje kwadrat (zielony) o boku $c$.

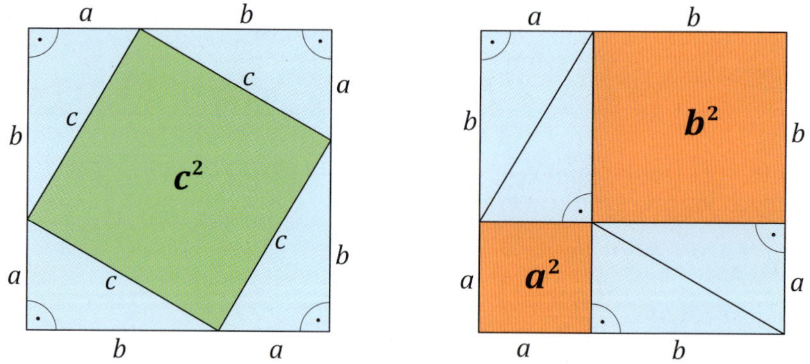


Z drugiego kwadratu o boku mającym długość $a + b$ również „odcinamy" cztery trójkąty prostokątne o przyprostokątnych $a$, $b$ i przeciwprostokątnej $c$. W tym wypadku zostają dwa kwadraty (czerwone) o bokach odpowiednio $a$ i $b$.

Ponieważ dowolne dwa trójkąty prostokątne (niebieskie) są przystające, więc suma pól kwadratów czerwonych jest równa polu kwadratu zielonego, czyli

$a^2 + b^2 = c^2$, co kończy dowód.

Dowód (2) – Euklidesa
Aby udowodnić twierdzenie, wystarczy pokazać, że suma pól kwadratów zbudowanych na przyprostokątnych trójkąta prostokątnego $ABC$ jest równa polu kwadratu zbudowanego na przeciwprostokątnej tego trójkąta.

Przedłużamy wysokość trójkąta poprowadzoną z wierzchołka ($C$) kąta prostego. Dzieli ona kwadrat ($AA_2B_2B$) zbudowany na przeciwprostokątnej trójkąta $ABC$ na dwa prostokąty ($AA_2C_2C_1$ i $C_1C_2B_2B$). Wykażemy, że pole kwadratu żółtego ($ACC_3A_1$) jest równe polu prostokąta żółtego ($AA_2C_2C_1$).

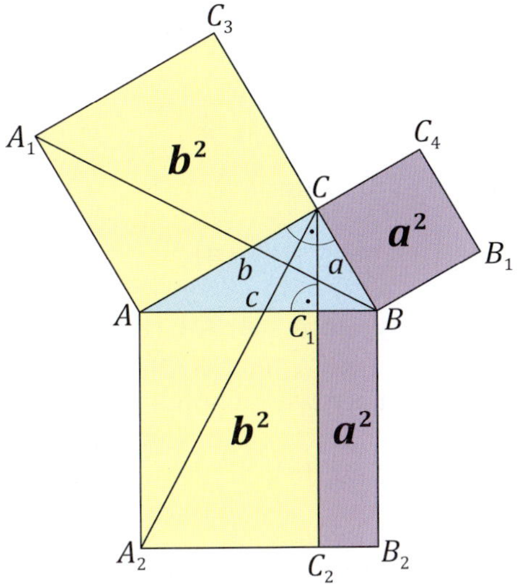


Rozważmy dwa trójkąty $ABA_1$ i $AA_2C$. Mamy

$$|AA_1| = |AC| = b$$

$$|AB| = |AA_2| = c$$

$$|\sphericalangle BAA_1| = |\sphericalangle A_2AC| = 90° + |\sphericalangle BAC|$$

Zatem na mocy II cechy przystawania trójkątów (bkb)

$$\Delta\, ABA_1 \equiv \Delta\, ACA_2$$

W szczególności trójkąty te mają równe pola (twierdzenie 1. punkt 2. ze str. 262), czyli

(1) $P_{ABA_1} = P_{AA_2C}$

Zauważmy teraz, że pole kwadratu żółtego ($ACC_3A_1$) jest dwa razy większe od pola trójkąta $ABA_1$:

(2) $P_{ACC_3A_1} = 2 \cdot P_{ABA_1} = b^2$

Wynika to stąd, że podstawą ($AA_1$) trójkąta jest bok kwadratu, punkty $B$, $C$, $C_3$ są współliniowe (z założenia kąt $C$ trójkąta $ABC$ jest prosty) i prosta $BC_3$ jest równoległa do prostej $AA_1$. Zatem wysokość trójkąta $ABA_1$ poprowadzona z wierzchołka $B$ jest równa długości boku ($AC$) kwadratu, czyli

$$P_{ABA_1} = \frac{1}{2} \cdot b \cdot b = \frac{1}{2} b^2$$

Rozumując podobnie, można pokazać, że pole żółtego prostokąta ($AA_2C_2C_1$) jest dwa razy większe od pola trójkąta $AA_2C$, czyli

(3) $P_{AA_2C_2C_1} = 2 \cdot P_{AA_2C}$

Mamy zatem (korzystamy z równości (3), (1) i dwukrotnie z równości (2)):

$$P_{AA_2C_2C_1} = 2 \cdot P_{AA_2C} = 2 \cdot P_{ABA_1} = P_{ACC_3A_1} = b^2$$

Analogicznie można pokazać, że pole fioletowego prostokąta jest równe polu fioletowego kwadratu

$$P_{C_1C_2B_2B} = P_{BB_1C_4C} = a^2$$

Ostatecznie otrzymujemy:

$$a^2 + b^2 = P_{C_1C_2B_2B} + P_{AA_2C_2C_1} = c^2,$$ co kończy dowód.

## Przykład 2.

Udowodnimy twierdzenie Talesa: *Jeżeli ramiona kąta (lub ich przedłużenia) przetniemy dwiema prostymi równoległymi, to stosunek długości odcinków wyciętych przez te proste na jednym ramieniu kąta (lub na jego przedłużeniu) będzie równy stosunkowi długości odpowiednich odcinków wyciętych na drugim ramieniu kąta (lub na jego przedłużeniu).*

a)

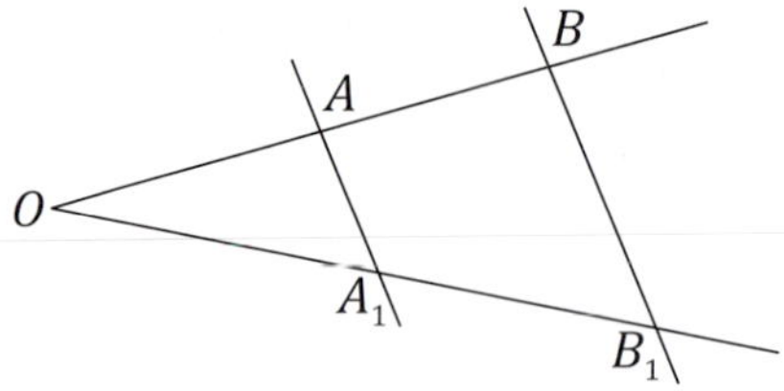


b)

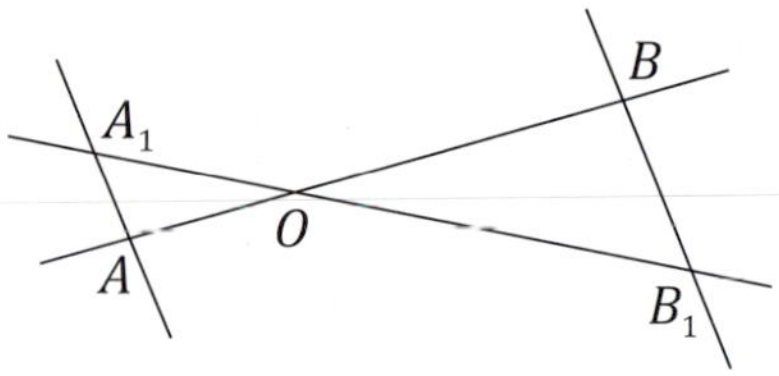


Założenie: $\sphericalangle BOB_1$, proste $AA_1$ i $BB_1$ są położone jak na rysunku oraz pr. $AA_1 \parallel$ pr. $BB_1$

Teza: $\frac{|OA|}{|AB|} = \frac{|OA_1|}{|A_1B_1|}$ i $\frac{|OA|}{|OB|} = \frac{|OA_1|}{|OB_1|}$

Dowód: Niech kąt $BOB_1$ i proste $AA_1$ i $BB_1$ położone jak na rysunku a).

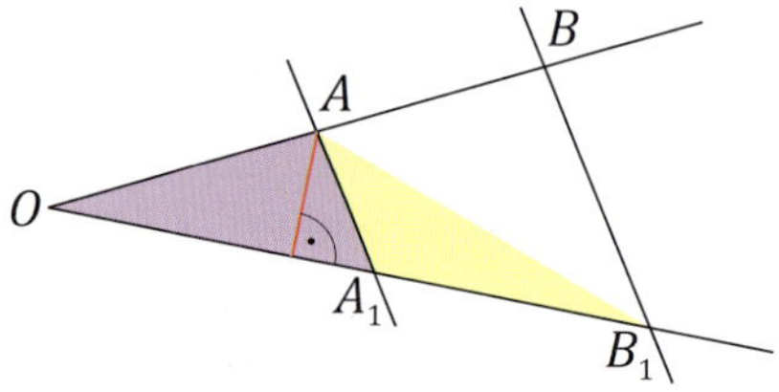


Rozważmy trójkąty $OA_1A$ i $A_1B_1A$ (zobacz rysunek obok). Te trójkąty mają wspólną wysokość (poprowadzoną z wierzchołka $A$). Zatem stosunek pól tych trójkątów jest równy stosunkowi długości podstaw, do których ta wysokość została poprowadzona.

(1) $\frac{P_{OA_1A}}{P_{A_1B_1A}} = \frac{|OA_1|}{|A_1B_1|}$

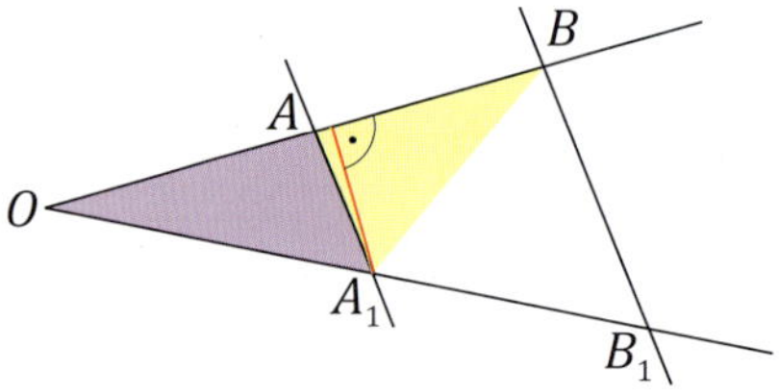


Rozważmy teraz trójkąty $OA_1A$ i $AA_1B$. Te trójkąty też mają wspólną wysokość (poprowadzoną z wierzchołka $A_1$). Zatem stosunek pól tych trójkątów też jest równy stosunkowi długości podstaw, do których ta wysokość została poprowadzona.

(2) $\frac{P_{OA_1A}}{P_{AA_1B}} = \frac{|OA|}{|AB|}$

Zauważmy teraz, że trójkąty $A_1B_1A$ i $AA_1B$ (zaznaczone kolorem żółtym) mają równe pola. Mają bowiem wspólną podstawę ($AA_1$), a wysokości poprowadzone na tę podstawę są równe odległości między prostymi $AA_1$ i $BB_1$ (które z założenia są równoległe),

$P_{A_1B_1A} = P_{AA_1B}$

Z tego wynika, że lewe strony równości (1) i (2) są równe, zatem równe też są prawe strony tych równości, czyli

$$\frac{|OA|}{|AB|} = \frac{|OA_1|}{|A_1B_1|}$$

Aby otrzymać drugą równość z tezy, wystarczy przeprowadzić analogiczne rozumowanie dla par trójkątów: $OA_1A$ i $OA_1B$ oraz $OA_1A$ i $OB_1A$.

Powyższe rozumowanie przenosi się bez zmian na przypadek b) – wykonaj rysunki odpowiednich par trójkątów mających wspólną wysokość.

## Przykład 3.

Wykażemy, że w trójkącie $ABC$, w którym $|\sphericalangle C| = 120°$, $|BC| = a$ i $|AC| = b$, długość dwusiecznej kąta $C$ jest równa $\frac{a \cdot b}{a+b}$.

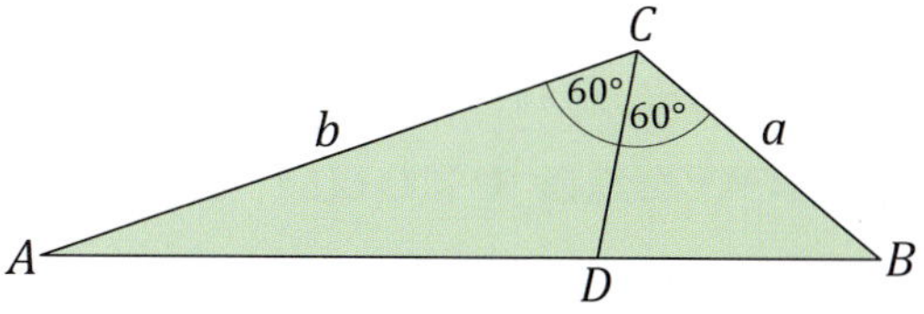


Założenie: Dany jest trójkąt $ABC$
$|\sphericalangle C| = 120°$, $|BC| = a$ i $|AC| = b$
$CD$ – dwusieczna kąta $C$

Teza: $|CD| = \frac{a \cdot b}{a+b}$

Dowód:
Pole trójkąta $ABC$ jest równe sumie pól trójkątów $ADC$ i $CDB$.

(1) $P_{ABC} = P_{ADC} + P_{CDB}$

Mamy:

$$P_{ABC} = \frac{1}{2} \cdot a \cdot b \cdot \sin 120° = \frac{1}{2} ab \frac{\sqrt{3}}{2}$$

$$P_{ADC} = \frac{1}{2} \cdot |CD| \cdot b \cdot \sin 60° = \frac{1}{2} |CD| b \frac{\sqrt{3}}{2} \quad \text{oraz}$$

$$P_{CDB} = \frac{1}{2} \cdot |CD| \cdot a \cdot \sin 60° = \frac{1}{2} |CD| a \frac{\sqrt{3}}{2}$$

Uwzględniając równość (1), otrzymujemy:

$$\frac{1}{2} ab \frac{\sqrt{3}}{2} = \frac{1}{2} |CD| b \frac{\sqrt{3}}{2} + \frac{1}{2} |CD| a \frac{\sqrt{3}}{2}, \quad \text{skąd}$$

$$ab = |CD|(b+a) \quad / : (a+b)$$

$$|CD| = \frac{a \cdot b}{a+b},$$

co kończy dowód.

### Sprawdź, czy rozumiesz

1. Udowodnij twierdzenie Pitagorasa, posługując się wzorem na pole trójkąta: $P = p \cdot r$, gdzie $p$ jest połową obwodu trójkąta, $r$ – promieniem koła wpisanego w trójkąt. Wykorzystaj zależność: $r = \frac{a+b-c}{2}$, gdzie $a$, $b$ są długościami przyprostokątnych, $c$ – długością przeciwprostokątnej trójkąta prostokątnego.
2. Wykaż, że suma odległości dowolnego punktu leżącego we wnętrzu trójkąta równobocznego od boków tego trójkąta jest równa wysokości tego trójkąta.
3. Wykaż, że w trójkącie $ABC$, w którym $|\sphericalangle C| = 60°$, $|BC| = a$ i $|AC| = b$, długość dwusiecznej kąta $C$ jest równa $\frac{\sqrt{3} \cdot a \cdot b}{a+b}$.

# 8. Funkcja i jej własności

## Pojęcie funkcji. Funkcja liczbowa. Dziedzina i zbiór wartości funkcji

W matematyce i w życiu codziennym mamy do czynienia z różnymi przyporządkowaniami, np. każdej osobie mieszkającej na stałe w Polsce przyporządkowuje się numer PESEL, jak również każdej osobie przyporządkowuje się jej imię. Niektóre z takich przyporządkowań są funkcjami, inne nie są. Aby dobrze zrozumieć pojęcie funkcji, rozważymy różne przykłady. Pierwsze dwa będą przedstawiać przyporządkowania, które nie są funkcjami.

### *Przykład 1.*

Nauczyciel wychowania fizycznego przeprowadził wśród uczniów klasy I pewnego liceum sprawdzian z biegu na 100 m. Wyniki sprawdzianu zapisał w postaci zbioru par liczb, gdzie pierwszy element pary oznaczał numer ucznia z dziennika, zaś drugi element pary oznaczał czas w sekundach, uzyskany przez ucznia. Poniżej przedstawiono notatki nauczyciela:

$$\{(3; 15), (5; 17), (11; 13), (18; 12{,}5), (19; \quad), (21; 14), (25; 16{,}3), (29; 16{,}5)\}$$

Uczniowi z numerem 19 nie został przypisany czas biegu (być może uczeń był nieobecny lub nie ukończył biegu).

### *Przykład 2.*

Ewie, Włodkowi, Jankowi i Marysi przyporządkowano przedmioty dodatkowe, jakie zadeklarowali na maturze.

Ewa → fizyka
Włodek → geografia
Janek → chemia i fizyka
Marysia → biologia

Każdemu elementowi ze zbioru $X$, gdzie $X$ = {Ewa, Włodek, Janek, Marysia}, przyporządkowaliśmy elementy zbioru $Y$, gdzie $Y$ = {fizyka, geografia, biologia, chemia}. Janek wybrał dwa przedmioty dodatkowe, pozostali maturzyści – po jednym. Przyporządkowanie to nie jest funkcją, ponieważ jest ono „nadmierne" – jednej z osób (Jankowi) przypisano więcej niż jeden przedmiot dodatkowy.

Kolejne trzy przykłady przedstawiają funkcje.

## Przykład 3.

Poniższa tabela przedstawia przyporządkowanie wybranym lekturom szkolnym nazwiska ich autorów.

| tytuł lektury szkolnej | nazwisko autora |
|---|---|
| „Pan Tadeusz" | Mickiewicz |
| „W pustyni i w puszczy" | Sienkiewicz |
| „Lalka" | Prus |
| „Antygona" | Sofokles |
| „Iliada" | Homer |

Każdemu elementowi ze zbioru $X$, $X=$ {„Pan Tadeusz", „W pustyni i w puszczy", „Lalka", „Antygona", „Iliada"}, przyporządkowaliśmy nazwisko autora – tylko jednego! – ze zbioru $Y$, $Y=$ {Mickiewicz, Sienkiewicz, Prus, Sofokles, Homer}.

W tym przykładzie każdy element ze zbioru $Y$ został przyporządkowany jednemu elementowi ze zbioru $X$.

## Przykład 4.

Poniższy graf przedstawia przyporządkowanie, w którym planetom z Układu Słonecznego przyporządkowujemy liczbę księżyców krążących wokół nich.

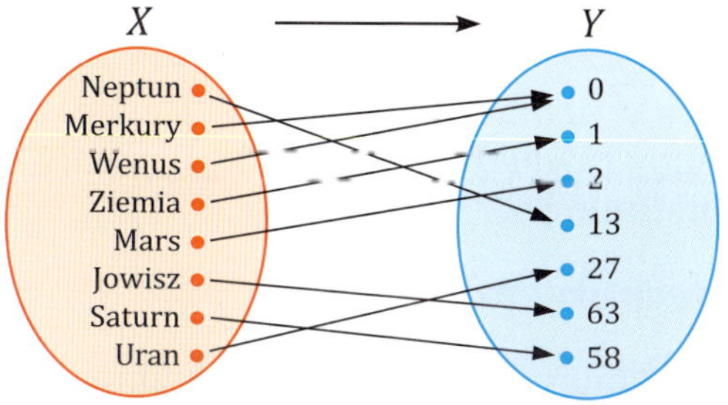


Każdej planecie przypisano tylko jedną liczbę księżyców. Zauważ też, że element 0 ze zbioru $Y$ został przyporządkowany dwóm elementom (Merkury i Wenus) ze zbioru $X$.

## Przykład 5.

Poniższy graf ilustruje odwzorowanie, w którym liczbom naturalnym ze zbioru {1, 2, 3, 4, 5, 6} przyporządkowujemy liczbę ich naturalnych dzielników.

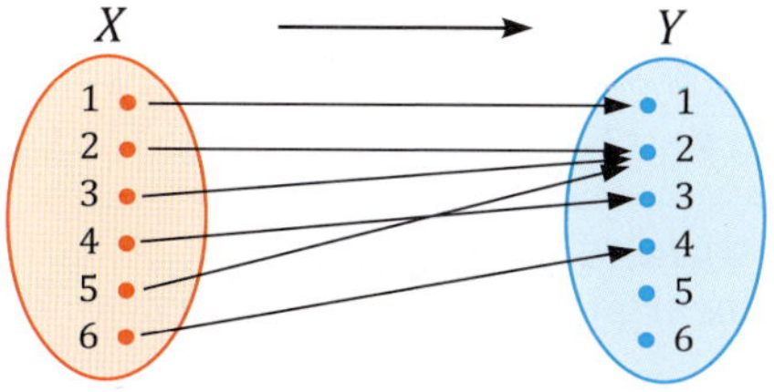


Każdej liczbie ze zbioru $X$ przyporządkowano tylko jedną liczbę ze zbioru $Y$.

Zauważ, że żadna z liczb naturalnych ze zbioru $X$ nie ma pięciu ani sześciu dzielników (czyli elementom 5 i 6 ze zbioru $Y$ nie został przyporządkowany żaden element zbioru $X$).

Te przykłady prowadzą nas do następującej definicji:

### Definicja 1.

**Funkcją** $f$ ze zbioru $X$ w zbiór $Y$ (zbiory $X$ i $Y$ są niepuste) nazywamy takie odwzorowanie, w którym <u>każdemu</u> elementowi ze zbioru $X$ został przyporządkowany <u>tylko jeden</u> element ze zbioru $Y$. Funkcję tę oznaczamy $f\colon X \to Y$.

Tak więc funkcjami są tylko takie przyporządkowania, które spełniają jednocześnie dwa warunki, podane w ostatniej definicji.
Natomiast nieistotne dla określenia funkcji jest to, czy każdy element ze zbioru $Y$ został przyporządkowany jakiemuś elementowi ze zbioru $X$:

- W przykładzie 3. każdy element ze zbioru $Y$ „wykorzystany" był tylko jeden raz.
- W przykładzie 4. jeden element ze zbioru $Y$ „wykorzystany" był dwa razy, a pozostałe elementy – po jednym razie.
- W przykładzie 5. dwa elementy ze zbioru $Y$ nie były w ogóle „wykorzystane". Trzy elementy były „wykorzystane" po jednym razie, a jeden element – aż trzy razy.

Funkcje oznaczamy zwykle literami $f, g, h, F, G, H$ itp.

Zbiór $X$, o którym mowa w definicji funkcji, nazywamy **dziedziną funkcji** $f$. Dziedzinę funkcji $f$ oznaczamy również symbolem $D_f$. Elementy dziedziny funkcji $f$ nazywamy **argumentami funkcji** $f$.

Zbiór $Y$ nazywamy **przeciwdziedziną funkcji** $f$.

Zbiór tych elementów ze zbioru $Y$, które zostały przypisane elementom ze zbioru $X$, nazywamy **zbiorem wartości** funkcji $f$. Zbiór wartości funkcji $f$ oznaczamy symbolem $ZW_f$.

Dla funkcji z przykładu 5. (oznaczmy ją $f$) dziedzina, przeciwdziedzina i zbiór wartości zaznaczone są na rysunku poniżej.

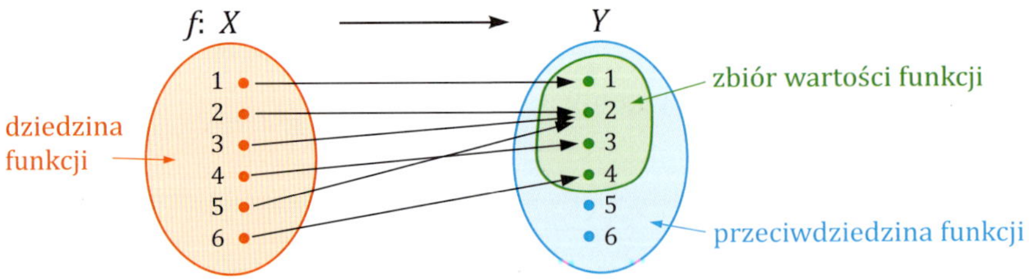


Zapis $f(3) = 2$ czytamy: dla argumentu 3 funkcja przyjmuje wartość 2.

Jeżeli zbiór wartości funkcji pokrywa się z przeciwdziedziną, tzn. $ZW_f = Y$, to mówimy, że funkcja $f$ przekształca zbiór $X$ na zbiór $Y$ i zapisujemy $f\colon X \xrightarrow{\text{na}} Y$ (przykład 3. i 4.). Jeśli zbiory $X$ oraz $Y$ są niepustymi podzbiorami zbioru liczb rzeczywistych, to funkcję $f\colon X \to Y$ nazywamy **funkcją liczbową** zmiennej rzeczywistej (przykład 5.).

## Sprawdź, czy rozumiesz

1. Czy poniższe przyporządkowania są funkcjami? Odpowiedź uzasadnij.
   a) Każdemu Polakowi przyporządkowujemy datę jego urodzin.
   b) Każdemu uczniowi z klasy Ia przyporządkowujemy numer z listy w dzienniku lekcyjnym.

2. Które z poniższych przyporządkowań jest funkcją, odwzorowującą zbiór $X$ w zbiór $Y$? W przypadku przyporządkowania, które jest funkcją, podaj dziedzinę i zbiór wartości.

a)
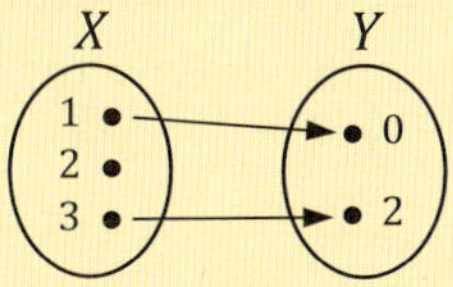


b)
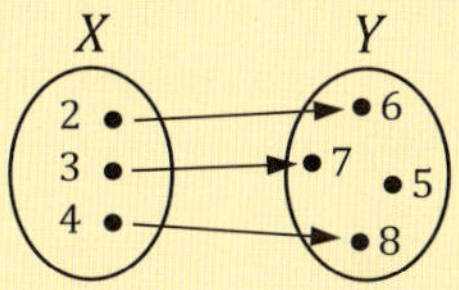


c)
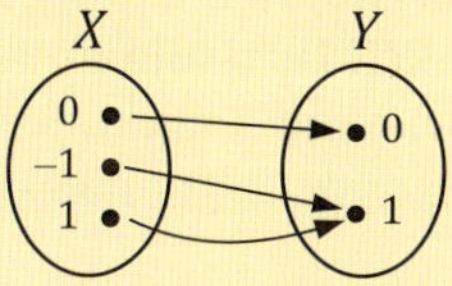


d)
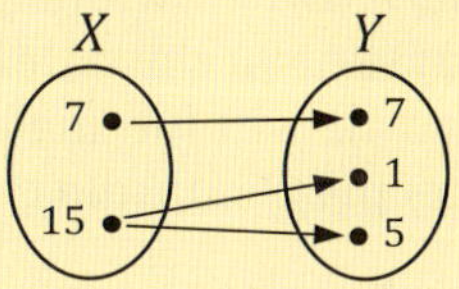


3. Każdej liczbie ze zbioru $\{-2, -1, 4, 7\}$ przyporządkowujemy liczbę o 1 większą. Wymień wszystkie argumenty tej funkcji oraz podaj zbiór jej wartości.

4. Przedstaw na grafie przykład funkcji $f\colon \{5, 6, 7, 8, 9\} \xrightarrow{\text{na}} \{1, 3, 5, 7\}$, która dla argumentu 7 przyjmuje wartość równą 5. Czy dla różnych argumentów funkcja przyjmuje różne wartości?

5. Czy funkcja, która każdej liczbie rzeczywistej przyporządkowuje jej kwadrat, jest funkcją przekształcającą zbiór liczb rzeczywistych w zbiór liczb rzeczywistych dodatnich?

6. Funkcja $f\colon \{1, 3, 5, 7\} \to \{0, 2, 4, 6, 8\}$ dla coraz większych argumentów przyjmuje coraz mniejsze wartości. Wiedząc, że $f(1) = 6$, podaj $f(3)$, $f(5)$, $f(7)$.

# Sposoby opisywania funkcji

Najczęstszymi sposobami, które stosujemy do opisywania funkcji, są:

a) opis słowny
b) tabelka
c) graf
d) zbiór par uporządkowanych
e) wzór
f) wykres

Sposoby te omówimy na przykładzie jednej i tej samej funkcji $f\colon X \to Y$, gdzie $X = \{-1, 0, 1, 2\}$, $Y = \{0, 1, 4\}$ oraz $f(-1) = 1, f(0) = 0, f(1) = 1, f(2) = 4$.

- **Opis słowny**

Funkcję $f$ możemy opisać całym zdaniem w następujący sposób:

„Każdej liczbie ze zbioru $\{-1, 0, 1, 2\}$ przyporządkowujemy jej kwadrat”.

Opisując funkcję całym zdaniem, mówimy, że podaliśmy opis słowny tego przyporządkowania.

- **Tabelka**

Tabelka składa się z dwóch wierszy. W górnym wierszu znajdują się argumenty funkcji $f$, czyli wszystkie liczby należące do dziedziny funkcji (wpisujemy je do tabeli w porządku rosnącym lub malejącym); w dolnym wierszu znajdują się wartości, jakie funkcja $f$ przyjmuje dla tych argumentów.

| **$x$** **argument funkcji** | $-1$ | 0 | 1 | 2 |
|---|---|---|---|---|
| **$y$** **wartość funkcji** | 1 | 0 | 1 | 4 |

Na przykład z tabeli odczytujemy, że dla argumentu 2 funkcja przyjmuje wartość 4, natomiast wartość 1 odpowiada dwóm argumentom: $-1$ i 1.

- **Graf**

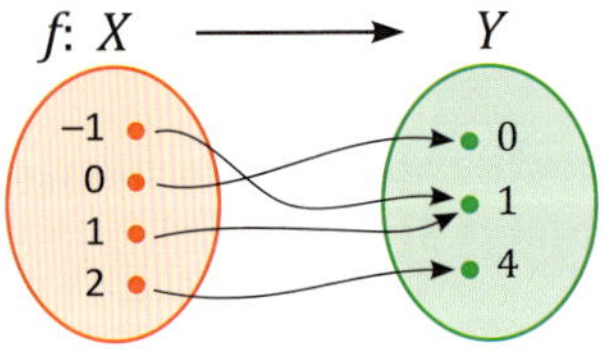


Dziedzina funkcji – zbiór $X$ oraz zbiór wartości funkcji – zbiór $Y$, przedstawione są w „pętlach”. Strzałki pokazują sposób przyporządkowania, np. zapis: $2 \to 4$ czytamy: dla argumentu 2 wartość funkcji wynosi 4, czyli $f(2) = 4$.

- **Zbiór par uporządkowanych**

Jest to zbiór wszystkich takich par, w których pierwszy element pary oznacza argument funkcji (czyli $x$), zaś drugi element pary oznacza wartość funkcji dla tego argumentu (czyli $y$). Para $(2, 4)$ oznacza, że dla argumentu 2 wartość funkcji wynosi 4, czyli $f(2) = 4$. A oto zbiór wszystkich par opisujących daną funkcję $f$:

$\{(-1, 1), (0, 0), (1, 1), (2, 4)\}$

- **Wzór**

Poniżej są przedstawione trzy sposoby zapisywania wzoru funkcji $f$.

$f\colon x \to x^2$, jeśli $x \in \{-1, 0, 1, 2\}$
$y = x^2$, jeśli $x \in \{-1, 0, 1, 2\}$
$f(x) = x^2$, jeśli $x \in \{-1, 0, 1, 2\}$

- **Wykres**

Jest to zbiór tych wszystkich punktów płaszczyzny o współrzędnych $(x, y)$, w prostokątnym układzie współrzędnych, dla których $x$ jest argumentem funkcji, natomiast $y$ jest wartością funkcji dla argumentu $x$.

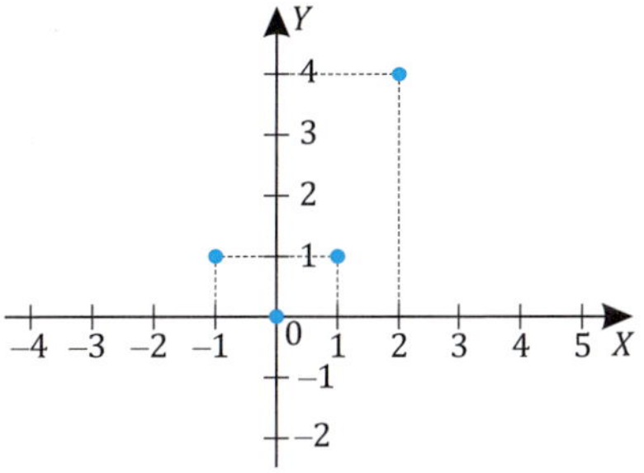


Wykres rozważanej przez nas funkcji składa się z 4 punktów. Punkty te mają współrzędne: $(-1, 1)$, $(0, 0)$, $(1, 1)$, $(2, 4)$.

**UWAGA:** Wykres funkcji składa się z tylu punktów, ile liczb znajduje się w dziedzinie tej funkcji.

Rozważmy funkcję $f$, która każdej liczbie wymiernej przyporządkowuje liczbę 1, a każdej liczbie niewymiernej przyporządkowuje liczbę 0.

Dziedziną funkcji $f$ jest zbiór liczb rzeczywistych, a jej zbiorem wartości – zbiór $\{0, 1\}$. Oprócz opisu słownego funkcje tę można przedstawić za pomocą wzoru i zbioru par uporządkowanych:

$$f(x) = \begin{cases} 1, \text{ jeśli } x \subset \boldsymbol{W} \\ 0, \text{ jeśli } x \in \boldsymbol{NW} \end{cases} \qquad \{(x, y)\colon (x \in \boldsymbol{W} \wedge y = 1) \vee (x \in \boldsymbol{NW} \wedge y = 0)\}$$

Funkcję $f$ nazywa się funkcją Dirichleta (Peter Gustaw Dirichlet – matematyk niemiecki żyjący w XIX w.)

## Sprawdź, czy rozumiesz

1. Narysuj wykres funkcji $f$, opisanej za pomocą tabelki:

| $x$ | $-3$ | $-2$ | $-1$ | $0$ | $1$ | $2$ |
|---|---|---|---|---|---|---|
| $f(x)$ | $-5$ | $-4$ | $-3$ | $-2$ | $-1$ | $0$ |

   a) Dla jakiego argumentu funkcja przyjmuje wartość równą $-2$?
   b) Jaką wartość funkcja przyjmuje dla argumentu 1?
   c) Wypisz wszystkie argumenty, dla których funkcja przyjmuje wartości większe od $-3$.

2. Podaj wzór funkcji $g$, opisanej za pomocą zbioru par uporządkowanych:
   a) $\{(4, 3), (3, 2), (2, 1), (1, 0)\}$
   b) $\{(-3, 3), (-1, 1), (0, 0), (1, -1), (2, -2)\}$

# Wykres funkcji

Jednym ze znanych Ci sposobów opisywania funkcji jest jej wykres. Jest to graficzny opis funkcji w układzie współrzędnych. Powstaje pytanie: „Czy każdy zbiór punktów w układzie współrzędnych jest wykresem funkcji?". Oczywiście, że nie!

Jak zatem odróżnić wykres funkcji od zbioru punktów, który wykresem funkcji nie jest?

## *Przykład 1.*

Poniżej przedstawione są zbiory punktów, które nie są wykresami funkcji. Zastanówmy się dlaczego.

a)

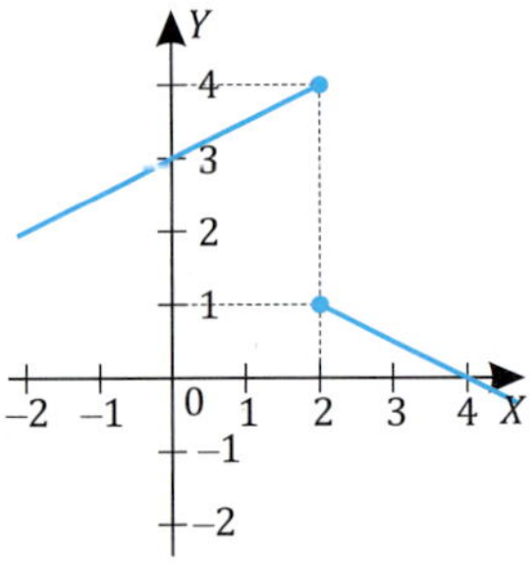


b)

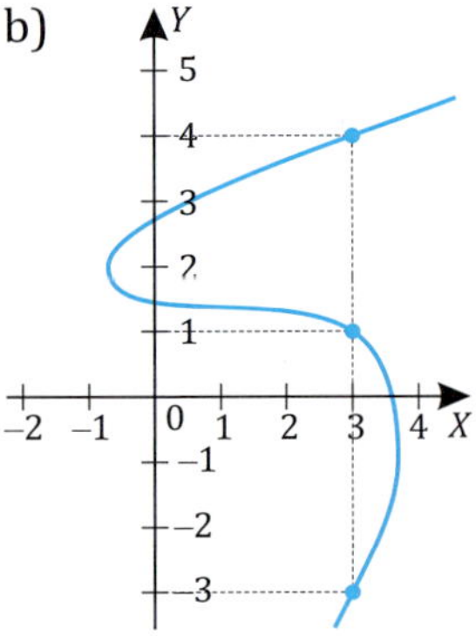


c)

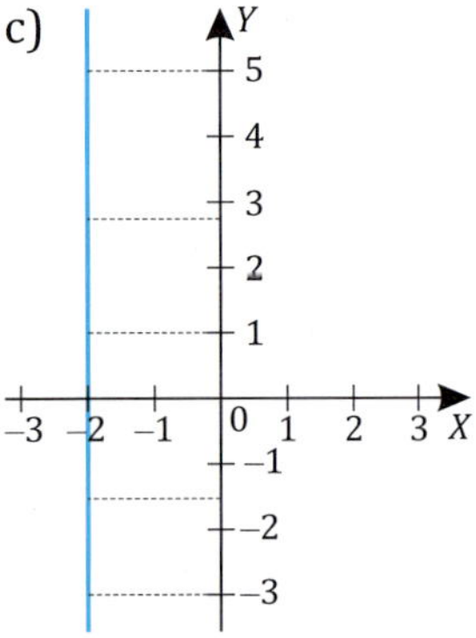


Rysunek a) nie przedstawia wykresu funkcji, ponieważ elementowi 2 przyporządkowane są dwie liczby: 1 oraz 4, a zgodnie z definicją funkcji każdemu argumentowi musi być przyporządkowana tylko jedna wartość.

Rysunek b) nie przedstawia wykresu funkcji, ponieważ elementowi 3 zostały przyporządkowane trzy liczby: $-3, 1, 4$.

Rysunek c) nie przedstawia wykresu funkcji, ponieważ elementowi $-2$ przypisano nieskończenie wiele różnych liczb rzeczywistych.

Wniosek:
Zbiór punktów w prostokątnym układzie współrzędnych jest wykresem funkcji tylko wtedy, gdy każda prosta prostopadła do osi $OX$ (prosta pionowa) ma z danym zbiorem nie więcej niż jeden punkt wspólny.

## Przykład 2.

Poniżej przedstawione są wykresy funkcji.

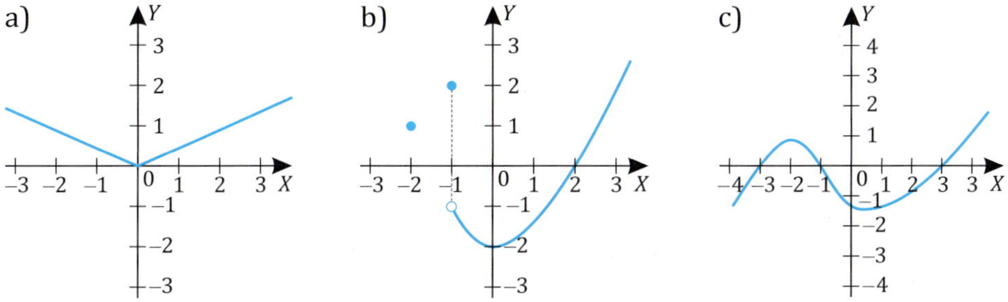


Zauważ, że nie istnieje prosta prostopadła do osi $OX$, która miałaby z danym na rysunku a), b) lub c) zbiorem punktów (zaznaczonym kolorem niebieskim) więcej niż jeden punkt wspólny.

Aby narysować wykres funkcji, wygodnie jest sporządzić tabelkę tej funkcji. Nie zawsze jednak można sporządzić tabelę, opisującą „całą" funkcję. Rozważmy funkcję opisaną wzorem:

$$f(x) = 2x + 3, \quad x \in \boldsymbol{R}$$

Nie można jej przedstawić za pomocą tabeli dlatego, że liczb rzeczywistych jest nieskończenie wiele. Wykresem tej funkcji jest prosta, czyli figura nieograniczona. Możemy więc naszkicować tylko fragment jej wykresu. Wiesz, że prostą wyznaczają dwa punkty. Wystarczy więc w tym przypadku wybrać dwa argumenty (najlepiej trochę „oddalone" od siebie), np. –2 i 1, i dla nich obliczyć wartości.

| $x$ | –2 | 1 |
|---|---|---|
| $y$ | –1 | 5 |

Argumenty i wartości umieściliśmy w tzw. tabelce częściowej. Punkty (–2, –1) i (1, 5) zaznaczamy w układzie współrzędnych i prowadzimy przez nie prostą.

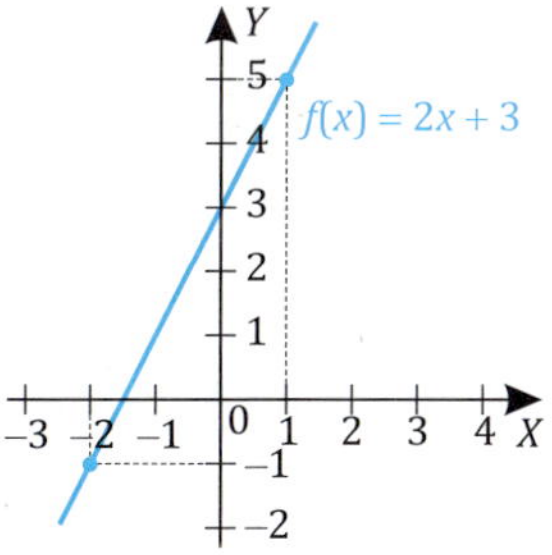


Poniżej przedstawiamy wykresy funkcji, którymi będziesz posługiwał się na kolejnych lekcjach matematyki. Zapoznaj się z tymi wykresami.

## Przykład 3.

Aby naszkicować wykresy funkcji, zbudowaliśmy tabelki częściowe, zawierające nawet jedenaście argumentów. Zauważ, że tabelka pozwala wyznaczyć tylko niektóre punkty wykresu. Wykres funkcji jest krzywą, której kształt przedstawia rysunek.

a) $y = x^2, \ x \in \boldsymbol{R}$

| | | | | | | | | | | | |
|---|---|---|---|---|---|---|---|---|---|---|---|
| $x$ | $-\frac{5}{2}$ | $-2$ | $-1$ | $-\frac{1}{2}$ | $-\frac{1}{4}$ | $0$ | $\frac{1}{4}$ | $\frac{1}{2}$ | $1$ | $2$ | $\frac{5}{2}$ |
| $y$ | $\frac{25}{4}$ | $4$ | $1$ | $\frac{1}{4}$ | $\frac{1}{16}$ | $0$ | $\frac{1}{16}$ | $\frac{1}{4}$ | $1$ | $4$ | $\frac{25}{4}$ |

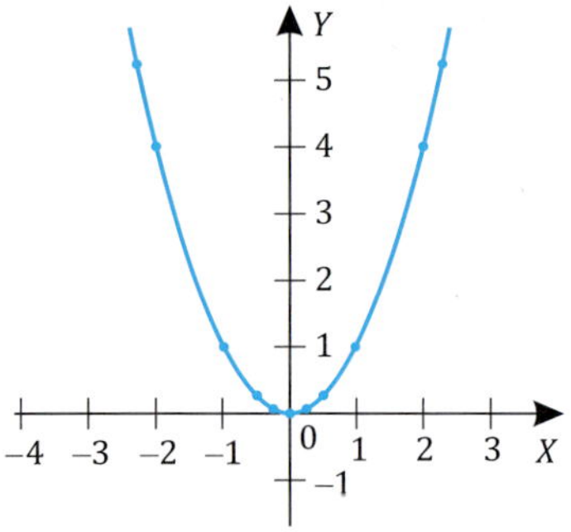


Wykresem funkcji jest parabola.

b) $y = x^3, \ x \in \boldsymbol{R}$

| | | | | | | | |
|---|---|---|---|---|---|---|---|
| $x$ | $-\frac{3}{2}$ | $-1$ | $-\frac{1}{2}$ | $0$ | $\frac{1}{2}$ | $1$ | $\frac{3}{2}$ |
| $y$ | $-\frac{27}{8}$ | $-1$ | $-\frac{1}{8}$ | $0$ | $\frac{1}{8}$ | $1$ | $\frac{27}{8}$ |

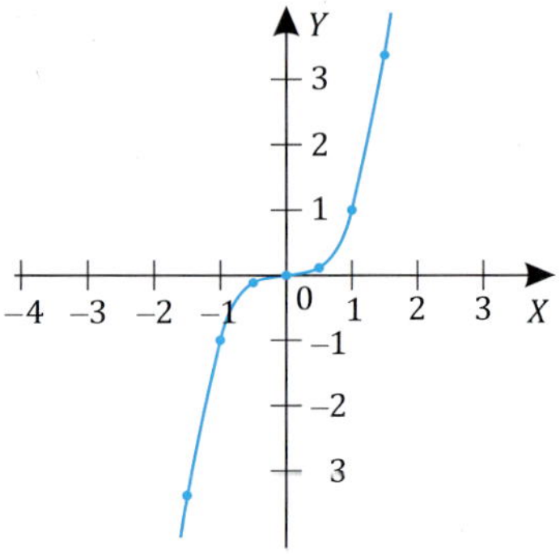


c) $y = \sqrt{x}, \ x \in \langle 0, +\infty)$

| | | | | | |
|---|---|---|---|---|---|
| $x$ | $0$ | $\frac{1}{4}$ | $1$ | $4$ | $9$ |
| $y$ | $0$ | $\frac{1}{2}$ | $1$ | $2$ | $3$ |

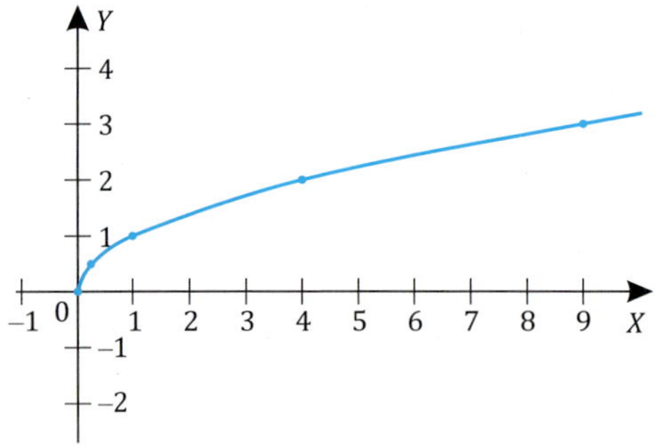


d) $y = \frac{1}{x}, \ x \in \boldsymbol{R} - \{0\}$

| | | | | | | | | |
|---|---|---|---|---|---|---|---|---|
| $x$ | $-3$ | $-2$ | $-1$ | $-\frac{1}{2}$ | $\frac{1}{2}$ | $1$ | $2$ | $3$ |
| $y$ | $-\frac{1}{3}$ | $-\frac{1}{2}$ | $-1$ | $-2$ | $2$ | $1$ | $\frac{1}{2}$ | $\frac{1}{3}$ |

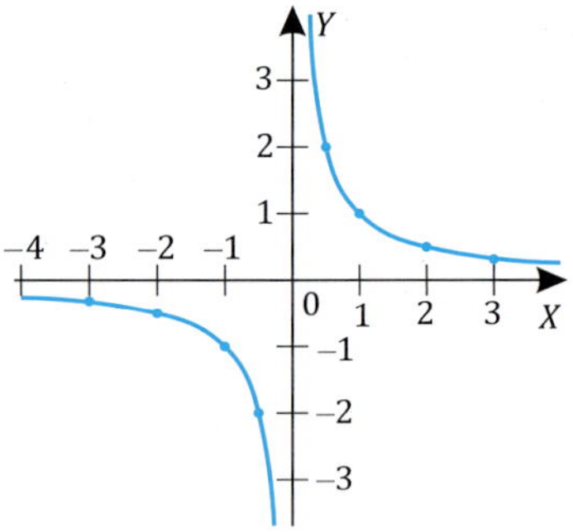


Wykresem funkcji jest hiperbola.

W matematyce często posługujemy się funkcjami, do zapisu których używamy wzorów dwóch lub więcej niż dwóch funkcji. Wówczas wzór funkcji zapisujemy za pomocą klamry.

## Przykład 4.

Naszkicujemy wykres funkcji $f$, która każdej liczbie ze zbioru $\{-4, -3, -2, -1, 0, 1, 2, 3, 4, 5, 6\}$ przyporządkowuje resztę z dzielenia tej liczby przez 3. Mamy więc

$-4 : 3 = -2$ r. 2, zatem $f(-4) = 2$

$-3 : 3 = -1$ r. 0, zatem $f(-3) = 0$

$-2 : 3 = -1$ r. 1, zatem $f(-2) = 1$ itd.

W wyniku dzielenia liczby całkowitej przez 3 możemy otrzymać reszty: 0, 1 lub 2. Oto wykres funkcji $f$.

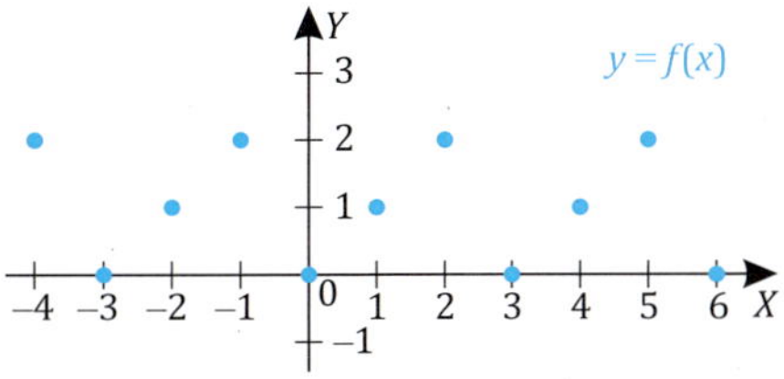


## Przykład 5.

Naszkicujemy wykres funkcji $f(x) = [x]$, gdzie $x \in \boldsymbol{R}$. Przypomnijmy: symbol $[x]$ oznacza część całkowitą (cechę) liczby $x$, czyli największą liczbę całkowitą nie większą od $x$ (zobacz str. 53).

Łatwo zauważyć, że:

– jeśli $x \in \langle 0, 1)$, to $[x] = 0$

– jeśli $x \in \langle 1, 2)$, to $[x] = 1$

– jeśli $x \in \langle 2, 3)$, to $[x] = 2$ itd.

Analogicznie:

– jeśli $x \in \langle -1, 0)$, to $[x] = -1$

– jeśli $x \in \langle -2, -1)$, to $[x] = -2$

– jeśli $x \in \langle -3, -2)$, to $[x] = -3$ itd.

Przystępujemy do szkicowania wykresu funkcji $f$.

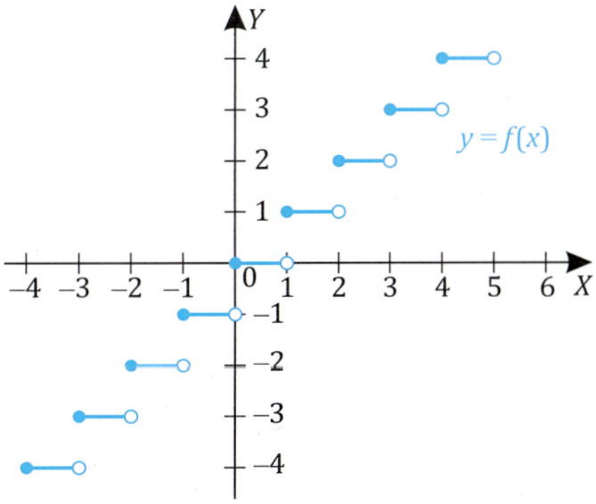

## Przykład 6.

Naszkicujemy wykres funkcji $f(x) = x - [x]$, gdzie $x \in \boldsymbol{R}$.
Przypomnijmy: liczbę $x - [x]$ nazywamy częścią ułamkową (mantysą) liczby $x$.

Częścią ułamkową każdej liczby całkowitej jest zero. Mamy

jeśli $x \in \boldsymbol{C}$, to $[x] = x$ i wówczas $f(x) = x - x = 0$.

Częścią ułamkową liczby niecałkowitej jest liczba z przedziału $(0, 1)$, np.:

$$f\left(\frac{1}{2}\right) = \frac{1}{2} - \left[\frac{1}{2}\right] = \frac{1}{2} - 0 = \frac{1}{2}$$

$$f\left(1\frac{1}{3}\right) = 1\frac{1}{3} - \left[1\frac{1}{3}\right] = 1\frac{1}{3} - 1 = \frac{1}{3}$$

$$f\left(-\frac{3}{4}\right) = -\frac{3}{4} - \left[-\frac{3}{4}\right] = -\frac{3}{4} - (-1) = -\frac{3}{4} + 1 = \frac{1}{4}$$

Wykres funkcji $f$ przedstawiony jest poniżej.

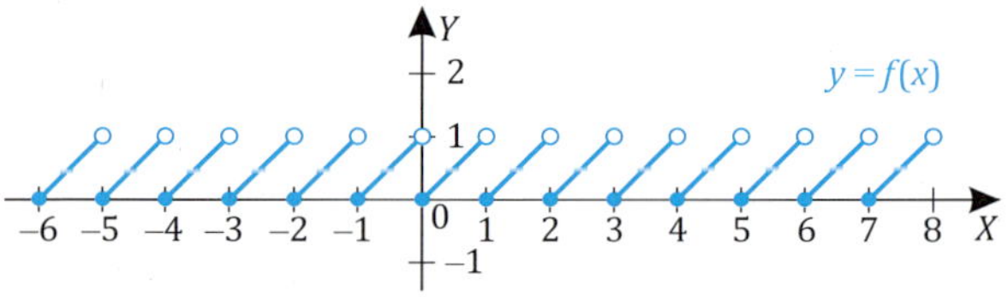


## Przykład 7.

Naszkicujemy wykres funkcji $f(x) = \operatorname{sgn} x$, gdzie $x \in \boldsymbol{R}$; symbol „sgn" oznacza funkcję signum (łac. *signum = znak*).

Funkcja signum:
– każdej liczbie rzeczywistej dodatniej przyporządkowuje liczbę 1,
– każdej liczbie rzeczywistej ujemnej przyporządkowuje liczbę –1,
– liczbie 0 przyporządkowuje liczbę 0.

Wzór funkcji można zapisać następująco:

$$\operatorname{sgn} x = \begin{cases} 1, & \text{jeśli } x \in (0, +\infty) \\ 0, & \text{jeśli } x = 0 \\ -1, & \text{jeśli } x \in (-\infty, 0) \end{cases}$$

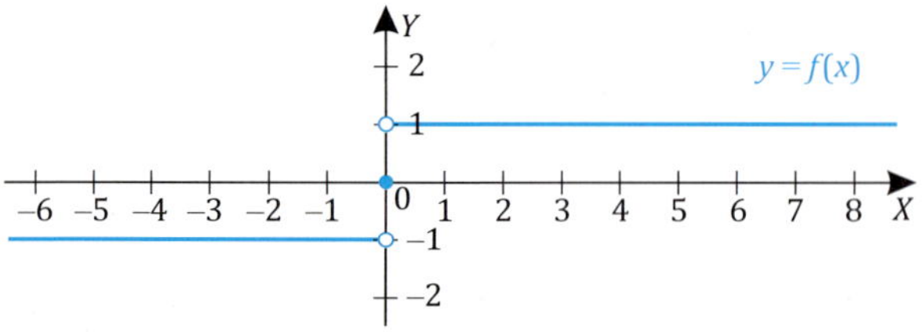

## Przykład 8.

Naszkicujemy wykres funkcji $f(x) = \max(3, |x|)$, $x \in \mathbf{R}$.

Maksimum dwóch liczb $a$ i $b$ – oznaczenie max $(a, b)$ – określamy następująco:

$$\max(a, b) = \begin{cases} a, \text{ jeśli } a \geqslant b \\ b, \text{ jeśli } a < b \end{cases}$$

Na przykład: max $(2, 3) = 3$, bo $2 < 3$, $\max(-4, -4) = -4$, bo $-4 \geqslant -4$.
Wzór funkcji $f(x) = \max(3, |x|)$ możemy zapisać w następujący sposób:

$$f(x) = \begin{cases} 3, \text{ jeśli } |x| < 3 \\ |x|, \text{ jeśli } |x| \geqslant 3 \end{cases} \qquad f(x) = \begin{cases} 3, \text{ jeśli } x \in (-3, 3) \\ |x|, \text{ jeśli } x \in (-\infty, -3\rangle \cup \langle 3, +\infty) \end{cases}$$

$$f(x) = \begin{cases} 3, \text{ jeśli } x \in (-3, 3) \\ -x, \text{ jeśli } x \in (-\infty, -3\rangle \\ x, \text{ jeśli } x \in \langle 3, +\infty) \end{cases}$$

Wykres funkcji $f$ przedstawia rysunek poniżej.

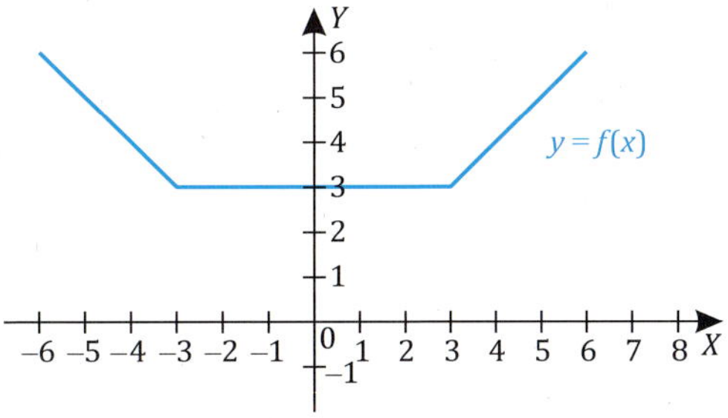


### Sprawdź, czy rozumiesz

1. Który zbiór punktów jest wykresem funkcji? Odpowiedź uzasadnij.

a)

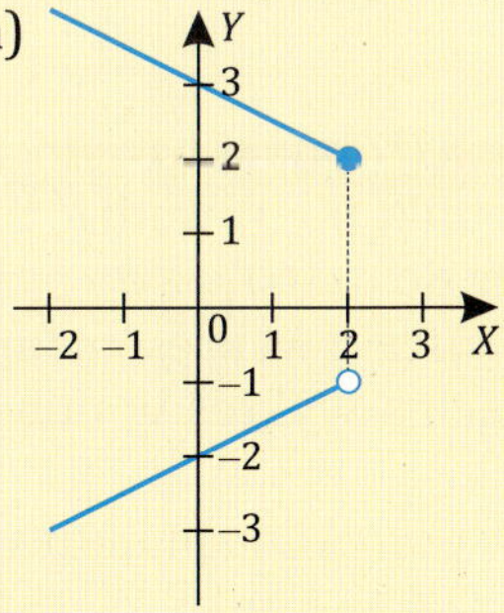

b)

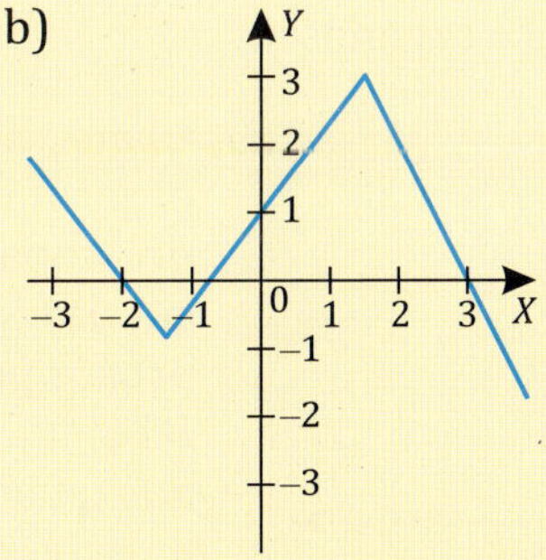

c)

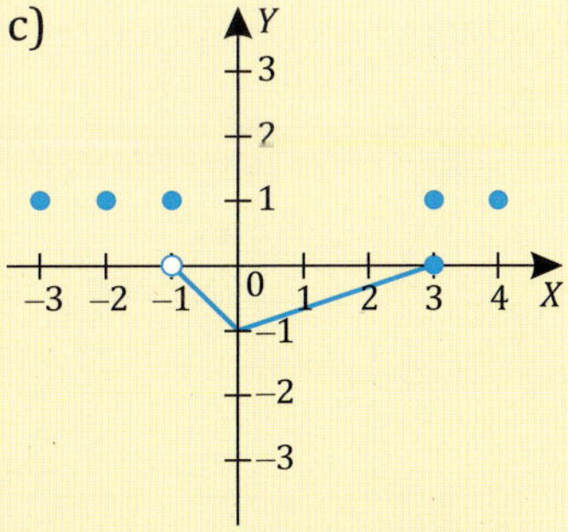

2. Dana jest funkcja $f(x) = 0{,}5x$, której dziedziną jest zbiór liczb rzeczywistych $\mathbf{R}$. Utwórz tabelkę częściową dla funkcji $f$ i na jej podstawie naszkicuj wykres tej funkcji.

3. Naszkicuj wykres funkcji:

   a) $f(x) = x^2$, jeśli $x \in \langle -2, 1\rangle$ b) $g(x) = x^3$, jeśli $x \in (-\infty, 1)$

# Dziedzina funkcji liczbowej

Ważną umiejętnością jest wyznaczanie dziedziny funkcji zarówno na podstawie wykresu funkcji, jak też z jej wzoru.

- **Wyznaczanie dziedziny funkcji na podstawie jej wykresu**

Wiesz, że wykres funkcji w prostokątnym układzie współrzędnych to zbiór wszystkich punktów płaszczyzny o współrzędnych $(x, y)$, gdzie $x$ oznacza argument funkcji, zaś $y$ – wartość funkcji dla argumentu $x$.
Aby z wykresu funkcji $f$ odczytać dziedzinę funkcji, wystarczy zrzutować prostokątnie na oś $OX$ wszystkie punkty wykresu funkcji. Obrazy punktów wykresu funkcji $f$, w rzucie prostokątnym na oś $OX$ tworzą pewien zbiór – zbiór wszystkich argumentów funkcji $D_f$, czyli dziedzinę funkcji (na poniższym rysunku zaznaczony kolorem czerwonym).

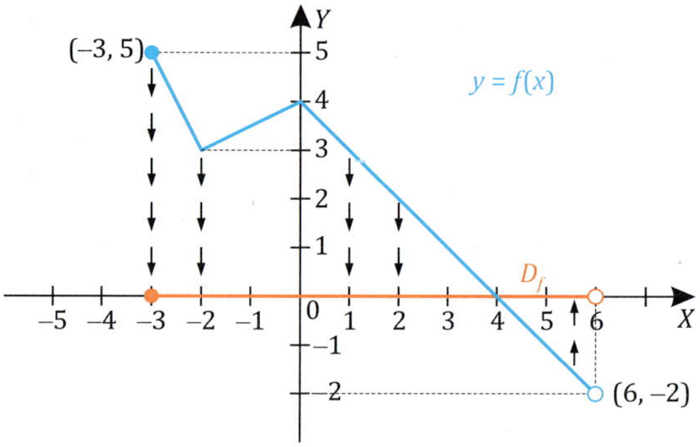


Odczytujemy: $D_f = \langle -3, 6)$.

Aby z wykresu funkcji odczytać argumenty, dla których wartość funkcji wynosi 3, wystarczy wykonać następujące czynności:

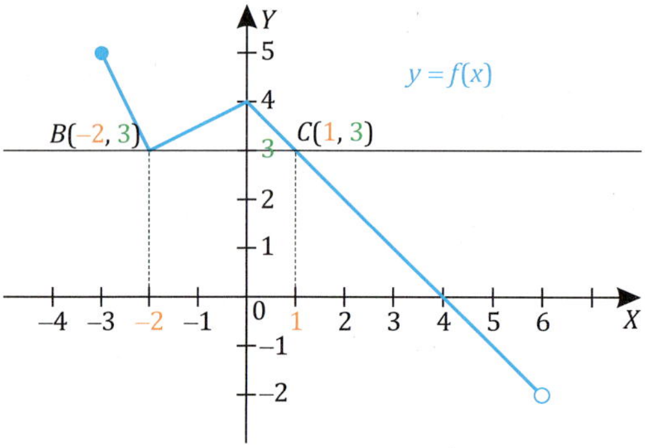


- znaleźć na osi $OY$ punkt o rzędnej 3;
- przez ten punkt poprowadzić prostą prostopadłą do osi $OY$, aż do przecięcia się tej prostej z wykresem funkcji; prosta przecina wykres w punktach $B$ i $C$;
- odczytać współrzędne punktów $B$ i $C$ na osi $OX$.
  Odcięta punktu $B$ wynosi $-2$,
  zaś odcięta punktu $C$ wynosi 1.

Funkcja osiąga wartość 3 dla dwóch argumentów: $-2$ oraz 1, czyli $f(-2) = 3$ i $f(1) = 3$.

## • Wyznaczanie dziedziny funkcji opisanej wzorem

Na pewno zauważyłeś, że w rozważanych przez nas przykładach obok wzoru funkcji zawsze występowała jej dziedzina. Często jednak podaje się tylko wzór funkcji. Wyznaczenie dziedziny funkcji należy do osoby, która się tą funkcją zajmuje. Co zatem rozumiemy przez dziedzinę funkcji opisanej wzorem?

Przez dziedzinę funkcji opisanej wzorem rozumiemy zbiór tych wszystkich liczb rzeczywistych, dla których działania zapisane we wzorze funkcji są wykonalne, co znaczy, że dziedziną funkcji jest zbiór wszystkich liczb rzeczywistych, dla których można obliczyć wartości funkcji.

Prześledzimy kilka wzorów funkcji: $f(x) = -5x + 7$, $f(x) = \sqrt{1-x}$, $f(x) = \frac{2}{x^2-4}$.

Zwrócimy szczególną uwagę na działania zapisane we wzorze funkcji. Zastanowimy się, czy możemy obliczyć wartość funkcji dla każdej liczby rzeczywistej, czy też ze zbioru liczb rzeczywistych należy „wyrzucić" niektóre liczby, dla których wartość funkcji nie istnieje.

1) $f(x) = -5x + 7$

(liczbę $x$ mnożymy przez $-5$, a następnie do otrzymanego wyniku dodajemy 7). Działania mnożenia i dodawania są wykonalne dla każdej liczby rzeczywistej. Zatem do wzoru funkcji w miejsce zmiennej $x$ możemy podstawić dowolną liczbę rzeczywistą i obliczyć wartość funkcji. Wnioskujemy, że dziedziną funkcji $f(x) = -5x + 7$ jest zbiór $\boldsymbol{R}$, zapisujemy $D_f = \boldsymbol{R}$.

2) $f(x) = \sqrt{1-x}$

(obliczamy pierwiastek kwadratowy z liczby $1 - x$).
Pierwiastek kwadratowy można obliczyć tylko z liczby dodatniej lub równej zeru (czyli z liczby nieujemnej). Oznacza to, że wartość funkcji będzie można obliczyć tylko wtedy, gdy w miejsce zmiennej $x$ podstawimy taką liczbę rzeczywistą, dla której wartość wyrażenia $1 - x$ będzie liczbą nieujemną, czyli $x \leqslant 1$. Zatem dziedziną funkcji jest przedział $(-\infty, 1\rangle$, czyli $D_f = (-\infty, 1\rangle$.

3) $f(x) = \frac{2}{x^2-4}$

(od liczby $x^2$ odejmujemy 4, a następnie 2 dzielimy przez otrzymaną w wyniku odejmowania liczbę).
Dzielenie przez zero jest niewykonalne! We wzorze funkcji występuje dzielenie liczby 2 przez wyrażenie $x^2 - 4$. Wartość funkcji będziemy mogli obliczyć tylko wtedy, gdy wyrażenie $x^2 - 4$ nie będzie przyjmowało wartości zero, czyli

$x^2 - 4 \neq 0$

$(x-2)(x+2) \neq 0$ (zastosowaliśmy wzór skróconego mnożenia na różnicę kwadratów)

$x - 2 \neq 0 \wedge x + 2 \neq 0$

$x \neq 2 \wedge x \neq -2$

Wartość wyrażenia $x^2 - 4$ jest różna od zera dla każdej liczby rzeczywistej oprócz 2 i $-2$, zatem dziedziną funkcji jest zbiór $\boldsymbol{R} - \{-2, 2\}$, czyli $D_f = \boldsymbol{R} - \{-2, 2\}$.

Pamiętaj:

- Pierwiastki stopnia parzystego możemy obliczać tylko z liczb nieujemnych (dodatnich oraz liczby zero).
- Nie możemy dzielić przez zero (mianownik ułamka musi być liczbą różną od zera).

## Przykład 1.

Wyznaczymy dziedzinę funkcji danej wzorem $f(x)=\sqrt{|x-1|-3}$.

We wzorze funkcji występuje pierwiastkowanie. Aby można było obliczyć wartości tej funkcji, wyrażenie znajdujące się pod znakiem pierwiastka musi przyjmować wartości nieujemne. Trzeba więc znaleźć wszystkie takie liczby $x$, dla których spełniona jest nierówność:

$$|x-1|-3\geqslant 0$$

Nierówność tę sprowadzamy do postaci:

$$|x-1|\geqslant 3$$

i rozwiązujemy, korzystając z geometrycznej własności wartości bezwzględnej.

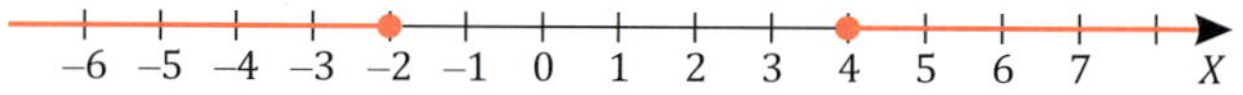


Dziedziną funkcji jest zbiór $(-\infty,-2\rangle\cup\langle 4,+\infty)$.

## Przykład 2.

Określimy dziedzinę funkcji opisanej wzorem $f(x)=\dfrac{\sqrt{x+2}}{x-1}$.

We wzorze funkcji występują dwa działania, na które musimy zwrócić szczególną uwagę. Jest to pierwiastkowanie oraz dzielenie.

- Pierwiastek kwadratowy możemy obliczyć tylko wtedy, gdy pod znakiem pierwiastka znajduje się liczba nieujemna, czyli wtedy, gdy $x+2\geqslant 0$.
- Dzielenie możemy wykonać tylko wtedy, gdy wyrażenie występujące w mianowniku ułamka nie przyjmuje wartości zero, czyli wtedy, gdy $x-1\neq 0$.

Zatem, aby można było obliczyć wartość tej funkcji, muszą być spełnione oba warunki jednocześnie, czyli

$$x+2\geqslant 0 \text{ i } x-1\neq 0$$

Po rozwiązaniu tych warunków otrzymujemy:

$$x\geqslant -2 \text{ i } x\neq 1$$

Zatem $D_f=\langle -2,1)\cup(1,+\infty)$.

## Przykład 3.

Określimy dziedzinę funkcji opisanej wzorem $f(x)=\dfrac{\sqrt{x+7}}{\sqrt{6-x}}$.

We wzorze funkcji występuje ułamek, którego zarówno licznikiem, jak i mianownikiem jest pierwiastek kwadratowy. Powinniśmy uwzględnić następujące warunki: oba pierwiastki powinny być określone i mianownik ułamka powinien być różny od zera. Zatem

- licznik ułamka będzie określony wtedy, gdy

  $x + 7 \geqslant 0$
- mianownik ułamka będzie określony wtedy, gdy

  $6 - x \geqslant 0$
- mianownik ułamka będzie różny od zera wtedy, gdy

  $6 - x \neq 0$

Tak więc aby można było obliczyć wartość funkcji *f*, muszą być spełnione trzy warunki jednocześnie, czyli

$x + 7 \geqslant 0 \wedge 6 - x \geqslant 0 \wedge 6 - x \neq 0,$ skąd

$x \geqslant -7 \wedge x \leqslant 6 \wedge x \neq 6$

Zatem $D_f = \langle -7, 6)$.

## Przykład 4.

Wyznaczymy dziedzinę funkcji $f(x) = x + 1$, jeśli znamy jej zbiór wartości, $ZW_f = \{-5, -3, 0\}$.

Zadanie polega na wyznaczeniu wszystkich liczb $x$ (argumentów), którym funkcja przyporządkowała wartości: $-5$, $-3$ i 0.

W tym celu rozwiązujemy trzy proste równania:

1) $x + 1 = -5$, skąd $x = -6$
2) $x + 1 = -3$, skąd $x = -4$
3) $x + 1 = 0$, skąd $x = -1$

Tak więc $D_f = \{-6, -4, -1\}$.

### Sprawdź, czy rozumiesz

1. Poniżej dane są wykresy pewnych funkcji. Wyznacz dziedziny tych funkcji.

a)

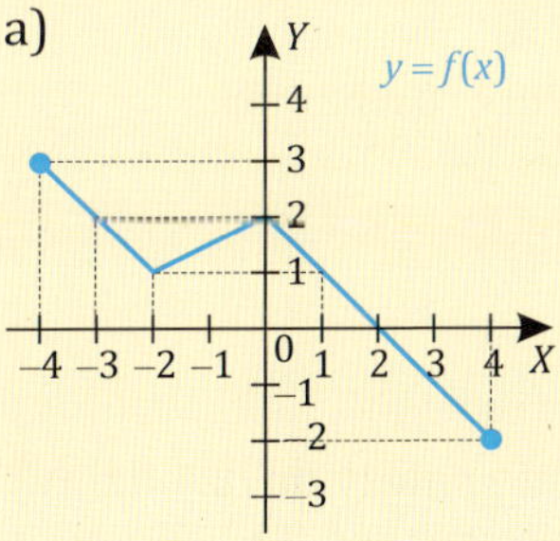


b)

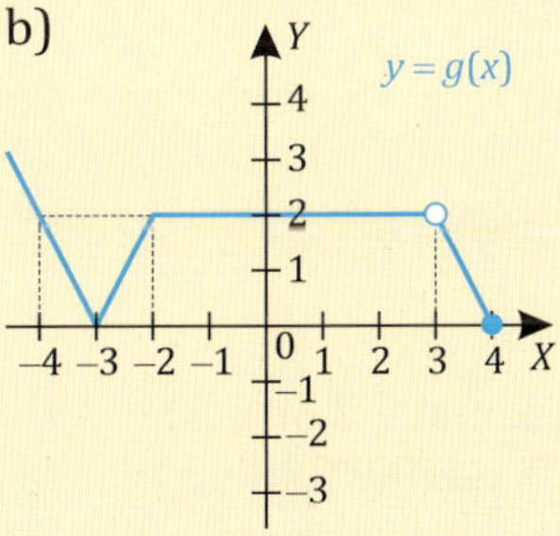


c)

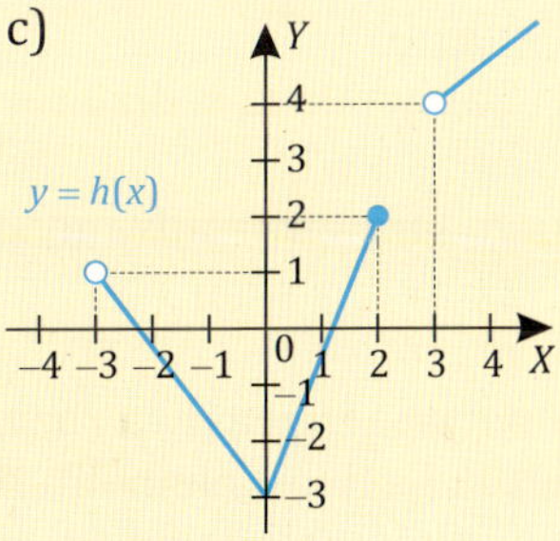


Dla każdej funkcji odczytaj z wykresu wszystkie te argumenty, dla których wartość funkcji wynosi 2.

2. Wyznacz dziedzinę funkcji danej wzorem:

a) $f(x) = \dfrac{x+1}{2}$ b) $f(x) = \dfrac{1}{x} + \dfrac{3}{x-7}$ c) $f(x) = \dfrac{2+x}{\sqrt{x}}$

d) $f(x) = \dfrac{x-2}{4x-3}$ e) $f(x) = \sqrt{|x+1| - 5}$ f) $f(x) = \dfrac{\sqrt{x-2}}{x-3}$

# Zbiór wartości funkcji liczbowej

Zbiór wartości funkcji liczbowej to zbiór liczb, jakie otrzymujemy w wyniku obliczania wartości funkcji dla wszystkich jej argumentów.

## Przykład 1.

Wyznaczymy zbiór wartości funkcji opisanej wzorem $f(x)=\frac{x-1}{x+3}$, jeśli $x \in \{-2, 1, 5\}$.

Obliczamy wartości funkcji dla kolejnych argumentów:

$f(-2)=-3, \quad f(1)=0, \quad f(5)=\frac{1}{2}$ (sprawdź poprawność obliczeń)

Wyznaczyliśmy wszystkie wartości funkcji, $ZW_f=\left\{-3, 0, \frac{1}{2}\right\}$.

## Przykład 2.

Sprawdzimy, czy liczba 3 należy do zbioru wartości funkcji $f(x)=2x^2-5$, jeśli $x \in \{-4, -3, -2, 1\}$.

Możemy to zrobić na dwa sposoby:

I sposób

Obliczamy wartości funkcji dla wszystkich liczb należących do dziedziny funkcji.

| $x$ | $-4$ | $-3$ | $-2$ | $1$ |
|---|---|---|---|---|
| $f(x)=2x^2-5$ | 27 | 13 | **3** | $-3$ |

Okazuje się, że funkcja przyjmuje wartość 3 dla argumentu $-2$. Zatem liczba 3 należy do zbioru wartości funkcji.

II sposób

Szukamy takich $x$, dla których $f(x)=3$, czyli rozwiązujemy równanie:

$2x^2-5=3$

Równanie sprowadzamy do postaci:

$2x^2=8$, skąd

$x^2=4$

Równanie to ma dwa rozwiązania: $-2$ oraz $2$.

Liczba $(-2)$ jest elementem dziedziny funkcji (liczba 2 nie należy do dziedziny). Zatem istnieje w dziedzinie funkcji liczba $(-2)$, dla której wartość funkcji wynosi 3. Liczba 3 należy do zbioru wartości funkcji.

Określanie zbioru wartości na podstawie wzoru funkcji jest zazwyczaj bardzo trudne. Dużo łatwiej jest wyznaczać zbiór wartości funkcji na podstawie jej wykresu.

Aby odczytać zbiór wartości funkcji $f$ z jej wykresu, wystarczy wszystkie punkty wykresu funkcji $f$ zrzutować prostokątnie na oś $OY$. Obrazy tych punktów utworzą na osi $OY$ pewien zbiór. Jest to zbiór $ZW_f$ wartości funkcji $f$ (zaznaczony kolorem zielonym).

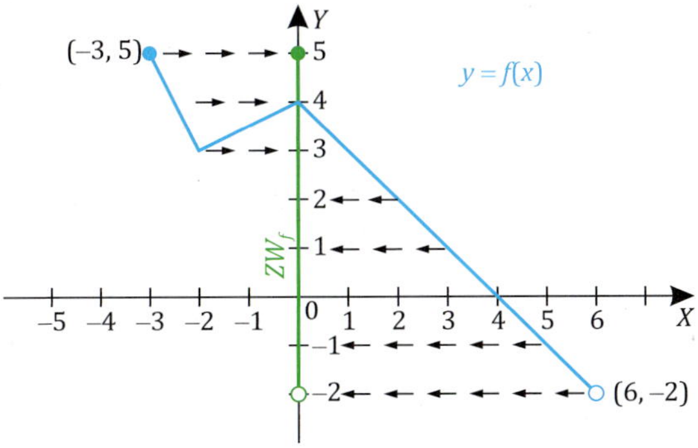


Odczytujemy: $ZW_f = \langle -2, 5\rangle$.

Aby z wykresu funkcji odczytać wartość funkcji dla argumentu 3, wystarczy wykonać następujące czynności:

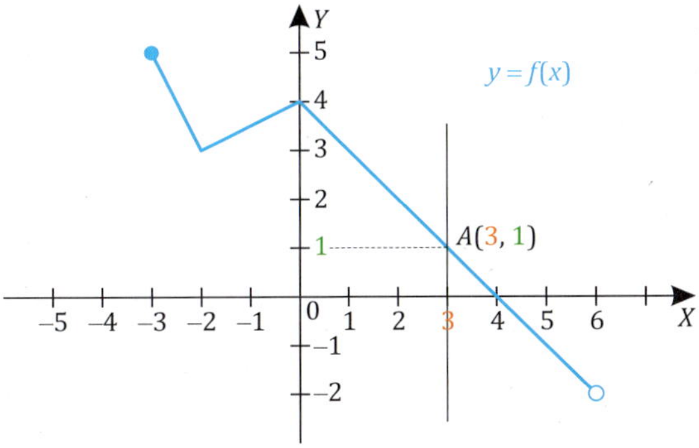


- znaleźć na osi $OX$ punkt o odciętej 3;
- przez ten punkt poprowadzić prostą prostopadłą do osi $OX$, aż do przecięcia się tej prostej z wykresem funkcji; prosta przecina wykres w punkcie $A$;
- odczytać drugą współrzędną punktu $A$ na osi $OY$.

Rzędna punktu $A$ wynosi 1.

Dla argumentu 3 wartość funkcji wynosi 1, czyli $f(3) = 1$.

## Sprawdź, czy rozumiesz

1. Wyznacz zbiory wartości funkcji:
   a) $f(x) = x^2 - 4,\ x \in \{-3, -2, -1, 4, 6\}$ b) $f(x) = x + 9,\ x \in \langle -2, +\infty)$
2. Sprawdź, czy liczba 5 należy do zbioru wartości funkcji:
   a) $f(x) = 3x - 6,\ x \in \boldsymbol{C}$ b) $g(x) = -4x - 7,\ x \in \{-5, -3, -1\}$
3. Na poniższym rysunku przedstawiony jest wykres funkcji $y = g(x)$.

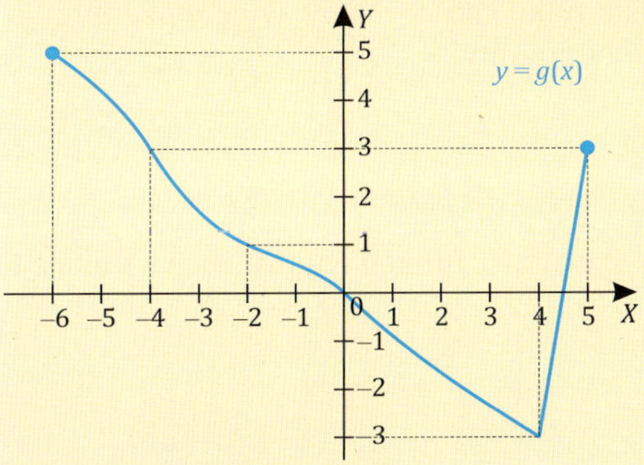


a) Podaj dziedzinę tej funkcji.
b) Podaj zbiór wartości tej funkcji.
c) Odczytaj wartości funkcji dla argumentów 4 i –2.
d) Podaj wszystkie argumenty, dla których wartość funkcji wynosi 3.
e) Dla jakich argumentów funkcja przyjmuje wartości należące do przedziału $\langle 3, 5\rangle$?

# Miejsce zerowe funkcji

Poniżej podana jest funkcja opisana za pomocą tabeli. „Poszukajmy" argumentu, dla którego funkcja ta przyjmuje wartość zero.

| $x$ | $-2$ | $0$ | $3$ | $5$ | $8$ |
|---|---|---|---|---|---|
| $f(x)$ | $4$ | $-1$ | $7$ | $0$ | $2$ |

Aby znaleźć argument funkcji, dla którego wartość funkcji wynosi 0, analizujemy najpierw drugi wiersz tabeli (tam znajdują się wartości funkcji). Następnie w pierwszym wierszu tabeli (tam znajdują się argumenty funkcji) odczytujemy argument, dla którego wartość funkcji wynosi 0. Okazuje się, że funkcja $f$ przyjmuje wartość 0 dla argumentu 5.

Argumenty funkcji, dla których funkcja przyjmuje wartość zero, to miejsca zerowe funkcji.
Zatem miejscem zerowym funkcji $f$ jest liczba 5.

### *Definicja 1.*
**Miejscem zerowym** funkcji liczbowej nazywamy taki argument, dla którego wartość funkcji wynosi zero.

Z definicji miejsca zerowego wynika, że:

- Miejsce zerowe funkcji liczbowej jest liczbą.
- Miejsce zerowe funkcji należy do dziedziny funkcji.
- Miejsce zerowe funkcji to taka liczba, dla której wartość funkcji wynosi zero.

### *Przykład 1.*

Dana jest funkcja $f(x) = |2x| - 4$, gdzie $x \in \{-2, 1, 2, 6\}$. Wyznaczymy miejsca zerowe tej funkcji.

I sposób
Ponieważ w dziedzinie funkcji znajdują się tylko cztery liczby, więc możemy obliczyć wartość funkcji dla każdej z nich. Otrzymujemy:

$f(-2) = 0$
$f(1) = -2$
$f(2) = 0$
$f(6) = 8$

Okazuje się, że tylko dla argumentów 2 i $-2$ wartość funkcji wynosi zero. Funkcja ta ma dwa miejsca zerowe 2 i $-2$.

II sposób
Aby wyznaczyć miejsce zerowe funkcji $y = f(x)$, wystarczy rozwiązać równanie $f(x) = 0$. Następnie należy sprawdzić, czy otrzymane rozwiązanie równania należy do dziedziny funkcji (szukamy bowiem takiego argumentu – liczby należącej do dziedziny funkcji – dla którego wartość funkcji wynosi 0). Otrzymujemy:

$|2x| - 4 = 0$, skąd

$|2x| = 4$, czyli $2x = 4 \lor 2x = -4$, zatem

$x = 2 \lor x = -2$

Liczby 2 i $-2$ są elementami dziedziny i są miejscami zerowymi tej funkcji.

W przypadku, gdy do dziedziny należy bardzo wiele liczb, szukanie miejsc zerowych funkcji za pomocą I sposobu jest nieskuteczne. Niezbędna jest wówczas znajomość II sposobu.
Wyznaczanie miejsc zerowych funkcji opisanej wzorem jest bardzo ważną umiejętnością. Poniższe przykłady pozwolą Ci lepiej zrozumieć to zagadnienie.

## Przykład 2.

Wyznaczymy miejsca zerowe funkcji $f(x) = \begin{cases} x(x+1)(x-7), \text{ jeśli } x \in (-\infty, 5) \\ \sqrt{x-5}, \text{ jeśli } x \in \langle 5, +\infty) \end{cases}$

Sprawdzamy najpierw, czy funkcja $f$ ma miejsca zerowe w przedziale $(-\infty, 5)$. W tym celu rozwiążemy równanie

$x(x + 1)(x - 7) = 0$

Rozwiązania tego równania należące do przedziału $(-\infty, 5)$ są miejscami zerowymi funkcji $f$. Mamy więc:

$x(x + 1)(x - 7) = 0$

$x = 0 \lor x + 1 = 0 \lor x - 7 = 0$

$x = 0 \lor x = -1 \lor x = 7$

$0 \in (-\infty, 5)$ $-1 \in (-\infty, 5)$ $7 \notin (-\infty, 5)$

W przedziale $(-\infty, 5)$ funkcja $f$ ma dwa miejsca zerowe: 0 oraz $-1$.
Sprawdzamy teraz, czy funkcja $f$ ma miejsca zerowe w przedziale $\langle 5, +\infty)$. Otrzymujemy

$\sqrt{x-5} = 0$, stąd

$x - 5 = 0$

$x = 5$, $5 \in \langle 5, +\infty)$

W przedziale $\langle 5, +\infty)$ funkcja $f$ ma jedno miejsce zerowe: 5.
Ostatecznie funkcja $f$ ma trzy miejsca zerowe: 0, $-1$, 5.

## Przykład 3.

Wyznaczymy (o ile istnieją) miejsca zerowe funkcji $f(x) = x^2 + 3$.

Dziedziną funkcji jest zbiór $\boldsymbol{R}$ (wszystkie działania we wzorze funkcji są wykonalne). Rozpatrujemy równanie $f(x) = 0$, czyli równanie:

$x^2 + 3 = 0$

które sprowadzamy do postaci:

$x^2 = -3$

Równanie to jest sprzeczne (nie ma rozwiązań), ponieważ nie istnieje taka liczba rzeczywista $x$, której kwadrat jest liczbą ujemną.
Funkcja nie ma miejsc zerowych.

## Przykład 4.

Dana jest funkcja określona wzorem $f(x) = \frac{x^2-9}{x+3}$. Wyznaczymy miejsca zerowe tej funkcji.

Zauważmy, że funkcja jest określona dla wszystkich liczb rzeczywistych, oprócz liczby $-3$ (dlaczego?), zatem:

$D_f = \boldsymbol{R} - \{-3\}$

Teraz szukamy takich argumentów, dla których wartość funkcji wynosi 0. Zatem rozpatrujemy równanie $f(x) = 0$. Otrzymujemy:

$\frac{x^2-9}{x+3} = 0,$ skąd

$x^2 - 9 = 0,$ czyli

$x^2 = 9$

Równanie to spełniają dwie liczby $-3$ oraz 3 (sprawdź!). Jednak tylko jedna z nich należy do dziedziny funkcji. Jest to liczba 3.
Zatem miejscem zerowym funkcji jest liczba 3.

Omówimy teraz miejsca zerowe funkcji, które poznałeś na poprzednich lekcjach.
Funkcja $y = \frac{1}{x}$, gdzie $x \in \boldsymbol{R} - \{0\}$, nie ma miejsc zerowych.
Każda funkcja $y = \operatorname{sgn} x$, $y = x^2$, $y = x^3$, gdzie $x \in \boldsymbol{R}$ oraz $y = \sqrt{x}$, gdzie $x \in \langle 0, +\infty)$, ma jedno miejsce zerowe – jest to liczba 0.
Funkcja, która każdej liczbie całkowitej przyporządkowuje resztę z dzielenia tej liczby przez 3, ma nieskończenie wiele miejsc zerowych – są to wszystkie liczby mające postać $3 \cdot k$, gdzie $k \in \boldsymbol{C}$. Miejscem zerowym funkcji $f(x) = [x]$, gdzie $x \in \boldsymbol{R}$, jest każda liczba z przedziału $\langle 0, 1)$. Każda liczba całkowita jest miejscem zerowym funkcji $f(x) = x - [x]$, gdzie $x \in \boldsymbol{R}$. Natomiast miejscem zerowym funkcji Dirichleta jest każda liczba niewymierna.

Zastanówmy się, jak wyznaczyć miejsce zerowe funkcji, jeśli mamy dany jej wykres.

Aby znaleźć miejsca zerowe funkcji na podstawie jej wykresu, szukamy najpierw punktów wspólnych wykresu i osi $OX$. Pierwsza współrzędna takiego punktu (odcięta) jest miejscem zerowym funkcji (wyjaśnij, dlaczego).

## Przykład 5.

Poniżej przedstawiono wykresy trzech funkcji. Wyznaczymy ich miejsca zerowe (o ile istnieją) na podstawie ich wykresów.

a)

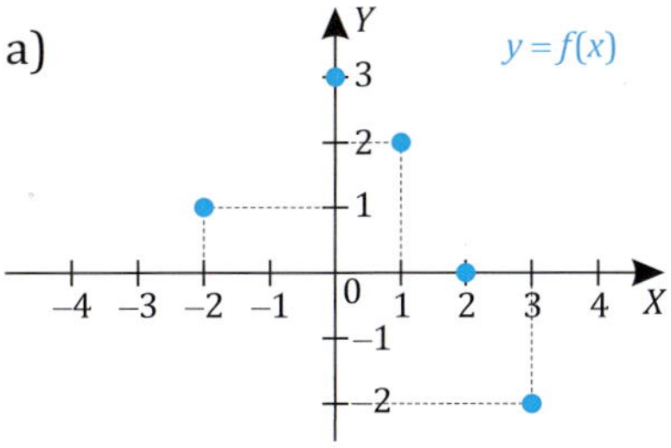


Punktem wspólnym wykresu funkcji $f$ i osi $OX$ jest punkt (2, 0), zatem miejscem zerowym tej funkcji jest liczba 2.

b)

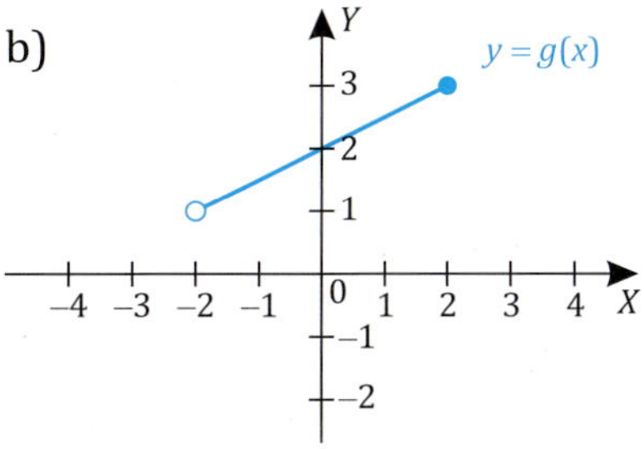


Wykres funkcji $g$ nie ma punktów wspólnych z osią $OX$, więc ta funkcja nie ma miejsc zerowych.

c)

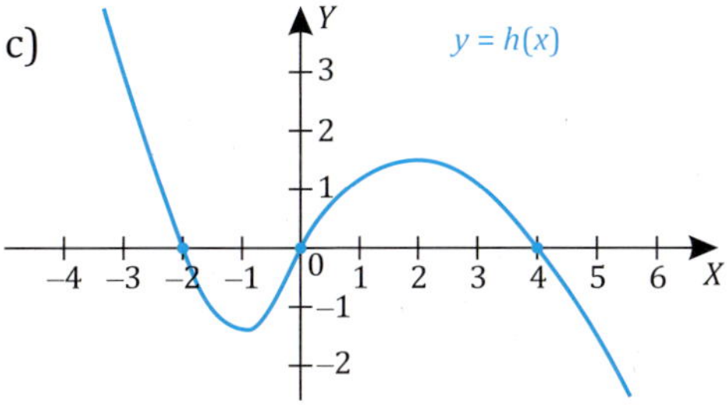


Wykres funkcji $h$ przecina oś $OX$ w punktach: (–2, 0), (0, 0), (4, 0), zatem ta funkcja ma trzy miejsca zerowe: –2, 0, 4.

## Sprawdź, czy rozumiesz

1. Wyznacz miejsca zerowe funkcji danych za pomocą wzorów:

a) $f(x) = -x + 7,\ x \in \boldsymbol{N}$ b) $f(x) = -x^2 + 9,\ x \in \boldsymbol{R}_-$ c) $f(x) = x^3 - 8,\ x \in \langle -2, 2\rangle$

d) $f(x) = (x-3)(x+2)$ e) $f(x) = \dfrac{x+5}{x^2-25}$ f) $f(x) = \sqrt{x+4}$

2. Odczytaj (o ile istnieją) miejsca zerowe funkcji, których wykresy dane są na poniższych rysunkach:

a)

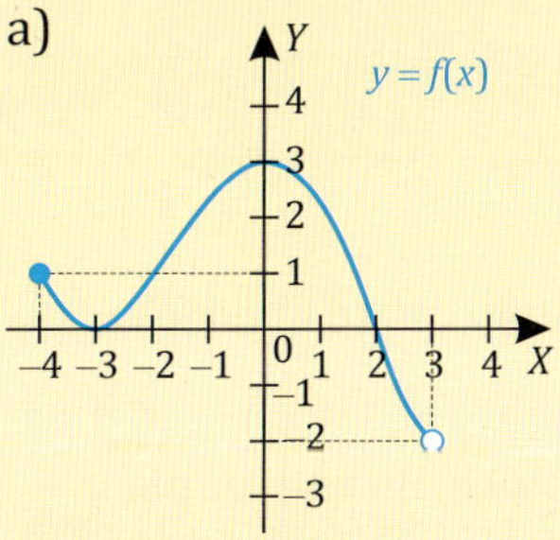


b)

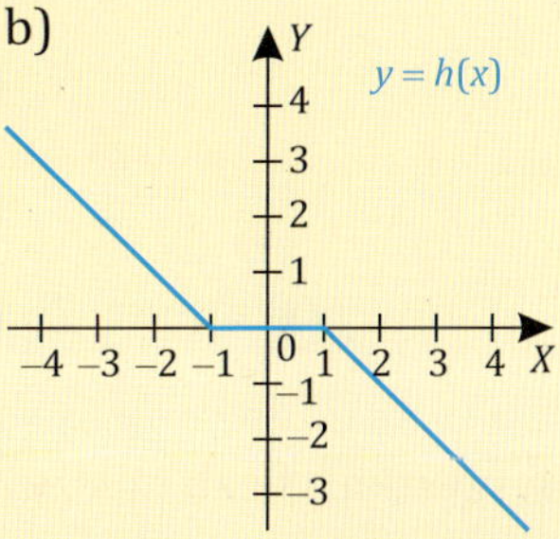


c)

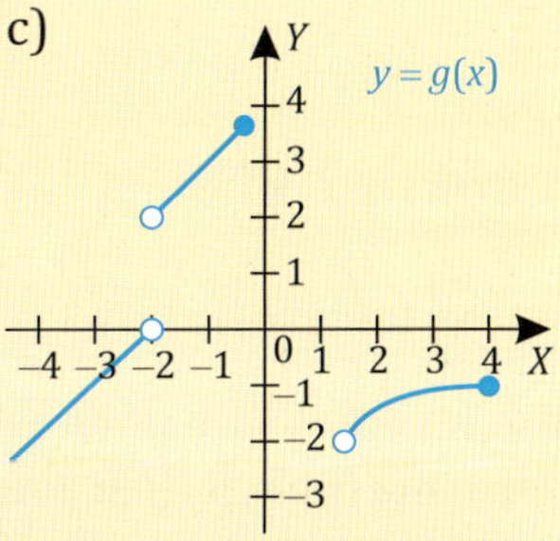


3. Dziedziną funkcji $f$ jest zbiór $\boldsymbol{R}$. Wyznacz liczbę $m$, dla której miejscem zerowym funkcji $f$ jest liczba –2, jeśli:

a) $f(x) = 3x + m$ b) $f(x) = mx - 5$ c) $f(x) = 4(x + m)$

# Równość funkcji

**Definicja 1.**
**Funkcjami równymi** nazywamy funkcje $f$ i $g$, które mają równe dziedziny i dla każdego argumentu należącego do ich wspólnej dziedziny wartości obu funkcji są jednakowe.

Tę definicję zapiszemy krócej:
Funkcje $f$ i $g$ są równe $\Leftrightarrow$ $\left[D_f = D_g = D \wedge \bigwedge_{x \in \boldsymbol{D}} f(x) = g(x)\right]$.

## Przykład 1.

Dane są funkcje: $f(x) = \frac{1}{2}x$, gdzie $x \in \langle 1, 4)$ oraz $g(x) = \frac{1}{2}|x|$, gdzie $x \in \langle 1, 4)$. Pokażemy, że te funkcje są równe.

Obie funkcje określone są w tym samym zbiorze:

$D_f = D_g = \langle 1, 4)$.

Z definicji wartości bezwzględnej wiadomo, że $|x| = x$, jeśli $x \geqslant 0$, więc dla każdej liczby $x$ z przedziału $\langle 1, 4)$ wzór funkcji $g$ można zapisać następująco:

$g(x) = \frac{1}{2}x$

Obie funkcje mają takie same wzory, więc dla każdej liczby z przedziału $\langle 1, 4)$ przyjmują tę samą wartość. Ich wykresy są identyczne.

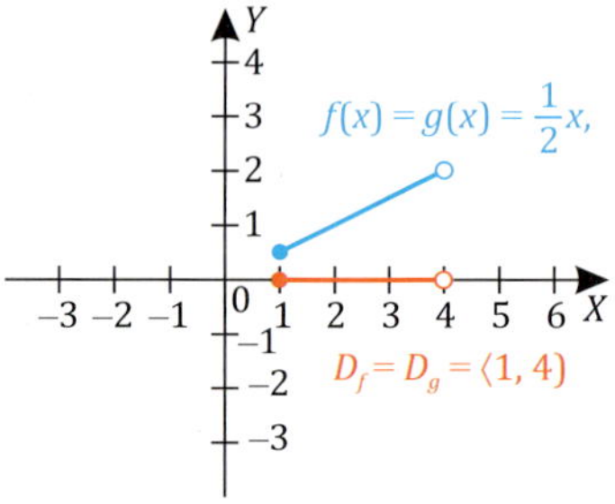


## Przykład 2.

Dane są funkcje $f(x) = \frac{x^4 + 2x^2 + 1}{x^2 + 1}$ oraz $g(x) = x^2 + 1$. Zbadamy, czy te funkcje są równe.

Dziedziną funkcji $f$ jest zbiór wszystkich liczb rzeczywistych, bo wyrażenie $x^2 + 1$ nie przyjmuje wartości równej zero $\left(\bigwedge_{x \in \boldsymbol{R}} x^2 + 1 > 0\right)$. Dziedziną funkcji $g$ jest także zbiór liczb rzeczywistych, więc

$D_f = D_g = \boldsymbol{R}$

Należy zatem sprawdzić, czy dla każdego argumentu funkcje $f$ i $g$ przyjmują tę samą wartość.
W tym celu przekształcimy wzór funkcji $f$:

$$f(x) = \frac{x^4 + 2x^2 + 1}{x^2 + 1}$$

$$f(x) = \frac{(x^2 + 1)^2}{x^2 + 1}$$

$$f(x) = x^2 + 1$$

Okazuje się, że wzory funkcji $f$ i $g$ są identyczne, więc dla dowolnego argumentu wartości funkcji $f$ i $g$ są jednakowe. Zatem funkcje $f$ i $g$ są równe.

## Przykład 3.

Zbadamy, czy funkcje $f(x) = x + 2$ oraz $g(x) = \frac{x^2 - 4}{x - 2}$ są równe. Naszkicujemy wykresy tych funkcji.

Najpierw określimy dziedziny tych funkcji:

$D_f = \mathbf{R}$, $D_g = \mathbf{R} - \{2\}$.

Ponieważ $D_f \neq D_g$, więc funkcje te nie są równe. Przyjrzyjmy się ich wykresom.

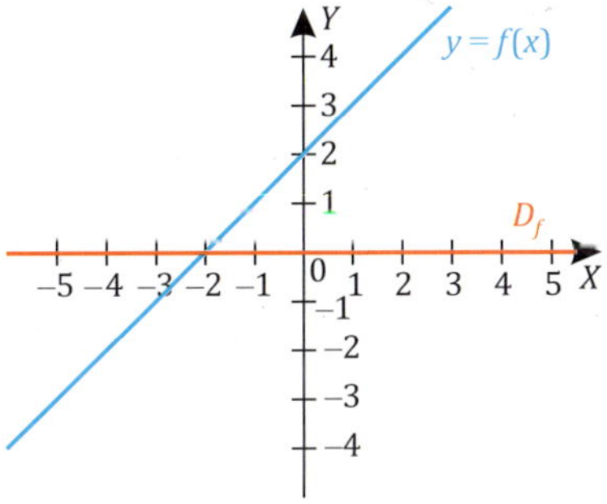


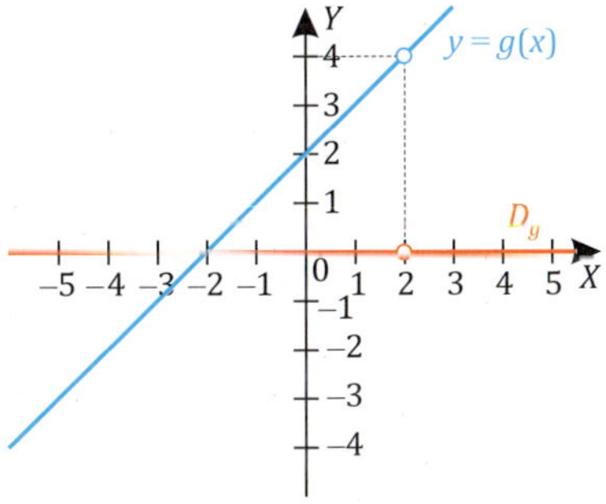


Wykresy funkcji $f$ i $g$ są różne. Różnią się tylko jednym punktem (jakim?).

### Sprawdź, czy rozumiesz

1. Sprawdź, czy funkcje $f$ oraz $g$ są równe, jeśli:
   a) $f(x) = \frac{x^2 - 4}{2x - 4}$ $\quad g(x) = \frac{x + 2}{2}$
   b) $f(x) = \frac{9x^4 + 6x^2 + 1}{3x^2 + 1}$ $\quad g(x) = 3x^2 + 1$.

2. Wykaż, że funkcje: $f(x) = |x|$ oraz $g(x) = x \cdot \operatorname{sgn} x$ są równe.

# Monotoniczność funkcji

Poniższy wykres otrzymany z termografu ilustruje zmiany temperatury powietrza w pewnej miejscowości w ciągu 10 godzin.

Przeanalizujemy ten wykres i odpowiemy na następujące pytania:

1) Jak zmieniała się temperatura powietrza w ciągu pierwszych czterech godzin od rozpoczęcia pomiaru?
2) Co działo się przez następne dwie godziny?
3) Czy w siódmej, ósmej i dziewiątej godzinie pomiaru temperatura zmieniała się?
4) Jak zmieniła się temperatura w czasie ostatniej godziny pomiaru?

Oto wykres przedstawiający zmiany temperatury.

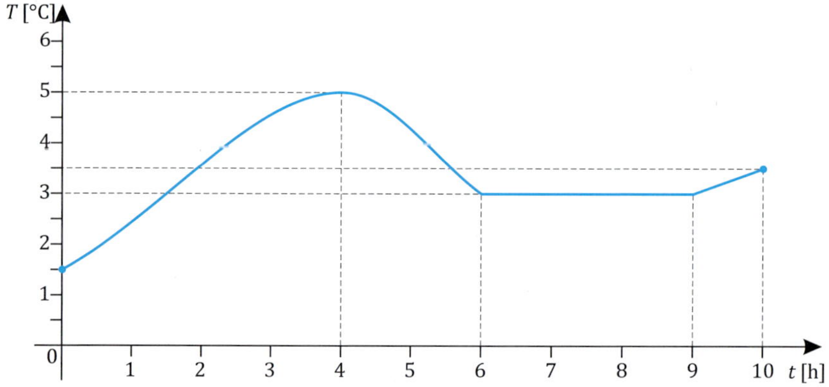


**Ad 1)**
W ciągu pierwszych czterech godzin temperatura <u>rosła</u> (wykres „wznosi się”). W chwili rozpoczęcia pomiaru temperatura wynosiła 1,5°C i wzrastała aż do poziomu 5°C.

**Ad 2)**
Przez następne dwie godziny temperatura <u>malała</u> (wykres „opada”). W tym czasie temperatura obniżyła się o 2°C do poziomu 3°C.

**Ad 3)**
W siódmej, ósmej i dziewiątej godzinie pomiaru temperatura była <u>stała</u> (wykres jest poziomy). W tym czasie temperatura miała jedną niezmieniającą się wartość równą 3°C.

**Ad 4)**
W ostatniej godzinie pomiaru temperatura znowu <u>rosła</u> i w chwili zakończenia pomiaru osiągnęła wartość 3,5°C.

**Definicja 1.**
Funkcję liczbową $f: X \to Y$ nazywamy **funkcją rosnącą w zbiorze $A$**, $A \subset X$, wtedy i tylko wtedy, gdy dla dowolnych argumentów $x_1$, $x_2$, należących do zbioru $A$, z nierówności $x_1 < x_2$ wynika nierówność $f(x_1) < f(x_2)$.

Możemy zapisać krócej:

Funkcję liczbową $f: X \to Y$ nazywamy funkcją rosnącą w zbiorze $A$, $A \subset X \underset{\text{z def.}}{\Leftrightarrow}$

$$\bigwedge_{x_1, x_2 \in A} [x_1 < x_2 \Rightarrow f(x_1) < f(x_2)]$$

**Definicja 2.**
Funkcję liczbową $f: X \to Y$ nazywamy **funkcją malejącą w zbiorze $A$**, $A \subset X$, wtedy i tylko wtedy, gdy dla dowolnych argumentów $x_1$, $x_2$, należących do zbioru $A$, z nierówności $x_1 < x_2$ wynika nierówność $f(x_1) > f(x_2)$.

Możemy zapisać krócej:

Funkcję liczbową $f: X \to Y$ nazywamy funkcją malejącą w zbiorze $A$, $A \subset X \underset{\text{z def.}}{\Leftrightarrow}$

$$\bigwedge_{x_1, x_2 \in A} [x_1 < x_2 \Rightarrow f(x_1) > f(x_2)]$$

**Definicja 3.**
Funkcję liczbową $f: X \to Y$ nazywamy **funkcją stałą w zbiorze $A$**, $A \subset X$, wtedy i tylko wtedy, gdy dla dowolnych argumentów $x_1$, $x_2$, należących do zbioru $A$, zachodzi równość $f(x_1) = f(x_2)$.

Możemy zapisać krócej:

Funkcję liczbową $f: X \to Y$ nazywamy funkcją stałą w zbiorze $A$, $A \subset X \underset{\text{z def.}}{\Leftrightarrow}$

$$\bigwedge_{x_1, x_2 \in A} f(x_1) = f(x_2)$$

- Funkcję, która jest rosnąca w całej dziedzinie, nazywamy **funkcją rosnącą**.
- Funkcję, która jest malejąca w całej dziedzinie, nazywamy **funkcją malejącą**.
- Funkcję, która jest stała w całej dziedzinie, nazywamy **funkcją stałą**.

## Przykład 1.

Na poniższych rysunkach przedstawione są wykresy funkcji $f$, $g$ oraz $h$.
Funkcja $f$ jest rosnąca, funkcja $g$ jest malejąca, funkcja $h$ jest stała.

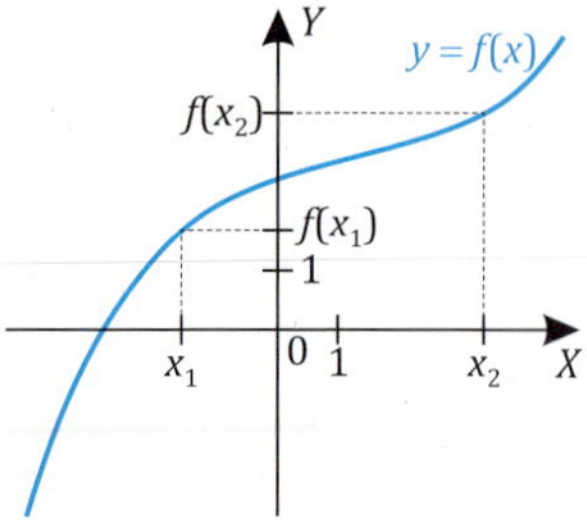


wykres rosnącej funkcji $f$

Na wykresie funkcji $f$ wraz ze wzrostem argumentów rosną też wartości funkcji; dla dowolnych liczb $x_1$, $x_2$ należących do $D_f$ z faktu, że $x_1 < x_2$, wynika, że $f(x_1) < f(x_2)$.

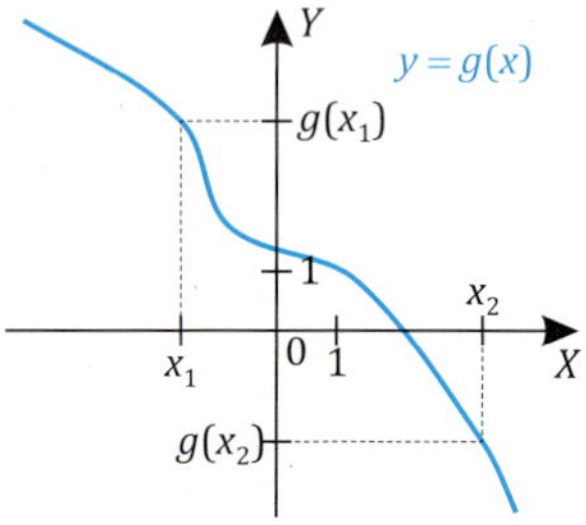


wykres malejącej funkcji $g$

Na wykresie funkcji $g$ wraz ze wzrostem argumentów maleją wartości funkcji; dla dowolnych liczb $x_1, x_2$ należących do $D_g$ z faktu, że $x_1 < x_2$, wynika, że $g(x_1) > g(x_2)$.

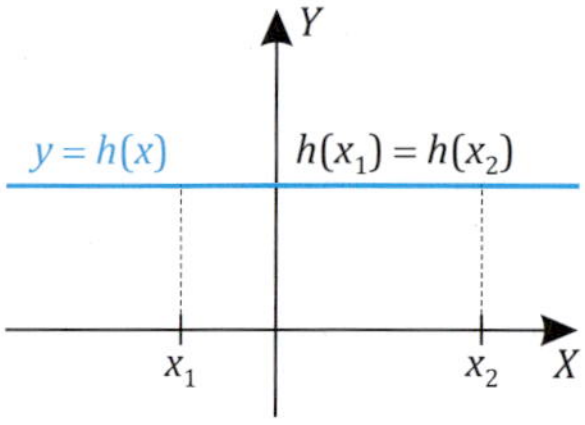


wykres stałej funkcji $h$

Na wykresie funkcji $h$ wraz ze wzrostem argumentów wartości funkcji pozostają stałe; dla dowolnych liczb $x_1$, $x_2$ należących do $D_h$ mamy $h(x_1) = h(x_2)$.

Oprócz funkcji rosnących i malejących wyróżnia się też funkcje niemalejące i nierosnące.

### Definicja 4.

Funkcję liczbową $f\colon X \to Y$ nazywamy **funkcją niemalejącą w zbiorze $A$**, $A \subset X$, wtedy i tylko wtedy, gdy dla dowolnych argumentów $x_1, x_2$, należących do zbioru $A$, z nierówności $x_1 < x_2$ wynika nierówność $f(x_1) \leqslant f(x_2)$.

Możemy zapisać krócej:

Funkcję liczbową $f\colon X \to Y$ nazywamy funkcją niemalejącą w zbiorze $A$, $A \subset X \underset{\text{z def.}}{\Leftrightarrow}$

$$\bigwedge_{x_1,\, x_2 \in A} [x_1 < x_2 \Rightarrow f(x_1) \leqslant f(x_2)]$$

**Definicja 5.**
Funkcję liczbową $f\colon X \to Y$ nazywamy **funkcją nierosnącą w zbiorze $A$**, $A \subset X$, wtedy i tylko wtedy, gdy dla dowolnych argumentów $x_1$, $x_2$, należących do zbioru $A$, z nierówności $x_1 < x_2$ wynika nierówność $f(x_1) \geqslant f(x_2)$.

Możemy zapisać krócej:

Funkcję liczbową $f\colon X \to Y$ nazywamy funkcją nierosnącą w zbiorze $A$, $A \subset X \underset{\text{z def.}}{\Leftrightarrow}$

$$\bigwedge_{x_1, x_2 \in A} [x_1 < x_2 \Rightarrow f(x_1) \geqslant f(x_2)]$$

Każda funkcja rosnąca jest jednocześnie funkcją niemalejącą. Rysunek poniżej przedstawia wykres funkcji niemalejącej, która nie jest rosnąca (w pewnym przedziale jest stała).

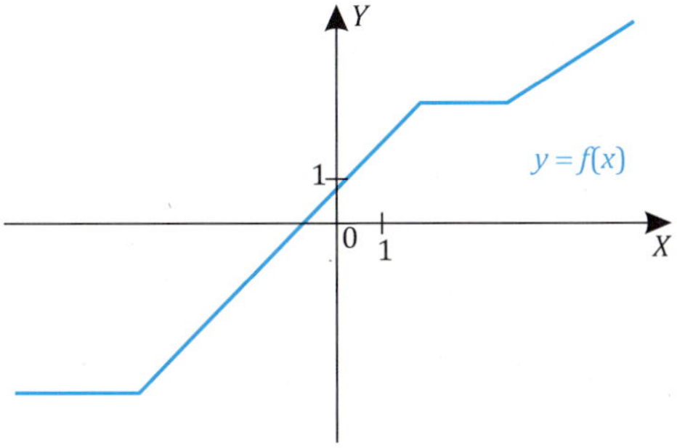


Podobnie, każda funkcja malejąca jest jednocześnie funkcją nierosnącą. Rysunek poniżej przedstawia wykres funkcji nierosnącej, która nie jest malejąca.

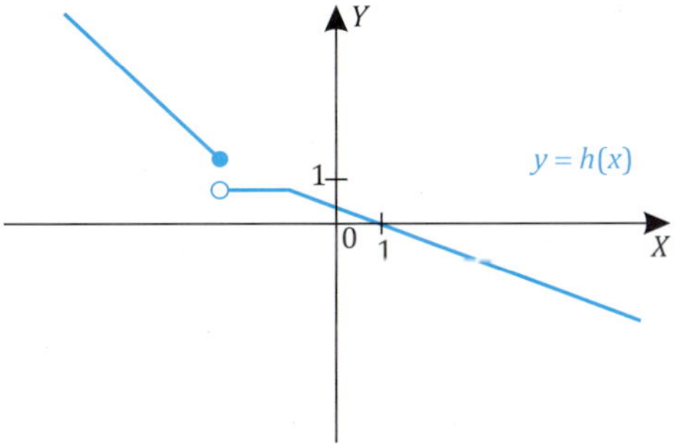


Funkcja stała jest jednocześnie nierosnąca i niemalejąca.

Funkcje nierosnące i niemalejące nazywamy **funkcjami monotonicznymi**.

Często spotykamy się z funkcjami, które w pewnych przedziałach (podzbiorach dziedziny) są rosnące, w innych malejące lub stałe (przykład zależności temperatury od czasu – przedstawiony na początku tematu). Wówczas mówimy o przedziałach monotoniczności funkcji.

Poniższy przykład ilustruje funkcję przedziałami monotoniczną. Pokażemy, jak odczytać z wykresu przedziały monotoniczności funkcji.

## Przykład 2.

Odczytajmy przedziały monotoniczności funkcji $f$, której wykres jest przedstawiony na poniższym rysunku.

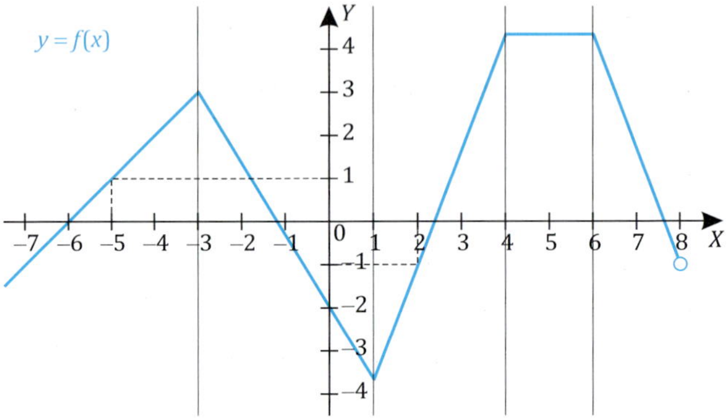


Aby łatwiej było nam odczytać zbiory, w których funkcja jest malejąca, rosnąca lub stała, prowadzimy pomocnicze proste prostopadłe do osi $OX$, które dzielą wykres funkcji $f$ na odpowiednie części (dzielą też dziedzinę funkcji na odpowiednie przedziały). Przedziały monotoniczności funkcji odczytujemy na osi $OX$.

Funkcja jest rosnąca w każdym z przedziałów: $(-\infty, -3\rangle$, $\langle 1, 4\rangle$
Funkcja jest malejąca w każdym z przedziałów: $\langle -3, 1\rangle$, $\langle 6, 8)$
Funkcja jest stała w przedziale: $\langle 4, 6\rangle$

Zauważ, że funkcja $f$ jest funkcją rosnącą w każdym z przedziałów:

$(-\infty, -3\rangle$, $\langle 1, 4\rangle$

a nie jest rosnąca w sumie tych przedziałów, czyli w poniżej określonym zbiorze $B$:

$B = (-\infty, -3\rangle \cup \langle 1, 4\rangle$

Weźmy bowiem dwa dowolne argumenty funkcji $f$ należące do zbioru $B$, na przykład

$x_1 = -5$ oraz $x_2 = 2$

i odczytajmy wartości funkcji dla tych argumentów:

$f(x_1) = f(-5) = 1$ oraz $f(x_2) = f(2) = -1$

Okazuje się, że $x_1 < x_2$, ale $f(x_1) > f(x_2)$, zatem funkcja $f$ nie jest rosnąca w zbiorze $B$. Dlatego przedziały monotoniczności funkcji wygodnie jest podawać jako osobne zbiory, oddzielając je przecinkiem. W ten sposób unikamy ewentualnych błędów.

## Przykład 3.

Udowodnimy, korzystając z odpowiednich definicji, że funkcja:

a) $f(x) = x^2 + 5$ jest malejąca w przedziale $(-\infty, 0\rangle$

b) $g(x) = \sqrt{x-2}$ jest rosnąca.

**Ad a)** Założenie: $f(x) = x^2 + 5$ – dana funkcja, $x_1, x_2 \in (-\infty, 0\rangle$ i $x_1 < x_2$

Teza: $f(x_1) > f(x_2)$

Dowód: Wyznaczamy różnicę $f(x_1) - f(x_2)$:

$$f(x_1) - f(x_2) = \left(x_1^2 + 5\right) - \left(x_2^2 + 5\right) = x_1^2 - x_2^2 = \left(x_1 - x_2\right)\left(x_1 + x_2\right)$$

Z założenia wiemy, że $x_1 < x_2$, czyli $x_1 - x_2 < 0$ oraz $x_1 < 0$ i $x_2 \leqslant 0$, więc $x_1 + x_2 < 0$. Zatem iloczyn $\left(x_1 - x_2\right)\left(x_1 + x_2\right)$ jest dodatni. Stąd $f(x_1) - f(x_2) > 0$, czyli $f(x_1) > f(x_2)$. Ponieważ $x_1$, $x_2$ oznaczały dowolne liczby z przedziału $(-\infty, 0\rangle$, więc to znaczy, że funkcja $f(x) = x^2 + 5$ jest malejąca w przedziale $(-\infty, 0\rangle$.

**Ad b)** Założenie: $g(x) = \sqrt{x - 2}$ – dana funkcja, $D_g = \langle 2, +\infty)$, $x_1, x_2 \in D_g$ i $x_1 < x_2$

Teza: $g(x_1) < g(x_2)$

Dowód: Wyznaczamy różnicę $g(x_1) - g(x_2)$:

$$g(x_1) - g(x_2) = \sqrt{x_1 - 2} - \sqrt{x_2 - 2} = \frac{\left(\sqrt{x_1 - 2}\right)^2 - \left(\sqrt{x_2 - 2}\right)^2}{\sqrt{x_1 - 2} + \sqrt{x_2 - 2}} = \frac{(x_1 - 2) - (x_2 - 2)}{\sqrt{x_1 - 2} + \sqrt{x_2 - 2}} =$$

$$= \frac{x_1 - x_2}{\sqrt{x_1 - 2} + \sqrt{x_2 - 2}}$$

W wyniku przekształceń otrzymaliśmy ułamek, którego licznik jest ujemny, a mianownik dodatni (uzasadnij to dokładnie), zatem ułamek jest ujemny, czyli $g(x_1) - g(x_2) < 0$, więc $g(x_1) < g(x_2)$. Ponieważ $x_1, x_2$ oznaczały dowolne liczby z dziedziny, więc to znaczy, że funkcja $g(x) = \sqrt{x - 2}$ jest rosnąca.

## Sprawdź, czy rozumiesz

1. Na poniższym rysunku przedstawione są wykresy funkcji $f, g$.

1)

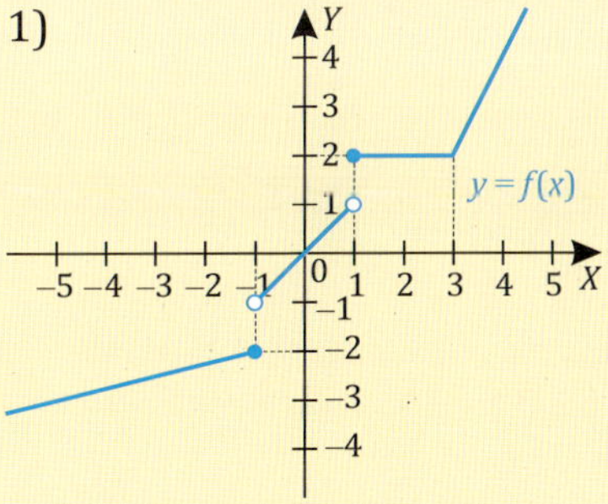


2)

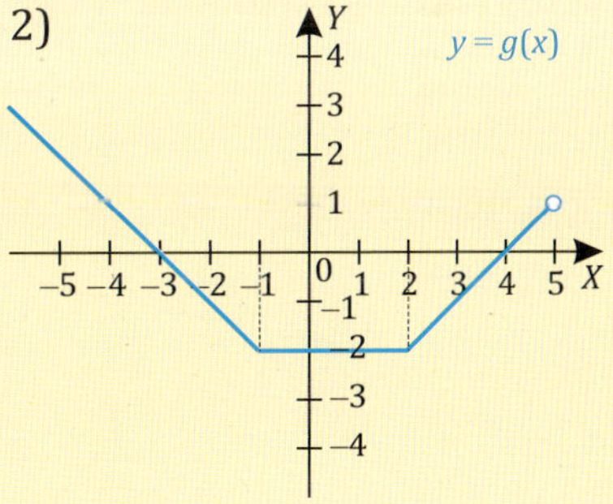


   a) Podaj przedziały monotoniczności każdej funkcji.
   b) Która funkcja jest monotoniczna?

2. Wykaż, że funkcja określona wzorem $f(x) = \frac{1}{2}x^2 - 1$ jest malejąca w zbiorze $(-\infty, 0\rangle$.

3. Zbadaj monotoniczność funkcji danej wzorem $g(x) = \frac{2}{x - 3} + 1$ w zbiorze $(3, +\infty)$.

# Funkcje różnowartościowe

Duży wpływ na nasze samopoczucie ma ciśnienie atmosferyczne. Wahania ciśnienia w ciągu dnia sprawiają, że bywamy niecierpliwi, rozdrażnieni, mamy kłopoty z koncentracją uwagi. Poniżej przedstawione są wykresy zależności wartości ciśnienia atmosferycznego od czasu, sporządzone w dwóch różnych dniach w pewnej miejscowości. Każdego dnia pomiar rozpoczynano o godzinie $6^{00}$ i kończono o godzinie $24^{00}$.
Przeanalizujemy te wykresy. Pomogą nam w tym pytania pod wykresami.

a) Wykres wartości ciśnienia we wtorek.

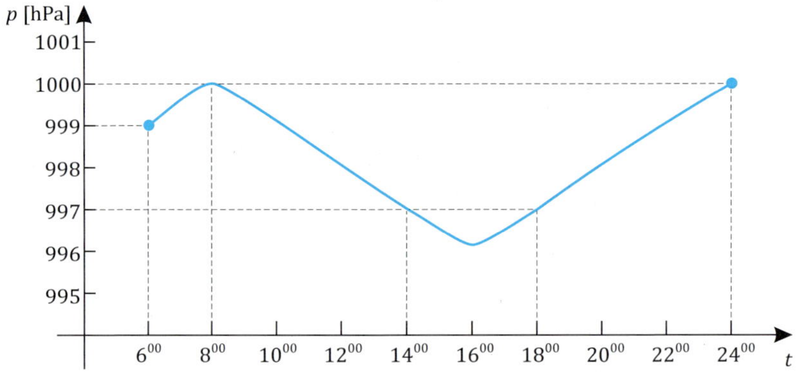


W jakich godzinach wartość ciśnienia wynosiła 1000 hPa? Jaką wartość miało ciśnienie atmosferyczne o godz. $14^{00}$, a jaką o godz. $18^{00}$?

b) Wykres wartości ciśnienia w czwartek.

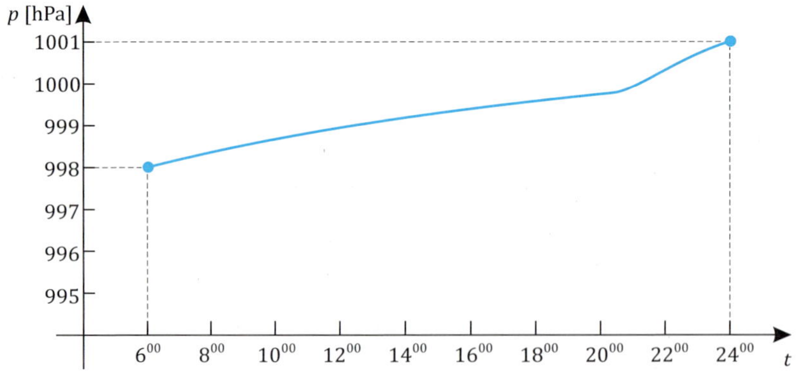


Czy można wskazać takie pory dnia, w których ciśnienie miało taką samą wartość? Czy w różnych godzinach wartości ciśnienia były różne?

We wtorek można zaobserwować wahania ciśnienia atmosferycznego. Wartość ciśnienia atmosferycznego wynosiła 1000 hPa zarówno o godz. $8^{00}$, jak też o godz. $24^{00}$. O godz. $14^{00}$ oraz o godz. $18^{00}$ wartość ciśnienia atmosferycznego była taka sama i wynosiła 997 hPa.
W czwartek ciśnienie atmosferyczne systematycznie rosło. Nie zdarzyło się, aby wartość ciśnienia o różnych porach dnia była taka sama. W różnych godzinach wartości ciśnienia były różne.

Wykres ciśnienia atmosferycznego wykonany we wtorek jest przykładem wykresu funkcji, która nie jest różnowartościowa, zaś wykres ciśnienia atmosferycznego zrobiony w czwartek jest przykładem wykresu funkcji, która jest różnowartościowa.

Zauważ, że funkcja różnowartościowa każdą swoją wartość przyjmuje tylko jeden raz.

### Definicja 1.

Funkcja liczbowa $f\colon X \to Y$ jest **funkcją różnowartościową** wtedy i tylko wtedy, gdy różnym argumentom przyporządkowuje różne wartości, to znaczy, że dla dowolnych argumentów $x_1, x_2$ z nierówności $x_1 \neq x_2$ wynika nierówność $f(x_1) \neq f(x_2)$.

Możemy zapisać krócej:
Funkcja liczbowa $f\colon X \to Y$ jest funkcją różnowartościową $\underset{\text{z def.}}{\Leftrightarrow}$

$$\bigwedge_{x_1, x_2 \in X} [x_1 \neq x_2 \Rightarrow f(x_1) \neq f(x_2)]$$

Aby ustalić, czy funkcja jest różnowartościowa, czy też nie jest różnowartościowa, wystarczy poprowadzić proste równoległe do osi $OX$ i sprawdzić, ile punktów wspólnych mają te proste z wykresem funkcji. Spójrz na poniższe rysunki.

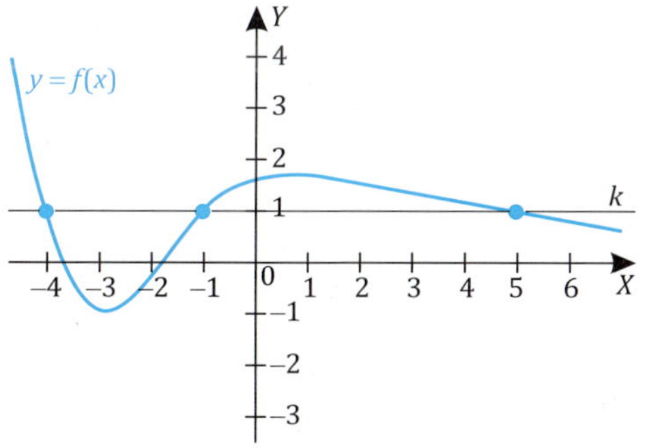


Prosta $k$ przecięła wykres funkcji $y = f(x)$ w trzech punktach. Dla różnych argumentów $-4, -1, 5$, funkcja osiąga tę samą wartość równą 1.
Funkcja $f$ nie jest różnowartościowa.

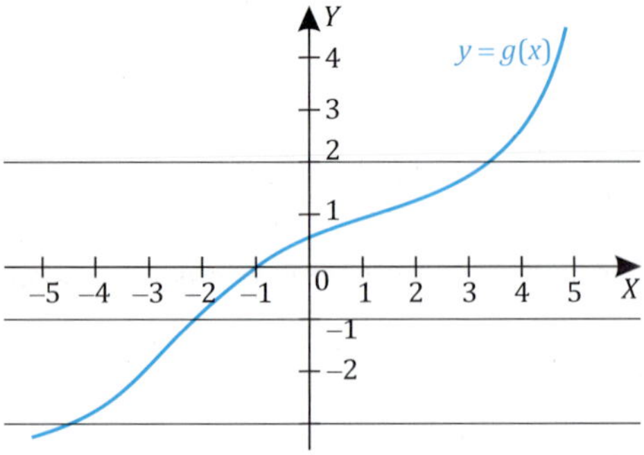


Nie istnieje prosta równoległa do osi $OX$, która przecięłaby wykres funkcji $g$ więcej niż w jednym punkcie. Każda prosta ma z wykresem funkcji co najwyżej jeden punkt wspólny (ma tylko jeden punkt wspólny lub nie ma punktów wspólnych). Funkcja $g$ jest funkcją różnowartościową.

## Przykład 1.

Poniżej przedstawione są wykresy funkcji, które nie są różnowartościowe.

a)

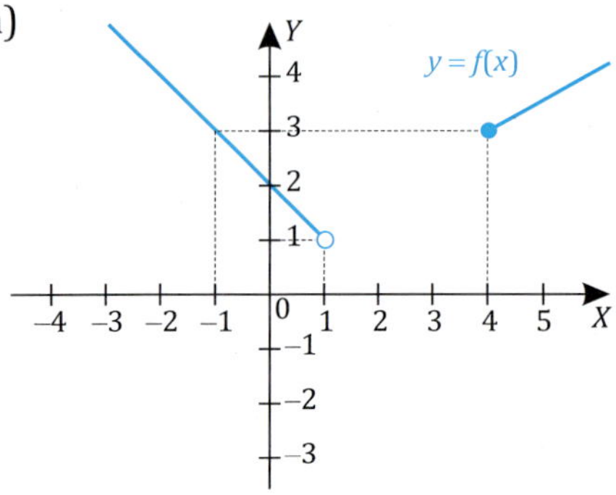


b)

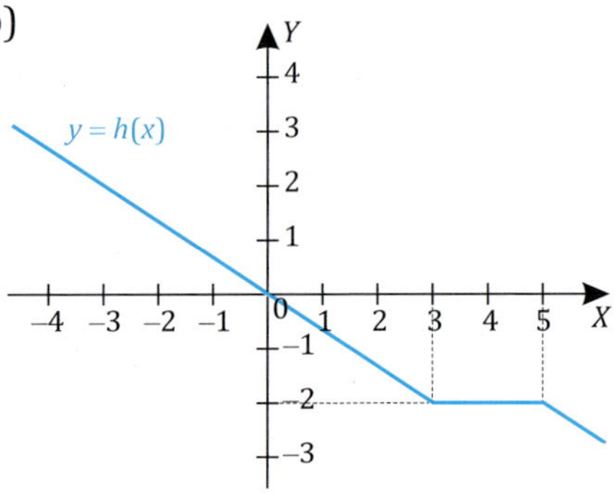


Na rysunku a) widać, że funkcja $f$ przyjmuje wartość równą 3 dwa razy (dla jakich argumentów?), zaś funkcja $h$ na rysunku b) przyjmuje wartość $-2$ dla wszystkich argumentów z przedziału $\langle 3, 5\rangle$.

Nie zawsze jednak funkcja opisana jest za pomocą wykresu. Jak wówczas sprawdzić, czy jest różnowartościowa, czy też nie jest różnowartościowa?

## Przykład 2.

Oto przykład funkcji opisanej tabelką. Uzasadnimy, że nie jest to funkcja różnowartościowa.

| $x$ | $-3$ | $-2$ | $0$ | $1$ | $5$ |
|---|---|---|---|---|---|
| $y=f(x)$ | 4 | 6 | 5 | 6 | 10 |

Wystarczy przeanalizować zbiór wartości funkcji. Wartość funkcji równa 6 wystąpiła dwukrotnie. Zatem funkcja nie jest różnowartościowa.

## Przykład 3.

Udowodnimy, że funkcja $f(x) = 3x - 5$, gdzie $x \in \boldsymbol{R}$, jest różnowartościowa.

Założenie: $f(x) = 3x - 5$ – dana funkcja, $D_f = \boldsymbol{R}$, $x_1, x_2 \in \boldsymbol{R}$ i $x_1 \neq x_2$
Teza: $f(x_1) \neq f(x_2)$

Dowód: Wyznaczamy różnicę wartości funkcji $f$ dla argumentów $x_1$, $x_2$:

$$f(x_1) - f(x_2) = (3x_1 - 5) - (3x_2 - 5) = 3x_1 - 5 - 3x_2 + 5 = 3x_1 - 3x_2 = 3(x_1 - x_2)$$

Z założenia wiemy, że $x_1 \neq x_2$, czyli $x_1 - x_2 \neq 0$. Zatem iloczyn $3(x_1 - x_2)$ jest różny od zera. Stąd $f(x_1) - f(x_2) \neq 0$, więc $f(x_1) \neq f(x_2)$. Ponieważ $x_1$, $x_2$ oznaczały dowolne liczby ze zbioru $\boldsymbol{R}$, więc udowodniliśmy, że funkcja $f(x) = 3x - 5$, gdzie $x \in \boldsymbol{R}$, jest różnowartościowa.

## Przykład 4.

Wykażemy, że funkcja $f(x) = x^3$, gdzie $x \in \boldsymbol{R}$, jest różnowartościowa.

Założenie: $f(x) = x^3$ – dana funkcja, $D_f = \boldsymbol{R}$, $x_1, x_2 \in \boldsymbol{R}$, $x_1 \neq x_2$
Teza: $f(x_1) \neq f(x_2)$

Dowód: Postępujemy podobnie jak w przykładzie 3.:

$$f(x_1) - f(x_2) = x_1^3 - x_2^3 = (x_1 - x_2)(x_1^2 + x_1x_2 + x_2^2) =$$

$$= (x_1 - x_2)\left(x_1^2 + x_1x_2 + \frac{1}{4}x_2^2 + \frac{3}{4}x_2^2\right) = (x_1 - x_2)\left[\left(x_1 + \frac{1}{2}x_2\right)^2 + \left(\frac{\sqrt{3}x_2}{2}\right)^2\right]$$

Ponieważ $x_1 \neq x_2$, więc $x_1 - x_2 \neq 0$. Wyrażenie w nawiasie kwadratowym przyjmuje wartości dodatnie (jest sumą dwóch kwadratów; byłoby równe zero tylko w przypadku, gdy $x_1 = x_2 = 0$, ale jest to sprzeczne z założeniem). Zatem $f(x_1) - f(x_2) \neq 0$, czyli $f(x_1) \neq f(x_2)$. Ponieważ $x_1$ i $x_2$ oznaczały dowolne liczby rzeczywiste, więc wykazaliśmy, że funkcja $f(x) = x^3$, gdzie $x \in \boldsymbol{R}$, jest różnowartościowa.

W dowodzeniu różnowartościowości funkcji liczbowej często stosuje się definicję 1′. równoważną definicji 1., którą podajemy poniżej.

### Definicja 1′.

Funkcja liczbowa $f\colon X \to Y$ jest **funkcją różnowartościową** wtedy i tylko wtedy, gdy z równości wartości funkcji tej funkcji wynika równość argumentów, to znaczy, że dla dowolnych argumentów $x_1$, $x_2$ z równości $f(x_1) = f(x_2)$ wynika równość $x_1 = x_2$.

Możemy zapisać krócej:

Funkcja liczbowa $f\colon X \to Y$ jest funkcją różnowartościową $\underset{\text{z def.}}{\Leftrightarrow}$

$$\bigwedge_{x_1, x_2 \in X} [f(x_1) = f(x_2) \Rightarrow x_1 = x_2]$$

Definicje 1. i 1′. są równoważne na mocy równoważności implikacji prostej i przeciwstawnej (zobacz str. 17).

## Przykład 5.

Wykażemy – korzystając z definicji 1′. – że funkcja $f(x) = \frac{x-3}{x+2}$, gdzie $x \in \boldsymbol{R} - \{-2\}$, jest różnowartościowa.

Założenie: $f(x) = \frac{x-3}{x+2}$ – dana funkcja, $D_f = \boldsymbol{R} - \{-2\}$, $x_1, x_2 \in D_f$, $f(x_1) = f(x_2)$

Teza: $x_1 = x_2$

Dowód: Z założenia wiemy, że $x_1, x_2 \in D_f$ i $f(x_1) = f(x_2)$, zatem

$$\frac{x_1-3}{x_1+2} = \frac{x_2-3}{x_2+2}$$

Z własności proporcji otrzymujemy:

$(x_1 - 3)(x_2 + 2) = (x_1 + 2)(x_2 - 3)$, stąd mamy:

$x_1x_2 + 2x_1 - 3x_2 - 6 = x_1x_2 - 3x_1 + 2x_2 - 6$, więc

$5x_1 = 5x_2 \quad / : 5$

$x_1 = x_2$

Ponieważ $x_1, x_2$ oznaczały dowolne liczby z dziedziny funkcji, więc udowodniliśmy, że funkcja $f(x) = \frac{x-3}{x+2}$, gdzie $x \in \boldsymbol{R} - \{-2\}$, jest różnowartościowa.

Aby wykazać, że funkcja nie jest różnowartościowa, wystarczy wskazać dwa różne argumenty, dla których funkcja przyjmuje tę samą wartość.

## Przykład 6.

Funkcja $f(x) = \frac{4}{2x^2+1}$, gdzie $x \in \boldsymbol{R}$, nie jest różnowartościowa, bo na przykład dla argumentów $-1$ i $1$ funkcja $f$ przyjmuje tę samą wartość. Mamy:

$f(-1) = \frac{4}{2+1} = \frac{4}{3} = 1\frac{1}{3}$ oraz

$f(1) = \frac{4}{2+1} = \frac{4}{3} = 1\frac{1}{3}$, więc

$f(-1) = f(1)$.

Poniższe twierdzenie charakteryzuje zależność między monotonicznością funkcji a jej różnowartościowością.

### Twierdzenie 1.

a) Jeśli funkcja $f$ jest rosnąca w pewnym zbiorze, to jest w tym zbiorze różnowartościowa.

b) Jeśli funkcja $f$ jest malejąca w pewnym zbiorze, to jest w tym zbiorze różnowartościowa.

Twierdzenie odwrotne do twierdzenia 1. nie jest prawdziwe.
Funkcja różnowartościowa w zbiorze $A$ nie musi być w tym zbiorze ani rosnąca, ani malejąca. Pokażemy to na przykładzie.

Rozważmy funkcję opisaną wzorem: $f(x) = \begin{cases} x+3, \text{ jeśli } x \in \{-2, -1\} \\ -x, \text{ jeśli } x \in \{1, 2, 3\} \end{cases}$.

Wykres funkcji $f$ pokazany jest na poniższym rysunku.

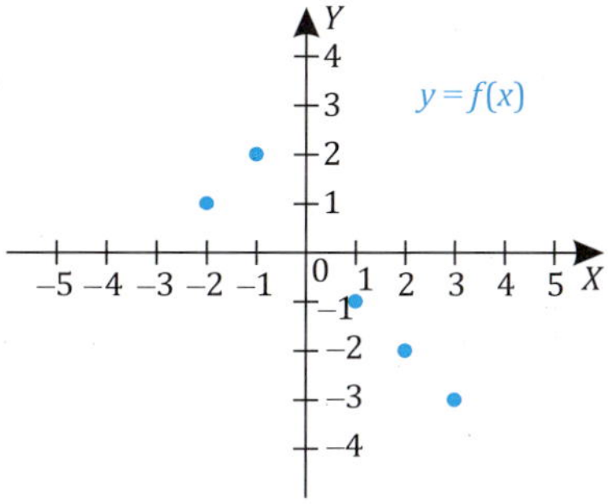


Funkcja $f$ jest w zbiorze $A = \{-2, -1, 1, 2, 3\}$ różnowartościowa, ale nie jest w tym zbiorze monotoniczna.

## Sprawdź, czy rozumiesz

1. Na poniższym rysunku pokazane są wykresy funkcji $f$ i $g$. Która z nich jest różnowartościowa, a która nie jest różnowartościowa? Uzasadnij swoją odpowiedź.

a)

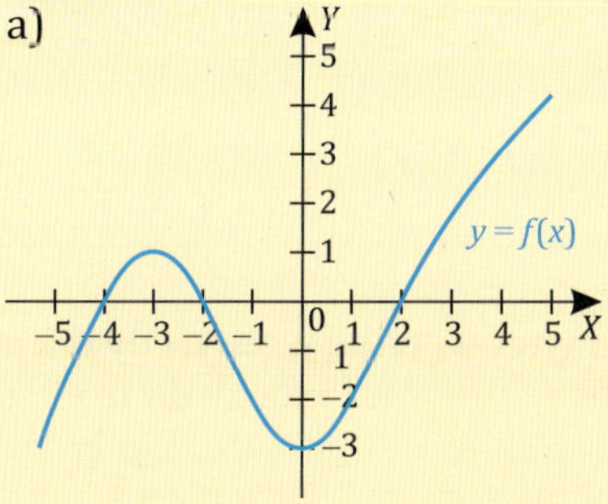


b)

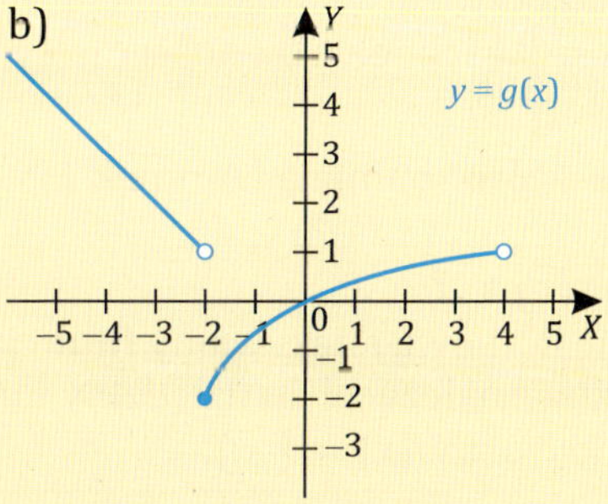


2. Dana jest funkcja $f(x) = \dfrac{x^2 - 4}{5x^2}$, gdzie $x \in \boldsymbol{R} - \{0\}$. Wykaż, że funkcja $f$ nie jest różnowartościowa.

3. Wykaż na podstawie definicji, że podane poniżej funkcje są różnowartościowe.
   a) $f(x) = 4x - 2, x \in \boldsymbol{R}$
   b) $f(x) = 3x^2 - 5, x \in (-\infty, 0)$
   c) $f(x) = \dfrac{x+5}{x-3}, x \in \boldsymbol{R} - \{3\}$
   d) $f(x) = \dfrac{1}{4-x}, x \in \boldsymbol{R} - \{4\}$

4. Naszkicuj wykres funkcji różnowartościowej, która ma jedno miejsce zerowe i jest określona w zbiorze $\langle -3, 7)$.

# Funkcje parzyste i funkcje nieparzyste

Szkicując wykresy różnych funkcji, na pewno zauważyłeś, że niektóre z nich charakteryzują się symetrią względem osi $OY$, inne są symetryczne względem początku układu współrzędnych, a jeszcze inne nie mają żadnej z wymienionych własności.

## *Przykład 1.*

Wykresy funkcji przedstawione na poniższym rysunku są osiowosymetryczne. Ich osią symetrii jest oś $OY$. Przyjrzymy się dziedzinom oraz wartościom tych funkcji.

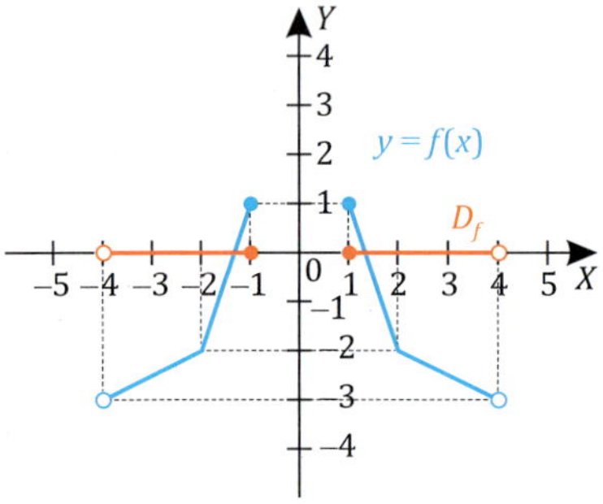


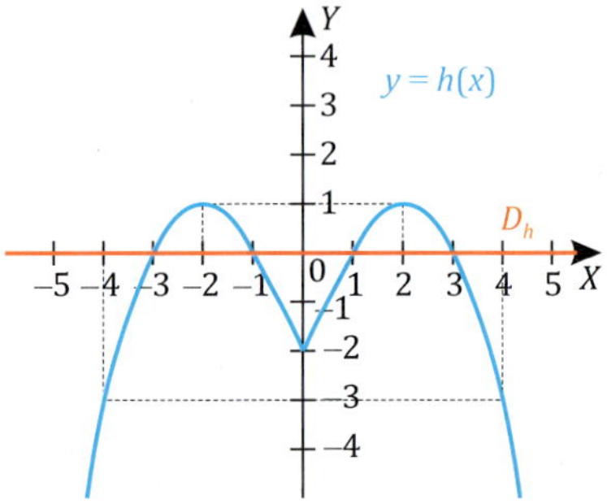


1) Dla każdej funkcji dziedzina jest zbiorem symetrycznym względem punktu 0 na osi $OX$. Znaczy to, że dla każdej liczby $x$ należącej do dziedziny funkcji liczba $-x$ też jest elementem dziedziny tej funkcji, zatem jeśli $x \in D$, to $-x \in D$.
2) Każda funkcja, której wykres przedstawiony jest na rysunku, ma tę własność, że dla argumentu $x$ przyjmuje tę samą wartość co dla argumentu $-x$, czyli dla dowolnej liczby $x \in D$ zachodzi równość:

$$f(x) = f(-x)$$

Funkcje, które spełniają warunek 1) i 2), nazywamy funkcjami parzystymi.

> ***Definicja 1.***
> Funkcję liczbową $f$ nazywamy **funkcją parzystą** wtedy i tylko wtedy, gdy dla każdej liczby $x$ należącej do dziedziny funkcji $f$ liczba $-x$ również należy do dziedziny tej funkcji oraz $f(x) = f(-x)$.

Możemy zapisać krócej:

Funkcja liczbowa $f$ jest funkcją parzystą $\Leftrightarrow \bigwedge_{x \in D_f} [-x \in D_f \wedge f(-x) = f(x)]$

Funkcjami parzystymi są np.: $f(x) = x^2$, $x \in \mathbf{R}$ oraz $f(x) = \max(3, |x|)$, $x \in \mathbf{R}$.

## Przykład 2.

Na poniższym rysunku przedstawione są wykresy funkcji, które są symetryczne względem punktu $O(0, 0)$. Co możemy powiedzieć o dziedzinie każdej z nich? Czym charakteryzują się wartości tych funkcji?

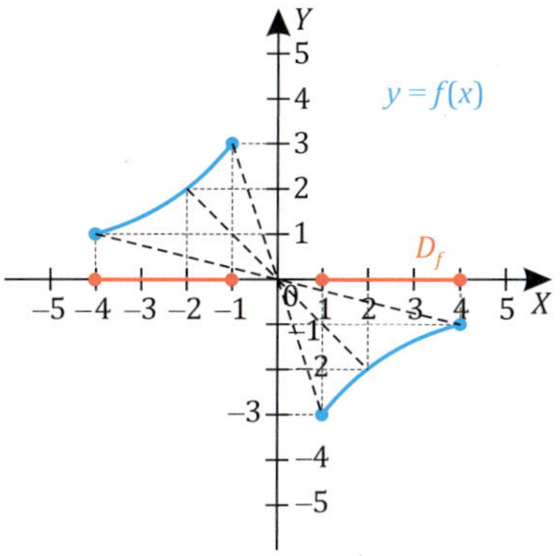


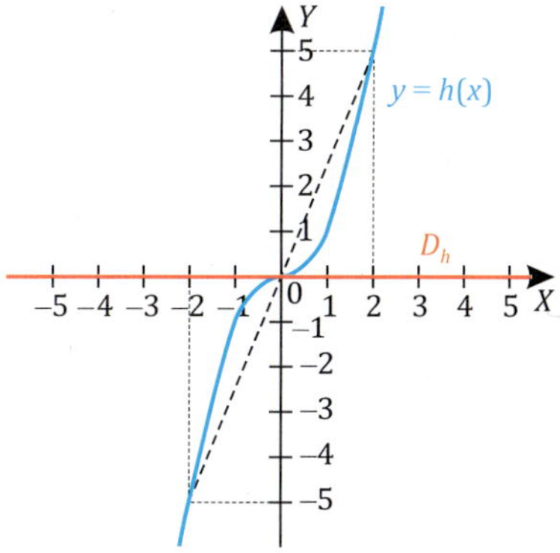


1)Podobnie jak w przykładzie 1. dziedzina każdej funkcji jest zbiorem symetrycznym względem punktu 0 na osi $OX$, więc jeśli $x \in D$, to $-x \in D$.

2) Dla argumentu $x$ funkcja przyjmuje wartość przeciwną niż dla argumentu $-x$, zatem dla dowolnej liczby $x \in D$ zachodzi warunek:

$$f(-x) = -f(x)$$

O funkcjach, które spełniają powyższe dwa warunki, mówimy, że są funkcjami nieparzystymi.

### Definicja 2.

Funkcję liczbową $f$ nazywamy **funkcją nieparzystą** wtedy i tylko wtedy, gdy dla każdej liczby należącej do dziedziny funkcji $f$ liczba $-x$ również należy do dziedziny tej funkcji oraz $f(-x) = -f(x)$.

Można zapisać krócej:

Funkcja liczbowa $f$ jest funkcją nieparzystą $\Leftrightarrow \bigwedge_{x \in D_f} \left[-x \in D_f \wedge f(-x) = -f(x)\right]$.

Funkcjami nieparzystymi są np.: $f(x) = \operatorname{sgn} x$, $x \in \boldsymbol{R}$, $f(x) = x^3$, $x \in \boldsymbol{R}$.

**UWAGA:** Funkcja, która nie jest parzysta, nie musi być nieparzysta. Istnieją funkcje, które są tylko parzyste, tylko nieparzyste, parzyste i nieparzyste jednocześnie oraz takie, które nie są ani parzyste, ani nieparzyste.

Poniżej przedstawione są wykresy funkcji, które są jednocześnie parzyste i nieparzyste. Wykresy te są symetryczne zarówno względem osi $OX$, jak i względem punktu $O(0, 0)$.

a)

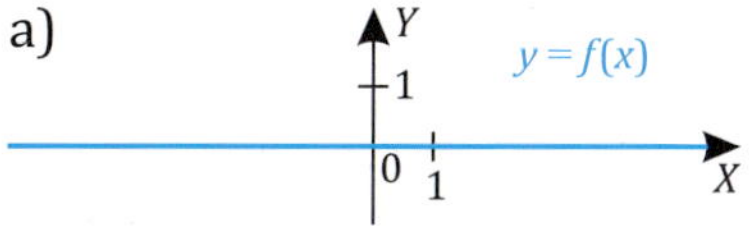


b)

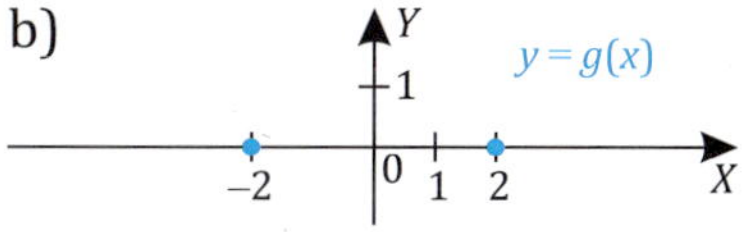

Zajmiemy się teraz funkcjami, których wykresów jeszcze nie potrafimy naszkicować.

## Przykład 3.

Zbadamy parzystość funkcji określonej wzorem $f(x)=\dfrac{5}{(x-2)(x+3)}$.

Dziedziną funkcji $f$ jest zbiór $R-\{-3, 2\}$. Dziedzina funkcji nie jest zbiorem symetrycznym względem punktu 0 na osi $OX$. Funkcja $f$ nie jest ani parzysta, ani nieparzysta.

## Przykład 4.

Wykażemy, że funkcja $f(x)=\dfrac{3x^4-4}{x^2-1}$ jest funkcją parzystą.

Założenie: $f(x)=\dfrac{3x^4-4}{x^2-1}$, $D_f=\boldsymbol{R}-\{-1, 1\}$

Teza: $f$ jest funkcją parzystą

Dowód:
Dziedziną funkcji $f$ jest zbiór $\boldsymbol{R}-\{-1, 1\}$. Jest to zbiór symetryczny względem punktu 0 na osi $OX$,

$\bigwedge_{x\in \boldsymbol{R}-\{-1,1\}} (-x)\in \boldsymbol{R}-\{-1, 1\}$ (pierwszy warunek definicji 1. jest spełniony).

Sprawdzimy teraz, czy dla dowolnej liczby $x$ należącej do dziedziny spełniony jest warunek:

$f(-x)=f(x)$.

Otrzymujemy:

$f(-x)=\dfrac{3\cdot(-x)^4-4}{(-x)^2-1}=\dfrac{3\cdot x^4-4}{x^2-1}=f(x)$ (drugi warunek definicji 1. jest spełniony)

Funkcja $f$ jest funkcja parzystą.

## Przykład 5.

Wykażemy, że funkcja $f(x)=\dfrac{2x^3-x}{5x^2+6}$ jest funkcją nieparzystą.

Założenie: $f(x)=\dfrac{2x^3-x}{5x^2+6}$, $D=\boldsymbol{R}$

Teza: $f$ jest funkcją nieparzystą

Dowód:
Dziedziną funkcji $f$ jest zbiór $\boldsymbol{R}$, więc

$\bigwedge_{x\in \boldsymbol{R}}(-x\in \boldsymbol{R})$

Sprawdzamy, czy dla każdej liczby rzeczywistej $x$ spełniony jest warunek:

$f(-x)=-f(x)$

Mamy:

$$f(-x)=\frac{2\cdot(-x)^3-(-x)}{5(-x)^2+6}=\frac{2\cdot\left(-x^3\right)+x}{5x^2+6}=\frac{-2x^3+x}{5x^2+6}=$$

$$=\frac{-\left(2x^3-x\right)}{5x^2+6}=-\frac{2x^3-x}{5x^2+6}=-f(x)$$

Oba warunki definicji 2. są spełnione, więc $f$ jest funkcją nieparzystą.

## Przykład 6.

Wykażemy, że jeśli funkcja $f$ jest funkcją nieparzystą określoną w zbiorze $\boldsymbol{R}$, to $f(0)=0$.

Założenie: $f$ – funkcja nieparzysta, $D_f=\boldsymbol{R}$

Teza: $f(0)=0$.

Dowód:

Ponieważ funkcja $f$ jest funkcją nieparzystą określoną w zbiorze $\boldsymbol{R}$, więc

$\bigwedge_{x\in\boldsymbol{R}} f(-x)=-f(x)$, czyli

$\bigwedge_{x\in\boldsymbol{R}} f(-x)+f(x)=0$

Zatem dla argumentu 0 otrzymujemy:

$f(0)+f(0)=0$, skąd

$2\cdot f(0)=0$, czyli

$f(0)=0$, co kończy dowód.

## Przykład 7.

Wykażemy, że funkcja $f(x)=\begin{cases}-x+1, & \text{jeśli } x\leqslant 0\\ x+1, & \text{jeśli } x>0\end{cases}$ jest parzysta i nie jest nieparzysta.

Założenie: $f(x)=\begin{cases}-x+1, & \text{jeśli } x\leqslant 0\\ x+1, & \text{jeśli } x>0\end{cases}$

Teza: $f$ jest funkcją parzystą
$f$ nie jest funkcją nieparzystą

Dowód:

Wykażemy najpierw, że $f$ jest funkcją parzystą.

1) Dziedziną funkcji $f$ jest zbiór liczb rzeczywistych $\boldsymbol{R}$, więc

$\bigwedge_{x\in\boldsymbol{R}}(-x\in\boldsymbol{R})$

2) Zauważamy, że

jeśli $x < 0$, to funkcja $f$ jest określona wzorem $f(x) = -x + 1$.

Jeśli $x < 0$, to $(-x) > 0$, więc $f(-x) = -x + 1$, czyli

$$f(-x) = f(x)$$

Podobnie

jeśli $x > 0$, to funkcja $f$ jest określona wzorem $f(x) = x + 1$.

Jeśli $x > 0$, to $(-x) < 0$, więc $f(-x) = -(-x) + 1$, skąd $f(-x) = x + 1$, czyli

$$f(-x) = f(x)$$

Ponadto jeśli $x = 0$, to $f(-x) = f(x) = 1$.
Tak więc dla dowolnej liczby rzeczywistej $x$ mamy $f(-x) = f(x)$, czyli $f$ jest funkcją parzystą.

Wykażemy teraz, że $f$ nie jest funkcją nieparzystą.
Funkcja $f$ jest określona dla 0. Gdyby $f$ była nieparzysta, to jej wartość dla argumentu 0 wynosiłaby 0 (zobacz przykład 6.). Tymczasem

$$f(0) = 1,$$

a więc $f$ nie jest funkcją nieparzystą.

Dowolną funkcję $f$ określoną w zbiorze $A$, symetrycznym względem punktu 0, można zapisać jako sumę dwóch funkcji: jednej parzystej i drugiej nieparzystej (obie te funkcje określone są w zbiorze $A$).

Rozważmy następujące funkcje:

$$f_1(x) = \frac{f(x) + f(-x)}{2}$$

oraz

$$f_2(x) = \frac{f(x) - f(-x)}{2}$$

Ponieważ dziedziną funkcji $f$ jest zbiór $A$, zatem dziedziną funkcji $f_1$ oraz funkcji $f_2$ jest również zbiór $A$.

Sumą funkcji $f_1$ i $f_2$ jest funkcja $f$. Mamy bowiem dla dowolnej liczby $x \in A$:

$$f_1(x) + f_2(x) = \frac{f(x) + f(-x)}{2} + \frac{f(x) - f(-x)}{2} = \frac{2 \cdot f(x)}{2} = f(x)$$

Wykażemy, że funkcja $f_1$ jest funkcją parzystą. Dla dowolnej liczby $x \in A$ wiemy, że $-x \in A$ oraz

$$f_1(-x) = \frac{f(-x) + f\big(-(-x)\big)}{2} = \frac{f(-x) + f(x)}{2} = f_1(x)$$

zatem

$$\bigwedge_{x \in A} \left[ (-x) \in A \wedge f_1(-x) = f_1(x) \right]$$

czyli $f_1$ jest funkcją parzystą.

Teraz pokażemy, że funkcja $f_2$ jest funkcją nieparzystą. Dla dowolnej liczby $x \in A$ wiemy, że $-x \in A$ oraz

$$f_2(-x) = \frac{f(-x) - f(-(-x))}{2} = -\frac{f(-x) - f(x)}{2} = \frac{f(x) - f(-x)}{2} = -f_2(x),$$

zatem

$$\bigwedge_{x \in A} [(-x) \in A \wedge f_2(-x) = -f_2(x)],$$

czyli $f_2$ jest funkcją nieparzystą.

Funkcję $y = f(x)$ możemy przedstawić jako sumę

funkcji parzystej $f_1(x) = \frac{f(x) + f(-x)}{2}$ i funkcji nieparzystej $f_2(x) = \frac{f(x) - f(-x)}{2}$.

## Przykład 8.

Dana jest funkcja $f$ określona wzorem: $f(x) = \frac{1}{x+1}$, gdzie $x \in \mathbf{R} - \{-1, 1\}$.

Korzystając z podanych wyżej wzorów, przedstawimy funkcję $f$ w postaci sumy funkcji parzystej i nieparzystej.

$$f_1(x) = \frac{f(x) + f(-x)}{2} = \frac{\frac{1}{x+1} + \frac{1}{-x+1}}{2} = \frac{\frac{1}{x+1} + \frac{1}{-(x-1)}}{2} = \frac{\frac{1}{x+1} - \frac{1}{x-1}}{2} =$$

$$= \frac{\frac{x-1-(x+1)}{(x+1)(x-1)}}{2} = \frac{\frac{-2}{(x+1)(x-1)}}{2} = \frac{-1}{x^2-1}$$

$$f_2(x) = \frac{f(x) - f(-x)}{2} = \frac{\frac{1}{x+1} - \frac{1}{-x+1}}{2} = \frac{\frac{1}{x+1} + \frac{1}{x-1}}{2} = \frac{\frac{(x-1)+(x+1)}{(x+1)(x-1)}}{2} =$$

$$= \frac{\frac{2x}{(x+1)(x-1)}}{2} = \frac{x}{x^2-1}$$

Zatem $f(x) = \frac{-1}{x^2-1} + \frac{x}{x^2-1}$, $x \in \mathbf{R} - \{-1, 1\}$.

Sprawdź, że funkcja $f_1(x) = \frac{-1}{x^2-1}$ jest parzysta, zaś $f_2(x) = \frac{x}{x^2-1}$ jest nieparzysta.

### Sprawdź, czy rozumiesz

1. Naszkicuj wykres funkcji $f$, która spełnia jednocześnie następujące warunki:
   a) $f$ jest parzysta oraz $D_f = \langle -6, -2) \cup (2, 6\rangle$ i $ZW_f = (-3, 4\rangle$
   b) $f$ jest nieparzysta oraz $D_f = \mathbf{R}$, $ZW_f = (-2, 2)$ i $f$ ma trzy miejsca zerowe.

2. Wykaż, że funkcja określona wzorem:
   a) $f(x) = x^3 + x$ jest nieparzysta    b) $g(x) = \frac{5}{x^2-4}$ jest parzysta.

3. Zapisz wzór funkcji $f$ w postaci sumy funkcji parzystej i nieparzystej, jeśli:
   a) $f(x) = x^6 - 5x^5 + 2x^2 + 1$, $x \in \mathbf{R}$    b) $f(x) = \frac{3-x}{x+2}$, $x \in \mathbf{R} - \{-2, 2\}$.

# Funkcje okresowe

Na poniższym rysunku przedstawiony jest fragment wykresu funkcji $y = f(x)$, $x \in \boldsymbol{R}$.

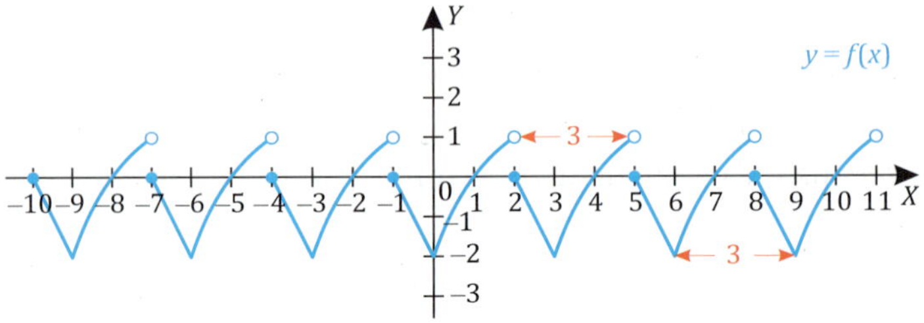


Wykres funkcji $f$ charakteryzuje się tym, że pewien jego fragment powtarza się cyklicznie.

**Definicja 1.**
Funkcję liczbową $f$ nazywamy **funkcją okresową** wtedy i tylko wtedy, gdy istnieje taka liczba $T$ różna od zera, że dla każdej liczby $x$ należącej do dziedziny funkcji $f$, liczba $x + T$ też należy do dziedziny tej funkcji i zachodzi równość $f(x + T) = f(x)$. Liczbę $T$ nazywamy **okresem** funkcji $f$.

Możemy zapisać krócej:
Funkcja liczbowa $f$ jest funkcją okresową $\Leftrightarrow \bigvee_{T \neq 0} \bigwedge_{x \in D_f} [(x + T) \in D_f \wedge f(x + T) = f(x)]$

Wróćmy do wykresu funkcji $f$ przedstawionego na początku tego tematu. Okresem funkcji $f$ jest liczba 3, ale również $-9, -6, -3, 6, 9$ itd. są okresami tej funkcji.

Jeśli liczba $T$ jest okresem funkcji, to liczba $k \cdot T$, $k \in \boldsymbol{N} - \{0\}$ jest także okresem tej funkcji.
Jeśli istnieje najmniejszy okres dodatni funkcji $f$, to nazywamy go **okresem podstawowym** lub okresem zasadniczym i oznaczamy $T_0$. Dla funkcji z początku tematu okres zasadniczy wynosi 3, czyli $T_0 = 3$.

## Przykład 1.

Funkcja $f$, która każdej liczbie całkowitej przyporządkowuje resztę z dzielenia tej liczby przez 5, jest funkcją okresową (zobacz wykres poniżej).

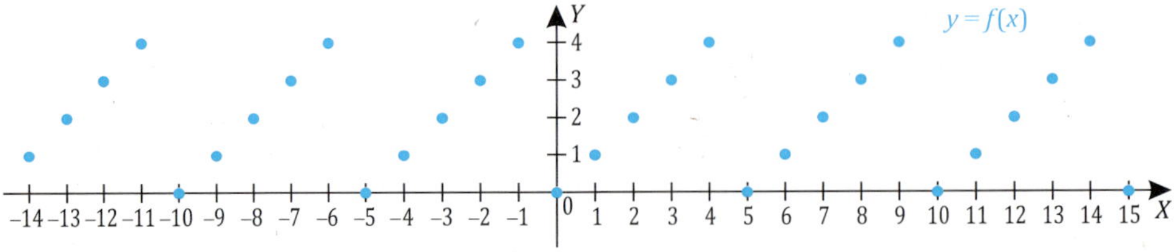


Okresem tej funkcji $f$ jest każda liczba mająca postać $k \cdot 5$, gdzie $k \in \boldsymbol{C} - \{0\}$. Okres podstawowy tej funkcji jest równy 5, $T_0 = 5$.

## Przykład 2.

Funkcja $f(x) = x - [x]$, gdzie $x \in \boldsymbol{R}$, jest okresowa (zobacz przykład 6. str. 292). Jej okresem jest każda liczba całkowita różna od zera, $T_0 = 1$.

## Przykład 3.

Każda funkcja stała $f(x) = a$, gdzie $x \in \boldsymbol{R}$ oraz $a$ to ustalona liczba rzeczywista, jest funkcją okresową. Każda liczba rzeczywista różna od zera jest okresem tej funkcji. Funkcja stała nie ma okresu podstawowego.

## Przykład 4.

Wykażemy, że funkcja Dirichleta $f(x) = \begin{cases} 1, \text{ jeśli } x \in \boldsymbol{W} \\ 0, \text{ jeśli } x \in \boldsymbol{NW} \end{cases}$ jest funkcją okresową, której okresem jest dowolna liczba wymierna różna od zera.

Założenie: $f(x) = \begin{cases} 1, \text{ jeśli } x \in \boldsymbol{W} \\ 0, \text{ jeśli } x \in \boldsymbol{NW} \end{cases}$, $T \in \boldsymbol{W} - \{0\}$

Teza: liczba $T$ jest okresem funkcji $f$

Dowód: Liczba $T$ jest liczbą wymierną różną od zera, więc dla każdej liczby $x$, $x \in \boldsymbol{R}$, liczba $x + T$ należy do dziedziny funkcji $f$ (suma liczby wymiernej różnej od zera i liczby rzeczywistej jest liczbą rzeczywistą).
Jeśli $x \in \boldsymbol{W}$, to $(x + T) \in \boldsymbol{W}$ (suma dwóch liczb wymiernych jest liczbą wymierną), więc

$$f(x + T) = 1$$

Jeśli $x \in \boldsymbol{NW}$, to $(x + T) \in \boldsymbol{NW}$ (suma liczby wymiernej i niewymiernej jest liczbą niewymierną), więc

$f(x + T) = 0$, zatem – dla dowolnej liczby rzeczywistej $x$

$f(x+T) = \begin{cases} 1, \text{ jeśli } x \in \boldsymbol{W} \\ 0, \text{ jeśli } x \in \boldsymbol{NW} \end{cases}$, czyli $f(x+T) = f(x)$, co kończy dowód.

## Sprawdź, czy rozumiesz

1. Na poniższym rysunku przedstawiony jest fragment wykresu funkcji okresowej $f$ określonej w zbiorze liczb rzeczywistych.

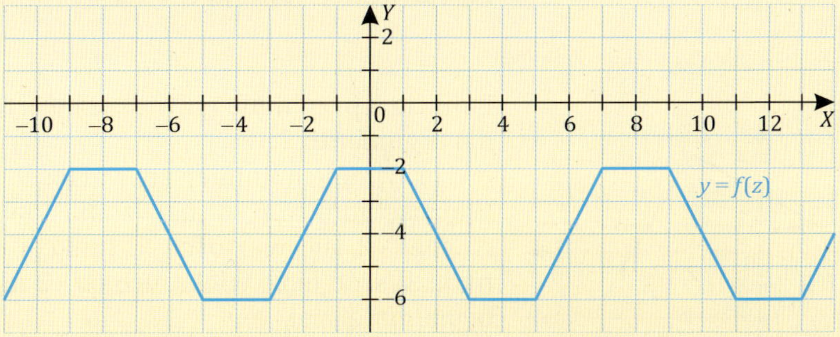


Odczytaj z wykresu okres zasadniczy i zbiór wartości funkcji $f$. Zapisz symbolicznie przedziały monotoniczności funkcji.

# Największa i najmniejsza wartość funkcji liczbowej

W tym temacie jeszcze raz zajmiemy się wartościami funkcji. Interesować nas będzie, czy funkcja określona w danym zbiorze przyjmuje w tym zbiorze wartość najmniejszą lub największą.

**Definicja 1.**
Funkcja liczbowa $f\colon X \to Y$ przyjmuje **największą wartość** $y_0$, $y_0 \in Y$, dla liczby $x_0$, $x_0 \in X$, wtedy i tylko wtedy, gdy $f(x_0) = y_0$ oraz dla każdej liczby $x$, $x \in X$, zachodzi nierówność $f(x) \leqslant f(x_0)$.

**Definicja 2.**
Funkcja liczbowa $f\colon X \to Y$ przyjmuje **najmniejszą wartość** $y_0$, $y_0 \in Y$, dla liczby $x_0$, $x_0 \in X$ wtedy i tylko wtedy, gdy $f(x_0) = y_0$ oraz dla każdej liczby $x$, $x \in X$, zachodzi nierówność $f(x) \geqslant f(x_0)$.

## Przykład 1.

Na poniższych rysunkach przedstawione są wykresy czterech funkcji $f$, $h$, $g$ oraz $t$. Odczytamy (o ile istnieje) najmniejszą oraz największą wartość każdej funkcji.

a)

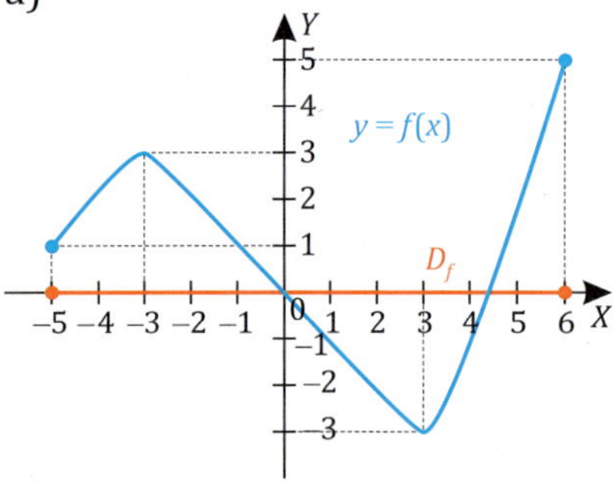


Dziedziną funkcji jest zbiór

$D_f = \langle -5, 6\rangle$.

Funkcja $f$ przyjmuje największą wartość 5 dla argumentu 6, bo dla każdej liczby $x$, $x \in D_f$, $f(6) \geqslant f(x)$.
Funkcja $f$ przyjmuje najmniejszą wartość –3 dla argumentu 3, bo dla każdej liczby $x$, $x \in D_f$, $f(3) \leqslant f(x)$.

b)

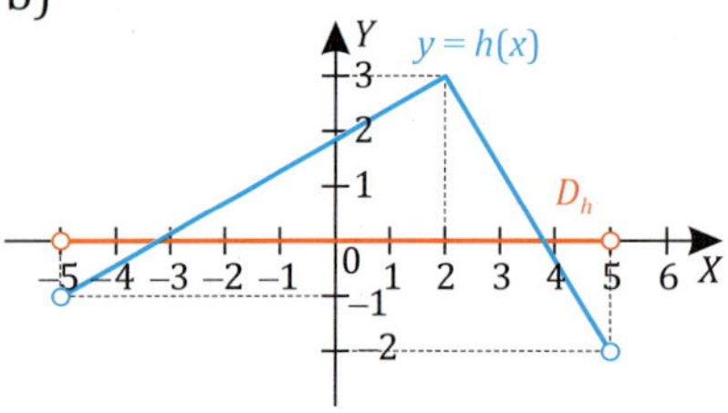


Funkcja $h$ przyjmuje największą wartość 3 dla argumentu 2.
Nie przyjmuje najmniejszej wartości.
Wartości funkcji $h$ są „bardzo bliskie" wartości równej –2, ale wartości –2 funkcja nie przyjmuje. Wśród liczb większych od –2 nie ma liczby najmniejszej.

c)

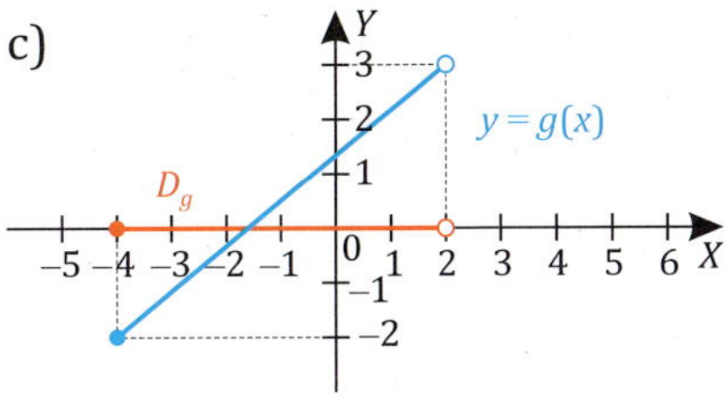


Funkcja $g$ nie przyjmuje wartości największej. Najmniejszą wartością funkcji $g$ jest –2. Wartość tę funkcja przyjmuje dla argumentu –4.

c)

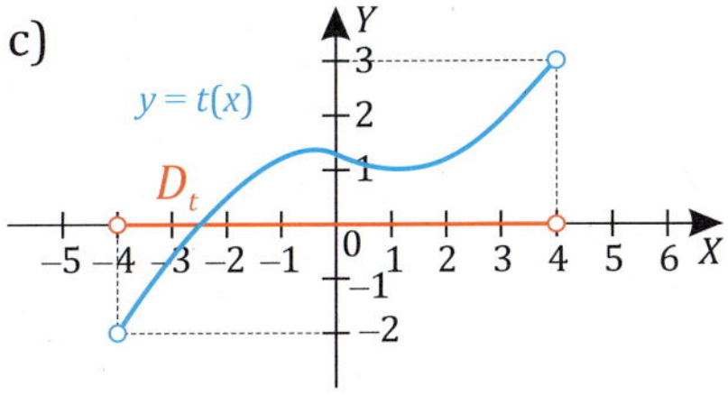


Funkcja $t$ nie przyjmuje ani wartości największej, ani najmniejszej.

Zajmiemy się teraz wyznaczaniem największej oraz najmniejszej wartości funkcji określonej wzorem.

## Przykład 2.

Wyznaczymy najmniejszą oraz największą wartość funkcji $f(x) = -3x + 4$, gdzie $x \in \langle 2, 5\rangle$.

Dziedziną funkcji $f$ jest przedział $\langle 2, 5\rangle$, więc argumenty funkcji spełniają nierówność:

$$2 \leqslant x \leqslant 5$$

Oszacujemy wartość wyrażenia $-3x + 4$, korzystając z własności nierówności w zbiorze $\boldsymbol{R}$.
Otrzymujemy:

$$2 \leqslant x \leqslant 5 \quad / \cdot (-3)$$

$$-6 \geqslant -3 \cdot x \geqslant -15 \quad / + 4$$

$$-2 \geqslant -3x + 4 \geqslant -11, \quad \text{zatem}$$

$$-11 \leqslant f(x) \leqslant -2$$

Zbiorem wartości funkcji $f$ jest przedział

$$\langle -11, -2\rangle$$

Funkcja $f$ przyjmuje najmniejszą wartość równą –11. Wartość największa funkcji $f$ to –2.

Naszkicuj wykres funkcji $f$ i sprawdź na rysunku otrzymane wyniki.

Czasami do wyznaczenia najmniejszej (największej) wartości danej funkcji posługujemy się wykresami lub własnościami innych funkcji.

## Przykład 3.

Wyznaczymy wartość najmniejszą oraz wartość największą funkcji $f(x) = \frac{4}{2x-1}$, gdzie $x \in \langle 1, 3\rangle$.

W tym przypadku rozwiążemy zadanie w dwóch etapach.
I etap Najpierw określimy wartość wyrażenia $(2x-1)$ występującego w mianowniku we wzorze funkcji $f$, wiedząc, że $x \in \langle 1, 3\rangle$.
II etap Określimy zbiór wartości danej funkcji, posługując się wykresem funkcji $f(t) = \frac{4}{t}$, gdzie $t = 2x-1$.

**Ad I** Korzystając z własności nierówności w zbiorze $\boldsymbol{R}$, otrzymujemy:

$$1 \leqslant x \leqslant 3 \quad / \cdot 2$$
$$2 \leqslant 2x \leqslant 6 \quad / -1$$
$$1 \leqslant 2x-1 \leqslant 5$$
$$(2x-1) \in \langle 1, 5\rangle$$

Wyrażenie $2x-1$ przyjmuje wartości z przedziału $\langle 1, 5\rangle$.
**Ad II** Wprowadzamy podstawienie: $t = 2x-1$, gdzie $t \in \langle 1, 5\rangle$ i wyznaczamy zbiór wartości funkcji $f(t) = \frac{4}{t}$, gdzie $t \in \langle 1, 5\rangle$, na podstawie wykresu tej funkcji.

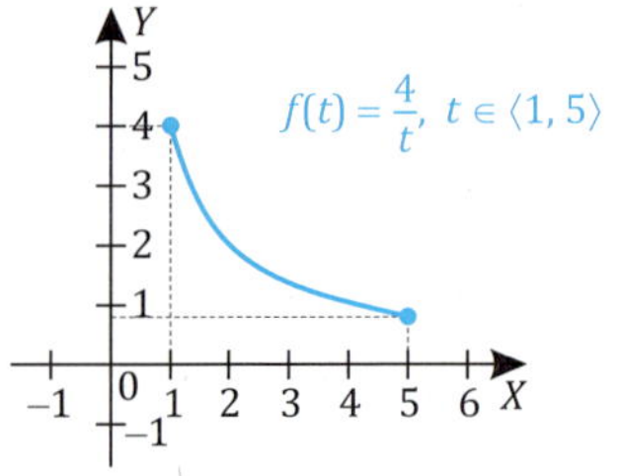


Otrzymujemy:

$$f(1) = \frac{4}{1} = 4 \text{ oraz } f(5) = \frac{4}{5} = 0{,}8$$

Zatem funkcja

$$f(x) = \frac{4}{2x-1}, x \in \langle 1, 3\rangle$$

przyjmuje najmniejszą wartość równą 0,8.
Największa wartość tej funkcji to 4.

## Przykład 4.

Wykażemy, że funkcja określona wzorem $f(x) = \frac{(x-2)^2}{x^2+4}$, gdzie $x \in \boldsymbol{R}$, przyjmuje największą wartość równą 2 i najmniejszą wartość równą 0.

Założenie: $f(x) = \frac{(x-2)^2}{x^2+4}, x \in \boldsymbol{R}$

Teza: funkcja $f$ przyjmuje największą wartość równą 2 i najmniejszą wartość równą 0

Dowód: Najpierw zapiszemy wzór funkcji $f$ w innej postaci:

$$\frac{(x-2)^2}{x^2+4}=\frac{x^2-4x+4}{x^2+4}=\frac{(x^2+4)-4x}{x^2+4}=\frac{x^2+4}{x^2+4}-\frac{4x}{x^2+4}=1-\frac{4x}{x^2+4},$$ zatem

$f(x)=1-\frac{4x}{x^2+4}$, gdzie $x\in\boldsymbol{R}$.

Aby wyznaczyć najmniejszą (największą) wartość funkcji, należy określić wartość wyrażenia $\frac{4x}{x^2+4}$, gdzie $x\in\boldsymbol{R}$. W tym celu rozważymy funkcję $h(x)=\frac{4x}{x^2+4}$, gdzie $x\in\boldsymbol{R}$, i wyznaczymy jej zbiór wartości. Funkcja $h$ jest funkcją nieparzystą (udowodnij ten fakt!), więc jej wykres jest symetryczny względem punktu $O(0,0)$. Jeśli wyznaczymy największą wartość funkcji $h$, bez trudu wskażemy też jej wartość najmniejszą. Dla dowolnej liczby rzeczywistej prawdziwa jest nierówność:

$(x-2)^2\geqslant 0$, stąd $x^2-4x+4\geqslant 0$, czyli

$x^2+4\geqslant 4x\ /:(x^2+4)$ (wyrażenie $x^2+4$ jest dodatnie dla dowolnej liczby $x\in\boldsymbol{R}$), stąd

$1\geqslant\frac{4x}{x^2+4}$, dla dowolnej liczby $x\in\boldsymbol{R}$.

Zauważ, że funkcja $h(x)=\frac{4x}{x^2+4}$ przyjmuje największą wartość równą 1, dla argumentu 2. Zatem jej najmniejszą wartością jest $-1$ (dla argumentu $-2$). Zatem

$-1\leqslant\frac{4x}{x^2+4}\leqslant 1\quad /\cdot(-1)$, czyli $-1\leqslant-\frac{4x}{x^2+4}\leqslant 1\quad /+1$, skąd

$0\leqslant 1-\frac{4x}{x^2+4}\leqslant 2$

Wobec tego funkcja $f(x)=1-\frac{4x}{x^2+4}$ przyjmuje najmniejszą wartość równą 0, a największą równą 2.

## Sprawdź, czy rozumiesz

1. Wyznacz najmniejszą oraz największą wartość funkcji $f$ (o ile istnieją) na podstawie wykresu funkcji, jeśli:

   a) $f(x)=x^2$, $x\in\langle-2,3)$
   b) $f(x)=\sqrt{x}$, $x\in\langle 2,8\rangle$
   c) $f(x)=\frac{1}{x}$, $x\in\langle 1,+\infty)$
   d) $f(x)=[x]$, $x\in(-1,3)$.

2. Wyznacz najmniejszą oraz największą wartość funkcji $f$ określonej wzorem:

   a) $f(x)=-\frac{3}{4}x+100$, $x\in\langle-8,50\rangle$
   b) $f(x)=\frac{5}{4x+2}$, $x\in\langle 1,6\rangle$
   c) $f(x)=\sqrt{2x+1}$, $x\in\langle 4,12\rangle$
   d) $f(x)=(3x-1)^2$, $x\in\langle-5,4\rangle$.

3. Wykaż, że funkcja określona wzorem $f(x)=\frac{3x^2+2x+3}{x^2+1}$ przyjmuje największą wartość równą 4, a najmniejszą równą 2.

# Odczytywanie własności funkcji na podstawie jej wykresu. Szkicowanie wykresów funkcji o zadanych własnościach

Poznałeś wiele terminów dotyczących funkcji, takich jak: dziedzina, zbiór wartości, miejsca zerowe, monotoniczność, różnowartościowość funkcji. Teraz uporządkujemy Twoje wiadomości i trochę je rozszerzymy o takie pojęcia, jak: wartości dodatnie i ujemne funkcji.

Bardzo ważną umiejętnością jest odczytywanie własności funkcji na podstawie jej wykresu.

Podając własności funkcji, zwracamy uwagę na następujące elementy:

1. Jaka jest dziedzina funkcji?
2. Jaki jest zbiór wartości funkcji?
3. Czy funkcja ma miejsca zerowe? Jeśli tak, to jakie?
4. Dla jakich argumentów funkcja przyjmuje wartości dodatnie, a dla jakich ujemne?
5. W jakich przedziałach funkcja jest rosnąca, w jakich malejąca, a w jakich stała?
6. Czy funkcja jest różnowartościowa (parzysta, nieparzysta, okresowa)?
7. Czy funkcja osiąga wartość największą, czy osiąga wartość najmniejszą? Jeśli tak, to dla jakiego argumentu?

## *Przykład 1.*

Omówmy (według porządku podanego powyżej) własności funkcji, której wykres przedstawiony jest na poniższym rysunku.

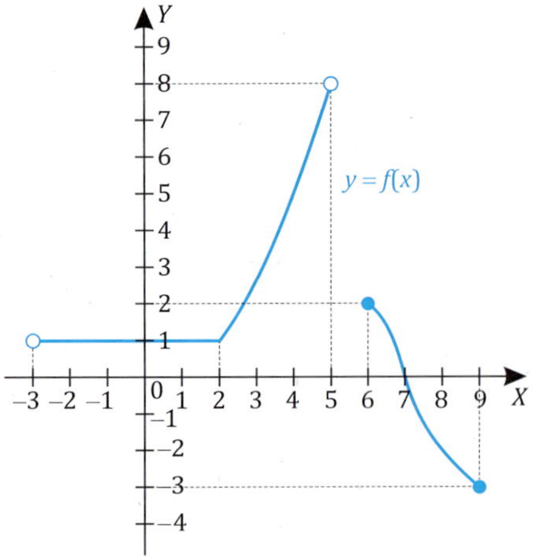

1. Dziedzina funkcji
   Dziedzina funkcji jest zaznaczona na rysunku kolorem czerwonym.

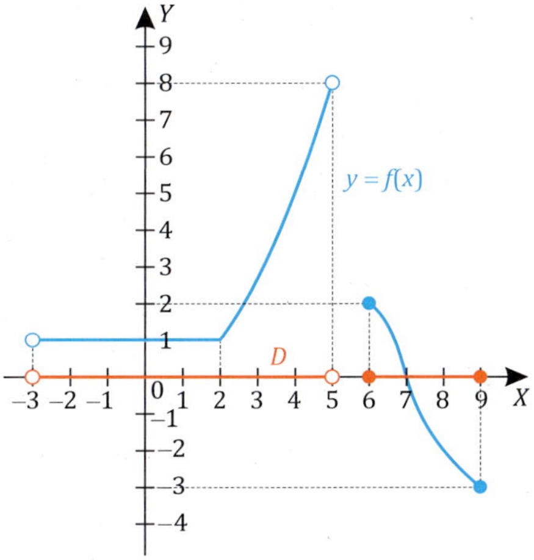


$D_f = (-3, 5) \cup \langle 6, 9 \rangle$

2. Zbiór wartości funkcji
   Zbiór wartości funkcji $f$ jest zaznaczony na rysunku kolorem zielonym.

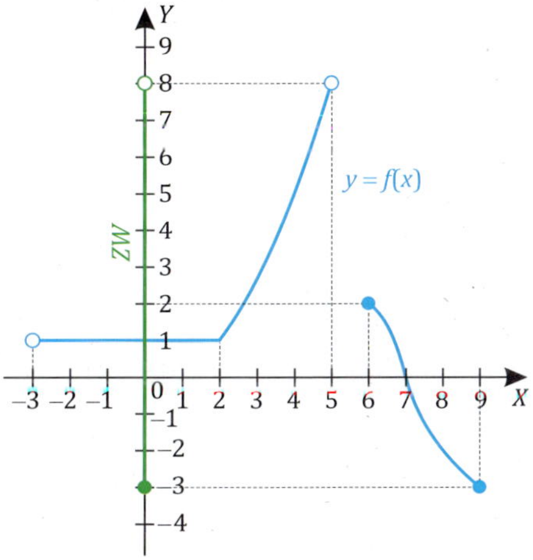


$ZW_f = \langle -3, 8)$

3. Miejsca zerowe funkcji to pierwsze współrzędne punktów wspólnych wykresu tej funkcji i osi $OX$. Wykres funkcji $f$ ma tylko jeden punkt wspólny z osią $OX$. Jest to punkt o współrzędnych (7, 0). Zatem funkcja $f$ ma jedno miejsce zerowe, równe 7.

   $f(x) = 0$, jeśli $x = 7$

4. Zauważ, że miejsce zerowe funkcji podzieliło wykres funkcji w taki sposób, że część wykresu znajduje się nad osią $OX$ (kolor fioletowy), zaś część wykresu znajduje się pod osią $OX$ (kolor pomarańczowy). Część wykresu położona nad osią $OX$ (kolor fioletowy) „informuje" nas o dodatnich wartościach funkcji, zaś część wykresu położona pod osią $OX$ (kolor pomarańczowy) „informuje" nas o ujemnych wartościach funkcji.

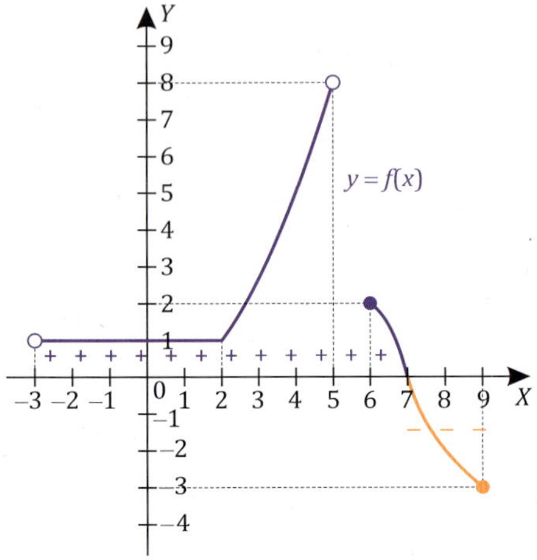


Aby odczytać, dla jakich argumentów funkcja przyjmuje wartości dodatnie, wystarczy znaleźć na osi $OX$ te argumenty, które „odpowiadają fioletowej części wykresu". Bez trudu odczytujemy, że funkcja osiąga wartości dodatnie wtedy, gdy $x \in (-3, 5) \cup \langle 6, 7)$. Ten fakt możemy zapisać krócej w następujący sposób:

$$f(x) > 0 \Leftrightarrow x \in (-3, 5) \cup \langle 6, 7)$$

Aby odczytać, dla jakich argumentów funkcja przyjmuje wartości ujemne, wystarczy znaleźć na osi $OX$ te argumenty, które „odpowiadają pomarańczowej części wykresu". Bez trudu odczytujemy, że funkcja osiąga wartości ujemne wtedy, gdy $x \in (7, 9\rangle$. Ten fakt możemy zapisać krócej w następujący sposób:

$$f(x) < 0 \Leftrightarrow x \in (7, 9\rangle$$

5. Aby podać przedziały monotoniczności funkcji (zbiory, w których funkcja jest malejąca, rosnąca lub stała), dzielimy wykres (jednocześnie dzielimy dziedzinę funkcji) prostymi prostopadłymi do osi $OX$ (proste pionowe) na charakterystyczne części:

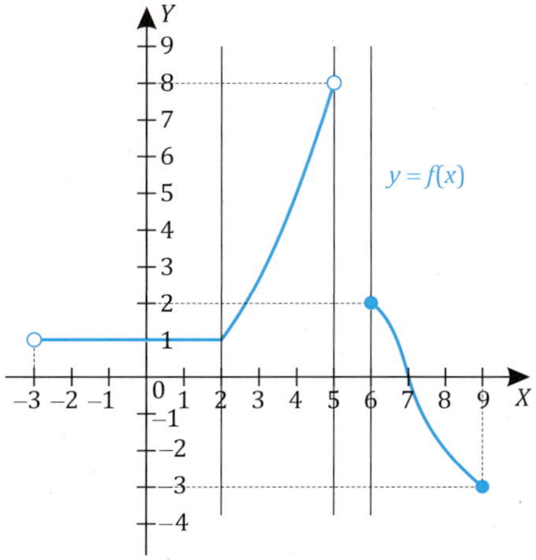


Na tej podstawie stwierdzamy, że funkcja jest rosnąca w przedziale ⟨2, 5), malejąca w przedziale ⟨6, 9⟩, zaś stała w przedziale (–3, 2⟩.

6. Funkcja nie jest różnowartościowa, istnieje bowiem prosta równoległa do osi $OX$ (pozioma), która przecina wykres w więcej niż jednym punkcie.

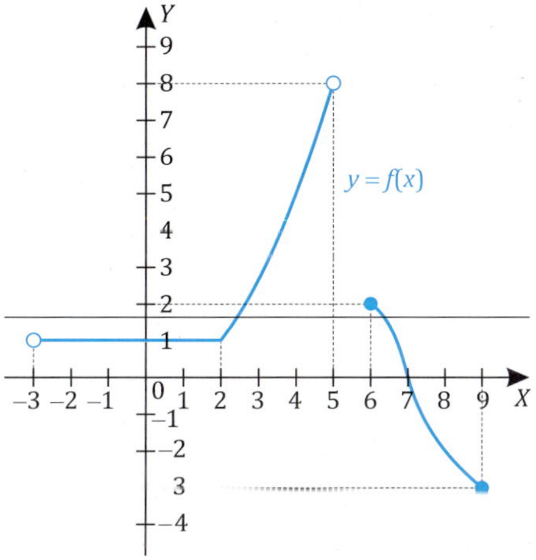


7. Odczytaliśmy już z wykresu zbiór wartości funkcji $f$. Interesuje nas, czy funkcja $f$ osiąga największą (najmniejszą) wartość, a jeśli tak, to dla jakiego argumentu.

   Najmniejszą wartość równą (–3) funkcja osiąga dla argumentu 9. Największej wartości funkcja nie osiąga. Jej wartości są „bardzo bliskie" wartości równej 8, ale wartości 8 funkcja nie przyjmuje (punkt o współrzędnych (5, 8) nie należy do wykresu funkcji $f$). Wśród liczb mniejszych od 8 nie ma liczby największej. Stwierdzamy zatem, że funkcja nie przyjmuje największej wartości.

Równie ważną umiejętnością jak „czytanie" wykresu funkcji jest szkicowanie wykresu funkcji o zadanych własnościach.

## Przykład 2.

Naszkicujemy wykres funkcji $f$, która spełnia jednocześnie następujące warunki:

- dziedziną $D_f$ funkcji jest przedział $\langle -5, 5\rangle$
- zbiorem wartości $ZW_f$ funkcji jest przedział $\langle -2, 2\rangle$
- funkcja jest rosnąca w przedziale $\langle 0, 3\rangle$, zaś malejąca w przedziale $\langle 3, 5\rangle$
- funkcja ma jedno miejsce zerowe
- $f(5) = \frac{1}{2}$
- funkcja jest nieparzysta.

Kolejne etapy Twojej pracy mogłyby wyglądać następująco.

**I etap**

Najpierw ustalamy obszar, w którym znajduje się wykres funkcji. Pomoże nam w tym znajomość dziedziny, $D_f = \langle -5, 5\rangle$ oraz zbioru wartości funkcji, $ZW_f = \langle -2, 2\rangle$.

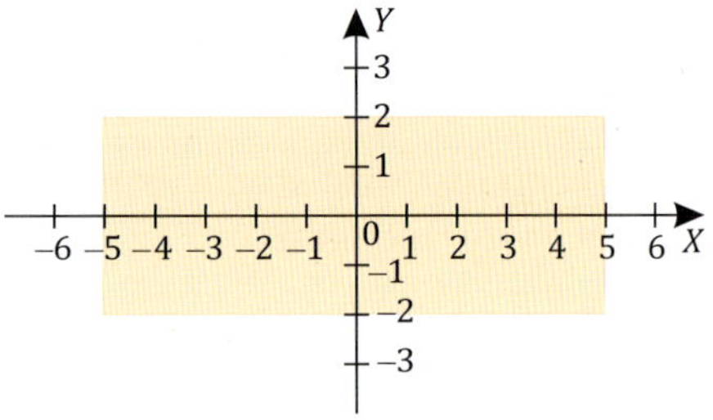


**II etap**

W wyznaczonym obszarze zaznaczamy najpierw punkty charakterystyczne wykresu. Są to:

- punkt $O(0, 0)$ – bo funkcja ma jedno miejsce zerowe i jest nieparzysta
- punkt $A\left(5, \frac{1}{2}\right)$, bo $f(5) = \frac{1}{2}$.

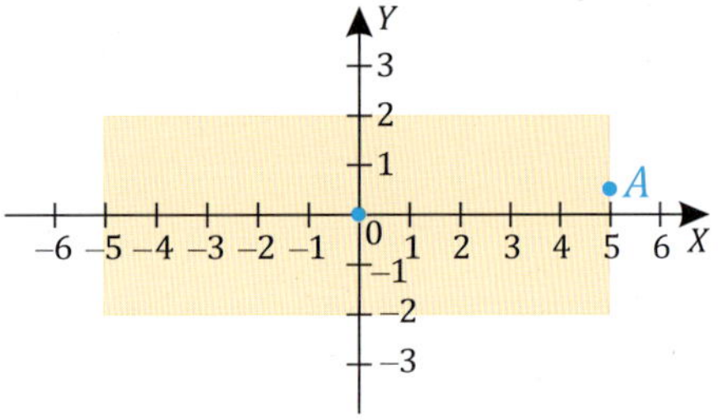


**III etap**

Szkicujemy wykres funkcji tak, aby były spełnione pozostałe warunki:

- funkcja jest rosnąca w przedziale $\langle 0, 3\rangle$ i malejąca w przedziale $\langle 3, 5\rangle$
- funkcja jest nieparzysta, więc jej wykres jest symetryczny względem punktu $O(0, 0)$.

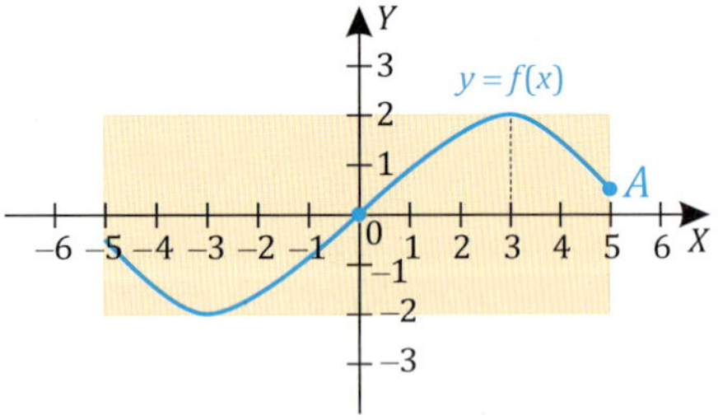


Powstaje pytanie, czy istnieje tylko jedna funkcja, która spełnia podane warunki. Oczywiście, że nie. Takich funkcji jest nieskończenie wiele. Naszkicujmy zatem wykres innej funkcji.

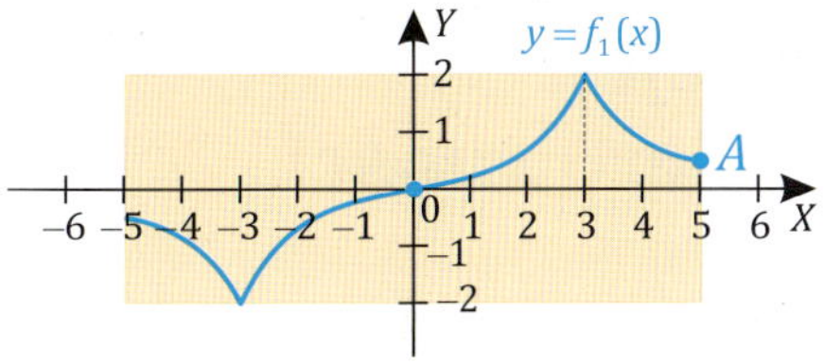


Sprawdź, że funkcja $f_1$ spełnia wszystkie zadane warunki.

## Sprawdź, czy rozumiesz

1. Na poniższym rysunku jest przedstawiony wykres funkcji $y = f(x)$. Odczytaj z wykresu własności tej funkcji.

a)

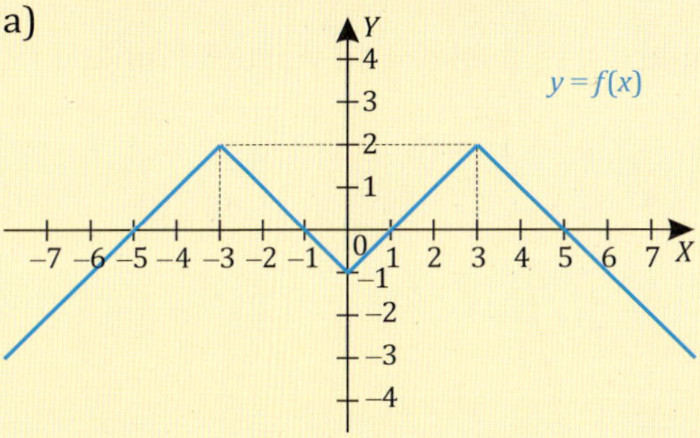


b)

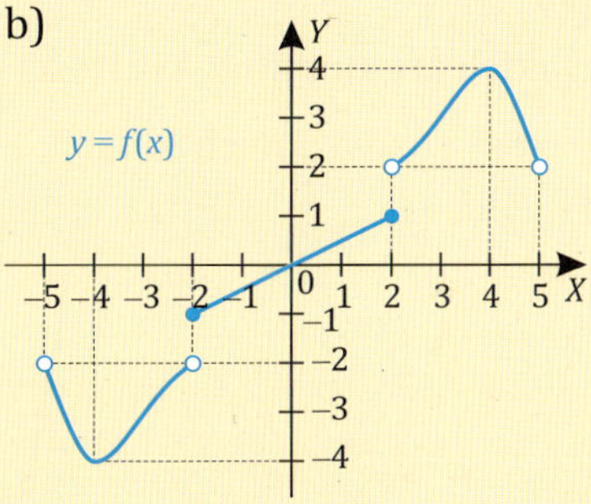


c)

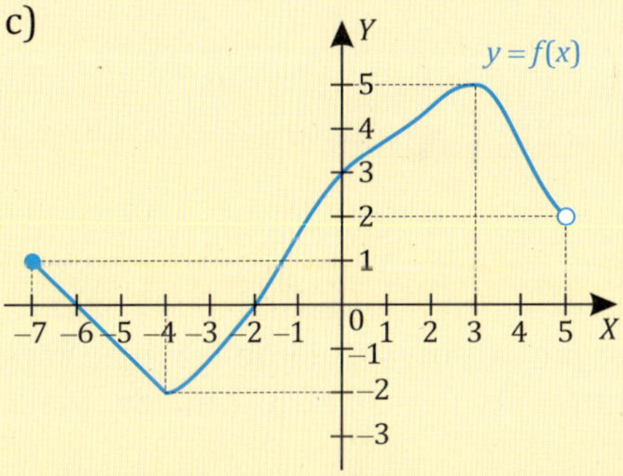


d)

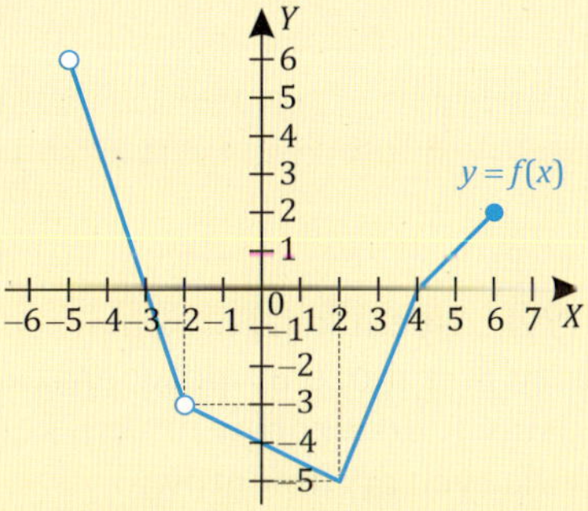


2. W prostokątnym układzie współrzędnych naszkicuj wykresy dwóch funkcji, z których każda spełnia jednocześnie następujące warunki:
   - Dziedziną funkcji jest przedział $(-3, 7)$.
   - Zbiorem wartości funkcji jest przedział $\langle -5, 4)$.
   - Funkcja ma trzy miejsca zerowe: $(-1)$, 2, 5.

3. W prostokątnym układzie współrzędnych naszkicuj wykres funkcji, która spełnia jednocześnie następujące warunki:
   - Dziedziną funkcji jest przedział $\langle -6, 3\rangle$.
   - Zbiorem wartości funkcji jest zbiór $\langle -1, 2\rangle \cup \langle 4, 6\rangle$.
   - Funkcja ma dwa miejsca zerowe: $(-4)$ oraz 0.
   - Funkcja jest rosnąca w każdym z przedziałów $\langle -6, -2\rangle$, $\langle 1, 3\rangle$ i malejąca w przedziale $\langle -2, 1)$.
   - Do wykresu funkcji należy punkt $A\ (2, 5)$.

# Zastosowanie wykresów funkcji do rozwiązywania równań i nierówności

Zdobyłeś już umiejętność odczytywania własności funkcji na podstawie jej wykresu. Potrafisz już naszkicować wykres funkcji o zadanych własnościach. Teraz nauczymy się porównywać wartości dwóch funkcji. W tym celu we wspólnym układzie współrzędnych naszkicujemy wykresy dwóch różnych funkcji: $f(x) = x^2$, $x \in \mathbf{R}$, oraz $g(x) = 2x + 3$, $x \in \mathbf{R}$, i odpowiemy na następujące pytania:

1) Dla jakich argumentów obie funkcje przyjmują te same wartości? Jakie to są wartości?
2) Dla jakich argumentów wartości funkcji $g$ są większe od wartości funkcji $f$?

Oto wykresy rozważanych funkcji:

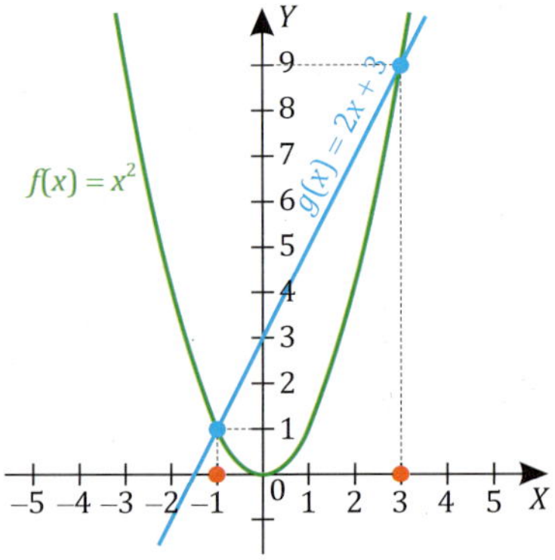


**Ad 1)** Wykresy funkcji $f$ oraz $g$ przecinają się w dwóch punktach: $(-1, 1)$ oraz $(3, 9)$. Powyższy fakt możemy potwierdzić, wykonując odpowiednie obliczenia. Wystarczy podstawić do wzorów funkcji kolejno argumenty $(-1)$ oraz 3 i obliczyć wartości funkcji dla tych argumentów:

- jeśli $x = -1$

  $f(-1) = (-1)^2 = 1$ $\quad$ $g(-1) = 2 \cdot (-1) + 3 = 1$, więc
  $f(-1) = g(-1) = 1$

- jeśli $x = 3$

  $f(3) = 3^2 = 9$ $\quad$ $g(3) = 2 \cdot 3 + 3 = 9$, więc
  $f(3) = g(3) = 9$

Można pokazać, że rozpatrywane wykresy przecinają się tylko w dwóch wyznaczonych punktach, zatem nasze spostrzeżenia możemy zapisać krótko w następujący sposób:

$$f(x) = g(x) \Leftrightarrow (x = -1 \lor x = 3)$$

**Ad 2)** Mamy wyznaczyć wszystkie te argumenty $x$, dla których wartości funkcji $g$ są większe od wartości funkcji $f$, czyli odpowiedzieć na pytanie: „Dla jakich argumentów $x$ zachodzi nierówność $g(x) > f(x)$?"

Zauważ, że punkty, w których przecinają się wykresy obu funkcji, dzielą te wykresy na charakterystyczne części, w taki sposób, że wykres jednej z nich znajduje się nad wykresem drugiej. Aby lepiej to zrozumieć, podzielmy rysunek na trzy części I, II, III, prostymi prostopadłymi do osi $OX$, przechodzącymi przez punkty wspólne obu wykresów.

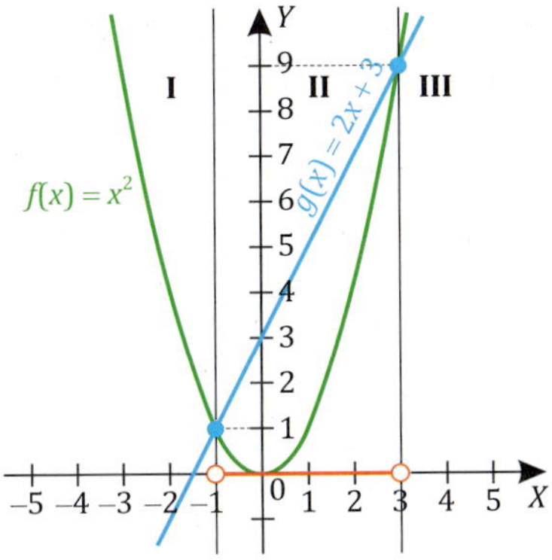


W części I oraz III wykres funkcji $f$ znajduje się nad wykresem funkcji $g$, co oznacza, że funkcja $f$ osiąga wartości większe niż funkcja $g$.
W części II wykres funkcji $g$ znajduje się nad wykresem funkcji $f$, co oznacza, że funkcja $g$ osiąga większe wartości niż funkcja $f$. Teraz należy odczytać na osi $OX$ zbiór wszystkich tych argumentów, dla których ta sytuacja ma miejsce.
Możemy już odpowiedzieć na postawione pytanie:

$$g(x) > f(x) \Leftrightarrow x \in (-1, 3)$$

Jak zatem porównać wartości funkcji, których wykresy nie przecinają się? Otóż ten problem rozwiązać jest znacznie łatwiej. Na poniższych rysunkach przedstawiona jest taka sytuacja.

a)

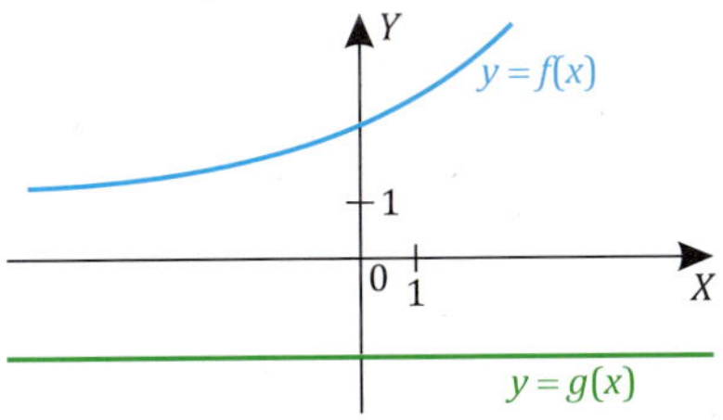


b)

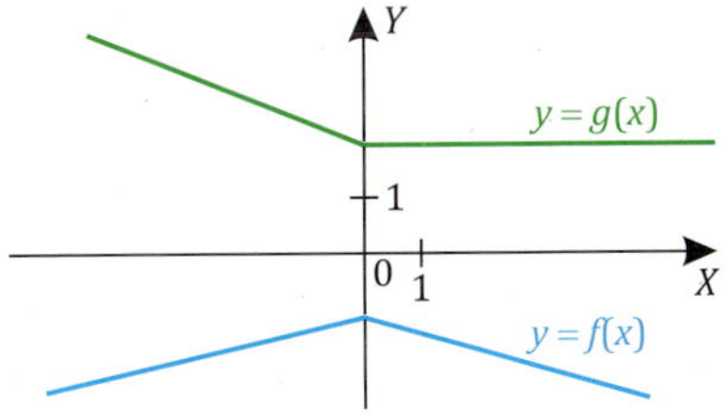


Funkcje $f$ oraz $g$ nie przyjmują równych wartości (bo ich wykresy się nie przecinają).

**Ad a)** $f(x) > g(x) \Leftrightarrow x \in \boldsymbol{R}$
(bo cały wykres funkcji $f$ znajduje się nad wykresem funkcji $g$).

**Ad b)** $f(x) < g(x) \Leftrightarrow x \in \boldsymbol{R}$
(bo cały wykres funkcji $f$ znajduje się pod wykresem funkcji $g$).

Umiejętność porównywania wartości dwóch funkcji pozwala nam rozwiązywać graficznie równania i nierówności. Znając wykresy funkcji podstawowych, możemy nawet rozwiązywać równania i nierówności, których jeszcze nie potrafimy rozwiązać algebraicznie (rachunkiem).

## Przykład 1.

Posługując się wykresami odpowiednio dobranych funkcji, rozwiążemy równanie $x^3 = x + 6$.

Równanie $x^3 = x + 6$ możemy interpretować jako pytanie: „Dla jakich argumentów wartości funkcji $f(x) = x^3$, $x \in \boldsymbol{R}$, są równe wartościom funkcji $g(x) = x + 6$, $x \in \boldsymbol{R}$?”.

Aby odpowiedzieć na to pytanie, wystarczy:
- przedstawić we wspólnym układzie współrzędnych wykresy obu funkcji;
- znaleźć punkty wspólne wykresów funkcji (o ile istnieją);
- odczytać z rysunku i zaznaczyć na osi $OX$ wszystkie te argumenty $x$, dla których funkcje $f$ i $g$ przyjmują tę samą wartość;
- sprawdzić rachunkowo, czy dla odczytanych argumentów $x$ wartości funkcji są równe;
- sformułować odpowiedź.

Oto rozwiązanie zadania:

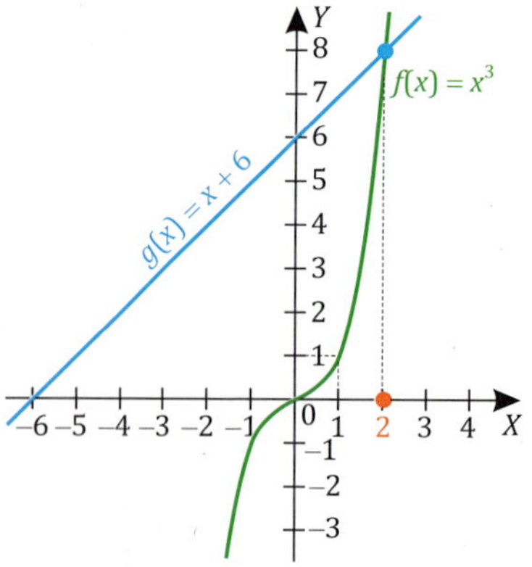


$f(2) = 2^3 = 8$

$g(2) = 2 + 6 = 8$

$f(2) = g(2)$

Rozwiązaniem równania jest liczba 2.

## Przykład 2.

Posługując się wykresami odpowiednio dobranych funkcji, rozwiążemy nierówność $x^2 < x$.

Rozwiązać nierówność $x^2 < x$ to odpowiedzieć na pytanie: „Dla jakich argumentów $x$ wartości funkcji $f(x) = x^2$, $x \in \mathbf{R}$, są mniejsze od wartości funkcji $g(x) = x$, $x \in \mathbf{R}$?".

W tym celu wystarczy:

- przedstawić we wspólnym układzie współrzędnych wykresy obu funkcji;
- znaleźć punkty wspólne wykresów obu funkcji (o ile istnieją);
- odczytać z rysunku wszystkie te argumenty $x$, dla których funkcje $f$ i $g$ przyjmują tę samą wartość;
- sprawdzić rachunkiem, czy dla odczytanych argumentów $x$ równość funkcji zachodzi;
- znaleźć te fragmenty wykresu funkcji $f$, które znajdują się pod wykresem funkcji $g$;
- odczytać i zaznaczyć na osi $OX$ zbiór wszystkich argumentów, dla których zachodzi nierówność $f(x) < g(x)$;
- sformułować odpowiedź.

Oto rozwiązanie zadania:

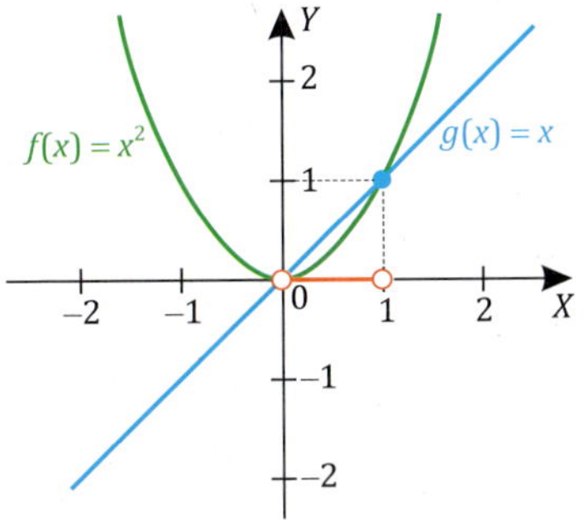


$f(0) = g(0) = 0$

$f(1) = g(1) = 1$

$x^2 < x \Leftrightarrow x \in (0, 1)$

Zbiorem rozwiązań nierówności jest przedział $(0, 1)$.

**UWAGA:** Rozwiązywanie równań i nierówności z wykorzystaniem wykresów funkcji wymaga szczególnej staranności przy szkicowaniu wykresów.

## Sprawdź, czy rozumiesz

1. Narysuj w jednym układzie współrzędnych wykresy funkcji $f$ i $g$. Sprawdź, dla jakich argumentów: 1) wartości obu funkcji są równe; 2) wartości funkcji $f$ są mniejsze od wartości funkcji $g$.
   a) $f(x) = |x|$, $g(x) = 2 - x$  b) $f(x) = x$, $g(x) = x^3$
2. Posługując się wykresami odpowiednio dobranych funkcji, rozwiąż równanie:
   a) $2x + 5 = -3x - 5$  b) $x^2 = |x|$
3. Posługując się wykresami odpowiednio dobranych funkcji, rozwiąż nierówność:
   a) $|x| \geqslant \frac{1}{2}x + 3$  b) $x^2 < x + 2$

# Zastosowanie wiadomości o funkcjach do opisywania, interpretowania i przetwarzania informacji wyrażonych w postaci wykresu funkcji

Matematyka jest królową nauk. Miejsce matematyki jest w każdej dyscyplinie naukowej, a jedno z jej najważniejszych pojęć – „funkcja" – przewija się niemal w każdej dziedzinie. Umiejętność „czytania" wykresu funkcji, analizowania go, interpretowania informacji, jakie ten wykres „niesie" oraz przetwarzania tych informacji jest niezbędnym elementem zdobywania nowej wiedzy oraz pogłębiania wcześniej nabytych umiejętności.
Poniższe przykłady pokażą zastosowanie wiadomości o funkcjach w biologii, chemii, fizyce i medycynie.

## • Biologia

### *Przykład 1.*

Na poniższym wykresie przedstawiono zależność pomiędzy liczebnością trzech gatunków porostów w ekosystemie leśnym a zawartością dwutlenku siarki w powietrzu. Przeanalizujemy ten wykres.

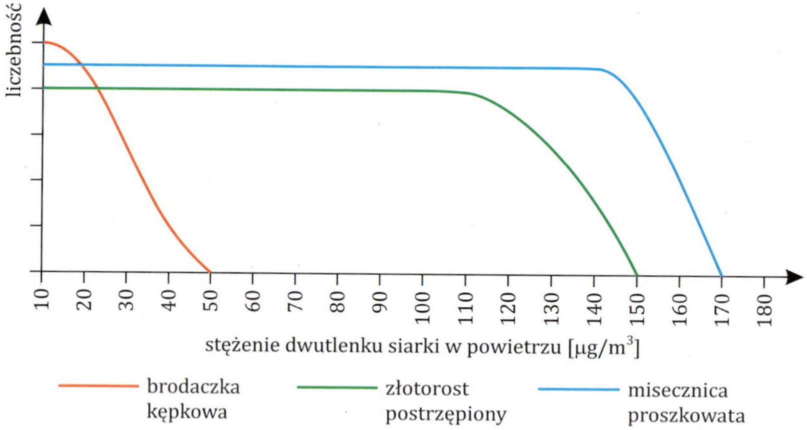


Z wykresu można dowiedzieć się, w jaki sposób stężenie dwutlenku siarki w powietrzu wpływa na liczebność takich gatunków porostów, jak: brodaczka kępkowa, złotorost postrzępiony oraz misecznica proszkowata.
Istnienie tych gatunków w ekosystemie leśnym zależy od wysokości stężenia dwutlenku siarki w powietrzu. Jeśli dojdzie do zanieczyszczenia atmosfery dwutlenkiem siarki o stężeniu 50 $\mu g/m^3$ powietrza, to wśród porostów zabraknie brodaczki kępkowej, która stanowi najczulszy naturalny wskaźnik zanieczyszczenia atmosfery $SO_2$.

Złotorost postrzępiony ginie w ekosystemie leśnym, gdy stężenie dwutlenku siarki osiągnie wartość 150 μg/m$^3$, zaś misecznica proszkowata znika z ekosystemu przy stężeniu 170 μg/m$^3$.

## • Chemia

### Przykład 2.

Na sprawdzianie młody chemik otrzymał od nauczyciela zadanie: „Oblicz maksymalne stężenie procentowe azotanu potasu w temperaturze 40°C" oraz kartkę z materiałami pomocniczym (rysunek poniżej).

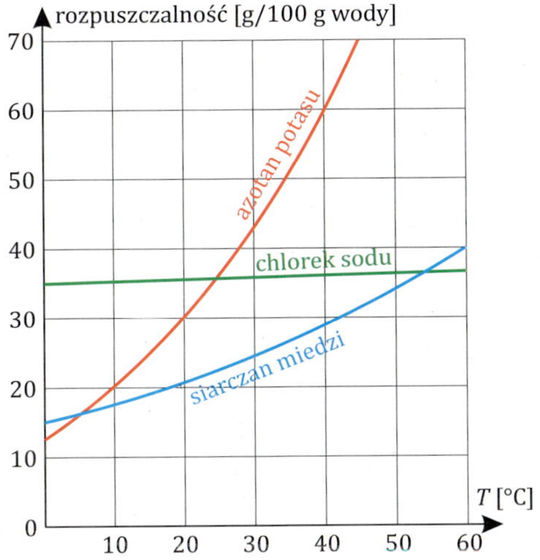


Jak powinien poradzić sobie uczeń z rozwiązaniem tego problemu?

W pierwszej kolejności powinien zapoznać się z wykresem, który otrzymał od nauczyciela. Z wykresu bowiem może dowiedzieć się, w jakiej temperaturze rozpuści się określona ilość soli w 100 g wody. Informacja dotyczy rozpuszczalności chlorku sodu, azotanu potasu oraz siarczanu miedzi, ale przedmiotem naszych zainteresowań jest tylko azotan potasu. Łatwo odczytać, że w 100 g wody w temperaturze 40°C rozpuści się 60 g azotanu potasu (sprawdź!). Teraz wystarczy obliczyć szukane stężenie procentowe roztworu. Ponieważ w 100 g wody rozpuści się 60 g azotanu potasu, więc masa roztworu będzie równa 160 g (woda + sól). Na 160 g roztworu przypada 60 g soli, zatem:

$$c_p = \frac{m_s}{m_r} \cdot 100\%, \quad \text{czyli}$$

$$c_p = \frac{60}{160} \cdot 100\% = 37{,}5\%$$

Maksymalne stężenie azotanu potasu w temperaturze 40°C jest równe 37,5%.

## • Fizyka

### *Przykład 3.*

Pan Fizyk wyjechał skuterem z miejscowości A do miejscowości B, a następnie wrócił tą samą trasą samochodem. Poniżej przedstawiony jest wykres drogi pana Fizyka, w zależności od czasu.

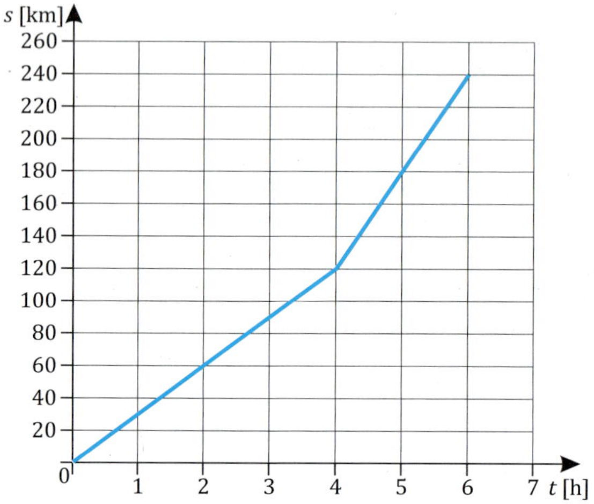


Przeanalizuj wykres, a następnie odpowiedz na pytania:

a) Z jaką prędkością pan Fizyk jechał skuterem (oznaczmy ją $v_1$)?
b) Z jaką prędkością jechał samochodem (oznaczmy ją $v_2$)?
c) Jaka była średnia prędkość jazdy na trasie A – B – A (tę prędkość oznaczmy $v$)?

Droga tam i z powrotem miała długość 240 km, zatem długość trasy w jedną stronę wynosiła 120 km.

**Ad a)** Drogę z A do B mającą długość 120 km pokonał pan Fizyk skuterem w czasie 4 godzin, zatem: $v_1 = \frac{120}{4} = 30$ (km/h).

**Ad b)** Drogę z B do A mającą długość 120 km pokonał pan Fizyk samochodem w czasie 2 godzin, zatem: $v_2 = \frac{120}{2} = 60$ (km/h).

**Ad c)** Średnia prędkość jazdy jest równa stosunkowi długości przebytej drogi $s$ do czasu jazdy $t$: $s = 120 + 120 = 240$ (km)

$t = 2 + 4 = 6$ (h), stąd

$$v = \frac{240}{6} = 40 \text{ (km/h)}.$$

Zauważ, że średnia prędkość jazdy nie jest średnią arytmetyczną prędkości jazdy samochodem i skuterem.

## • Medycyna

### Przykład 4.

Ustalenie, czy waga ciała jest odpowiednia do wzrostu, stanowi istotny czynnik w profilaktyce zdrowotnej. Chcąc to stwierdzić, możemy posłużyć się rysunkiem poniżej.

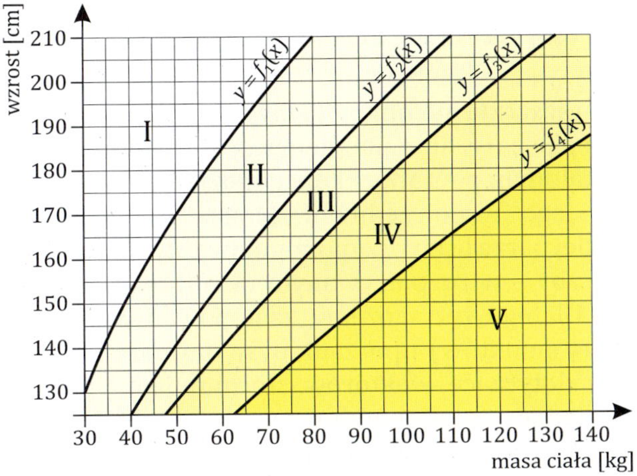


Na rysunku przedstawione są wykresy czterech funkcji: $f_1(x) = \sqrt{\frac{x}{18}} \cdot 100$, $f_2(x) = \sqrt{\frac{x}{25}} \cdot 100$, $f_3(x) = \sqrt{\frac{x}{30}} \cdot 100$, $f_4(x) = \sqrt{\frac{x}{40}} \cdot 100$. (Ustalają one zależność między masą ciała a wzrostem przy stałym – dla danej funkcji – tzw. współczynniku masy ciała (BMI), równym odpowiednio: 18 kg/m$^2$, 25 kg/m$^2$, 30 kg/m$^2$, 40 kg/m$^2$.) Wykresy te wyznaczają pięć obszarów. Aby sprawdzić, czy zależność między masą ciała a wzrostem jest prawidłowa, wystarczy zaznaczyć w układzie współrzędnych punkt $(x, y)$, gdzie $x$ jest masą ciała w kg, $y$ jest wzrostem w cm i stwierdzić, w jakim obszarze znalazł się punkt. Jeśli punkt znalazł się w obszarze:

I – oznacza to niedowagę
II – oznacza to wagę prawidłową
III – oznacza to nadwagę
IV – oznacza to otyłość
V – oznacza to otyłość ekstremalną

Nadwaga i otyłość mają związek ze wzrostem ryzyka zachorowania m.in. na cukrzycę, miażdżycę, choroby serca. Również niedowaga jest zjawiskiem niekorzystnym. Może być objawem poważnych chorób, w tym chorób nowotworowych lub chorób psychicznych.

# 9. Przekształcenia wykresów funkcji

## Podstawowe informacje o wektorze w układzie współrzędnych

Pojęcie wektora na płaszczyźnie omówiliśmy w rozdziale 4. Teraz będziemy rozpatrywać wektor na płaszczyźnie z układem współrzędnych. Okazuje się, że każdemu wektorowi o ustalonym początku i końcu można przyporządkować tylko jedną parę liczb będącą jego współrzędnymi. Można również w danym układzie współrzędnych każdej parze liczb przyporządkować tylko jeden wektor swobodny, dla którego dane liczby – w rozpatrywanym układzie współrzędnych – stanowią jego współrzędne. Dlatego też możemy zastępować wektory (rozumiane jako uporządkowane pary punktów) uporządkowanymi parami liczb. W temacie tym wszystkie definicje dotyczące wektorów sformułujemy powtórnie, korzystając z odpowiedniości między parami punktów i parami liczb. Wektory na płaszczyźnie z układem współrzędnych są tymi samymi wektorami. Mówimy tylko o nich innym językiem. W wielu sytuacjach właśnie dzięki użyciu współrzędnych możemy z pożytkiem posłużyć się pojęciem wektora.

**Definicja 1.**
Niech w układzie współrzędnych dane będą punkty $A(x_1, y_1)$ i $B(x_2, y_2)$. **Wektorem** nazywamy uporządkowaną parę liczb $[x_2 - x_1, y_2 - y_1]$. Taki wektor oznaczamy symbolem $\overrightarrow{AB}$. Liczby $x_2 - x_1$, $y_2 - y_1$ nazywamy **współrzędnymi wektora**.

Obrazem graficznym wektora $\overrightarrow{AB}$ jest strzałka o początku w punkcie $A$ i końcu w punkcie $B$.

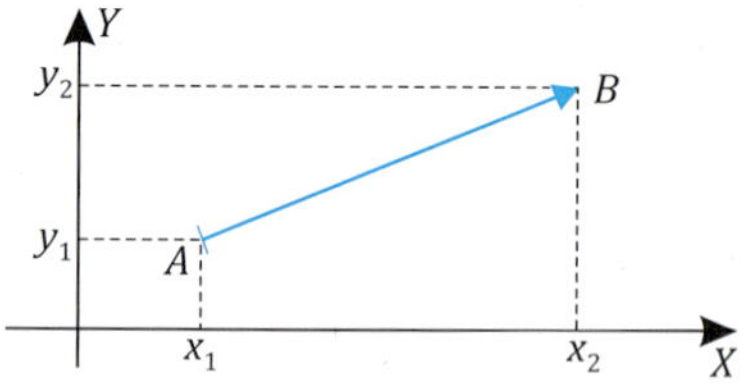


Wektor, którego obie współrzędne są zerami, nazywamy **wektorem zerowym** i oznaczamy $\vec{0}$. Przedstawieniem takiego wektora w układzie współrzędnych jest punkt.
Wektory będziemy też oznaczać jedną małą literą, ze strzałką u góry, np.: $\vec{u}, \vec{v}, \vec{w}, \vec{p}$.

**UWAGA:** Zamiast pisać: „wektor $[a, b]$, który oznaczamy symbolem $\overrightarrow{AB}$" lub „wektor $[x, y]$, który oznaczamy symbolem $\vec{v}$", będziemy pisać krócej: „wektor $\overrightarrow{AB} = [a, b]$" lub „wektor $\vec{v} = [x, y]$".

## *Przykład 1.*

W prostokątnym układzie współrzędnych dane są punkty $A(-5, 3)$ i $B(2, -6)$. Wyznaczymy wektor $\overrightarrow{AB}$, przedstawimy go w układzie współrzędnych i zastanowimy się, co oznaczają jego współrzędne.

$$\overrightarrow{AB} = [2 - (-5), -6 - 3] = [7, -9]$$

Oto rysunek i interpretacja współrzędnych wektora:

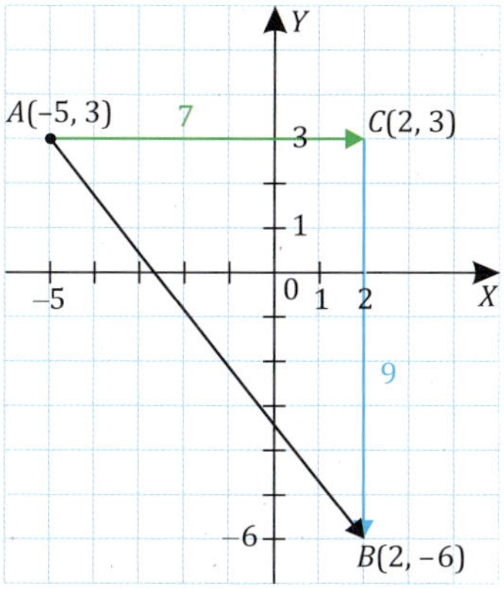


Współrzędne wektora $\overrightarrow{AB}$ możemy interpretować jako kolejne etapy „najkrótszej drogi", jaką musimy pokonać, poruszając się z $A$ do $B$ zgodnie z zasadą: najpierw wzdłuż osi $OX$, potem wzdłuż osi $OY$. Zauważ, że przesuwając się o 7 jednostek wzdłuż osi $OX$, zgodnie z jej zwrotem (w prawo), a następnie o 9 jednostek wzdłuż osi $OY$, przeciwnie do jej zwrotu (w dół), „dostaniemy się" z $A$ do $B$. Przesunięcie zgodne ze zwrotem osi zapisujemy jako liczbę dodatnią, zaś przeciwne do zwrotu osi – jako liczbę ujemną. Mamy zatem:

$$\overrightarrow{AB} = [7, -9]$$

Wektory $\overrightarrow{AC} = [7, 0]$ oraz $\overrightarrow{CB} = [0, -9]$ nazywamy **wektorami składowymi** wektora $\overrightarrow{AB}$.

## *Definicja 2.*

**Wektory** $\vec{u} = [u_x, u_y]$ i $\vec{v} = [v_x, v_y]$ są **równe** wtedy, gdy $u_x = v_x$ i $u_y = v_y$. Równość wektorów $\vec{u}$ i $\vec{v}$ zapisujemy $\vec{u} = \vec{v}$.

## *Przykład 2.*

Przedstawimy w układzie współrzędnych wektor $\vec{u} = [-4, 3]$.

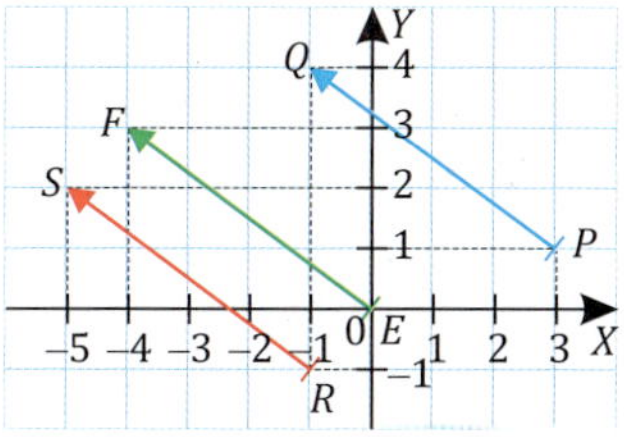


Możemy podać wiele rozwiązań tego zadania. Zauważ, że zarówno wektor $\overrightarrow{EF} = [-4, 3]$, gdzie $E(0, 0)$ i $F(-4, 3)$, jak i wektor $\overrightarrow{PQ} = [-4, 3]$, gdzie $P(3, 1)$ i $Q(-1, 4)$, czy też $\overrightarrow{RS} = [-4, 3]$, gdzie $R(-1, -1)$ i $S(-5, 2)$. Takich wektorów jest nieskończenie wiele.

Tworzą one rodzinę wektorów równych, którą nazywamy **wektorem swobodnym**. Aby przedstawić w układzie współrzędnych wektor $\vec{u}=[-4, 3]$, wystarczy wskazać dowolnie wybranego reprezentanta tej rodziny.

## Przykład 3.

Dany jest punkt $B(1, 5)$ oraz wektor $\vec{u}=[-3, 4]$. Znajdziemy współrzędne punktu $A$, dla którego $\overrightarrow{AB}=\vec{u}$.

Oznaczmy współrzędne szukanego punktu $A(x, y)$, następnie obliczmy współrzędne wektora $\overrightarrow{AB}$:

$\overrightarrow{AB}=[1-x, 5-y]$

Wiemy, że wektory $\overrightarrow{AB}$ i $\vec{u}$ są równe, więc odpowiednie współrzędne mają identyczne,

$[1-x, 5-y]=[-3, 4]$,

czyli

$1-x=-3 \wedge 5-y=4$, skąd

$x=4 \wedge y=1$

Otrzymaliśmy więc, że $A(4, 1)$.

## Przykład 4.

Na poniższym rysunku przedstawione są wektory. Odczytamy z rysunku ich współrzędne. Wskażemy wektory równe.

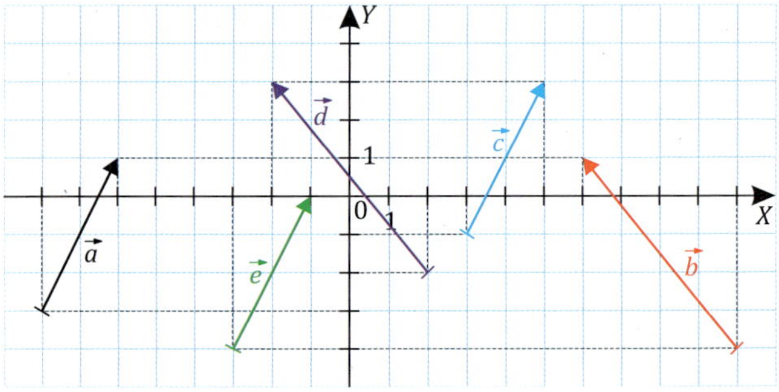


$\vec{a}=[2, 4]$ $\vec{b}=[-4, 5]$ $\vec{c}=[2, 4]$ $\vec{d}=[-4, 5]$ $\vec{e}=[2, 4]$

Wektory równe to wektory $\vec{a}$, $\vec{c}$ i $\vec{e}$ oraz wektory $\vec{b}$ i $\vec{d}$.

### Definicja 3.

**Sumą wektorów** $\vec{u}=[u_x, u_y]$ i $\vec{v}=[v_x, v_y]$ nazywamy wektor $[u_x+v_x, u_y+v_y]$.
Sumę wektorów $\vec{u}$ i $\vec{v}$ oznaczamy $\vec{u}+\vec{v}$.

Wracając do przykładu 1., możemy powiedzieć, że wektor $\overrightarrow{AB}$ jest sumą swoich wektorów składowych.

## Przykład 5.

Wyznaczymy sumę wektorów $\vec{p} = [4, -1]$ i $\vec{r} = [2, 4]$ i przedstawimy jej graficzną interpretację.

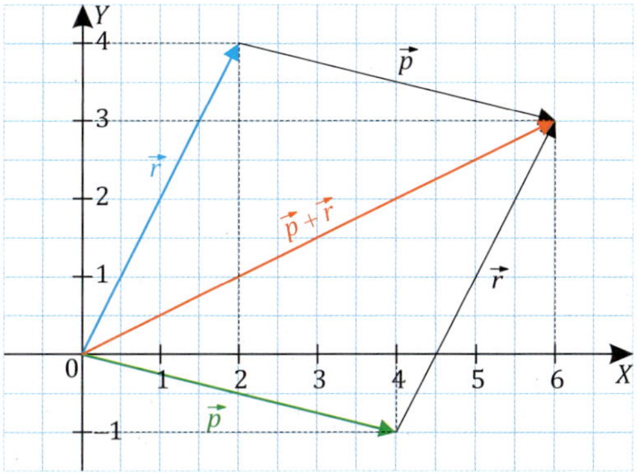


$\vec{p} + \vec{r} = [4 + 2, -1 + 4] = [6, 3]$

### Definicja 4.

**Wektory** $\vec{u}$ i $\vec{v}$ są **przeciwne** wtedy, gdy ich suma jest wektorem zerowym.

Wektor przeciwny do wektora $\vec{u}$ oznaczamy $-\vec{u}$. Wektor przeciwny do wektora $\overrightarrow{AB}$ oznaczamy $-\overrightarrow{AB}$ lub $\overrightarrow{BA}$. Łatwo zauważyć, że jeśli

$\vec{u} = [u_x, u_y]$, to $-\vec{u} = [-u_x, -u_y]$.

## Przykład 6.

Wyznaczymy wartości parametrów $m$ oraz $n$, dla których wektory $\vec{u} = [m + 2, n - 3]$ oraz $\vec{v} = [2m + 1, 4n - 2]$ są przeciwne.

Suma wektorów przeciwnych jest wektorem zerowym, zatem:

$(m + 2) + (2m + 1) = 0 \ \wedge\ (n - 3) + (4n - 2) = 0$

Rozwiązujemy otrzymane równania:

$(m + 2) + (2m + 1) = 0 \ \wedge\ (n - 3) + (4n - 2) = 0$

$3m + 3 = 0 \ \wedge\ 5n - 5 = 0$

$m = -1 \ \wedge\ n = 1$

Jeśli $m = -1$ oraz $n = 1$, to wektory $\vec{u}$ i $\vec{v}$ są przeciwne.
Sprawdźmy otrzymane obliczenia.
Dla obliczonych wartości $m$ i $n$ otrzymujemy:

$\vec{u} = [-1 + 2, 1 - 3] = [1, -2]$ $\quad \vec{v} = [2 \cdot (-1) + 1, 4 \cdot 1 - 2] = [-1, 2]$,

czyli wektory są przeciwne.

### Definicja 5.

**Różnicą wektorów** $\vec{u} = [u_x, u_y]$ i $\vec{v} = [v_x, v_y]$ nazywamy wektor $[u_x - v_x, u_y - v_y]$. Różnicę wektorów $\vec{u}$ i $\vec{v}$ oznaczamy $\vec{u} - \vec{v}$.

### Definicja 6.

**Iloczynem wektora** $\vec{u} = [u_x, u_y]$ **przez liczbę rzeczywistą** $a$ nazywamy wektor $[a \cdot u_x, a \cdot u_y]$. Iloczyn wektora $\vec{u}$ przez liczbę $a$ oznaczamy $a \cdot \vec{u}$.

## Przykład 7.

Jeśli $\vec{p} = [2, -1]$ i $a = (-3)$, to $a \cdot \vec{p} = [(-3) \cdot 2, (-3) \cdot (-1)] = [-6, 3]$.

Jeśli dla wektorów niezerowych $\vec{u}$ i $\vec{v}$ istnieje liczba rzeczywista $a$, dla której $\vec{u} = a \cdot \vec{v}$, to wektory $\vec{u}$ i $\vec{v}$ nazwiemy **wektorami równoległymi**. Jeśli dodatkowo $a > 0$, to powiemy, że **wektory** $\vec{u}$ **i** $\vec{v}$ **mają ten sam zwrot**; jeśli natomiast $a < 0$, to powiemy, że **wektory** $\vec{u}$ **i** $\vec{v}$ **mają przeciwny zwrot**.

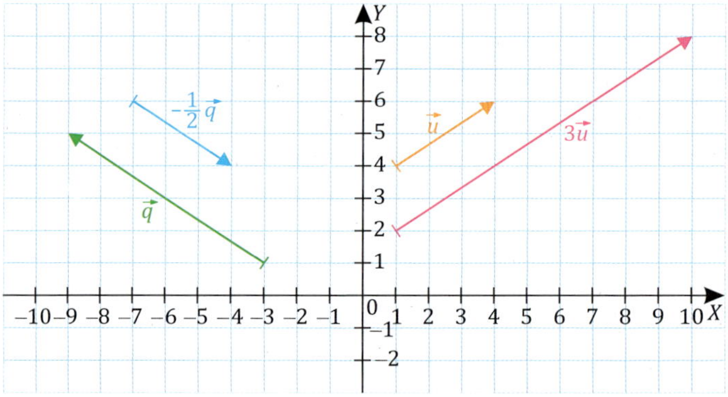


### Definicja 7.

**Długością wektora** $\vec{u} = [u_x, u_y]$ nazywamy liczbę $\sqrt{u_x^2 + u_y^2}$. Długość wektora $\vec{u}$ oznaczamy $|\vec{u}|$.

## Przykład 8.

Obliczymy długość wektora $\vec{u} = [12, 5]$.

Otrzymujemy:

$$|\vec{u}| = \sqrt{12^2 + 5^2} = \sqrt{144 + 25} = \sqrt{169} = 13$$

Długość wektora $\vec{u}$ wynosi 13.

Jeśli $A(x_1, y_1)$ i $B(x_2, y_2)$, to długość wektora $\overrightarrow{AB}$ przedstawiamy wzorem:

$$|\overrightarrow{AB}| = \sqrt{(x_2 - x_1)^2 + (y_2 - y_1)^2}$$

Łatwo uzasadnić (powołując się na tw. Pitagorasa), że długość wektora $\overrightarrow{AB}$ jest równa długości odcinka o końcach $A$ i $B$.

Na koniec tego tematu podamy trzy twierdzenia charakteryzujące wektory równe, wektory przeciwne oraz działania na wektorach. Spróbuj udowodnić te twierdzenia, wykorzystując wcześniej poznane wiadomości.

**Twierdzenie 1.**
Jeśli wektory niezerowe $\vec{u}$ i $\vec{v}$ są równe, to wektory te:
- są równoległe
- mają ten sam zwrot
- mają taką samą długość.

**Twierdzenie 2.**
Jeśli wektory niezerowe $\vec{u}$ i $\vec{v}$ są przeciwne, to wektory te:
- są równoległe
- mają przeciwny zwrot
- mają taką samą długość.

**Twierdzenie 3.**
Dla dowolnych wektorów $\vec{u}, \vec{v}, \vec{w}$ oraz dowolnych liczb rzeczywistych $k, l$:

1) $\vec{u} + \vec{v} = \vec{v} + \vec{u}$

2) $\left(\vec{u} + \vec{v}\right) + \vec{w} = \vec{u} + \left(\vec{v} + \vec{w}\right)$

3) $k \cdot \left(l \cdot \vec{u}\right) = (k \cdot l) \cdot \vec{u}$

4) $(k + l) \cdot \vec{u} = k \cdot \vec{u} + l \cdot \vec{u}$

5) $k \cdot \left(\vec{u} + \vec{v}\right) = k \cdot \vec{u} + k \cdot \vec{v}$

## Sprawdź, czy rozumiesz

1. Oblicz współrzędne wektora $\overrightarrow{AB}$, mając dane punkty $A(-4, 3)$, $B(-1, 7)$.
2. W prostokątnym układzie współrzędnych narysuj wektory:
   $\vec{u} = [0, 3]$, $\vec{v} = [2, 0]$, $\vec{p} = [-4, 5]$
   Początek wektora obierz dowolnie.
3. Oblicz długość wektora:
   a) $\overrightarrow{AB}$, jeśli $A(-3, 1)$, $B(-5, -6)$
   b) $\vec{u}$, jeśli $\vec{u} = [-5, 12]$
4. Dany jest wektor $\overrightarrow{AB} = [7, -8]$ oraz punkt $A(-2, 5)$. Oblicz współrzędne punktu $B$.

# Przesunięcie równoległe o wektor $\vec{u} = [p, q]$

W rozdziale 4. poznałeś przekształcenia geometryczne. Teraz omówimy je w prostokątnym układzie współrzędnych. Następnie nauczymy się przekształcać wykresy funkcji.

Wiesz, że przesunięcie równoległe (translacja) o dany wektor $\vec{u}$ to przekształcenie płaszczyzny przyporządkowujące każdemu punktowi $A$ tej płaszczyzny taki punkt $A_1$, dla którego $\overrightarrow{AA_1} = \vec{u}$.

W prostokątnym układzie współrzędnych zaznaczymy dowolny punkt $A(x, y)$ oraz wektor $\vec{u} = [p, q]$. Niech $A_1(x_1, y_1)$ będzie obrazem punktu $A$ w translacji o wektor $\vec{u}$.

Zbadamy, jaka jest zależność między współrzędnymi wektora $\vec{u}$ i współrzędnymi punktów $A$ i $A_1$.

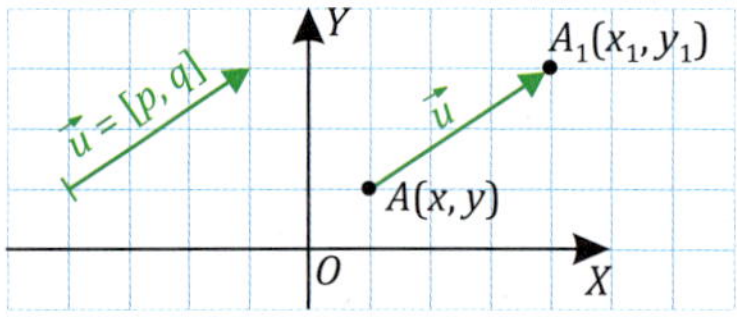


Wiemy, że $\overrightarrow{AA_1} = \vec{u}$, czyli

$$[x_1 - x, y_1 - y] = [p, q]$$

Zatem, na podstawie definicji równości wektorów, otrzymujemy:

$$x_1 - x = p \wedge y_1 - y = q, \text{ skąd}$$

$$x_1 = x + p \wedge y_1 = y + q$$

**Twierdzenie 1.**
W prostokątnym układzie współrzędnych obrazem punktu $A(x, y)$ w przesunięciu równoległym o wektor $\vec{u} = [p ,q]$ jest punkt $A_1(x + p, y + q)$.

## Przykład 1.

Wyznaczymy współrzędne wierzchołków trójkąta $ABC$, gdzie $A(-4, 1)$, $B(3, -2)$, $C(-2, 4)$, w przesunięciu równoległym o wektor $\vec{u} = [-1, 3]$.

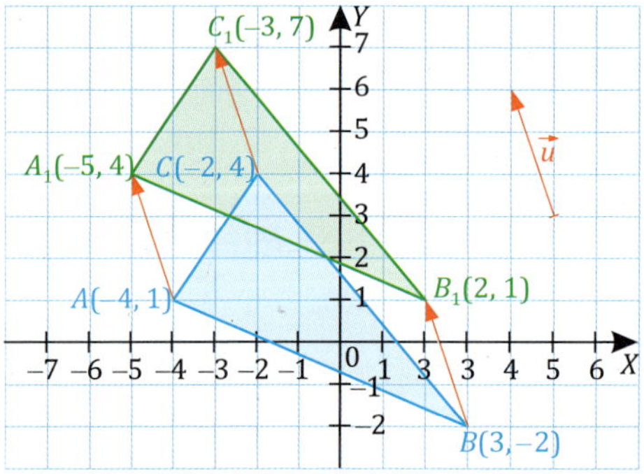


$T_{\vec{u}}(\Delta ABC) = \Delta A_1B_1C_1$,

gdzie

$A_1(-5, 4)$, bo $(-4 + (-1), 1 + 3) = (-5, 4)$

$B_1(2, 1)$, bo $(3 + (-1), -2 + 3) = (2, 1)$

$C_1(-3, 7)$, bo $(-2 + (-1), 4 + 3) = (-3, 7)$

Omówimy teraz przesunięcie równoległe wykresu funkcji $y = f(x)$ o wektor $\vec{u} = [p, q]$.

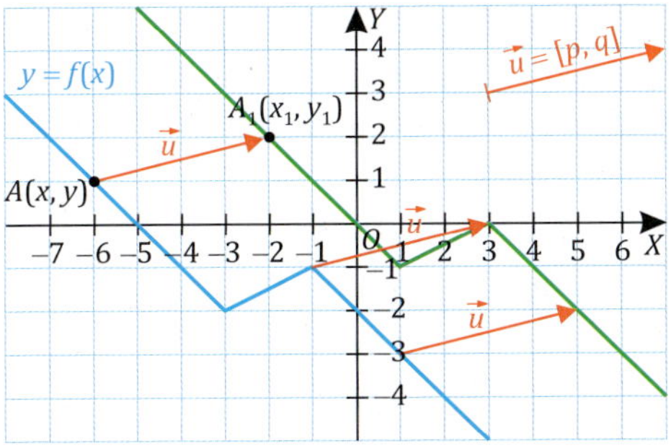


Niech punkt

$A(x, y)$

będzie dowolnym punktem wykresu funkcji $y = f(x)$ (zobacz rysunek obok). Dokonamy przesunięcia równoległego wykresu funkcji $y = f(x)$ o wektor

$\vec{u} = [p, q]$

Obrazem punktu $A$ w tym przesunięciu jest punkt

$A_1(x_1, y_1)$

Wiemy, że między współrzędnymi punktu $A$, $A_1$ i wektora $\vec{u}$ zachodzą następujące związki:

$x_1 = x + p$ i $y_1 = y + q$, zatem

$x = x_1 - p$ i $y = y_1 - q$

Wyznaczone wielkości $x, y$ podstawiamy do wzoru funkcji $y = f(x)$. Mamy:

$y_1 - q = f(x_1 - p)$, skąd

$y_1 = f(x_1 - p) + q$

Otrzymaliśmy wzór funkcji, której wykres składa się z punktów będących obrazami punktów wykresu funkcji $y = f(x)$ w przesunięciu równoległym o wektor $\vec{u} = [p, q]$. Zatem wykres otrzymanej funkcji możemy zapisać w postaci: $y = f(x - p) + q$ (aby oba wykresy mogły być narysowane w tym samym układzie współrzędnych).

**Twierdzenie 2.**

Wykres funkcji $y = f(x - p) + q$ powstaje w wyniku przesunięcia równoległego wykresu funkcji $y = f(x)$ o wektor $\vec{u} = [p, q]$.

Zauważ, że:

- Wykres funkcji $y = f(x - p)$ powstaje w wyniku przesunięcia równoległego wykresu funkcji $y = f(x)$ o wektor $\vec{u} = [p, 0]$ (translacja wzdłuż osi $OX$).
- Wykres funkcji $y = f(x) + q$ powstaje w wyniku przesunięcia równoległego wykresu funkcji $y = f(x)$ o wektor $\vec{u} = [0, q]$ (translacja wzdłuż osi $OY$).

## Przykład 1.

Na poniższych rysunkach przedstawione są wykres funkcji $y = f(x)$ oraz:

a) $y = f(x - 3)$ i $y = f(x + 2)$ b) $y = f(x) + 1$ i $y = f(x) - 4$ c) $y = f(x + 5) + 2$

**Ad a)**

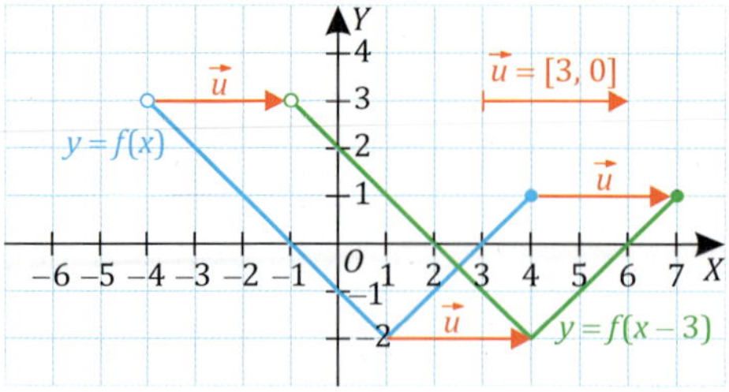


Zauważmy, że $p=3$ $(p>0)$, $q=0$.
Wykres funkcji

$$y=f(x-3)$$

powstał w wyniku przesunięcia równoległego wykresu funkcji $y=f(x)$ o 3 jednostki w prawo wzdłuż osi $OX$, czyli o wektor

$$\vec{u}=[3, 0]$$

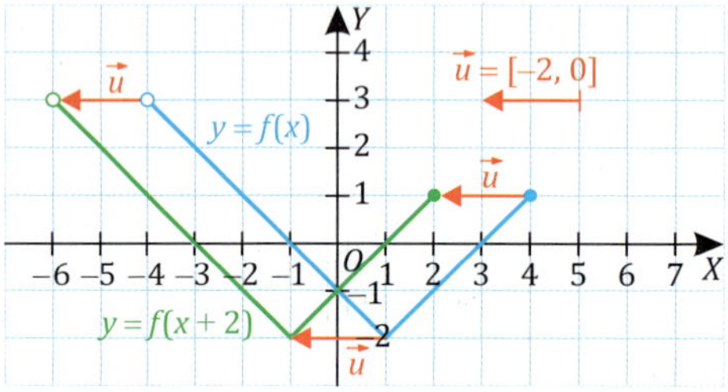


Zauważmy, że $p=-2$ $(p<0)$, $q=0$.
Wykres funkcji

$$y=f(x+2)$$

$$y=f(x-(-2))$$

powstał w wyniku przesunięcia równoległego wykresu funkcji $y=f(x)$ o 2 jednostki w lewo wzdłuż osi $OX$, czyli o wektor

$$\vec{u}=[-2, 0]$$

**Ad b)**

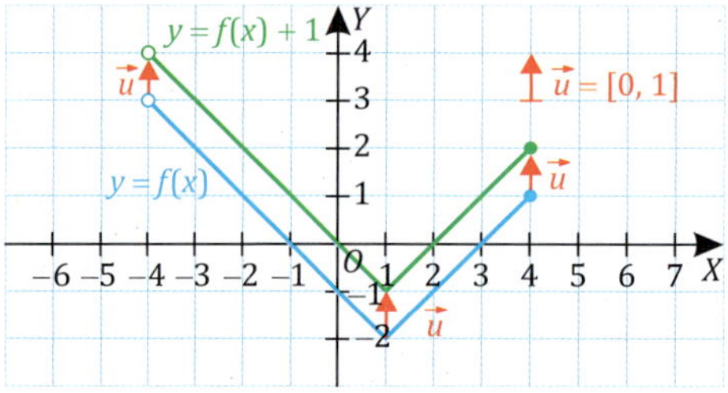


Zauważmy, że $p=0$, $q=1$ $(q>0)$.
Wykres funkcji

$$y=f(x)+1$$

powstał w wyniku przesunięcia równoległego wykresu funkcji $y=f(x)$ o 1 jednostkę do góry wzdłuż osi $OY$, czyli o wektor

$$\vec{u}=[0, 1]$$

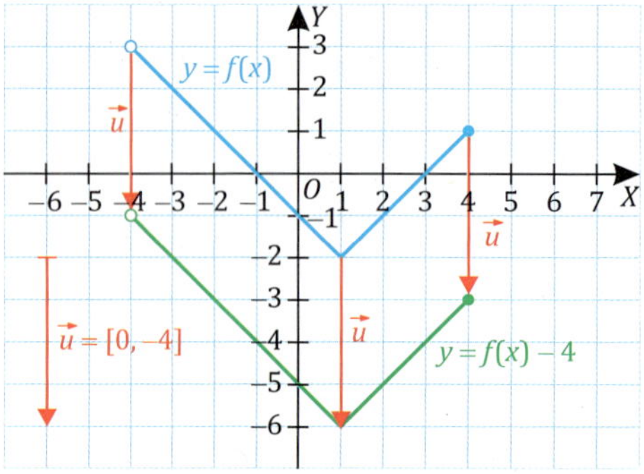


Zauważmy, że $p=0$, $q=-4$ $(q<0)$.
Wykres funkcji

$$y=f(x)-4$$

powstał w wyniku przesunięcia równoległego wykresu funkcji $y=f(x)$ o 4 jednostki do dołu wzdłuż osi $OY$, czyli o wektor

$$\vec{u}=[0, -4]$$

**Ad c)**

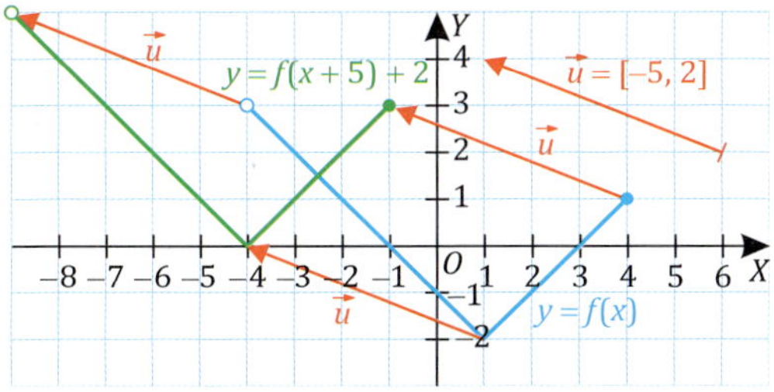


Zauważmy, że $p = -5$ ($p < 0$), $q = 2$ ($q > 0$). Wykres funkcji

$$y = f(x+5) + 2$$

powstał w wyniku przesunięcia równoległego wykresu funkcji $y = f(x)$ o 5 jednostek w lewo, a następnie o 2 jednostki do góry, czyli o wektor

$$\vec{u} = [-5, 2]$$

## Przykład 2.

Poniżej podane są wzory trzech funkcji, których wykresy przesunięto równolegle o podany obok wektor $\vec{u}$. Ustalimy wzór funkcji, której wykres otrzymamy w każdej z podanych translacji, jeśli:

a) $f(x) = 2x - 4$, $\vec{u} = [-3, 0]$ b) $f(x) = \frac{1}{2}x^2$, $\vec{u} = [0, 5]$ c) $f(x) = \frac{3}{x}$, $\vec{u} = [2, -6]$.

**Ad a)** Ponieważ $\vec{u} = [-3, 0]$, więc $p = -3$ i $q = 0$, zatem wyznaczymy $f(x-p)$, czyli $f(x+3)$. Obliczamy:

$$f(x+3) = 2 \cdot (x+3) - 4 = 2x + 6 - 4 = 2x + 2$$

W wyniku translacji wykresu funkcji $f(x) = 2x - 4$ o wektor $\vec{u} = [-3, 0]$ otrzymaliśmy wykres funkcji $y = 2x + 2$.

**Ad b)** W tym przypadku $\vec{u} = [0, 5]$, więc $p = 0$ i $q = 5$, zatem należy znaleźć $f(x) + q$, czyli $f(x) + 5$.
Otrzymujemy:

$$f(x) + 5 = \frac{1}{2}x^2 + 5$$

W wyniku przesunięcia równoległego wykresu funkcji $f(x) = \frac{1}{2}x^2$ o wektor $\vec{u} = [0, 5]$ otrzymaliśmy wykres funkcji $y = \frac{1}{2}x^2 + 5$.

**Ad c)** Tym razem $\vec{u} = [2, -6]$, więc $p = 2$ i $q = -6$. Obliczamy $f(x-p) + q$, czyli $f(x-2) - 6$.
Otrzymujemy:

$$f(x-2) - 6 = \frac{3}{x-2} - 6$$

W wyniku przesunięcia równoległego wykresu funkcji $f(x) = \frac{3}{x}$ o wektor $\vec{u} = [2, -6]$ otrzymaliśmy wykres funkcji $y = \frac{3}{x-2} - 6$.

## Przykład 3.

Naszkicujemy wykres funkcji, który otrzymamy po przesunięciu równoległym wykresu funkcji $f(x) = \sqrt{x}$ o wektor $\vec{u} = [3, -2]$. Napiszemy wzór funkcji $g$, której wykres jest obrazem wykresu funkcji $f$ w tym przekształceniu.

Wykres funkcji $g$ naszkicujemy na dwa sposoby:

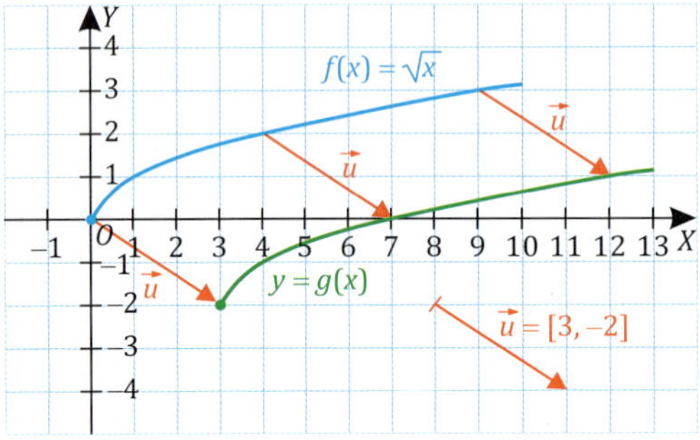


I sposób

W prostokątnym układzie współrzędnych szkicujemy wykres funkcji $f(x) = \sqrt{x}$ oraz rysujemy wektor $\vec{u} = [3, -2]$, zaczepiając go w dowolnym punkcie płaszczyzny. Wybieramy kilka punktów wykresu funkcji $f$ i znajdujemy ich obrazy w translacji o wektor $\vec{u}$. Ponieważ przesunięcie równoległe jest izometrią, więc otrzymany wykres ma taki sam kształt jak wykres funkcji $f$. Sytuację tę ilustruje rysunek obok.

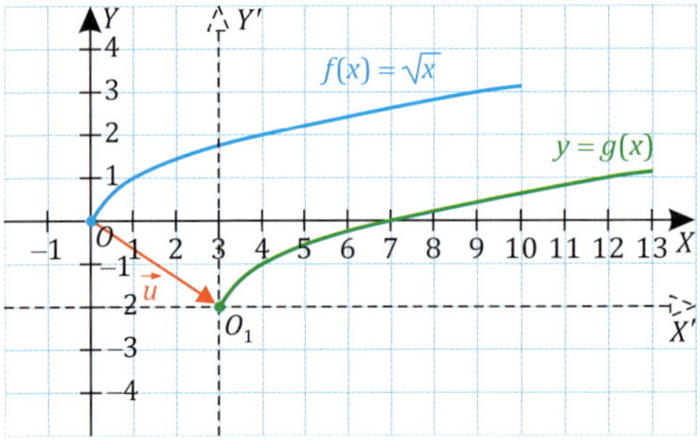


II sposób

Rysujemy pomocniczy układ współrzędnych $X_1O_1Y_1$, gdzie punkt $O_1$ jest obrazem punktu $O(0, 0)$ w przesunięciu równoległym o wektor $\vec{u} = [3, -2]$, czyli $O_1(3, -2)$. W „nowym" układzie współrzędnych szkicujemy wykres funkcji $y_1 = \sqrt{x_1}$ – jest to wykres funkcji $g$.

Pozostało nam ustalić wzór funkcji $g$.

W wyniku przesunięcia równoległego wykresu funkcji

$y = f(x)$ o wektor $\vec{u} = [3, -2]$

otrzymujemy wykres funkcji:

$y = f(x - 3) - 2$

Ponieważ $f(x) = \sqrt{x}$, więc

$g(x) = f(x - 3) - 2 = \sqrt{x - 3} - 2$

Po przesunięciu wykresu funkcji $f(x) = \sqrt{x}$ o wektor $\vec{u} = [3, -2]$ otrzymaliśmy wykres funkcji $g(x) = \sqrt{x - 3} - 2$.

## Przykład 4.

Naszkicujemy wykres funkcji $g(x) = \frac{x-1}{x-2}$.

Najpierw przekształcimy wzór funkcji $g(x) = \frac{x-1}{x-2}$ w następujący sposób:

$$g(x) = \frac{x-1}{x-2} = \frac{(x-2)+1}{x-2} = \frac{x-2}{x-2} + \frac{1}{x-2} = \frac{1}{x-2} + 1$$

Zatem do naszkicowania wykresu funkcji $g$ możemy wykorzystać wykres funkcji $f(x) = \frac{1}{x}$, bo

$g(x) = f(x-2) + 1$

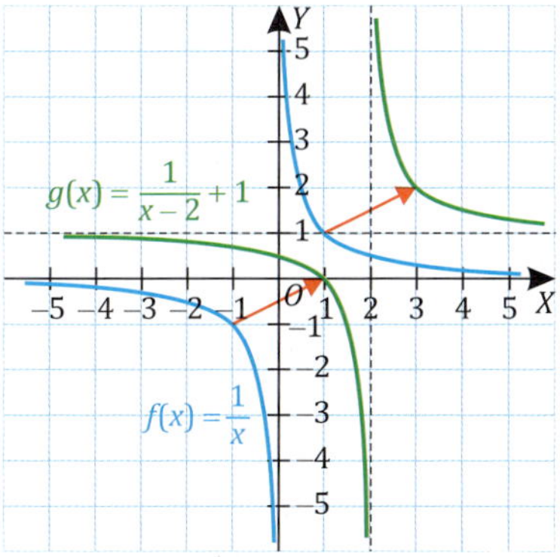


Wykres funkcji $g$ powstaje w wyniku przesunięcia równoległego wykresu funkcji $f(x) = \frac{1}{x}$ o wektor $\vec{u} = [2, 1]$.

Wykres funkcji $g(x) = \frac{x-1}{x-2}$ przedstawiony jest na rysunku obok.

## Sprawdź, czy rozumiesz

1. Na rysunku obok przedstawiony jest wykres funkcji $y = f(x)$. Na osobnych rysunkach naszkicuj wykresy funkcji: $f_1(x) = f(x+3)$, $f_2(x) = f(x-2)$, $f_3(x) = f(x)+1$, $f_4(x) = f(x) - 4$, $f_5(x) = f(x-4) - 1$. Podaj dziedzinę i zbiór wartości funkcji, których wykresy otrzymałeś.

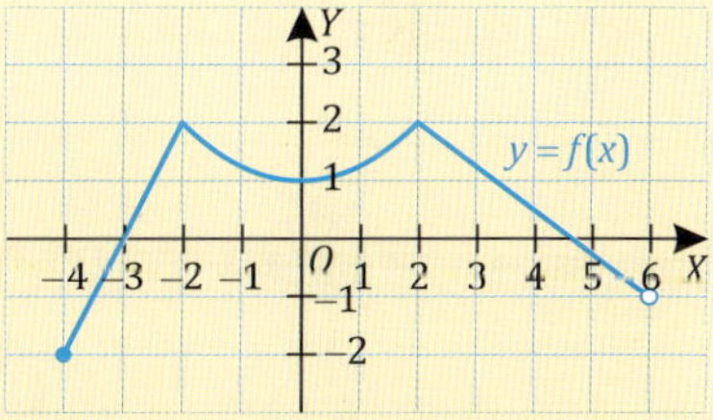


2. Napisz wzór funkcji, której wykres otrzymamy, przesuwając równolegle wykres funkcji:

   a) $f(x) = 2x^2$ o wektor $\vec{u} = [-2, 3]$ b) $f(x) = \frac{1}{x}$ o wektor $\vec{v} = [4, -1]$.

   Naszkicuj wykres obrazu funkcji $f$ w tym przekształceniu.

3. Podaj współrzędne wektora $\vec{u}$, wiedząc, że w wyniku przesunięcia równoległego wykresu funkcji $f(x) = \text{sgn}\, x$ o wektor $\vec{u}$ otrzymano wykres funkcji:

   a) $g(x) = \text{sgn}(x-3)$ b) $h(x) = \text{sgn}\, x + 5$ c) $t(x) = \text{sgn}(x+1) - 4$.

# Symetria osiowa względem osi $OX$ i osi $OY$

W prostokątnym układzie współrzędnych zaznaczono punkt $A(x, y)$ i obraz $A_1$ punktu $A$ w symetrii osiowej:

a) względem osi $OX$

b) względem osi $OY$.

Sytuację tę przedstawiają poniższe rysunki.

a)

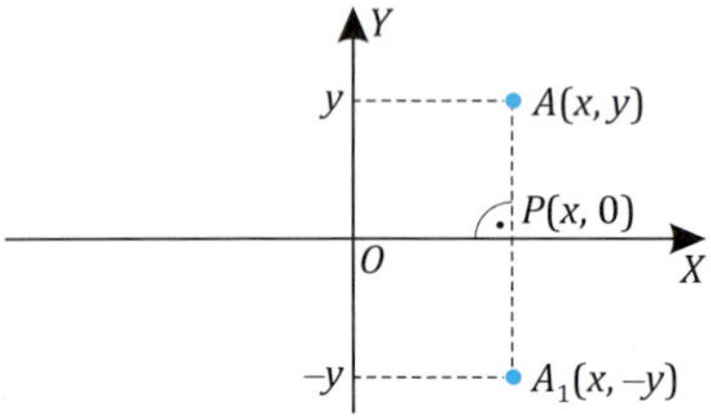


b)

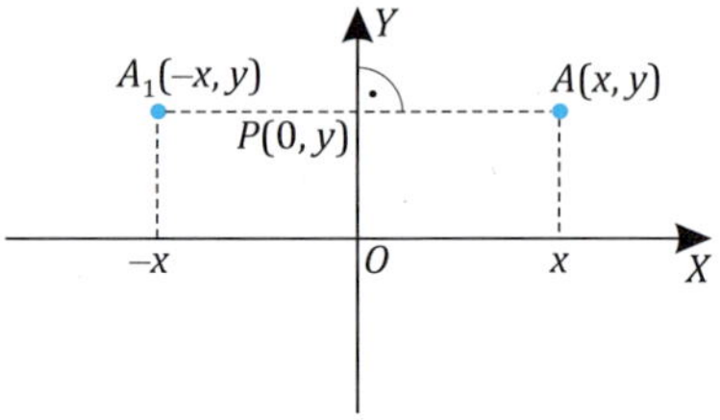


Łatwo udowodnić następujące twierdzenie.

**Twierdzenie 1.**

a) Obrazem punktu $A(x, y)$ w symetrii względem osi $OX$ jest punkt $A_1(x, -y)$.

b) Obrazem punktu $A(x, y)$ w symetrii względem osi $OY$ jest punkt $A_1(-x, y)$.

## Przykład 1.

W prostokątnym układzie współrzędnych narysujemy odcinek $AB$, gdzie $A(-3, 1)$, $B(2, 4)$, a następnie wyznaczymy obraz tego odcinka, czyli odcinek $A_1B_1$, w symetrii osiowej względem osi $OX$ oraz obraz tego odcinka, czyli odcinek $A_2B_2$, w symetrii osiowej względem osi $OY$.

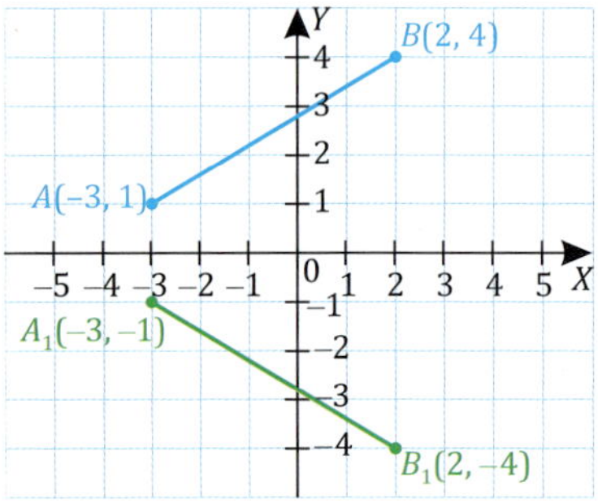


$S_{OX}(AB) = A_1B_1$,
gdzie $A_1(-3, -1)$ i $B_1(2, -4)$

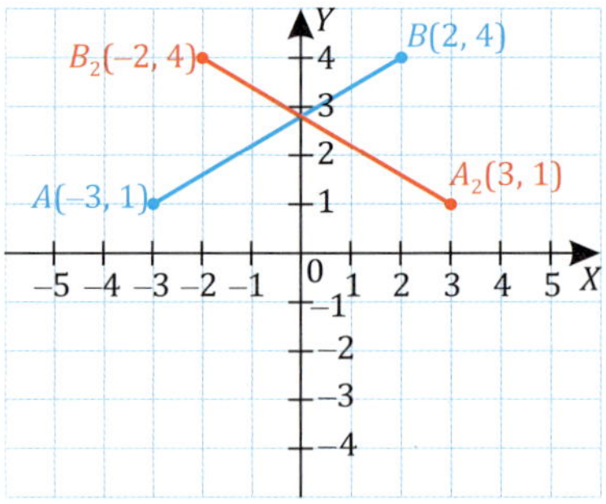


$S_{OY}(AB) = A_2B_2$,
gdzie $A_2(3, 1)$ i $B_2(-2, 4)$

Zajmiemy się teraz przekształceniem wykresu funkcji w symetrii osiowej względem osi układu współrzędnych.

## Symetria względem osi *OX*

W prostokątnym układzie współrzędnych narysowany jest wykres funkcji $y = f(x)$. Wykres ten przekształcimy przez symetrię osiową względem osi $OX$. Ustalimy wzór funkcji $g$, której wykres otrzymaliśmy.

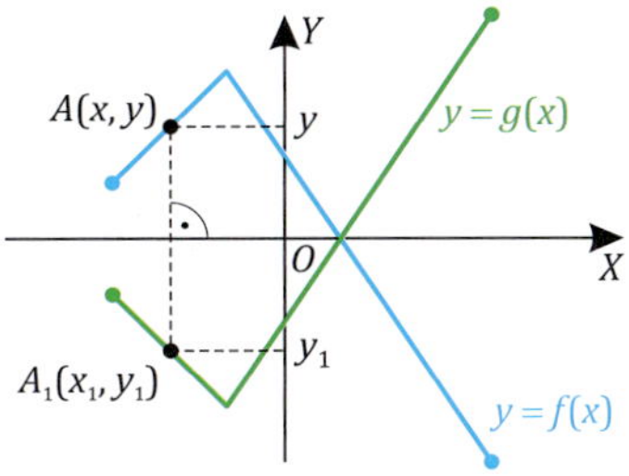


Na wykresie funkcji $f$ wybieramy dowolny punkt $A(x, y)$. Obrazem punktu $A$ w symetrii względem osi $OX$ jest punkt $A_1(x_1, y_1)$. Między współrzędnymi punktów $A$ i $A_1$ zachodzą następujące zależności:

$x_1 = x$ i $y_1 = -y$, stąd

$x = x_1$ i $y = -y_1$

Po podstawieniu wyznaczonych wielkości w miejsce $x$ i $y$ do wzoru funkcji $y = f(x)$ otrzymujemy:

$-y_1 = f(x_1)$, skąd

$y_1 = -f(x_1)$

Otrzymaliśmy wzór funkcji, której wykres składa się z punktów będących obrazami punktów wykresu funkcji $y = f(x)$ w symetrii osiowej względem osi $OX$. Zatem wykres otrzymanej funkcji możemy zapisać w postaci $y = -f(x)$ (aby oba wykresy mogły być narysowane w tym samym układzie współrzędnych), mamy więc $g(x) = -f(x)$.

**Twierdzenie 2.**
Wykres funkcji $y = -f(x)$ powstaje w wyniku przekształcenia wykresu funkcji $y - f(x)$ przez symetrię osiową względem osi $OX$.

## Przykład 2.

Dana jest funkcja o wzorze $f(x) = x^2$. Naszkicujemy obraz wykresu tej funkcji w symetrii osiowej względem osi $OX$, a następnie napiszemy wzór funkcji $g$, której wykres otrzymaliśmy.

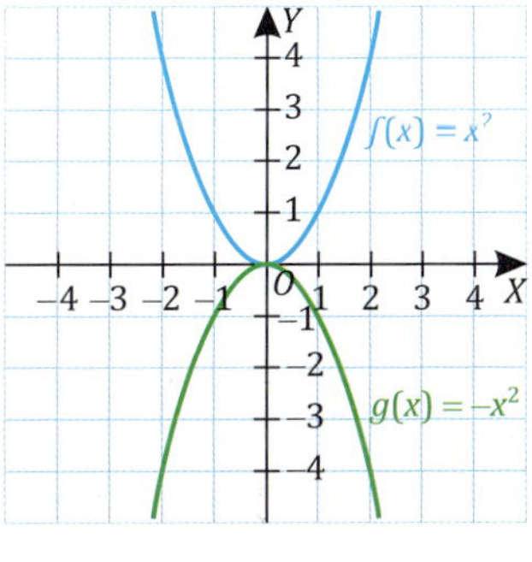


W wyniku przekształcenia wykresu funkcji

$y = f(x)$

przez symetrię osiową względem osi $OX$ otrzymujemy wykres funkcji

$y = -f(x)$, zatem

$g(x) = -x^2$

### Symetria względem osi $OY$

Tym razem wykres funkcji przekształcimy przez symetrię osiową względem osi $OY$ i ustalimy wzór funkcji $h$, której wykres otrzymamy (rysunek poniżej).

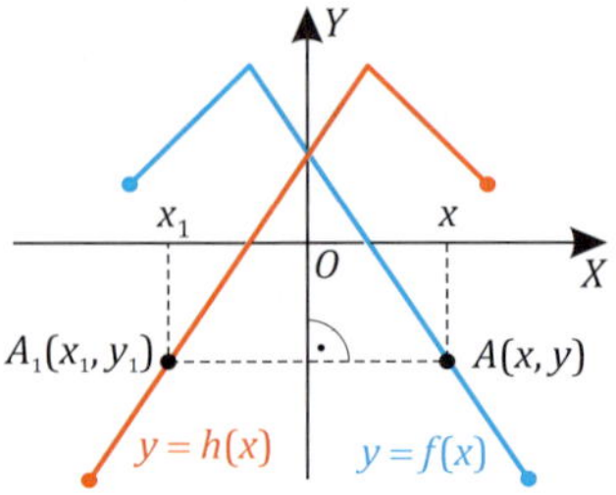


Obrazem punktu $A(x, y)$ dowolnie wybranego na wykresie funkcji $f$ jest punkt $A_1(x_1, y_1)$ taki, że

$x_1 = -x$ i $y_1 = y$, więc

$x = -x_1$ i $y = y_1$.

Do wzoru $y = f(x)$ wstawiamy w miejsce $x$ oraz $y$ wyznaczone wielkości i otrzymujemy wzór funkcji $y = h(x)$, której wykres tworzą obrazy punktów wykresu funkcji $f$ w symetrii względem osi $OY$. Mamy:

$y_1 = f(-x_1)$

Zatem wykres otrzymanej funkcji możemy zapisać w postaci: $y = f(-x)$ (aby oba wykresy mogły być narysowane w tym samym układzie współrzędnych), mamy więc: $h(x) = f(-x)$.

**Twierdzenie 3.**
Wykres funkcji $y = f(-x)$ powstaje w wyniku przekształcenia wykresu funkcji $y = f(x)$ przez symetrię osiową względem osi $OY$.

## Przykład 3.

Wykres funkcji $f(x) = \sqrt{x}$, przekształcimy przez symetrię względem osi $OY$ i ustalimy wzór funkcji $h$, której wykres otrzymamy.

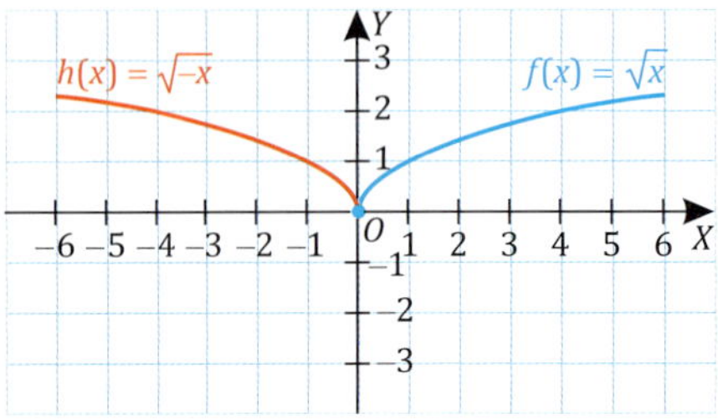


W wyniku przekształcenia wykresu funkcji

$y = f(x)$

przez symetrię osiową względem osi $OY$ otrzymujemy wykres funkcji

$y = f(-x)$, czyli

$h(x) = \sqrt{-x}$

## Przykład 4.

Funkcja $y = f(x)$, gdzie $x \in \mathbf{R}$, jest rosnąca. Wykażemy, że funkcja $y = g(x)$, gdzie $g(x) = f(-x)$, jest malejąca.

Założenie: $y = f(x)$ – funkcja rosnąca, $x_1 \in \mathbf{R}$, $x_2 \in \mathbf{R}$, $x_1 < x_2$, $g(x) = f(-x)$
Teza: $y = g(x)$ – funkcja malejąca

Dowód: Z założenia wiemy, że

$x_1 < x_2$, zatem

$-x_1 > -x_2$, więc

$f(-x_1) > f(-x_2)$, ponieważ funkcja $f$ jest rosnąca, stąd

$g(x_1) > g(x_2)$ z określenia funkcji $g$.

Pokazaliśmy, że dla dowolnych liczb rzeczywistych $x_1$, $x_2$ z nierówności $x_1 < x_2$ wynika nierówność $g(x_1) > g(x_2)$, a to znaczy, że funkcja $g$ jest malejąca.

### Sprawdź, czy rozumiesz

1. Na rysunku przedstawiony jest wykres funkcji $y = f(x)$. Naszkicuj wykres funkcji $g(x) = f(-x)$ oraz $h(x) = -f(x)$. Podaj dziedzinę i zbiór wartości otrzymanej funkcji.

a) 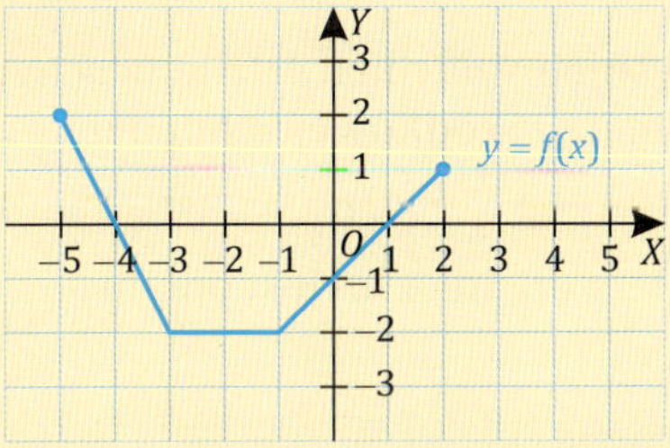


b) 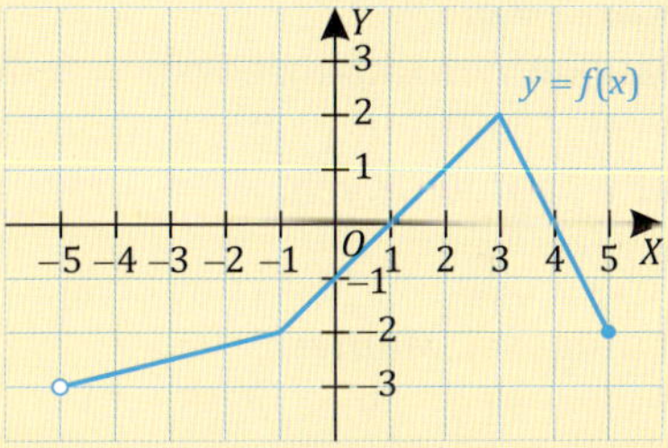


2. Napisz wzór funkcji $g$, której wykres otrzymamy, przekształcając wykres funkcji $f$ przez symetrię osiową względem osi $OX$. Naszkicuj wykres otrzymanej funkcji.

a) $f(x) = 3$ b) $f(x) = -2x + 1$ c) $f(x) = \frac{3}{x}$ d) $f(x) = \frac{1}{2}x^2$.

3. Napisz wzór funkcji $g$, której wykres otrzymamy, przekształcając wykres funkcji $f$ przez symetrię osiową względem osi $OY$. Naszkicuj wykres otrzymanej funkcji.

a) $f(x) = \operatorname{sgn} x$ b) $f(x) = [x]$ c) $f(x) = x^3$ d) $f(x) = x + 1$

4. Dziedziną funkcji $y = f(x)$ jest zbiór $\langle -4, 2)$. Jaka jest dziedzina funkcji $y = f(-x)$?

5. Zbiorem wartości funkcji $y = f(x)$ jest przedział $(-3, 1\rangle$. Jaki jest zbiór wartości funkcji $y = -f(x)$?

# Symetria środkowa względem punktu (0, 0)

Niech $A(x, y)$ będzie dowolnie wybranym punktem na płaszczyźnie z prostokątnym układem współrzędnych. Wówczas punkt $A_1$ będący obrazem punktu $A$ w symetrii środkowej względem punktu $O(0, 0)$ ma współrzędne $(-x, -y)$.

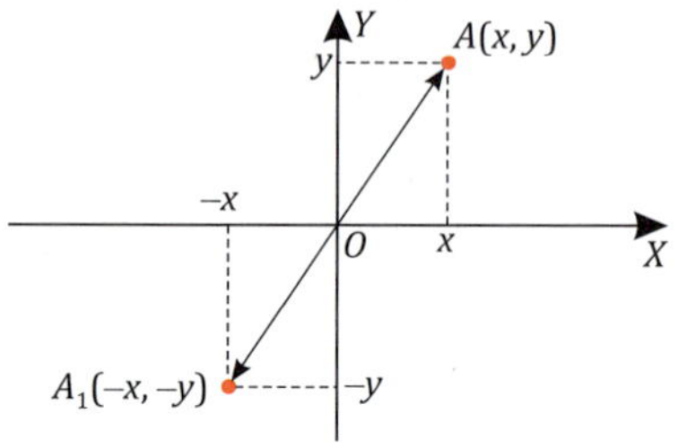


Korzystając z definicji symetrii środkowej, udowodnij następujące twierdzenie.

**Twierdzenie 1.**
Obrazem punktu $A(x, y)$ w symetrii środkowej względem początku układu współrzędnych $O(0, 0)$ jest punkt $A_1(-x, -y)$.

## Przykład 1.

W prostokątnym układzie współrzędnych narysujemy odcinek $AB$ o końcach $A(-5, 1)$, $B(-3, -2)$. Znajdziemy obraz odcinka $AB$ w symetrii środkowej względem początku układu współrzędnych.

Symetria środkowa jest izometrią, więc obrazem odcinka $AB$ jest odcinek $A_1B_1$ o tej samej długości. Mamy:

$A_1 = S_{O(0,0)}(A)$, więc $A_1(5, -1)$
$B_1 = S_{O(0,0)}(B)$, więc $B_1(3, 2)$.

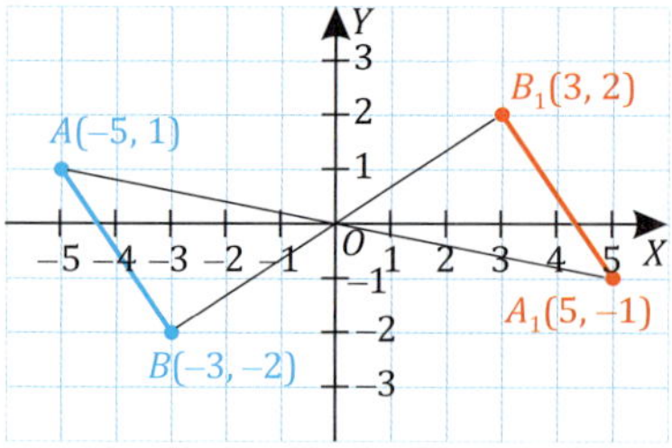


Na poniższym rysunku przedstawiony jest wykres funkcji $y = f(x)$, na którym dowolnie wybrano punkt $A(x, y)$. Wykres funkcji przekształcimy przez symetrię środkową względem punktu $O(0, 0)$ i wyznaczymy wzór funkcji $g$, której wykres otrzymaliśmy.

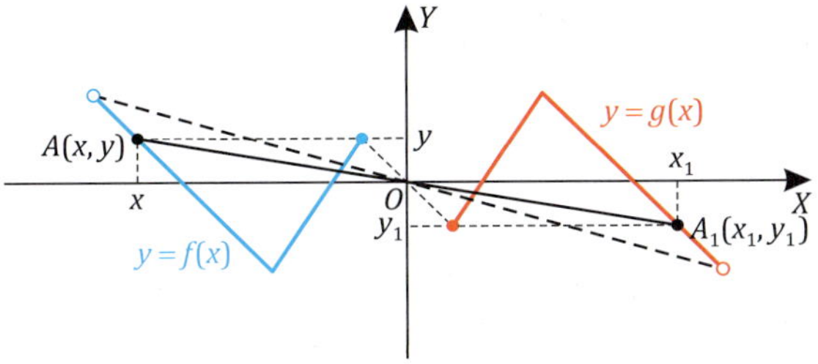


Niech $A_1 = S_{O(0,\,0)}(A)$ i $A_1(x_1, y_1)$, więc $x_1 = -x$ i $y_1 = -y$, stąd $x = -x_1$ i $y = -y_1$. Po podstawieniu w miejsce $x$ i $y$ do wzoru funkcji $y = f(x)$ wyznaczonych wielkości otrzymujemy $-y_1 = f(-x_1)$, skąd

$$y_1 = -f(-x_1)$$

Wykres otrzymanej funkcji możemy zapisać w postaci $y = -f(-x)$ (aby oba wykresy można było narysować w tym samym układzie współrzędnych); mamy zatem:

$$g(x) = -f(-x)$$

**Twierdzenie 2.**

Wykres funkcji $y = -f(-x)$ powstaje w wyniku przekształcenia wykresu funkcji $y = f(x)$ przez symetrię środkową względem początku układu współrzędnych.

## Przykład 2.

Wykres funkcji $f(x) = 0{,}5x - 1$ przekształcono przez symetrię środkową względem punktu $O(0, 0)$ i otrzymano wykres funkcji $g$. Wyznaczymy wzór funkcji $g$ i naszkicujemy jej wykres.

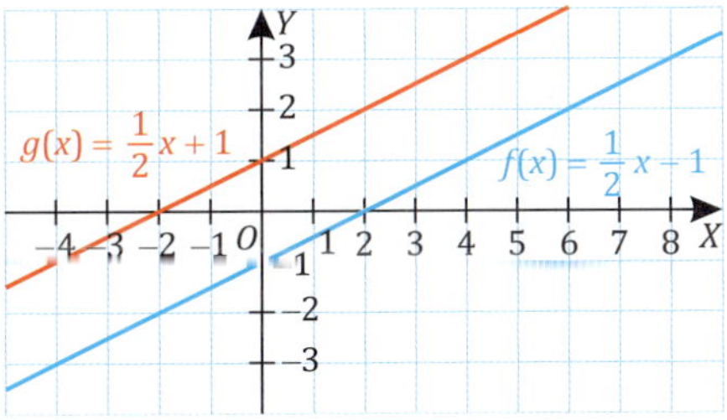


Po przekształceniu wykresu funkcji $f(x) = 0{,}5x - 1$ przez symetrię środkową względem punktu $O(0, 0)$ otrzymujemy wykres funkcji $y = -f(-x)$. Zatem:

$$g(x) = -f(-x) = -[0{,}5(-x) - 1] = -(-0{,}5x - 1) = \\ = 0{,}5x + 1$$

Wykresy funkcji $f$ i $g$ przedstawia rysunek obok.

## Sprawdź, czy rozumiesz

1. Wykres funkcji $f(x) = \sqrt{x}$ przekształcono przez symetrię środkową względem punktu $O(0, 0)$. Napisz wzór i naszkicuj wykres funkcji, której wykres otrzymano. Podaj dziedzinę i zbiór wartości tej funkcji.
2. Wykres funkcji $g(x) = -2x + 5$ otrzymano w wyniku przekształcenia wykresu pewnej funkcji $f$ przez symetrię środkową względem początku układu współrzędnych. Wyznacz wzór funkcji $f$.

# Wykres funkcji $y = |f(x)|$ oraz $y = f(|x|)$

Załóżmy, że dany jest wykres funkcji $y = f(x)$. Aby naszkicować wykres funkcji $y = |f(x)|$, posłużymy się definicją wartości bezwzględnej. Mamy:

$$|f(x)| = \begin{cases} f(x), & \text{jeśli } f(x) \geqslant 0 \\ -f(x), & \text{jeśli } f(x) < 0 \end{cases}$$

Równość $|f(x)| = f(x)$, jeśli $f(x) \geqslant 0$, oznacza, że dla wszystkich argumentów $x$, dla których funkcja $f$ przyjmuje wartości nieujemne, wykresy funkcji $y = |f(x)|$ i $y = f(x)$ się pokrywają.

Równość $|f(x)| = -f(x)$, jeśli $f(x) < 0$, oznacza, że dla wszystkich argumentów $x$, dla których funkcja $f$ przyjmuje wartości ujemne, wykres funkcji $y = |f(x)|$ pokrywa się z wykresem funkcji $y = -f(x)$ (czyli z odbiciem symetrycznym wykresu funkcji $y = f(x)$ względem osi $OX$).

Z tego wynika, że aby z wykresu funkcji $y = f(x)$ otrzymać wykres funkcji $y = |f(x)|$, wystarczy:
1) tę część wykresu, która leży nad osią $OX$ lub na niej, pozostawić bez zmian;
2) tę część wykresu, która leży poniżej osi $OX$, przekształcić przez symetrię osiową względem osi $OX$.
Oto etapy takiego przekształcenia:

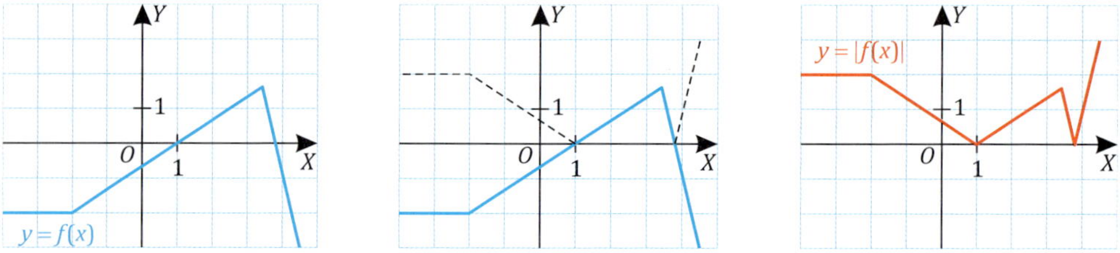


Omówimy teraz jak, mając wykres funkcji $y = f(x)$, otrzymać wykres funkcji $y = f(|x|)$. Podobnie jak poprzednio odwołamy się do definicji wartości bezwzględnej. Mamy:

$$f(|x|) = \begin{cases} f(x), & \text{jeśli } x \geqslant 0 \\ f(-x), & \text{jeśli } x < 0 \end{cases}$$

Równość $f(|x|) = f(x)$, jeśli $x \geqslant 0$, oznacza, że dla wszystkich argumentów nieujemnych wykresy funkcji $y = f(|x|)$ i $y = f(x)$ pokrywają się.

Równość $f(|x|) = f(-x)$, jeśli $x < 0$, oznacza, że dla wszystkich argumentów ujemnych, wykres funkcji $y = f(|x|)$ pokrywa się z wykresem funkcji $y = f(-x)$ (czyli z odbiciem symetrycznym wykresu funkcji $y = f(x)$ względem osi $OY$).

Z tego wnioskujemy, że aby otrzymać wykres funkcji $y = f(|x|)$ na podstawie wykresu funkcji $y = f(x)$, wystarczy:
1) tę część wykresu funkcji $y = f(x)$, która odpowiada argumentom nieujemnym pozostawić bez zmiany;
2) otrzymaną w punkcie 1) część wykresu odbić symetrycznie względem osi $OY$;
3) wyznaczyć zbiór będący sumą wykresów znalezionych w punkcie 1) i 2).

Oto etapy takiego przekształcenia:

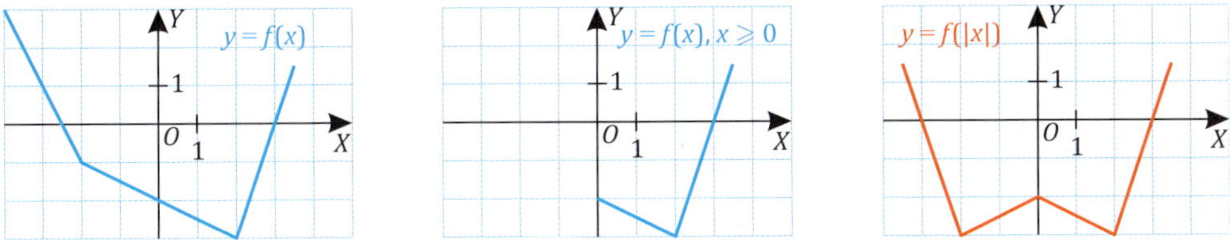


Zauważ, że funkcja $y = f(|x|)$ jest funkcją parzystą.

## Przykład 2.

Na poniższych rysunkach przedstawiony jest wykres funkcji $f(x) = \sqrt{x}$ oraz $g(x) = f(|x|)$.

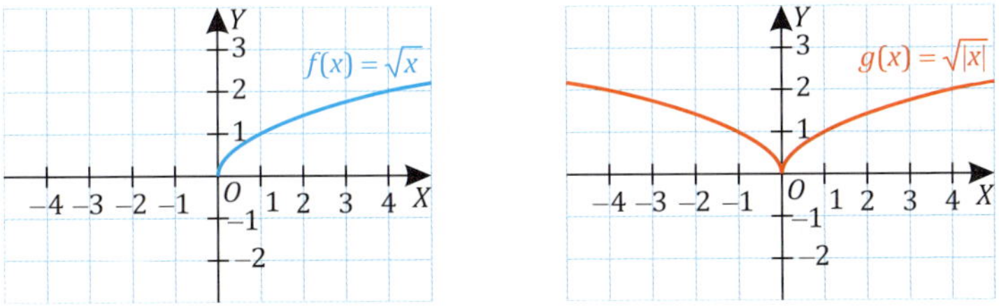


## Sprawdź, czy rozumiesz

1. Na podstawie wykresu funkcji $f$, przedstawionego na poniższym rysunku, narysuj wykres funkcji $y = |f(x)|$ oraz $y = f(|x|)$.

   a) 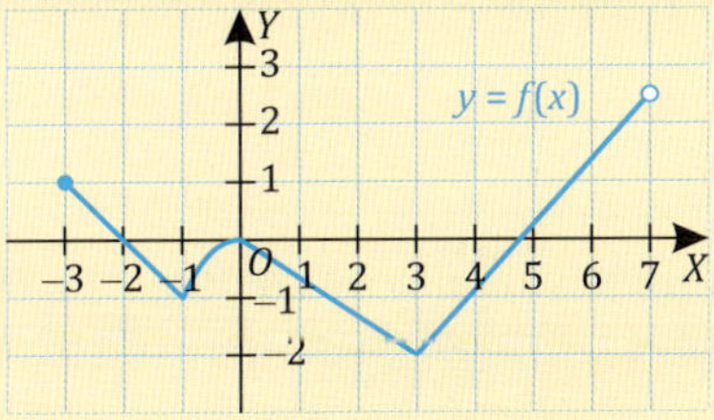


   b) 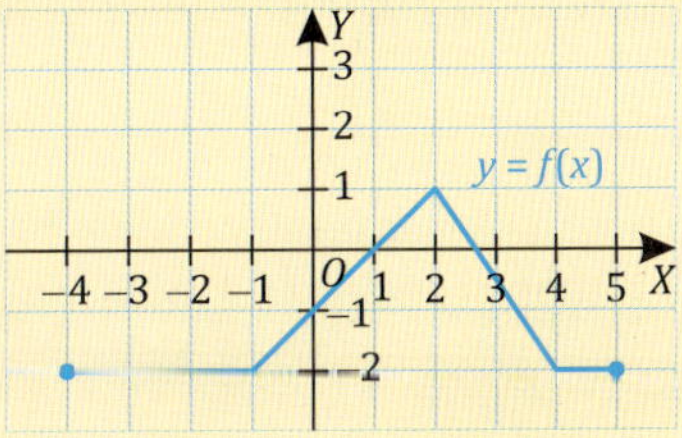


2. Wiadomo, że dziedziną funkcji $f$ jest przedział $\langle -2, 10)$. Podaj dziedzinę funkcji określonej wzorem:
   a) $y = |f(x)|$ b) $y = f(|x|)$.
3. Wiadomo, że zbiorem wartości funkcji $f$ jest przedział $(-5, 7\rangle$.
   a) Podaj zbiór wartości funkcji $y = |f(x)|$.
   b) Co można powiedzieć o zbiorze wartości funkcji $g$ określonej wzorem $g(x) = f(|x|)$?
4. Naszkicuj wykresy funkcji:
   a) $g(x) = |x^3|$ b) $h(x) = |\mathrm{sgn}\, x|$ c) $t(x) = |x|^2$ d) $r(x) = [|x|]$.

# Powinowactwo prostokątne o osi OX i o osi OY

## Powinowactwo prostokątne o osi OX

Niech dany będzie punkt $A(x, y)$ i jego rzut prostokątny na oś $OX$ – punkt $P(x, 0)$. Rozważmy punkt $A_1(x_1, y_1)$ – obraz punktu $A$ w powinowactwie prostokątnym o osi $OX$ i skali $k$, $k \neq 0$.

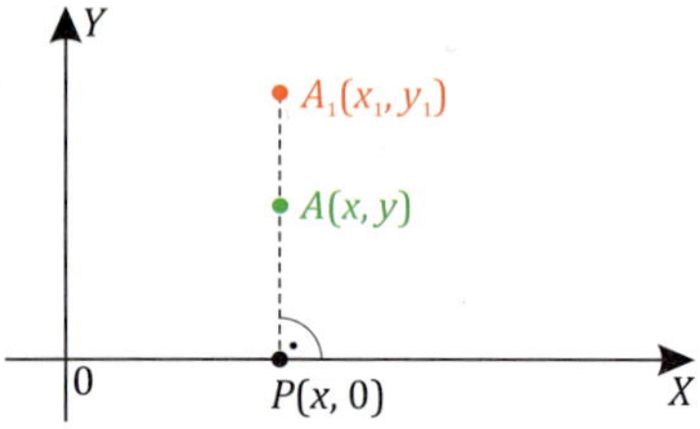


Wiemy, że wówczas

$\overrightarrow{PA_1} = k \cdot \overrightarrow{PA}$, czyli

$[x_1 - x, y_1] = k \cdot [0, y]$

$[x_1 - x, y_1] = [0, k \cdot y]$, zatem

$x_1 - x = 0 \wedge y_1 = k \cdot y$

$x_1 = x \wedge y_1 = k \cdot y$

Otrzymaliśmy twierdzenie:

**Twierdzenie 1.**
W prostokątnym układzie współrzędnych obrazem punktu $A(x, y)$ w powinowactwie prostokątnym o osi $OX$ i skali $k$, $k \neq 0$, jest punkt $A_1(x, k \cdot y)$.

### Przykład 1.

W układzie współrzędnych narysujemy trójkąt $ABC$, w którym $A(-3, -2)$, $B(6, 0)$, $C(1, 4)$. Wyznaczymy obraz tego trójkąta w powinowactwie prostokątnym o osi $OX$ i skali:

a) $\frac{1}{4}$

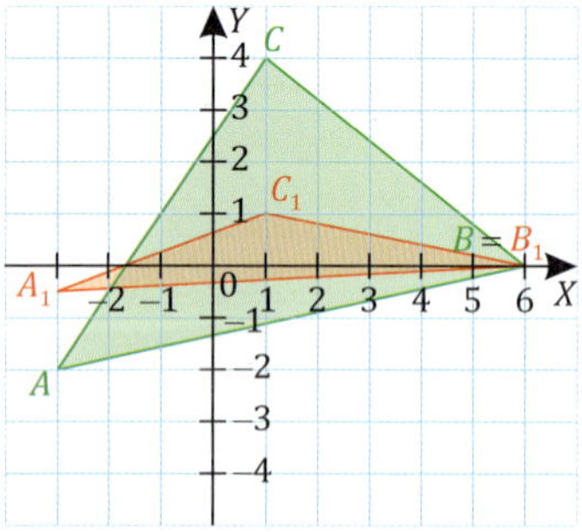


Trójkąt $A_1B_1C_1$ jest obrazem trójkąta $ABC$.

Mamy: $A_1\left(-3, \frac{-1}{2}\right)$, $B_1(6, 0)$, $C_1(1, 1)$.

b) $-\frac{3}{2}$

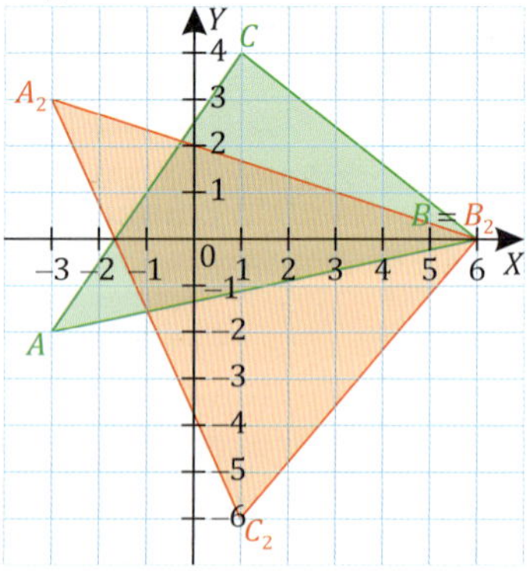


Trójkąt $A_2B_2C_2$ jest obrazem trójkąta $ABC$.

Mamy: $A_2(-3, 3)$, $B_2(6, 0)$, $C_2(1, -6)$.

Rozważmy wykres funkcji $y = f(x)$. Wykres ten przekształcono przez powinowactwo prostokątne o osi $OX$ i skali $k$. Ustalimy wzór funkcji $g$, której wykres otrzymaliśmy.

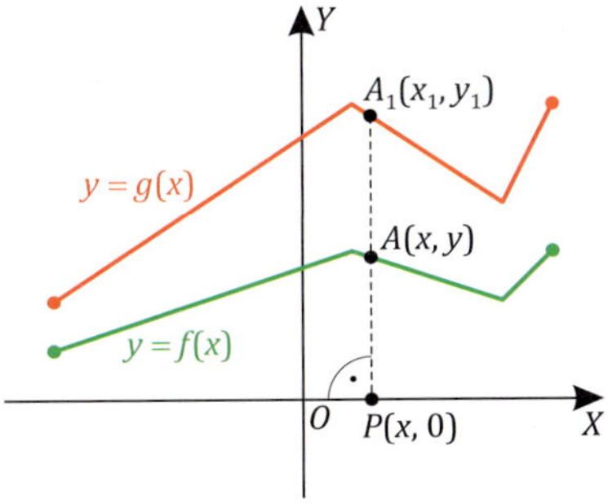


Na wykresie funkcji $f$ wybieramy dowolny punkt $A(x, y)$. Jego obrazem we wskazanym powinowactwie jest punkt $A_1(x_1, y_1)$. Między współrzędnymi punktów $A$ i $A_1$ zachodzą następujące zależności:

$x_1 = x \wedge y_1 = k \cdot y$, czyli

$x = x_1 \wedge y = \frac{1}{k} \cdot y_1$

Po podstawieniu w miejsce $x$ i $y$ wyznaczonych wielkości do wzoru funkcji $y = f(x)$, otrzymujemy:

$\frac{1}{k} \cdot y_1 = f(x_1)$, skąd

$y_1 = k \cdot f(x_1)$, zatem możemy zapisać

$g(x) = k \cdot f(x)$

**Twierdzenie 2.**
Wykres funkcji $y = k \cdot f(x)$, $k \neq 0$, powstaje w wyniku przekształcenia wykresu funkcji $y = f(x)$ przez powinowactwo prostokątne o osi $OX$ i skali $k$.

## Przykład 2.

Dany jest wykres funkcji $y = f(x)$.

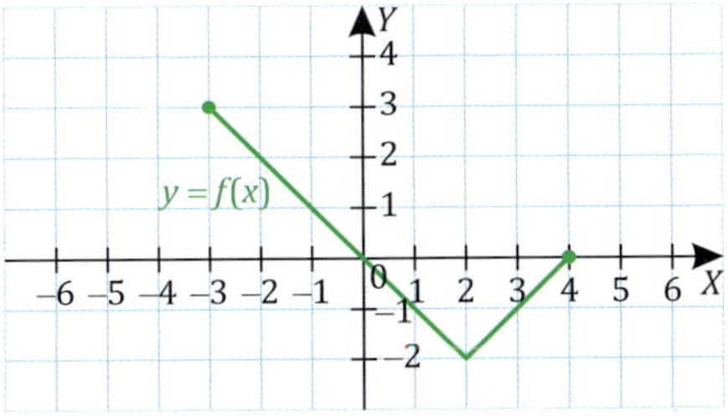


Naszkicujemy wykresy funkcji:

a) $y = 2f(x)$

b) $y = -\frac{1}{2} f(x)$

**Ad a)**

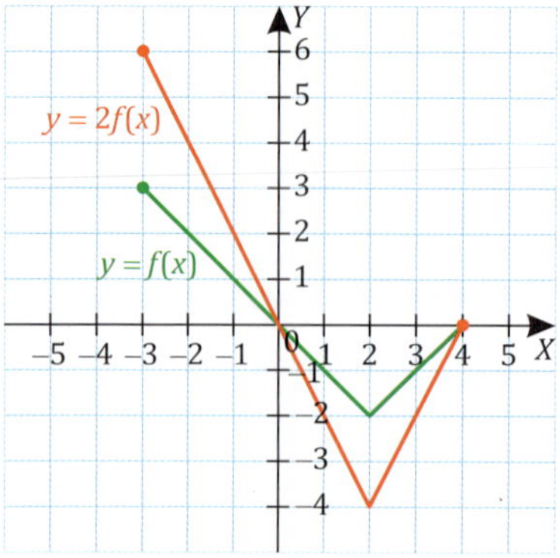


**Ad b)**

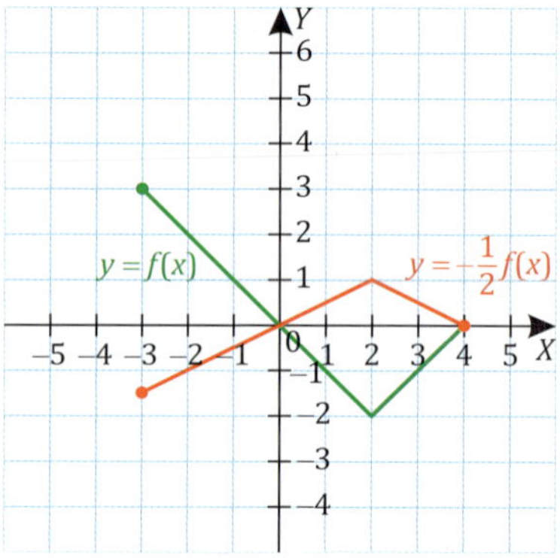


**Powinowactwo prostokątne o osi *OY***

Niech dany będzie punkt $A(x, y)$. Rozważmy punkt $A_1(x_1, y_1)$ – obraz punktu $A$ w powinowactwie prostokątnym o osi $OY$ i skali $k$, $k \neq 0$.

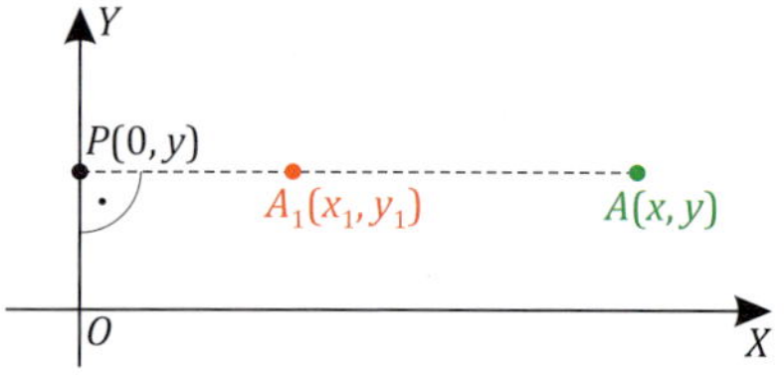


Postępując analogicznie jak w przypadku powinowactwa prostokątnego o osi $OX$, można wykazać, że:

$$x_1 = k \cdot x \wedge y_1 = y$$

**Twierdzenie 3.**

W prostokątnym układzie współrzędnych obrazem punktu $A(x, y)$ w powinowactwie prostokątnym o osi $OY$ i skali $k$, $k \neq 0$, jest punkt $A_1(k \cdot x, y)$.

## Przykład 3.

W układzie współrzędnych narysujemy kwadrat $ABCD$, w którym $A(6, 2)$, $B(8, 4)$, $C(6, 6)$, $D(4, 4)$. Wyznaczymy obraz tego kwadratu w powinowactwie prostokątnym o osi $OY$ i skali:

a) $\frac{1}{4}$

b) $-\frac{3}{2}$

**Ad a)**

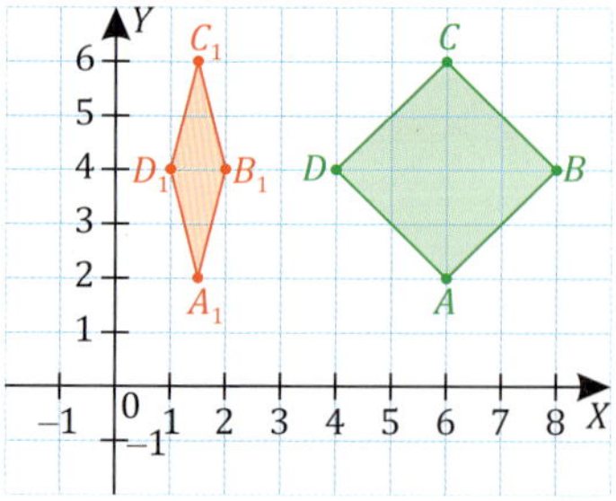

Romb $A_1B_1C_1D_1$ jest obrazem kwadratu $ABCD$. Mamy: $A_1\left(\frac{3}{2}, 2\right)$, $B_1(2, 4)$, $C_1\left(\frac{3}{2}, 6\right)$, $D_1(1, 4)$.

**Ad b)**

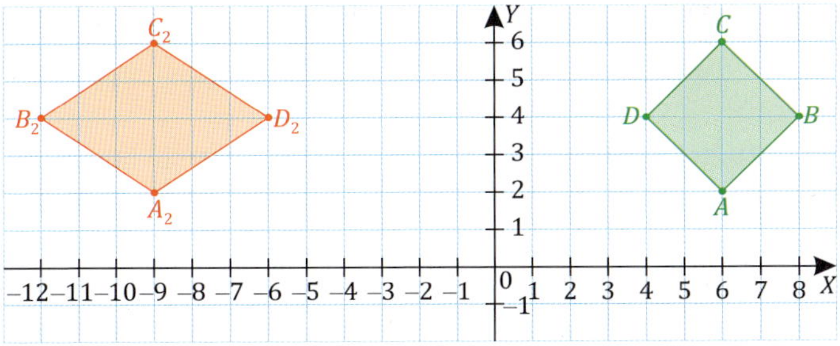


Romb $A_2D_2C_2B_2$ jest obrazem kwadratu $ABCD$. Mamy: $A_2(-9, 2)$, $D_2(-6, 4)$, $C_2(-9, 6)$, $B_2(-12, 4)$.

Załóżmy, że mamy dany wykres funkcji $y = f(x)$. Wykres ten przekształcono przez powinowactwo prostokątne o osi $OY$ i skali $k$, $k \neq 0$. Wyznaczymy wzór funkcji $g$, której wykres otrzymaliśmy.

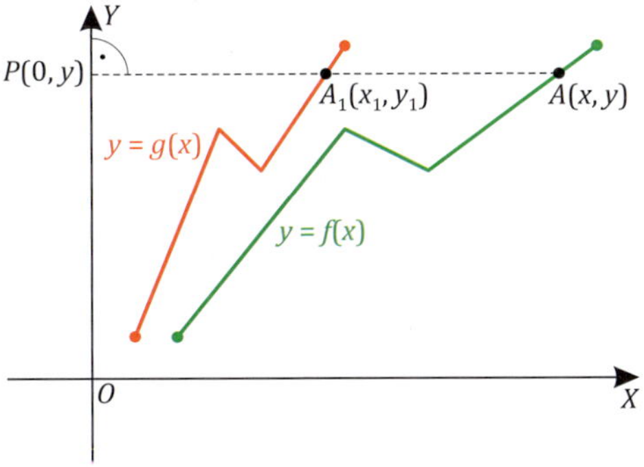


Na wykresie funkcji $f$ wybieramy dowolny punkt $A(x, y)$. Niech teraz punkt $A_1(x_1, y_1)$ będzie obrazem punktu $A$ w interesującym nas przekształceniu. Między współrzędnymi punktów $A$ i $A_1$ zachodzą następujące zależności:

$x_1 = k \cdot x \wedge y_1 = y$, czyli

$x = \frac{1}{k}x_1 \wedge y = y_1$

Po podstawieniu w miejsce $x$ i $y$ wyznaczonych wielkości do wzoru funkcji $y = f(x)$ otrzymujemy:

$y_1 = f\left(\frac{1}{k}x_1\right)$, zatem możemy zapisać

$$g(x) = f\left(\frac{1}{k}x\right)$$

**Twierdzenie 4.**

Wykres funkcji $y = f\left(\frac{1}{k}x\right)$, $k \neq 0$, powstaje w wyniku przekształcenia wykresu funkcji $y = f(x)$ przez powinowactwo prostokątne o osi $OY$ i skali $k$.

**UWAGA:** Z twierdzenia 4. wynika, że wykres funkcji

$$y=f\left(\frac{1}{4}x\right)$$

powstanie w wyniku przekształcenia wykresu funkcji $y=f(x)$ przez powinowactwo prostokątne o osi $OY$ i skali 4, czyli będzie „czterokrotnie rozciągnięty" (wzdłuż osi $OX$).
Natomiast wykres funkcji

$$y=f(3x)$$

powstanie w wyniku przekształcenia wykresu funkcji $y=f(x)$ przez powinowactwo prostokątne o osi $OY$ i skali $\frac{1}{3}$, czyli będzie „trzykrotnie ściśnięty" (wzdłuż osi $OX$).

## Przykład 4.

Dany jest wykres funkcji $y=f(x)$.

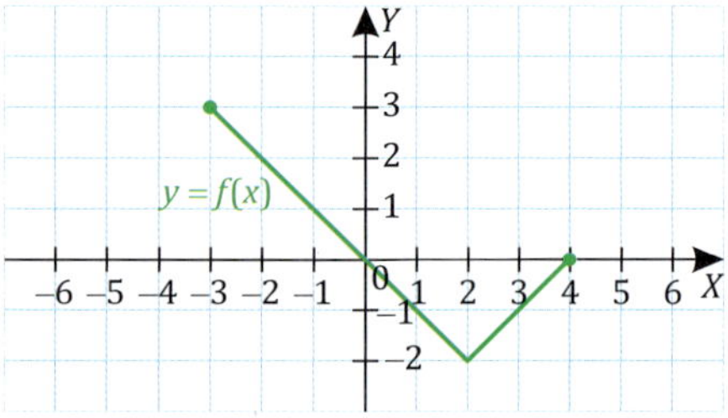


Naszkicujemy wykresy funkcji:

a) $y=f(2x)$ b) $y=f\left(-\frac{1}{2}x\right)$.

**Ad a)**

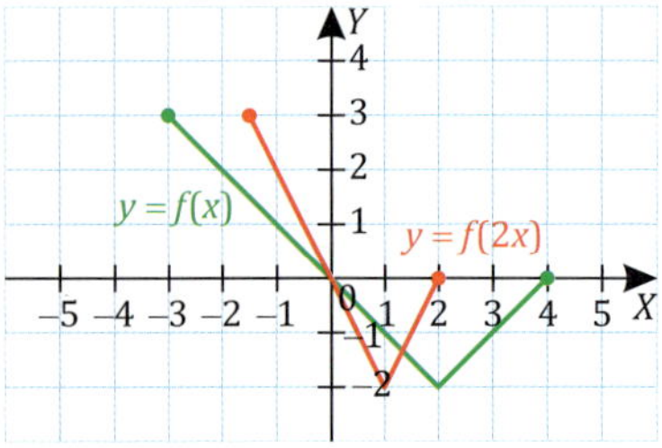


**Ad b)**

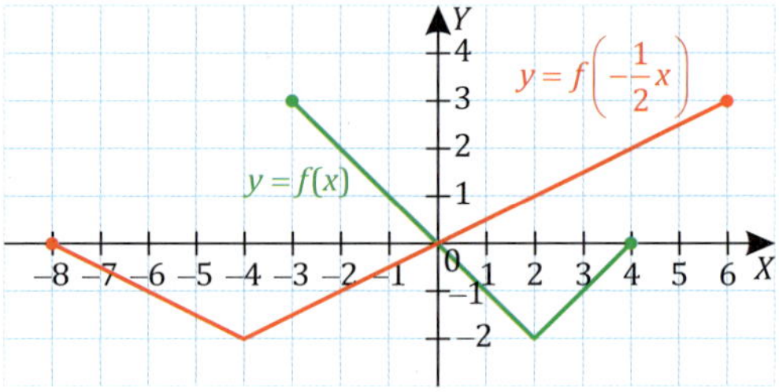


## Przykład 5.

Dana jest funkcja $f(x) = \sqrt{x+3}$, gdzie $x \in \langle -3, 6\rangle$. Naszkicujemy wykres tej funkcji, a następnie – w tym samym układzie współrzędnych – naszkicujemy wykres funkcji:

a) $g(x)=f(3x)$ b) $h(x)=f\left(-\frac{3}{4}x\right)$.

**Ad a)**

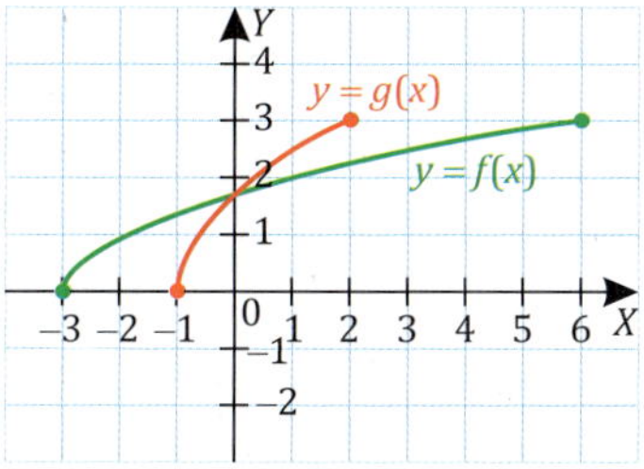


Wyznaczamy najpierw „jawny” wzór funkcji $g$:

$g(x) = f(3x)$, więc $g(x) = \sqrt{3x+3}$.

Określamy dziedzinę funkcji $g$:

$-3 \leqslant 3x \leqslant 6$, skąd

$-1 \leqslant x \leqslant 2$, więc $D_g = \langle -1, 2\rangle$.

Wykres funkcji $g$ jest obrazem wykresu funkcji $f$ w powinowactwie prostokątnym o osi $OY$ i skali $\frac{1}{3}$.

**Ad b)**

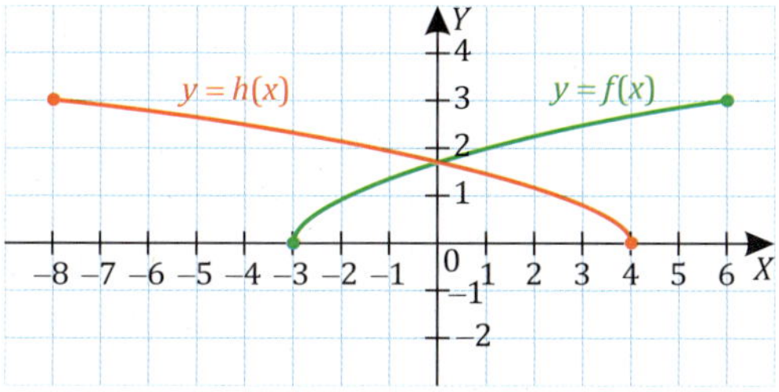


Wyznaczamy najpierw „jawny” wzór funkcji $h$:

$h(x) = f\left(-\frac{3}{4}x\right)$, więc $h(x) = \sqrt{-\frac{3}{4}x + 3}$.

Określamy dziedzinę funkcji $h$:

$-3 \leqslant -\frac{3}{4}x \leqslant 6$, skąd

$4 \geqslant x \geqslant -8$, więc $D_h = \langle -8, 4\rangle$.

Wykres funkcji $h$ jest obrazem wykresu funkcji $f$ w powinowactwie prostokątnym o osi $OY$ i skali $\frac{-4}{3}$.

## Sprawdź, czy rozumiesz

1. Dany jest wykres funkcji $f$ (zobacz rysunek obok). Naszkicuj w układzie współrzędnych wykres funkcji:

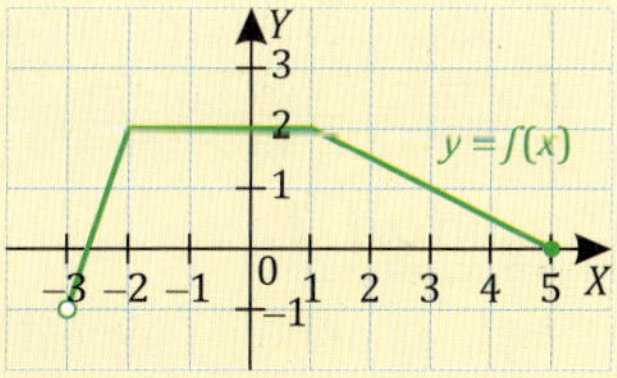


   a) $y = 0{,}5f(x)$ b) $y = f(0{,}5x)$
   c) $y = -2f(x)$ d) $y = f(-2x)$.

2. Na podstawie wykresu funkcji $f$ naszkicuj wykres funkcji $g$, jeśli:
   a) $f(x) = x^2$, gdzie $x \in (-2, 3)$ $g(x) = \frac{1}{3}x^2$, gdzie $x \in (-2, 3)$
   b) $f(x) = x^3$, gdzie $x \in (-1, 2\rangle$ $g(x) = \left(\frac{1}{3}x\right)^3$, gdzie $x \in (-3, 6\rangle$.

# Szkicowanie wykresów wybranych funkcji

Przypomnijmy: aby naszkicować wykresy funkcji $y = -f(x)$, $y = f(-x)$, $y = f(x - p) + q$, mając dany wykres funkcji $y = f(x)$, wystarczy przekształcić wykres funkcji $f$ odpowiednio przez symetrię względem osi $OX$, przez symetrię względem osi $OY$ lub przesunąć równolegle o wektor $\vec{u}$, gdzie $\vec{u} = [p, q]$.

Załóżmy teraz, że dany wykres funkcji $f$ przekształcimy przez symetrię względem osi $OY$. Wówczas otrzymamy wykres nowej funkcji; oznaczmy ją jako $g$. Następnie wykres funkcji $g$ przekształcimy w symetrii względem osi $OX$ i otrzymamy wykres trzeciej funkcji, $h$ (zobacz rysunek poniżej).

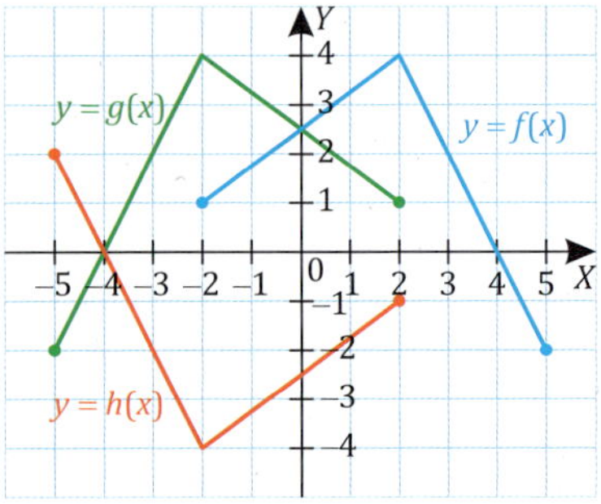


Powiemy, że wykres funkcji $h$ powstał z wykresu funkcji $f$ w wyniku złożenia dwóch przekształceń. Czy można wzór funkcji $h$ wyrazić za pomocą wzoru funkcji $f$? Okazuje się, że tak. Funkcję $g$ można opisać wzorem

$$g(x) = f(-x)$$

Natomiast wzór funkcji $h$ możemy zapisać za pomocą wzoru funkcji $g$:

$$h(x) = -g(x)$$

W takim razie

$$h(x) = -g(x) = -f(-x)$$

Funkcję $h$ można opisać wzorem $y = -f(-x)$.

Zauważ, że złożenie dwóch symetrii – jednej względem osi $OX$, a drugiej względem osi $OY$ – można zastąpić jednym przekształceniem – symetrią środkową względem punktu $O(0, 0)$. Gdybyśmy zmienili kolejność tych przekształceń, to otrzymalibyśmy na końcu ten sam wykres funkcji $h$ (sprawdź to!).

W dalszej części tematu rozważymy składanie symetrii osiowej z translacją. Sprawdzimy także, czy kolejność wykonania tych przekształceń ma znaczenie.

## Przykład 1.

a) Wykres funkcji $f$ określonej wzorem $f(x) = x^2$ przesuniemy równolegle o wektor $\vec{u} = [0, 2]$; powstały wykres funkcji $g$ przekształcimy przez symetrię względem osi $OX$. Otrzymamy wykres funkcji $h$ i znajdziemy jej wzór.

b) Wykres funkcji $f$ z punktu a) przekształcimy przez symetrię względem osi $OX$. Następnie powstały wykres przesuniemy równolegle o wektor $\vec{u} = [0, 2]$. Czy na końcu otrzymamy wykres funkcji $h$ z punktu a)?

**Ad a)**

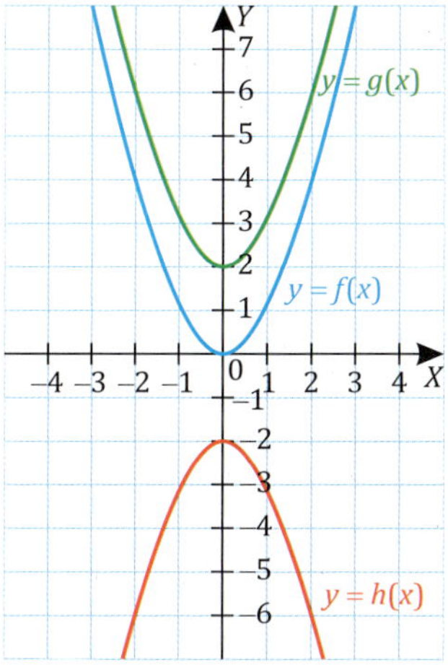


Jeśli wykres funkcji $f$ przesuniemy równolegle o wektor $\vec{u} = [0, 2]$, to otrzymamy wykres funkcji

$g(x) = x^2 + 2$ (zobacz rysunek obok).

W wyniku przekształcenia wykresu funkcji $g$ przez symetrię względem osi $OX$ otrzymujemy wykres funkcji

$h(x) = -(x^2 + 2)$, czyli wykres funkcji

$h(x) = -x^2 - 2$

**Ad b)**

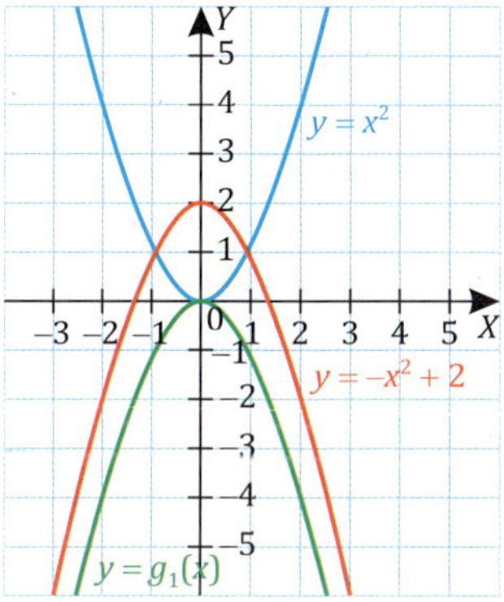


Po przekształceniu wykres funkcji $f$ przez symetrię względem osi $OX$, otrzymujemy wykres funkcji

$g_1(x) = -x^2$ (zobacz rysunek obok).

W wyniku przesunięcia równoległego wykresu funkcji $g_1$ o wektor $\vec{u} = [0, 2]$ powstaje wykres funkcji inny, niż wykres funkcji $h$. Nową funkcję można opisać wzorem

$y = -x^2 + 2$

Okazuje się, że kolejność przekształceń ma duże znaczenie.
Warto więc zastanowić się nad tym, jak można na podstawie wzoru funkcji $f$ naszkicować wykres funkcji

$y = -f(x - p) + q$

Żeby to ostatecznie rozstrzygnąć, wykonamy przekształcenia, opisane w poniższym przykładzie.

## Przykład 2.

Wykres funkcji $f$ określonej wzorem $f(x) = x^2$ przekształcimy przez symetrię względem osi $OX$; powstały wykres funkcji $g$ przesuniemy równolegle o wektor $\vec{u} = [3, 0]$. Otrzymamy wykres funkcji $h$. Czy otrzymalibyśmy ten sam wykres, gdybyśmy zmienili kolejność przekształceń?

Sytuację pierwszą ilustruje rysunek a). Przekształcając wykres funkcji $f$ w symetrii względem osi $OX$, otrzymujemy wykres funkcji

$g(x) = -x^2$

W wyniku przesunięcia równoległego wykresu funkcji $g$ o wektor

$\vec{u} = [3, 0]$

powstaje wykres funkcji $h$, określonej wzorem

$h(x) = -(x-3)^2$

a)

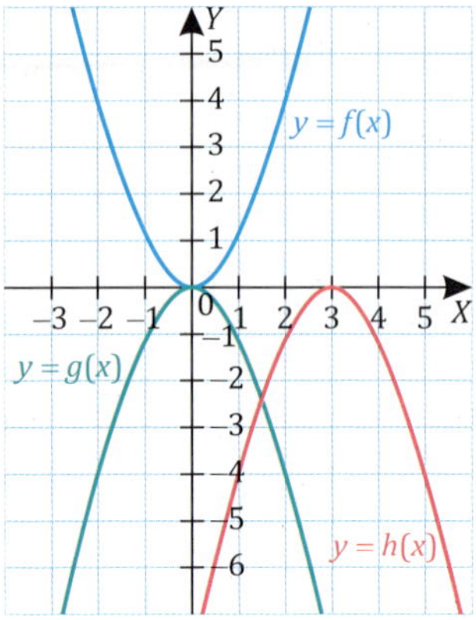


b)

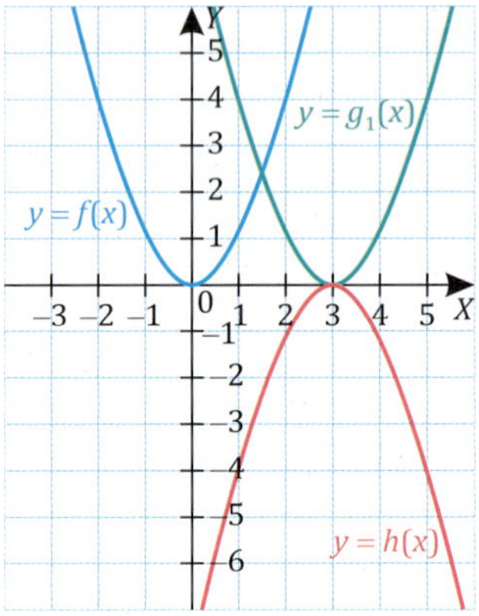


W drugim przypadku (zobacz rysunek b) wykres funkcji $f$ przesunęliśmy równolegle o wektor $\vec{u} = [3, 0]$ i otrzymaliśmy wykres funkcji

$g_1(x) = (x-3)^2$

Następnie wykres funkcji $g_1$ został przekształcony przez symetrię względem osi $OX$. W rezultacie otrzymaliśmy znowu wykres funkcji $h$. Okazuje się, że kolejność wykonywania symetrii względem osi $OX$ i translacji wzdłuż osi $OX$ nie ma znaczenia.

Spostrzeżenia w dwóch ostatnich przykładach można uogólnić.

1) Jeśli chcemy naszkicować wykres funkcji $y = -f(x-p)$, to możemy wykres funkcji $y = f(x)$ przesunąć równolegle o wektor $\vec{u} = [p, 0]$, a następnie otrzymany wykres przekształcić przez symetrię względem osi $OX$ lub odwrotnie.

2) Jeśli chcemy naszkicować wykres funkcji $y = -f(x) + q$, wówczas możemy to zrobić w następujący sposób: najpierw wykres funkcji $y = f(x)$ przekształcamy przez symetrię względem osi $OX$, następnie otrzymany wykres przesuwamy równolegle o wektor $\vec{u} = [0, q]$.

Zatem, jeśli mamy naszkicować wykres funkcji $y = -f(x-p) + q$, to możemy zastosować następującą kolejność przekształceń: najpierw wykres funkcji $y = f(x)$ przekształcamy w symetrii względem osi $OX$, a następnie otrzymany wykres przesuwamy równolegle o wektor $\vec{u} = [p, q]$.

## Przykład 3.

Na podstawie wykresu funkcji $f(x) = |x|$ naszkicujemy wykres funkcji $h(x) = -|x+4| - 1$.

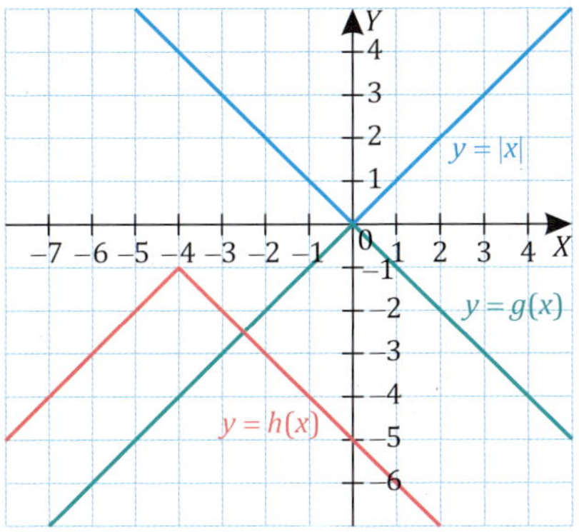


Wystarczy wykonać w podanej kolejności następujące przekształcenia:

1) symetria osiowa wykresu funkcji $f$ względem osi $OX$ – wówczas otrzymamy wykres funkcji $g$, gdzie

$$g(x) = -|x|$$

2) translacja wykresu funkcji $g$ o wektor $\vec{u} = [-4, -1]$ – wtedy otrzymamy wykres funkcji $h$, gdzie

$$h(x) = -|x+4| - 1$$

Zastanowimy się teraz, jak można – na podstawie poznanych przekształceń – naszkicować wykres funkcji $y = f(-x-p) + q$, wykorzystując dany wykres funkcji $y = f(x)$.

## Przykład 4.

Na podstawie wykresu funkcji $f(x) = \sqrt{x}$ naszkicujemy wykres funkcji $h(x) = \sqrt{-x+4} + 2$.

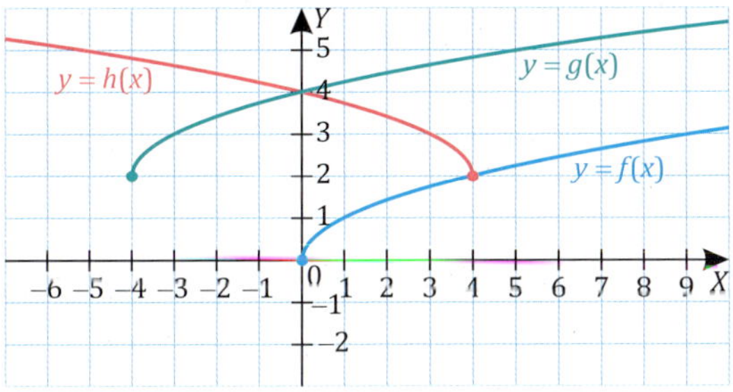


Niech $g(x) = \sqrt{x+4} + 2$. Wykres funkcji $g$ powstaje w wyniku przesunięcia równoległego wykresu funkcji $f$ o wektor

$$\vec{u} = [-4, 2]$$

Jeśli wykres funkcji $g$ przekształcimy przez symetrię względem osi $OY$, to otrzymamy wykres funkcji $h$:

$$h(x) = g(-x),$$

czyli

$$h(x) = \sqrt{-x+4} + 2$$

Zmiana kolejności proponowanych przekształceń w przykładzie 3. doprowadziłaby do wykresu innej funkcji niż funkcja $h$. Przeanalizujmy:

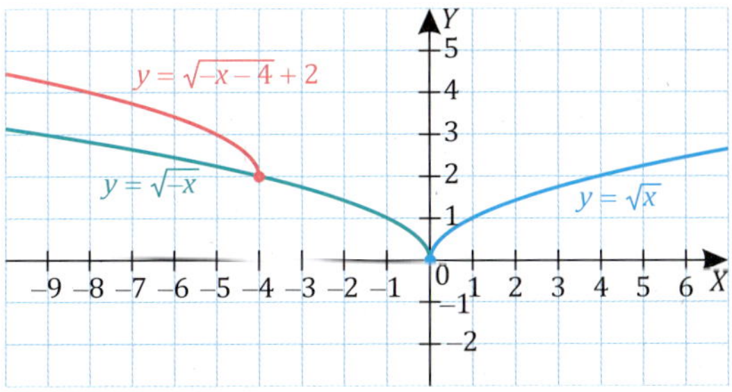


W wyniku przekształcenia wykresu funkcji $y = \sqrt{x}$ przez symetrię względem osi $OY$ otrzymujemy wykres funkcji

$$y = \sqrt{-x}$$

Jeśli teraz wykres nowej funkcji przesuniemy równolegle o wektor

$$\vec{u} = [-4, 2],$$

to otrzymamy wykres funkcji

$$y = \sqrt{-(x+4)} + 2$$

Jeśli łączymy symetrię względem osi $OY$ z translacją o wektor wzdłuż osi $OX$, to kolejność jest ważna. Sprawdź, wykonując odpowiednie przekształcenia wykresu funkcji $y = \sqrt{x}$, że jeśli łączymy symetrię względem osi $OY$ z translacją wzdłuż osi $OY$, to kolejność nie ma znaczenia.

Zatem, jeśli mamy naszkicować wykres funkcji $y = f(-x - p) + q$, to możemy zastosować następującą kolejność przekształceń: najpierw wykres funkcji $f$ przesuwamy równolegle o wektor $\vec{u} = [p, q]$, a następnie otrzymany wykres przekształcamy przez symetrię względem osi $OX$.

## Przykład 5.

Naszkicujemy wykres funkcji $y = (-x - 4)^3 + 1$.

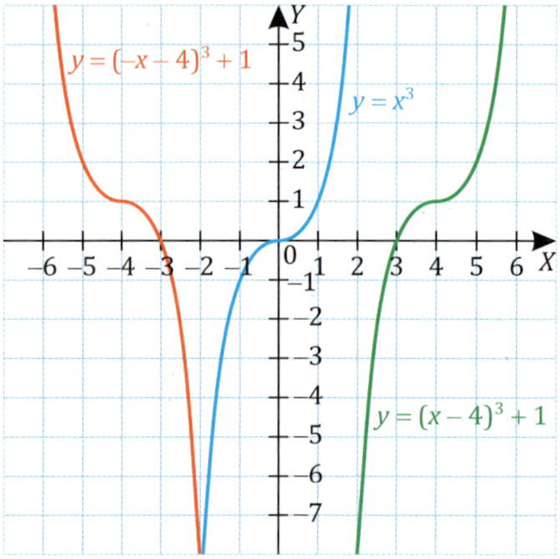


Na podstawie wykresu funkcji $y = x^3$ szkicujemy wykres funkcji

$$g(x) = (x - 4)^3 + 1$$

Następnie zauważamy, że

$$h(x) = g(-x),$$

więc wykres funkcji $g$ przekształcamy w symetrii względem osi $OY$. Otrzymujemy wykres funkcji

$$y = (-x - 4)^3 + 1$$

Oczywiście, prezentowany powyżej sposób nie jest jedyny. Możemy na przykład przekształcić wzór funkcji

$$y = (-x - 4)^3 + 1$$

do postaci

$$y = -(x + 4)^3 + 1$$

Zaproponuj inny sposób przekształcenia wykresu funkcji

$$y = x^3,$$

aby otrzymać wykres rozpatrywanej funkcji. Wykonaj odpowiedni rysunek.

Zastosowanie odpowiedniej kolejności przekształceń może na początku sprawiać Ci trudność. Dlatego zachęcamy Cię do sprawdzania, czy własności funkcji określonej wzorem zgadzają się z własnościami funkcji, której wykres otrzymałeś.

## Przykład 6.

Naszkicujemy wykres funkcji określonej wzorem $f(x) = 2\big||x| - 3\big| - 2$.

I sposób

Zauważamy, że funkcja $f$ jest parzysta, bowiem dziedziną funkcji jest zbiór $\mathbf{R}$ oraz dla dowolnego argumentu należącego do dziedziny spełniony jest warunek:

$$f(-x) = f(x)$$

Zapewne pamiętasz, że wykres funkcji parzystej jest symetryczny względem osi $OY$. Możemy więc w pierwszej kolejności naszkicować wykres tej funkcji w przedziale $\langle 0, +\infty)$; pozostałą część wykresu otrzymamy poprzez przekształcenie już naszkicowanej części przez symetrię względem osi $OY$.

W przedziale $\langle 0, +\infty)$ funkcja $f$ przyjmuje dla poszczególnych argumentów wartości, które można obliczyć ze wzoru $y = 2|x - 3| - 2$. Po wyłączeniu liczby 2 poza nawias otrzymujemy

$$y = 2\big(|x - 3| - 1\big), \text{ gdzie } x \in \langle 0, +\infty).$$

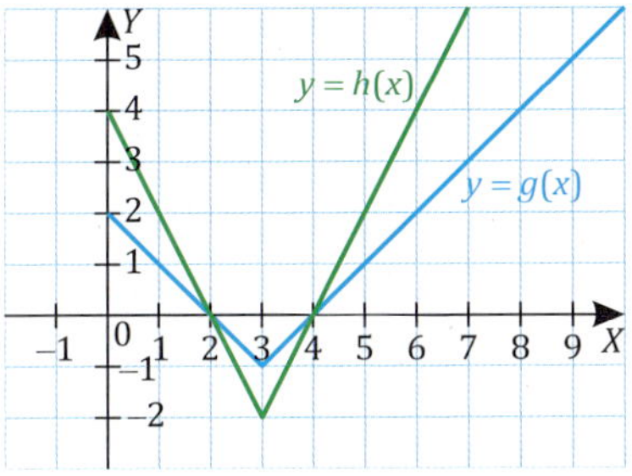


1) Szkicujemy najpierw wykres funkcji $g(x) = |x - 3| - 1$, gdzie $x \in \langle 0, +\infty)$.

2) Następnie, korzystając z powinowactwa prostokątnego, szkicujemy wykres funkcji $h(x) = 2g(x)$, czyli

$$h(x) = 2\big(|x - 3| - 1\big), \text{ gdzie } x \in \langle 0, +\infty).$$

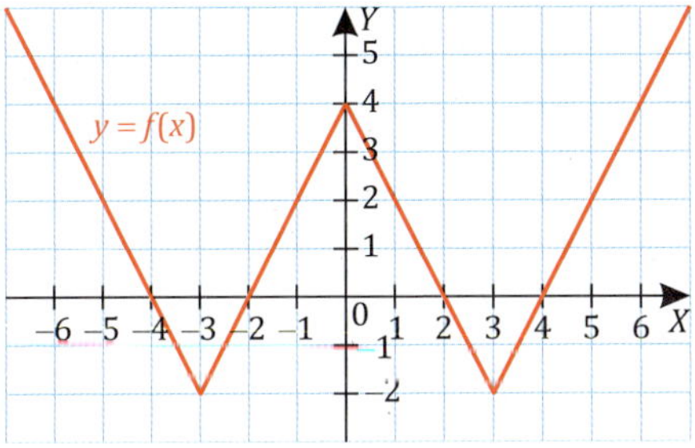


3) Wykres funkcji $h$ przekształcamy w symetrii względem osi $OY$. Powstały obraz wraz z wykresem funkcji $h$ tworzy wykres funkcji $f$.

<u>II sposób</u>

Korzystamy z wykresu funkcji $y = |x|$. Wówczas szkicujemy kolejno:

1) wykres funkcji $g(x) = |x| - 3$ (translacja wykresu funkcji $y = |x|$ o wektor $\vec{u} = [0, -3]$)

2) wykres funkcji $h(x) = \big||x| - 3\big|$ $\big(h(x) = |g(x)|\big)$

3) wykres funkcji $k(x) = 2\big||x| - 3\big|$ (powinowactwo prostokątne o osi $OX$)

4) wykres funkcji $f(x) = 2\big||x| - 3\big| - 2$ (translacja wykresu funkcji $k$ o wektor $\vec{v} = [0, -2]$).

Wykonaj odpowiednie rysunki i porównaj wykresy funkcji $f$ otrzymane dwiema metodami.

## Sprawdź, czy rozumiesz

1. Na rysunku obok dany jest wykres funkcji $f$. Wykonując odpowiednie przekształcenia, naszkicuj wykres:

   a) $y = f(3 - x)$  b) $y = -f(x + 2) + 1$

   c) $y = -f(|x|)$  d) $y = |f(-x)|$.

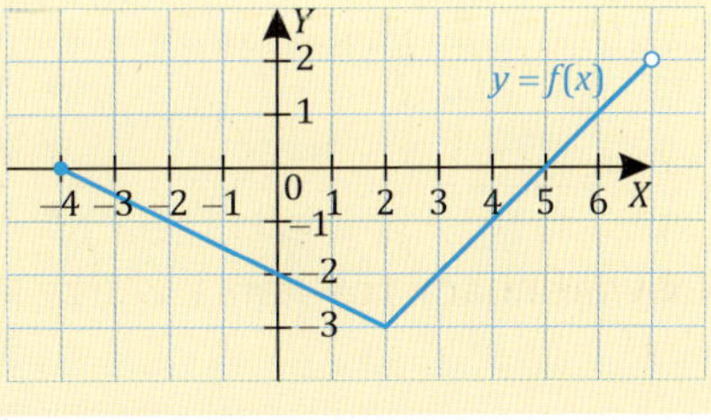

# Zastosowanie wykresów funkcji do rozwiązywania zadań

Umiejętność szkicowania wykresów funkcji może być przydatna do wyznaczenia rozwiązań równania oraz rozwiązań nierówności. Korzystając z wykresu odpowiedniej funkcji, możemy również badać liczbę rozwiązań równania z parametrem. Powyższe zagadnienia omówimy w kolejnych przykładach.

## Przykład 1.

Na podstawie wykresu funkcji $f(x) = \big||x| - 3\big|$ znajdziemy rozwiązania równania $\big||x| - 3\big| = 2$.

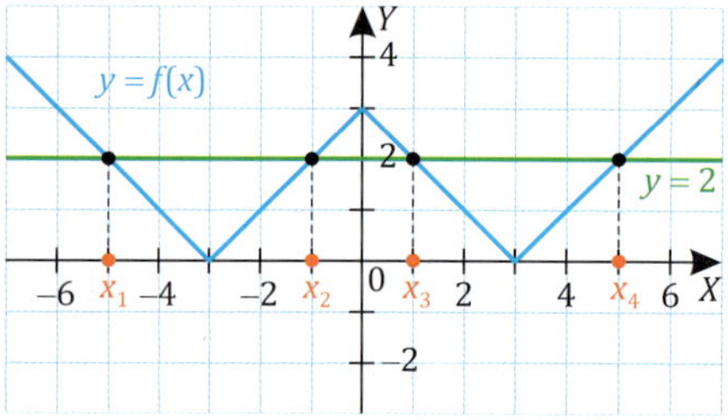


Dziedziną równania jest zbiór liczb rzeczywistych. Rozwiązaniami danego równania są wszystkie argumenty, dla których funkcja

$f(x) = \big||x| - 3\big|$ przyjmuje wartość 2.

Szkicujemy w jednym układzie współrzędnych wykres funkcji $f$ oraz wykres funkcji $g(x) = 2$. Wykresy obu funkcji przecinają się w czterech punktach.

Odczytujemy odcięte tych punktów:

$x_1 = -5$ $x_2 = -1$ $x_3 = 1$ $x_4 = 5$

Sprawdzamy dokładność odczytu liczb $x_1$, $x_2$, $x_3$, $x_4$ poprzez obliczenie wartości funkcji $f$ dla tych argumentów:

$f(-5) = \big||-5| - 3\big| = |5 - 3| = 2$ $f(-1) = \big||-1| - 3\big| = |1 - 3| = 2$

Analogicznie $f(5) = 2$ oraz $f(1) = 2$.

Rozwiązaniami równania są cztery liczby: −5, −1, 1, 5.

## Przykład 2.

Na podstawie wykresów funkcji $f(x) = |x| - 1$ oraz $g(x) = (x - 1)^3$ wyznaczymy rozwiązania równania $|x| - 1 = (x - 1)^3$.

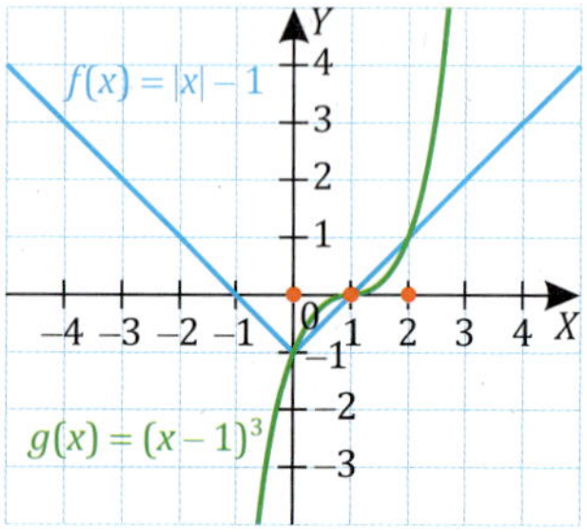


Dziedziną równania jest zbiór $\boldsymbol{R}$.

Szkicujemy wykresy funkcji $f$ i $g$. Następnie znajdujemy punkty wspólne obu wykresów: $A(2, 1)$, $B(1, 0)$, $C(0, -1)$ i sprawdzamy, czy liczby 0, 1, 2 (pierwsze współrzędne tych punktów) spełniają równanie $|x| - 1 = (x - 1)^3$.

- $x = 0$ $L = |0| - 1 = -1$, $P = (0 - 1)^3 = -1$; $L = P$
- $x = 1$ $L = |1| - 1 = 0$, $P = (1 - 1)^3 = 0$; $L = P$
- $x = 2$ $L = |2| - 1 = 1$, $P = (2 - 1)^3 = 1$; $L = P$.

Rozwiązaniami równania są trzy liczby: 0, 1, 2.

## Przykład 3.

Na podstawie wykresu funkcji $f(x) = \sqrt{x}$ oraz wykresu funkcji $g(x) = x$ podamy zbiór rozwiązań nierówności $\sqrt{x} \leqslant x$.

Dziedziną nierówności jest przedział $\langle 0, +\infty)$. Zatem zbiór rozwiązań zawiera się w tym przedziale.

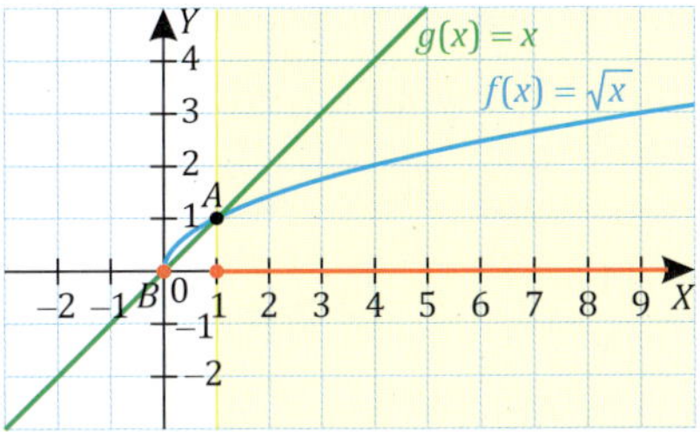


Szkicujemy w układzie współrzędnych wykresy funkcji

$f(x) = \sqrt{x}$ i $g(x) = x$.

Wykresy te przecinają się w dwóch punktach o współrzędnych

$(0, 0)$ oraz $(1, 1)$.

Zatem dla argumentów 0 i 1 wartości obu funkcji są równe. Otrzymaliśmy

$\sqrt{x} = x$, jeśli $x = 0$ lub $x = 1$.

Aby znaleźć zbiór rozwiązań nierówności $\sqrt{x} < x$, wystarczy wyznaczyć zbiór wszystkich argumentów, dla których funkcja $f$ przyjmuje wartości mniejsze niż funkcja $g$.

Zauważamy, że wykres funkcji $f$ znajduje się poniżej wykresu funkcji $g$ w przedziale $(1, +\infty)$. Mamy:

$$\sqrt{x} < x \Leftrightarrow x \in (1, +\infty)$$

Ostatecznie, nierówność $\sqrt{x} \leqslant x$ jest spełniona przez wszystkie liczby należące do zbioru $\langle 1, +\infty) \cup \{0\}$.

## Przykład 4.

Na podstawie wykresów odpowiednich funkcji wyznaczymy zbiór rozwiązań nierówności $x^2 + \frac{1}{x} > 0$.

Nierówność możemy zapisać w postaci $x^2 > -\frac{1}{x}$. Dziedziną nierówności jest zbiór $(-\infty, 0) \cup (0, +\infty)$.

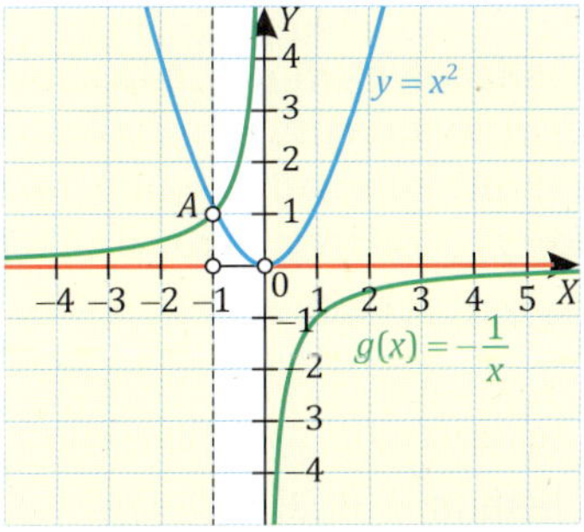


Niech $f(x) = x^2$ oraz $g(x) = -\frac{1}{x}$, gdzie $x \in \boldsymbol{R} - \{0\}$. Szukamy tych argumentów obu funkcji, dla których wartości funkcji $f$ są większe od wartości funkcji $g$.

Szkicujemy wykresy tych funkcji w jednym układzie współrzędnych. Następnie wyznaczamy części wykresu funkcji $g$ znajdujące się poniżej wykresu funkcji $f$ i odczytujemy odcięte tych punktów

$$f(x) > g(x) \Leftrightarrow x \in (-\infty, -1) \cup (0, +\infty)$$

Zbiorem rozwiązań nierówności $x^2 > -\frac{1}{x}$ jest suma przedziałów $(-\infty, -1) \cup (0, +\infty)$.

## Przykład 5.

Wyznaczymy liczbę rozwiązań równania $\left|\frac{1}{x}-2\right|=m$ w zależności od wartości parametru $m$, gdzie $m \in \mathbf{R}$.

Niewiadomą w danym równaniu jest liczba $x$, $x \neq 0$. Parametr $m$ jest ustaloną liczbą rzeczywistą. Zauważ, że jeśli $m$ jest liczbą ujemną, np. $-1$, to otrzymamy równanie sprzeczne. Jeśli $m = 0$, to równanie ma jedno rozwiązanie, równe $\frac{1}{2}$. Ale trudno jest stwierdzić od razu liczbę rozwiązań tego równania w przypadku, gdy liczba $m$ jest dodatnia. Dlatego naszkicujemy wykres funkcji $f(x)=\left|\frac{1}{x}-2\right|$.

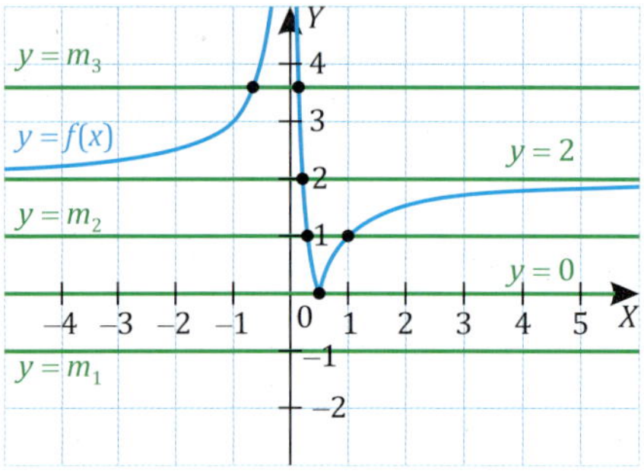


Równanie $\left|\frac{1}{x}-2\right|=m$ ma tyle rozwiązań, ile punktów wspólnych ma wykres funkcji $f$ z prostą $y = m$. Rysunek obok ilustruje różne położenie tej prostej, w zależności od wartości liczby $m$.

Prosta $y = 0$, a także prosta $y = 2$, ma tylko jeden punkt wspólny z wykresem funkcji $f$. To znaczy, że jeśli $m = 0$ lub $m = 2$, to równanie ma tylko jedno rozwiązanie.

Prosta $y = m_1$ nie ma punktów wspólnych z wykresem funkcji $f$. Łatwo stwierdzić, że tak dzieje się wtedy, gdy $m_1 < 0$.

Zatem wtedy, gdy $m < 0$, równanie nie ma rozwiązań. Natomiast prosta $y = m_2$ ma dwa punkty wspólne z wykresem funkcji $f$; podobnie prosta $y = m_3$. Ponieważ $m_2 \in (0, 2)$, zaś $m_3 \in (2, +\infty)$, więc równanie ma dwa rozwiązania, jeśli $m \in (0, 2) \cup (2, +\infty)$. Rozstrzygnęliśmy już liczbę rozwiązań równania dla wszystkich liczb rzeczywistych $m$. Możemy więc podsumować.

Równanie ma dwa rozwiązania, jeśli $m \in (0, 2) \cup (2, +\infty)$; ma jedno rozwiązanie, jeśli $m \in \{0, 2\}$; nie ma rozwiązań, jeśli $m \in (-\infty, 0)$.

W ostatnim przykładzie ustaliliśmy zależność między liczbą $m$, $m \in \mathbf{R}$, a liczbą rozwiązań danego równania. Każdej liczbie rzeczywistej $m$ została przyporządkowana tylko jedna liczba rozwiązań tego równania. Zatem przyporządkowanie to jest funkcją, określoną w zbiorze $\mathbf{R}$. Oznaczmy ją jako $g$. Podamy wzór funkcji $g$ i naszkicujemy jej wykres.

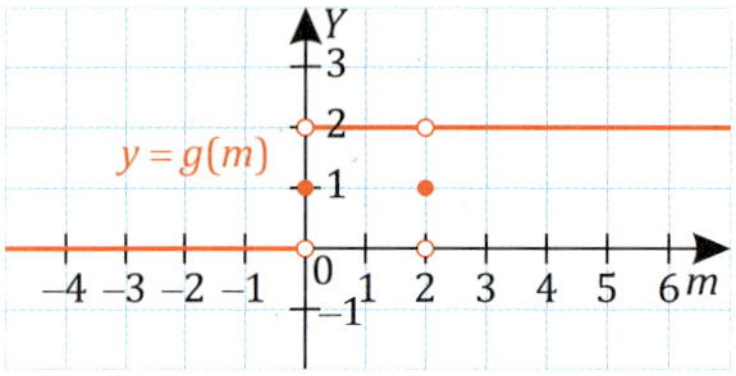


$$g(m)=\begin{cases}2, \text{ jeśli } m \in (0, 2) \cup (2, +\infty)\\ 1, \text{ jeśli } m \in \{0, 2\}\\ 0, \text{ jeśli } m \in (-\infty, 0)\end{cases}$$

## Przykład 6.

Wyznaczymy wartości parametru $m$, dla których równanie $(x-2)^2 = m-1$ ma dwa rozwiązania dodatnie.

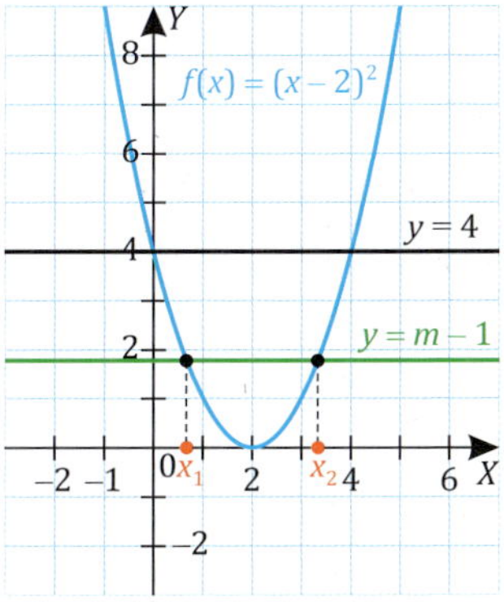


Szkicujemy wykres funkcji

$f(x) = (x-2)^2$

Znajdujemy prostą równoległą do osi $OX$, która przecina się z wykresem funkcji $f$ w dwóch punktach, mających pierwsze współrzędne dodatnie. Prosta ta ma wzór $y = m-1$. Zauważamy, że musi ona przeciąć oś $OY$ między punktami $(0, 0)$ oraz $(0, 4)$. W takim razie spełniony jest warunek:

$0 < m-1 < 4$, skąd

$1 < m < 5$

Równanie ma dwa rozwiązania dodatnie, jeśli $m \in (1, 5)$.

Podobnie wyznacz te wartości parametru $m$, dla których dane równanie $(x-2)^2 = m-1$ ma dwa rozwiązania przeciwnych znaków (jedno rozwiązanie dodatnie, a drugie rozwiązanie ujemne).

### Sprawdź, czy rozumiesz

1. Naszkicuj wykres funkcji $f$ określonej wzorem $f(x) = \sqrt{|x|}$, gdzie $x \in \mathbb{R}$. Na podstawie tego wykresu rozwiąż równanie $f(x) = 2$.
2. Na podstawie wykresów odpowiednich funkcji wyznacz zbiór rozwiązań równania $\left||x|-1\right| = 1-x^2$.
3. Na podstawie wykresów funkcji $f(x) = x^3$ oraz $g(x) = \frac{1}{x}$ rozwiąż nierówność $x^3 - \frac{1}{x} \leqslant 0$.
4. Na podstawie wykresów odpowiednich funkcji wyznacz zbiór rozwiązań nierówności $|x| > \sqrt{x+2}$.
5. Przeprowadź dyskusję liczby rozwiązań równania $|x^2-4| = m+1$ w zależności od wartości parametru $m$.
6. Na podstawie wykresu funkcji $f(x) = |x+5|$ wyznacz wszystkie wartości parametru $m$, dla których równanie $|x+5| = 2-m$:
   a) ma rozwiązania
   b) ma dwa rozwiązania ujemne.

# Skorowidz ważniejszych terminów

# Odpowiedzi do zadań

## 1. Wprowadzenie do matematyki

### Zdanie. Zaprzeczenie zdania

1. zdania prawdziwe: c), h) zdania fałszywe: a), e), f)
2. a) $7-2\neq 6$, prawdziwe b) $3^2=-3^2$, fałszywe c) $\sqrt{3}<3$, prawdziwe
   d) $\frac{1}{2}+\frac{1}{3}\geqslant 1$, fałszywe e) $2\cdot 5^2\neq(2\cdot 5)^2$, prawdziwe f) $0\cdot 100>0$, fałszywe

### Koniunkcja zdań. Alternatywa zdań

1. zdania prawdziwe: c), e), f) zdania fałszywe: a), b), d)
3. nie
4. zdanie prawdziwe
5. zdanie fałszywe

### Implikacja. Równoważność zdań. Definicja. Twierdzenie

2. prawdziwe są twierdzenia odwrotne w punktach b), d)
   fałszywe są twierdzenia odwrotne w punktach a), c)

### Prawa logiczne. Prawa De Morgana

1. a) Nieprawda, że owady nie mają po 6 nóg. c) Nieprawda, że wieloryb jest rybą.
   d) Nieprawda, że pierwiastek kwadratowy nie jest liczbą nieujemną. (lub Nieprawda, że pierwiastek kwadratowy jest liczbą ujemną.)
3. a) Jeśli kwadrat pewnej liczby nie jest liczbą naturalną, to liczba ta nie jest całkowita.

### Zbiór. Działania na zbiorach

1. a) $A\cup B=\{0, 1, 2, 3, 4, 5, 6, 10, 15, 20\}$, $A\cap B=\{0, 5\}$, $A-B=\{1, 2, 3, 4, 6\}$, $B-A=\{10, 15, 20\}$, $A'=\{7, 10, 15, 20\}$, $B'=\{1, 2, 3, 4, 6, 7\}$
   b) $A\cup B=A$, $A\cap B=B$, $A-B=\{4, 16\}$, $B-A=\varnothing$, $A'=\{2, 3, 5\}$, $B'=\{2, 3, 4, 5, 16\}$
3. a) 2 b) 3
4. 30%

### Zbiory liczbowe. Oś liczbowa

1. a) nie b) tak
2. a) $\frac{1}{9}$ b) $\frac{5}{9}$ c) $\frac{23}{99}$ d) $\frac{101}{333}$

### Rozwiązywanie prostych równań

1. $D=\boldsymbol{R}$; liczby 0 i 3 spełniają równanie, liczba $-1$ nie spełnia równania

2. a) $D = \mathbf{R}$; $-4$ b) $D = \mathbf{R}$; 10 c) $D = \mathbf{R} - \{0\}$; 3 d) $D = \mathbf{R} - \{-1\}$; 6
3. a) $\sqrt{6}$, $-\sqrt{6}$ b) równanie sprzeczne c) 3, 0 d) $-9$, 1

### Przedziały

3. a) $A' = (-\infty, -4) \cup (-4, 5) \cup (5, +\infty)$ b) $A' = (-\infty, -2\rangle \cup \langle 7, +\infty)$
   c) $A' = (-\infty, -8) \cup (-3, +\infty)$
4. a) $(-3, -1) \cup (-1, 0)$ b) $(-\infty, 0) \cup (0, 1) \cup (1, 2)$ c) $\langle 1, 2\rangle \cup \langle 4, 7\rangle$
   d) $\langle -4, -2) \cup (-2, 1)$ e) $(-\infty, -1) \cup (-1, 0) \cup (0, 1) \cup (1, +\infty)$ f) $\langle -2, -\sqrt{2}) \cup (\sqrt{2}, 2\rangle$
5. 0, 1, 2, 3, 4, 5, 6, 7, 8, 9

### Rozwiązywanie prostych nierówności

1. a) $\langle -1{,}5; +\infty)$ b) $(-\infty, 9)$ c) $(-\infty, -3\rangle$
2. a) $(-\infty, -4)$ b) $(8, +\infty)$ c) $\langle 2; 3{,}5\rangle$
3. a) $D = \mathbf{R}$, zbiór rozwiązań $\mathbf{R} - \{0\}$ b) $D = \mathbf{R}$, zbiór rozwiązań $\mathbf{R}$, nierówność tożsamościowa
   c) $D = \mathbf{R} - \{0\}$, zbiór rozwiązań $\varnothing$, nierówność sprzeczna
4. a) $(-\infty, 0)$ b) $(0, 1)$ c) $(-\infty, -2)$

### Zdanie z kwantyfikatorem

1. zdania prawdziwe: a), b), d), e) zdania fałszywe: c), f)
2. zaprzeczenia zdań a), b), d), f) są prawdziwe; zaprzeczenia zdań c), e) są fałszywe

## 2. Działania w zbiorach liczbowych

### Zbiór liczb naturalnych

2. $NWD(594, 612) = 18$; $NWW(210, 390) = 2730$
3. 13
4. 2017, 2032, 2047
5. 8
6. liczby naturalne, których reszta z dzielenia przez 5 jest równa 3

### Zbiór liczb całkowitych

1. $-60$; nie
2. a) $A = \{a\colon a = 9k \wedge k \in \mathbf{C}\}$ b) $B = \{b\colon b = 10k \wedge k \in \mathbf{C}\}$ c) $X = \{x\colon x = 33k \wedge k \in \mathbf{C}\}$
   d) $D = \{d\colon d = 3k \wedge d = 2n + 1 \wedge k \in \mathbf{C} \wedge n \in \mathbf{C}\}$

### Zbiór liczb wymiernych i zbiór liczb niewymiernych

1. $-\sqrt{81}$; $-3{,}14$; $-1$; 0; 2,(13); 12; $\frac{1467}{23}$

2. $\frac{49}{408}$

## Prawa działań w zbiorze liczb rzeczywistych

1. a) 43,3 b) 32 c) –11 d) 30 e) 3564 f) 12 250
3. a) 40 b) 11,375
4. a) 5 b) 2,1 c) 5,92 d) 48
5. a) $3(2+\sqrt{2})$ f) $\frac{1}{6}\cdot\left(\sqrt{3}-\frac{5}{2}\right)$ g) $5(2+\sqrt{2})$ h) $9(2-\pi)^2$ i) $4(\sqrt{7}+7)^2$

## Rozwiązywanie równań – metoda równań równoważnych

1. a) –1, 1 b) 0,5 c) –7, 100 d) $-\sqrt{3}, \sqrt{3}, 5$
2. a) nie b) tak c) nie d) nie
3. a) 2 b) 2 c) –4 d) równanie sprzeczne e) 3,4 f) 2
5. a) 16 b) –3, 3

## Rozwiązywanie nierówności – metoda nierówności równoważnych

1. a) z podanych liczb tylko –5 jest rozwiązaniem
   b) z podanych liczb tylko –4 jest rozwiązaniem
2. a) tak b) tak
3. a) $\left(-\infty, \frac{1}{13}\right)$ b) $\left(-\infty, \frac{17}{27}\right\rangle$
4. $\langle -4, 5)$

## Procenty

1. koszt produkcji 2,60 zł za 1 l; podatki 3,51 zł; marża 0,39 zł
2. 144%
3. ok. 0,885
4. a) 80 b) ok. 61,5% c) o 37,5%

## Punkty procentowe

1. a) o 5,9 p.p. b) o ok. 39,1%
2. partia A: 20%; 7p.p. (spadek); partia B: 18,75%; 6 p.p. (wzrost)
3. a) wzrost o 25 punktów bazowych, czyli o 0,25 p.p. b) wzrost o ok. 4,17%

## Wartość bezwzględna. Proste równania i nierówności z wartością bezwzględną

1. a) $1\frac{1}{3}$ d) $\sqrt{10}-1$
2. a) 14 b) 29 c) 7,1 d) 1 e) 2,4 f) 5
3. a) –1, 1 b) –7,3 c) równanie sprzeczne d) –10, 4 e) 4, 6
   f) –10, –6

4. $A = \langle -2, 2\rangle$ $B = (-2, 4)$ $C = (-\infty, -9) \cup (1, +\infty)$ $D = (-\infty, -3\rangle \cup \langle -1, +\infty)$
5. a) $(-6, 6)$ b) $\boldsymbol{R}$ c) 4 d) $(-\infty, 2) \cup (8, +\infty)$ e) $\langle -7, 1\rangle$
f) $(-\infty, -4\rangle \cup \langle 7, +\infty)$

### Własności wartości bezwzględnej

1. a) Jeśli $m \in (-\infty, 6)$, to równanie nie ma rozwiązań; jeśli $m = 6$, to równanie ma nieskończenie wiele rozwiązań; jeśli $m \in (6, +\infty)$, to równanie ma dwa rozwiązania,
b) jeśli $m \in (-\infty, -3\rangle \cup \langle 3, +\infty)$, to równanie jest sprzeczne; jeśli $m \in (-3, 3)$, to równanie ma jedno rozwiązanie; jeśli $m \in \{-3, 3\}$, to równanie ma nieskończenie wiele rozwiązań.

### Przybliżenia, błąd bezwzględny i błąd względny, szacowanie

1. 10,8167; 10,817; 10,82
2. a) 8,07 b) 0,27 c) 13,71 d) 35,64 e) 2,51 f) 0,24
3. a) A: 2,9 tys. zł; B: 4,1 tys. zł b) A: 1,04%; B: 0,93%
4. tak

## 3. Wyrażenia algebraiczne

### Potęga o wykładniku naturalnym

1. a) 27 b) 0,49 c) 1 000 000 d) 125 e) 16 f) –256 g) 125 h) –100 000
2. a) $3^{21}$ b) $6^{10}$ c) $9^4$ d) $5^6$ e) $4^1$ f) $7^3$
4. a) $a^2b^2$ b) $8a^3b$ c) $a^5$
5. $\frac{3}{a^2 b}$; –169

### Pierwiastek arytmetyczny. Pierwiastek stopnia nieparzystego z liczby ujemnej

1. a) 2 b) 5 c) 30 d) 4 e) 3 f) 1 g) 25 h) 2
2. a) $18\sqrt{3}$ b) $-3\sqrt{10}$ c) $19\sqrt[3]{2}$ d) 26 e) 294 f) 6
3. a) 11 b) 9 c) 4 d) –5 e) –2 f) –7 g) –4 h) –2

### Działania na wyrażeniach algebraicznych

1. a) $-3x^2 - 2x + 8$ b) $5x^2 - 11x + 2$ c) $10x^2 - 16x$ d) $2x^2 + 3x - 30$
e) $-5x^3 - 21x^2 + 8x$ f) $-4x^4 + 4x^3 - 12x^2 + 4x - 7$
2. a) $-1(x - 7)$ e) $-1(-8x + 1 + x^2 + x^3)$
3. a) $a(x^2 + 5)$ b) $3x(x - 2)$ c) $2a(4x^2 + 3x - 1)$ d) $2bx(x^2 - 2x + 1)$
e) $(a + b)(x - 1)$ f) $(5 - b)(x^2 + 7x + 1)$

## Wzory skróconego mnożenia, cz. 1

1. a) 8281 b) 10 404 c) 41 209 d) 1521 e) 9801 f) 248 004 g) 128 h) 1200
2. a) $x^2+4x+4$ b) $16-8x+x^2$ c) $9-x^2$ d) $4x^2+4xy+y^2$ e) $x^2-6xy+9y^2$
 f) $9x^2+12xy+4y^2$ g) $49x^2-y^2$ h) $36x^2-60xy+25y^2$
3. a) $3+2\sqrt{2}$ b) $7+4\sqrt{3}$ c) $19+6\sqrt{2}$ d) 6 e) $21-8\sqrt{5}$ f) $150-100\sqrt{2}$
 g) $14-4\sqrt{6}$ h) $-8$

## Wzory skróconego mnożenia, cz. 2

1. a) $1-3x+3x^2-x^3$ b) $n^3+6n^2+12n+8$ c) $a^3+2$
2. a) $(x+6)(x^2-6x+36)$ b) $(t+5)^3$ c) $(3-a)^3$

## Potęga o wykładniku całkowitym ujemnym

1. a) 64,5 b) $2\frac{31}{81}$ c) 2 d) $\frac{1}{5}$ e) 3 f) 0
2. a) $2x^{-3}+1,\ x\neq 0;$ b) $2x^{-1}-x-1,\ x\neq 0;$ c) $y^{-1}-y^2,\ y\neq 0;$
 d) $9y^{-2}-6+y^2,\ y\neq 0;$ e) $y^4+2+y^{-4},\ y\neq 0;$ f) $x^{-4}-x^4,\ x\neq 0$
3. a) $2{,}7\cdot 10^4$ b) $3{,}75\cdot 10^8$ c) $4{,}08\cdot 10^{11}$ d) $4{,}93\cdot 10^{-2}$ e) $1{,}05\cdot 10^{-5}$
 f) $9{,}63\cdot 10^{-7}$

## Potęga o wykładniku wymiernym

1. a) 7 b) 0,2 c) 256 d) 2 e) 16 f) 27 g) 4 h) $\frac{4}{9}$
2. a) 10 b) 17 c) 3 d) 8 e) $\frac{1}{3}$ f) 7
3. a) $\frac{1}{9}$ b) $\frac{1}{7}$ c) 5 d) 8 e) $\frac{1}{4}$ f) 18
4. a) $3^{\frac{3}{2}}$ b) $4^{\frac{11}{3}}$ c) $6^{\frac{13}{6}}$ d) $2^{\frac{3}{4}}$ e) $7^{\frac{5}{12}}$ f) $5^{\frac{5}{6}}$

## Potęga o wykładniku rzeczywistym

1. a) 8 b) $\frac{1}{9}$ c) $\frac{1}{64}$ d) 5 e) 125 f) 49
2. a) 9 b) 1 c) 16
3. a) 128 b) 2187 c) 1 000 000 000

## Określenie logarytmu

1. a) 2 b) $-2$ c) $-1$ d) $-2$ e) 4 f) $-4$ g) $-\frac{1}{2}$ h) $-\frac{1}{3}$
2. a) $-2$ b) 1 c) 4 d) 0,5 e) 7 f) 7 g) 3 h) 1 i) $\frac{1}{2}$
3. a) $6a+b$ b) $2a+\frac{1}{2}b$ c) $\frac{1}{a+b+1}$ d) $\frac{a+b}{2}$
4. a) $k=0$ b) $k=4$ c) $k=1$ d) $k=5$ e) $k=0$ f) $k=9$

### Zastosowanie logarytmów

1. $[H^+] = 10^{-6,6}$ mol/dm$^3$
2. o 3 decybele
3. a) 12 978 189 b) $3,1647 \cdot 10^{12\,978\,188}$

### Przekształcanie wzorów

2. a) $I = \frac{M}{\varepsilon}$ b) $v = \sqrt{\frac{2E}{m}}$ c) $m_2 = \frac{Fr^2}{Gm_1}$, $r = \sqrt{\frac{Gm_1m_2}{F}}$
3. a) $t_1 = \frac{s + vt_2}{v}$, $t_2 = \frac{vt_1 - s}{v}$ b) $y = \frac{xf}{x - f}$, $f = \frac{xy}{x + y}$ c) $R = \frac{R_1R_2}{R_1 + R_2}$, $R_2 = \frac{R_1R}{R_1 - R}$
4. b) $a = \frac{4PR}{bc}$, $R = \frac{abc}{4P}$ d) $c_1 = \frac{h^2}{c_2}$ e) $r = \sqrt[3]{\frac{3V}{4\pi}}$

### Średnie

1. w Suwałkach, o 3,83 godziny

## 4. Geometria płaska – pojęcia wstępne

### Punkt, prosta, odcinek, półprosta, kąt, figura wypukła, figura ograniczona

1. a) 6 b) 12
2. $|BC| = 2$ cm lub $|BC| = 14$ cm
3. nie
4. $31'12''$
5. a) $111°, 69°$ b) $108°, 72°$

### Łamana. Wielokąt. Wielokąt foremny

1. tak
2. pięciokąt
3. 48,5 raza

### Wzajemne położenie prostych na płaszczyźnie, odległość punktu od prostej, odległość między prostymi równoległymi, symetralna odcinka, dwusieczna kąta

1. $20°$
2. $k \parallel m$
3. 4 cm lub 2 cm
4. do symetralnej odcinka należą punkty $D$ i $F$
5. do dwusiecznej kąta należą punkty $D$ i $F$
6. jeden

## Dwie proste przecięte trzecią prostą. Suma kątów w wielokącie

1. a) $\alpha = 65^\circ$ b) $\alpha = 40^\circ$
2. $a \parallel c, b \parallel d, e \parallel g$
3. $\left(128\frac{4}{7}\right)^\circ$

## Wektor na płaszczyźnie (bez układu współrzędnych)

1. 14,14 N
2. a) wektory $\vec{u}, \vec{v}$ są równoległe i mają zgodne zwroty

   b) wektory $\vec{u}, \vec{v}$ są równoległe i mają przeciwne zwroty

   c) wektory $\vec{u}, \vec{v}$ nie są równoległe lub wektory $\vec{u}, \vec{v}$ są równoległe i mają przeciwne zwroty
3. $\left(\overrightarrow{OA} + \overrightarrow{AD} = \overrightarrow{OD} \ \wedge \ \overrightarrow{OD} = \overrightarrow{BO}\right) \Rightarrow \overrightarrow{BO} = \overrightarrow{OA} + \overrightarrow{AD}$

## Wybrane przekształcenia płaszczyzny, cz. 1

1. Wskazówka: Przeprowadź dowód nie wprost.
2. Wystarczy wykazać, że $\overrightarrow{AA_1} = \overrightarrow{PQ}$. Mamy:

   $\overrightarrow{AA_1} = \overrightarrow{AP} + \overrightarrow{PA_1}$ oraz $\overrightarrow{PA_1} = \overrightarrow{PA} + \overrightarrow{PQ}$, więc

   $\overrightarrow{AA_1} = \overrightarrow{AP} + \overrightarrow{PA} + \overrightarrow{PQ} = \vec{0} + \overrightarrow{PQ} = \overrightarrow{PQ}$
3. punkt $O$ – środek symetrii, $S_O(A) = A_1$, $S_O(B) = B_1$. Wystarczy pokazać, że $\overrightarrow{AB} = -\overrightarrow{A_1B_1}$.

   Mamy:

   $\overrightarrow{AB} = \overrightarrow{AO} + \overrightarrow{OB}$

   $\overrightarrow{A_1B_1} = \overrightarrow{A_1O} + \overrightarrow{OB_1}$

   $\overrightarrow{AB} + \overrightarrow{A_1B_1} = \overrightarrow{AO} + \overrightarrow{A_1O} + \overrightarrow{OB} + \overrightarrow{OB_1}$, ale

   $\overrightarrow{A_1O} = -\overrightarrow{AO}$

   $\overrightarrow{OB_1} = -\overrightarrow{OB}$, więc

   $\overrightarrow{AB} + \overrightarrow{A_1B_1} = \overrightarrow{AO} - \overrightarrow{AO} + \overrightarrow{OB} - \overrightarrow{OB} = \vec{0}$, skąd

   $\overrightarrow{AB} = -\overrightarrow{A_1B_1}$

## Wybrane przekształcenia na płaszczyźnie, cz. 2

1. a) punkty $A$, $B$ wyznaczają prostą równoległą do kierunku rzutowania

   b) $AB \parallel l$
2. prosta, punkt

3. powinowactwo prostokątne o osi $l$ i skali 1 – identyczność; powinowactwo prostokątne o osi $l$ i skali (–1) – symetria osiowa względem prostej $l$

**Twierdzenie Talesa**

1. np. $\frac{|OA|}{|OB|}=\frac{|AC|}{|BD|}$; $\frac{|OB|}{|OD|}=\frac{|AB|}{|CD|}$
2. a) $k \parallel l$ b) $k \nparallel l$
3. Wskazówka: Przedstaw równość w postaci proporcji $\frac{a}{3b}=\frac{b}{x}$.

**Okrąg i koło**

1. a) $a=1\frac{1}{4}$ b) $a\in\left\langle\frac{3}{4}, 1\frac{1}{4}\right)$ c) $a\in\left(1\frac{1}{4}, +\infty\right)$
3. a) styczne zewnętrznie b) rozłączne zewnętrznie c) przecinające się d) styczne wewnętrznie
4. $r_1 = 4$ cm, $r_2 = 3$ cm, $r_3 = 9$ cm

**Kąty i koła**

1. a) $\frac{1}{6}$ b) $\frac{1}{20}$ c) $\frac{1}{3}$ d) $\frac{5}{9}$
2. a) $\alpha=65°, \beta=80°, \gamma=35°$ b) $\alpha=30°, \beta=110°, \gamma=40°$ c) $\alpha=25°, \beta=65°, \gamma=90°$
3. a) $\alpha=54°$ b) $\alpha=75°$ c) $\alpha=60°$

## 5. Geometria płaska – trójkąty

**Podział trójkątów. Suma kątów w trójkącie. Nierówność trójkąta. Odcinek łączący środki dwóch boków w trójkącie**

1. a) 30°, 60°, 90°, prostokątny b) 72°, 72°, 36°, ostrokątny równoramienny
2. 2
3. (1, 1, 1 oraz 2, 2, 3) lub (1, 1, 1 oraz 1, 3, 3) lub (1, 2, 2 oraz 1, 2, 2)
4. a) 1 : 2
5. 3 : 1

**Twierdzenie Pitagorasa. Twierdzenie odwrotne do twierdzenia Pitagorasa**

1. a) o 7 cm b) o 5 cm
2. 15 cm, 36 cm, 39 cm
3. 3 cm
4. $(2+2\sqrt{2})$ cm
5. 142 cm

6. a) prostokątny b) rozwartokątny c) ostrokątny d) prostokątny
7. rozwartokątny

**Wysokości w trójkącie. Środkowe w trójkącie**

1. a) $5\sqrt{2}$ cm b) $7\sqrt{3}$ cm c) $\sqrt{7}$ cm d) 6 cm
2. 10 cm
3. 16 cm, $2\sqrt{97}$ cm, $2\sqrt{97}$ cm
4. a) 30°, 60°, 90° b) 15 cm, $15\sqrt{3}$ cm, 30 cm

**Symetralne boków trójkąta. Okrąg opisany na trójkącie**

1. $1\frac{3}{4}$ cm, $6\frac{1}{4}$ cm
2. o $1\frac{1}{3}$ cm
3. a) 12,5 cm b) $2\sqrt{3}$ cm c) $7\frac{1}{24}$ cm
4. a) na zewnątrz trójkąta b) $1\frac{5}{8}$ cm, $6\frac{3}{8}$ cm, $9\frac{3}{8}$ cm

**Dwusieczne kątów trójkąta. Okrąg wpisany w trójkąt**

1. 135°
2. 80°, 80°, 20° lub 40°, 40°, 100°
3. 36 cm
4. a) $\frac{\sqrt{3}}{3}$ dm b) 3 cm c) 4,8 cm

**Przystawanie trójkątów**

4. a) tak b) nie c) tak d) tak

**Podobieństwo trójkątów**

1. $|A_1B_1| = 14$ cm, $|B_1C_1| = 18$ cm, $|A_1C_1| = 27$ cm
2. $\frac{1}{2}$
3. 2 dm
4. $|CD| = 2\frac{7}{9}$ cm, $|DA| = 6\frac{2}{9}$ cm

**Twierdzenie o stycznej i siecznej**

1. $6\sqrt{5}$ cm

## 6. Trygonometria

### Określenie sinusa, cosinusa, tangensa i cotangensa w trójkącie prostokątnym

1. Samolot leciał na wysokości ok. 3100 metrów.
2. a) $\alpha \approx 42^\circ$ b) $\alpha \approx 64^\circ$
3. $\frac{10+\sqrt{5}}{5}$

### Wartości sinusa, cosinusa, tangensa i cotangensa dla kątów 30°, 45° i 60°

1. a) 0 b) 3,5
2. 30°, 60°
3. $4(2+\sqrt{3})$

### Kąt skierowany

1. a) 125° b) 190° c) 280° d) 110°

### Sinus, cosinus, tangens i cotangens dowolnego kąta

1. a) w I ćwiartce b) w IV ćwiartce c) w II ćwiartce d) w III ćwiartce
2. a) $\sin\alpha = 0{,}8$ $\cos\alpha = -0{,}6$ $\text{tg}\,\alpha = -1\frac{1}{3}$ $\text{ctg}\,\alpha = -0{,}75$

   b) $\sin\alpha = \frac{3\sqrt{10}}{10}$ $\cos\alpha = \frac{\sqrt{10}}{10}$ $\text{tg}\,\alpha = 3$ $\text{ctg}\,\alpha = \frac{1}{3}$

   c) $\sin\alpha = -\frac{\sqrt{7}}{3}$ $\cos\alpha = \frac{\sqrt{2}}{3}$ $\text{tg}\,\alpha = -\frac{\sqrt{14}}{2}$ $\text{ctg}\,\alpha = -\frac{\sqrt{14}}{7}$

   d) $\sin\alpha = \frac{2}{3}$ $\cos\alpha = -\frac{\sqrt{5}}{2}$ $\text{tg}\,\alpha = -\frac{2\sqrt{5}}{5}$ $\text{ctg}\,\alpha = -\frac{\sqrt{5}}{2}$
3. a) $\sin 150^\circ = \frac{1}{2}$ $\cos 150^\circ = -\frac{\sqrt{3}}{2}$ $\text{tg}\,150^\circ = -\frac{\sqrt{3}}{3}$ $\text{ctg}\,150^\circ = -\sqrt{3}$

   b) $\sin 240^\circ = -\frac{\sqrt{3}}{2}$ $\cos 240^\circ = -\frac{1}{2}$ $\text{tg}\,240^\circ = \sqrt{3}$ $\text{ctg}\,240^\circ = \frac{\sqrt{3}}{3}$

   c) $\sin(-135^\circ) = -\frac{\sqrt{2}}{2}$ $\cos(-135^\circ) = -\frac{\sqrt{2}}{2}$ $\text{tg}(-135^\circ) = 1$ $\text{ctg}(-135^\circ) = 1$

   d) $\sin(-390^\circ) = -\frac{1}{2}$ $\cos(-390^\circ) = \frac{\sqrt{3}}{2}$ $\text{tg}(-390^\circ) = -\frac{\sqrt{3}}{3}$ $\text{ctg}(-390^\circ) = -\sqrt{3}$

### Podstawowe tożsamości trygonometryczne

1. a) $\cos\alpha = -\frac{24}{25}$ $\text{tg}\,\alpha = \frac{7}{24}$ $\text{ctg}\,\alpha = \frac{24}{7}$
2. jeśli $\alpha \in (90^\circ, 180^\circ)$, to $\sin\alpha = \frac{4}{5}$, $\cos\alpha = -\frac{3}{5}$, $\text{ctg}\,\alpha = -\frac{3}{4}$

   jeśli $\alpha \in (270^\circ, 360^\circ)$, to $\sin\alpha = -\frac{4}{5}$, $\cos\alpha = \frac{3}{5}$, $\text{ctg}\,\alpha = -\frac{3}{4}$

3. $\alpha \in (90°, 180°)$, $\sin\alpha = \frac{8}{17}$, $\mathrm{tg}\,\alpha = -\frac{8}{15}$

5. $3 + 2\sqrt{2}$

6. $\frac{15}{32}$

**Wzory redukcyjne**

1. a) $-\frac{1}{2}$ b) $-\frac{\sqrt{3}}{2}$ c) $-\frac{\sqrt{3}}{3}$ d) $\sqrt{3}$

2. a) 1 b) 2 c) $-4$ d) 1

**Twierdzenie sinusów**

1. $a = 4$, $R = 4$
2. $\sin\gamma = 0{,}125$
3. $\alpha = 30°$ lub $\alpha = 150°$
4. $\alpha = 90°$

**Twierdzenie cosinusów**

2. $\sqrt{21}$ cm
3. $|\sphericalangle BAC| = 120°$
4. $\sqrt{46}$ cm

## 7. Geometria płaska – pole koła, pole trójkąta

**Pole figury geometrycznej**

1. a) 19 b) 21,5 c) 24 d) 17
2. a) $\frac{1}{2}s + t + \frac{3}{4}w$ b) $s - \frac{1}{2}w$ c) $2t - \frac{1}{4}s$ d) $2s - w$
3. $78\ \mathrm{cm}^2$

**Pole trójkąta, cz. 1**

2. 10 cm
3. a) $4\frac{8}{13}$ cm b) 4,8 cm
4. a) $22{,}5\ \mathrm{cm}^2$ b) $15\sqrt{3}\ \mathrm{cm}^2$
5. a) 6 cm b) 9 cm
6. a) $\sin\alpha = 0{,}6$ b) 6 cm; 4,2 cm

### Pole trójkąta, cz. 2

1. a) $24\ \text{cm}^2$ b) $42\frac{6}{7}$ cm c) 2,4 cm
2. a) $21\ \text{cm}^2$ b) 8,5 cm c) $5\frac{5}{16}$ cm

### Pola trójkątów podobnych

1. 1 : 3 : 5
2. $6\frac{2}{3}$ cm
3. a) 9 : 25 b) 16 : 25 c) 9 : 16
4. 4 : 25

### Pole koła, pole wycinka koła

1. a) $48\pi$ b) $40\pi$ c) $120\pi$
2. $75\sqrt{3}\ \text{cm}^2$

### Zastosowanie pojęcia pola w dowodzeniu twierdzeń

1. Wskazówka: Wykorzystaj zależności $P = \frac{a+b+c}{2} \cdot \frac{a+b-c}{2} = \frac{1}{4}\left[(a+b)^2 - c^2\right]$ oraz $a \cdot b = 2P$.
2. Wskazówka: Przedstaw pole trójkąta równobocznego jako sumę pól trzech trójkątów.

## 8. Funkcja i jej własności

### Pojęcie funkcji. Funkcja liczbowa. Dziedzina i zbiór wartości funkcji

1. a) tak b) tak
2. a) nie jest funkcją b) jest funkcją, $D = \{2, 3, 4\}$, $ZW = \{6, 7, 8\}$
   c) jest funkcją, $D = \{-1, 0, 1\}$, $ZW = \{0, 1\}$ d) nie jest funkcją
3. $ZW = \{-1, 0, 5, 8\}$
5. nie
6. $f(3) = 4, f(5) = 2, f(7) = 0$

### Sposoby opisywania funkcji

1. a) jeśli $x = 0$ b) $f(1) = -1$ c) jeśli $x \in \{0, 1, 2\}$
2. a) $g(x) = x - 1$, jeśli $x \in \{1, 2, 3, 4\}$ b) $g(x) = -x$, jeśli $x \in \{-3, -1, 0, 1, 2\}$

### Wykres funkcji

1. b)

## Dziedzina funkcji liczbowej

1. a) $D_f = \langle -4, 4\rangle$; $f(x) = 2$, jeśli $x \in \{-3, 0\}$ b) $D_g = (-\infty, 3) \cup (3, 4\rangle$; $g(x) = 2$, jeśli $x \in \{-4\} \cup \langle -2, 3)$ c) $D_h = (-3, 2\rangle \cup (3, +\infty)$; $h(x) = 2$, jeśli $x = 2$
2. a) $\mathbf{R}$ b) $\mathbf{R} - \{7, 0\}$ c) $(0, +\infty)$ d) $\mathbf{R} - \left\{\frac{3}{4}\right\}$ e) $(-\infty, -6\rangle \cup \langle 4, +\infty)$ f) $\langle 2, 3) \cup (3, +\infty)$

## Zbiór wartości funkcji liczbowej

1. a) $\{-3, 0, 5, 12, 32\}$ b) $\langle 7, +\infty)$
2. a) nie b) tak
3. a) $D_g = \langle -6, 5\rangle$ b) $ZW_g = \langle -3, 5\rangle$ c) $g(4) = -3, g(-2) = 1$ d) $-4$, $5$ e) jeśli $x \in \langle -6, -4\rangle \cup \{5\}$

## Miejsce zerowe funkcji

1. a) 7 b) $-3$ c) 2 d) 3, $-2$ e) nie ma f) $-4$
2. a) 2, $-3$ b) każda liczba należąca do przedziału $\langle -1, 1\rangle$ c) nie ma
3. a) $m = 6$ b) $m = -2{,}5$ c) $m = 2$

## Równość funkcji

1. a) nie b) tak

## Monotoniczność funkcji

1. a) 1) funkcja $f$ jest rosnąca w każdym z przedziałów: $(-\infty, -1\rangle$, $\langle -1, 1\rangle$, $\langle 3, +\infty)$; stała w przedziale $\langle 1, 3\rangle$; funkcja $f$ jest niemalejąca; jest to funkcja monotoniczna.
   2) funkcja $g$ jest malejąca w przedziale $(-\infty, -1\rangle$, stała w przedziale $\langle -1, 2\rangle$, rosnąca w przedziale $\langle 2, 5)$
   b) funkcja $f$ jest monotoniczna
3. funkcja $f$ jest malejąca w przedziale $(3, +\infty)$

## Funkcje różnowartościowe

1. $f$ – nie jest różnowartościowe, $g$ – jest różnowartościowa
2. np.: dla różnych argumentów $-2$ oraz 2 wartość funkcji jest taka sama i wynosi 0

## Funkcje parzyste i funkcje nieparzyste

3. a) funkcja parzysta: $f_1(x) = x^6 + 2x^2 + 1$; funkcja nieparzysta: $f_2(x) = -5x^5$
   b) funkcja parzysta: $f_1(x) = \frac{-x^2 - 6}{x^2 - 4}$; funkcja nieparzysta: $f_2(x) = \frac{5x}{x^2 - 4}$

## Funkcje okresowe

1. $T_0 = 8$, $ZW_f = \langle -6, -2\rangle$, funkcja $f$ jest rosnąca w każdym z przedziałów: $\langle 5 + 8k, 7 + 8k\rangle$, gdzie $k \in \mathbf{C}$; funkcja $f$ jest malejąca w każdym z przedziałów: $\langle 1 + 8k, 3 + 8k\rangle$, gdzie $k \in \mathbf{C}$; funkcja $f$ jest stała w każdym z przedziałów: $\langle 3 + 4k, 5 + 4k\rangle$, gdzie $k \in \mathbf{C}$

## Największa i najmniejsza wartość funkcji liczbowej

1. a) najmniejsza wartość: 0; największa wartość: brak
   b) najmniejsza wartość: $\sqrt{2}$; największa wartość: $2\sqrt{2}$
   c) najmniejsza wartość: brak; największa wartość: 1
   d) najmniejsza wartość: $-1$; największa wartość: 2
2. a) najmniejsza wartość: 62,5; największa wartość: 106
   b) najmniejsza wartość: $\frac{5}{26}$; największa wartość: $\frac{5}{6}$
   c) najmniejsza wartość: 3; największa wartość: 5
   d) najmniejsza wartość: 0; największa wartość: 256
3. Wskazówka: $f(x) = \frac{3x^2 + 2x + 3}{x^2 + 1} = \frac{(3x^2 + 3) + 2x}{x^2 + 1} = \frac{3(x^2 + 1) + 2x}{x^2 + 1} = 3 + \frac{2x}{x^2 + 1}$

## Odczytywanie własności funkcji na podstawie jej wykresu. Szkicowanie wykresów funkcji o zadanych własnościach

1. a) $D_f = \mathbf{R}$; $ZW_f = (-\infty, 2\rangle$; m. zerowe: $-5, -1, 1, 5$; $f(x) > 0$ jeśli $x \in (-5, -1) \cup (1, 5)$, $f(x) < 0$ jeśli $x \in (-\infty, -5) \cup (-1, 1) \cup (5, +\infty)$; f. rosnąca w przedziałach: $(-\infty, -3\rangle$, $\langle 0, 3\rangle$; f. malejąca w przedziałach: $\langle -3, 0\rangle$, $\langle 3, +\infty)$; nie jest różnowartościowa; największa wartość: 2 dla argumentów: $-3, 3$; nie ma najmniejszej wartości; funkcja $f$ jest parzysta

   b) $D_f = (-5, 5)$; $ZW_f = \langle -4, -2) \cup \langle -1, 1\rangle \cup (2, 4\rangle$; m. zerowe: 0; $f(x) > 0$ jeśli $x \in (0,5)$, $f(x) < 0$ jeśli $x \in (-5, 0)$; f. rosnąca w przedziale: $\langle -4, 4\rangle$; f. malejąca w przedziałach: $(-5, -4\rangle$, $\langle 4, 5)$; nie jest różnowartościowa; największa wartość: 4 dla argumentu 4; najmniejsza wartość: $-4$ dla argumentu $-4$; funkcja $f$ jest nieparzysta

   c) $D_f = \langle -7, 5)$; $ZW_f = \langle -2, 5\rangle$; m. zerowe: $-6, -2$; $f(x) > 0$, jeśli $x \in \langle -7, -6) \cup (-2, 5)$, $f(x) < 0$, jeśli $x \in (-6, -2)$; f. rosnąca w przedziale $\langle -4, 3\rangle$, malejąca w przedziałach: $\langle -7, -4\rangle$, $\langle 3, 5)$; nie jest różnowartościowa; najmniejsza wartość $-2$ dla argumentu $-4$; największa wartość 5 dla argumentu 3

   d) $D_f = (-5, -2) \cup (-2, 6\rangle$; $ZW_f = \langle -5, 6)$; m. zerowe: $-3, 4$; $f(x) > 0$, jeśli $x \in (-5, -3) \cup (4, 6\rangle$, $f(x) < 0$, jeśli $x \in (-3, -2) \cup (-2, 4)$; f. rosnąca w przedziale $\langle 2, 6\rangle$, malejąca w zbiorze $(-5, 2\rangle - \{-2\}$; nie jest różnowartościowa; najmniejsza wartość $-5$ dla argumentu 2; nie ma największej wartości

### Zastosowanie wykresów funkcji do rozwiązywania równań i nierówności

1. a) 1) 1; 2) $(-\infty, 1)$ b) 1) $-1, 0, 1$; 2) $(-1, 0) \cup (1, +\infty)$
2. a) $-2$ b) $-1, 0, 1$
3. a) $(-\infty, -2\rangle \cup \langle 6, +\infty)$ b) $(-1, 2)$

## 9. Przekształcenia wykresów funkcji

### Podstawowe informacje o wektorze w układzie współrzędnych

1. $\overrightarrow{AB} = [3, 4]$
3. a) $|\overrightarrow{AB}| = \sqrt{53}$ b) $|\vec{u}| = 13$
4. $B(5, -3)$

### Przesunięcie równoległe o wektor $\vec{u} = [p, q]$

1. $D_{f_1} = \langle -7, 3), ZW_{f_1} = \langle -2, 2\rangle$; $D_{f_2} = \langle -2, 8), ZW_{f_2} = \langle -2, 2\rangle$; $D_{f_3} = \langle -4, 6), ZW_{f_3} = \langle -1, 3\rangle$;
   $D_{f_4} = \langle -4, 6), ZW_{f_4} = \langle -6, -2\rangle$; $D_{f_5} = \langle 0, 10), ZW_{f_5} = \langle -3, 1\rangle$
2. a) $g(x) = 2(x+2)^2 + 3$ b) $h(x) = \frac{1}{x-4} - 1$
3. a) $\vec{u} = [3, 0]$ b) $\vec{u} = [0, 5]$ c) $\vec{u} = [-1, -4]$

### Symetria osiowa względem osi *OX* i osi *OY*

1. a) $D_g = \langle -2, 5\rangle, ZW_g = \langle -2, 2\rangle$; b) $D_h = (-5, 5\rangle, ZW_h = \langle -2, 3)$
2. a) $g(x) = -3$ b) $g(x) = 2x - 1$ c) $g(x) = -\frac{3}{x}$ d) $g(x) = -\frac{1}{2}x^2$
3. a) $g(x) = \operatorname{sgn}(-x)$ b) $g(x) = [-x]$ c) $g(x) = -x^3$ d) $g(x) = -x + 1$
4. $(-2, 4\rangle$
5. $\langle -1, 3)$

### Symetria środkowa względem punktu (0, 0)

1. $g(x) = -\sqrt{-x}$; $D_g = (-\infty, 0\rangle, ZW_g = (-\infty, 0\rangle$
2. $f(x) = -2x - 5$

### Wykres funkcji $y = |f(x)|$ oraz $y = f(|x|)$

2. a) $\langle -2, 10)$ b) $(-10, 10)$
3. a) $\langle 0, 7\rangle$ b) $ZW_g \subset (-5, 7\rangle$

### Zastosowanie wykresów funkcji do rozwiązywania zadań

1. $4, -4$

2. $-1, 0, 1$
3. $(-\infty, -1\rangle \cup (0, 1\rangle$
4. $\langle -2, -1) \cup (2, +\infty)$
5. równanie nie ma rozwiązań, jeśli $m \in (-\infty, -1)$; równanie ma dwa rozwiązania, jeśli $m \in (3, +\infty) \cup \{-1\}$; równanie ma trzy rozwiązania, jeśli $m = 3$; równanie ma cztery rozwiązania, jeśli $m \in (-1, 3)$